中国热带农业科学院年鉴

2014

中国热带农业科学院年鉴编委会　编

中国农业科学技术出版社

图书在版编目（CIP）数据

中国热带农业科学院年鉴.2014/《中国热带农业科学院年鉴》编委会编.—北京：中国农业科学技术出版社，2014.8

ISBN 978 - 7 - 5116 - 1748 - 4

Ⅰ.①中… Ⅱ.①中… Ⅲ.①中国热带农业科学院 - 2014 - 年鉴 Ⅳ.①S59 - 242

中国版本图书馆 CIP 数据核字（2014）第 147382 号

责任编辑 姚　欢
责任校对 贾晓红

出 版 者 中国农业科学技术出版社
　　　　　北京市中关村南大街 12 号　邮编：100081
电　　话 （010）82106636（编辑室）（010）82109704（发行部）
　　　　　（010）82109709（读者服务部）
传　　真 （010）82106631
网　　址 http://www.castp.cn
经 销 者 各地新华书店
印 刷 者 北京富泰印刷有限责任公司
开　　本 787 mm×1 092 mm　1/16
印　　张 25.875　　彩插 20 页
字　　数 800 千字
版　　次 2014 年 8 月第 1 版　2014 年 8 月第 1 次印刷
定　　价 298.00 元

2013 年 4 月 6 日，农业部部长韩长赋（右三）一行到中国热带农业科学院考察。

2013 年 4 月 18 日，海南省政协主席于迅（右一）一行到中国热带农业科学院考察。

2013 年 9 月 26 日，农业部副部长张桃林（左二）参观中国热带农业科学院位于"国家农业科技成果交易展示中心"的科技成果展示区。

2013 年 11 月 21 日，中非合作圆桌会议第四次大会期间，农业部副部长牛盾（左三）参观中国热带农业科学院国际合作图片展。

2013 年 11 月 20 日，商务部副部长李金早（左一）一行到中国热带农业科学院调研。

2013 年 12 月 24 日，中国科学院院士、教育部学风建设委员会主任、中国农业大学教授吴常信应邀到中国热带农业科学院作题为《科研诚信与学术规范》的宣讲报告。

2013年1月8日，中国热带农业科学院隆重召开2013年工作会议，总结2012年工作，部署2013年重点工作。会议主题是：励精图治、强院强所，全面提升热带农业科技创新能力。

2013年6月8日，由中国热带农业科学院和世界自然基金会（中国）合作主办的首届中国油棕产业可持续发展论坛在海南省文昌市召开。

中华农业科技奖
证　书

为表彰在我国农业科学技术进步工作中做出突出贡献的获奖者，特颁发此证书，以资鼓励。

项目名称：柱花草种质创新及利用
奖励等级：一等奖
获　奖　者：中国热带农业科学院热带作物品种资源研究所（第1完成单位）

证书编号：KJ2013-D1-025-01

中华农业科技奖
证　书

为表彰在我国农业科学技术进步工作中做出突出贡献的获奖者，特颁发此证书，以资鼓励。

项目名称：芒果种质资源收集保存、评价与创新利用
奖励等级：一等奖
获　奖　者：中国热带农业科学院热带作物品种资源研究所（第1完成单位）

证书编号：KJ2013-D1-017-01

证　书

为表彰在促进科学技术进步工作中做出突出贡献者，特颁发海南省科学技术奖证书，以资鼓励。

获奖项目：菠萝叶纤维酶法脱胶技术
获奖单位：中国热带农业科学院热带生物技术研究所（第一完成单位）
奖励等级：
证书号：
奖励日期：

证　书

为表彰在促进科学技术进步工作中做出突出贡献者，特颁发海南省科学技术奖证书，以资鼓励。

获奖项目：重要入侵害虫红棕象甲防控基础与关键技术研究及应用
获奖单位：中国热带农业科学院椰子研究所（第一完成单位）
奖励等级：
证书号：
奖励日期：

证　书

为表彰在科技成果转化工作中做出突出贡献者，特颁发海南省科学技术奖证书，以资鼓励。

获奖项目：优良柱花草新品种推广及利用
获奖单位：中国热带农业科学院热带作物品种资源研究所（第一完成单位）
奖励等级：一
证书号：
奖励日期：

证　书

为表彰在促进科学技术进步工作中做出突出贡献者，特颁发海南省科学技术奖证书，以资鼓励。

获奖项目：橡胶树种质资源收集保存评价和利用
获奖单位：中国热带农业科学院橡胶研究所（第一完成单位）
奖励等级：
证书号：
奖励日期：

化学药剂除治红棕象甲

柱花草青饲料

酶法脱胶菠萝叶纤维

　　"芒果种质资源收集保存、评价与创新利用""柱花草种质创新及利用"两项成果获中华农业科技奖科研类成果一等奖，"木薯种质资源收集、保存及应用研究团队"获中华农业科技奖优秀创新团队奖，"重要入侵害虫红棕象甲防控基础与关键技术研究及应用""橡胶树种质资源收集保存评价和利用""菠萝叶纤维酶法脱胶技术"三项成果获海南省科技进步奖一等奖，"优良柱花草新品种推广及利用"获海南省科技成果转化奖一等奖。

全国农牧渔业丰收奖
证书

为表彰2011-2013年度全国农牧渔业
丰收奖获得者，特颁发此证书。

奖项类别：农业技术推广成果奖
项目名称：椰衣栽培介质产品开发关
　　　　　键技术研究、示范与推广
奖励等级：一等奖
获奖单位：中国热带农业科学院椰子
　　　　　研究所
（第1完成单位）

编号：FCG-2013-1-059-01D

全国农牧渔业丰收奖
证书

为表彰2011-2013年度全国农牧渔业
丰收奖获得者，特颁发此证书。

奖项类别：农业技术推广成果奖
项目名称：乙烯灵刺激割胶技术在橡
　　　　　胶生产中的推广应用
奖励等级：一等奖
获奖单位：中国热带农业科学院橡胶
　　　　　研究所
（第1完成单位）

编号：FCG-2013-1-058-01D

乙烯灵刺激割胶技术运用

椰丝用于兰花育苗

　　"乙烯灵刺激割胶技术在橡胶生产中的推广应用""椰衣栽培介质产品开发关键技术研究、示范与推广"两项成果获 2011—2013 年度全国农牧渔业丰收奖农业技术推广成果奖一等奖，"攀枝花市优质晚熟芒果产业化"获 2011—2013 年度全国农牧渔业丰收奖农业技术推广合作奖。

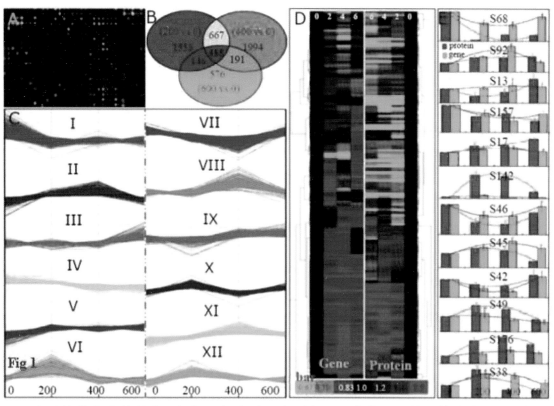

中国热带农业科学院王旭初和郭安平两个研究团队合作开展的盐芥叶片耐盐比较蛋白质组研究取得重大突破，代表性论文 "Comparative Proteomics of Thellungiella Halophila Leaves Under Different Salinity Revealed Chloroplast Starch and Soluble Sugar Accumulation Played Important Roles in Halophyte Salt Tolerance" 在蛋白组研究国际顶尖杂志 MCP 杂志上在线发表，影响因子达 7.251。

2013 年 7 月 16 日，中国热带农业科学院举行党的群众路线教育实践活动动员大会。

2013 年 5 月 15 日，国家重要热带作物工程技术研究中心香蕉研发部揭牌成立。

2013 年 10 月 28 日，中国热带农业科学院广东热带南亚热带作物科技创新中心在广州市花都区花东镇四联村揭牌成立。

2013 年 6 月 28 日，由中国热带农业科学院甘蔗研究中心和海南省糖业协会共同发起的海南省甘蔗学会在海南省海口市成立。

中国热带农业科学院彭正强研究员荣获 2013 年"全国五一劳动奖章"荣誉称号。

2013 年 7 月 27 日，中国热带农业科学院首期管理人员 MPA 课程班在海口院区举行结业典礼，共有 29 名学员完成培训。

2013 年 7 月 30 日，中国热带农业科学院举办 2013 年财务资产专题培训班，培训财务、资产人员 110 多人。

2013 年 3 月 14 日，中国热带农业科学院橡胶专家在"橡胶树冬春科技培训专项行动"中为广大胶农现场授课。

2013 年 11 月 28 日，中国热带农业科学院在云南省举办芒果高效栽培技术培训会。

2013 年 5 月 17 日，中国热带农业科学院向海南省澄迈县农户赠送香蕉枯萎病抗病种苗。

2013 年 5 月 15 日，中国热带农业科学院举办"阳光工程"农民创业培训班结业典礼。

2013 年 12 月 26 日，中国热带农业科学院与黑龙江八一农垦大学举行合作协议签订仪式暨研究生联合培养基地揭牌仪式。

2013 年 9 月 4 日，由联合国粮农组织和中国农业部主办，中国热带农业科学院承办的热带农业平台启动研讨会暨合作伙伴大会在海南省海口市召开。

2013 年 8 月 30 日，由商务部主办，中国热带农业科学院承办的发展中国家热带农业新技术培训班在海南省海口市举行结业典礼，来自 15 个国家的 25 名学员完成了培训。

2013 年 12 月 17 日，刚果（布）农牧业部部长马本杜（主席台左二）一行出席中国热带农业科学院举办的援刚果（布）农业技术示范中心第二期"木薯生产技术培训班"结业典礼。

《中国热带农业科学院年鉴2014》

编委会

主　　任	王庆煌	雷茂良			
副 主 任	张万桢	郭安平	刘国道	张以山	孙好勤
	汪学军				
委　　员	方艳玲	李　琼	唐　冰	韩汉博	赵瀛华
	赖琰萍	郭建春	蒋昌顺	龙宇宙	方　佳
	王富有	郑学诚	龚康达	陈　忠	王树昌
	陈业渊	黄华孙	邬华松	谢江辉	彭　政
	彭　明	易克贤	赵松林	邓干然	刘恩平
	罗金辉	金志强	刘实忠	覃新导	吴　波
	王秀全	尹　峰			
主　　编	汪学军				
副 主 编	方艳玲	陈　忠	林红生		
执行编辑	陈　刚	黄得林	田婉莹	王安宁	李　莹
参与编辑	欧春莹	魏玉云	陈诗文	赵朝飞	罗志恒
	杨远富	袁宏伟	张　雪	林爱华	马智玲
	苏林忠	叶雪萍	徐惠敏	刘　倩	徐　晴
	陆敏泉	陈佳瑛	郑　龙	尹一伊	温衍生
	范海阔	张　园	刘晓光	沈雪明	何应对
	黄小华	杨之曦	詹小康	张捷敏	唐南明

目　　录

一、总　　则

二、科技创新

三、科技服务与推广

四、科技开发

五、国际合作与交流

六、人事管理与人才队伍建设

七、资产、财务、基建管理

八、学术交流与研究生教育

九、综合政务管理

十、党建、监察审计与精神文明建设

十一、院属单位

十二、大事记

十三、附　录

一、总　　则

概　况

中国热带农业科学院（以下简称"热科院"）创建于1954年，前身是设立在广州市的华南特种林业研究所，1958年从广州市迁至海南省儋州市，1965年研究所更名为华南热带作物科学研究院，1994年经国家有关部门批准更为现名。在50多年的发展历程中，老一辈革命家周恩来、朱德、邓小平、叶剑英、董必武、王震等，新一代国家领导人习近平、胡锦涛、江泽民等都给予了亲切关怀。

2013年，热科院拥有海口、儋州、湛江三个院区，积极筹建三亚和文昌院区，全院土地面积6.81万亩（15亩＝1公顷。全书同），年度财政拨款7.16亿元，国有资产总额20.26亿元，内设院办公室、科技处、人事处（离退休人员工作处）、财务处、计划基建处、资产处、研究生处、国际合作处、开发处、基地管理处、监察审计室、保卫处、机关党委13个职能部门和驻北京联络处、文昌办事处、兴隆办事处3个派出机构，设有热带作物品种资源研究所、橡胶研究所、香料饮料研究所、南亚热带作物研究所、农产品加工研究所、热带生物技术研究所、环境与植物保护研究所、椰子研究所、农业机械研究所、科技信息研究所、分析测试中心、海口实验站、湛江实验站、广州实验站14个科研单位和后勤服务中心、试验场、附属中小学3个附属单位。拥有国家工程技术研究中心、部省共建国家重点实验室培育基地、农业部重点实验室等77个部省级以上科技平台和2个博士后科研工作站。

2013年，热科院拥有科技职工3 100多人，高级专业技术人员500多人，国家级和部级有突出贡献专家、21世纪百千万人才工程国家级人选、青年千人计划、海南省委省政府直接联系重点专家等部省级以上专家100余人，同时面向国内外聘请了130多位院士、知名专家学者作为热科院特聘专家。通过人才引进、培养和凝聚外部高端智力，初步形成了一支精干高效、结构合理的热带农业科技创新、科技管理、成果转化及技术支撑服务的人才队伍。

2013年，热科院新增科研项目588项，立项经费1.86亿元。获部省级科技奖励36项，其中，部省级科技奖励一等奖8项，"木薯种质资源收集、保存及应用研究团队"获中华农业科技奖优秀创新团队、"攀枝花市优质晚熟芒果产业化"获全国农牧渔业丰收奖合作奖。鉴定成果31项，审（认）定新品种18个，获授权专利290件，出版著作35部，发表SCI和EI论文300篇，其中，影响因子3.0以上32篇。

建院以来，热带农业科学研究在国内外享有较高的知名度，热科院先后承担了"973"计划、"863"计划、国家科技支撑计划等一批重大项目和FAO、UNDP等国际组织重点资助项目，取得科技成果1 000多项。其中包括国家发明一等奖、国家科技进步一等奖在内的国家级奖励近50项，部、省级奖励430多项。授权专利800多件，获颁布国家和农业行业标准400多项，开发科技产品200余种。在橡胶、木薯、香蕉等热带作物的基础性研究方面，部分成果处于国际领先水平。木薯全基因组测序、香蕉枯萎病基因密码破译、橡胶树产胶机理研究等，已取得重大突破。应用研究方面，紧密结合热区农业发展需要，不断创新，研究、推广了一大批橡胶、木薯、水果、香饮料作物等新品种、新技术，为满足国家战略需要、确保热带农产品有效供给、带动农民增收提供了强有力的支撑。

重要活动

国务院副总理汪洋参观深圳高交会热科院展区
勉励热科院加快科技成果产业化步伐

2013年11月16日，第十五届中国国际高新技术成果交易会在深圳开幕。期间，中共中央政治局委员、国务院副总理汪洋和中共中央政治局委员、广东省委书记胡春华参观热科院展区，并与张以山副院长及科技人员亲切交谈，了解热科院参展项目情况，希望热科院以高交会为平台，加快科技成果产业化步伐，为热带农业发展作出新贡献。

原国务院副总理回良玉考察热科院

2013年12月30日，原中共中央政治局委员、国务院副总理回良玉到热科院香饮所参观考察。万宁市委书记丁式江、市长张美文等陪同考察。

回良玉十分关心"三农"工作，对香饮所科研示范、科技推广和科技服务工作给予充分肯定，希望香饮所加强科研力量建设，解决更多制约产业发展的关键性问题，为我国热带香辛饮料事业发展作出更大贡献。

全国政协副主席卢展工考察热科院

2013年10月13日，全国政协副主席卢展工一行在海南省政协副主席林方略、万宁市委书记丁式江等陪同下到热科院香饮所考察。

卢展工副主席一行饶有兴趣地参观了兴隆热带植物园，对香饮所推动热带香料饮料作物产业发展所采取的"种植、示范、推广、加工、营销"一条龙的模式及取得的成绩表示肯定，并希望在发展热作产业的过程中，能充分结合热带地区的地域文化特色，发挥科研单位的科技优势，加强传承与创新，做精、做强、做大，将特色文化宣传推广到全国乃至全世界。

农业部部长韩长赋参观考察热科院香饮所
希望建成世界一流的农业研究所

2013年4月6日，农业部部长韩长赋一行在海南省副省长陈志荣、热科院院长王庆煌、党组书记雷茂良等的陪同下参观考察热科院香饮所兴隆热带植物园，韩长赋部长对香饮所给予高度评价，希望香饮所建成世界一流的农业研究所。

韩长赋部长一行认真听取了王庆煌院长关于香饮所的发展历程和基本情况的介绍，饶有兴致地观赏了旅人蕉、槟榔、可可、椰子等热带作物，参观了胡椒科研试验基地、中粒种咖啡高产无性系母本园、香草兰基地等，详细了解了胡椒、香草兰等热带作物的栽培、加工、开发等方面的情况。

韩长赋部长充分肯定了香饮所50多年来取得的成就。他高兴地说："110个员工，800多亩地，2 300多个热带植物品种，40多个获奖成果，解决600多个就业岗位，创造1亿多元产值，香饮所'一个中心，两个基地'当之无愧。"他对香饮所寄予厚望，希望香饮所不仅要出成果、出效益，还要出人才，争取成为全国、全世界一流的农业科研单位。一路上，他还与香饮所青年科技人员亲切交谈，勉励青年科技工作者扎根热区，安心科研，为热带农业贡献力量。

韩长赋部长还在植物园里亲手栽下了一棵花梨木树苗，参观了科技产品展销部，品尝了香草兰绿茶、可可椰奶、糯米香茶等热科院研发的科技产品。

农业部总经济师、办公厅主任毕美家，农业部国际合作司司长王鹰，海南省农业厅厅长江华安等随行参观考察。

海南省政协主席于迅一行考察调研热科院兴隆热带植物园

2013 年 4 月 18 日，海南省政协主席于迅、副主席丁尚清一行在万宁市委书记丁式江、市政协主席韦章运、热科院院长王庆煌的陪同下到热科院兴隆热带植物园考察调研。

考察过程中，王庆煌院长向于迅主席一行介绍了热科院香饮所不断推进胡椒、咖啡、可可等重要热带特色经济作物科研与生产，带动万宁及海南经济发展所做的工作，并详细介绍了香饮所"一个中心、两个基地"的发展目标。王庆煌院长向于迅主席建议，希望利用海南得天独厚的生态环境和突出的区位优势，将政府、科研单位、企业和农户有机结合起来，着力打造海南特色品牌，把海南热带特色经济做大做强。

于迅主席充分肯定了热科院和香饮所在推动海南热带现代农业发展、促进地方就业、提高农民知识和科技水平等方面发挥的重要作用，希望热科院及香饮所继续努力，在推动海南"三农"工作、国际旅游岛建设、生态省建设、谱写美丽中国海南篇章等方面作出更大贡献。

农业部副部长张桃林参观热科院热带农业科技成果展示区

2013 年 9 月 26 日，在河北廊坊"全国农业科技成果转化交易服务平台"上线试运行启动仪式上，农业部副部长张桃林在副院长张以山的陪同下参观了热科院位于"国家农业科技成果交易展示中心"的科技成果展示区。

张桃林副部长对送展热带作物新品种以及配套栽培管理技术取得的成果及在农业生产实践推广应用中取得的成绩给予肯定。张桃林副部长特别强调，要进一步加大对"菠萝叶综合利用研究成果"的宣传力度和成果转化应用规模，实现农业废弃物变废为宝及生物质能源的再利用，减少环境污染，保持农业生产生态环境的可持续发展。

农业部副部长牛盾参观热科院国际合作图片展

2013 年 11 月 21 日，在中非合作圆桌会议第四次大会召开期间，农业部副部长牛盾专程到热科院国际合作图片展参观，副院长汪学军陪同。

牛盾副部长高度肯定了热科院国际合作工作取得的成效，希望热科院充分发挥中刚农业技术示范中心项目的作用，争取早日建成非洲实验站，加大技术培训，加快开发，实现示范中心自身的可持续发展。

商务部副部长李金早一行调研热科院

2013 年 11 月 20 日，商务部副部长李金早、援外司司长王胜文、西亚非洲司司长钟曼英在海南省商务厅厅长叶章和、热科院副院长汪学军等陪同下到热科院香饮所调研。

汪学军副院长向李金早副部长一行汇报了热科院的基本情况和承担的科技援外工作情况，并针对热科院承担的援刚果（布）农业技术示范中心项目提出发展建议；香饮所所长邬华松汇报了香饮所的基本情况及近两年来承办的援外培训班情况。

李金早副部长参观了香饮所热带植物种植园区，对热科院及香饮所开展的援外工作给予充分肯定和高度评价，希望今后继续发挥热科院的科研优势，推动科技援外工作再上台阶。

院领导及分工

中国热带农业科学院领导班子名录

院　　长：王庆煌

副 院 长：雷茂良、张万桢、郭安平、
刘国道、张以山、孙好勤、汪学军

党组书记：雷茂良

党组副书记：王庆煌

党组成员：张万桢、郭安平、张以山、
孙好勤、汪学军

中国热带农业科学院关于公布院领导分工的通知

（热科院发〔2013〕392号）

各单位、各部门：

经研究，现将院领导工作分工公布如下。

王庆煌：院长、党组副书记。主持全面工作。负责"热带农业科技创新能力提升行动"的总体协调。

雷茂良：党组书记、副院长。主持党组工作。协助主持行政工作。负责体改、院重大工程建设项目的总体协调。联系香饮所、椰子所、广州实验站、广东热区。

张万桢：副院长、党组成员。协助院长、党组书记具体负责"235保障工程"（牵头）、财务、资产、全院土地管理与资产配置、预算执行、院机关财务及保值增值、房改、院附属单位体改、修缮类项目库的建设与管理。分管财务处、资产处、试验场、后勤服务中心、附属中小学。协管监察审计室（审计）及相关业务处室。联系江西热区。"一岗双责"。完成院长、党组书记交办的专项工作。

郭安平：副院长、党组成员。协助院长、党组书记具体负责"十百千科技工程"（牵头）、"十百千人才工程"、科技、研究生培养、院属科研单位体改、三亚院区管委会筹建、科技类项目库的建设与管理。分管科技处、研究生处、重要热带作物生物学与遗传资源利用国家重点实验室筹建、院学术委员会、大型仪器设备共享平台。协管人事处（人才队伍）及相关业务处室。联系生物所、环植所、湖南热区。"一岗

双责"。完成院长、党组书记交办的专项工作。

刘国道：副院长。协助院长、党组书记具体负责国际合作、热区科技创新中心（或综合实验站）的规划与建设、服务"三农"、科研试验示范基地、"三农"和国际合作类项目库的建设与管理。分管国际合作处、基地管理处、全国热带农业科技协作网、中国援建刚果（布）农业技术示范中心、海南儋州国家农业科技园区、品种审定。协管科技处（协同创新及成果孵化）及相关业务处室。联系品资所、海口实验站、贵州和广西热区。"一岗双责"。完成院长、党组书记交办的专项工作。

张以山：副院长、党组成员。协助院长、党组书记具体负责"235保障工程"、院机关资产经营管理、计划基建、土地规划、社会治安综合治理、安全生产和维稳、保障性住房建设、海口院区围墙经济建设、儋州市中兴大道西延线建设、中国农业科技创新海南（文昌）基地建设、文昌院区管委会筹建、海口院区环境建设、开发和建设类项目库的建设与管理。分管计划基建处、开发处、保卫处。协管资产处（经营性资产）及相关业务处室。联系橡胶所、分析测试中心、云南热区。"一岗双责"。完成院长、党组书记交办的专项工作。

孙好勤：副院长、党组成员。协助院长、党组书记具体负责"十百千人才工程"（牵头）、人事、院机关人事、党建、院体改、热带农业

科技发展战略、考核评价、特聘研究员、离退休人员管理工作。分管人事处（离退休人员工作处）、机关党委。协管院办（战略管理）及相关业务处室。联系南亚所、信息所、四川热区。"一岗双责"。完成院长、党组书记交办的专项工作。

汪学军：副院长、党组成员。协助院长、党组书记具体负责"十百千科技工程"、行政管理、监审、院机关事务管理、宣传、品牌、重点工作督办、法律事务、保密、热带农业研究生院筹建、行政管理类项目库的建设与管理。分管院办公室、监察审计室、法律事务室、院纪检组、国家重要热带作物工程技术研究中心、驻北京联络处、兴隆办事处、文昌办事处、院机关服务中心、儋州院区管委会、海口院区管委会、湛江院区管委会。协管科技处（重要项目协调沟通及平台建设）、研究生处（学科体系建设）及相关业务处室。联系加工所、农机所、湛江实验站、海南和福建热区。"一岗双责"。完成院长、党组书记交办的专项工作。

特此通知。

中国热带农业科学院

2013 年 12 月 28 日

工作报告

励精图治　强院强所
全面提升热带农业科技创新能力

——热科院 2013 年工作报告
王庆煌　院长
（2013 年 1 月 8 日）

同志们：

现在，我代表院领导班子向大家作 2013 年工作报告。这次会议的主要任务是：深入贯彻落实党的"十八大"、全国科技创新大会、中央农村工作会议和全国农业工作会议精神，总结 2012 年工作，部署 2013 年重点工作。会议的主题是：励精图治、强院强所，全面提升热带农业科技创新能力。

一、2012 年工作回顾

2012 年在农业部的正确领导下，院领导班子团结带领全院干部职工，不断提升科技内涵，增强院所综合实力，全院各项工作取得了可喜的成绩，主要体现在：

（一）科技内涵快速提升

全年获批立项 461 项，实现经费 1.585 亿元，比上年增长 50%。首次获得国家重大科技成果转化项目的立项，批复经费 4 800 万元，是我院迄今批复额度最大的科研项目。全年获省部级以上科技奖励 36 项，其中，国家科技进步二等奖 1 项、省级科技奖励一等奖 5 项。获批授权专利 167 项，审定新品种 7 个。在橡胶、油棕、甘蔗、热带香辛饮料、热带农产品加工等研究领域取得重要进展。国家重点实验室申报工作扎实推进。成立了甘蔗、热带海洋生物资源利用、热带油料、热带旱作等 4 个院级研究中心。新增 3 个省级重点实验室和 3 个部级种质资源圃。新增 3 个院级重点学科。成功举办了第九届学术委员会年会，凝聚了一大批顶尖专家。

（二）队伍建设不断加强

全年引进科技人员 172 人，其中博士 62 名，人才队伍结构不断优化。增补了一批特聘专家，组建了院离退休高级专家组。遴选热带农业科研杰出人才、青年拔尖人才及其创新团队并加强扶持培养。2 人入选农业部农业科研杰出人才及其创新团队，1 人入围第四批"青年千人计划"人选，2 人获"全国优秀科技工作者"称号，1 人获第二批"海南省高层次创新创业人才"称号。根据事业发展需要，加强院属单位领导班子建设，优化、调整、充实了一批局处级干部。积极推荐选派干部参加部省级培训班，开展了 ISO 管理体系、外语能力提升等一系列业务培训。加大力度选派干部到农业部及地方部门挂职服务，深入开展干部院内挂职交流，提升干部队伍能力。

（三）综合实力得到增强

品资所、橡胶所、生物所、环植所进入全国农业科研机构百强所。香饮所排 101 名，各所排名均有较大幅度提升。院附属单位的重点工作得到落实。全院总收入 9.1 亿元。加速成果转化和产品开发，全院开发总收入近 2 亿元，比上年增长近 20%。新增开发香草兰、可可、艾纳香等 8 种系列科技产品。注重品牌宣传，实现了良好的经济社会效益。加快资源优势转化，启动了海口院区"科技服务中心"和"热带农产品展示及后勤服务中心"立项。不断加强开发体系建设，香饮所等单位探索构建"一所两制"取得了新进展。

（四）国际合作成效显著

中刚项目建设卓有成效，回良玉副总理、

刚果（布）萨苏总统亲自参加揭牌仪式并给予高度评价。获批国际合作项目经费近 3 000 万元，比上年增长约 85%。首次获得国家自然科学基金委员会与国际农业磋商组织合作研究项目，获批经费 239 万元。品资所执行的"中国—莫桑比克腰果病虫防治示范项目"获科技部充分肯定。应联合国粮农组织邀请加入了"热带农业平台"。"中国—坦桑尼亚腰果联合研究中心"获科技部立项。举办木薯种植与加工、热带香料饮料作物生产等援外培训班，培训了来自柬埔寨、埃塞俄比亚等 14 个发展中国家近 300 名学员，受到好评，增强了双方的友好互信，提高了我国在世界热区的影响力。

（五）服务"三农"有声有色

全国热带农业科技协作网运转良好，扎实推动"三百工程"，深入开展"双百活动"。选派专家驻县、驻村、驻点，推广优良品种、普及先进实用技术、培训农民，为热区农业增效、农民增收提供了技术支撑。依托海南儋州国家农业科技园区，组织开展"一对一"科技入户服务、示范和帮扶行动，提升了海南天然橡胶、木薯、甘蔗等特色产业的水平，持续开展支撑海南中部六市县农民增收行动，超额完成省政府确立的增收目标，科技园区以优秀成绩通过现场评估。加强试验示范基地建设和科技推广应用。在海南、云南、广西、四川等省区联合建立橡胶、香蕉、芒果、木薯、牧草、甘蔗等科技推广示范基地、农民培训基地和现代农业示范园。

（六）条件建设亮点突出

热带农业科技中心项目在海口顺利开工建设，这是热科院几代人的梦想，对热带农业科技事业和实现我院跨越式发展具有里程碑的意义。椰子所、环植所、湛江实验站科研实验大楼投入使用，香饮所科研大楼顺利封顶，在建工程进展顺利，极大地改善了研究所的科研条件。新增基本建设资金 7000 万元，比上年增加近 20%。积极申报 2013—2015 年修购规划项目。

（七）管理工作卓有成效

进一步强化"决策、管理、执行、监督"运行体系，推动"放权强所、管理重心下移"，强化执行力，确保政令畅通。试行科研项目资金绩效评价，实现全年预算执行进度 89.7%。加强资产管理，实现资产保值增值 101.18%。加强安全生产和社会治安综合治理，建设平安院所，实现安全责任"零事故"。

（八）党建工作全面加强

院党组以领导班子理论中心组学习为抓手，带动全院各级领导班子，用理论武装头脑、指导实践、推动工作。深入开展创先争优、党风廉政建设年、基层组织建设年活动，改进了工作作风，增强了各级党组织在科技创新、服务"三农"等工作中的凝聚力和战斗堡垒作用。

（九）民生工程扎实推进

保障性住房建设全面开展，已在海口、万宁、文昌、儋州、湛江等地争取保障性住房建设指标 2502 套，申购儋州市经济适用房 163 户。海口院区第一批保障性住房建设顺利，第二批保障性住房 656 套获批启动。香饮所、试验场保障性住房建设成绩突出，湛江院区、椰子所保障性住房完成阶段性任务，确保了全院每户职工家庭享受一次保障性住房政策。开展海口院区环境整治，职工工作生活环境进一步改善。顺利完成首批职工儋州户籍向海口迁移。稳步提高职工收入，下达工资总额 2.64 亿元，比上年增加 18%。

2012 年是我院建设发展历史上不平凡的一年，无论在发展的速度和质量，空间拓展、结构优化、作用发挥，还是对外扩大影响等方面都得到快速提升。热带农业地位进一步提高，热带农业科技事业得到党和国家领导人的高度重视，全国政协万钢副主席、农业部韩长赋部长、海南省罗保铭书记等 10 多位部省级以上领导亲临我院指导工作，对我院建设发展成绩和今后思路给予充分肯定。通过协作网、学术委员会等平台凝聚了一批院士和资深专家，为热带农业科技创新建言献策。

一年来取得的成绩，是农业部正确领导和海南省大力支持的结果，是全院干部职工精诚团结和辛勤努力的结果，是两院几代人奠定的基础，更是广大科技人员求真务实、艰苦奋斗、忘我奉献、团结协作的结果。在此，我代表院领导班子向大家表示衷心的感谢并致以崇高的敬意!

但我们也清醒地认识到,与农业科技的国家队定位相比、与支撑热带农业发展的使命相比、与我院新时期发展的要求相比,仍然存在许多不足:一是热带农业对科技的需求不断提高,国家、热区、农民新的需求对我们提出更高期盼;二是领军人才不足成为我院发展的重大瓶颈;三是进一步激励广大科技人员心存高远,为热带农业科技事业建功立业的激励和约束机制不够健全;四是我院综合实力不强。以上问题和矛盾我们一定要高度重视,深入研究,并在今后的工作中重点加以解决。

二、实施热带农业"科技创新能力提升行动"

(一) 总体目标

用五年时间,到2017年,全院科研条件全面改善,人才结构显著优化,创新团队实力明显增强,牵头实施一批国家级重大项目,产出一批在国内外具有影响力的重要成果,真正发挥热带农业科技创新"火车头"、成果转化应用"排头兵"和优秀科技人才"孵化器"的作用,基本建成世界一流的热带农业科技中心。

(二) 主要内容

1. 以人才为核心,实施"十百千人才工程"

引进和培养10名产业技术体系首席专家或学科领军人物。100名左右在国际国内有影响力和能把握热带农业产业技术和学科前沿,并得到国内外同行认可的重大项目负责人。1 000名左右具有竞争力的科技骨干。

2. 以项目为抓手,实施"十百千科技工程"

取得或参与10个左右国家级奖励的重大科技成果,主持或参与100个1 000万元以上的重大专项、1 000个100万元以上重要科技项目,提升我院自主创新能力。突破一批重大科技问题,集成创新一批重要热带农业产业技术。

3. 以条件和机制建设为支撑,实施"235保障工程"

筹集2 000万元人才激励资金,争取3亿元科技条件建设资金、5亿元基本建设资金,使我院条件设施真正达到国家级科研机构的水平,为建设世界一流的热带农业科技中心提供条件保障。同时建立健全以重大产出为导向的优势资源配置机制,确保全院预算、条件建设和人才队伍建设围绕科技。创新人才考核的评价、激励和约束机制,实施年度考核和岗位考核相结合、短期考核和中长期考核相结合的考核体系,实行目标管理、量化考核、绩效奖罚,将考评结果与奖惩挂钩。

三、2013 年重点工作

2013年是我院实施"科技创新能力提升行动"的第一年,也是我院"十二五"跨越发展承前启后的关键之年,我们一定要进一步增强发展的危机感、紧迫感和使命感,重点做好以下几个方面的工作:

(一) 科技立院

做好顶层设计,强化科技体系建设。完善研究所内设科研机构设置。继续推进天然橡胶航母的建设。推进湛江实验站、广州实验站向科研所转型。统筹规划科研平台建设,全力争取国家重点实验室纳入申报指南。积极谋划油料作物、海洋资源、农产品质量安全、农业装备、航天育种等方面的部省级重点实验室、野外科学观测研究试验站的建设。进一步强化重要热带作物现代农业产业技术体系的建设。联合热区农业科研院所及龙头企业,开展区域农业科技创新协作,在热区九省(区)建设布局"区域创新科技中心"。不断加强院所学科建设,重点加强农产品加工、热带海洋生物资源、热带畜牧等领域的学科建设。强化项目储备和申报,建立以国家级、部省级重大项目为核心的项目库。拓展项目申报渠道,2013年获批经费总量比2012年增加30%。围绕国家战略需求,强化热带农业产业技术研究,突破一批事关热区发展和热带农业产业发展的重大科学问题和关键技术问题,组织策划国家级重大(重点)项目20项。围绕热区农业农村需求,集成创新一批重要热带农业产业技术,组织策划省部级重大(重点)项目200项。围绕企业技术需求,依托国家重要热带作物工程技术研究中心和产业技术创新联盟,加快联合协作攻关,形成一批新的技术支撑力量。围绕农民需求,建立以院为主导的对外开放联合机制,强化实用技术集成推广。强化科技产出,2013年力争国家科技奖1项，拓展省级成果奖励渠道。加强课题组管理，抓好重大项目的执行，强化项目的过程监管，构建科学的激励机制和奖惩机制。活跃院所学术交流，提升学术交流质量。加强研究生教育，拓宽招生渠道。

（二）人才强院

建好三支队伍。建设真才实学的创新队伍，大力加强热带农业科研杰出人才、青年拔尖人才及其创新团队的培养力度，遴选、引进和培养"十人计划"专家2~3名、"百人计划"专家20~30名、"千人计划"科研骨干200~300名。同时建设与创新队伍相匹配的精干高效的管理队伍和合理实用的科辅队伍。围绕重要平台及学科建设需求，延揽高端智慧，院层面继续聘任高级专家，研究所层面特聘研究员，并切实发挥作用。加强"中组部老干部工作联系点"的建设，发挥院离退休高级专家建言献策的作用。加大培训投入和工作力度。创新考核评价机制，完善单位和人员考评方法，实行分类分级、定量与定性考评相结合的办法，建立起"干实事、重实绩、重贡献"的考评机制。强化考评结果的使用力度，建立单位考评末位淘汰机制，完善人员考评奖惩制度。

（三）开发富民

以"加快优势资源转化、促进科技成果物化、完善科技开发体系建设"为主线，力争全院开发总收入比2012年增加30%。启动椰子所椰子大观园、南亚所疏港大道沿线、儋州市中兴大道西延线土地资源合作开发。强化检验检测、信息咨询等工作。加快建设南亚所、品资所休闲农业示范基地。在儋州院区建设"夕阳红"基地和农家乐基地。建设良种良苗基地，做大做强种业经济。以所为主体，建设各类科技产品中试工厂。发展林下经济、道路经济等短、平、快项目。完善开发工作体系，落实科技成果等技术要素、管理要素参与分配的开发激励政策。鼓励所企合作开发，建设科技产品展销部，拓展科技产品的市场空间。

（四）国际合作

科技支撑热带农业"走出去"和服务国家科技外交。开展热带农业援外培训，鼓励科技人员"走出去"，拓宽国际视野。充分发挥中刚农业技术示范中心的国际影响，强化与世界热区国家的合作与技术服务，筹建非洲实验站。强化项目支撑，建设国际合作项目库，2013年项目经费比2012年增加30%。

（五）服务"三农"

立足海南、广东，充分发挥海南儋州国家农业科技园区的科技辐射作用，服务海南国家热带现代农业基地建设。进一步发挥全国热带农业科技协作网的作用，在热区深入开展"百项技术兴百县""百名专家兴百村"活动。实行各研究所服务热区"三农"责任区域负责制，结合农业生产需求，以专项技术培训为主体，以举办综合性活动为导向，开展科技下乡现场指导、培训。积极推进广西木薯创新中心、云南咖啡创新中心、四川攀枝花芒果创新中心的建设。根据我院土地功能规划，按照"标准化、规范化、现代化、园林化"的要求，规划建设全院试验示范基地。创新基地建设机制，争取与地方、科研机构、企业共建一批设施一流、技术先进、辐射能力强的试验示范基地。做好与国家现代农业示范区的对接工作。

（六）保障条件

完成热带农业科技中心项目主体结构封顶。完成海口院区科技服务中心项目施工、监理招标。开工建设海口院区热带农产品展示中心及后勤服务中心项目。完成中国农业科技创新海南（文昌）基地的建设用地修规编制和申报。启动儋州院区中兴大道西延线两侧建设用地修规前期工作。做好规划，全方位争取项目。加快推进在建项目的实施，确保预算执行80%以上。

（七）强化管理

建设并启用办公自动化系统，建设高效的运转体系，确保政令畅通。加强督查督办，强化执行，试行问责。加强财经管理，进一步完善预算编制，加强科研项目和基建项目的财务监管，确保资金使用安全，做好项目经费的绩效评价。强化预算管理，加快预算执行和有效监管。加强资产管理，开展院所土地维权、确权工作，推进儋州院区土地使用配置（责任制）及使用规划工作。推进院大型仪器设备整合与共享、共用试点工作。加强监督管理，强化内部审计，重点开展科研经费监管、重大工程项目跟踪审计和领导干部经济责任审计，堵塞管理漏洞。发挥好各院区管委会的作用。

（八）抓好党建

充分发挥党组织政治核心作用，牢牢把握加强党的先进性和纯洁性建设这条主线，抓好思想理论学习，深入贯彻党的"十八大"精神，推进学习型党组织建设，着力发挥党组织的战斗堡垒作用。努力搭建"干工作、谋发展、抓落实、做贡献"的发展氛围。加强作风建设，严格执行中央"八项"规定，着力整治慵懒散奢等不良风气，提高各级领导干部的管理能力和业务水平。加强反腐倡廉教育和廉政文化建设。扎实推进制度监督、审计监督、法律监督。严格执行领导干部重大事项报告制度。严肃违纪案件查处，实施廉政一票否决制，全面推进惩治和预防腐败体系建设。加强社会管理综合治理和平安院所建设。加强群众工作和统战工作。

（九）体制改革

稳步推进解决历史遗留问题。按照老队"以所带队"，新队"院市共建"的思路，完成试验场体制改革决策程序。推进后勤服务中心与海口实验站统一预算管理的决策程序，并逐步推进后勤服务的社会化。整合院基础教育资源，启动附属中小学移交地方谈判工作。进一步加强企业清理，理顺企业管理体系，逐步建立现代企业制度。深化科技体制改革，按照国家事业单位分类改革要求，做好顶层设计，超前谋划我院事业单位分类改革方案。探索"一所两制"。启动三亚院区的建设，筹建文昌院区。

（十）民生工程

扎实推进职工保障性住房建设。确保海口院区第一批经济适用房交付使用，第二批经济适用房动工建设；试验场2012年经济适用房交付使用，试验场九队经济适用房一期工程开工建设；加工所、农机所、南亚所所部及市区公租房完成规划报建及施工图设计；香饮所经济适用房一期工程交付使用；椰子所经济适用房一期工程完成主体结构9层。启动激励性住房建设前期调研，积极争取政策支持，推进海口、万宁、文昌、儋州和湛江高层次人才培训基地建设的政策调研。千方百计增加职工收入，争取全院职工绩效工资平均增幅15%以上。加强各院区、各所环境建设。做好第二批职工儋州户籍向海口迁移工作。

目标任务已经明确。在农业部的正确领导下，我们一定要以更加坚定不移的理想信念、更加开拓进取的勇气决心，不断改革创新、奋勇拼搏，全面加快世界一流的热带农业科技中心建设，共同创造美好的未来！

深入贯彻落实党的"十八大"精神
全面提高我院党的建设科学化水平

—— 在热科院 2013 年党建工作会议上的讲话

雷茂良　书记

（2013 年 3 月 11 日）

同志们：

今天我们在这里召开 2013 年全院党建工作会议，这次会议的主题是：深入贯彻落实党的"十八大"精神，认真履行职责，切实转变作风，全面提高党的建设科学化水平，为提升热带农业科技创新能力提供强有力的保障。

2012 年是党的"十八大"胜利召开，全国粮食产量实现"九连增"、农民收入实现"九连快"的一年，也是我院各项工作取得重大进展的一年。一年来，全院各级党组织和广大党员干部，坚持围绕中心、服务大局，把贯彻落实中央 1 号文件，执行农业部党组和院的各项决策部署作为检验党组织和党员战斗力的实践标准，把发挥科技优势，服务热区"三农"作为深化创先争优活动的有效载体；认真组织学习宣传贯彻党的"十八大"精神，结合热带农业科技事业发展实际，开展研讨和交流；深入推进创先争优、基层组织建设年活动，推进学习型党组织建设；不断完善党风廉政责任体系和廉政风险防控机制；大力加强创新文化建设和精神文明建设。党的思想、组织、作风、反腐倡廉和制度建设取得了明显成效，为院的跨越式发展发挥了积极作用，提供了坚强保障，作出了突出贡献。这些成绩的取得，是各级党组织、广大党员干部和党务工作者辛勤工作的结果，也是各级行政班子积极支持配合和全院职工共同努力的结果。在此，我代表院党组向大家表示诚挚的问候和衷心的感谢！

同时，我们也要清醒地认识到，党的"十八大"对全面提高党的建设科学化水平，提出

了更高的目标；热带农业科技事业的发展对党建工作也提出了更新的要求；广大职工群众对增强党组织凝聚力和发挥党员先锋模范带头作用有了更热切的期望。在新形势下，认真贯彻落实党的"十八大"精神，抓好党建各项工作的必要性和重要性更加突出，广大党员特别是党员领导干部必须进一步统一思想、提高认识，牢固树立"围绕发展抓党建，抓好党建促发展"的理念，增强工作的责任感和使命感，以满腔的热情和扎实的工作推动我院的党建工作跨上一个新的台阶。

一、进一步全面理解、深刻领会党的"十八大"精神

全面贯彻落实党的"十八大"精神，是 2013 年党建工作的首要任务。全院广大党员、干部要找准学习贯彻"十八大"精神的着力点和落脚点，深入学习领会"十八大"确立的重大理论观点、重大战略思想、重大工作部署，把握精神实质，把思想和行动统一到全面贯彻落实党的"十八大"精神上来。

（一）进一步充分认识党的"十八大"的重要历史意义

党的"十八大"是我国进入全面建成小康社会决定性阶段召开的一次十分重要的大会，是一次高举旗帜、继往开来、团结奋进的大会，对凝聚党心民心、推动党和国家事业发展具有十分重大的意义。大会高举中国特色社会主义伟大旗帜，以马克思列宁主义、毛泽东思想、邓小平理论、"三个代表"重要思想和科学发展

观为指导，分析了国际国内形势的发展变化，回顾和总结了过去五年的工作和党的"十六大"以来的奋斗历程及取得的历史性成就，确立了科学发展观的历史地位，提出了夺取中国特色社会主义新胜利必须牢牢把握的基本要求，确定了全面建成小康社会和全面深化改革开放的目标，对新的时代条件下推进中国特色社会主义事业作出了全面部署，对全面提高党的建设科学化水平提出了明确要求。

（二）结合工作实际，全面领会和准确把握"十八大"的精神实质

一是要进一步深入学习领会党的"十八大"的主题，在举什么旗、走什么路、以什么样的精神状态、朝着什么样的目标继续前进这四个关系党和国家工作全局的重大问题上，始终与党中央保持高度一致。

二是要进一步深刻认识过去五年和十年党和国家取得的新的历史性成就，理解中国特色社会主义的丰富内涵，领会夺取中国特色社会主义新胜利的基本要求，把握全面建成小康社会和全面深化改革开放的目标。

三是要进一步深入学习领会科学发展观的历史地位和指导意义，把科学发展观贯彻到热区农业现代化建设和热带农业科技进步的全过程，体现到党的建设各方面。

四是要进一步深入学习领会社会主义经济建设、政治建设、文化建设、社会建设、生态文明建设"五位一体"的总布局。作为农业科研单位的共产党员，特别要深刻领会"十八大"再次强调"三农"工作"重中之重"与实施创新驱动发展战略的重大意义和历史重任，自觉地将个人的前途、单位的发展与国家的战略需求紧密结合起来。

五是要进一步深入学习领会全面提高党的建设科学化水平的重大任务，以改革创新精神加强全院党的建设，为推动院的持续跨越式发展提供有力保障。

深入学习贯彻党的"十八大"精神是当前和今后一个阶段重要的任务，各级党组织要精心做好安排，采用丰富多样的形式，组织广大党员群众开展学习，在全面系统掌握"十八大"精神的基础上，特别要深刻领会"十八大"关于"三农"工作、科技创新和加强党的执政能力和先进性、纯洁性建设的内容，做到学以致用，切实将"十八大"精神落实到实现我院的战略发展目标上来，落实到推进"科技创新能力提升行动"上来，落实到扎实开展党建工作上来。

二、贯彻落实"十八大"部署，全面提升我院党建工作科学化水平

2013 年是贯彻落实党的"十八大"精神的开局之年，也是我院实施"科技创新能力提升行动"的开局之年，全院各级党组织和党员尤其是党员领导干部，要深刻领会党的"十八大"的重大部署，充分认识全面提高党的建设科学化水平的重要性和紧迫性，准确把握全面提高党的建设科学化水平的总体要求和重要原则，全面理解创新驱动发展战略对党建工作提出的新要求，进一步改革创新，开创我院党建工作新局面，为全院科技创新和各项事业跨越式发展提供坚强的思想与组织保障。

（一）准确把握党的"十八大"对党的建设提出的总体目标和重点任务

"十八大"报告就全面提高党的建设科学化水平进行了专门阐述，明确提出要进一步增强紧迫感和责任感，牢牢把握加强党的执政能力建设、先进性建设和纯洁性建设这条主线，坚持解放思想、改革创新，坚持党要管党，从严治党，全面加强党的思想、组织、作风、反腐倡廉、制度建设，增强自我净化、自我完善、自我革新、自我提高能力，建设学习型、服务型、创新型的马克思主义执政党。

通过全面加强党的建设，进一步坚定理想信念；进一步保持党同人民群众的血肉联系；进一步积极发展党内民主；进一步夯实党执政的组织基础；进一步抓好党风廉政建设；进一步严明党的纪律，加紧建立健全保证党科学执政、民主执政、依法执政的体制机制，抓紧解决党内存在的突出矛盾和问题，以更加奋发有为的精神状态推进党的建设。

（二）创新务实，全力做好 2013 年我院党建重点工作

提升我院党建科学化水平的总体要求是：

按照"十八大"的部署，坚持高标准、高起点、高要求，紧密围绕我院跨越式发展的实际需求开展党建工作，将各级党组织建设成为思想坚定、组织过硬、作风优良、清正廉洁、制度健全，善于学习、善于创新、善于服务院所发展和服务职工群众的政治核心和战斗堡垒。使全院党员干部思想素质不断提高，业务能力不断增强，在科技创新、成果推广、管理服务等方面的先锋模范作用更加突出。具体做好以下几项重点工作：

1. 坚持思想引领

加强理论武装，坚定理想信念，是保持党员、干部思想先进性、纯洁性的基础和前提。全院上下要以学习型党组织建设为切入点，充分发挥思想教育的基础作用。

一是抓好理论武装。坚持用中国特色社会主义理论体系，特别是科学发展观武装头脑，进一步加强党史教育和党风党纪教育。引导全体党员干部学习党的理论、党的知识、党的历史、党的优良传统及宝贵经验，教育全体党员领导干部牢固树立正确的世界观、权力观、工作观，牢记"两个务必"，强化宗旨意识、责任意识、全局意识、自律意识，切实养成严格依法、依规办事的习惯，始终做到立党为公、执政为民。

二是加强坚定信念教育。坚持用社会主义核心价值体系教育全体党员干部，坚定理想信念，增强工作修养、党性修养、理论修养、品德修养、纪律修养，培养健康生活情趣，保持高尚的精神追求。要将共产主义的远大理想与加快农业科技创新，支撑社会主义现代农业发展的实践结合起来，用每一个人的自觉行动去圆振兴中华的美好梦想。

三是创新思想教育方法途径，提高思想教育的针对性和有效性。要坚持理论中心组学习、三会一课制度，建立常态化学习机制。充分运用形式多样的学习宣传手段，改变生硬呆板的灌输式教育方法，使思想政治工作以理服人，以情感人，起到润物细无声的效果。

2. 强化组织保障

一是强化基层组织建设，夯实党建工作基础。党的基层组织是党的凝聚力和战斗力的根本所在，也是党的先进性和纯洁性的最直接体现。2013年是各单位党组织的换届之年，机关党委要以院本级为重点，做好支部调整和支委配备工作，确实发挥表率作用；各党委（党总支）要认真开展好换届选举工作，将那些能体现先进性、纯洁性的同志选拔到党组织工作机构中来，不断提升党委（党总支）的战斗力。同时要高度重视基层党支部的建设，进一步转变观念，选好配强支部领导班子，增强党支部对职工群众的凝聚力和号召力。

二是切实提高党员队伍素质。各基层党组织要把好党员入口关，必须严格发展党员的标准；要把各类岗位的先进分子吸收到党组织中来，重点是从一线科研人员和青年骨干中发展党员；同时要疏通出口，建立健全退出机制，对不合格党员及时处置。健全党的组织生活，严格党员的教育管理，健全党员党性分析制度，完善民主评议党员制度，做到全面覆盖，扎实有效。各直属机关党委要通过设立党员先锋岗、党员责任区、党员服务窗口等形式，也要结合本单位实际，配好配强基层支部书记和支委，构建党员和联系群众的工作体系，推动党员发挥先锋模范作用。

3. 加强反腐倡廉建设

腐败现象与党的先进性、纯洁性水火不容，反腐倡廉必须常抓不懈，拒腐防变必须警钟长鸣。各级党委（党总支）要认真贯彻落实中纪委十八届二次全会和农业部党风廉政建设会议精神，把反腐倡廉建设与党的思想建设、组织建设、作风建设和制度建设紧密结合，坚决贯彻执行党风廉政建设责任制，加强反腐倡廉思想教育和警示教育，推进廉政制度建设，加强对重点人群、重点领域、重大项目、重点环节、关键部门的监督，强化审计职能，进一步完善从源头上防治腐败的体制机制，充分发挥廉政风险防控机制的作用，坚决惩治消极腐败行为，为热带农业科技事业发展营造一个风清气正的良好氛围。

4. 切实改进工作作风

党的"十八大"召开以来，新一届中央领导集体高度重视作风建设。中央政治局出台了关于改进工作作风、密切联系群众的八项规定，并带头率先执行，赢得了全国人民的高度评价。要贯彻落实好中央和农业部的工作部署，实现今年院工作会议确定的工作目标，必须要有良好的作风当前提、做保障。

首先要牢固树立群众观念。热科院服务的群众包括两个范畴，一是热科院自身几千号在职与离退休职工，二是全国热区广大农民群众。要以群众满不满意为标准衡量我们的工作效果。要服务好群众，就必须深入到职工群众当中去，深入到热区生产第一线去，同职工和农民群众面对面谈心，面对面交流，倾听他们的意见，了解他们的需求，实实在在地为他们解决一些实际问题、办一些实事。

要把着力点放在抓落实上。空谈误国、实干兴邦，一分布置、九分落实。院党组年初发布了《关于改进工作作风、密切联系群众的实施办法》，要大力弘扬求真务实的风气，以贯彻落实《实施办法》为切入点，在深入学习、贯彻执行、取得实效上下功夫。有关部门要加强检查督促，看各单位，每个领导干部是否树立了群众观念，是否真正深入基层，深入农村，是否搞形式、走过场、铺张浪费，是否真正发现问题、直面问题、研究问题、回答问题、解决问题。要加强作风考核，把作风表现作为选拔任用和考核干部的重要依据，研究制定科学衡量党员领导干部党性修养和作风状况的具体要求和标准，并贯穿到领导干部培养锻炼、选拔使用、考核评价的各个方面。

要积极谋划好"为民、务实、清廉"为主要内容的群众路线教育实践活动。院各级党组织要准确把握中央关于教育实践活动的部署和要求，紧紧围绕保持党的先进性和纯洁性这条主线来开展。要通过教育实践活动，不断强化宗旨意识，培养群众感情，增强工作本领，进一步提高各级党组织和领导干部做好新形势下群众工作的能力，进一步提高服务大局、服务群众、凝聚人心、协调各方、维护社会和谐稳定的能力。

这里，我要突出强调一下：加强领导干部作风建设，广大党员干部，尤其是各单位班子、党政一把手要带好头，做好表率：做高举旗帜，坚定信念的表率；做牢记宗旨，服务群众的表率；做倡导实干，狠抓落实的表率；做艰苦奋斗，清正廉洁的表率；做解放思想，改革创新的表率。从而带动广大干部职工完成各项工作任务，确保2013年各项工作取得更好的成效。

5. 强化党内管理与监督

要以增强党性、提高素质为重点，加强党员教育和管理。要健全党员民主权利保障制度，认真开展批评和自我批评，营造党内民主平等的同志关系和党内民主讨论、民主监督的氛围，落实党员知情权、参与权、选举权、监督权。严格经常性党内组织生活、严明党的政治纪律和组织纪律，健全党员党性定期分析、民主评议、党内情况通报等制度，建立党内情况通报制度，建立健全充分反映党员意愿的党内民主制度。落实党内各项监督制度，坚持监督关口前移，立足于早发现和解决苗头性、倾向性问题。

6. 健全党建工作的体制机制

各级党组织要以改革创新精神，创新工作方式方法，破解党建工作体制机制上的矛盾和难题，建立高效管用的党建工作机制和制度体系，增强保障全院各项事业发展的生机和活力。

一要建立健全党建工作制度体系。通过近几年的努力，各级党组织的制度体系已经初步建立，党务工作各项制度在党建工作中的作用日益显现。但是，依然有一些党务工作制度与单位情况不符，可操作性不强，存在有制度不执行和执行不到位等问题。要从全面提升党建工作科学化水平的要求出发，持续优化党建工作制度体系，及时总结各项制度的执行情况，分析存在问题，修订不适时的党务制度，提高各项制度的生命力。

二要进一步加强机关党建工作。目前，院机关党委承担两项重要的任务：一是院本级机关党建工作。二是代表院党组具体承担指导全院下属单位的党建工作。进一步完善机关党建工作是我院2013年完善党建工作体系的一项重要任务。机关是院的工作枢纽，机关各支部应当成为保持先进性、纯洁性的榜样。加强机关党建工作，首先要增强机关各部门抓党建的意识，做到党建工作和业务工作"两手抓，两手都要硬"；其次，要优化支部机构，完善工作机制，创新工作方法，增强组织活力，推进工作进展，切实发挥机关的表率作用，展示良好的精神风貌，将机关各支部真正建设成为精干高效的战斗堡垒。

（三）履职尽责，充分发挥党组织的政治核心作用

加强党的先进性、纯洁性建设，其根本目的是为了进一步提升中国共产党的执政能力，带领全国人民建设中国特色社会主义。具体到科研单位，就是要使党组织充分履行党章赋予的神圣职责，发挥党组织的政治核心作用，为科技事业的发展提供坚强保障。

1. 牢牢把握政治方向

认真贯彻落实党的路线、方针政策和国家法律法规，保证单位与党中央、国务院和农业部党组的高度一致。

2. 积极参与单位重大决策的制定，抓好决策的监督执行

各级党组织要牢固树立"围绕中心、服务大局"的意识。党组织负责人要认真了解熟悉单位的整体情况，包括科研、开发主体业务，单位财务状况，条件建设重要项目，干部职工队伍等等，在参与决策时才能做到心中有数。要认真贯彻民主集中制原则，在充分调查研究的基础上，做到民主决策、科学决策。要加强同行政领导的沟通协调，解决好党政两张皮的问题。在决策作出后，党员领导干部要带头贯彻落实，党组织要通过加强宣传教育，干部考核监督，纪检监察部门督办等方式保证单位重大决策的贯彻实施。

3. 坚持党管干部、党管人才的方针

要认真贯彻执行《党政领导干部选拔任用工作条例》，和院党组刚发布的《中国热带农业科学院干部任用工作办法》。把好干部选拔任用的标准和工作程序关。坚持任人唯贤、德才兼备，坚持群众公认、注重实绩，选好用好党政领导干部。继续深化干部人事制度改革，加强和规范后备干部的选拔培养工作，完善干部考核评价机制，引导各级领导干部树立正确的人生观、价值观和政绩观，建设一支政治坚定、能力过硬、作风优良、奋发有为高素质的干部队伍。今年要以院党校挂牌为契机，启动处级干部的任职培训工作。

围绕落实坚持党管人才原则，在实施人才强院战略中突出抓好管宏观、管政策、管协调、管服务的工作。重点落实中长期人才规划，加快推进"十百千人才工程"，完善人才选拔培养机制，优化人才成长环境，为各类人才施展才华构建平台、提供服务。今年重点是在继续扩大人才规模的基础上，围绕组织实施"十百千"人才工程和创新团队建设，突出领军人才、科研骨干人才、青年拔尖人才的选拔和培养，加快优化人才结构，增强全院科技创新的活力。

4. 扎实推进创新文化建设

今年是创新文化建设承前启后的关键年。随着院"科技创新能力提升行动"的实施，对创新文化建设也提出了更高的要求。2012 年，在院党组的部署下，各党委（党总支）都制定了创新文化建设的实施方案，今年要实实在在的开展工作，如何有计划地推进创新文化建设，还需要单位党政一把手高度重视，进一步健全工作机制，选配好工作人员，扎实推动理念文化和标识文化工作顺利开展。

5. 做好群团工作，壮大党的统一战线

要加强对群众组织的领导，支持和引导工会、共青团、女工委等开展各项活动；切实做好统战工作，团结和支持各民主党派、院侨联等充分发挥自身优势，积极投身院的改革与发展。

同志们，让我们以高度的政治责任感、改革创新的精神和奋发有为的精神状态全面提高党的建设科学化水平，努力开创我院党建工作新局面，为我院各项事业持续跨越式发展提供更加坚强的思想、组织和作风保障！

谢谢大家！

深入开展党风廉政建设
全面推进科技创新能力提升行动

——在热科院 2013 年党风廉政建设工作会议上的讲话
雷茂良　书记
（2013 年 3 月 11 日）

同志们：

今天我们在这里召开 2013 年度党风廉政工作会议。这次会议的主题是：以党的"十八大"为指导，深入贯彻十八届中央纪委二次全会精神、农业部 2013 年党风廉政建设工作会议和习近平总书记的重要讲话精神，全面总结 2012 年党风廉政建设和反腐败工作，部署 2013 年重点工作任务。

一、2012 年党风廉政建设取得新成效

2012 年，全院以服务和保障热带农业科技发展为核心，深入开展了以廉洁文化"进基层、进项目、进课题"为主线的"党风廉政建设年"活动，深入推进了以"庸懒散贪"整治为主线的作风建设活动，探索开展了以重大事项督查督办为主线的效能监察活动。一年以来，全院上下对党风廉政建设重要性的认识不断加强，开展党风廉政工作的能力不断提高，取得了党风廉政建设和反腐败斗争的新成效，为实现我院热带农业科技事业发展新跨越提供了坚强保障。

（一）强化监督检查，推动重大决策落实取得新成效

为了进一步实施过程监管，防范违法违纪行为的发生，院所纪检监察部门充分运用联合监督检查机制，坚持参与重大事项决策监督、坚持参与招投标工作监督、坚持参与重大科研课题管理监督，将"三个参与"作为院所管控的一项重点，不断创新方式方法，提升监督实效。同时，严格落实党风廉政建设责任制，明确院所长、书记是党风廉政"第一责任人"，强化"一岗双责"的责任意识，切实保障重大决策依法部署，通过监督检查，有力促进了工作任务落实，及时整改存在的问题，有效防范了廉政风险。

（二）注重防线前移，廉政风险防控建设取得新进展

在党风廉政建设工作中，我院重点强化了"五个防线前移"。一是反腐倡廉教育防线前移。结合开展廉政警示教育活动，全院 100 多位处级领导干部撰写了学习心得，全院领导干部述职述廉 150 人次，领导干部任前廉政谈话 34 人次，执行党员干部报告个人有关事项 150 人次。二是思想意识防线前移。积极开展"学先进、用先进"专题活动，进一步学习"泥腿子"精神、北大荒精神、祁阳站精神和南沙精神，化崇敬为动力，立足岗位创先进，服务"三农"争优秀，使广大干部职工在潜移默化中转变了工作作风、提高了廉洁素养。三是审计监督防线前移。积极开展 2009—2012 年度审计整改活动，指导各单位整改审计事项 74 项，并对审计整改较差的单位在年终考核中给予相应的惩处。四是法律监督防线前移。在制度建设、历史遗留问题、合同管理、重大工程建设等管理决策事宜上进行法律风险调研和论证。五是规章制度防线前移。积极开展制度建设，简化审批程序，进一步加强了对机关部门管理权力运行的规范。

（三）加强作风建设，领导干部责任意识进一步提高

领导干部作风建设是党的建设的一项战略任务，良好的作风是抵御消极腐败的强大动力。2012 年，全院加大对"庸懒散贪"问题的治理，印发了《关于改进工作作风　坚决杜绝"懒政、庸政、误政"行为的通知》和《行政效能监察实施办法》，实施行政效能监察试点。院还实施了重大事项挂牌督查督办，并制订了《督查督办事项问责实施办法》，反对工作"低标准、慢

半拍"，提高执行力。一年来，我们着力推动调研工作常态化，院领导班子带头加强调研，深入基层，接地气、察民情，了解一线党员干部和科技人员的发展需求，着力解决群众最关心、最直接、最迫切的问题；科研人员也纷纷下到田间地头，深入开展"百名专家兴百村"活动、推进"千项成果富万家"计划，把论文写在热区大地上。

（四）深化制度创新，惩防体系建设成果丰硕

在2011年开展廉政风险防控管理的基础上，进一步梳理权力运行流程，查找重点领域廉政风险点，研究制订防范措施和制度，逐步做到风险定到岗、措施定到位、责任落到人。围绕强化科研经费监管，研究制定了《关于加强科研项目劳务费管理的指导性意见》和《关于加强科研项目经费监管的指导性意见》等制度，财务规范、审计免疫系统作用进一步发挥，增强了科研经费监管的实效。进一步规范政府采购招投标活动，发布了《关于招标采购仪器设备配置、参数制订程序及标准的指导意见》，强化设备采购程序，细化设备参数设定规则，确保采购行为合法合规。加强和完善对领导班子的监督，推行领导干部任前廉政谈话、诫勉谈话制度，发布了《巡视工作暂行办法》，进一步推动干部监督常态化。强化纪检干部培训制度，每年至少举办1期纪检监察干部培训班，推动我院纪检队伍培训制度化。经过5年的努力，我院惩防体系2008—2012年规划任务基本完成，惩防体系制度框架初步形成。

（五）抓好专项治理，认真做好信访办案工作

深入开展工程建设领域突出问题专项治理，紧紧把握自查自纠、严格排查、落实整改"三个环节"，着力创新监督检查方式，针对重点领域和关键环节的突出问题加大治理力度。2012年，全院进一步规范了基建程序，严控项目经费开支，并开展海口经济适用房等重大工程的跟踪审计监督。严格控制"三公经费"使用，公务用车、公款出国（境）旅游及"小金库"等专项治理工作取得新成效，2012年"三公经费"支出数额比2011年减少15.9%。认真做好群众信访和办案工作，切实解决群众反映强烈的突出问题，有力维护了党纪政纪的严肃性，较好地发挥了办案工作在教育警示干部、完善机制等方面的作用。

在肯定成绩的同时，也必须清醒地看到存在的问题。随着建设项目的增加、国家资金投入的加大，监管力量与任务不相适应的矛盾日益突显，廉政风险也日益放大；各基层单位党风廉政建设责任制的落实需要进一步强化；党风廉政建设工作仍要进一步创新等等。对此，我们必须高度重视，认真加以解决。

二、紧紧围绕科研发展大局，扎实做好2013年党风廉政建设工作

2013年是全面贯彻落实党的"十八大"精神的开局之年，也是加快推进我院改革发展的关键一年，做好党风廉政建设和反腐败工作意义重大。我们要认真贯彻党的"十八大"精神，全面落实十八届中央纪委二次全会和农业部工作部署，坚持标本兼治、综合治理、惩防并举、注重预防的方针，紧紧围绕科研发展大局，全面推进党风廉政建设各项工作，为实现热作科研事业新跨越提供坚强保障。

（一）严格执行党的纪律，监督检查重大决策落实

严明党的纪律，首要的就是严明政治纪律。党的政治纪律，是党的全部纪律的基础。各级党组织和党员领导干部，尤其要在维护党的团结统一、与党保持一致这一重大政治原则基础上，在政治方向、政治立场、政治言论、政治行业等方面遵守党纪。要在院党组的统一部署下，认真组织学习贯彻党章，熟知党的各项制度和纪律要求，开展党性党风党纪教育，牢固树立党员意识，强化党章意识，遵守党的纪律，与党中央、国务院保持高度一致。在执行上级各项决策部署上，绝不允许"上有政策、下有对策"，绝不允许有令不行、有禁不止，绝不允许打折扣、做变通。各单位纪检监察部门、纪检干部要把对执行党的政治纪律、组织纪律、宣传纪律、群众工作纪律作为监督监察的重点，要继续把监督检查贯彻落实中央、农业部和院里关于农业科研工作、服务"三农"的重大决

策部署作为今年的重要工作任务，尤其是要强化对重点工作任务完成情况的监督检查。2013年全院工作会议对今后一个时期推动我院新发展和抓好今年的重点工作作出了全面部署，院相关部门和单位要进一步细化目标任务和时间节点，制订具体落实方案，确保优质、高效、按期完成任务。纪检监察部门也要及时跟进督办、定期检查，并加强与机关各部门协作配合，在各责任主体之间建立沟通联系、情况通报、信息反馈、分工协作机制，形成合力，强化重点工作的执行力。

（二）切实改进工作作风，有力促进事业发展

最近，中央印发了关于改进工作作风、密切联系群众的"八项规定"和实施细则，农业部党组制定了相应实施办法，海南省出台了"二十条规定"，我院也制定了《关于改进工作作风、密切联系群众的实施办法》。各级党员领导干部要从自身做起，以身作则，率先垂范；纪检监察部门要充分发挥监督作用，积极协助党组织，以踏石留印、抓铁有痕的劲头，正文风、改会风，转作风、树新风，常抓不懈，善始善终；要加大检查力度，执好纪、问好责、把好关。探索建立领导干部作风评价机制，并把作风建设纳入党风廉政建设责任制检查内容。要把加强作风建设与学术诚信建设结合起来，强化对学术不端行为的监督检查。及时受理对有关单位和领导干部违反"八项规定"方面的信访举报，对顶风违纪、情节严重、造成恶劣影响的，要严肃查处。

（三）切实加强教育监督，持续完善惩防体系

要更加注重从源头上防治腐败。习近平同志在十八届中央纪委二次全会上强调指出：干部廉洁自律的关键在于守住底线。只要能守住做人、处事、用权、交友的底线，就能守住党和人民交给自己的政治责任，守住自己的政治生命线，守住正确的人生价值。2013年，要加强廉洁从研的责任教育。不论是领导干部还是普通科技人员，都要坚决禁止利用职务或工作上的便利为个人或"小团体"谋取不正当利益。要使广大科技人员清醒地认识到，利用手中的

项目及其从科研成果中捞取好处也属于腐败范畴，就是以权谋私，严重到一定程度就是犯罪。要进一步改进巡视工作方式方法，加强对干部选拔任用工作的监督，提高选人用人公信度。对党员干部发现苗头性、倾向性问题，要通过提醒谈话、诫勉谈话、发函询问等方式及时提醒，防止小错酿成大错。工作上出一点差错，还有纠正的机会，廉洁上出了问题，千功不抵一过。院纪检组整理编辑的廉洁文化手册已经印发，各部门、各单位要充分认真组织学习，通过多种形式开展警示教育活动，要做到警钟长鸣，让广大党员干部、科研人员廉洁一生。

（四）深入推进廉政防控，有效规范权力运行

继续深化廉政风险防控的完善。各单位、各部门要认真梳理各自岗位的廉政风险点，提出防控措施，进一步细化实化本单位各岗位的"廉政风险点及防控措施"，将廉政风险防控落实到岗、落实到人。各单位在抓好重点领域廉政风险防控工作的同时，要坚持全员参与、全方位开展，积极推进廉政风险防控管理，构建覆盖所有业务管理环节的廉政风险防控体系。

加强对权力运行的制约和监督，对于有效防范廉政风险十分重要。要把权力关进制度的笼子里，在完善制度的同时，更要严格执行制度，让制度刚性运行。同时，完善制度执行的监督机制和问责机制，提高制度的执行力，努力形成不敢腐的惩戒机制，不能腐的防范机制，不易腐的保障机制。

（五）加大查案办案力度，切实解决突出问题

充分发挥信访举报工作密切联系群众的桥梁纽带作用。畅通和拓宽信访举报渠道，对涉及群众切身利益的问题，要认真处理，并及时做好信息反馈。继续加大查办案件工作力度，严格执行《中国共产党党内监督条例（试行）》、《中国共产党纪律处分条例》和《事业单位工作人员处分暂行规定》等法规，凡是违反党纪国法的，都要严肃处理，绝不姑息。同时，要加强对违法违纪案件发生情况的分析，研究发案特点和规律，健全制度，堵塞漏洞。当然，也要坚持保护与惩处相结合，对反映失实的问题

要及时澄清，保护干部干事的积极性。

三、全力提升纪检监察干部队伍的整体素质和能力

打铁还需自身硬。加强纪检监察机关自身建设、全面提升纪检监察干部和能力，是一项长期的战略任务，也是一项紧迫的现实任务。

一是要加强学习，提高工作水平和执纪能力。

各级纪检监察干部，要加强学习，可采取走出去、请进来、内部培训和研讨等方法，善于用发展的眼光、改革的精神，研究和解决工作中出现的新情况、新问题，不断提高业务水平和工作能力，承担起党章赋予的各项职责和任务。

二是要加强自我教育，主动接受监督。

作为专门的监督人员，广大纪检监察干部要带头践行中央"八项规定"，切实转变工作作风，凡是要求基层单位和部门执行的，纪检监察部门要首先执行；凡是要求别人做到的，纪检监察干部要首先做到。要纯洁生活圈和交友圈，时刻保持清醒头脑，抗得住诱惑，管得住小节，防微杜渐，不断提高自我免疫能力。

各级领导和领导班子要关心、支持纪检监察干部依照党章开展工作，切实解决纪检监察工作中的实际困难和问题，坚决保护坚持党性、坚持原则的纪检监察干部，为他们开展工作撑腰做主。纪检监察干部也要热爱本职工作，不断陶冶情操、磨炼意志，从而以可亲、可信、可敬的良好形象赢得广大干部群众的理解和支持。

同志们，2013年是我院全面推进科技创新能力提升行动之年，也是贯彻落实中央惩治和预防腐败体系建设下一个五年规划的开局之年，深入推进党风廉政建设责任重大，使命光荣。让我们紧密团结在以习近平同志为总书记的党中央周围，在部、院党组的领导下，围绕中心，积极进取，务实工作，不断取得党风廉政建设新成效，奋力推进热作科技事业发展实现新跨越！

抓好党建和廉政建设　转变工作作风
为实施"科技创新能力提升行动"提供有力保障

——在热科院 2013 年党建和党风廉政建设工作会议上的总结讲话

王庆煌　院长

（2013 年 3 月 11 日）

同志们：

今天上午召开了院党建工作会议，下午接着召开党风廉政建设工作会议。会议很重要，雷书记所作的报告我完全赞同。现在，我就进一步做好 2013 年院党建和党风廉政建设工作讲几点意见。

一、切实抓好党建工作，发挥战斗堡垒作用

加强党建工作，要始终与我院的发展目标、主要职责结合起来，注重发挥基层党组织的政治核心作用、战斗堡垒作用和广大党员的先锋模范作用，为推动全院各项事业发展提供重要的思想和组织保证。要深入贯彻落实党的"十八大"精神和部党组的工作部署，服务于热带农业科技创新、成果转化和人才培养。

一要为院所的建设发展凝心聚力。凝聚产生力量，团结诞生希望，要增强广大党员和科技人员"励精图治、奋发有为、院兴我荣"的责任感和使命感，调动全院科技人员的积极性和创造性，激发创新活力。面向热区农业农村经济建设主战场，发挥热带农业科技的支撑引领作用，服务热区"三农"，不断提升我院的贡献率、影响力和显示度。

二要密切联系群众，发挥桥梁纽带作用。各级党组织和广大党员干部要进一步增强宗旨意识，破解发展难题，着力改善民生。畅通职工群众反映诉求的渠道，把各类矛盾化解在萌芽状态，切实维护我院和谐发展的大好局面。

三要进一步加强院党建工作体系建设。院属二级单位党委（党总支）在院党组的领导下，要充分发挥战斗堡垒作用。各单位党委（党总支）是各单位党建工作的最高决策机构，负责领导本单位的综合治理、安全维稳、考核奖惩、纪检监督、干部队伍建设、宣传、组织学习、群团组织等工作。总结起来看，哪一个单位的各项工作进展良好，职工精神风貌好，和谐发展，说明哪个单位的党组织就是坚强的、有战斗力的。反之，是软弱的、涣散的。进一步加强我院的党建工作，下一步要着重建立党建工作的考核机制，加强对院属单位党建工作的考核奖惩。院机关党委要按照上级的要求和院党组的部署，会同人事处、监察审计室、各单位党委（党支部）书记，认真研究制定考核办法，奖励先进、问责后进。

二、切实抓好廉政工作，发挥保驾护航作用

"清廉一生平安、实干造福百姓"。各级领导干部要强化"一岗双责"的责任意识，既要抓好业务工作，又要领导和负责分管领域的党风廉政建设。各单位、各部门要加强惩防体系建设，推进廉政风险防控，健全内控制度，优化工作流程，不断提升管理水平。

一要加强基建和采购管理。实行所务会领导下的项目执行组组长负责制、党委领导下的监督组组长负责制，实行"阳光工程"和"阳光采购"。

二要加强科研经费使用监管。强化课题承担单位的法人责任，实行所务会领导下的课题组组长负责制，提高科研人员廉洁自律意识，用好国家宝贵的科技投入，严格按规定用好经费。

三要进一步建设和发挥纪检监督体系的作用。院纪检组在院党组的领导下，负责全院监督体系的建设管理、过程领导决策和问责管理；院属单位的纪委在本单位党委的领导下，负责本单位的监督管理、责任追究，要真正发挥好

监督职能。健全纪检监督体系建设是一个单位高效、有序、风清气正的关键，只有这样才能真正实现院所跨越发展的战略目标。院监察审计室要按照上级要求和院党组的部署，会同人事处、机关党委制定和完善院所监督体系的建设和实施办法；会同科技处、计划基建处、资产处、财务处等部门，抓好基建项目、物资采购、科研经费的监督与管理。

三、切实转变工作作风，落实全院各项重点工作

作风建设是今年党建工作的重点，各单位、各部门广大党员干部要按照中央关于转变工作作风的要求，以身作则，率先垂范，立足岗位工作创先争优。2013年是我院实施"科技创新能力提升行动"第一年，要求各级党组织内聚人心、外塑形象，抓好今年的党建工作和党风廉政建设，强化政令畅通，加强督办，以强有力的政治保障、组织保障和开拓创新、扎实高效的工作作风，把2013年的各项重点工作落到实处，以实干出成果、出效益。

谢谢大家！

科技引领助推热作标准化生产
协同创新支撑现代热作产业发展

——在农业部热作标准化生产经验交流会上的发言

王庆煌　院长

（2013年3月4日）

各位领导、专家、同志们：

我发言的题目是"科技引领助推热作标准化甫　，协同创新支撑现代热作产业发展"。

一、强化科技创新，为热作标准化生产提供成果储备

农业标准化是现代农业的重要标志。在农业部的正确领导和部农垦局南亚办的指导下，我院紧紧围绕中心任务，努力创建世界一流的热带农业科技中心，以热带农业科技创新、成果转化和实用人才培养为己任，面向全国热区协同创新，助推热作标准化甫　。

基础研究方面，在橡胶树乳管分化、天然橡胶分子改性、高性能天然橡胶复合材料、木薯基因组学、香蕉成熟分子机理及调控研究、香蕉枯萎病重要致病菌基因组学等方面取得较大突破；提出了天然橡胶产排胶"动态平衡反馈调控"理论，创造性建立了一套高效安全的刺激采胶技术，提高产量10%~15%；完成木薯全基因组测序和基因注释，阐明淀粉高效累积、抗逆机理；完成香蕉枯萎病1、4号生理小种的全基因组测序，在国际上率先破译香蕉枯萎病病菌基因组的遗传密码，为有效防控香蕉枯萎病提供理论依据。

应用基础和应用研究方面，联合热区相关科研单位和企业，共收集保存热作种质资源约4.7万份，其中，特有资源约3.6万份，构建了面向全社会开放的热作种质资源保存和评价技术体系；率先构建了橡胶树自根幼态无性系繁育技术体系，攻克了自根幼态无性系繁殖效率低下的世界难题，研制出新一代种植材料；创制了不同熟期、不同用途的高产、优质、高抗系列热作新品种，已审（认）定的新品种有100多个；建立油棕种质圃，国内首次培育出油棕组培苗。试种的油棕产量与主产国持平；优化了橡胶、木薯、香蕉等种苗快繁技术，构建了与优良新品种相配套的种苗生产和栽培技术体系；加大天然橡胶精深加工和标准胶生产新工艺与新装备的研发，由我院加工所研发的航空高性能工程天然橡胶中试产品，其性能已得到国内相关航空企业的高度认可。我院对已取得的1 000多项科技成果和435项授权专利进行集成创新，为热作产业实现标准化提供了成果储备。2012年，我院牵头完成的《特色热带作物种质资源收集评价与创新利用》项目获国家科技进步二等奖。

二、加强成果转化为标准，助推热作标准化生产

我院坚持"产业导向、创新机制、开放共享、重点突破"，按照"开放办院、特色办院、高标准办院"的理念，开展热区科技大联合、大协作，强化先进技术转化为标准，提升热作标准化甫　水平。

（一）立足产业需求，加速科技成果转化为标准

一是加强标准化生产技术的研发。完善热作优势产业标准体系建设，注重标准与重大科技专项工作的有机结合，加强标准化生产技术的研发，确保热作标准的科学性。二是加速技术组装成标准。整合热区优势科技资源，加速关键技术的组装和先进适用技术的集成并转化为标准，确保先进性和适用性。目前已修订国家和行业标准380多项，为热作标准体系的构建提供了强有力的技术支撑，

为实施热作标准化甫　　提供了依据。天然橡胶、香蕉、芒果、荔枝等主要热作产品的生产、加工、流通和质量监管等方面基本实现了有标可依。

（二）创新推广模式，促进标准化生产技术转化为现实生产力

一是建立标准技术展示示范体系。我院在海南、云南、广西、四川等省区联合建立了一批规模不等、形式多样、综合展示与单项技术展示相结合的橡胶、香蕉、芒果、木薯、牧草等科技推广示范基地和现代农业示范园。二是培训农民技术骨干。以推广优良品种和关键技术为重点，选派专家加强农民技能培训，不断增强甫　　者的标准化甫　　意识和技术应用水平。2012 年培训农民并接受技术咨询 3.1 万人次。三是开展农民增收专项行动。联合热区九省（区）的科研单位、龙头企业和地方政府开展"百项技术兴百县"行动，为广西木薯、云南咖啡、攀枝花芒果等产业发展提供了技术支撑和示范。启动"百名专家兴百村"行动，支撑海南省中部六市县农民增收计划，2012 年人均纯收入 5 295 元，同比增长 27.4%，高于全省平均增幅 5.2%，农民增收领跑全省。四是构建多样化信息服务网络。应用现代信息服务技术，通过"24 小时天然橡胶科技服务热线""橡胶栽培技术电子手册""手机智能互动平台""农业科技服务 110 远程技术服务网络"和"植物医院远程技术服务网络"等平台，构建了多层次、多渠道的农业科技信息推广网络体系，加速了标准化技术的推广。

（三）打造示范精品，提升辐射效应

一是资源高效利用示范。我院按照"标准化、规范化、现代化、园林化"要求，在海南儋州院区建设 300 千克/亩橡胶树超高产示范区。在核心区内实现橡胶树高产新品种、营养诊断指导配方施肥、动态平衡采胶、病虫害综合防控、林下经济等产业化技术集成与应用，达到了中小苗速生、开割树高产稳产的示范效果。2012 年共接待参观考察的国内外专家、农技人员和胶农 1 300 多人次。

二是优势熟期产业带示范。在四川攀枝花持续构建金沙江干热河谷地区晚熟优质芒果标准化生产技术体系，推动形成了世界上"海拔最高、纬度最高、成熟期最晚"的晚熟优质芒果优势产业带，推动了一批龙头企业和知名品牌的发展壮大，涌现了一大批年收入 10 万元以上的种植大户，芒果产业已成为当地农业的支柱产业。

三是特色热带作物观光农业示范。我院香饮所在海南兴隆首创"科学研究、产品开发、科普示范三位一体"的兴隆热带植物园，成为热带现代农业、生态农业、观光农业的成功示范；建设产品加工厂，自主研发特色香辛饮料系列产品 40 个品种，创建"兴科"海南省著名品牌，延伸拓展产业链，实现了科研成果、资源优势转化为效益优势。2012 年科技成果转化率达 90%，经济效益突破亿元。兴隆热带植物园被认定为全国休闲农业示范点、全国青少年农业科普示范基地，建园 15 年累计接待参观、考察人数达 1 500 万人次，新增社会经济效益 50 多亿元。

四是提升我国热作产业国际影响力。我院承建"中国援刚果（布）农业技术示范中心"项目，开展木薯、蔬菜等种植试验、示范，使热作科技成果走出国门，服务于国家科技外交。2012 年 9 月回良玉副总理、刚果（布）总统亲自参加示范中心的揭牌仪式并对建设成效给予了高度评价。

三、加强协同创新，提高热作产业科技水平，支撑现代热作产业发展

一是实施"三百工程"。以全国热带农业科技协作网为平台，2013 年我院全面实施"三百工程"：在热区特聘百名研究员、开放百项项目、推广百项技术。加强院市（县）合作，在广西建立"亚热带作物科技创新中心"，在云南建立"咖啡创新中心"，在广东建立"江门热带南亚热带农业综合试验站"。

二是实施热带农业"科技创新能力提升行动"。以人才为核心，实施"十百千人才工程"；以项目为抓手，实施"十百千科技工程"；以条件和机制建设为支撑，实施"235 保障工程"。加强热带农业基础研究、前沿研究和公益技术研究，强化热带作物种质资源的挖掘与创新利

用，培育具有突破性的新品种和新型种植材料，并加强与企业的协同创新，孵化"育繁推一体化"龙头企业；突破热带农产品产后处理和精深加工关键技术与装备，形成一批特色产品，推进我国现代热作产业发展。

以上是热科院在热作标准化生产工作中的一些经验做法及今后的努力方向，借此机会，与各位领导和专家共同探讨，请批评指正。

谢谢大家！

二、科技创新

科技概况

2013 年，热科院围绕热带现代农业重大科技需求，扎实推进重大项目和重大成果的组织策划与培育、科技平台与产业技术体系建设管理等工作，科技自主创新能力进一步增强，科技内涵快速提升。全院新增立项项目 588 项（含基本业务费 244 项），立项经费 1.86 亿元，比 2012 年度增加 19%。其中，国家自然科学基金项目 40 项，经费 1 745 万元，其批复数量与经费额度均再创新高；首次获得海南省重大科技项目经费 1 285 万元。全年共获部省级科技奖励 36 项，其中，部省级科技奖励一等奖 8 项，"木薯种质资源收集、保存及应用研究团队"获中华农业科技奖优秀创新团队、"攀枝花市优质晚熟芒果产业化"获全国农牧渔业丰收奖合作奖；鉴定成果 31 项，其中，达国际先进以上水平的成果 18 项；审（认）定新品种 18 个，是 2013 年的近 3 倍；申请国家专利 305 件，获授权专利 290 件，比 2013 年增长 40%，其中，发明专利 97 项、实用新型专利 184 项；出版著作 35 部，发表 SCI 论文 223 篇，其中，影响因子 3.0 以上论文 32 篇，生物所发表的《Comparative Proteomics of Thellungiella halophila Leaves from Plants Subjected to Salinity Reveals the Importance of Chloroplastic Starch and Soluble Sugars in Halophyte Salt Tolerance》，影响因子达 7.251，创热科院新高。积极向科技部、农业部、海南省科技厅汇报热带作物生物学与遗传资源利用国家重点实验室申报筹备工作进展，得到科技部的充分肯定。组织召开农业部热带作物生物学与遗传资源利用学科群工作会议，进一步明确了综合性重点实验室、各专业性重点实验室和科学观测试验站的职能定位及其工作重点。申报省级平台 9 个，6 个获准批复建设，其中 2 个产业技术创新战略联盟入选科技部国家重点培育联盟；14 个海南省重点实验室和工程技术研究中心均顺利通过考核评估，其中，2 个被评为优秀等次；申报获得农业部和海南省科技平台建设专项经费 7 000 余万元，项目的实施将进一步提升院科技平台的条件支撑与保障能力。农业部热带作物及制品标准化技术委员会和中国热带作物学会工作富有成效，分别以类别、状态为主线完成了热作系统标准的整理；获批农业行业标准制修订项目 21 项，获颁布国家和农业行业标准 14 项。

科研进展情况

一、种质资源

（一）种质资源收集与鉴定评价

1. 橡胶树

更新复壮种质 50 份，考察收集 10 份，分发利用 50 份，完成了 20 份资源的抗病和抗寒性鉴定评价。

2. 木薯

从巴西引进矮化、深黄、粉红等珍贵种质资源 15 份，全部组培成功并开展田间农艺性状的观察与分析；对现有 10 份种质进行表型鉴定，获得株型及薯形发生变化的突变体及基因工程材料 2 个。

3. 甘蔗

引进并保存海南甘蔗野生种 65 份，其中，斑茅 39 份、割手密 26 份，对其抗旱性进行评价并筛选出抗旱性较强的资源 10 份。

4. 果树

收集引进果树种质 95 份，包括香蕉 45 份（含野生种质资源 12 份）、芒果 25 份、菠萝 9 份、荔枝 9 份、龙眼 2 份、黄皮 1 份、油梨 1 份、番荔枝 1 份、莲雾 2 份。

系统评价芒果果实、花性状共 129 份，筛选优良实生单株 2 株。采集和完善了荔枝龙眼区域品种数据库、古树资源数据库、全国物候期数据库、本区域产区病虫数据库、价格信息数据库、固定观测点经济信息数据库等有关数据。对 30 余个菠萝新品种进行评价，筛选出适合广东省种植的菠萝加工品种 3 个、抗寒品种 1 个、抗旱品种 2 个、易催花品种 5 个；测定了 10 个菠萝品种对黑腐病和 11 个菠萝品种对心腐病的抗性。

5. 蔬菜

从国内外新收集蔬菜种质资源 206 份，其中，苦瓜 28 份、辣椒 118 份、西瓜 9 份、茄子种质资源 24 份、豇豆种质 15 份、黄秋葵种质 2 份、四季豆 1 份、芦笋 9 份。

对 28 份苦瓜种质、43 份西瓜四倍体种质、55 份西瓜二倍体种质、23 份高辣椒素种质、30 份辣椒自交系进行了鉴定评价。

6. 花卉

从国内外新引进花卉种质资源 372 份，包括野生兰 230 份、红掌 17 份、其他 125 份。

完成 121 份红掌种质的植物学和农艺学方面的鉴定评价，完成 33 份种质分子生物学方面的鉴定评价，16 份种质细胞学方面的鉴定评价，23 份种质细菌性疫病抗性方面的鉴定评价；获得了 1 500 多份红掌育种中间材料。对 6 个野牡丹种进行了表型聚类分析，初步明确了各种之间的亲缘关系。

7. 油料作物

从国外收集油棕种质资源 30 份，花生种质资源 82 份，优良椰子种质资源 10 份；扩建油棕种质圃 300 亩，入圃保存 112 份。

开展油棕优异种质资源迁地保护和农艺性状及遗传多样性评价，对 16 份油棕种质资源的抗寒性进行了系统的鉴定评价；完成椰子种质资源的生物学、农艺性状和品质性状评价；对 12 份花生种质资源的植物性状、经济性状进行了鉴定评价；对 15 份初选海南油茶优树产量性状进行了分析。

8. 香辛饮料作物

从国内外收集引进胡椒、咖啡、香草兰、可可、肉桂、肉豆蔻等香料饮料作物资源 58 份；为国内相关科研院所提供种质种苗、实验材料等 30 余份（次）。

系统开展圃存种质资源的鉴定评价与优异种质筛选，完成植物学性状、农艺性状、抗性性状等鉴定评价 135 份，利用 RAPD 和 SSR 等分子标记完成 159 份咖啡种质和 60 份胡椒种质的遗传多样性评价，筛选出胡椒抗寒种质毛脉树胡椒、咖啡优质种质兴28、可可高脂种质3-13等一批新种质。

9. 药用植物

从国内外收集保存56种、170多份南药种质，采集腊叶标本350多种、660多份；开展黎药资源普查，搜集整理黎族民间验方93个，民间访谈黎药523种，野外调查黎药576种，并迁地保护黎药220余种，获取的照片3 385张，录像543份。压制腊叶标本160份，收集种子资源40份，采集药材样品20份。

对珍稀南药美丽鸡血藤（牛大力）进行了形态学和分子生物学的鉴定以及农艺性状的评价，开发了牛大力的SSR引物，利用SSR技术和ISSR技术对收集的资源进行了鉴定，阐明了各地牛大力资源的亲缘关系。

完成了《黎族药志》第三册及《海南黎族民间验方》的编写工作。

10. 大型真菌

从国内采集获得了大型真菌标本800余份，获得大型真菌生境的图片200余张。发现了子囊菌门核菌纲炭角菌目炭角菌科新种2个，中国大陆新记录种1个，分离获大型真菌菌株20余株，其中，包括灵芝、灰树花等珍稀食药用菌菌株；获得活体材料30余份。

11. 其他

收集橡胶草种质100余份；收集剑麻种质5份，对70份剑麻种质进行特性描述，测定了48份种质的纤维细胞长度及强力。

（二）种质资源挖掘与创新利用

1. 橡胶树

完成橡胶树全基因组框架图和精细图构建及5个品系的重测序与深度测序。

优化了热研8-79胚性悬浮细胞酶解分离原生质体的最佳酶组合及酶解时间，确定了悬浮细胞继代时间对其原生质体产量的影响；获得31个GUS染色阳性胚状体，初步建立了以胚状体为侵染受体的转化程序；筛选出合适的体细胞胚诱导培养基和萌发培养基。

将一个花青素相关MYB基因导入野生型橡胶草植株中，获得5个花青素含量提高了27～65倍且橡胶含量有所提高的转基因株系。

2. 木薯

评价20粒种子F1代的农艺性状，进一步对不同的农艺性状进行评估，通过转入天山雪莲SAD基因（硬脂酰ACP脱饱和酶），创制耐寒木薯种质；通过抗寒性筛选，获得耐寒性较强的种质1份。以木薯品种TMS60444为研究对象，建立了基于脆性胚性愈伤（FEC）为外植体的遗传转化方法，转化效率可达到5 株/ml FEC以上。

3. 果树

完成香蕉B基因组的测序、组装；构建一套完整的香蕉B基因组遗传图谱；结合A基因组测序结果比较了A和B基因之间的差异、特点及进化规律；利用重测序技术构建芭蕉属品种演化及种间进化关系。

选出6个抗耐病香蕉优良植株，引入4个枯萎病高抗产品系；筛选到上百个抗枯萎病相关基因，找到了几个持续上调表达的抗病相关基因。

探索出芒果胚培养适应配方；获得与芒果胚败育相关基因2个，并开展芒果着色相关基因的克隆研究。

4. 蔬菜

采用喷雾接种法从18份苦瓜自交系材料幼苗中筛选出抗白粉种质2份。筛选出西瓜四倍体骨干材料8份，二倍体优良自交系材料32份。筛选出辣度15万SHU以上辣椒种质15份，杂交组合11个，其中，辣度60万SHU以上种质2份。

5. 花卉

开展三角梅、桃金娘、野牡丹等野生花卉的挖掘和利用研究，并开展配套的繁育技术研究。初步构建了红掌、石斛兰遗传转化体系。

6. 油料作物

筛选出椰子高产资源1份，性状特异资源2份；完成了海南高种椰子转录组测序和分析工作，发现了6 604个SSR分子标记位点；克隆了与油脂合成相关的椰子FatB家族基因3个。

7. 香辛饮料作物

针对抗病、高产等突出性状开展了胡椒和香草兰优异种质的深度评价与挖掘研究。以高抗瘟病种质黄花胡椒和易感病种质热引1号胡椒为材料,通过 mRNA-seq 法构建测序文库,筛选差异基因,发现了一些参与木质素合成的上调基因,为后期胡椒抗病育种研究提供了重要思路;通过对香草兰花芽、叶芽和混合芽的芽体组织材料进行转录组测序,共拼接得到61 228 个 unigene,初步完成转录组测序数据的生物信息学分析。

8. 剑麻

找到了剑麻种子、组培苗辐射诱变的最佳辐射剂量,得到一些变异材料;诱导和鉴定了剑麻多倍体植株。

二、新品种选育

(一) 橡胶树

完成 60 份种质的嫁接、育苗,完成 16 个组合的人工杂交授粉工作;明确克隆的抗寒相关转录因子的表达特性;初步建立 3 个橡胶树品种的次生体胚发生体系并获得胚状体;初步建立了胚状体侵染体系;从橡胶树转 *HbHMGR*1 基因的易碎胚性愈伤组织中诱导出抗性胚状体并得到再生植株。

开展中国育成橡胶树杂交品种的血缘组成及骨干亲本选择研究发现;建立了苗期抗寒评价体系;筛选出部分抗寒种质,完成热垦 628品种审定。

(二) 木薯

开展木薯杂交育种工作,获得杂交种子近1 300 粒和具有耐寒、高淀粉和综合适应性的杂交 F1 代基因重组材料 3 个;获得了 2 份木薯融合组合的异源四倍体体细胞杂种新材料,培育出综合价值优异的木薯新品系 3 ~ 5 个。

获得了木薯淀粉代谢途径的基因调控网络,发现控制淀粉代谢的节点基因;完成了 3 个木薯淀粉高效积累、耐旱和氮磷高效利用途径的关键基因的生物学功能分析;分离了 1 个与质体分裂相关新基因 *minE* 2、5 个蔗糖转化酶新基因、7 个与抗逆相关的 *GloS* 新基因;通过表达抗虫 Bt 蛋白 Cry1Aa,获得了抗鳞翅目害虫的木薯品系。

(三) 甘蔗

获得 40 多份杂交品系,自主选育的"热甘1 号"已经申请农业部植物新品种保护。对获得

的抗病转基因株系进行田间 2 新 1 宿抗病性筛选,获得 3 个抗甘蔗黑穗病转基因株系。

克隆了甘蔗的抗氧化酶系统关键酶基因,并对序列特征进行包括内含子、外显子、推测的蛋白序列、同源性等进行分析;甘蔗抗虫转基因种质的培育,得到 196 株抗虫转基因甘蔗植株;分离了甘蔗不同类型 SWEET 蛋白基因 3个,建立了甘蔗转基因甘露糖 PMI/Mannose 正向筛选系统,并已经获得多个转基因株系。

(四) 果树

筛选出 12 个开花结果早和 5 个高产的澳洲坚果优良单株;获得菠萝芽变优异植株 1 份。

认(审)定"台牙、白象牙"2 个芒果品种,认定玉谭蜜荔和新球蜜荔 2 个荔枝品种;审定澳洲坚果品种 2 个,现场鉴定品种 1 个。

(五) 蔬菜

新育成稳定辣椒雄性不育系、保持系 53套,其中一年生辣椒栽培种 46 套,中国辣椒栽培种 7 套,一年生辣椒恢复系 12 份;筛选出具有抗病毒性能的黄灯笼辣椒育种材料 5 份。建立并完善了利用 SSR 分子标记技术对油绿苦瓜、辣椒杂交种纯度进行鉴定的技术规程。

2 个苦瓜新品种、2 个辣椒新品种和 2 个小西瓜新品种通过海南省认定。

(六) 花卉

通过杂交育种培育出 8 个红掌新优品种,并申请国家新品种保护;筛选出适合海南及其他热区种植的红掌优良品种 5 个。

(七) 油料作物

诱导得到油棕次生胚状体并优化了培养体系,获得了油棕次生胚诱导培养的最佳激素浓度配比;实现油棕花药组培花药高效剥离;初步建立油棕杂交利用技术体系;初步筛选出 2 ~3 个适合于海南环境特点的油棕新品种。

克隆控制椰子、油棕月桂酸合成的关键基因和低温响应的关键功能基因 5 个,完成油棕、椰子的耐寒转录组的初步分析。

"文椰 2 号"高产矮化椰子新品种通过全国热带作物品种审定委员会审定。

(八) 香辛饮料作物

开展香草兰、胡椒种间杂交育种研究,并探讨了香草兰花粉保存的适宜方法,获得香草

兰 31 个杂交果荚；通过农艺性状、产量性状鉴定评价，筛选出 10 份性状优良的可可种质；筛选出 15 份生长旺盛、产量高的优良咖啡单株。

开展香草兰花芽分化和胡椒抗瘟病的转录组测序；对海南蒟 cDNA 文库测序；分析可可基因组序列，从进化、时空表达模式方面对分离的 6 条蔗糖载体基因 cDNA 序列进行分析。

1 个胡椒品种和 2 个咖啡品种通过全国热带作物品种审定委员会审定。

（九）其他

获得一批剑麻杂交果；研究了不同剑麻品种的固土保水效果，筛选出 4 个抗旱品种。

三、农作物栽培

（一）橡胶树

简化了橡胶树微型幼态芽条繁殖技术；完善了橡胶树体胚苗规模化繁育技术体系和移栽体系，实现了试管苗直接装袋育苗；基本完成橡胶小筒苗育苗技术研究。

根据各地的植胶环境条件，开展了速生高产抗性品种区域性试种及抗逆栽培技术研究；开展了胶园立体间作技术研究，初步筛选出可在成龄胶园间作的植物源农药植物 20 种、麻类植物 12 种、淀粉类植物 8 种和中药类植物 4 种；建立了林下养鸡规范化模式。

建立了植胶区土壤地力监测机制和土壤资源信息平台，研发与推广新型肥料；持续推进新型橡胶专用肥研制，初步拟定新型缓释专用肥肥料造粒工艺和技术流程。

在三大植胶区开展了橡胶树刺激割胶及配套技术、配比施肥技术、籽苗芽接育苗技术及短线割胶技术等轻简化实用技术示范与服务指导。完成短线割胶设备的改进及割胶新技术的研发，制定适于不同品系和割龄橡胶树的高效安全气刺割胶技术规范；加快完善橡胶炭化木生产技术体系，完成部分碳化木制品的试用；研发试用橡胶树死皮药剂及去皮机。

（二）木薯

提出木薯耐低温间套作栽培技术、幼龄胶园间套作木薯技术、优化的木薯种茎种植方式；提出机械化种植木薯的部分农艺参数，并在木薯种植机和机械化甫 示范基地中试用；提出

木薯宽窄行间套作模式。研究"氮磷钾肥配施"和"保水剂抗旱"机理，推荐适宜用量；研究推荐石灰水浸种和蜡封等种茎处理技术，筛选推荐 4 项抗旱指标，推荐 SA 和 BR 的适宜用量；开展木薯营养成分和矿质营养研究。

（三）甘蔗

初步筛选到 1~2 个比较适合机械化收获和栽培的品种，初步归纳出适合我国甘蔗产区的全程机械化农艺配套栽培技术。

（四）果树

建立了以香蕉未成熟雄花代替吸芽的香蕉优质组培苗繁育技术；构建了评价香蕉健康种苗的技术体系；建立香蕉养分资源综合管理与环境影响评价体系；明确了香蕉果肉色素积累规律，分析了矮化突变体及其亲本内源激素含量变化规律。

筛选出适合酸性土壤菠萝缺铁的防治药剂及其使用方法；研究了"金菠萝"等优良品种快速育苗技术和最佳催花处理技术。

研究出了处理澳洲坚果接穗的 WGD-3 配方药剂和配套嫁接技术，获得授权发明专利 1 项，通过农业部成果鉴定；研究了澳洲坚果养分需求规律，初步了解澳洲坚果生物量构成物点，构建了以干周或树冠周长为自变量的澳洲坚果树体各器官生物量数学模型。

研究了 6-BA 和吲哚乙酸对提高贵妃芒果保果率的影响和赤霉素处理对贵妃芒果果实安全性能的影响。

（五）蔬菜

筛选出西瓜、辣椒、苦瓜通用育苗基质配方 1 个、栽培基质配方 4 个、营养液配方 6 个；筛选出西瓜、辣椒、苦瓜、豇豆适用叶面肥品种 9 个，生物菌肥品种 2 个。

（六）花卉

开展了密花石斛、海南钻喙兰、桃金娘、野牡丹、毛稔等花卉的种苗繁育、高效实用型栽培基质、设施生产环境调控、种植方式、施肥等高产栽培技术研究与集成，共筛选适宜的栽培基质 1 种、扦插基质 3 种，获得专利 2 项，申请专利 10 项，出版红掌栽培技术小册子 1 部。

（七）油料作物

开展了椰子等热带经济林下间种草本果蔬

复合栽培技术研究，初步筛选出椰子－花生、槟榔－花生、椰子－菠萝等复合栽培模式，初步总结出一套椰林间种春花生营养调控技术及椰园间种菠萝技术规程。

研究了油棕林地土壤养分状况、果串营养元素及叶片4种微量元素含量的初步分析；进行了不同油棕试种品种生长适应性调查，初步了解不同品种的生长状况。

开展了油茶育苗和配方施肥技术研究，编制了海南省油茶地方标准2项。

开展了铝胁迫对海南花生根系的研究，初步探明海南省本地种花生铝胁迫下的根系性状。

（八）香辛饮料作物

开展槟榔园间作胡椒、香草兰、可可、咖啡等复合栽培模式田间试验，研究不同种植密度、施肥量对复合栽培作物光合特性、土壤养分变化、产投比情况等影响，确定了各作物的适宜种植密度。

研究确定了不同激素对香草兰花芽分化的影响；开展不同遮荫度对胡椒叶片碳氮代谢的影响研究，确定胡椒不同生长发育时期适宜的荫蔽度。

开展香草兰、胡椒、可可种植园有机肥替代试验研究，确定了种植园中可替代普通牛粪的商品有机肥料品种及适宜施肥量；开展水肥一体化研究，初步明确胡椒不同施肥期的施肥次数、肥料配比和用量。

（九）药用植物

完善了牛大力组培种苗的产业化繁育技术，并进行高产栽培技术指导；在文昌基地建立黎药种质资源圃（黎药园）并已引种黎族药用植物220种。

四、植物保护

（一）病害

建立了橡胶树对多主棒孢病菌抗病性评价方法，培育了多主棒孢接种橡胶树抗/感品种。

对我国木薯主产区进行病害调查，更新了木薯有害生物数据库；形成了木薯根腐疫霉菌分子检测技术；制定了木薯细菌性枯萎病检测技术标准。

探明香蕉软腐病细菌在不同介质中的存活期；建立了香蕉内生细菌BEB3的回接方法；确证了香蕉枯萎病7种类似黄叶病症。

摸清了芒果细菌性黑斑病在土壤与水中的存活期和致病菌种类，制定行业标准《芒果细菌性黑斑病原菌分子检测技术规范》；研究了芒果簇生病的致病机理和防控技术，并示范推广。

建立了一套高效的农杆菌介导的西瓜枯萎病菌转导体系，构建了抗潮霉素阳性转化子的突变体库；研究获得了3个高抗的茄子砧木品种和2个高抗西瓜砧木。

研究确定了槟榔炭疽病菌和椰子茎干腐烂病菌丝生长和产孢最适温度、最适生长pH值和致死温度临界值；在国内首次报道了须芒草伯克霍尔德氏菌为我国槟榔细菌性叶斑病的病原；制定完成了万宁市地方标准《槟榔主要病虫害防治技术规范》。

建立种质圃1个，收集和保存橡胶抗性种质46份、木薯抗性种质30份。

（二）虫害

建立了橡胶树抗螨性评级标准，分别鉴定筛选出对六点始叶螨具有稳定抗性和感性的抗性种质和感性种质各5份；完成了不同温度、湿度、光照和寄主植物对六点始叶螨发育与繁殖的影响研究，明确了影响橡胶树重要害螨成灾的关键生态因子。明确了橡胶小蠹虫发生为害和橡胶品种（品系）之间的关系，确定了监测点和监测防治适期；明确了热区小蠹虫发生动态规律和发生的空间分布及时空动态；对橡胶树小蠹虫的发生范围及程度作出了模型测报。

明确了不同温度、湿度、光照和寄主植物对木薯单爪螨发育与繁殖的影响机理；建立了木薯单爪螨SCAR标记快速检测技术体系，制定了木薯单爪螨监测技术标准，并提出了木薯单爪螨预警方案；建立了切实可行的木薯抗虫（螨）性评级标准与鉴定技术体系，并发布《木薯种质资源抗虫性鉴定技术规程》（包括抗螨性）；鉴定筛选出对木薯单爪螨具有稳定抗性和感性的抗性种质和感性种质各5份。系统研究了木薯受粉蚧为害特征，揭示了粉蚧的监测机理；建立了美地绵粉蚧基于高精度、适应性强的高光谱及生态位模型，并对模型进行大田验证和应用；研发出朱砂叶螨、新菠萝灰粉蚧和阿维菌素抗药性的基于 SCAR 标记的快速检测技术和分子快速检测试剂盒，检测结果正确率在98%以上。

开展了香蕉花蓟马、豆大蓟马等害虫的生物学、室内种群生态学、药效及毒力、抗药性风险评估；调研并确证了海南香蕉园象甲为害病情已上升到较严重程度。

完善了芒果象甲分子鉴定检测技术；制定出芒果象甲的应急预案；明确温度、寄主物候对芒果蓟马优势种的影响。

建立了切实可行的通用性瓜菜抗蚜性评级标准，鉴定筛选出 8 个抗蚜辣椒品种和 4 个抗蚜西瓜品种；建立了《西瓜种质资源抗蚜性鉴定技术规程》和《芒果种质资源抗螨性鉴定技术规程》，筛选抗螨芒果品种 2 个。

完成了根结线虫的分离和鉴定；发现象耳豆根结线虫已成为海南岛冬季蔬菜上的主要病害和优势根结线虫种；完成了象耳豆根结线虫的纯化培养并获得不同龄期象耳豆根结线虫幼虫。

研制出 1 种红棕象甲半人工饲料，1 种红棕象甲信息素，开发出 1 套早期声音监测技术，2 套生物防治技术和 1 套综合防治技术；开展构建棕榈植物病虫害远程便捷识别网络平台 1 套，微信平台 1 套。

（三）杂草

开展无性繁殖在薇甘菊快速扩散中作用的研究，发现干扰造成的薇甘菊克隆片段的再生能力与其长度、粗度、叶子存在正相关，与其埋藏深度负相关。

开展了金钟藤的生理生态特性和入侵五指山自然林途径的研究，发现金钟藤种子可在自然林下萌发但幼苗却难以存活；金钟藤具有低光生长特性（30% 光照），高光条件下，干旱降低了金钟藤的生物量和化感作用；树林中的金钟藤为害是从林缘向自然林内部延伸。

开展了剑麻园生态控草研究，发现间种大翼豆可有效控制杂草、提高土壤肥力；间种花生控草可提高土地利用率和土壤肥力；剑麻的化感物质可抑制恶性杂草假臭草种子的萌发，利用剑麻加工过程中产生的废渣还田，可防除园中杂草。

开展了芦笋杂草控制研究，发现毛蔓豆、飞机草、肿柄菊是比较理想的芦笋杂草防除覆盖控草植物，盖草能和乙草胺对芦笋的防效较高且安全。

（四）病虫害综合防治技术

开展香蕉枯萎病防控技术研究，建立一套有效的香蕉枯萎病综合防控技术。

开展芒果病害绿色防控技术研究，获得 2 个芽孢杆菌与药剂组合增效的配方和 1 种酵母菌液体生防菌剂的配方及制备方法。

初步研发出适于我国主要木薯生态区的朱砂叶螨轻简化防控技术，并针对性开展了防控技术熟化与示范工作。

基本摸清了海南瓜菜病虫害为害现状；初步研发出通用性瓜菜种苗根生物药剂浸泡预防虫害轻简化技术和土坑毒饵诱杀地下害虫轻简化技术；初步研发出根基土壤生物药肥调控地下害虫和土传病害轻简化技术。将病虫害发生为害特性、生物学特性与瓜菜栽培管理相结合，研发出 8 项易于农民接受和应用推广的入境台湾瓜菜病虫害绿色防控轻简化技术，集成示范推广 4 项综合防控新技术体系。

通过室内药剂筛选与田间防治试验，提出了一套菠萝蜜素背肘隆蚤综合防治措施。

开展香草兰细菌性软腐病、香草兰疫病及香草兰拟小黄卷蛾等主要病虫害综合防控研究，形成一套香草兰主要病虫害综合防治技术。

建立瓜实蝇、芒果病虫害、菠萝洁粉蚧、菠萝心腐病等病虫害绿色防控技术试验与示范基地 6 个。

（五）生物防治

获得香草兰疫病生防菌 3 株、胡椒瘟病生防菌 2 株，胡椒瘟病植物粗提物假连翘杀菌水乳剂 1 种。

开展拟青霉高效生防菌剂研制，突破了拟青霉菌株的改良，获得了杀线虫、抑病、促生、耐热四大特点的高效淡紫拟青霉 E7 菌株；建立了液固双相发酵技术，获得高效拟青霉 E7 菌剂。

摸清橡副珠蜡蚧、螺旋粉虱的天敌种类，筛选出其重要天敌的优势种群并明确了控害效能。

完成了瓜实蝇、新菠萝灰粉蚧、扶桑绵粉蚧等生防资源调查，编制了天敌名录，筛选发现瓜实蝇、扶桑绵粉蚧和马铃薯甲虫具有较强致病力的菌株；解决了天敌斑氏跳小蜂、丽草蛉、歌德恩蚜蜂的人工扩繁与释放技术；筛选并优化了螺旋粉虱重要病原菌蜡蚧轮枝菌的培养条件及发酵工艺，研制出分生孢子油悬剂。

继续推广椰心叶甲寄生性天敌椰甲截脉姬小蜂和椰心叶甲啮小蜂繁育与释放技术，甫和发放寄生蜂 1 亿头，发放技术资料 1 200 份。

发现甘蔗抗黑穗病的生物防治菌株，并进行大田试验，取得较好的效果。

（六）农药

完成橡胶树"保叶清"配方的定型，完成该药剂在海南农垦 1 000 亩胶园的炭疽病和白粉病防治效果试验。

以海南热带作物重要病虫害为研究对象，对现有农药品种进行系统筛选，发现一批有应用价值的农药品种，研制了防治热带果蔬重要害虫（粉虱、蓟马、蚜虫）的专用多靶标药剂"多杀"系列杀虫剂和防治香蕉叶斑病、橡胶树白粉病和炭疽病的"多保"系列杀菌剂。

分离获得 3 类具研究价值的农药先导化合物骨架，探讨高活性化合物的致毒机理，并研制 2 种植物源农药新产品；筛选获得防治烟粉虱的农药品种，研制出一个热雾剂配方。

研发出环境友好复合型中试杀虫剂"地虫绝"和"除螨净"及其靶标技术，筛选出 2 种对斜纹夜蛾的毒力表现出明显增效作用的阿维菌素与有机磷类药剂最佳配比。

研究出一种"BT"菌剂粉剂型，其对香蕉根结线虫的防效与市售 0.1%"阿维菌素"防效相当。

筛选出 9 种能有效防治蚜虫、11 种对棉铃虫具有良好防效、11 种对烟青虫具有良好防效和 4 种对蓟马具有良好防效的无公害药剂。

开展了 30% 戊唑·多菌灵悬浮剂在香蕉上登记残留试验等 10 项热带地区农药登记残留试验；完成 90% 莠灭净水分散剂在甘蔗上农药登记残留试验报告等报告 8 项，在研残留试验 15 项，残留田间试验 5 项。

完成了农业行业标准《戊唑醇在大豆上、烯酰吗啉在辣椒上的农药最大残留限量标准的制定》的制定工作。

（七）外来入侵生物

形成了椰心叶甲啮小蜂和椰甲截脉姬小蜂的扩繁与释放规程；建立了 3 种芒果象甲快速鉴定的特异性引物及其检测方法，建立了基于 COI 特异引物的螺旋粉虱分子鉴定技术；研制出果实蝇人工饲料，建立果实蝇饲养方法。

开展入侵昆虫鉴定检测和监测技术研究。构建了粉虱 DNA 条形码分子鉴定技术，完善了螺旋粉虱检测技术；分析螺旋粉虱、西花蓟马不同地理种群的遗传多样性，揭示其入侵来源及途径；人工合成对西花蓟马和花蓟马均具有引诱活性这两种化合物；改进螺旋粉虱诱瓶及诱板；获得具有良好诱集活性的马铃薯甲虫引诱剂配方和载体，筛选到合适的诱捕器；筛选出瓜实蝇最偏嗜颜色诱板，筛选出瓜实蝇雄虫引诱剂的最佳配方。

开展入侵昆虫的风险分析及对经济与生态影响评价，完成瓜实蝇、马铃薯甲虫、扶桑绵粉蚧、新菠萝灰粉蚧和苹果棉蚜的风险评估分析，确定我国潜在传入地的风险程度。

开展重要入侵昆虫的应急防治技术研究：分别筛选出对瓜实蝇、新菠萝灰粉蚧、苹果棉蚜、扶桑绵粉蚧等防治药剂，提出与引诱剂协同使用等使用方法；建立了瓜实蝇的杀虫剂毒力测定方法和瓜实蝇抗性培育种群。

开展了螺旋粉虱、瓜实蝇、扶桑绵粉蚧、花蓟马与烟粉虱等入侵昆虫的生物学、生态学、体内共生菌及功能等研究，为其监测与防治提供了基础支撑。

新发现一种重要入侵害虫椰子织蛾并进行了预警，对其开展了风险评估，生物学、生态学特性及防治技术研究。

五、农机农艺

（一）田间作业机械

1. 橡胶树

与企业合作研制了"3GLF-15 高扬程硫磺喷粉机"和"橡胶园开沟施肥机"，进行了田间适应性试验；设计和完善了橡胶树体胚苗甫　过程中关键设备，对培养器皿进行改进；研发出橡胶树死皮去皮机及全自动干胶含量测定仪样机。

2. 木薯

进行了木薯茎秆力学特性试验，改进了木薯收获机，研制了木薯种植机、中耕施肥机各1台，建立了75亩木薯茎秆粉碎还田示范基地。

3. 甘蔗

研制了"甘蔗健康种苗横排式排种器""1JH-150型立式秸秆粉碎还田机""3ZKFP-2型多功能中耕施肥培土机""3ZSP-2型多功能甘蔗中耕施肥培土机"和"1GYF-250型甘蔗叶粉碎还田机"；改进了"1ZYH-120甘蔗叶粉碎深埋联合作业机""2CLF-1型宿根蔗平茬破垄覆膜联合作业机"和"1SG-230型甘蔗地深松旋耕联合作业机"；试制了1台"180型甘蔗头粉碎还田机"；建立了300亩甘蔗叶粉碎还田试验示范基地。

4. 芦笋

完成了芦笋施肥机动力传动系统、导料系统以及辅助装置的改进，进行了田间适应性试验。

5. 菠萝叶

研制了新型菠萝叶粉碎还田机，一次作业粉碎率大于90%，甫 率达到0.2hm²/h；研制了菠萝叶纤维联合收割机。

6. 香蕉

改进和试制了"1XHJ-100型防缠绕香蕉茎叶粉碎还田机"和"香蕉地下茎切碎还田机"，制定了"一种防缠绕的香蕉茎叶粉碎还田作业工艺"。

（二）农产品加工机械

对已有的油棕果榨油机、捣碎机、脱果机等样机进行了分析，提出了优化改进方案；试制了1台电加热自动控温棕榈油澄油机。研制了胡椒脱皮清洗机和菠萝叶纤维细度分选机。研制了1台天然橡胶加工废气小型处理装置和1台用于新鲜天然胶乳酸凝固工艺的自动并流甲酸装置；开展了天然橡胶标准胶加工设备——单螺杆挤出机与微波干燥设备的配套设计并建立了中试示范基地。

六、农业资源与环境

（一）农作物副产物综合利用

获得木薯茎秆最佳还田方式；完成木薯秆、甘蔗叶及香蕉秆在土壤中的分解速度、养分释放特征研究；完成了甘蔗叶堆肥发酵研究；初步研究了菠萝叶不同还田方式对土壤及作物生长的影响；开展了剑麻新鲜叶渣青贮和能源化试验，利用剑麻渣废水成功产生了沼气。

形成1个以木薯秆为主要基质原料的瓜菜栽培基质配方和1个利用木薯秆发酵料、木薯渣栽培秀珍菇的培养基配方；完成果园废弃物和蔬菜种植废弃物利用技术研究示范，完成"猪－沼－菜"和"猪－沼－果"模式研究示范。

成功从原料甘蔗渣、菠萝叶、剑麻、棉花和桉树中提取纤维素，确定了最优化工艺条件，制备出具有良好结构的纳米纤维素；从纳米纤维素超分子结构的改变归纳整理出较为系统的性能机理体系；制备出 Fe_3O_4/纤维素复合功能吸波材料的粉体和片状物、吸波性能达到95%以上；揭示了液态均相纳米化技术促进纤维素酶解糖化的机理。

完善了沼气发酵数据自动化监控系统，优化设计了沼气发电机点火系统与配气系统，研制了7.5kW小型沼气发电机样机1台和充储逆变系统1套。

制菠萝叶纤维袜、T恤两大类8种纺织新产品。

（二）农业环境生态

建立了高效液相色谱法测定土壤、水中恶霉灵及戊菌唑的残留检测分析方法，完成两个农药水基化制剂研制；开展热区种植模式下作物根系分泌物对环境污染物的胁迫响应研究，揭示根系分泌物对污染物环境行为的影响机制；开展热区蔬菜生产农业面源污染监测与防治关键技术研究，重点研究了蔬菜产地中苯醚甲环唑的污染行为及土壤基本理化指标的变化情况；采用GC-MS分析方法初步鉴定了海南省东寨港红树林自然保护区几种主要红树的根系分泌物组成及成分，研究了几种典型多环芳烃对红树根系分泌物的影响。

（三）转基因生物安全

研制出快速、准确的南繁区南方水稻矮缩病毒、齿叶矮缩病毒和转基因抗虫水稻3个检测试剂盒、集成应用南繁区转基因抗虫水稻检测试纸条。

建立了南繁转基因水稻土壤根际微生物宏基因组数据库，为进一步筛选出环境指示性微生物提供依据，为开发基于微生物反应的环境检测产品提供支持。

收集了南繁区水稻、玉米上的23个疑似病毒样品，混合成1个测序样品可用于鉴定和诊断南繁区有害生物病原，尤其是未知病原。

七、农产品储藏、保鲜与加工

（一）热带果蔬储藏与保鲜

明确了海南主栽芒果品种物流贮运中烧箱的原因并研发出调控技术；开展芒果采后乙烯释放规律研究并提出控制技术；筛选出了BABA、NO等对芒果采后抗病性的诱导的适宜浓度；克隆了芒果采后后熟软化和抗逆（抗冷害）相关基因。

开展番木瓜品质变化规律研究，构建了1个番木瓜成熟度无损伤检测模型。

开展荔枝采后氧化磷酸化代谢与采后衰老的关系研究，认为采后荔枝果皮能量水平下降是导致果皮衰老褐变的重要原因。

完成了芒果、菠萝采后衰老相关转录组测序、验证及生物信息学分析；完成了菠萝果实衰老相关转录组测序及数据分析；研究了采后菠萝主要病害发生情况及防控技术。

研制了一种安全性良好、护色效果接近焦亚硫酸盐、能替代焦亚硫酸盐等含硫制剂的护色剂。

获得香蕉果实冷诱导相关基因RING并研究其特性，将RING基因成功转入烟草；针对宝岛蕉后熟转色不均匀，转色快慢不一致的问题，进行了宝岛蕉催熟技术研究。

（二）农产品加工

1. 天然橡胶

开展了新品系天然橡胶质量跟踪分析、新型恒粘天然橡胶的中试研究和环氧化天然橡胶在轮胎中的应用研究；开展了新鲜天然橡胶胶乳低氨和无氨保存剂的研究；进行了微生物快速凝固胶乳技术、新型纳米增强高性能乳胶制品关键技术、"绿色"轮胎用天然橡胶材料和天然橡胶标准化加工技术等的推广应用；研发某单一指标已经达到世界领先水平的特种工程橡胶。

天然橡胶木材加工方面，开展硅溶胶性能表征、硅溶胶浸注橡胶木工艺、浸注材热改性工艺研究；获得较佳的浸渍处理工艺及强碱性工艺树脂合成、强酸性工艺树脂合成配方；完成了不同杀菌剂配比、乳化剂体系的改进优化；完成部分碳化木制品试用。

2. 木薯

完成了木薯淀粉的改性，测定了木薯淀粉的糊化性质和颗粒结构；以木薯块根为原料开展木薯食品的研发，初步开发了木薯月饼和木薯月饼馅料以及原味木薯汁3种木薯食品。

3. 热带果蔬

开展了基于冷喷雾干燥工艺的连续化冷加工热带特色果粉关键技术研究，完成工艺总体路线设计；摸索出不同特色热带果品的关键控制因子，制定不同加工工艺，生产出"高活性"神秘果、百香果、火龙果、菠萝蜜果粉，并进行果片复配产品研发。

完成澳洲坚果外果皮中的主要营养及功能性成分分析和测定；完成澳洲坚果产品热风干燥特性及其数学模型。

4. 热带香辛饮料

开展香草兰发酵生香机理和香草兰发酵微生物鉴定研究，分离到20株产β-D-葡萄糖苷酶的芽孢杆菌菌株；开展香草兰酶法辅助生香技术研究，得出最佳酶解工艺条件；采用超临界、超声波、微波、超声-微波协同萃取、动态逆流提取以及程序增压快速溶剂萃取等精深加工技术，开展香草兰精、胡椒精及生物碱同步提取技术研究及相关设备开发，建立了微波提取的动力学模型，并提出微波无溶剂提取技术的改进措施；对菠萝蜜脆片、胡椒调味品和香草兰香薰产品进行工程化研发，并配套生产工艺和装备进行中试化甫　。

5. 热带油料植物

进行了椰子油深加工技术研究，开发深加

工系列产品 3 个；进行了椰浆浓缩加工特性研究及产品研发，确定了真空浓缩和离心浓缩两种浓缩生产工艺，开发新产品 5 个。

6. 南药植物

优化了高良姜富硒提取工艺和高良姜富硒茶规模化生产工艺，开发出高良姜富硒茶；利用高良姜精油提取的副产物开发出高良姜纯露保健漱口剂。建立了天然药物生理活性成分筛选机制；以南药植物为原料，研制出了野生灵芝原粉胶囊、牛大力胶囊、牛大力速溶茶等系列保健食品。对沉香、海南龙血竭、小叶米仔兰、黄花三宝木等黎药进行了化学成分和生物活性研究，发现新化合物 50 个。

7. 其他

从六种热带高等真菌中分离鉴定了 150 多个天然产物，其中，新化合物 30 多个。

八、畜禽健康养殖

（一）动物营养与饲料

开展了青贮、氨化香蕉茎杆、甘蔗尾叶和菠萝茎叶中常规营养成分分析和营养物质消化特性研究；开展了黑山羊饲养试验，研究甘蔗叶、香蕉茎杆、菠萝茎叶的饲料搭配试验。

通过分析日粮中不同营养水平对舍饲海南黑山羊的生长性能、胴体性状、养分表观消化率及肉质的影响，研究营养水平对黑山羊脂肪代谢相关基因及影响肉质的相关候选基因表达的影响；发现日粮中添加 α-硫辛酸可以显著提高黑山羊机体的抗氧化能力，并改善了黑山羊肌肉品质和生长性能。

（二）畜禽疫病防控

筛选出具有较高拮抗和抑菌活性的双歧杆菌 8 株和乳酸杆菌 10 株，为研制禽用益生菌制剂奠定了基础。

九、热带海洋生物

（一）种质资源

调查、收集包括国家二级保护植物水蕨、罕见热带花卉植物长叶茅膏菜等在内的约 45 个科、300 多种海南岛滨海草本植物，并通过形态学鉴定出约 200 多种。采集马尾藻样品 47 份，鉴定 12 种马尾藻。

对海南岛 13 个市县的浮萍种质资源进行收集、保存、编号；共分离出 45 个生态型，对其中 44 个进行了保存并获得 220 个纯株系。通过形态学和分子生物学方法共鉴定出 4 个属 4 个种。

（二）水产养殖

开展了马尾藻有性和无性繁殖研究；探索了底播与延绳夹苗挂养模式人工养殖马尾藻。

十、农产品质量标准与检测

（一）农产品质量安全例行监测

完成海南、贵州、青海、广东等省区蔬菜、水果、食用菌、畜禽产品、水产品等的例行监测项目和质量安全例行监测工作；完成湖南、湖北、海南等省区农垦农产品质量追溯系统建设工作，追溯产品涉及水果、蔬菜、水产和畜牧。

（二）农产品质量安全控制

完成海南、广东、广西和福建等 4 省区 13 个市县的杨桃、毛叶枣、莲雾、荔枝和龙眼等热带果品质量安全风险评估工作；对生产中使用的杀虫剂、植物生长调节剂、保鲜剂和重金属等风险因子进行排查；完成 2013 年农业部农产品质量安全风险评估项目"2013 年农产品产地收购、贮藏、运输保鲜环节质量安全风险评估"。

农产品加工研究所质检中心通过农业部组织的"农业部农药登记残留试验单位"现场考核。

（三）新品种保护测试、种子种苗检验

完成 9 组水稻、1 对香蕉、1 组柱花草的 DUS 测试任务；完善非洲菊、柱花草、木薯、橡胶、芒果 5 种植物的 DUS 测试操作手册和拍摄技术规程；木瓜、木菠萝、椰子、西番莲 4 种作物 DUS 测试指南通过专家审定并发布；开展果子蔓、花烛、向日葵、黄秋葵、番石榴等园艺植物的新品种 DUS 测试技术研究工作，采集部分田间生长试验数据和图像资料。

到广东、海南、云南植胶区 29 个基地进行橡胶苗木质量检查，建立了 29 个基地的信息档案，出具检验报告 43 份；开展芒果、木薯、橡胶、香蕉等种苗分子检测方法研究。

承办第二期植物新品种测试技术系统培训班，举办"2013 年天然橡胶苗木质量监测研讨会"。

十一、农业产业经济与农业信息

（一）产业经济

分析了天然橡胶产品属性以及我国不同阶段的价格相关政策，研究了涉及天然橡胶的市场整合情况；从经济发展、石油价格、货币政策、投机、金融事件、国际性组织等角度解释天然橡胶价格波动；完成 2013 年天然橡胶生产与市场分析，每月报送我国天然橡胶生产和市场信息。开展我国主要热带作物产业监测预警研究，针对北运瓜菜、木薯、芒果、菠萝、甘蔗等开展信息跟踪，每月提交供需形势分析月报给相关政府部门；开发了中国菠萝产业信息网。

构建海南省鲜销农产品物流绩效评价指标体系和适合海南省热带农产品的营销体系。

（二）农业信息

开展了自然类热带农业信息、甫　类热带农业信息、社会经济类农业信息等热带农业产业大数据收集、监测、分析与监测预警工作，构建了热带农业基础数据平台及相关市场价格分析软件、智能管理软件等，收集、整理及发布信息资料 10 多万条，以快讯、简讯、简报等形式快速向热作科研部门、农业部决策部门提供信息参考。

建立农作物品种选育对比数据挖掘数据库，引进"基于对比数据挖掘的种质资源数据挖掘系统"和"基于对比数据挖掘的农作物品种选育服务平台"并进行二次开发和完善。

对热带作物墒情监测技术、模式和技术应用等进行分析，对物联网技术等在土壤墒情监测上的应用现状进行了调研和分析，完成了调研报告；开展了基于物联网的热带果蔬生产农资供应链监管关键技术研究。

开发了农户甫　精准数据库系统、热带作物生产管理信息服务系统、开发信息采集系统与田间信息数据存储系统对接的中间件；研发了热带果蔬田间生产环境监测系统，实现对热带果蔬田间生产环境的监测；开发了海南冬季瓜菜质量安全信息移动采集系统，初步搭建了热带农作物病虫害防治管理系统。

确定了近年来中国南亚热带地区北沿的界线；出版《世界热带农业概况》，进行了中国热带地区土地资源、水资源的利用评价研究。

信息服务方面，通过热作"12316"短信平台，累计为农户推送病虫害防治、惠农政策、市场信息等 12 万余条。

科技产出情况

中国热带农业科学院 2013 年院属单位科技产出数据统计
（论文、著作、专利、新品种、新产品等）

单　位	科技论文（篇）		科技著作（部）	专利（项）		其他成果形式		
	总计	其中SCI收录		申请数	获授权数	审定品种	颁布标准	软件著作权
品资所	211	25	10	21	12	12	2	2
橡胶所	209	24	7	91	92	1	0	11
香饮所	53	6	2	10	12	3	6	0
南亚所	82	12	2	39	44	1	1	0
加工所	112	15	3	25	20		2	0
生物所	255	75	1	29	21		0	1
环植所	229	49	7	20	21		3	2
椰子所	63	5	4	8	12	1	0	0
农机所	28			17	19		2	0
信息所	94	1	2	0	0		0	10
分析测试中心	46	3	1	34	25		0	0
海口实验站	71	7		6	8		0	0
湛江实验站	33	1		3	2		0	0
广州实验站	14			3	2		0	0
合计	1 500	223	39	306	290	18	16	26

中国热带农业科学院 2013 年科技成果情况

项目	数量
成果总数	50
国家科技进步奖	
一等奖	
二等奖	
三等奖	
省部级奖	36
一等奖	10
二等奖	14
三等奖	12
院科学技术成果奖	4
其他奖	0
鉴定未获奖成果	10

注：同一成果同年获不同级别奖励，只统计高等级的成果奖

中国热带农业科学院 2013 年院属单位科技成果统计表

单位名称	成果总计	获奖成果总计	国家级奖 总计	自然科学奖 小计	一	二	技术发明奖 小计	一	二	科技进步奖 小计	一	二	省部级奖 小计	一	二	三	院级奖 小计	一	二	其他奖	2013年度鉴定未获奖成果数
中国热带农业科学院	1	1											1	1							
品资所	12	9											8	4	4		1	1			3
橡胶所	6	3											3	2		1					3
香饮所	2	2											1			1	1	1		1	
南亚所	3	1											1			1					2
加工所	2	2											2		1	1					
生物所	10	8											7	1	3	3	1	1			2
环植所	6	6											5		2	3	1	1			
椰子所	4	4											4	2	2						
农机所	1	1											1			1					
信息所	2	2											2		1	1					
分析测试中心																					
海口实验站	1	1											1			1					
湛江实验站																					
广州实验站																					
合　计	50	40											36	10	14	12	4		4		10

注：同一成果同年获不同级别奖励，只统计高等级的成果奖

中国热带农业科学院 2013 年获奖成果统计

一、获省部级奖成果

序号	成　果　名　称	获奖类别	获奖等级	获奖单位
1	乙烯灵刺激割胶技术在橡胶生产中的推广应用	2011—2013 年度全国农牧渔业丰收奖	农业技术推广成果奖一等奖	中国热带农业科学院橡胶研究所
2	椰衣栽培介质产品开发关键技术研究、示范与推广	2011—2013 年度全国农牧渔业丰收奖	农业技术推广成果奖一等奖	中国热带农业科学院椰子研究所
3	攀枝花市优质晚熟芒果产业化	2011—2013 年度全国农牧渔业丰收奖	农业技术推广合作奖	中国热带农业科学院
4	芒果种质资源收集保存、评价与创新利用	2012—2013 年度中华农业科技奖	科研类成果一等奖	中国热带农业科学院热带作物品种资源研究所等
5	柱花草种质创新及利用	2012—2013 年度中华农业科技奖	科研类成果一等奖	中国热带农业科学院热带作物品种资源研究所等

（续表）

序号	成 果 名 称	获奖类别	获奖等级	获奖单位
6	椰子种质资源创新与新品种培育	2012—2013年度中华农业科技奖	科研类成果二等奖	中国热带农业科学院椰子研究所
7	热带作物几种重要病虫害绿色防控技术研究与应用	2012—2013年度中华农业科技奖	科研类成果二等奖	中国热带农业科学院环境与植物保护研究所等
8	天然橡胶高性能化技术研发	2012—2013年度中华农业科技奖	科研类成果二等奖	中国热带农业科学院农产品加工研究所
9	植物硫代葡糖苷酶基因家族的研究与应用	2012—2013年度中华农业科技奖	科研类成果三等奖	中国热带农业科学院热带生物技术研究所
10	木薯种质资源收集、保存及应用研究团队	2012—2013年度中华农业科技奖	优秀创新团队奖	中国热带农业科学院热带作物品种资源研究所
11	重要入侵害虫红棕象甲防控基础与关键技术研究及应用	海南省科技进步奖	一等奖	中国热带农业科学院椰子研究所等
12	橡胶树种质资源收集保存评价和利用	海南省科技进步奖	一等奖	中国热带农业科学院橡胶研究所等
13	菠萝叶纤维酶法脱胶技术	海南省科技进步奖	一等奖	中国热带农业科学院热带生物技术研究所等
14	木薯转基因育种技术研究及基因资源挖掘	海南省科技进步奖	二等奖	中国热带农业科学院热带生物技术研究所等
15	香蕉种苗培育新技术的研究与示范	海南省科技进步奖	二等奖	中国热带农业科学院海口实验站等
16	红掌新品种选育及配套关键技术研究	海南省科技进步奖	二等奖	中国热带农业科学院热带作物品种资源研究所等
17	艾纳香加工工艺优化及产品研发	海南省科技进步奖	二等奖	中国热带农业科学院热带作物品种资源研究所等
18	香蕉枯萎病生防内生菌资源的收集、评价与利用研究	海南省科技进步奖	二等奖	中国热带农业科学院环境与植物保护研究所等
19	纤维素液态均相质构重组基础研究	海南省科技进步奖	三等奖	中国热带农业科学院农产品加工研究所
20	能源微藻油脂代谢基础研究及高油藻株选育	海南省科技进步奖	三等奖	中国热带农业科学院热带生物技术研究所等
21	海南重要入侵杂草防控基础及防控技术	海南省科技进步奖	三等奖	中国热带农业科学院环境与植物保护研究所等
22	海南岛粉虱种类调查和几种入侵害虫的分子检测技术研究	海南省科技进步奖	三等奖	中国热带农业科学院环境与植物保护研究所等
23	海南粗榧内生真菌抗肿瘤活性次生代谢产物的研究	海南省科技进步奖	三等奖	中国热带农业科学院热带生物技术研究所等
24	香草兰主要病虫害综合防治技术研究	海南省科技进步奖	三等奖	中国热带农业科学院香料饮料研究所
25	热带农业信息服务模式研究与应用	海南省科技进步奖	三等奖	中国热带农业科学院科技信息研究所
26	橡胶园化肥养分损失过程及调控技术研究	海南省科技进步奖	三等奖	中国热带农业科学院橡胶研究所等
27	优良柱花草新品种推广及利用	海南省科技成果转化奖	一等奖	中国热带农业科学院热带作物品种资源研究所等
28	热研一号、二号油绿苦瓜新品种的选育与推广利用	海南省科技成果转化奖	二等奖	中国热带农业科学院热带作物品种资源研究所等
29	琼枝麒麟菜高产养殖技术示范与推广	海南省科技成果转化奖	二等奖	中国热带农业科学院热带生物技术研究所等
30	椰衣栽培介质产品开发及推广利用	海南省科技成果转化奖	二等奖	中国热带农业科学院椰子研究所等
31	菠萝叶纤维精细化纺织加工关键技术研发与产业化	广东省科学技术奖	三等奖	中国热带农业科学院农业机械研究所

二、中国热带农业科学院科学技术成果奖

序号	成 果 名 称	获奖等级	获奖单位
1	橡胶树种质资源收集保存评价和利用	一等奖	中国热带农业科学院橡胶研究所等
2	重要入侵害虫红棕象甲防控基础理论与关键技术研究及应用	一等奖	中国热带农业科学院椰子研究所等
3	菠萝叶纤维酶法脱胶技术	一等奖	中国热带农业科学院热带生物技术研究所等
4	红掌新品种选育及配套关键技术研究	二等奖	中国热带农业科学院热带作物品种资源研究所等
5	纤维素液态均相构重组基础研究	二等奖	中国热带农业科学院农产品加工研究所
6	热带半封闭港湾赤潮及其生物综合防控研究	二等奖	中国热带农业科学院热带生物技术研究所等
7	青胡椒中试加工关键技术及工艺研究	二等奖	中国热带农业科学院香料饮料研究所等
8	木薯转基因育种技术研究及基因资源挖掘	二等奖	中国热带农业科学院热带生物技术研究所等
9	艾纳香加工工艺优化及产品研发	二等奖	中国热带农业科学院热带作物品种资源研究所等
10	热区柱花草生产中的土壤酸化问题及其修复研究	二等奖	中国热带农业科学院热带作物品种资源研究所等
11	利用蚯蚓处理热带农业固体废弃物关键技术研究与应用	二等奖	中国热带农业科学院环境与植物保护研究所等

三、2013 年度作为参加单位获得的成果统计

序号	单位	成果名称	获奖类别	获奖等级	本单位获奖排序	本单位获奖姓名及名次
1	中国热带农业科学院科技信息研究所	当代世界农业研究	中华农业科技奖	二等奖	第4完成单位	方佳（第12）
2	中国热带农业科学院热带生物技术研究所	新SCCmec型别的基因测序及本地MRSA多重耐药机制研究	海南省科技进步奖	二等奖	第2完成单位	黄惠琴（第3），鲍时翔（第4）
3	中国热带农业科学院热带作物品种资源研究所	东亚特有濒危植物五唇兰保育生物学研究	海南省科技进步奖	二等奖	第3完成单位	陈金花（第5）
4	中国热带农业科学院南亚热带作物研究所	桔小实蝇食物诱剂的研制与配套技术的应用	广东省科学技术奖	三等奖	第2完成单位	詹儒林（第4）
5	中国热带农业科学院环境与植物保护所	应对"中国－东盟自由贸易区"重要入侵害虫预警技术研究	广西科学技术奖	三等奖	第2完成单位	彭正强（第3），符悦冠（第5），吕宝乾（第7）

中国热带农业科学院 2013 年获奖科技成果简介

一、部省级奖励项目

（一）乙烯灵刺激割胶技术在橡胶生产中的推广应用

主要完成单位：中国热带农业科学院橡胶研究所

主要完成人员：罗世巧、校现周、吴明、杨文凤、罗君、魏小弟、冯为桓、陆绍德、陀志强、李海彬、唐玲波、陈惠到、符石寿、王佳甫、蔡儒学、王捍东、刘超武、魏芳、仇键、刘卫国、欧广华、黄志、王睿窖、陈邓、沈希通

起止时间：2000 年 1 月至 2012 年 12 月

获奖情况：全国农牧渔业丰收奖农业技术推广成果奖一等奖

内容提要：

该成果根据橡胶生产上使用乙烯利单方存在较多的副作用问题，推广了乙烯灵刺激割胶技术。根据橡胶树产胶与排胶生理平衡的互补效用原理，在单方乙烯利的基础上添加多种微量元素及产胶促进剂并改进载体；施用过程中，根据橡胶树的品种、树龄、割胶制度等调节乙烯灵施用的浓度、剂量、周期，实行低频割胶；实施后橡胶树排胶快、干含高、死皮率低、再生皮恢复好。在推广过程中成立专家组，制定实施方案，通过示范——培训——科技入户——推广的模式，以点带面，有序推进。2001—2012 年，累计推广应用该技术达 567 万亩，增产干胶 19 890t，新增产值 42 261 万元，总经济效益达 22 486 万元；最近 3 年（2010—2012 年）就推广 212 万亩，增产干胶 7 947t，新增产值 22 272 万元，总经济效益 12 858 万元；平均每亩年增产干胶 3.51kg，新增纯收益 63 元。

（二）椰衣栽培介质产品开发关键技术研究、示范与推广

主要完成单位：中国热带农业科学院椰子研究所、三亚市热带作物技术推广服务中心、海南万钟实业有限公司组培分公司、文昌市热带作物服务中心、琼海市热带作物服务中心、万宁市热带作物开发中心、福建省泉州市台盛果蔬有限公司、广东省廉江市园林花卉协会

主要完成人员：陈卫军、孙程旭、冯美利、陈华、赵松林、刘立云、范海阔、周文中、唐跃东、符之学、林道迁、戴俊

起止时间：2009 年 1 月至 2012 年 12 月

获奖情况：全国农牧渔业丰收奖农业技术推广成果奖一等奖

内容提要：

该成果是在椰衣栽培介质产品开发关键技术研究的基础上，对应用椰衣栽培介质和除酸技术工艺进行示范与推广。采取"科研院所＋政府部门＋企业（农户）"的方式，由科研院所与企业的技术人员对椰衣栽培介质产品和应用关键技术进行研究；通过地方政府科技推广部门和生产企业协助建立示范点，采用甫 示范、辐射推广相结合的方式，同时通过技术培训、发放技术资料等方式进行推广。项目承担单位在 2010—2012 年间椰衣介质育苗取得的经济效益 8 321 万元；椰衣介质哈密瓜、蔬菜类栽培取得的经济效益分别是 3 472.49 万元、3 009.39 万元；椰衣介质兰花栽培取得的经济效益 14 598.92 万元；其他综合经济效应 33 429.86 万元。

（三）攀枝花市优质晚熟芒果产业化

主要完成单位：中国热带农业科学院、中国热带农业科学院南亚热带作物研究所、攀枝花市经济作物技术推广站、中国热带农业科学院热带作物品种资源研究所、四川省攀枝花市仁和区新型农民培训学校、中国热带农业科学院环境与植物保护研究所、攀枝花市锐华农业开发有限责任公司、攀枝花市农林科学研究院

主要完成人员：黄宗道、王建芳、明建鸿、詹儒林、余让水、邱小强、张春燕、许树培、赵家华、刘国道、钟方祥、李贵利、陈业渊、蒲金基、李利军、王松标、夏敏、胡美娇、范辉建、李桂珍、马蔚红、高爱平、张莉芝、韩冬银、欧阳定平、何代帝、武红霞、姚全胜、齐文华、马小卫

起止时间：1997 年 1 月至 2012 年 12 月

获奖情况：全国农牧渔业丰收奖农业技术推广合作奖

内容提要：

1997 年，在原农业部何康部长、中科院卢良恕院士、中国热带农业科学院名誉院长黄宗道的带领下，热科院专家到攀枝花实地考察，提出在攀枝花建设 10 万亩优质芒果基地论证报告，双方于 2002 年、2006 年、2009 年三次续签了合作协议，建立了"政、研、产、学"紧密联合的合作机制，双方互聘顾问专家 16 人次，热科院先后选派 12 名农业专家赴攀枝花市挂职科技副区（县）长；针对攀枝花原来芒果品种结构不合理、产量低、品质差、农残超标等主要问题，热科院筛选出了吉禄（Zill）、凯特（Keitt）、热农 1 号等多个适合当地种植的中晚熟品种，这些品种已成为当地的主栽品种

（90%以上），并进行栽培技术创新与集成，突破了轮换枝修剪培养结果母枝技术，创新了"三次摘花法"推迟花期以规避"大小年"现象的技术，建立了养分综合管理技术体系，研发了病虫害综合防控及果实护理等系列关键技术；采取"科研院所＋地方政府＋公司或合作社或新农学校＋技术员＋示范户＋辐射户"的农技推广新模式，培育示范户 3 000 多户，培训农民达 20 000 余人次；通过 10 多年的发展，目前攀枝花已培育了"锐华""田园"等一批芒果龙头企业，形成了"攀枝花""金川红玉"等多个芒果知名品牌，2009 年"攀枝花"牌商标成功申请国际注册，并获得 GAP 认证，取得欧洲市场准入证；带动了一大批种植大户，建成了我国乃至世界"海拔最高、纬度最高、成熟最晚、品质最优"的芒果生产基地，至 2012 年底，全市芒果种植面积达 26 万亩（含未投产面积），年产值超过 4 亿元，仅芒果一项就为全市农民人均增收 260 元，芒果产业已成为该地区农业的支柱产业。

（四）芒果种质资源收集保存、评价与创新利用

主要完成单位：中国热带农业科学院热带作物品种资源研究所、中国热带农业科学院南亚热带作物研究所、广西壮族自治区亚热带作物研究所、四川省攀枝花市农林科学研究院、云南省农业科学院热带亚热带经济作物研究所、中国热带农业科学院环境与植物保护研究所、福建省农业科学院果树研究所

主要完成人员：陈业渊、雷新涛、高爱平、尼章光、黄国弟、李贵利、张欣、余东、姚全胜、朱敏、李日旺、解德宏、杜邦、马蔚红、贺军虎、张存岭、陈豪军、王松标、黄强、罗海燕

起止时间：1985 年 1 月至 2009 年 8 月

获奖情况：中华农业科技奖科研类成果一等奖

内容提要：

该成果系统开展了芒果种质资源考察收集、研究、创新与利用，查明了国内芒果分布区域内的种质资源地理分布和富集程度，收集国内野生半野生种质、地方和育成品种等芒果种质资源 312 份，引进 20 多个国家和地区的芒果资源 409 份，获得香蕉芒、四季芒等一批特异种质。创建了与种质圃保存相配套的种质资源收集、整理、保存技术体系，国内首次统一规范了芒果种质资源的收集、整理、保存工作，入圃保存漆树科芒果属 6 个芒果种的种质资源资源 762 份，保存量扩大 9 倍，占全国芒果种质资源保存总量 99%，为培育和发展产业奠定了资源基础。构建了我国芒果种质资源鉴定评价技术体系，其中，首次确定评价技术指标 39 个，改进评价技术指标 44 个，创新芒果抗炭疽病、白粉病和细菌性黑斑病等鉴定评价技术 8 项，国际首创数据质量控制规范和数据标准，形成《芒果种质资源描述规范》农业行业标准；系统评价鉴定芒果种质资源 680 份，建立芒果种质资源数据库与共享网络平台，提高了芒果种质资源的共享利用效率和质量水平，信息和实物年共享量分别增加了 23 倍和 11 倍；筛选优异种质 125 份，其中 42 份直接用于生产，占国内同期应用种质的 80%，13 个成为主栽品种，创制优异新种质 50 份，培育出系列芒果新品种 18 个，全部通过品种审定、认定或登记，占国内同期新品种的 80%，其中，主栽 8 个，3 个为农业部主导品种，占国内同类品种的 100%。项目实施以来，在海南、广东、云南、广西、四川、福建 6 省区建立种苗繁育和示范基地 58 个，面积 3 500 多亩，推广种苗 3 800 多万株；建立新品种示范基地 63 个，面积 7.2 万亩，推广 60 个芒果新品种（种质），占国内同期新品种的 80%，21 个成为主栽品种，3 个为农业部主导品种，占国内同类品种的 100%；先后累计辐射推广 327.7 万亩；栽培面积从 1985 年仅 4.8 万亩，产量 2 800t，到 2010 年面积达 193.5 万亩，产量 87.7 万 t，面积扩大近 40 倍，产量增加近 310 倍，我国成为世界第七大芒果主产国。

（五）柱花草种质创新及利用

主要完成单位：中国热带农业科学院热带作物品种资源研究所、广西壮族自治区畜牧研究所、广东省畜牧技术推广总站、海南大学、华南农业大学、福建农业科学院农业生态研究所

主要完成人员：刘国道、白昌军、赖志强、

陈三有、罗丽娟、蒋昌顺、田江、易克贤、卢小良、王东劲、梁英彩、周汉林、何华玄、王文强、唐军、虞道耿、应朝阳、刘建营、易显凤、陈志权

起止时间：1980年1月至2010年6月

获奖情况：中华农业科技奖科研类成果一等奖

内容提要：

该成果针对我国热带、亚热带地区现代畜牧业发展和生态安全需求，从国外引种收集柱花草种质资源，建立了我国最大的柱花草种质资源圃和数据库，收集保存柱花草属种质8种325份，创新核心种质82份，实现了资源共享；系统研究了柱花草的营养生长和生殖生长规律，构建了柱花草的育种技术平台，选育出国家审定的柱花草新品种11个，占世界柱花草推广品种数的28%，其中育成品种3个；初步探明了柱花草根系分泌苹果酸螯合根际铝的耐低磷和铝毒的机理，并筛选出5个能在低磷环境中促进固氮的根瘤菌株，研制出柱花草专用肥。构建了"林（果）－草复合经营"模式，并成功应用于橡胶园、椰园、咖啡园等经济作物种植园，促进了热区林下经济产业的发展；建立了柱花草良种繁育技术体系，制定了《柱花草种子》《柱花草种子生产技术规程》《热带牧草种子》等4项农业行业标准，填补了柱花草种子生产的技术空白，良种良法的有机结合实现了我国柱花草种子生产的国产化，国内市场占有率100%，并出口澳大利亚、越南等10多个国家；建立了柱花草草产品生产和加工技术体系，柱花草草粉、草颗粒成功应用于畜禽养殖，构建了柱花草的种植及草畜转化体系，引导农民改变传统的饲养方式，促进了农民增收。

（六）椰子种质资源创新与新品种培育

主要完成单位：中国热带农业科学院椰子研究所

主要完成人员：赵松林、唐龙祥、覃伟权、李和帅、范海阔、黄丽云、曹红星、吴多扬、刘立云、王萍、刘蕊、吴翼、马子龙、周焕起、冯美利、陈思婷、张军、董志国、龙翊岚、牛启祥

起止时间：1980年1月至2010年5月

获奖情况：中华农业科技奖科研类成果二等奖

内容提要：

该成果针对椰子产业发展中存在的栽培品种单一、椰子产量低、质量差、椰园空间利用率低、经济效益落后等问题，对椰子种质资源进行了全面的调查、收集、保存和评价的研究，查明了我国椰子种质资源分布规律和富集程度，建设成我国椰子唯一的活体保存圃，已保存椰子种质资源163份；进行了种质离体保存、DNA保存等安全保存体系的研究及分类评价，从中筛选出高产种质15份、早结种质9份、抗寒种质5份、抗风种质10份；开展种质创新与新品种选育研究，获得育种中间材料12份，选育出4个优良新品种；研发了椰子新品种种果选择、种苗培育、施肥技术、疏花疏果、果实采收等配套栽培技术，研究形成了以科学施肥、病虫害防控等为核心的低产椰园改造技术，明显提高了低产椰园的经济效益及椰农的收入。累计推广面积25万亩，占椰子种植面积的1/3以上，其中2008—2009年累计推广面积6万多亩；制定行业及地方标准5项及技术规范3项，发表论文66篇，出版著作7部，获授权发明专利1项，录制椰子丰产栽培科教片1部，培养硕士研究生22名。

（七）热带作物几种重要病虫害绿色防控技术研究与应用

主要完成单位：中国热带农业科学院环境与植物保护研究所、华南农业大学、海南博士威农用化学有限公司、海南正业中农高科股份有限公司、海南利蒙特生物农药有限公司、中国热带农业科学院南亚热带作物研究所、海南出入境检验检疫局热带植物隔离检疫中心

主要完成人员：黄俊生、杨腊英、王振中、王国芬、詹儒林、李伟东、张善学、杨照东、刘国忠、郭立佳、梁昌聪、刘磊、彭军、黄华平、覃和业

起止时间：2004年10月至2010年4月

获奖情况：中华农业科技奖科研类成果二等奖

内容提要：

该成果以几种重要热带作物病虫害为对象，

开展以微生物农药和化学农药防治为核心的协同防治技术研究及应用，研发了以微生物菌剂防控为核心的绿色生物防控新技术。形成了以绿僵菌、拟青霉为主的多种剂型研发体系，研制出粉剂、细粒剂等6种生防产品，获得菌肥登记产品"线虫裂解酵素"1个，田间防控取得了良好的防治效果；研发以农药新剂型为核心的环保化学防控新技术，根据热区病虫害发生特点，微生物农药与化学农药综合防控技术的集成和应用，保证农产品安全，减少对环境的污染，为热带作物产业的可持续发展提供了技术保障。成果形成的防控新技术体系取得了良好的经济效益和显著的社会效益，建立了香蕉、橡胶、甘蔗等病虫害防治新技术示范基地15个，示范面积近10万亩，辐射近200万亩，为项目参与单位和应用单位创造直接经济效益8 219.4万元。该技术体系的广泛应用对热区产业结构优化和病虫害防控水平整体提升产生了重大推动和示范作用。

（八）天然橡胶高性能化技术研发

主要完成单位：中国热带农业科学院农产品加工研究所

主要完成人员：彭政、罗勇悦、汪月琼、杨昌金、李永振、余和平、曾宗强、陈鹰

起止时间：2008年1月至2010年3月

获奖情况：中华农业科技奖科研类成果二等奖

内容提要：

该成果通过研究纳米填料对天然胶乳的补强机理，用补强机理指导材料配方设计和工艺优化，制备具有高性能的天然橡胶纳米复合材料并进行制品应用；研发出系列高性能体育弹性器材、医用乳胶手套、医用乳胶导管和电器密封附件等。成果技术已分别在湛江市信佳、嘉力手套、博大橡胶制品有限公司进行推广应用，并设计了2条甫 线甫 纳米天然胶片和天然橡胶复合弹力布，产品性能好，功能多样，安全性高，深受国内外市场欢迎。2009—2011年，该技术应用累计实现产值40 130.32万元、新增利润5 856.55万元，新增税收1 844.32万元，创汇1 451.99万美元，显著提高天然胶乳的附加值，取得了良好经济效益。该成果不但

提高了我国天然橡胶制品企业的竞争力、促进了我国天然橡胶业的整体发展，还改善了企业生产环境，减少了能耗，具有重要的社会效益。

（九）木薯种质资源收集、保存及应用研究团队

主要完成单位：中国热带农业科学院热带作物品种资源研究所

主要完成人员：李开绵、陈松笔、叶剑秋、黄洁、陆小静、张振文、闫庆祥、欧文军、蒋盛军、朱文丽、蔡坤、安飞飞、许瑞丽、薛茂富、韦卓文、吴传毅

起止时间：2005—2013年

获奖情况：中华农业科技奖优秀创新团队奖

内容提要：

该成果围绕木薯产业化的技术需求，广泛收集、妥善保存和创新利用木薯种质资源，建立我国唯一的国家级木薯种质圃，收集木薯核心种质资源535份，占世界木薯核心种质的80%以上；创新培育育种中间材料5 000多份。创新杂交选育种技术体系，选育出高产、高淀粉和抗逆性强的品种，育成自主创新的新品种11个，占我国同期选育、推广的木薯新品种的80%以上，解决品种匮乏、低劣等问题；创新利用复合种茎快繁技术，可提高种茎繁殖速度30～300倍，解决新品种推广速度慢的问题；研究出木薯养分需求规律并开发营养诊断配方施肥技术；研究出木薯种植地水土流失规律并提出综合预防保障措施，可减少水土流失30%～95%，解决木薯种植持续高产、稳产所面临的肥力下降、水土流失等难题；研发出木薯轮种、间套种等种植模式，解决连种病虫害增多、经济效益偏低等问题；深入研究木薯高产高效栽培技术，形成木薯标准化栽培技术规程并推广到主产区。

该成果选育的木薯主栽品种以及高产高效率栽培技术已在我国木薯主产区推广，累计推广面积达1.64亿亩，获得巨大的社会、经济和生态效益。2005—2007年，本项目选育木薯主栽品种在主要木薯加工企业及周边地区种植木薯累计推广木薯良种面积达635.00万亩，增产鲜薯200.03万吨，新增利润8.00亿元，新增利

税 1.36 亿元，节支 6.35 亿元。

共审定 11 个新品种，形成技术标准 2 项，获专利 4 项，发表论文 54 篇，专著 4 部，共获省部级奖励 15 项，其中 2009 年获国家科技进步奖二等奖，2008 年获中华农业科技奖二等奖。

（十）重要入侵害虫红棕象甲防控基础与关键技术研究及应用

主要完成单位： 中国热带农业科学院椰子研究所、漳州市英格尔农业科技有限公司、中国热带农业科学院环境与植物保护研究所、三亚市南繁技术研究院、农业部热带作物有害生物综合治理重点实验室、海南省热带农业有害生物监测与控制重点实验室

主要完成人员： 覃伟权、阎伟、黄山春、李朝绪、刘丽、马子龙、王谨、彭正强、林志平、王志政

起止时间： 2002 年 1 月至 2012 年 12 月

获奖情况： 海南省科技进步奖一等奖

内容提要：

该成果系统阐明了红棕象甲生物学、生态学特性，构建了发生量预测模型，为开展监测和防治技术研究奠定了基础；突破了红棕象甲人工饲养难题，研制出红棕象甲幼虫半人工饲料和饲养装置，大大提高了红棕象甲人工饲养效率；建立了红棕象甲早期声音探测实用技术，明确了虫口密度、测试位点和幼虫发育期等因子对探测效果的影响；研制出红棕象甲聚集信息素微胶囊引诱剂、诱芯及诱捕器，甫　成本、持效期、诱捕效能显著高于国外同类产品；筛选出 4 种对红棕象甲幼虫防效优良的药剂及混剂配方，并明确了其最佳施药方法；从红棕象甲中首次分离出致病力高的黏质沙雷氏菌，并获得高致病力的金龟子绿僵菌菌株；研制出防效较好的剂型、传菌装置及使用方法。鉴定专家组一致认为，该成果总体达到国际先进，其中在人工饲养、声音探测和信息素利用方面达国际领先水平。

（十一）橡胶树种质资源收集保存评价和利用

主要完成单位： 中国热带农业科学院橡胶研究所、农业部橡胶树生物学与遗传资源利用重点实验室

主要完成人员： 黄华孙、曾霞、胡彦师、安泽伟、蔡海滨、华玉伟、李维国、方家林、涂敏、程汉

起止时间： 1999 年 1 月至 2012 年 12 月

获奖情况： 海南省科技进步奖一等奖

内容提要：

该成果新收集高产、高干胶含量、抗风、抗寒、抗白粉病、矮生、早花等橡胶树种质资源 478 份，提高了我国橡胶树种质资源的战略储备；首次提出了基于应用核心种质、苗圃和大田圃相结合的橡胶树种质资源保存方法，安全保存资源 6 462 份，保存总量居世界前列；创建了橡胶树种质资源鉴定评价技术体系，首次制订了橡胶树种质资源鉴定技术规范，新提出鉴定性状 12 项、分级技术指标 22 项、量化指标 9 项、新绘制橡胶树模式图 11 幅；鉴定评价了 5 367 份橡胶树种质资源，筛选获得 7 份速生资源、3 份高产资源、5 份抗风资源、42 份耐寒资源、10 份抗白粉病资源；构建了橡胶树种质资源共享服务平台，向植胶区提供了 3 175 份次的种质资源，育种单位利用所提供的资源育成了新品种（系）4 个，其中，热研 8-79 推广种植 5 万亩，增产约 30%。鉴定专家组一致认为，该成果总体达到国际领先水平。

（十二）菠萝叶纤维酶法脱胶技术

主要完成单位： 中国热带农业科学院热带生物技术研究所、中国热带农业科学院农业机械研究所、农业部热带作物生物学与遗传资源利用重点实验室

主要完成人员： 郭安平、郭运玲、刘恩平、张劲、连文伟、孔华、黄涛、王炎松、邓伟科、高秋芳

起止时间： 2005 年 1 月至 2012 年 12 月

获奖情况： 海南省科技进步奖一等奖

内容提要：

该成果筛选出一株高产果胶酶菌株，编号 BTC105，经鉴定为 Dickeya dadantii。获得了菌种发酵产酶关键因子的最佳参数，37℃下发酵 10h 的果胶酶活性最高，其发酵活力达到 22 000 U/mL，5℃条件下保存时间为 3 个月，常温条件下保存时间 1 个月，其发酵活力可保持在 20 000U/mL 以上，其发酵生产的酶制剂可用于

菠萝叶纤维脱胶；构建了木聚糖酶和果胶裂解酶双价工程菌株 PX6，并进行了在毕赤酵母中的表达分析和菠萝叶纤维脱胶试验，可为今后研究出更高效环保的脱胶工程菌株打下基础；确定了菠萝叶纤维酶法脱胶工艺条件，通过实验室、工厂和企业的中试应用，效果较好，经对脱胶后菠萝叶纤维测试，果胶含量 0.33%，纤维支数 566 ~ 623 支，断裂强力 34.94 ~ 35.63cN/tex，能满足纺织工艺要求。与传统的苎麻化学脱胶方法相比，可减少环境污染，实现农业废弃物的高效利用；与苎麻生物脱胶相比，该技术具有稳定性、高效性和易推广性。鉴定专家组一致认为，该成果整体处于国际先进水平。

（十三）木薯转基因育种技术研究及基因资源挖掘

主要完成单位： 中国热带农业科学院热带生物技术研究所、农业部热带作物生物学与遗传资源利用重点实验室、海南大学、中国热带农业科学院热带作物品种资源研究所

主要完成人员： 郭建春、胡新文、李瑞梅、符少萍、刘姣、彭明、郭安平、王文泉

起止时间： 2006 年 1 月至 2012 年 12 月

获奖情况： 海南省科技进步奖二等奖

内容提要：

该成果通过利用分子生物学方法对木薯进行耐寒和淀粉品质改良研究。发现在培养基中添加浓度为 15mmol/L 的 $CaCl_2$ 能增加木薯体胚数量、提高质量，可将木薯体胚成活期由对照的 30 天延长到 100 天；建立了我国本土栽培的优良木薯品种华南 5 号、华南 6 号、华南 8 号的遗传转化体系，木薯转化率达到了 30% 以上；利用植物细胞分裂素合成酶基因（ipt）与低温诱导基因转录融合表达，在无诱导条件下适量增加植物体内的激素含量，从而显著提高转基因植物的抗寒性；发明了水培炼苗、直接移栽入盆的瓶苗移栽法，使木薯瓶苗移栽成活率达 96.7%，缩短炼苗周期到一周；成功分离获得与淀粉合成和质体分裂相关的基因 23 个和 miRNA 全长基因 194 个，占在 GenBank 登录的木薯基因的 20.6%。发表论文 22 篇（SCI 和 EI 论文 4 篇，核心期刊论文 18 篇）；获得实用新型专利

2 项；培养硕士研究生 8 人，博士研究生 2 人。鉴定专家组一致认为，该成果整体达国际先进水平，其中转基因技术体系居国际领先地位。

（十四）香蕉种苗培育新技术的研究与示范

主要完成单位： 中国热带农业科学院海口实验站、中国热带农业科学院热带生物技术研究所、热作两院种苗组培中心

主要完成人员： 王必尊、何应对、张建斌、刘永霞、刘以道、马蔚红、徐碧玉、金志强

起止时间： 2009 年 1 月至 2012 年 12 月

获奖情况： 海南省科技进步奖二等奖

内容提要：

该成果在国内率先利用香蕉未成熟雄花为外植体的离体繁殖技术进行规模化甫，繁殖系数高，减少了继代次数，缩短了继代时间，降低了组培苗的变异概率和外植体携带枯萎病菌及病毒的风险；研制出的实用新型装置半自动培养基分装仪，设备结构简单，操作容易，实用性强，成本低；改良了 TTC 根系测定方法，能快速、直观检测香蕉假植苗根系的生长状态，使中间试验环节减少、操作程序简化、误差降低；初步构建了香蕉二级苗生长形态评价体系，筛选出香蕉二级种苗的培养基配方。鉴定专家组一致认为，该成果整体达到国内领先水平。

（十五）红掌新品种选育及配套关键技术研究

主要完成单位： 中国热带农业科学院热带作物品种资源研究所、云南省热带作物科学研究所、农业部华南作物基因资源与种质创制重点实验室、三亚新大生物科技有限公司

主要完成人员： 尹俊梅、杨光穗、李崇晖、李惠波、黄素荣、牛俊海、任羽、王存

起止时间： 2007 年 1 月至 2013 年 6 月

获奖情况： 海南省科技进步奖二等奖

内容提要：

该成果建立了红掌种质资源圃 10 亩，活体保存种质资源 121 个品种共 348 份；离体保存种质资源 52 个品种共 93 份。制定了红掌种质资源描述规范和数据质量控制规范；筛选出适合海南及其他热区种植的优良品种 5 个，申请国家植物新品种保护权品种 8 个，获得育种中间材料 1 500 多份；首次研发出抑制"绿耳"的营养

调控技术；研发出红掌细菌性疫病、竽花叶病毒的快速、灵敏、准确的诊断检测技术和经济、高效、可循环的栽培基质；创建了经济、实用、高产、利于病虫害防控的泡沫栽培槽种植模式；集成了一套针对海南种植红掌的高产优质高效栽培配套技术，建成红掌种苗繁育和生产示范基地30亩，辐射推广种植面积330亩。鉴定专家组一致认为，该成果达到国际先进水平。

（十六）艾纳香加工工艺优化及产品研发

主要完成单位：中国热带农业科学院热带作物品种资源研究所、海南大学、海南香岛黎家生物科技有限公司、贵州艾源生态药业开发有限公司

主要完成人员：庞玉新、陈业渊、袁媛、张影波、王丹、于福来、官玲亮、张晓东

起止时间：2008年1月至2012年12月

获奖情况：海南省科技进步奖二等奖

内容提要：

该成果对艾纳香加工工艺进行了优化和升级，研发了艾纳香产地加工设备和大规模工业化生产设备各1套，获授权专利2项，在国内外首次实现艾粉、艾片及艾纳香油的高效、环保工业化甫；对艾粉和艾片加工工艺进行了优化，优化后艾粉和艾片得率明显提高；首次采用工业化提取、循环机械压榨和动态升华等技术，与传统提取方法相比降低了能耗；以艾纳香提取物的抑菌活性、抗氧化活性和抗酪氨酸激酶活性研究为基础，研发艾纳香系列产品12个，并获得授权专利两件；"艾纳香提取加工设备"在贵州省和海南省进行推广，取得了较好的经济效益和社会效益。鉴定专家组一致认为，该成果总体居国内领先水平，其设备在工业化甫方面达国际领先水平。

（十七）香蕉枯萎病生防内生菌资源的收集、评价与利用研究

主要完成单位：中国热带农业科学院环境与植物保护研究所、热作两院种苗组培中心、中国热带农业科学院热带生物技术研究所、农业部热带作物有害生物综合治理重点实验室、海南省热带农业有害生物监测与控制重点实验室

主要完成人员：黄贵修、刘先宝、李超萍、蔡吉苗、代鹏、时涛、林春花、陈奕鹏、郭志凯、谢艺贤

起止时间：2005年1月至2012年12月

获奖情况：海南省科技进步奖二等奖

内容提要：

该成果运用可培养方法对海南省主要热带作物的内生菌资源进行收集，结合利用分离培养方法和未培养方法对香蕉根部内生细菌多样性进行了研究，获得内生细菌资源的基础数据。对收集到的1 000多个内生细菌菌株进行了香蕉枯萎病生防潜力评价，获得9株表现良好的内生菌，4株申请了国家发明专利。获得了菌株BEB99和HND5的定殖规律基础数据。获得生防内生菌BEB99和HND5的最佳发酵条件，从HND5固体发酵产物和液体发酵产物中分离鉴定得到12个单体化合物，其中，6个为首次从 *Acremonium* sp. 真菌中分离得到的环二肽物质。从菌株BEB99石油醚相粗提物中鉴定出19个成分。通过生防内生菌HND5和BEB99接种香蕉组培种苗，建立回接技术体系，培育生防种苗并进行规模化生产与大田应用，防治效果良好，社会经济效益显著。

（十八）优良柱花草新品种推广及利用

主要完成单位：中国热带农业科学院热带作物品种资源研究所、海南大学

主要完成人员：刘国道、白昌军、唐军、王东劲、何华玄、罗丽娟、王文强、虞道耿、周汉林、侯冠彧

起止时间：1985年1月至2012年12月

获奖情况：海南省科技成果转化奖一等奖

内容提要：

该成果建立了我国最大的柱花草种质资源圃，收集保存柱花草种质资源8种325份，培育柱花草新品种8个，占国内柱花草培育品种数的72.73%，占世界的19.51%，新品种比原推广品种增产15%～20%或具有某些优良性状。研发和集成相关栽培利用技术，初步探明了柱花草耐低磷和铝毒的机理，获国家发明专利3件，制定《柱花草种子》等3项农业行业标准，并辅之以"泽宇"柱花草专用肥，实现了我国柱花草种子生产国产化，国内市场占有率

100%。基于小农户为背景的柱花草生产和利用模式的推广，引导农民改变传统饲养方式，促进农民增收；"林（果）–草复合经营利用"模式成功应用于橡胶园、椰园等经济作物种植园，促进热区林下经济产业的发展。

1985年以来，优良柱花草已成为我国热带、亚热带地区推广种植的当家草种，并逐步形成了柱花草产业，累计在海南推广种植160多万亩，新增产值8.86亿元，新增纯收入3.21亿元。海南柱花草种业的发展支撑我国柱花草产业发展，累计推广950万亩，誉为"北有苜蓿、南有柱花草"，形成了我国20多年来长盛不衰的柱花草产业，有些品种已推广应用到东南亚和非洲等国家，社会、经济、生态效益显著。

（十九）热研一号、二号油绿苦瓜新品种的选育与推广利用

主要完成单位：中国热带农业科学院热带作物品种资源研究所、海南华南热带农业科技园区开发有限公司、保亭中海高科农业开发有限公司、三亚市农业技术推广服务中心、屯昌枫绿果蔬产销专业合作社

主要完成人员：杨衍、刘昭华、刘子记、牛玉、戚志强、贺溦、吴健雄、欧一忠、麦昌青、黎汉强

起止时间：1996年1月至2012年12月

获奖情况：海南省科技成果转化奖二等奖

内容提要：

该成果广泛收集国内外种质资源642份，开展田间农艺性状、植物学特性、生物学特性研究；评价PPO、PAL、CAT、SOD、POD以及叶绿素含量、可溶性糖、可溶性蛋白质、维生素C含量与白粉病抗性的关系；采用电镜和显微结构技术鉴定白粉病抗性并分析其遗传规律。在国内首次构建苦瓜核心种质资源的AFLP指纹图谱，重点开展与产量性状相关的第一雌花节位、雌花数量等10个农艺性状之间的遗传规律研究，为新品种亲本自交系的定向选育提供分子遗传基础。利用雌性系选育和杂种优势原理，采用地理远缘和形态差异选择亲本，分子育种与传统育种相结合，选育出具有自主知识产权的新品种热研一号、二号油绿苦瓜。针对苦瓜生产中雌花率和结果率较低的问题，探讨采用

植株整体研究系统开展性别分化机理的研究，为生产实际提供理论参考依据。通过筛选栽培基质和营养液配方，初步建立苦瓜无土栽培模式，为进一步扩大种植区域（沙滩地、连作地、设施栽培），质量安全生产打下较好的基础。与地方政府或企业合作，采取集约化育苗和嫁接技术，减少枯萎病的发生，提高抗病性；苦瓜设施栽培方面利用蜜蜂授粉技术–节省人力，节约成本，显著提高单果重，改善营养品质；科研单位、甫企业、专业合作社和种植户密切合作，成功构建推广利用模式，完善服务网络，做到良种良法同步推广。

在海南省4个单位建立6个示范点，共600亩。通过示范点的建设，结合科技入户和现场指导，在海南省儋州市、三亚市、定安县、乐东县、屯昌县和保亭县等苦瓜主栽区逐步推广，累计推广面积达11.8万亩，新增产值8 652.1万元。并与企业联营结合，已经在广东、广西壮族自治区和湖南等地推广利用。其中，2010—2012年推广面积达3.9万亩，涉及1 000余种植户，经济效益增加3 107.6万元。推广过程中，采用技术咨询、专题讲座、印发技术资料等多种方式对农户进行培训，三年中举办培训班52次，累计培训农民5 000余名，发放资料1万余份。

（二十）琼枝麒麟菜高产养殖技术示范与推广

主要完成单位：中国热带农业科学院热带生物技术研究所、昌江大唐海水养殖有限公司

主要完成人员：鲍时翔、朱军、方哲、彭明、刘敏、邹潇潇、黄惠琴、孙前光、唐昌良

起止时间：2008年1月至2012年12月

获奖情况：海南省科技进步转化奖二等奖

内容提要：

该成果通过建立琼枝种苗选、繁育体系，为琼枝高产养殖技术推广提供大量优质种苗。创建了水泥框双面网琼枝养殖模式，具有养殖周期短、操作简单、抗风浪冲击的优点。鉴定了琼枝麒麟菜养殖过程中有害生物，并建立起相应防治措施。在昌江县建立了500亩的琼枝养殖示范基地，并指导周边地区农民开展琼枝养殖。2012年琼枝养殖技术推广面积达到4 800

亩,年产值6 192万元,年利润3 264万元。琼枝人工高产养殖技术的示范推广,充分利用了海南省热带海洋生物资源和广阔海域的优势,促进了我省海洋产业发展,增加了沿海人口经济收入,推动了地方经济的快速发展,取得了较好的经济效益、社会效益和生态效益。

二、中国热带农业科学院科学技术成果奖成果

（同一成果同年获省部级二等奖以上奖励此处不重复介绍）

（一）纤维素液态均相质构重组基础研究

主要完成单位：中国热带农业科学院农产品加工研究所

主要完成人员：李积华、魏晓奕、王飞、崔丽虹、付调坤、陈家翠

起止时间：2008年1月1日至2012年12月31日

获奖情况：院科学技术成果奖二等奖

内容提要：

该成果提出了纤维素纳米化的新理论,并基于该理论发明了拥有自主知识产权的"纤维素液态均相纳米化技术",利用均相溶剂溶解纤维素后,采用高压物理剪切法使均相体系中的纤维细化,并通过再生溶剂的作用使超细纤维发生质构重组与再生,从而实现纤维素的高效纳米化过程。该技术丰富了纳米纤维素加工理论和技术,对促进纤维素科学发展和人类高效获取自然纤维素资源具有重要意义。技术工艺先进,纤维素转化率达到100%,是传统酸、碱和酶水解方法的5~7倍;中试生产纳米纤维素产品2吨,产品超细化程度高,一维粒径为10~50nm。发表研究论文4篇,其中,1篇被SCI收录、2篇被EI收录;申请国家发明专利1件。鉴定专家组一致认为,该成果整体处于国际先进水平,其中,纤维素液态均相高压剪切纳米化技术达到国际领先水平。

（二）热带半封闭港湾赤潮及其生物综合防控研究

主要完成单位：中国热带农业科学院热带生物技术研究所、海南南海热带海洋生物及病害研究所、国家海洋局海口海洋环境监测中心站

主要完成人员：彭明、李春强、于晓玲、陈宏、鲍时翔、王冬梅、方哲、刘志昕、何远胜、朱白婢、黄姿、胡朝松、周键

起止时间：2004年1月至2011年2月

获奖情况：院科学技术成果奖二等奖

内容提要：

该成果首次对我国热带半封闭港湾赤潮及其生物防控进行了较系统的研究,对热带海域赤潮防控具有指导意义。对热带养殖港湾三亚红沙港的水文、水质、浮游植物、赤潮生物等进行了系统地调查研究,并对该港的赤潮进行跟踪监测,阐明了骨条藻赤潮的生消过程。针对热带海区特点,利用麒麟菜对海水中富营养化因子的去除作用、滤食性贝类对赤潮生物密度控制、红树林对赤潮生物的化感和营养竞争抑制,建立了热带半封闭港湾赤潮防控模式。成果可应用于热带养殖港湾的赤潮防控,具有明显的生态效益和经济效益,并可促进养殖业的可持续发展。筛选获得1株溶藻效果好的溶藻细菌和2株耐高盐、脱氮能力强的反硝化细菌,在赤潮防控和污水处理方面有良好的应用前景。发表研究论文21篇,出版专著1部,培养研究生5名。鉴定专家组一致认为,该成果在热带半封闭港湾赤潮防控方面达到国际领先水平。

（三）青胡椒中试加工关键技术及工艺研究

主要完成单位：中国热带农业科学香料饮料研究所、国家重要热带作物工程技术研究中心、海南省国营东昌农场

主要完成人员：赵建平、宗迎、刘红、朱红英、谭乐和、初众、谷风林、卢少芳、符气恒、蔡小娟

起止时间：2009年8月至2012年12月

获奖情况：院科学技术成果奖二等奖

内容提要：

该成果采用沸水热烫、真空微波及热风循环干燥方式甫 青胡椒,并在国内外首次设计研制青胡椒杀青、脱粒配套设备,建立了青胡椒中试加工技术体系;设计建成年产10t的中试甫 线2条,开发青胡椒系列产品3个,产品质量达到国际标准（ISO10621：1997）参数要求;采用电子鼻对青胡椒风味进行感官评价,并利

用气质联用检测分析了青胡椒产品香气成分，为青胡椒产品质量控制和精深加工提供了基础数据。鉴定专家组一致认为，该项目成果达到国内领先水平。

（四）热区柱花草生产中的土壤酸化问题及其修复研究

主要完成单位：中国热带农业科学院热带作物品种资源研究所、澳大利亚联邦科学与工业研究组织

主要完成人员：刘国道、郇恒福、Andrew Duncan Noble、白昌军、黄冬芬、王文强、易杰祥、唐军、虞道耿、陈志权

起止时间：1997 年 1 月至 2012 年 12 月

获奖情况：院科学技术成果奖二等奖

内容提要：

该成果通过对中国南方等世界热区已发生酸化的柱花草生产中的土壤加速酸化以及养分耗竭等土壤化学方面的问题进行系统研究，首次证实了柱花草生产中会发生土壤酸化，并探明了发生酸化的机制；绘制了柱花草生产的土壤酸化风险图，为柱花草生产的风险评价提供科学预测；通过田间试验研究了施用不同土壤改良剂对酸性土壤化学性质的研究；首先对中国南方热区的柱花草根瘤菌的分布进行了调查研究，分离纯化后从菌落及分子水平进行了鉴定，并从中筛选出了 5 株高效固氮耐酸的根瘤菌株；还对不同柱花草适应酸性土壤的生理机制进行了研究，研究了柱花草适应酸性土壤上低磷与铝毒的机制。发表论文 65 篇，其中 19 篇被 SCI 收录，被引用 300 余次。

（五）利用蚯蚓处理热带农业固体废弃物关键技术研究与应用

主要完成单位：中国热带农业科学院环境与植物保护研究所、农业部儋州农业环境科学观测实验站；

主要完成人员：卓少明、李勤奋、武春媛、李光义、侯宪文、邓晓、王文壮、邹雨坤、刘景坤、赵凤亮

起止时间：2003 年 9 月至 2013 年 1 月

获奖情况：院科学技术成果奖二等奖

内容提要：

该成果针对热带地区农业生产过程中产生的废弃物多、有效利用率低及其利用技术有待提升现状，利用蚯蚓取食有机固体废弃物特性及蚓粪在农业中的应用潜力，研究了利用蚯蚓处理热带农业固体废弃物关键技术，研制出废弃物快速发酵-蚯蚓处理-生物肥料/栽培基质生产模式及技术体系；研制出以蚯蚓粪栽培基质为基础的芽苗菜循环栽培技术，集成技术在澄迈县、儋州市、白沙市的香蕉园、橡胶园、胶-蕉间作园、绿茶园进行了示范应用推广，推广面积累计 4 500 余亩，增加经济效益 409.5 万元。相关技术达到国内领先水平，为热带典型农业固体废弃物无害化资源化处理和农民增收提供新途径。

科技平台建设情况

中国热带农业科学院现有各级各类科技平台103个（含筹建），按照"三级三类"平台进行分类，包括国家级平台2个，国际联合实验室（研究中心）4个，部省级平台71个，院级平台26个。

中国热带农业科学院各级各类科技创新平台信息表

序号	名称	批复时间	批准部门及文号	依托单位	备注
一、国家级平台（2）					
1	国家重要热带作物工程技术研究中心	2011年	科技部，国科发计〔2011〕137号	中国热带农业科学院	运行
2	海南儋州国家农业科技园区	2002年	科技部，国科发农社字〔2002〕163号	热带作物品种资源研究所	运行
二、国际联合实验室/研究中心（4）					
1	热带药用植物研究与利用国际联合实验室	2009年	双方签署协议	热带生物技术研究所	运行
2	先进热作材料国际研究中心	2009年	双方签署协议	农产品加工研究所	运行
3	热带果树国际联合实验室	2010年	双方签署协议	南亚热带作物研究所	运行
4	热带农业植保联合研究中心	2012年	双方签署协议	环境与植物保护研究所	运行
三、部级重点实验室（10）					
1	农业部热带作物生物学与遗传资源利用重点实验室	2011年	农业部，农科教发〔2011〕8号	热带生物技术研究所	运行
2	农业部木薯种质资源保护与利用重点实验室	2011年	农业部，农科教发〔2011〕8号	热带作物品种资源研究所	运行
3	农业部华南作物基因资源与种质创制重点实验室	2011年	农业部，农科教发〔2011〕8号	热带作物品种资源研究所	运行
4	农业部橡胶树生物学与遗传资源利用重点实验室	2011年	农业部，农业部科教司〔2011〕8号	橡胶研究所	运行
5	农业部热带作物有害生物综合治理重点实验室	2011年	农业部，农科教发〔2011〕8号	环境与植物保护研究所	运行
6	农业部热带果树生物学重点实验室	2011年	农业部，农科教发〔2011〕8号	南亚热带作物研究所	运行
7	农业部香辛饮料作物遗传资源利用重点实验室	2011年	农业部，农科教发〔2011〕8号	香料饮料研究所	运行
8	农业部热带作物产品加工重点实验室	2011年	农业部，农科教发〔2011〕8号	农产品加工研究所	运行
9	农业部农产品加工质量安全风险评估实验室	2011年	农业部，农质发〔2011〕14号	农产品加工研究所	运行
10	农业部热作产品质量安全风险评估实验室（海口）	2011年	农业部，农质发〔2011〕14号	农产品质量安全与标准研究所	运行

（续表）

序号	名　称	批复时间	批准部门及文号	依托单位	备注
四、农业部质检中心（7）					
1	农业部食品质量监督检验测试中心（湛江）	1991 年	农业部，农（质）字〔1991〕60 号	农产品加工研究所	运行
2	农业部热带作物种子种苗质量监督检验测试中心	1994 年	农业部，农质监（函）字〔1994〕018 号	热带作物品种资源研究所	运行
3	农业部热带作物机械质量监督检验测试中心	1994 年	农业部，农科发〔1994〕26 号	农业机械研究所	运行
4	农业部植物新品种测试（儋州）分中心	2000 年	农业部，农人函〔2000〕24 号	热带作物品种资源研究所	运行
5	农业部热带农产品质量监督检验测试中心	2001 年	农业部，农市发〔2001〕11 号	分析测试中心	运行
6	农业部转基因植物及植物用微生物环境安全监督检验测试中心	2004 年	农业部，农计函〔2004〕518 号	热带生物技术研究所	运行
7	农业部甘蔗质量安全监督检验中心（桂中南、滇西、滇粤）	2008 年	农业部，农办计〔2008〕68 号	农产品加工研究所	运行
五、科学观测实验站（3）					
1	农业部儋州热带作物科学观测实验站	2011 年	农业部，农科教发〔2011〕8 号	橡胶研究所	运行
2	农业部儋州农业环境科学观测实验站	2011 年	农业部，农科教发〔2011〕8 号	环境与植物保护研究所	运行
3	农业部热带油料科学观测实验站	2011 年	农业部，农科教发〔2011〕8 号	椰子研究所	运行
六、种质资源圃（11）					
1	农业部热带香料饮料作物种质资源圃	2008 年	农业部，农计函〔2008〕123 号	香料饮料研究所	运行
2	农业部热带棕榈种质资源圃	2008 年	农业部，农计函〔2008〕123 号	椰子研究所	运行
3	农业部儋州热带牧草种质资源圃	2009 年	农业部，农办垦〔2009〕34 号	热带作物品种资源研究所	运行
4	农业部儋州木薯种质资源圃	2009 年	农业部，农办垦〔2009〕34 号	热带作物品种资源研究所	运行
5	农业部儋州芒果种质资源圃	2009 年	农业部，农办垦〔2009〕34 号	热带作物品种资源研究所	运行
6	农业部儋州橡胶树种质资源圃	2009 年	农业部，农办垦〔2009〕34 号	橡胶研究所	运行
7	国家橡胶树种质资源圃	2009 年	农业部，农办垦〔2009〕34 号	橡胶研究所	运行
8	农业部热带果树种质资源圃	2009 年	农业部，农办计〔2009〕86 号	南亚热带作物研究所	运行
9	农业部万宁胡椒种质资源圃	2012 年	农业部，农办垦〔2012〕3 号	香料饮料研究所	运行
10	农业部湛江菠萝种质资源圃	2012 年	农业部，农办垦〔2012〕3 号	南亚热带作物研究所	运行
11	农业部南药种质资源圃	2012 年	农业部，农办垦〔2012〕4 号	热带作物品种资源研究所	运行
七、加工专业分中心（2）					
1	国家薯类作物加工技术研发专业分中心	2007 年	农企发〔2007〕5 号	热带作物品种资源研究所	运行
2	国家农产品加工技术研发热带水果加工专业分中心	2011 年	农企发〔2011〕1 号	农产品加工研究所	运行

（续表）

序号	名　称	批复时间	批准部门及文号	依托单位	备注
八、改良、育种中心（3）					
1	国家橡胶树育种中心	2002 年	农业部，农计函〔2002〕88 号	橡胶研究所	运行
2	国家热带果树品种改良中心	2009 年	农业部，农计函〔2009〕132 号	热带作物品种资源研究所	筹建
3	农业部野生基因资源鉴定评价中心	2009 年	农业部，农计函〔2009〕72 号	热带作物品种资源研究所	筹建
九、科技园区、创新战略联盟等（5）					
1	中国援建刚果（布）农业技术示范中心	2007 年	商务部办公厅，商合促批〔2009〕50 号	热带作物品种资源研究所	运行
2	热带花卉产业技术创新战略联盟	2009 年	海南省科技厅，琼科函〔2009〕401 号	热带作物品种资源研究所	运行
3	椰子产业技术创新战略联盟	2010 年	海南省科技厅，琼科〔2010〕97 号	椰子研究所	运行
4	特色热带香料饮料作物引种及产业化引智基地	2010 年	国家外专局，外专发〔2010〕160 号	香料饮料研究所	运行
5	热带植保产业技术创新战略联盟	2012 年	海南省科技厅，琼科〔2012〕32 号	环境与植物保护研究所	运行
十、省级重点实验室（15）					
1	海南省热带作物栽培生理学重点实验室	2001 年	海南省科技厅，琼科函〔2001〕117 号	橡胶研究所	运行
2	海南省天然橡胶加工重点实验室	2001 年	海南省科技厅，琼科函〔2001〕117 号	农产品加工研究所	运行
3	省部共建国家重点实验室培育基地-海南省热带作物栽培生理学重点实验室	2003 年	海南省科技厅与科技部基础研究司，国科发计字〔2003〕8 号	橡胶研究所	运行
4	海南省热带作物资源遗传改良与创新重点实验室	2005 年	海南省科技厅，琼科函〔2009〕447 号	热带作物品种资源研究所	运行
5	海南省热带农业有害生物监测与控制重点实验室	2009 年	海南省科技厅，琼科函〔2009〕446 号	环境与植物保护研究所	运行
6	海南省热带园艺产品采后生理与保鲜重点实验室	2009 年	海南省科技厅，琼科函〔2009〕448 号	南亚热带作物研究所	运行
7	海南省黎药资源天然产物研究与利用重点实验室	2010 年	海南省科技厅，琼科函〔2010〕142 号	热带生物技术研究所	运行
8	海南省热带作物信息技术应用研究重点实验室	2010 年	海南省科技厅，琼科函〔2010〕420 号	科技信息研究所	筹建
9	海南省热带油料作物生物学重点实验室	2011 年	海南省科技厅，琼科函〔2011〕9 号	椰子研究所	运行
10	海南省热带作物营养重点实验室	2012 年	海南省科技厅，琼科函〔2012〕101 号	南亚热带作物研究所	筹建
11	海南省果蔬贮藏与加工重点实验室	2012 年	海南省科技厅，琼科函〔2012〕187 号	农产品加工研究所	运行
12	海南省热带香辛饮料作物遗传改良与品质调控重点实验室	2012 年	海南省科技厅，琼科函〔2012〕398 号	香料饮料研究所	运行
13	海南省热带微生物资源重点实验室	2012 年	海南省科技厅，琼科函〔2012〕400 号	热带生物技术研究所	运行
14	海南省香蕉遗传改良重点实验室	2012 年	海南省科技厅，琼科函〔2012〕493 号	海口实验站	运行
15	海南省热带果蔬产品质量安全重点实验室	2012 年	海南省科技厅，琼科函〔2012〕494 号	分析测试中心	运行

（续表）

序号	名　称	批复时间	批准部门及文号	依托单位	备注
十一、省级工程技术研究中心（10）					
1	海南省热带农业种质改良工程技术研究中心	2001 年	海南省科技厅，琼科函〔2001〕136 号	热带作物品种资源研究所	运行
2	海南省热带香料饮料作物工程技术研究中心	2001 年	海南省科技厅，琼科函〔2001〕136 号	香料饮料研究所	运行
3	海南省热带果树栽培工程技术研究中心	2001 年	海南省科技厅，琼科函〔2001〕136 号	热带作物品种资源研究所	运行
4	海南省热带作物病虫害生物防治工程技术研究中心	2009 年	海南省科技厅，琼科函〔2009〕405 号	环境与植物保护研究所	筹建
5	海南省热带草业工程技术研究中心	2009 年	海南省科技厅，琼科函〔2009〕406 号	热带作物品种资源研究所	运行
6	海南省热带生物质能源工程技术研究中心	2010 年	海南省科技厅，琼科函〔2010〕142 号	热带生物技术研究所	运行
7	海南省椰子深加工工程技术研究中心	2011 年	海南省科技厅，琼科函〔2011〕8 号	椰子研究所	运行
8	海南省菠萝种质创新与利用工程技术中心	2012 年	海南省科技厅，琼科函〔2012〕117 号	南亚热带作物研究所、农业机械研究所	筹建
9	广东省热带特色果树工程技术研究中心	2013 年	广东省科技厅，粤函政字〔2013〕1589 号	南亚热带作物研究所	组建
10	海南省艾纳香工程技术研究中心	2013 年	2013 年新建平台	热带作物品种资源研究所	筹建
十二、农业科技服务站（5）					
1	海南省农业科技 110 香料饮料服务站	2008 年	海南省科技厅	香料饮料研究所	运行
2	海南省农业科技 110 热作龙头服务站	2008 年	海南省科技厅	海口实验站	运行
3	海南省农业科技 110 儋州市畜牧兽医服务站	2009 年	海南省科技厅	热带作物品种资源研究所	运行
4	海南省农业科技 110 椰子服务站	2011 年	海南省科技厅	椰子研究所	运行
5	海南省植物流动医院环植所流动站	2011 年	海南省农业厅	环境与植物保护研究所	运行
十三、院级平台（26）					
1	中国热带农业科学院热带草业与畜牧研究中心	2009 年	热科院科〔2009〕268 号	热带作物品种资源研究所	运行
2	中国热带农业科学院热带超级稻研究中心	2009 年	热科院科〔2009〕268 号	热带作物品种资源研究所	运行
3	中国热带农业科学院土壤肥料研究中心	2009 年	热科院科〔2009〕268 号	橡胶研究所	运行
4	中国热带农业科学院热带微生物研究中心	2009 年	热科院科〔2009〕268 号	热带生物技术研究所	运行
5	中国热带农业科学院油棕研究中心	2009 年	热科院科〔2009〕268 号	椰子研究所	运行
6	中国热带农业科学院香蕉研究中心	2009 年	热科院科〔2009〕268 号	海口实验站	运行
7	中国热带农业科学院热带农业经济研究中心	2009 年	热科院科〔2009〕268 号	科技信息	运行
8	中国热带农业科学院航天育种研究中心	2010 年	热科院人〔2010〕124 号	热带生物技术研究所	运行

（续表）

序号	名 称	批复时间	批准部门及文号	依托单位	备注
9	中国热带农业科学院冬季瓜菜研究中心	2010 年	热科院人〔2010〕124 号	热带生物技术研究所	运行
10	中国热带农业科学院甘蔗研究中心	2010 年	热科院人〔2010〕124 号	热带生物技术研究所	运行
11	中国热带农业科学院环境影响评价与风险分析研究中心	2010 年	热科院人〔2010〕124 号	环境与植物保护研究所	运行
12	中国热带农业科学院热带生态农业研究中心	2010 年	热科院人〔2010〕124 号	环境与植物保护研究所	运行
13	中国热带农业科学院热带坚果研究中心	2010 年	热科院人〔2010〕124 号	南亚热带作物研究所	运行
14	中国热带农业科学院热带水果研究中心	2010 年	热科院人〔2010〕124 号	南亚热带作物研究所	运行
15	中国热带农业科学院农产品质量安全与标准研究中心	2010 年	热科院人〔2010〕124 号	分析测试中心	运行
16	中国热带农业科学院热带旱作农业研究中心	2010 年	热科院人〔2010〕124 号	湛江实验站	运行
17	中国热带农业科学院热带沼气研究中心	2010 年	热科院人〔2010〕124 号	农业机械研究所	运行
18	中国热带农业科学院油茶研究中心	2010 年	热科院人〔2010〕124 号	椰子研究所	运行
19	中国热带农业科学院油料作物研究中心	2010 年	热科院人〔2010〕124 号	椰子研究所	运行
20	中国热带农业科学院热带能源生态研究中心	2010 年	热科院人〔2010〕124 号	广州实验站	运行
21	中国热带农业科学院休闲农业研究中心	2011 年	热科院人〔2011〕28 号	南亚热带作物研究所	运行
22	中国热带农业科学院江门热带南亚热带农业综合试验站	2011 年	热科院人〔2011〕490 号	广州实验站	运行
23	中国热带农业科学院天然橡胶加工科技中心	2012 年	2012 年增加院级平台	农产品加工研究所	运行
24	中国热带农业科学院热带海洋生物资源利用研究中心	2012 年	热科院人〔2012〕106 号	热带生物技术研究所	运行
25	广西亚热带作物科技中心	2012 年	热科院基地〔2012〕390 号	品种资源研究所	运行
26	中国热带农业科学院农业工程咨询中心	2013 年	热科院人〔2013〕335 号	科技信息研究所	运行

科技合作情况

2013 年，对外科技合作协议情况：

（1）中国农垦经济发展中心　中国热带农业科学院《战略合作协议》。

（2）中国热带农业科学院　广西壮族自治区来宾市人民政府《科技合作协议》。

（3）中国热带农业科学院　贵州省农业科学院《科技战略合作协议》。

（4）中国热带农业科学院　贵州省科学技术厅《科技战略合作框架协议》。

（5）中国热带农业科学院　福建省大田县人民政府《科技战略合作协议》。

制度建设

中国热带农业科学院科技创新能力
提升行动指导性意见

（热科院发〔2013〕223号）

为深入贯彻落实党的"十八大"和全国科技创新大会精神，全面提升我院科技创新能力，不断增强热带农业产业技术和热带农村经济发展的引领、支撑和保障能力，结合我院实际，特制定本指导性意见。

一、指导思想

以党的"十八大"精神为指导，全面贯彻落实科学发展观，坚持"人才强院""科技兴院"战略，围绕"一个中心、五个基地"战略目标，以人才队伍建设为核心，以学科建设为主线，以产业技术需求为动力，以科技平台建设为依托，以重点项目策划为抓手，以体制机制创新为手段，快速提升科技创新能力，为热带现代农业和热区农村经济发展提供强有力的科技支撑。

二、总体目标

争取到2017年，有效解决一批事关我国热带农业现代化全局的战略性科技问题，在一些重要领域进入世界前列，培养凝聚一支高水平科技创新队伍，建成一批高水平科技创新平台与成果转化基地，真正发挥热带农业科技创新火车头、热带农业科技成果转化应用排头兵和优秀热带农业科技人才孵化器的作用，进一步巩固和夯实热带农业科技国家队地位，加快建设世界一流热带农业科技中心。

三、具体目标

（一）十百千人才工程

营造"百花齐放、百家争鸣"的创新学术氛围，着力培养造就和凝聚一批关键领域和重点岗位的领军型人才和科技骨干人才，使各类专家和高层次人才队伍快速壮大。引进和培养10名包括院士、产业技术体系首席专家或国家重大项目首席专家在内的知名科学家、学科领军人物；100名左右在国际国内有影响力和能把握热带农业产业技术和学科发展前沿，并得到国内外同行认可的重大项目主持人或负责人；1 000名左右具有竞争力的科技骨干。

（二）十百千科技工程

构建热带农业科技创新体系，紧紧围绕国家战略、产业升级和"三农"需要，加快资源整合，建立全产业链的创新体系。未来五年，获国家"973计划"、国家"863计划"、国家科技支撑计划、国家自然科学基金（重点、重大）项目、杰出青年科学基金、公益性行业科研专项等国家级重点（重大）项目100个，其中主持占60%，参与占40%，获部省级项目1 000个；形成一批国际先进及国内领先的原创性成果；力争国家级科技成果奖励5~10项。

（三）235保障工程

筹集2 000万元人才激励资金（院本级、院属单位各1 000万），争取修购等专项资金3亿元、基本建设资金5亿元（含海口热带农业科技中心项目）。争取到2017年，我院科研条件得到显著改善，为建设世界一流的热带农业科技中心提供条件保障。

四、重点任务

（一）进一步突出优势特色和主攻方向

面向热区，坚持"热"字特色，充分发挥好热区独特的资源优势和热带农业产业优势，做大做强传统特色热带经济作物领域，进一步加强热带能源作物、南繁生态与生物安全、热带海洋生物资源、南方畜牧、环境与生态等新兴特色领域研究，不断巩固和强化优势领域。

（二）进一步夯实重点学科

瞄准国内外热带农业发展对科技的需求和发展前沿，进一步凝炼科学目标，不断加强热带农业学科体系建设，充分发挥院所（平台）学术委员会和专业委员会的作用，统筹学科布局，整合优势资源，建设十大重点学科，力争作物遗传育种、种质资源学、作物栽培与耕作学、果树学、植物病理学、植物生物工程、农产品加工与贮藏工程、有机高分子材料、农产品质量安全、草业科学等学科达到国内一流水平。

（三）进一步强化产业技术体系

根据现有研究基础和产业技术布局，进一步强化橡胶、木薯、香蕉产业技术体系的建设，争取新增芒果、菠萝等产业技术体系，提高农机、油料、大宗蔬菜、肉羊等产业技术体系建设的参与度，全方位支撑热带农业产业发展。

（四）进一步完善平台条件

在运行和管理好国家重要热带作物工程技术研究中心、海南儋州国家农业科技园区等各级各类平台的基础上，做好顶层设计，统筹规划，有重点、分步骤新增平台，重点做好热带作物生物学与遗传资源利用国家重点实验室的筹建申报工作，积极争取天然橡胶、木本油料、种质资源等领域的重大科学工程、国家工程中心、国家工程实验室、育种中心、改良中心和产业技术联盟等的建设；加快文昌、儋州、湛江、三亚、广州农业科研基地或综合试验基地建设；联合国家级和部省级农业科研院所及龙头企业，在热区九省（区）建设布局"协同创新科技中心"，进一步突出和强化热带农业科技协同创新。

推动"非洲试验站""中国—坦桑尼亚腰果联合研发中心""中国—印尼生物资源联合研发中心""FAO热带农业研究与培训中心"等国际合作平台建设，以平台促项目，进一步增强我院科技创新内涵，提升我院的国际知名度和影响力。

（五）进一步提升创新团队

围绕热带农业学科体系和产业技术体系建设发展对人才的需求，以平台建设为依托，以科技项目为纽带，健全和完善制度建设，以"十人计划""百人计划"为重点，务实推进"十百千人才工程"。通过加大对重点领域的人才引进力度，不断壮大科研队伍，优化科研队伍结构。以提升创新能力为目标，重点遴选和培养农业科研领军人才、科技骨干，不断创新人才培养机制、整合科技资源配置、培育团队精神、凝聚优秀创新群体、形成优秀人才团队效应，着力打造重点科研创新团队，促进热带农业科技队伍全面发展。

五、主要措施

建立以重大产出为导向的优势资源配置和人才评价机制，确保全院预算、条件建设和人才队伍建设，为科技创新能力提升提供全方位的保障。

（一）加强组织领导

院属各单位应紧密围绕人才队伍、学科体系、科技平台、支撑条件等创新要素，制定科学合理、切实可行的科技创新目标和年度计划，并将任务分解到相应部门和责任人；加强组织领导，创新工作思路和方式方法，通过调整内设机构等体制机制创新，完善管理体系，明确责权利，充分调动和激发全院科技人员的能动性和科技创新活力。

（二）优化创新体系

根据院发展规划，科学布局基础研究、应用基础、应用研究的资源和力量，进一步明确各所（中心、站）发展目标和定位，根据研究领域（方向），完善院—研究所（中心、站）—研究室（研究中心）—课题组的院、所四级管理体系架构，全面优化管理体系。充分发挥院所（科技平台）学术委员会和专业委员会的作用，完善学术决策、管理机制，促进重大项目、重大成果培育，增强我院在全国与世界热带农业科技的影响力。

（三）加强考核与激励

实行目标管理、量化考核、绩效奖罚。建立健全责权利一致的考核评价激励约束机制，建立健全机构考核和个人考核相结合的考核评价体系，实行短期（1年）、中期（3年）、长期（5年）相结合的考核方式。

完善科研机构创新能力提升行动的考评指标体系，其中投入（科技队伍、研究条件）占15%，科技活动占25%，产出（成果、人才、效益）占60%。考评结果与奖惩挂钩，同时作为单位领导干部考评、任用、晋升的重要依据。个人岗位实行动态管理，对短期考核优秀者加大绩效工资奖励力度；中长期考核优秀者，低职（级）高聘，完善科技要素、管理要素参与分配；对考核不合格者，高职（级）低聘，调整岗位，直至解聘。

（四）强化重大项目、重大成果的策划与组织

科技处作为全院科研业务归口部门，要进一步强化重大项目、重大成果的策划与组织，集中优势力量，联合协作，重点突破热带农业的重大科技问题。院机关各职能部门，根据院总体目标，分解任务，明确各二级单位年度、阶段目标，加强管理监督。各院属单位作为责任主体，要发挥法人主体作用，强化执行力度。

（五）建立多元化的科技投入体系

院、所年度预算要围绕235保障工程进行经费安排，确保人才资金、条件项目资金、基本建设资金到位，同时通过各种途径，不断拓展热带现代农业研究领域和经费筹措渠道。积极向国家各部委、热区相关省（区）的科技和农业主管部门争取项目经费，广泛吸纳企业和社会资金参与研发投入，统筹安排全院的基本科研业务费，充分利用科技开发成果反哺科研，保障科技投入稳定增长。

（六）加强协同创新

围绕服务国家战略、产业升级和热区三农需求，以全国热带农业科技协作网、中国热带作物学会和院所学术委员会为纽带，建立院校、院院、院企等多种合作模式，重点加强院企合作，建立院企技术需求和资源共享机制、科技创新和成果转化协同机制，促进科技大联合、大协作，推动科技工作跨越式发展，全面提升我院的科技创新能力、科技成果产出能力和国际竞争力。

六、附则

（1）本指导性意见自2013年1月1日起实施。

（2）院属科研机构按照目标要求，制定各单位具体目标和实施方案。

（3）各相关部门根据本指导性意见，制定归口管理业务的具体实施办法。

三、科技服务与推广

科技服务与推广概况

2013年，热科院组织院属单位科技力量认真落实农业部"全国农业科技促进年"和"冬春科技大培训"、海南省"第九届科技活动月"等活动，积极开展服务"三农"工作，推进实施科技扶贫、强台风"海燕"防风救灾等系列科技服务行动，促进了区域农民增收和热带农业农村经济可持续发展，并取得了显著的社会效益和经济效益。

一、切实做好科技服务工作，促进热作产业发展

1. 组织"冬春科技大培训"大型科技服务活动，服务热区九省

热科院和海南省农业厅联合主办，全国热带农业科技协作网、儋州市农技中心、国家天然橡胶产业技术体系、国家重要热带作物工程技术研究中心、橡胶所和环植所承办的"橡胶树冬春科技培训专项行动"拉开"冬春科技大培训"的序幕，活动受到海南省农业厅、儋州市以及海南各市县热作主管部门、植保站、橡胶综合监测站领导的广泛关注。活动期间，热科院共派出专家280余人次，深入海南、广东、云南、四川、江西等热区九省（区）乡镇、农村，联合地方政府、企业全面开展技术咨询、深入田间地头技术指导、与农民面对面交流及科技培训等服务活动。组织热带特色经济作物、热带水果、冬季瓜菜、水产养殖等综合生产技术培训40余场（次），培训农民1.5万余人（次），接受技术咨询2.5万余人（次），辐射带动培训近4万人（次），组织现场示范指导30余场次，组织编印和发放技术资料共1.5万余册（张），推广新品种10种、实用新技术15项、新机具3种，受到当地农民的热烈欢迎。

2. 汇编热科院《2012年服务"三农"纪实》

为了更好地总结服务"三农"做法与经验，全面收集、整理了2012年热科院及其各研究所服务"三农"的重要纪事，编印成《2012年服务"三农"纪实》一书。书中记叙了热科院围绕我国热区农业生产的实际需求，以全国热带农业科技协作网为依托，整合热科院各研究所的专业力量，坚持科研工作与科技下乡相结合，不断创新有效的科技服务"三农"模式。以"海南省科技活动月""百名专家兴百村""阳光工程农民培训""热区橡胶树、槟榔病虫草害专业化防控技术培训与示范专项行动"等活动为载体，重点针对天然橡胶、热带经济作物、热带果树、瓜菜、香辛饮料作物等热带作物，在热区开展作物高产栽培与管理、病虫害防治等专项技术培训。通过农业实用技术培训、农业科技入户、科技下乡等科技服务活动的开展，切实帮助热区农民解决生产中的实际问题，促进地方经济发展。

二、立足海南，做好服务"三农"工作

1. 开展第九届科技活动月科技下乡活动

热科院开展以"科技创新，美好生活"为主题的"第九届科技活动月"大型科技下乡活动，共组织科技下乡、技术培训班（讲座）和田间指导等活动104次，其中，综合性大型科技下乡活动2次，组织参与活动单位和部门14个，派出专家350余人（次），深入海南18个县市37个乡镇开展科技下乡活动，培训农民1万余人（次），接受技术咨询2万余人（次），组织编印和发放技术资料共1.6万余册，发放各种热作栽培技术DVD光盘1 000余张，设计制作40余面图文并茂的科技展板巡回展览，利用短信平台向各涉农部门及相关种植户推送农业科技信息、农业快讯、农业生产管理信息、农业病害管理信息、农业产销动态24 505条。热科院新闻网刊登相关跟踪报道20余条，农业部农业信息网综合报道1条，各

市县信息报道 10 余条。海南电视台、新华社、新华网海南频道、海南农业信息网等多家媒体也对之进行了相关报道。活动获得海南省及相关主管部门的高度赞誉，并获得"海南省第九届科技活动月组织一等奖"。

2. 扎实做好中部六市县科技服务工作

根据《海南省人民政府 2013—2016 年中部市县促进农民增收计划实施方案》，热科院结合上一轮增收工作内容，启动了 2013—2016 年的海南中部市县促进农民增收工作。以推动中部市县农业产业发展，保障贫困农户的长期稳定增收为目的，继续组织优势力量，大力开展技术指导入户、技术培训入户和手册入户等系列农业技术推广工作。全年共组织相关单位各领域专家 122 人次，分别在琼中、屯昌、白沙等地开展橡胶、槟榔、香辛作物、畜牧、林下经济等专项技术指导、技术培训 12 场次，培训农民 2 543 人次，组织编印和发放技术资料共 3 760 余册（张）。

此外，香饮所还与琼中县和平镇人民政府签订了科技合作协议。以"科研院所＋地方政府＋农户"的模式联合建立科技成果转化基地，共同推进香草兰、咖啡、可可等热带香料饮料作物在和平镇的发展，同时大力发展林下经济，达到农业增效、农民增收的目的。

3. 组织开展抗风救灾行动

2013 年第 30 号超强台风"海燕"的袭击，导致海南省直接经济损失达 49.339 亿元人民币，其中橡胶、香蕉甫　损失严重。抗风救灾行动中，热科院在开展抗风自救的同时，组织相关领域专家组成救灾应急小组，赶赴台风重灾区指导开展橡胶树风灾后的救灾复产工作。抗灾期间，共派出 5 个批次 30 余名专家分赴儋州、琼中、五指山、乐东、昌江、东方等受灾市县，调查灾情，制定救灾方案，开展了橡胶风害倒伏胶树断干树的处理、台风后橡胶树管理、橡胶树灾后的病虫害防治和灾后香蕉树选芽留芽、肥水管理、果实综合护理及其病虫害综合防治等方面的技术培训和现场的技术示范，培训农户近千人次，帮助受灾农户挽回经济损失，得到了地方各级农业主管部门和受灾农户的肯定和赞誉。

4. 技术支撑，推进地方产业发展

加大与地方沟通的力度，通过调研昌江县农业产业现状，结合生产实际，提出建设性的发展规划，得到当地政府的认可，并签署了"昌江县橡胶割胶、植保新技术推广与示范""简约高效蜜蜂养殖技术推广与示范""橡胶树速生丰产集成配套技术在昌江民营胶园的推广与服务"三项推广示范项目协议，获得昌江县人民政府提供的 118 万项目资金。

5. 科技园区扎实做好科技示范培训工作

海南儋州国家热带农业科技园区组织科技力量，在东方市八所镇、琼中县营根镇开展现场咨询、科技培训等行动，培训人数达到 700 多人次；在琼中县什运乡凡番道村实施世行援助项目"海南中部山区生态友好社会模式研究与示范基地建设"，开展生态农村以及示范基地建设和研究工作；实施完成星火计划项目"甘蔗渣甫　灵芝技术开发与应用"和海南省星火产业带专项"香蕉水肥一体化高效栽培示范"，园区新特优瓜菜品种示范与推广平台建设等六个项目正在实施。这些项目的实施引领现代农业技术示范推广，有效普及科学知识，推动农村产业结构调整，加强农村先进适用技术的推广，取得了良好的经济和社会效益。

三、积极响应农业部工作部署

1. 开展"为农民办实事"科技服务活动

深入贯彻落实农业部"为农民办实事"工作部署，实践"为民务实清廉"的教育实践行动，为更好地推进天然橡胶产业的快速健康发展，热科院针对各地方天然橡胶产业和农时需求，加强与地方相关部门配合，组织多支科技服务工作队伍，深入广东、云南、海南三大植胶区的田间地头开展科技服务活动，通过举办培训班、发放技术资料、明白纸的方式，积极认真开展技术培训、通过"手把手""面对面"技术指导，为热区植胶农户"办实事、做好事、解难题"。总计派出专家 415 人次、技术员 522 人次；培训胶农及技术人员 7 896 人次；发放技术资料、宣传单 11 883 份；发送技术短信 30 000 余条，发放技术光盘 2 200 余张，免费提供药剂、肥料等 30 多万元，通过科技服务热线

解答问题370余次，接待上门咨询130余人次，利用科技服务信息平台发布病虫害防控、栽培管理注意要点等17 000余条，切实做到"技术指导入户到位、科技致富深入人心、植胶农户得到实惠"。

2. 申报中华农业科教基金会"风鹏行动·新型职业农民"资助项目

根据中华农业科教基金会申报"风鹏行动·新型职业农民"资助项目相关要求，热科院推荐的吴冠英、张峰等5人荣获国家首批100名"风鹏行动·新型职业农民"的称号，并获得该项目资助经费（农基金字〔2013〕6号）。通过评选推荐活动，激励地方培育综合素质高、生产经营能力强、适应现代农业发展要求的新型职业农民。

科研基地建设与管理概况

热科院集中资源优势，打造"特色鲜明、品种优良、管理规范、优质高效"的热带农业试验示范基地，逐步推进基地建设和管理工作。

一、完善基地建设管理制度，提高科学高效管理水平

根据基地建设管理现状，继《中国热带农业科学院试验示范基地管理暂行办法》《综合科研基地运行管理暂行办法》发布之后，出台了《中国热带农业科学院试验示范基地评估管理实施细则（试行）》（热科院基地〔2013〕163号），完善院试验示范基地管理工作；将已建、在建试验示范基地和种质资源圃数量、分布以及基地基本情况进行了分类汇总、登记和更新，规范试验示范基地的管理。

二、推进高标准基地建设，强化科技示范效果

"天然橡胶高效高产示范园"和"海南现代草畜（肉牛）养殖技术示范基地"2个"亮点基地"的基础条件建设及环境建设工作进展顺利，基地的管理水平不断提升。其中"天然橡胶高效高产示范园"分为核心示范区面积468亩，对照区面积300亩，示范辐射区面积1 075亩，通过选种速生高产新品种，种植新型种植材料，集成新技术达到幼树速生、开割树高产稳产，是代表我国现代胶园管理水平和橡胶树栽培新技术的功能展示基地。

三、加强区域合作，拓展发展空间

通过与广东、贵州、广西、云南、四川等地相关单位沟通、合作，根据双方实际需求，落实"热区农业科研综合试验站（创新中心）"建设内容。7月25日，南亚所与攀枝花市农林科学院联合建立的"攀西芒果科技创新中心（湛江）"完成挂牌，联合开展晚熟芒果选育种、栽培与品质生理、优质高效安全标准化技术研究与示范等方面的科技创新研究及产业化应用，将芒果科技创新中心建设成为具有国内先进水平的区域性晚熟芒果技术研究基地，为攀枝花乃至金沙江干热河谷流域晚熟芒果产业可持续健康发展提供技术支撑；9月29日，南亚所和贵州省亚热带作物研究所联合建立的"贵州澳洲坚果研究中心"完成挂牌，双方将围绕澳洲坚果科技创新能力提升及产业化发展需求，结合双方已有的科技基础和条件平台，联合开展澳洲坚果种质资源保存、资源创新及新品种选育、新品种区域试验、采后商品化处理、石漠化区域安全高效生产技术的研发与示范等方面的工作，为贵州热区及滇黔桂石漠化地区澳洲坚果产业的发展提供科技支撑；10月28日，热科院联合广东景丰生态科技绿化有限公司组建"广东热带南亚热带作物科技创新中心"，将进一步加快热带作物新技术推广应用和科技成果转化，辐射带动广东热带现代农业发展。

全国热带农业科技协作网工作情况

热科院充分履行协作网理事长单位作用，不断加强与热区九省区之间的沟通和协调，围绕协作网年度工作计划，有效推进协作网各项工作的开展。按照协作网理事长的指示，理事会秘书处在海口市组织召开了全国热带农业科技协作网理事会秘书长工作会议，深入探讨我国热带农业行业的共性问题、制约产业发展的瓶颈问题、针对相关领域的重大问题，在协同攻关方面达成了共识。

一、积极推进协作网成员单位之间的科技联合、协作

通过全国热带农业科技协作网的平台，海南、四川、广西壮族自治区（以下称广西）、云南、广东、贵州等地理事成员单位以及当地主管部门强化了沟通与合作。

3月7日，热科院与福建省大田县人民政府签署科技合作协议，在木薯、甘蔗、油茶等领域开展合作，全力支持大田县当地热作产业发展。

5月28日，热科院与贵州农科院签署了科技战略合作协议，双方将在科研平台建设、人才交流培养、项目申请合作、科研体制创新与技术成果转化等方面开展广泛的合作。

9月24日，热科院与广西来宾市人民政府签署了科技合作协议，双方将在科技成果转化、科技攻坚、科技交流、农业技术人才培养等方面展开合作。

4月18日，热科院热带果树、牧草和畜牧等方面的专家赴攀枝花市政府就深入合作的相关内容进行座谈。10月，热科院组织专家在海口为攀枝花市农牧局成功举办了"现代农业发展专题培训班"，进一步提升攀枝花市农业管理干部的管理能力和水平。

为更好地协同攻关解决热作行业区域性产业问题，理事会秘书处组织各成员单位针对热带农业区域性行业重大、共性产业问题提出了多项行业科研选题，并完成了相关项目的申报入库工作，其中，3项列入了2014年申报指南。

组织福建、广西、云南、四川等省区农科院，共同实施"2013年优势农产品重大技术推广专项"，在热区农业科技推广服务模式方面，共同开展相关研究。

二、积极争取上级部门支持，进一步推动协同创新、协作推广

协作网作为新时期构建农业科技社会化服务体系的新模式，获得了国务院综改办、农业部科教司等上级部门的大力支持。2013年协作网被国务院农村综合改革领导小组办公室纳入了"农村综合改革示范试点"单位，获得"农村综合改革示范试点"专项经费500万元，承担"探索高效服务和推广农业科技模式"的试点工作。协作网秘书处将联合省内外科研院所，针对区域农业特点，探索高效服务的途径和农业科技推广的新模式，加快实现科技转化为生产力，提高农业科技贡献率。

三、加强宣传工作，提升协作网显示度

近些年，协作网的工作备受多方媒体的广泛关注，2013年，《农民日报》头版刊登了《热作农业的科技大联动——全国热带农业科技协作网助力热区农业发展纪实》为题的报导，对协作网的工作成效做了详细的叙述，极大提升了协作网的显示度和知名度。协作网也充分利用网络和媒体作用，及时宣传协作网各项工作，展示协作网在农业科技领域内发挥"协同创新、协作推广"的积极作用。

制度建设

中国热带农业科学院
试验示范基地评估管理实施细则（试行）

（热科院基地〔2013〕163号）

第一章　总则

第一条　为规范我院试验示范基地（以下简称基地）管理，发挥基地的科技支撑能力以及示范、带动与辐射作用，全面提高试验示范基地"标准化、规范化、园林化、现代化"建设和管理水平，依据有关规定，制定本细则。

第二条　本细则所称基地是指院各单位在我院内及院外建设的有财政资金支持或承担省部级挂牌的科研试验、示范基地、种质资源圃以及海南儋州国家农业科技园区。

第二章　基地评估原则和指标

第三条　基本原则

1. 坚持公开公平、客观公正。明确评估管理程序、内容、标准，确保评价结果客观、真实地反映我院各单位基地建设管理的情况。

2. 坚持科学规范，准确合理。评估采用全面评估与重点评估相结合、定期与不定期考核相结合的考核办法，准确、合理地评价各单位基地建设管理情况。

3. 坚持评估结果与改进相挂钩。通过评估，及时发现问题，并将评估结果作为各单位业绩考核的依据，激励先进、警示落后，更好地开展我院基地建设和管理工作。

第四条　基地评估的指标体系

（一）基地评估的内容

院各单位在年度内对本单位各试验、示范基地建设的管理水平和成效。

（二）基地评估的指标

基地整体评估指标由五大项指标组成（详见附表1）：

1. 基地规划

包含基地建设布局、基地功能分区、水电路等系统规划、环境规划等4项。要求各单位有编制本单位科研基地总体规划以及基地建设规划，规划编制科学、合理，基地的投资和建设规模合理，基地选址符合试验或示范效果要求；基地内功能分区清晰明确，分布合理，面积适中；基地内的道路主干道、次干道、工作路等分级规范；给排水、电路设施的规划和设置合理；规划中绿化、水土保持防护带等环境美化和防护均有所体现。

2. 管理制度

包含管理机构和人员的设置、管理制度的制定2项。要求基地运行机制顺畅，设立专门的基地管理部门或岗位及负责人并配备相应的管理人员；建立科学健全的组织、管理制度，制定规范的基地管理、田间管理、基地人员管理和档案管理等制度。

3. 技术支撑条件

包含科技支撑条件和设施条件2项。在基地内实行国家、行业或地方标准和技术操作规程并配备结构合理的专业技术人员；配套先进的科研或生产设施。

4. 管理水平

整体评估和不定期评估相结合进行综合评分（见附表2）。

包含田间管理、基础设施维护管理、环境管理、人员管理、档案管理等5项。要求基地内田间管理、基础设施维护管理规范到位；基地环境整洁、优美，无乱搭乱建、有效控制杂草、无种植无关的作物等；基地内人员管理到位并有效监管；建立本单位科研基地档案，对本单位所有科研基地的分布、数量、面积、工作内容等基本信息以及管理运作情况均详细登记造册。各个科研基地分别建立本基地档案，对基地内主栽作物品种、田间管理措施、药物使用、产品产量等情况均登记存档。

5. 奖励指标

对凡有省、部级或地方称号基地的各单位实行分值奖励。

（三）管理水平评价标准

管理水平评价按6：4原则确定整体评估和不定期评估权重。

1. 整体评估：指每年一次对被评单位科研基地管理水平指标进行整体检查测评，权重为60%。

2. 不定期评估：指不定期对被评单位科研基地管理水平指标进行检查测评，权重为40%。

（四）考评结果

1. 科研基地整体评估综合分＝基地规划分值＋管理制度分值＋技术支撑条件分值＋管理水平分值〔（整体测评分×权重＋不定期测评分×权重）×35%〕＋奖励分值。

2. 整体评估综合分由测评小组测评后求平均分。不定期测评分取单次不定期测评分进行累计后求平均分。

第三章 基地评估的实施和运用

第五条 基地评估管理实施

（一）评估组织

1. 院试验示范基地管理领导小组负责全院基地评估管理工作的统筹协调，并对各单位的绩效考评结果提出意见。

2. 基地管理处负责基地评估的具体组织实施工作。

（二）评估程序

1. 建立"目标考核、动态管理"的考核管

理机制，制定专门的评估指标（详见附表），由基地管理处不定期的组织人员对基地管理水平进行考核，对不符合要求的基地限期整改。

2. 全院基地整体评估每年组织一次，从每单位随机抽取若干个基地进行考核。

3. 基地管理处将全面评估结果整理汇总后，报院试验示范基地管理领导小组审核。

4. 审核评价后的结果将在全院进行通报。

第六条 评估结果的运用

（一）本着奖优、治庸、罚劣的原则，合理有效地运用绩效评价结果。

（二）将绩效评价结果作为改进工作、考评业绩的重要依据。

（三）对通过全面评估达到优秀的单位，经院试验示范基地管理领导小组审核，颁发年度"科研基地管理先进单位"称号和标牌，并予以一定的奖励。

（四）根据分数排序推荐为科研基地管理先进单位须达到优秀分数线且原则上按实际参加考核单位的20%确定。表彰程序按《中国热带农业科学院先进集体和先进个人表彰办法》（热科院人〔2012〕152号）。

（五）连续两年全面评估排名最后的单位，经院试验示范基地管理领导小组审核同意后，向院建议在下一年度暂缓或停止其在院内分配新的项目用地，在完成整改并达标后再行分配。

第四章 附则

第七条 本办法自印发之日起执行，由基地管理处负责解释。

附表：1. 试验示范基地评估管理指标
　　　2. 试验示范基地管理水平评分指标

附件 1

试验示范基地评估管理指标

评估内容	序号	评估项目	分值	标准	考核方式
		总分值	100		
基地规划（20 分）	1	基地布局	7	有编制本单位科研基地建设总体规划以及基地建设规划，规划编制科学、合理；基地的投资和建设规模合理计 4 分，缺少一项扣 2 分；基地选址符合试验或示范效果要求，交通便利、自然环境条件良好，示范基地选址可充分发挥辐射、示范作用效果计 3 分，否则不得分	查阅规划图纸、实地查看
	2	功能分区	7	根据科研基地的整体布局，科研试验或甫　示范、材料堆放和保管（存）、后勤管理等区域功能分区明确计 4 分，否则不计分；功能分区分布合理，各区域面积结合实际需求划分，大小适中计 3 分，否则不计分	查阅规划图纸、实地查看
	3	道路、给排水、供电系统规划	3	基地内的道路主干道、次干道、工作路等分级规范计 1.5 分，否则不计分；给排水、电路和照明设施的规划和设置合理计 1.5 分，否则不计分	查阅规划图纸、实地查看
	4	环境规划	3	规划中绿化、水土保持防护带等环境美化和防护均有所体现计 3 分，否则不计分	查阅规划图纸、实地查看
管理制度（20 分）	1	管理机构和人员的设立	10	设立专门的管理机构或部门，明确管理负责人，配备相应的日常管理人员计 10 分；设立了专门机构及负责人，但管理人员不到位的计 5 分；未设立管理机构及负责人且无管理人员的不计分	查看相关资料
	2	管理制度制定	10	有制定年度工作计划计 3 分。建立科学的组织管理机制，规章制度健全，制定规范的基地管理、田间管理、基地人员管理和档案管理等制度计 5 分，缺少一项扣 1 分，缺少 3 项（含 3 项）不计分	查看相关资料
支撑条件（20 分）	1	科技支撑条件	10	实行国家、行业或地方标准和技术操作规程计 5 分，否则不计分；每个基地配备中级及以上专业技术人员 2 名计 3 分，每增加 2 名的加 1 分，满分 5 分，否则不计分	查看相关资料，实地查看
支撑条件（20 分）	2	设施条件	10	配备先进的科研或生产设施、设备，使用覆盖面积达到科研或甫总面积 60% 以上计 10 分，达到 40% 以上计 5 分，达到 20% 以上计 3 分，否则不计分	实地查看
管理水平（35 分）	1	含田间管理、基础设施管理、环境管理、人员管理、档案管理等内容	35	按"管理水平评分指标"评分进行换算（详见表 2）	
奖励指标（5 分）	1	获得相应称号的基地	5	有部级及以上称号基地得 5 分；有省级称号的基地得 3 分；有院级称号的基地得 1 分	查看相关资料

注：1. 评估 85 分以上为优秀；

　2. 管理水平分值由"管理水平评分指标"评分进行换算。

附件2

试验示范基地管理水平评分指标

基地名称：

序号	评分项目		分值	标准	考核方式
	总分值		100		
1	田间管理	田间地块划分和整理	15	结合基地内地形，土地的划分齐整、成块，土地平整度好的计15分；土地的划分齐整、成块，土地平整度一般的计8~14分；土地划分杂乱、地面整理差的计0~7分	实地查看
		田间作物管理	15	严格按田间管理程序进行管理，管理到位，作物长势良好、整齐，田间杂草有效控制的计15分；按操作程序进行管理，管理基本到位，作物长势较整齐，田间杂草基本控制的计8~14分；作物长势差，杂草未有效控制的计0~7分	实地查看
2	基础设施管理	道路、防护系统	8	基地主干道、支干道、机耕道、支道分级设置合理，道道相通；路面硬化率在70%以上，路路平整性、通过性良好，排水沟和绿化带等维护好，围墙或围栏、铁丝网等整洁、无杂草攀爬，设有监控系统的运行正常的计8分；基地主干道、支干道、机耕道、支道分级设置不明显，路面硬化率达到50%以上，路面平整性、通过性较好，道路两侧排水沟和绿化带等维护较好，围墙或围栏、铁丝网整洁、无杂草攀爬，设有监控系统的运行正常的计4~7分；道路未分级，路面平整性、通过性差，围墙或围栏、铁丝网破损或有杂草攀爬的计0~3分	实地查看
		给水管道、电路系统维护	8	给水管道和电路保障维护情况良好，给水、供电和照明系统运作正常的计8分；给水管道和电路保障维护情况较好，给水、供电和照明系统总体运作正常的计4~7分；给水管道和电路保障维护情况差，给水、供电和照明系统运作不正常的计0~3分	实地查看
		排灌系统	7	基地内灌、排渠道相通，主灌水渠、主排水渠已硬化，次灌水渠、排水渠硬化率达到40%以上或渠道虽未硬化但维护良好，排灌系统顺畅，无杂草、土石堵塞等情况的计7分；基地内灌、排渠道相通，主灌水渠、主排水渠、灌水渠、排水渠未硬化但维护良好，主排灌系统顺畅，次排灌系统有杂草、土石堵塞现象但不严重的计3~6分；基地内建设了灌、排渠道但不互通，主灌水渠、主排水渠、灌水渠、排水渠未硬化，排灌系统堵塞的计0~2分	实地查看
		设施管理	8	科研或生产设施管理良好，维护良好无损坏或无运行不良等情况的计8分；科研或生产设施管理较好，有损坏或运行不畅等情况的计4~7分；科研或生产设施管理差，有损坏或运行不良等情况的计0~3分	实地查看
2	基础设施管理	立牌定责明示	7	基地按院的要求，统一挂牌；基地内定责明示牌、各类标示牌设置地点显眼，设计美观、大方，内容标注清楚完整。管理制度上墙的计7分；基地按院的要求，统一挂牌；基地设置了部分标示牌，设置地点显眼，管理制度上墙的计3~6分；基地内各类标示牌未按要求设置，布置杂乱；管理制度未上墙的计0~2分	实地查看
3	环境管理	环境绿化和美化	8	基地整体环境整洁、优美，基地道路两侧和建筑物周边环境和卫生状况良好，绿化带或水土保持防护带植被生长良好的计8分；基地整体环境整洁，基地道路两侧和建筑物周边环境和卫生状况较好，绿化带或水土保持防护带植被生长良好的计4~7分；基地环境状况差，无绿化带或水土保持措施差的计0~3分	实地查看
		环境整治	8	基地内无乱搭乱建、有效控制杂草、无种植与科研或甫无关的其他作物，科研或甫废弃物有固定放置地点和处理方式的计8分；基地内无乱搭乱建、杂草生长控制较好、无种植与科研或甫无关的其他作物。科研或甫废弃物有固定放置地点但处理不及时的计4~7分；基地内存在乱搭乱建、种植与科研或甫无关的其他作物情况，科研或甫废弃物无固定放置地点和处理方式的计0~3分	实地查看

（续表）

序号	评分项目	分值	标准	考核方式
4	人员管理	8	切实落实驻基地的科研、管理人员管理制度，监督措施到位，派驻基地的所有人员均到位的计8分；基本落实驻基地的科研、管理人员管理监督制度，派驻基地的人员基本到位的计4~7分；未落实驻基地的科研、管理人员管理制度，无监督措施，派驻基地的人员基本未到位的计0~3分	查看相关资料，实地查看
5	档案管理	8	对本单位基地的分布、数量、面积、工作内容等基本信息以及管理运作情况均详细登记造册，各基地均有基地主栽品种、田间管理措施、药物使用、产品产量等逐户登记造册、编号，且有专人统一管理的计8分；有专人负责档案管理，但登记存档管理不到位、资料保存不齐全的计4~7分；建立了相关档案，但档案不完整、管理混乱的计0~3分	查看相关资料，实地查看

四、科技开发

科技开发概况

2013 年，热科院紧密围绕重点工作计划，以全面贯彻落实"开发富民"战略为主线，努力克服外部经济环境变化带来的不利影响，科技成果转化和优势资源开发取得较好的成效。2013 年院属各单位开发总收入约 19 426.54 万元。

一、围绕院发展目标，明确开发工作重点

召开全院科技开发工作会议，部署 2013 年院科技开发重点工作，进一步明确了全院各单位重点工作计划和全院开发总收入目标任务。会议期间，各单位对过去一年科技开发工作进行总结，并交流了科技开发工作新思路、新办法及经验教训等。会议还对 2012 年科技开发工作先进集体和先进个人进行表彰。

二、努力克服市场环境变化，力争开发总收入不下滑

今年以来，全院开发工作受宏观经济环境影响，旅游市场全面萎缩，产品销售面临许多不利因素，开发处围绕院工作会议确定的开发总收入目标和六大工作任务，及时细分任务目标，加强工作督导和落实，及时采取必要措施确保开发总收入不下滑。在各单位和全体开发人员共同努力下，截至 2013 年 12 月 31 日，全院开发总收入 19 426.54 万元，完成总目标23 000 万元的 84.46%。

三、创新开发渠道，培育新的经济增长

（一）科技开发启动资金助推产业孵化

充分利用院科技开发启动资金的产业孵化功能，重点支持"宝爽液的开发利用""主要热带水果采前防护果袋开发""椰子复合精油旅游产品的开发""菠萝叶纤维功能纺织品及销售渠道的开发""农业工程咨询中心筹建""海南热带特色植物快繁体系的建立与开发""香蕉白兰地的开发""可溶性膳食纤维的高效制备及其产品开发"等 10 个项目，资助经费共计 200 万元，有效地推动了优势科技成果的市场化，提高了项目单位科技开发创收能力，特别是南亚所热带水果采前防护果袋产品供不应求，目前正在抓紧扩大甫　线增加产能。

（二）加强对外合作，努力争取成果转化项目

2013 年全院各单位先后与 39 家企业和有关地方政府部门开展科技合作，获资助各类成果转化项目 15 项、总经费 496 万元。合作方式主要包括有偿技术服务、技术培训、营销代理、技术转让、合作建设等，多元化的合作方式有效推进了院科技成果向市场转化，同时也获得了更好的经济效益和社会效益。

（三）发挥区位优势，加快土地等资源的开发利用

努力推进海口围墙经济开发，制定了"热带农产品展示与后勤服务中心"出资方案和共建协议，明确了参建单位的责权利。先后组织多批合作开发商实地考察椰子研究所沿街、南亚所疏港大道、儋州中兴大道西延线等地块，完成了椰子大观园沿街土地开发招商及合同签署。针对海口院区未来发展需求，与海航实业集团、海南鑫华泰生态农业有限公司等企业探讨土地置换问题。

围绕增强院本级创收能力 5 年目标，开展了院本级资产摸底调研，掌握院本级资产基本情况。完成儋州单身与客座研究员宿舍项目合作管理的招商工作，积极筹备湛江院区培训楼一二楼出租事宜。

四、打造开发信息平台，促进成果转化和产品开发

针对院科技成果、优势资源社会了解程度

不高的问题，基本建成中国热带农业科学院开发信息平台（热带农业科技成果转化交易服务平台），积极做好全院专利、科技产品、良种良苗等各类科技成果信息和专家信息的分类审核和信息录入工作，计划于 2014 年 4 月底开通试运行，向社会公开全院成果、技术、产品、专利、专家、项目等信息，拓宽合作渠道，促进科技成果转化和合作开发深层次发展。

五、加强开发体系建设，提升开发内生动力

（一）进一步优化科技开发激励约束机制

制定《中国热带农业科学院科技开发先进集体和先进个人评选表彰办法》（院党组发〔2013〕22 号）。品资所、香饮所、南亚所、加工所、生物所、环植所、农机所、信息所、测试中心等院属单位，结合实际，制定（修订）管理制度共 17 项。

（二）启动院首批开发基地建设

确定了首批天然橡胶、香蕉、南药、甘蔗健康种苗、椰子、南亚热带作物良种良苗 5 个良种良苗繁育基地和香料饮料、菠萝叶纤维、艾纳香 3 个农产品加工中试基地，努力壮大热科院重点产业和主导产品。

六、积极推介科技成果，扩大科技影响力

一年来，组织院属单位先后参加了"第十五届中国国际高新技术成果交易会"（2013 年 11 月，广东深圳）、"2013 年中国（海南）国际热带农产品冬季交易会"（2013 年 11 月，海南海口）、"第四届中国海南（屯昌）农民博览会"（2013 年 5 月，海南屯昌）和"第四届国际农科院院长高层论坛暨中国与 CGIAR 合作 30 周年活动"（2013 年 6 月，北京）、"热带农业平台启动研讨会暨成员召集大会"（2013 年 9 月，海南海口）、"中非农业合作研讨会"（2013 年 11 月，海南万宁）等涉及国际、国内合作的科技成果展示活动，进一步扩大了热科院影响。其中"菠萝叶纤维功能纺织产品""艾纳香系列药妆产品""海南特色风味可可产品""天然椰子油"等 4 个科技产品荣获"第十五届中国国际高新技术成果交易会优秀产品奖"。

开发统计情况

科技（科企科政）合作情况统计

序号	单位	合作单位名称	主要合作内容	合作年限	合作方式
1	品资所	中国木薯资源控股有限公司	共建木薯示范基地	2013	技术服务
2	品资所	海南德坤房地产开发有限公司	建设现代农业示范基地	2013—2014	提供种子种苗、技术服务
3	品资所	海南海惠中药饮片有限公司	销售种子种苗	2013	提供种子种苗
4	品资所	广东景丰生态科技绿化有限公司	共建热带南亚热带作物科技创新中心	2013—2015	提供种子种苗、技术服务等
5	品资所	海南华润五丰农业开发有限公司	发展华润五丰现代农业产业基地	2013—2018	提供种苗及技术服务
6	橡胶所	中启控股集团股份有限公司	橡胶种植生产全过程服务		框架合作
7	橡胶所	中启海外（柬埔寨）有限公司	橡胶种植生产全过程服务		框架合作
8	香饮所	北京军星永发农业科技发展有限公司	代理销售科技产品	2012—2017	销售代理
9	香饮所	海南海众贸易有限公司	网络代理销售科技产品	每年签订	销售代理
10	香饮所	海南依凡特航空物流服务有限公司	货运	每年签订	物流
11	香饮所	海南椰国食品有限公司	重大成果转化项目	2012—2014	
12	香饮所	海南四海栈实业有限公司	重大成果转化项目	2012—2014	
13	香饮所	琼海天宝橡胶工贸有限公司	重大成果转化项目	2012—2014	
14	香饮所	海南省国营东昌农场	重大成果转化项目	2012—2014	
15	香饮所	临沧凌丰咖啡产业发展有限公司	咖啡技术研究与指导	2012—2021	
16	香饮所	海南万宁欣隆食品有限公司	槟榔间作可可示范基地共建项目	2013—2017	
17	香饮所	琼海德广贸易有限公司	胡椒产品研发	长期合作	
18	香饮所	云南省农业科学院热带亚热带经济作物研究所	科技合作	长期合作	
19	香饮所	海南瑞博会展服务有限公司	代理销售科技产品	2013—2018	代理
20	加工所	福建省闽西丰农食品有限公司	竹笋纤维产品开发	2013.01—2013.12	新产品研制
21	加工所	广东丰硒良姜有限公司	高良姜产品开发	2013.05—2013.12	新产品研制
22	生物所	海南沉香观光农业科技发展有限公司	1. 沉香科技研发、品质鉴定及关键技术研究 2. 建立示范园，培育优质种苗 3. 沉香产品研发	3 年	技术指导和服务
23	生物所	海口博锦生态农业有限公司	黎药种植、系列产品研发、加工等	5 年	技术指导和咨询服务
24	生物所	海南腾雷水产养殖管理有限公司	1. 建立特种龟养殖示范基地及关键技术研究 2. 特种龟繁育养殖等产业链研发	5 年	技术指导和服务
25	生物所	海南康苗农业高科技有限责任公司	甘蔗脱毒健康种苗繁育专有技术、专利技术授权使用	12 年	专利技术入股

（续表）

序号	单位	合作单位名称	主要合作内容	合作年限	合作方式
26	环植所	海南卓津蜂业有限公司	生态蜜蜂产品的市场化	长期	联合生产
27	环植所	广东大丰植保科技有限公司	新型药肥产品联合登记	长期	联合登记、甫
28	环植所	四川省米易县政府	农业废弃物利用与瓜菜生产新技术推广	3 年	联合开展技术示范
29	环植所	海南省昌江县政府	热作生产植保新技术的推广	3 年	联合开展技术示范
30	农机所	北京军星永发农业公司	菠萝叶纤维纺织产品销售	2 年	代理
31	农机所	佛山正艺服装厂	菠萝叶纤维面料加工	6 年	委托加工
32	农机所	湛江明迪工贸有限公司	科研人员赴基层提供服务	3 年	技术服务
33	农机所	广东中能酒精有限公司	木薯生产机械研制	3 年	技术服务
34	农机所	国家林业局桉树研究开发中心	桉树种植器研制	2 年	技术服务
35	农机所	湛江市事达实业有限公司	橡胶生产机械改进升级	长期	技术服务
36	农机所	湛江东明科技有限公司	沼气发电机研制	2 年	技术服务
37	农机所	广西贵港动力有限公司	甘蔗健康种苗种植机研制	3 年	技术服务
38	测试中心	海南省农业厅	"三品一标"监管	1 年	检测服务
39	测试中心	海口市农业局	农产品质量安全例行监测	1 年	检测服务
40	测试中心	海口市工商	生姜质量安全专项监测	1 年	检测服务
41	测试中心	海南省植保站	蔬菜用药的扩作登记联合试验	1 年	检测服务
42	测试中心	海南省疾病预防控制中心	食品安全风险监测	1 年	检测服务
43	测试中心	海南省食品药品监督管理局	食品安全风险监测	1 年	检测服务
44	测试中心	海南省渔业厅	无公害水产品检测	1 年	检测服务
45	海口实验站	海南万绿宝有限公司	高效微生物有机肥研发；科研项目的申报等	2013—2018 年	提供技术服务
46	海口实验站	浙江集硕有限公司	公司选址、注册、设备安装以及科研项目申报等	无固定期限，视合作情况而定	提供技术服务
47	广州实验站	广东中能酒精有限公司	木薯种植技术指导	1 年	技术指导
48	广州实验站	翁源县瀛江木薯专业合作社	热作标准化甫　示范园	1 年	合作共建
49	广州实验站	恩平市农业局	木薯示范园	1 年	技术指导

院属单位 2013 年度获资助的成果转化和开发项目统计

序号	项目类型		项目名称	承担单位	执行年限	获批经费（万元）
1	科技部	农业科技成果转化资金项目	珍稀南药牛大力种苗规模化繁育及规范化栽培示范	品资所	2013—2015	60
2	海南省	海南产学研一体化专项资金	热带木本观花植物优良品种筛选及配套关键技术研究	品资所，海南热作两院园林花卉开发有限公司	2013.6—2015.6	30
3	海南省	重大科技项目	天然橡胶、木薯、香草兰等 10 种特色热带作物工程技术开发	香饮所等	2013.03—2013.12	100
4	昌江县人民政府	成果转化项目	橡胶树速生丰产集成配套技术在昌江民营胶园的推广与服务	橡胶研究所	2014—2015	50
5	海南省旅游委		2013 年省旅游产业发展专项资金（市政财政）	兴隆热带植物园	2013	

（续表）

序号	项目类型		项目名称	承担单位	执行年限	获批经费（万元）
6	广东省	横向项目	畜禽产品、种植产品质量安全检测	加工所	2013.01—2013.12	46
7	热科院	中央级公益性科研院所基本科研业务费	海南特色资源风味酒品质提升关键技术研究	香饮所等	2013.01—2013.12	10
8	热科院	科技开发启动资金项目	主要热带水果采前防护果袋开发	南亚所	2013.1—2014.12	30
9	热科院	科技开发启动资金项目	宝爽液的开发利用	南亚所	2013.1—2014.12	20
10	热科院	科技开发启动资金项目	椰子复合精油旅游产品的开发	椰子所	2013.1—2014.12	20
11	热科院	科技开发启动资金项目	菠萝叶纤维功能纺织品及销售渠道的开发	农机所	2013.1—2014.12	40
12	热科院	科技开发启动资金项目	农业工程咨询中心筹建	信息所	2013.1—2014.12	25
13	热科院	科技开发启动资金项目	可溶性膳食纤维的高效制备及其产品开发	海口实验站	2013.01—2014.12	20
14	热科院	科技开发启动资金项目	海南热带特色植物快繁体系建立与开发	海口实验站	2013.01—2014.12	25
15	热科院	科技开发启动资金项目	香蕉白兰地的开发	海口实验站	2013.01—2014.12	20

领导讲话

在热科院 2013 年开发工作会议上的讲话

雷茂良　书记

（2013 年 6 月 14 日）

同志们：

刚才听了张以山副院长作的工作报告，还有香饮所、橡胶所、品资所三个先进单位的典型发言，感到收获很大。下面，我就开发会议和全院开发工作讲几点意见。

一、会议高效务实、体现了新时期良好的作风

这次会议，特别邀请农业部科教司主管成果转化和技术推广的同志和云南农科院、江苏农科院有关同志作了 3 场报告，既有科技开发、技术推广应用的有关政策，也有兄弟单位成果转化的经验和做法，对大家起了很好的启发作用。张以山副院长就全院今后一个时期和 2013 年重点工作做了部署，3 个先进单位还结合自身的探索实践做了典型发言，各单位还要就开发工作进行交流，监审室、财务处、开发处的同志就有关工作进行说明，时间安排很紧凑、内容很丰富。同时，会议主持干净利落，用光盘代替会议资料，体现了八项规定的要求和新时期良好的会风和工作作风，希望今后保持和发扬。

二、科技开发工作应注意的几个问题

（一）做好开发工作顶层设计

全院和每个单位的开发工作，顶层设计非常重要。做好开发工作顶层设计，一要注意目标的科学性，科技开发依托的基础是单位的技术成果资源和其他优势资源，目标过高难以达到会挫伤开发人员积极性，目标过低轻易能达到又激发不了开发的积极性，所以既要围绕单位运转和人员薪酬保障确定最低目标，又要着眼发展留有提前量。二要注意整体的关联性，科技开发的前端是科研、后端是产业，所以对

于创新成果产出要有一定的目标，争取产出更多新颖、适用的技术成果，加强成果和专利的保护；对于利用土地资源、房产资源合作开发，要确定合理的期限，不能把今后几任的主动权全部限制在一个合同里。三要注意重大决策的可行性。科研单位的优势在科技成果和人才资源，经营不是我们的特长，所以我们部署开发工作，要"有所为、有所不为"，凡是科技含量高、技术密集、知识产权容易保护的可以自己转化、自行开发；凡是资金密集、竞争激烈、经营风险大的项目，主要依靠与企业合作，或者通过转让技术成果、出让经营权等方式与企业合作，规避风险。

（二）目前科技开发工作与体改的关系问题

目前，中央编办、科技部、农业部等正在部署中央级农业科研机构分类改革工作，各单位对自身定位和下一步开发工作发展的认识还存在一定偏差，很多同志会想是不是将来改革定位为公益一类就不能搞开发了？或者就不能办企业了？从目前政策来看，公益一类和二类财政保障力度还没有定论，改革到位较早的广东省农科院和吉林省农科院，公益一类的研究所财政保障力度包括人员经费和公用经费在内每个编制人均只有 8 万元，要确保人员经费还得要靠科技开发。同时这一轮改革全部到位还要经过部委协商，真正到位估计要到 2015 年以后，所以开发工作不能停、不能等，务必要抓住现在改革过渡期的良好机遇，加强开发实体建设，培育壮大技术成果资源，增强自身发展实力。

（三）进一步加强开发队伍建设

不断建立完善开发人才培养、引进、选拔和流动机制。创新人才使用机制，对于急需的

经营人才通过市场化手段聘用，采取与经营业绩挂钩的协议工资制度。大胆选拔任用德才兼备的经营管理人才，营造尊重创新创业的良好发展氛围。鼓励科技人才在完成本职工作的前提下投入科技开发工作，完善科技人才创新和科技开发双重考核机制。对于普通的开发工作人员，主要采用聘用制选人用人，建立能进能出的考核和激励约束机制。

（四）切实树立市场思维

市场思维是适应市场经济发展的思维形式，它强调尊重和顺应市场规律，以市场为导向，运用市场化手段抓开发、谋发展，通过市场机制增强发展活力和竞争力。能不能读懂市场、有效地参与市场竞争要看有没有市场思维，有了这种思维和机制，资源劣势的单位也可能成为发展最快、活力最强的单位，没有这种思维和机制，守着资源睡大觉，资源丰富的单位反而成了粗放经营、缺乏活力的单位。树立市场思维，一要破除等靠要的传统观念，抓住市场先机、赢得竞争优势。二要革除知识分子小富即安、小进即止的意识，顺势而为、激流勇进。三要了解市场信息、把握市场规律、遵循市场竞争法则。四要充分运用市场机制，发挥市场作用。

（五）强化创新与转化的有效衔接

一是要强化科研立项针对性。我院的主要职责是开展热带农业科学应用基础研究、公益性应用技术研究和基础研究，为了加强科技与经济的紧密结合，今后，我们要在立项上进一步突出针对性，围绕产业技术需求布局应用基础研究和应用技术研究，争取产出先进适用的技术成果。二是要加强与企业合作创新的力度。去年全国科技创新大会突出强调"企业是技术创新的主体"，今后应用技术类创新和成果转化项目将进一步向企业倾斜，为此，我们要建立与企业的合作创新机制和利益联结机制。三是要加强科技成果转化和产业化的调控力度。今后，技术创新类成果要真正拿到产业中去实践、应用和评价，评价鉴定技术成果要以产业应用程度和效果为标准。

（六）加强科技开发廉洁从业和监督

科技开发归根到底是经营性活动，直接面对市场，廉政风险具有易发多发等特点，加强科技开发廉政风险管控，一要让每一位开发工作从业人员绷紧廉洁从业这根弦，严明纪律。加强制度建设和提高制度执行力，严格落实廉政责任制。二要紧密结合业务工作实际，增强廉政风险防控的针对性，针对开发工作人、财、物相对集中等特点，增强廉政风险管理必须与业务工作融为一体，构建符合实际需要、操作性强、真正管用的防控体系。三要突出重点领域和关键环节，增强廉政风险防控的实效性，对重大经营决策、重大项目投资、大额资金使用、原料物资采购、重大经营合作制定防控措施。四要加强监督检查，要对重大决策、重大经营活动、重大合同进行"廉政风险反馈""内部审计监督""法律风险审查"三重管理，重点审查科学民主决策程序。

热科院 2013 年科技开发工作会议报告

张以山　副院长
（2013 年 6 月 14 日）

同志们：

今天我们在这里召开开发工作会议，主要目的就是深入总结 2012 年全院开发成绩，分析开发工作面临的形势，部署今后一个阶段开发工作。我的报告分四部分，一是 2012 年工作回顾，二是面临的形势，三是今后一个阶段开发工作主要目标和任务，四是 2013 年工作重点。

下面，我逐项向大家报告，请同志们审议。

一、2012 年工作回顾

2012 年我院围绕建设"一个中心、五个基地"的战略目标，在各单位、各部门的共同努力下，在复杂多变的外部经济形势下，全院科技开发仍取得了较好的成绩，2012 年全院开发总收入约 19 118.9 万元，较 2011 年增长 16.6%。主要强化了以下几个方面的工作：

（一）发挥区位优势、强化土地资源开发

启动了海口院区"科技服务中心"和"热带农产品展示中心及后勤服务中心"建设，目前正在抓紧推进施工报建等前期工作。完成了南亚所土地控制性详规，推进疏港大道沿线土地合作开发招商和加工所手套产土地"三旧"改造。特别值得一提的是椰子所椰子大观园旅游配套项目已完成合作招商，项目立项得到文昌市政府批准。

（二）加强院企合作，加快科技成果市场化

全院各单位进一步加强与企业合作，推进技术成果开发，通过技术服务、技术培训、营销代理、技术转让、合作建设等方式与 53 个企业或地方政府开展了科技合作。

（三）开发主导产业、增强院所综合实力

不断壮大现代种业，2012 年，全院共销售牛大力种苗 25 万株，橡胶种苗 40 余万株，香蕉优质试管苗 1 032 万株，甘蔗健康种苗 1 269 万株。加快推进农产品精深加工业，品资所与企业合作的艾纳香系列产品，生物所研制的益智酒、海蜜速溶茶、灵芝胶囊、沉香灵芝茶等系列产品，椰子所的天然椰子油，南亚所试制的菠萝蜜果干、曲奇饼、果酱和菠萝蜜冰淇淋、环保果袋，环植所的生态蜂蜜、有机芦笋等科技产品都先后研制、生产和投入市场，取得较好的效益。进一步巩固旅游观光产业优势，海南热带植物园、兴隆热带植物园、南亚热带植物园、椰子大观园旅客接待量达 150 余万人，旅游门票和产品销售综合收入近 1 亿元。检验检测等技术服务不断扩大，《热带作物学报》2012 年入选为"中文核心期刊"，7 大检测中心完成了 2 万余次检测任务。

（四）设立开发启动金，加快科技产品孵化

2012 年院科技开发启动资金项目资助"菠萝叶纤维混纺面料及产品试制""高档天然椰子油旅游产品的开发和市场推广"等 9 项项目，资助经费 190 万元，有效推进了科技成果商品化、市场化，提高了项目单位开发创收能力。

（五）积极申报项目，推进科技成果转化

组织各单位申报科技部、农业部等国家部委和地方政府科技成果转化资金、科技或财政专项等项目 42 项。2012 年获资助的成果转化和开发项目 37 项，获资助项目经费 3 217 万元。

（六）加强科技宣传，扩大科技成果影响力

组织院属单位参展"中国农业科技十年发展成就展""第十届中国国际农产品交易会"等大型农业展览（博览）会 7 项，组团参加中国（海南）国际热带农产品冬季交易会、第三届江门市农业博览会、2012 年屯昌县农民博览会，均得到有关领导和主办单位的高度肯定。品资所选送的"五指山猪"和生物所选送的"甘蔗脱毒健康种苗"获"第十四届中国国际高新技术成果交易会优秀产品奖"。

（七）科学规范管理、完善开发体系建设

进一步加强了院属单位开发工作服务和管理，完善了开发工作制度体系。2012 年全院共制修订开发管理制度 37 项。

二、开发工作面临的形势

近些年来，院领导高度重视科技开发工作，反复强调加强科技开发，通过开发把成果优势、资源优势和区位优势转变为效益优势，出台了一系列制度和政策，探索建立科技开发激励约束机制，扶持主导产业和主导产品开发，培育我院科技开发产业不断发展壮大，开发收入稳步提升。同时我院科技开发产业也面临着很多困难和问题，主要表现开发工作体系不够健全，企业产业与事业性开发界限不清，开发实体不完善，公司法人治理结构未能真正确立，内部控制制度不健全，激励机制不到位，院企所企合作机制不灵活、特别是所级土地资源开发尚未真正启动等，直接导致了我院的成果优势、资源优势、区位优势向效益优势转化的效率和效益低下。

从自身发展来看，目前，我院各科研单位普遍存在经费结构性不足的问题，科研经费较多，事业经费不足，"有钱打仗、无钱养兵"情况在各个单位不同程度存在，据测算，2012 年我院近 3 000 名在编在岗职工年平均工资（含住房公积金和各项保险单位缴交部分）约 8.5 万元，其中财政保障程度约 50%，其余 50% 主要依靠开发创收来保障。同时，由于国家对财政资金开支管理日趋严格，确保单位运转的一些经费也需要开发来筹集，因此，必须要主动适应新形势下科研体制改革的要求，加快科技成果转化和产业化开发，提高科研单位的自身效益。

从服务产业来看，科技成果产业化是科研工作的延伸，必须充分利用市场经济发挥科研单位和企业的各自优势，建立科技与产业利益共享机制，促进科技与产业紧密结合、实现科技成果转化为现实生产力，形成科技开发、生产经营与市场紧密结合、与产业化相互促进的良性循环机制，才能提升科研单位的行业地位、发挥行业主导作用。

三、今后一个阶段开发工作的主要目标和任务

（一）总体目标

全面贯彻落实"开发兴院"战略，立足我院科技优势和资源优势，以市场为导向，进一步坚持特色、突出重点、发挥优势，集中力量抓好技术转让、产品开发和土地开发三大重点，扎实推进科技成果转化和资源优势开发，力争全院开发总收入年增长20%以上，实现从"十二五"初（2011年）的1.6亿元达到"十二五"末（2015年）的3.3亿元。

（二）开发重点

1. 培育壮大主导产业、增强主导产品市场竞争力

继续坚持特色、巩固优势，培育壮大6大主导产业。一是现代种业，包括热带作物良种良苗产业、特色畜禽和海洋生物良种。二是高效种植业，包括高产天然橡胶、木本油料。三是高新技术产业，包括生物医药等生物制品、农业投入品研发生产。四是热带农产品精深加工业，包括特种橡胶、高附加值农产品加工。五是科技旅游观光产业，包括植物园、农业科技博览园、科技园区等。六是科技咨询产业，包括农业科技信息服务、发展规划论证、农业工程咨询、检验检测服务等。重点打造6大科技产品。一是现代种业急需的良种良苗，包括热带作物良种良苗，如天然橡胶种苗、香蕉种苗、甘蔗脱毒健康种苗、热带牧草种子种茎、木薯种茎、牛大力艾纳香种苗等；畜禽良种如

五指山猪、海南黑山羊等。二是新型农业投入品，如高效混配化学专用农药、生物农药等新型农药；橡胶丰产刺激剂、死皮防治剂、荔枝芒果控梢促花和保花保果专用植物高效甫 调节剂；抑菌保鲜专用药剂；橡胶、香蕉、木薯、甘蔗等专用复合肥、新型叶面肥等专用肥料。三是现代农业装备，如主要热带作物播种、管理、收获专用田间机械，热作产品加工专用机械、农林废弃物沼气化肥料化装备等。四是战略性大宗热作产品及其精深加工产品，如天然橡胶干胶、优质胶乳、氯化胶环氧化胶等复合胶、航空航天专用橡胶产品等。五是特色加工产品及功能性天然产物，如香草兰、咖啡、可可、椰子食品饮品，功能性保健和医药产品。六是农业废弃物资源化利用产品，如菠萝叶纤维制品、香蕉茎秆纤维制品。争取到"十二五"末，全院各单位科研成果自行转化、产品开发总收入达2亿元以上。

2. 加强技术开发和转移

作为国家级农业科研院所，我们的优势在于科技成果和人才，以前，由于院总部和部分研究所地处偏僻、技术成果的熟化不够、合作机制不灵活等原因，技术转让、技术合作等工作开展困难，导致院所不得不对科技成果进行自行转化。但从长远来看，作为中央级农业科研机构，我们的优势不在经营，而在成果和人才资源，为此，我们要不断加大技术转让和技术合作的力度，依托各种资源，集中有限的人力，争取产出更新颖、更实用、更高价值的技术成果，建立健全技术成果快速转化的有效机制，争取到"十二五"末，全院各单位技术转让、专利出售、技术咨询与服务等技术性收入占全院开发净收入的1/3以上。

3. 突出抓好土地资源优势合作开发

全院拥有的6万余亩土地资源，是我院综合发展的重要基础和优势，特别是随着城镇化的加快实施和国际旅游岛建设的快速推进，给我们土地开发利用带来了重大机遇，同时也给保护现有土地提出了更大挑战，如何在确保土地权属不变的情况下加快土地资源开发，这是我们需要不断研究和探索实践的重大课题。因此，我们要借鉴兄弟院所的成功经验，争取地

方政府部门的政策支持，前瞻性做好土地利用规划，引入真正有实力的企业进行合作开发。"十二五"期间，我们要重点做好文昌椰子研究所、湛江南亚热带作物研究所、儋州中心大道西延线土地合作开发，海口院区围墙经济开发和儋州海南热带植物园综合开发，力争"十二五"末，土地合作开发净收入达到2 000万元以上。

（三）加强开发工作体系建设

建立健全"院所两级、以所为主"的科技开发工作体系，强化服务和管理职能，为全院科技开发提供全程服务。

1. 不断完善开发管理服务体系

院主要负责统筹制定开发发展战略、开发工作规划和年度计划，督促各研究所完成开发工作目标，考核院属单位领导班子开发工作管理绩效。开发处作为全院开发工作业务归口部门，要进一步加强全院开发工作体系、开发人才队伍和开发信息平台建设，主要负责全院开发工作目标设定，牵头组织各单位开发工作考核评价，研究制定开发激励约束制度，归口管理全院服务单位和院所办企业。涉及企业的资产管理、风险管控、人才队伍建设等由开发处牵头协调资产处、法律事务室、人事处等依据有关政策规定办理。各研究所下设开发办公室，具体负责本单位开发工作管理，同时，结合自身科技资源，建立开发实体，发展优势产业、开发优势产品。

2. 强化开发人才队伍建设

不断建立完善开发人才培养、引进、选拔和流动机制。创新人才使用机制，对于急需的经营人才通过市场化手段聘用，采取与经营业绩挂钩的协议工资制度。大胆选拔任用德才兼备的经营管理人才，营造尊重创新创业的良好发展氛围。鼓励科技人才在完成本职工作的前提下投入科技开发工作，完善科技人才创新和科技开发双重考核机制。对于普通的开发工作人员，主要采用聘用制选人用人，建立能进能出的考核和激励约束机制。

3. 强化创新与转化的有效衔接

一是要强化科研立项针对性。我院的主要职责是开展热带农业科学应用基础研究、公益性应用技术研究和基础研究，为了加强科技与经济的紧密结合，今后，我们要在立项上进一步突出针对性，围绕产业技术需求布局应用基础研究和应用技术研究，争取产出先进适用的技术成果。二是要加强与企业合作创新的力度。去年全国科技创新大会突出强调"企业是技术创新的主体"，今后应用技术类创新和成果转化项目将进一步向企业倾斜，为此，我们要建立与企业的合作创新机制和利益联结机制。三是要加强科技成果转化和产业化的调控力度。今后，技术创新类成果要真正拿到产业中去实践、应用和评价，评价鉴定技术成果要以产业应用程度和效果为标准。

4. 加强开发信息平台建设

"酒香也怕巷子深"，开发工作要真正取得效益，还是要靠真正融入市场，为此，我们要建立"院所两级"开发信息平台，充分利用院网的媒体优势，建立全院技术成果资源、科技专家、产品资源、开发招商项目常态化的公开机制和公开平台，让更多需要的企业和潜在合作单位找到我们。要积极参加各类农业技术展览会、交易会等，发布信息、展示优势、吸引合作。

（四）创新科技开发体制机制

1. 加快落实"一所两制"

要在现有体制下，扎实推进"一所两制"变革，研究所内部科技创新部分建立现代院所管理制度，科技开发部分通过注册企业法人机构建立现代企业管理制度，构建全体职工"成就事业、享受生活、回报社会"的和谐发展平台。很多单位对于组建企业还有很多顾虑，甚至考虑是否与目前正在推进的农业科研体制改革相冲突，但有几点在这里可以明确，一是研究所组建企业现在没有政策障碍，只要履行报批报备手续即可办理。二是通过组建实体开展科技开发可以规避研究所管理风险，便于激励分配。三是兴建实体可以以企业名义申报成果转化类项目和各种政府基金。四是目前对于科技型企业地方政府加大了政策扶持力度，如允许工会社团法人持股、技术成果入股、管理层股份期权等各种政策优惠。总的来看，只要把握好企业法人治理机构、审慎管控经营风险，兴办企业还是利大于弊。

2. 建立技术转移平台

以我院科技成果资源和人才资源为依托，以市场需求为牵引，通过开放合作和资源整合，组建中国热带农业科学院技术转移中心，建立面向企业，以技术成果孵化集成、技术成果信息、技术成果交易中介为核心的技术转移公共服务平台，开展技术熟化与集成开发、技术咨询、成果评价和专利评估、技术产权交易中介、技术投融资等服务，探索知识、技术转移和促进产业发展新模式，促进优秀技术成果向地方转移转化，提高我院服务社会经济发展能力，创造良好的社会和经济效益。

3. 合理分配开发资源

作为国家级农业科研机构，长期以来我院服务国家战略和地方经济发展，具有较高的知名度和美誉度，这是很好的无形资产。同时，土地、技术成果等很多资源开发程度还不够深入，导致效益优势没有得到很好的发挥。在这里举个例子，每年以两院名义卖出的橡胶苗1 000万株，我们下属单位有多少份额？所以，我们要进一步聚焦优势、特色和重点，把优势开发资源进行合理划分，建立良种良苗基地和产品中试加工基地，授权院属单位结合自身科技优势独立开发，发挥"热科院"这块金字招牌的最大价值。如果你这个单位做不好，就会授权别的单位去开发。同理，如果你这块土地一直开发不好，或者这项业务一直经营不好，也可以授权别的单位来开发，"主权在你""经营（权）在他"，在此基础上，再探讨利益分配问题。

4. 强化所企合作开发

目前，我院的开发主要还是自我转化，虽然避免了转化中可能出现的合作障碍，但也导致产业化应用速度减缓，影响了科技成果转化和产业化开发的效果，很多科研成果在科研开发阶段是领先的，但是等到实现产业化以后在市场上已经不具有竞争优势，更多的技术成果只要鉴定了、集成报奖了，就直接放在档案柜了，浪费的不仅仅是开发价值，也浪费了国家的科研投入。今后，我们要鼓励研究所与企业合作开发，在不投入资金、不承担经营风险的

前提下，采取技术转让、技术入股、技术合作等模式进行合作开发，加快推进技术成果的产业化。

（五）进一步强化激励力度

科研人员既是成果的创造者，又是成果的推广者，能否发挥科研团队和骨干人员的积极性，是科研成果转化为现实生产力的关键所在，长期以来，由于激励力度不够，导致转化成果的积极性和产业化应用率不高，已日益成为制约我院科研成果快速有效转化的主要因素。为此，我们要进一步修订《科技开发激励办法》，完善配套政策，提升激励目标，强化激励力度，在政策法规框架内激发开发的内生动力和积极性。

1. 改革评价标准

对于基础研究方面的科技人才，主要以重大科研进展、学术界和社会的反响程度、论文水平、社会效益等作为重要评价标准；对于应用研究、科技开发的科技人员主要以科研成果的实用价值、成果转化和产业化程度、经济效益作为主要的评价依据和衡量标准。

2. 提升激励目标

以"经济上有实惠、政治上有荣誉、社会上有地位"为目标，全面强化突出贡献科研人员的配套激励，鼓励人人都为开发工作做贡献，人人都成为开拓创新型科技人才。

3. 完善激励措施

既加大学科带头人或课题负责人的激励，又加大研究骨干和助手的激励，今后科技成果转化物质奖励主要以奖励科研团队、下放团队内部分配权为主。既重视物质奖励，又重视精神奖励，对科技开发突出贡献人员，要在职称评聘、干部任用、评优评先等方面予以倾斜考虑。探索产权激励、期权激励机制，对内部转化的技术成果，以技术股份的方式，对科研成果完成团队进行激励，加快成果孵化；根据科技开发未来实际工作贡献大小，对科技骨干、经营团队给予期权，吸纳和稳定优秀人才。

4. 加大激励力度

当前，国家和各地政府部门有很多很好的政策，国务院办公厅1999年29号文件《关于促进科技成果转化的若干规定》第一条规定，

"高新技术成果的作价金额可达到公司或企业注册资本的35%""科研机构、高等院校转化职务科技成果，以技术转让方式的应当提取不低于20%的转让净收入用于一次性奖励，自行转化或合作转化的应当连续在3~5年提取不低于5%的净收入用于奖励，技术成果入股应当提取不低于20%的股份给予奖励"。这些比例没有上线，只是规定"上述奖励总额超过技术转让净收入或科技成果作价金额50%，以及超过实施转化年净收入20%的，由该单位职工代表大会讨论决定"。同时明确，"在研究开发和成果转化中作出主要贡献的人员，所得奖励份额应不低于奖励总额的50%。"

去年全国科技创新大会召开以来，各地在国家政策基础上，进一步加大了激励力度，如江苏南京、山东、湖南政策规定"科研院所职务发明成果的所得收益按至少60%、最多95%的比例划归参与研发的科技人员（包括担任行政领导职务的科技人员）及其团队拥有。科技领军型创业人才创办的企业，知识产权等无形资产可按至少50%、最多70%的比例折算为技术股份。知识产权一年内未转化的，在成果所有权不变更的前提下，成果完成人或团队拥有处置权，转化效益中70%归成果完成人或团队所有"。江苏政策规定，高等学校与企业联合且由企业出资的横向科研课题的节余经费，允许用于由该项科技成果转化而兴办的科技企业注册资本金；成果完成人可享有该注册资本金对应股权的80%，学校享有20%。

特别是中南大学，2001年出台了"两个倒三七开"政策，科技人员办企业，其技术类无形资产作价入股，70%归技术持有者，30%归学校所有；科研课题的结余经费入股科技型公司时，课题组成员持有入股金额的70%，学校持有30%。截至2012年8月，该校以学科为依托，通过转化科技成果，先后有湖南山河智能机械股份有限公司、湖南博云新材料股份有限公司、湖南红宇耐磨新材料股份公司先后成功上市，在沪深股市上市的全国1 700多家上市公司中，有近70家的老总出自中南大学，其中在国企中担任"掌门人"和自己创业上市的民营企业家均有30多位。

为此，开发处建议，进一步修订我院科技成果转化激励办法，院属各单位以技术转让方式的应当提取不低于30%的转让净收入用于一次性奖励，自行转化或合作转化的应当连续在3~5年提取不低于10%的净收入用于奖励，技术成果入股应当提取不低于30%的股份给予奖励。如果上述奖励总额超过技术转让净收入或科技成果作价金额50%，以及超过实施转化年净收入20%的，由该单位职工代表大会讨论决定报开发处进行决策规范性审查后即可实施。这项政策请大家讨论，在下一步修订制度时反馈。

四、2013年工作重点

今年要围绕年初工作会议确定的目标，努力实现全院开发总收入比2012年增加30%，快速提升我院综合实力，增加职工收入。重点工作如下：

（一）加快科技成果产业化

加强内引外联合作开发；建设良种良苗基地，做大做强种业经济；以所为主体，建设各类科技产品中试工厂，拓展产品市场空间；开发林下经济、道路经济、观光农业等短、平、快项目。

1. 良种良苗基地建设

做大做强种业经济，启动橡胶所天然橡胶种苗基地、海口实验站香蕉等种苗基地、品资所南药（牛大力等）和花卉（热带兰等）种苗基地、南亚所绿化苗木种苗基地的建设。

2. 成果物化基地建设

以所为主体，建设各类科技产品中试工厂。启动香饮所香料饮料产品加工基地、农机所菠萝麻纤维加工基地、加工所天然橡胶及农产品加工基地、品资所艾纳香系列产品及木薯加工基地的建设。

（二）加快资源优势转化

开工建设海口院区围墙经济项目。启动椰子所椰子大观园、南亚所疏港大道沿路、儋州市中心大道西延线土地资源合作开发。强化检验检测、信息咨询等工作。在儋州、文昌推动建设"夕阳红"基地和农家乐基地。

（三）加强开发工作体系建设

加强"一所两制""以所为主"的开发体系建设，完善经济实体法人治理结构的制度建设，落实科技成果等技术要素、管理要素参与分配的开发激励政策。

（四）加强保护、储备项目

加强知识产权保护，加强应用型科技成果项目的储备。

（五）加强与企业合作

通过技术转移，有偿技术服务等积极与企业联合，促进科技成果转化后市场化和产业化。

（六）加强宣传、争取实效

加强科技成果、产品宣传攻势，提高我院科技产品的市场影响力。增设对外展示、销售窗口，让宣传与市场结合，让宣传效果落地，产生实际效益。

制度建设

中国热带农业科学院
科技开发先进集体和先进个人评选表彰办法

（院党组发〔2013〕22 号）

为规范我院科技开发先进集体和先进个人评选表彰工作，进一步鼓励和调动广大干部职工的积极性，根据《中国热带农业科学院先进集体和先进个人表彰办法》（热科院人〔2012〕152 号）的有关规定，特制定本办法。

一、评选范围

科技开发先进集体的评选范围为院属科研机构和附属机构。科技开发先进个人的评选范围为院属科研机构、附属机构及院、所办企业管理人员或科技人员。

二、评选条件

（一）科技开发先进集体

1. 领导班子高度重视科技开发工作，努力实践"开发富民"战略和构建本单位科技开发体系。

2. 开发机构设置和人员配备合理，建立了本单位科技开发有效机制，有健全的科技开发管理制度和激励机制。

3. 依托本单位科技成果，本年度成果转化、高新技术产业化和科技开发成绩显著，经济效益有明显的提高。具体指标为：开发总收入达5 000万元且年增长 3% 以上；或科技开发收入人均达 7 万元（按在编在岗实有人数计）且年增长 30% 以上；或年科技开发总收入达到 100万元且年增长 50% 以上。

4. 按时完成院下达的上缴收入指标。

（二）科技开发先进个人

1. 政治思想和业务能力过硬，遵纪守法，有良好的职业操守、大局观念和服务意识，热爱科技开发工作，有强烈的事业心和责任感。

2. 勇于创新、开拓进取，积极组织或参与

本单位开发管理、成果转化推广及甫　销售等方面工作，并取得显著成绩。

3. 在创办科技企业或开发经营管理中发挥重要作用或主持研发新产品成绩突出。

4. 牵头为单位创收金额 30 万元以上。

三、表彰名额

科技开发先进集体原则上不超过 3 个，科技开发先进个人原则上不超过 10 名。若符合条件的先进集体超过 3 个，则由评审专家会议投票表决；科技开发先进个人原则上每个单位不超过 1 名。

四、评选时间

每年 12 月底完成当年先进集体和先进个人评选工作。

五、评选程序

（一）申报推荐。各单位根据评选条件组织申报推荐，并将申报推荐材料报开发处。

（二）初审。开发处负责对各单位申报材料进行形式审查。

（三）评审提名。院科技开发先进集体和先进个人表彰工作小组对申报的先进集体和推荐的先进个人进行评审并提出拟表彰名单。

（四）审定。院党组会议审定表彰名单。

（五）公示。审定结果在院网站或公告栏进行公示。

（六）确认。根据公示情况确认获奖名单，并下发表彰决定。

六、表彰办法

对获得"中国热带农业科学院科技开发先

进集体"的,由院颁发荣誉证书和奖金,奖金额为 2 万元,由获奖单位自主分配,具体分配方案报开发处备案后发放;对获得"中国热带农业科学院科技开发先进个人"的个人,由院颁发荣誉证书和奖金 2 000 元。

七、附则

(一)本办法自 2013 年 6 月 1 日起施行。

(二)本办法由开发处负责解释。

(三)院属各单位可参照本办法制定本单位开发奖励办法。

附件:1. 中国热带农业科学院科技开发先
　　　　进集体申报审批表(略)
　　　2. 中国热带农业科学院科技开发先
　　　　进个人推荐审批表(略)

五、国际合作与交流

国际合作与交流概况

2013 年热科院在国际合作项目、平台、科技援外、外事服务、能力建设和国际合作宣传等方面开展了卓有成效的工作。建立国际合作项目库，申报国际合作项目 104 项，获批项目 38 项、经费 2 240.78 万元。举办各类援外培训班 11 期，培训了来自 23 个发展中国家的 234 名学员。办理 35 个团 107 人次赴 24 个国家执行国际合作交流任务，派出 27 人赴 8 个发达国家参加培训和留学，引进种质资源 337 份、技术 10 项。接待国外 74 个团组 251 人次、开展学术报告 57 场。组织参加 5 次国际会议、承办 3 次国际会议，5 位专家在国际橡胶研究与发展委员会等国际机构兼任理事或协调员。

一、国际合作任务与面临的形势

2013 年，国际合作工作在抓重点、创亮点、顾全局的工作思路下，积极推动重点工作的执行，并继续做好外事服务工作。重点工作任务有：建立国际合作项目库、获取国际重大合作项目 1 项以上；全院获取国际合作项目经费比上年度增加 30%；挂牌成立国际合作平台 2 个以上；举办国际培训班 6 期以上；完成院英文网站建设。在全球经济不景气，国际合作项目渠道和经费缩减，我国政府缩减财政开支的国际国内发展形势下，热科院国际合作工作迎难而上，努力推进重点工作的同时，不断扩大对外影响力，继续朝着创建世界一流的热带农业科技中心的宏伟目标迈进。

二、2013 年重点工作完成情况

（一）国际合作项目

2013 年，建立科技部国际合作重点专项、政府间项目、科技援外项目、援外培训班、商务部援外项目、农业部国际交流与合作专项、国家外国专家局引进国外智力、出国境培训、海南省创新引进集成专项等类型项目库，共计

收集项目 104 项。本年度向各部委及地方政府申报国际合作项目共 104 项，获批国际合作项目 38 项，国际合作经费 2 240.78 万元，国际合作渠道更加丰富。其中重点项目有：

（1）与美国华盛顿大学合作申请的科技部国际科技合作与交流项目"木薯离区叶片脱落机制和高产抗旱新品系合作开发"获批立项，资助经费 254 万元。

（2）获批 2 项科技部科技援外项目，分别为"中国—坦桑尼亚腰果联合研究中心建设"和"马尔代夫重大入侵害虫椰心叶甲综合防控"，共计项目经费 270 万元。

（3）与国际热带农业研究中心（CIAT）合作申请的 2013 年度国家自然科学基金委员会与国际农业磋商组织合作研究资助项目"木薯种质资源转录组与蛋白质分子评价及品种高效选育研究"获批立项，资助经费 230 万元。

（4）与英国格林威治大学自然资源研究所和乌干达国家作物资源研究所合作开展中英非基金项目"支持 AGRITT 试点项目-借鉴中国经验在乌干达开发木薯价值链"，项目获资助 15 万英镑，旨在借鉴中国的技术和创新能力为乌干达提高其木薯价值链找到合适的途径，使小农户能持续甫 原料，让私营部门能生产出满足客户需求的产品，并为工业提供高质木薯粉或其他产品。

（5）受联合国发展计划署（UNDP）的资助，热科院援刚果（布）农业技术示范中心在刚开展木薯品种扩繁。UNDP 分批提供种苗，援刚果（布）农业示范中心负责种植，所需经费由联合国发展基金委提供，木薯成熟茎秆将全部提供给当地受援国农业部。

（二）国际合作平台

立足国家战略需求和热科院的特色热带优势，坚持积极搭建国际合作交流平台，促进国际科技合作能力提升。主要在以下 4 个平台扩

大国际影响：FAO 热带农业研究培训参考中心、FAO 热带农业平台、《热带草地》期刊、海南省外国专家局引智基地“热带油料作物引种与品种选育”、中国热带农业科学院环境与植物保护研究所-美国夏威夷大学热带农业与人力资源学院热带植物保护合作研究中心。

（三）热带农业援外培训

2013 年共举办各类援外培训班 11 期，培训了来自刚果（布）、尼日利亚、汤加、坦桑尼亚、科特迪瓦、尼泊尔、毛里求斯、菲律宾、泰国、缅甸、斯里兰卡、安提瓜和巴布达、埃塞尔比亚、巴布亚新几内亚、格林纳达、加纳、津巴布韦、利比里亚、萨摩亚、印度尼西亚、博茨瓦纳、乌干达等 23 个发展中国家的 234 人。

（四）国际合作宣传

建立了院英文网站，新编院英文宣传画册，制作院徽纪念品，收集了 54 份出国报告并出版。与国际热带农业中心（CIAT）在木薯、牧草方面的合作成绩被收录到《中国与国际农业磋商组织战略合作三十年》一书，并配合海南省科技厅为海南日报撰写了热科院热带农业国际合作成就。在联合国粮农组织热带农业平台启动研讨会和中非合作圆桌会议第四次大会上进行了院科技成果图片展。

三、外事工作

（一）科技援外

1. 援刚果（布）农业技术示范中心

中国援刚果（布）农业技术示范中心建设取得良好成效。派出 13 位专家，在刚果（布）举办玉米、蔬菜、木薯等技术培训班 5 期，培训学员 105 人。编写出版“中国热带农业走出去使用技术丛书”4 册，用中、英、法文出版。以示范中心为基础，启动了非洲试验站筹建工作。

2. 中国—坦桑尼亚腰果联合研究中心建设

热科院技术专家组赴坦桑尼亚执行科技部援外项目“中国—坦桑尼亚腰果联合研究中心建设”，筛选出自然抗病腰果品系 12 份，初步摸清坦桑尼亚腰果病害 5 种、害虫 20 余种，筛选出防治腰果主要病虫害的高效低毒化学农药 14 种。举办了 2 期技术培训班，培训当地学员 62 人次。

3. 中国—马尔代夫重大入侵害虫椰心叶甲综合防控

环植所获科技部立项资助，与马尔代夫渔业和农业部合作共建“中国—马尔代夫椰子害虫联合研究中心”。

（二）为农业“走出去”提供技术支撑

为支持国内农业企业“走出去”，派出 6 名农业专家为江苏双马化工集团公司、中地国际工程有限公司和瑞木镍钴管理（中冶）有限公司分别在印度尼西亚、塞拉利昂、巴布新几内亚提供热带农业技术支持。其中热科院专家根据与瑞木镍钴管理（中冶）有限公司的合作协议，前往位于巴布亚新几内亚马当省的 Kurumbukari 矿山地区，对当地农业长期进行技术指导并协助该公司开展维护地方关系的工作。主要开展矿山地区周边村庄当地环境和作物生长情况观察，并对当地农业生产进行指导和示范。带去一批优质、高产的蔬菜新品种种子赠予当地农户，并培养了 10 户蔬菜种植示范户。还进行厂区和生活区的日常绿化种植和维护，协助 HSE（健康、安全和环境）部门进行矿山采空区的植被恢复和复垦工作，建成了复垦需要的 2 万余株苗的苗圃。热科院专家的工作不仅为公司提供了有力的技术支撑，还帮助当地人民提高了农业生产技术，促进了我国企业与当地人民和政府的友好合作关系。

（三）签署合作协议

分别与总部位于哥斯达黎加的美洲区域组织热带农业研究与高等教育中心、马来西亚理科大学、澳大利亚迪肯大学、斯里兰卡瓦亚姆大学、坦桑尼亚农业研究所、柬埔寨橡胶研究所、菲律宾椰子署、缅甸农业科技有限公司 8 个单位签署了国际科技合作协议，合作内容涉及种质资源收集与保存、环境保护、改良作物品种的选育与推广、人力资源开发等领域。

（四）办理出国手续

作为农业部科研人员因公临时出国分类管理首批试点单位，向农业部国际合作司申报了《农业部科研人员因公出国（境）分类管理执行情况统计表》和《2013 年度下半年农业部科研事业单位科研人员因公临时出国分类管理计划表》。办理 35 个团 107 人次赴美国、法国、哥伦比亚、刚果（布）、柬埔寨、印度尼西亚等 24 个国家执行国际合作项目和热带农业考察任务。共引进木薯、腰果、油棕、胡椒、可可、依兰、丁香、肉豆蔻、菠萝、剑麻等热带作物种质资源 337 份，引进 10 先进项技术，包括植物防御诱导剂与杀虫剂协同施用技术、螺旋粉虱天敌的应用技术、先进 LC-MS 分析技术以及高通量药物筛选技术、广谱抗环斑病毒转基因番木瓜新品种培育、菠萝种质资源的多倍体育种程序、菠萝及香蕉等作物根线虫的研究方法、土壤残留农药微生物降解技术、微生物群体的 GC-MS 鉴定技术、微生物分子标记鉴定技术、热带作物田间残留实验和风险评估技术等。

（五）外事接待

接待了热带农业中心、热带农业研究与高等教育中心、美国农业部、菲律宾椰子署等 74 个代表团 251 人次来访，举办学术报告 57 场。其中，热带农业研究与高等教育中心主任和副主任先后于 5 月 9 日和 6 月 3 日来院访问，洽谈咖啡锈病等项目合作。2013 年 11 月 21 日，科摩罗联盟驻华大使 Mahmoud M. Aboud 先生专程到香饮所参观考察并洽谈国际合作。科大使对热科院与科摩罗的农业合作项目高度重视，表示将推动国际合作项目的立项与实施，并希望专家到科摩罗开展农业援助项目。

（六）参加、举办国际会议

组织参加了 2013 年国际橡胶大会、第四届国际农科院院长高层研讨会暨中国与 CGIAR 合作 30 周年论坛、首届中国—拉丁美洲和加勒比农业部长论坛、首届农业与环境可持续发展国际会议和第三届中国—南太平洋岛国经济发展合作论坛 5 次国际会议，并在院长论坛和农业可持续发展会议 2 个大会上做了主题报告。承办联合国粮农组织热带农业平台启动研讨会暨成员召集大会和中英（海南）食品安全与可持续发展研讨会。协办中非合作圆桌会议第四次大会，承办中非农业合作研讨会并做主题报告，中非政要、企业家、学者 60 多人参会。

四、能力建设

为培养国际化科研和管理人才，提高院国际合作水平，今年派出 27 人赴美国、英国、德国、荷兰、澳大利亚、哥伦比亚、日本、越南等 8 国参加培训、进行访问学者交流和攻读博士、博士后学位。其中 17 人参加农业科技创新人才及高级管理人才、热带农业科技创新能力提升、首届国际木薯丛枝病诊断方法及综合防控技术和国际木薯分子标记培训，4 人进行访问学者交流，6 人攻读博士、博士后学位。另有 6 名青年科技骨干获得国家留学基金资助，将赴美国、德国学习 1 年。

为提高院国际合作管理人员业务水平，先后派 10 人（次）参加华中农大公共管理 MPA 培训班、农业国际交流与合作礼宾礼仪培训班、因公电子护照二期边界接入管理系统专题培训班、商务部援外培训信息管理系统软件使用培训班和 2013 年办公室业务培训班 5 期培训。

五、荣誉表彰

与热科院合作的法国农业研究与国际合作中心帕斯卡·蒙特罗教授被授予海南省"椰岛纪念奖"。游雯同志因在科技援外方面的突出贡献，获刚果共和国农业与畜牧业部长颁发个人荣誉证书，并参加了农业部"辛勤耕耘为小康"先进事迹报告会，被评为先进事迹人物。

六、领导视察

热科院科技援外工作得到了相关部委领导的肯定。在中非合作圆桌会议第四次大会期间，农业部牛盾副部长专程到热科院国际合作图片展参观。牛副部长高度肯定了院国际合作工作取得的成效，希望热科院充分发挥中刚农业技术示范中心项目的作用，争取早日建立非洲试验站，加大技术培训，加快开发，实现示范中心自身的可持续发展。商务部副部长李金早、援外司司长王胜文、西亚非洲司司长钟曼英在海南省商务厅厅长叶章、对外经济合作处处长卓民等陪同下到热科院调研。李金早副部长对热科院援外工作给予了充分的肯定和高度的评价，希望继续发挥热带农业科技优势，进一步做好援外工作。

援外培训情况

2013 年继续发挥热带农业技术优势，举办各类援外培训班 11 期，培训了来自 23 个发展中国家的 234 名学员。通过国际培训班的举办，不仅提升了热带农业科技在发展中国家的影响力，同时也提升了热科院及院属单位国际合作能力和水平，其中椰子研究所和分析测试中心均为首次承办援外培训班。

一、在华援外培训

在华举办援外培训班 4 期，包括商务部援外培训班 3 期：发展中国家热带香料饮料作物生产技术培训班、发展中国家热带农业新技术培训班、萨摩亚热带作物种植技术培训班；受国际原子能机构和国家国防科技工业局委托举办农产品质量安全检测技术国际培训班 1 期，这也是继联合国开发计划署（UNDP）后，热科院接受第二个国际组织资助的国际培训班。

发展中国家热带香料饮料作物生产技术培训班于 2013 年 7 月 24 日至 8 月 13 日在香饮所举办，此次培训由国家商务部主办，共有来自尼日利亚、汤加、坦桑尼亚、科特迪瓦、科摩罗、尼泊尔、毛里求斯、菲律宾、泰国、缅甸、斯里兰卡农业管理部门和科教单位的 19 名从事热带香料饮料作物种植生产的科研、技术、管理人员参加了本次培训。经过 21 天的课堂教学与基地实习，学员们不仅学到了热带香料饮料作物胡椒、香草兰、可可和咖啡优良种苗繁育、丰产栽培、病虫害防控、产品加工等方面的知识，同时也对中国的历史文化、风土人情等有了更深入的了解，这不仅增进了中非人民彼此间的友谊，同时也为今后两国在热带香料饮料作物等相关领域的进一步合作奠定了基础。

发展中国家热带农业新技术培训班于 2013 年 8 月 1 日至 8 月 30 日在分析测试中心举办，此次培训由国家商务部主办，共有来自安提瓜和巴布达、埃塞俄比亚、巴布亚新几内亚、菲律宾、格林纳达、加纳、津巴布韦、利比里亚、毛里求斯、缅甸、尼泊尔、萨摩亚、坦桑尼亚、汤加、印度尼西亚 15 个国家从事农业科研、技术推广和管理的 25 名人员参加了此次培训。本次培训班主要根据当前热区农业的发展趋势，中国在热带农业新技术方面的成就，以及热科院的技术优势，同时融合了国内外热带农业技术研究的最新成果，并结合其他发展中国家热带农业技术产业发展的现状和需求开展培训。

萨摩亚热带作物种植技术培训班于 2013 年 10 月 28 日至 11 月 17 日在椰子所举办，此次培训由国家商务部主办，共有来自萨摩亚国家的农业管理部门、科研人员和农民的 20 名从事农业的科研、技术、管理人员参加了本次培训。系统培训了椰子、香蕉、咖啡、木薯和蔬菜的种植技术，植物保护和热带作物的加工技术等方面的农业新技术。从课堂学习、实验室操作到田间参观实习，培训班力求理论与实践相结合，学员们更加透彻的掌握了热带作物种植技术。

受国际原子能机构和国家国防科技工业局委托，农产品质量安全检测技术国际培训班于 2013 年 12 月 11 日至 2014 年 3 月 5 日在分析测试中心举办，来自乌干达和博茨瓦纳的 3 名学员参加了本次培训。培训了环境和食品中的污染物及残留技术、农兽药残留检测技术、HPLC 和 LC-MS/MS 等仪器操作等农产品质量检测技术和精密检测仪器操作。承接国际原子能机构的培训任务，是国际社会对我国在农产品质量检测方面科研实力的充分肯定。

二、境外援外培训

在境外举办援外培训班 7 期，包括在援刚果（布）农业技术示范中心举办 5 期，在坦桑尼亚举办 2 期。

派驻援刚果（布）农业技术示范中心的 13 位专家在刚果（布）举办技术培训班 5 期，培训当地学员 105 人。培训班包括蔬菜种植技术培训班（2 期）、玉米种植技术培训班（1 期）、农业机械培训班（1 期）、木薯种植技术培训班（1 期）。内容有木薯截杆、平植、施肥和种茎保存等大田操作技术，蔬菜、玉米种植技术和农业机械操作技术。示范中心不仅为当地农业技术人员和农民提供培训，还向学员赠送劳动工具和种子。

品资所技术专家组赴坦桑尼亚执行科技部对发展中国家科技援助项目"中国—坦桑尼亚腰果联合研究中心建设"。根据本项目工作计划，中方专家在坦桑尼亚期间，由中坦专家共同举办腰果技术培训班，参加培训人员包括 NARI 腰果研究技术人员、Mtwara 腰果产区农业管理、技术推广人员。2013 年 11 月 10～11 日、13～14 日，在 NARI 举办了 2 期技术培训班：腰果病虫害综合防治技术、腰果高产栽培技术，培训学员 62 人次。培训内容包括：腰果病虫害综合防治技术、腰果高产栽培及种质资源评价技术、施肥对腰果产量及害虫发生为害的影响、施肥对失管腰果植株恢复生长结果的影响等。

国际合作平台建设情况

一、中国援刚果（布）农业技术示范中心

2013 年度中刚项目继续有序运行和稳定发展，援刚果（布）农业技术示范工作取得新的进展。

1. 顺利完成前方部分专家轮换

示范中心四位专家（王永壮、游雯、申龙斌、蒋永林）期满回国，新派出三位专家到岗（专家组组长周泉发、法语翻译杨亚东和玉米专家温超望）。3 月下旬，陈业渊所长赴刚果（布）示范中心指导工作，顺利完成了示范中心专家组组长的工作交接，确保了示范中心各项工作持续、稳定开展。

2. 加强基础设施建设

及时完成了蓄水池、鸡舍、围墙、水泵、旋耕机、专家宿舍、设施大棚等设施设备维修，完成了饲料加工设备的安装、试车、投产，改善了示范中心的生产、生活和工作条件。

3. 加强制度建设，探索机制创新

制订、完善并实施了系列考核办法和管理制度，包括采购与销售制度、成本核算制度、财务公开制度、专家考核办法、农机具管理办法等 11 项，以保障中心有序、高效、稳定运行；在蔬菜项目组探索、实施定额管理办法，以提高该组甫　效率。中刚办正在观察、评估这些探索与创新的成效。

4. 继续开展多项试验示范工作

各项目组克服天气不利、物资缺乏、病虫害严重、工人劳动效率较低等困难，继续开展了蔬菜、玉米、木薯、蛋鸡、王草、马铃薯等品种的新技术新方法试验和规模化示范甫　，取得了预期的试验示范效果。

5. 继续开展技术培训

本年度示范中心开展了 2 期蔬菜种植技术培训班、1 期玉米种植技术培训班、1 期农业机械培训班和 1 期木薯种植技术培训班，培训刚果（布）各省区农民 105 人，编写出版"中国热带农业走出去使用技术丛书"4 册，用中、英、法文出版。得到了刚方农牧业部高度重视和肯定，提升了示范中心的示范能力和示范效果。

6. 开展对外技术合作

示范中心在整个非洲的影响正在扩大，今年 7 月首次争取到国际组织的项目资金：示范中心承担了联合国发展基金委援助刚果（布）三省农业发展项目——木薯品种扩繁项目，获得项目资金 400 多万西非法郎。

示范中心为热科院申报和开展国际合作项目提供了有益的帮助，已经成为我院开展国际合作的新的平台。

二、FAO 热带农业研究培训参考中心

联合国粮农组织代表团一行 7 人到热科院调研并对联合国粮农组织热带农业研究培训参考中心进行实地评估。评估考察团对热科院的各项准备工作给予了充分肯定，认为具备成为联合国粮农组织研究培训参考中心的优势，表示将争取尽快举行"联合国粮农组织热带农业研究培训参考中心"挂牌仪式。并希望今后与热科院加强全方向合作关系，共同促成世界粮食安全和减少贫困。作为申请单位之一，热科院自 2009 年开始申报准备工作，2011 年参加了加强 FAO 支持的中国国际农业培训中心能力建设项目。目前，粮农研究培训参考中心认定工作正在有序进行中，计划 2014 年挂牌。

三、FAO 热带农业平台

由联合国粮农组织和中国农业部主办，热科院承办的热带农业平台启动研讨会暨成员召

集大会在海南省海口市召开。来自联合国粮农组织以及中国、美国、法国、巴西、日本、阿根廷、墨西哥、南非等 19 个国家 26 个单位的 45 名代表参加了会议。会议期间，代表们参观了院科技成果展厅、中美热带植物保护合作研究中心以及品资所和橡胶所基地。该平台的正式启动，将为成员国提供政策对话空间，协调农业创新能力建设中的供需关系，提供创新成果、成功经验等全球信息，促进热带农业创新体系建立，在保障全球粮食安全和环境可持续发展方面发挥重要作用。应联合国粮农组织邀请，热科院于 2012 年加入了热带农业平台建设，国际合作处蒋昌顺研究员作为该平台的中方联络人。该平台的建立将促使我国热区农业更好地参与国际合作。

四、CATAS-CIAT 合作办公室

以 CATAS-CIAT 合作办公室为基础，热科院与国际热带农业中心（CIAT）、澳大利亚国际农业研究中心合办的《热带草地》期刊正式复刊，出版期刊 2 期。

五、海南省外国专家局引智基地 "热带油料作物引种与品种选育"

由椰子所申报的"热带油料作物引种与品种选育基地"获批为海南省引进国外智力成果示范推广基地。该平台计划建立椰子、油棕、油茶及其他热带油料作物引种与品种选育基地，通过热带油料作物研究领域一流专家、种质资源、种苗繁育和管理技术的引进，进行热带油料作物新品种筛选与创新利用，并通过辐射推广优良热带油料作物新品种及其产业化发展的关键技术，促进热带油料作物产业的发展和科技成果转化。

六、热带植物保护合作研究中心

环植所与美国夏威夷大学热带农业与人力资源学院联合成立了热带植物保护合作研究中心。该中心的成立标志着热科院与美国夏威夷大学的合作进一步深化，将对院植物保护学科及我国热带植保产业的健康发展起到积极的推动作用。

六、人事管理与人才队伍建设

人事人才概况

2013 年是"十八大"的开局之年，也是热科院启动事业单位分类改革之年，全院人事人才和离退休人员工作以服务和服从院发展战略要求出发，以人才队伍建设为主线，围绕事业单位分类改革、十百千人才工程两个重心，开展干部队伍建设、人才培训和绩效考核工作，进一步理顺院内不适应发展的机构、编制和一些遗留问题的关系、优化人才结构和机构布局，不断提高职工的工资福利待遇，促进院所和谐、稳定和发展。

一、精心组织，认真谋划，做好事业单位分类工作

根据部署，按照"立足现状、着眼发展；合理规划、科学布局；巩固优势、突出特色；服务战略、拓展职能"的原则，做好顶层设计，先后进行了 16 次的沟通，院领导通过不同形式与中编办、农业部、科技部等进行沟通。先后提出了 3 个方案，根据需要四次对方案进行优化。目前科技部与中编办等部门的协商沟通中。

二、加大人才引进力度，做好人才服务管理工作

1. 做好人才招聘工作，不断优化人才队伍结构

按照"统一指导、分类引进、分级负责"的原则开展人才引进工作。2013 年度人才引进指标为 297 名，截至 12 月，全院正式录用 169 人，其中博士 54 名（国外博士或博士后 4 人），硕士 79 名，实现专技人员数量首次超过工勤人员数量（专技人员 1 545 人，工人 1 508 人），人员总数较去年增加 44 人，人才队伍结构得到进一步优化。

2. 拓展了培训渠道，务实推进各级各类培训

与澳大利亚迪肯大学建立了培训合作意向，不断加大各级各类培训力度。全年累计进行各级各类培训共计 150 人次。其中，首次实现规模组织处级干部与华中农大开展 MPA 合作培训，29 人参加了为期 4 个月的 MPA 培训班；推选了 2 名院领导参加了中央党校 2013 年春季直属班局级干部进修班，12 名领导干部参加农业部 2013 年系列培训班，选派 15 名在职人员以同等学力申请华中农业大学博士学位，9 人参加南京农大英语培训工作。组织 60 多人参加部人劳司、省人社厅举办的工资业务培训。

3. 积极做好专家工作，取得较好成效

向省、部和国家多渠道推荐专家共 131 人次，30 人获得各类专家荣誉，其中，11 人次正式获省部级及以上各类专家称号（1 人获千人计划 350 万元资助、1 人获百千万人才工程、1 人获国家级有突出贡献中青年专家、3 名省优专家、2 人获部农业杰出人才、3 人获国务院特贴专家）。院内 5 人获热带农业杰出人才、5 人获得热带农业青年拔尖人才，3 人竞聘二级岗位专家，推荐专家休假 5 人。

三、创新考核评价机制，完善人才评审考核工作

推进分级分类绩效考评工作。完成了 2012 年度共 144 人的通过职称评审，完成了职称分类评审制度的修订工作。进一步完善单位和人员考评机制，修订了单位绩效考评和工作人员考评方法，明确实施分级分类考评，院对院属单位、机关部门考评，各单位负责对内设机构考评；院对院属单位领导班子成员考评，其他人员指标由各单位考评。并建立起单位考评先进奖励、末位淘汰机制。

四、以能力建设为重点，做好干部工作

健全和完善院内干部任用办法，根据管理权限下移和放权强所精神，建立科级干部由研

究所选拔任用机制；干部挂职工作进一步加强，选派了 2 名专家挂任广西田阳、云南芒市科技副县（市）长、6 名干部分别到农业部、海南省科技厅挂职（借调）、推荐 8 名干部挂职海南省科技副乡镇长；完成第 14 期博士服务团成员的选派和第 13 期博士服务团成员的考察工作；安排 26 名同志进行 2013—2014 年度院内挂职。在海南省第三期中西部市县挂职副乡镇长选派工作中，海口试验站获得"先进派出单位"称号，我院 4 人获得"优秀挂职科技副乡镇长"称号。协助完成农业部对院领导班子任期考核工作。

五、加强工资福利管理，稳步 提高职工福利待遇

一是积极争取政策支持，完成 2013 年全院职工特区津贴调整、高温补贴等发放工作，调整提高社保缴纳基数，2013 年全院职工工资总额增长 16.8%。二是加强与海南省社保局沟通，为湛江地区单独争取了在职职工的体检补助 20 万元。三是日常管理权限下放，进一步规范人员退休、工资审核等业务管理。

六、加强离退休人员服务工作，提升管理水平

从政策上服务、思想上管理出发，做好离退休人员工作，热科院获农业部 2012 年离退休工作宣传先进单位。一是做好中组部老干联系工作点的材料汇报和部老干局到我调研工作。二是积极向上级部门争取经费，落实离退休人员待遇，调整提高离休干部护理费，申请获追加退休人员补贴 1000 多万元、离休干部医疗费 68 万元。三是组织召开院区春节座谈会，开展老专家建言献策活动 2 次，出版了 4 期工作简报，宣传和解读上级和院的政策，并在农业部老干局网站、刊物提供稿件近 10 多篇，组织开展关于贯彻学习"十八大"精神征文活动和永远跟党走征文活动。

七、加强制度建设，积极做好院交办的工作

加强人才、干部、考核、评价等方面制度建设，建立了一套完整选人、用人的管理体系。根据安排，将热科院海口院区职工适龄子女纳入海口市义务教育体系，积极做好职工户口海口落户，帮助部分职工家属就业。

机构设置及人员情况

中共中国热带农业科学院党组关于成立
党的群众路线教育实践活动领导小组及工作机构的通知

（院党组发〔2013〕25 号）

各基层党组织、各单位、各部门：

按照中央和农业部党组的安排部署，院党组决定，在我院深入开展党的群众路线教育实践活动期间，成立院党的群众路线教育实践活动领导小组及其工作机构，其组成人员如下。

一、领导小组

组　长：雷茂良

副组长：王庆煌、孙好勤、张以山

成　员：方佳、方艳玲、唐冰、王富有、龚康达

二、领导小组办公室

主　任：龚康达（兼）

成　员：林红生、欧阳欢、黄忠、罗志强

综合组：罗志强、陈志权、陈诗文、王初月

文件组：龚康达、陈刚、温春生、罗志恒、周浩、叶雪萍

宣传组：林红生、徐惠敏、田婉莹

三、督导组

第一督导组

组　长：王文壮

成　员：欧阳欢、温春生

负责儋州院区各单位的督导工作。

第二督导组

组　长：欧阳顺林

成　员：黄忠、徐惠敏

负责海口院区及万宁、文昌地区各单位的督导工作。

第三督导组

组　长：陈忠

成　员：罗志强、詹小康

负责湛江院区及广州地区各单位的督导工作。

中共中国热带农业科学院党组

2013 年 7 月 11 日

中国热带农业科学院
关于调整院级议事协调机构及其人员组成的通知

（热科院人〔2013〕393 号）

各单位、各部门：

经研究，现将院级议事协调机构及人员组成调整如下。

一、基建（招投标、热带农业
科技中心）领导小组

组　长：雷茂良

副组长：张万桢、张以山

组　员：财务处处长、资产处处长、计划基建处处长、监察审计室主任、相关单位负责人。

主要职责：在院常务会、党组会的领导下，负责院采购、招投标管理、重大基建项目规划及实施过程的领导管理。

领导小组下设办公室，挂靠计划基建处。

办公室主任：计划基建处处长

办公室副主任：资产处处长

二、住房制度改革领导小组

组　长：张万桢

副组长：张以山

组　员：房改办主任、计划基建处处长、人事处处长、资产处处长、院办公室主任、机关党委常务副书记、院属单位1名负责人。

主要职责：在院常务会、党组会的领导下，负责院住房制度改革、办公用房、职工住房分配管理的过程领导管理。

领导小组下设办公室，挂靠资产处。

办公室主任：房改办主任

三、社会管理综合治理领导小组
（维稳、安全生产领导小组）

组　长：张以山

副组长：机关党委常务副书记、保卫处处长

组　员：儋州院区管委会主任、海口院区管委会主任、湛江院区管委会主任、院办公室

主任、院属单位党委（党总支）书记。

主要职责：在院常务会、党组会的领导下，负责院社会治安综合治理、维稳、安全生产的过程领导管理。

领导小组下设办公室，挂靠保卫处。

办公室主任：肖晖

四、院保密委员会

主　任：雷茂良

副主任：汪学军

组　员：院办公室主任、科技处处长、国际合作处处长、人事处处长、保卫处处长。

主要职责：在院常务会、党组会的领导下，负责院保密工作的过程领导管理。

委员会下设办公室，挂靠院办公室。

办公室主任：院办公室主任（兼）

保密员：陈刚、黄得林、王安宁

特此通知。

中国热带农业科学院

2013年12月28日

中国热带农业科学院
关于调整院区管理委员会人员组成的通知

（热科院人〔2013〕24号）

各院区管委会、各单位、各部门：

经2013年1月11日院常务会议研究，决定调整各院区管理委员会人员组成，现公布如下。

一、海口院区管理委员会

主　任：方艳玲

常务副主任：马子龙

执行副主任：黄锦华

成　员：邬华松、易克贤、罗金辉、金志强、吴波、陈忠

办公室：挂靠后勤服务中心。

办公室主任：由挂靠单位的综合办主任担任。

二、儋州院区管理委员会

主　任：李开绵

常务副主任：尹俊梅

执行副主任：陈海青

成　员：陈业渊、黄华孙、黄贵修、刘恩平、王秀全、王建南、尹峰

办公室：挂靠品资所。

办公室主任：由挂靠单位的综合办主任担任。

三、湛江院区管理委员会

主　任：黄茂芳

常务副主任：谢江辉

执行副主任：杜丽清

成　　员：彭政、邓干然、刘实忠、覃新导、陈鹰

办公室：挂靠南亚所。

办公室主任：由挂靠单位的综合办主任

担任。

特此通知。

中国热带农业科学院

2013 年 1 月 21 日

中国热带农业科学院关于筹建文昌院区的通知

（热科院人〔2013〕31 号）

各院区管委会、各单位、各部门：

为充分发挥我院椰子研究所的土地区位和资源优势，进一步落实规划建设椰子研究所"五个基地、一园一区"的工作部署，提升战略发展地位，支撑我院建设"一个中心、五个基地"的发展目标，经 2013 年 1 月 11 日院常务会议研究，决定筹建中国热带农业科学院文昌院区。

一、指导思想

按照"功能拓展、条块结合、综合协调、统筹管理"的原则，调整优化文昌院区的区域布局，强化文昌院区各单位、各部门间的沟通与协调，加快构建和完善文昌院区新型管理体制和运行机制，全面推进院区管理，形成文昌院区科学发展的整体合力。

二、组织机构

成立文昌院区管理委员会（筹）（以下简称"筹委会"）。

主　　任：赵瀛华

副主任：赵松林、赖琰萍

委　　员：马子龙、陈业渊、易克贤、金志强、唐冰、张溯源、杨礼富、方程、宋红艳、邓远宝、肖婉萍、肖晖

筹委会下设办公室。

办公室主任：覃伟权

办公室副主任：椰子所综合办主任、罗志恒

三、筹备阶段有关职责

（1）贯彻落实院务会、党组会重大决策和部署，确保院区政令畅通。

（2）统筹协调院有关职能部门制定文昌院区发展规划和建设规划，并协助组织实施。

（3）统筹协调椰子所、品资所、生物所、环植所、海口实验站等单位在院区的工作。

（4）加强与当地政府、有关单位的联系与沟通，协调解决共性问题。

四、近期重点工作任务

（一）建立议事制度

（1）建立筹委会工作例会制度，研究贯彻落实上级作出的各项决议、决定以及院区管理中的各项重大事项。

（2）召开文昌院区筹委会及院区各单位党政一把手联席会议，专题研究讨论筹委会的工作定位、工作职责和阶段性工作重点和任务，逐步完善并形成"管理科学、运转协调、执行有力"的工作机制，以推进各项决策的落实，提高工作效能。

（二）研究规划布局

根据"五个基地、一园一区"的总体设想，研究椰子研究所土地利用规划布局及各种专项规划。

五、经费安排

文昌院区筹委会经费实行两级管理：

（1）筹委会基本办公经费纳入院统一预算，参照其他院区管委会标准安排使用；

（2）开展专项工作需要的专项费用由各驻院区单位负责。

中国热带农业科学院

2013 年 1 月 22 日

中国热带农业科学院
关于成立农业工程咨询中心的通知

（热科院人〔2013〕335 号）

各单位、各部门：

为统筹全院智力资源，发挥在农业工程咨询中的作用，经研究，决定成立中国热带农业科学院农业工程咨询中心。

一、机构定位

中国热带农业科学院农业工程咨询中心作为我院内设科技平台，依托科技信息研究所建设并对外开展学术交流、相关咨询服务等业务，业务归口该所热带农业经济研究室，不内设机构，人员编制由科技信息研究所内部调剂。其人、财、物等管理由科技信息研究所统筹解决。

二、主要职责

统筹全院有关资源，立足热区，围绕资源环境、区域经济、科技产业和城乡统筹等发展目标，强化农业工程研究，开展工程、规划、科技、决策、管理等研究和咨询工作，为政府部门和企事业单位等提供咨询服务，服务热区农业农村经济社会发展。

三、建设要求

科技信息研究所作为该中心建设责任主体单位，要高度重视，进一步明确中心定位和职责任务，完善各项条件，加强科学研究，创新用人机制，强化人才队伍建设，充分发挥平台作用。

特此通知。

中国热带农业科学院

2013 年 11 月 26 日

中国热带农业科学院关于增补第九届学术委员会
管理机构及成员的通知

（热科院人〔2013〕16 号）

各院区管委会、各单位、各部门：

根据院学术委员会工作需要，经研究，决定增补第九届学术委员会管理机构及成员，具体如下：

黄茂芳任学术委员会副主任，王家保任秘书；

学术委员会下设办公室，分设海口院区办公室、儋州院区办公室、湛江院区办公室。

杜中军兼任海口院区办公室主任；
陈松笔任儋州院区办公室主任；
王家保任湛江院区办公室主任。
特此通知。

中国热带农业科学院

2013 年 1 月 11 日

中国热带农业科学院关于调整博士后管理委员会及博士后管理工作办公室人员组成的通知

（热科院人〔2013〕310 号）

各单位、各部门：

为进一步加强我院博士后科研工作站的领导和管理，促进博士后培养工作的发展，经研究，决定调整院博士后管理委员会和博士后管理工作办公室人员组成。调整后的人员名单如下：

一、中国热带农业科学院博士后管理委员会

主　任：郭安平

副主任：唐冰（新增）、郭建春

委　员：彭明、彭政、黄华孙、陈业渊、邬华松（新增）、易克贤、谢江辉、金志强、田维敏、陈松笔

二、中国热带农业科学院博士后管理工作办公室

主　任：郭建春（兼）

副主任：欧阳欢（新增）、张溯源、肖婉萍

成　员：研究生处、人事处相关工作人员

特此通知。

中国热带农业科学院

2013 年 10 月 23 日

中国热带农业科学院关于公布院属科研单位内设科研机构的通知

（热科院人〔2013〕140 号）

各院区管委会、各单位、各部门：

为进一步加强和规范我院科研单位内设科研机构的管理，提高内设科研机构的综合效能，促进资源有效整合利用，调动科研人员的积极性、主动性、创造性，促进我院科技事业健康发展，根据我院产业技术体系、重点学科体系建设及科研事业发展方向的目标要求，结合各单位承建的省、部、院等各类各级平台的职责任务，按照目标和任务一致、规范统一、精简高效的原则，经研究，决定对我院院属科研单位内设科研机构做进一步调整和规范，现将审定后的院属科研单位内设科研机构予以公布，具体情况详见附件。

请各单位按照我院产业技术体系和重点学科体系建设的目标要求，根据本单位科研事业发展方向，进一步明确内设科研机构的职责任务，并充分发挥各级各类平台的作用；严格按照"单位负责管理研究室，研究室负责管理课题组"的形式进行分级管理，研究室下设的课题组由各单位统筹设置，原则上不能重复设置研究方向相同或相似的课题组；结合我院岗位设置要求，对内设科研机构的岗位进行合理规划，并做好相关人员的调整工作。

特此通知。

附件：中国热带农业科学院院属科研单位内设科研机构

中国热带农业科学院

2013 年 5 月 9 日

附件：

中国热带农业科学院
院属科研单位内设科研机构

一、热带作物品种资源研究所

（一）种质繁育与保存研究室
（二）热带作物种质资源研究室（海南热带植物园）
（三）草业研究室
（四）畜牧研究室
（五）木薯研究室
（六）热带果树研究室
（七）热带花卉研究室
（八）瓜菜研究室
（九）南药研究室
（十）热带稻作研究室

二、橡胶研究所

（一）遗传育种研究室
（二）栽培与生态研究室
（三）生理与采胶研究室
（四）土壤肥料研究室
（五）天然橡胶植保研究室（与环植所双挂牌）
（六）天然橡胶加工研究室（与加工所双挂牌）
（七）产业发展研究室
（八）橡胶树木材综合利用研究室

三、香料饮料研究所（兴隆热带植物园）

（一）热带香辛饮料种质资源与遗传育种研究室
（二）栽培与耕作研究室
（三）病虫害防控研究室
（四）香辛饮料产品加工研究室
（五）热带生态农业研究室
（六）热带作物工程技术研究室
（七）热带香辛饮料作物研究室

四、南亚热带作物研究所（南亚热带植物园）

（一）南亚热带作物种质资源与育种研究室
（二）南亚热带水果研究室
（三）南亚热带坚果研究室
（四）热带纤维作物研究室
（五）热带园艺产品采后保鲜研究室
（六）热带糖料作物研究室
（七）热带农业资源与环境研究室
（八）休闲农业研究室

五、农产品加工研究所

（一）天然橡胶加工研究室（双挂牌）
（二）热带作物产品加工研究室
（三）有机高分子材料研究室
（四）食品加工工艺研究室
（五）加工装备研究室
（六）畜禽与水产品加工研究室
（七）农产品质量安全与标准化研究室

六、热带生物技术研究所

（一）种质与基因资源研究室
（二）作物遗传改良研究室
（三）热带生物质能源研究室
（四）天然产物化学研究室
（五）热带微生物研究室
（六）海洋生物资源利用研究室
（七）转基因生物安全研究室
（八）甘蔗研究室

七、环境与植物保护研究所

（一）植物病理研究室
（二）农业昆虫研究室
（三）入侵生物与杂草研究室
（四）生防与农药研究室
（五）环境与生态研究室
（六）天然橡胶植保研究室（双挂牌）

八、椰子研究所（热带油料研究中心）

（一）棕榈资源研究室（椰子大观园）
（二）椰子研究室
（三）油棕研究室

（四）油茶研究室

（五）特色热带油料作物研究室

（六）热带油料产品加工研究室

九、农业机械研究所

（一）田间作业机械研究室

（二）农产品加工装备研究室

（三）热带沼气装备研究室

（四）天然纤维装备与制品研究室

十、科技信息研究所

（一）热带农业经济研究室（农业经济研究中心、农业工程咨询中心）

（二）热带农业信息研究室

（三）文献资源研究室（文献信息咨询中心）

（四）农业科技传媒研究室（科技期刊社）

十一、分析测试中心（农产品质量安全与标准研究中心）

（一）热带农业标准研究室

（二）检测技术研究室

（三）安全评价研究室

（四）风险评估和政策法规研究室

（五）质量安全控制技术研究室

十二、海口实验站（香蕉研究中心）

（一）香蕉遗传育种研究室

（二）香蕉耕作与栽培研究室

（三）香蕉病虫害研究室

（四）香蕉采收贮运与加工研究室

（五）热带特色水果研究室

（六）热带植物种苗繁育技术研发中心（依托热作两院种苗组培中心）

十三、湛江实验站（热带旱作农业研究中心）

（一）热带旱作作物育种与栽培研究室

（二）农业水资源高效利用研究室

（三）热带农业科技推广中心

十四、广州实验站（热带能源生态研究中心）

（一）能源作物与生态研究室

（二）城市园林研究室

（三）热带农业技术集成与应用研究室

中国热带农业科学院办公室
关于规范院属单位简称的通知

（院办人〔2013〕76号）

各院区管委会、各单位、各部门：

根据《农业部办公厅关于规范部署单位简称的通知》（农办人〔2012〕91号）文件，我院简称为"热科院"。为加强规范管理、方便工作，结合我院实际，现将院属单位规范简称印发给你们，请遵照执行。各单位、各部门今后在口头称呼和一般性文件材料中要使用规范的简称，正式公文中仍使用标准的全称。

特此通知。

附件：中国热带农业科学院院属单位简称

中国热带农业科学院办公室

2013年8月13日

附件

中国热带农业科学院院属单位简称

序号	单位名称	规范简称
1	热带作物品种资源研究所	品资所
2	橡胶研究所	橡胶所
3	香料饮料研究所	香饮所
4	南亚热带作物研究所	南亚所
5	农产品加工研究所	加工所
6	热带生物技术研究所	生物所
7	环境与植物保护研究所	环植所
8	椰子研究所	椰子所
9	农业机械研究所	农机所
10	科技信息研究所	信息所
11	分析测试中心	测试中心
12	海口实验站	海口站
13	湛江实验站	湛江站
14	广州实验站	广州站
15	后勤服务中心	后勤中心
16	试验场	试验场
17	附属中小学	附中

中国热带农业科学院内设机构处级以上干部名册表

（以 2013 年 12 月 31 日为准）

单位	姓名	行政职务
办公室	方艳玲	主任
	陈　忠	副主任（正处级）
	林红生	副主任（正处级）
科技处	李　琼	处长
	杨礼富	副处长
	蒲金基	副处长（挂职）
人事处（离退休人员工作处）	唐　冰	处长
	欧阳欢	副处长
财务处	韩汉博	处长
	陈玉琼	副处长
	赵朝飞	副处长
	肖婉萍	副处长
计划基建处	赵瀛华	处长
	方　程	副处长
	符树华	副处长
	黄俊雄	副处长
资产处	赖琰萍	处长
	张溯源	副处长（正处级）
	孟晓艳	副处长

（续表）

单位	姓名	行政职务
研究生处	郭建春	处长
	杜中军	副处长
国际合作处	蒋昌顺	处长
	曹建华	副处长
开发处	龙宇宙	处长
	邓远宝	副处长
基地管理处	方　佳	处长
	宋红艳	副处长
监察审计室	王富有	主任
	黄　忠	副主任
保卫处	郑学诚	处长
	肖　晖	副处长
	陈方声	副处长
机关党委	龚康达	常务副书记（正处级）
	罗志强	副书记、工会副主席（主持工作）
驻北京联络处	王树昌	主任
	谢东洲	副主任
机关服务中心	陈　忠	主任
热带作物品种资源研究所所	陈业渊	所长（副局级）、党委副书记
	李开绵	党委书记（副局级）、副所长
	陈海芳	党委副书记（正处级）
	王祝年	副所长（正处级）
	尹俊梅	副所长（正处级）
	陈松笔	副所长（正处级）
	徐　立	副所长
	周汉林	副所长
	杨　衍	所长助理、冬季瓜菜中心主任（副处级）
	刘劲松	基条办主任（副处级）
	卢红霞	综合办（党办）主任（副处级）
橡胶研究所	黄华孙	所长（副局级）、党委副书记
	方骥贤	党委书记（副局级）、副所长
	林位夫	副所长（正处级）
	周建南	党委副书记、副所长（正处级）
	田维敏	副所长
	谢贵水	副所长
	唐朝荣	副所长
	陈　青	科研办主任（副处级）
	张令宏	基条办主任（副处级）
	范高俊	开发办主任（副处级）
香料饮料研究所	邬华松	所长、党委副书记
	宋应辉	党委书记、副所长
	赵建平	兴隆办事处主任、副所长
	谭乐和	副所长（正处级）
	练飞松	副所长（正处级）

（续表）

单位	姓名	行政职务
香料饮料研究所	陆敏泉	综合办主任（副处级）
	刘爱勤	开发办主任（副处级）
	谷风林	加工研究室主任（副处级，兼任海南省热带香料饮料作物工程技术研究中心常务副主任）
南亚热带作物研究所	谢江辉	所长、党委副书记
	王家保	党委书记、副所长
	江汉青	党委副书记（正处级）
	詹儒林	副所长（正处级）
	杜丽清	副所长
	李端奇	副所长
	陈佳瑛	综合办（党办）主任（副处级）
	马小卫	科研办主任（副处级）
	陆超忠	坚果类作物研究中心主任（副处级）
农产品加工研究所	彭 政	所长（副局级）、党委副书记
	徐元革	党委书记（副局级）
	张 劲	副所长（正处级）
	李积华	副所长（正处级）
	杨春亮	副所长（正处级）
	许 逵	副所长
	李普旺	开发办主任（副处级）
	王 蕊	科研办主任（副处级）
热带生物技术研究所	彭 明	所长（副局待遇）
	马子龙	党委书记（副局级）、副所长（法定代表人）
	戴好富	常务副所长（正处级）
	刘志昕	副所长、党委副书记（正处级）
	鲍时翔	副所长
	易小平	副所长
	张家明	科研办主任（副处级）
	张树珍	院甘蔗研究中心主任（副处级）
	王冬梅	热带海洋生物资源利用研究中心常务副主任（副处级）
环境与植物保护研究所	易克贤	所长、党委副书记
	黎志明	党委书记（副局级）、副所长
	黄贵修	副所长、党委副书记（正处级）
	李勤奋	副所长（正处级）
	刘 奎	副所长
	蒲金基	副所长
	胡盛红	综合办（党办）主任（副处级）
	陈光曜	财务办主任（副处级）
	彭黎旭	环境影响评价与风险分析中心主任（副处级）
椰子研究所	赵松林	所长、党委副书记
	雷新涛	党委书记、副所长
	覃伟权	副所长
	陈卫军	副所长
	梁淑云	副所长
	韩明定	副所长

（续表）

单位	姓名	行政职务
农业机械研究所	邓干然	所长、党总支副书记
	高锦合	党总支书记、副所长
	李明福	副所长
	范培福	副所长
科技信息研究所	刘恩平	所长、党总支副书记
	罗 微	党总支书记、副所长
	阚应波	副所长
	邓志声	院图书馆馆长（副处级）
	陈开魁	院档案馆馆长（副处级）
分析测试中心	罗金辉	主任、党总支副书记
	周 鹏	党总支书记、副主任
	李建国	副主任
	袁宏球	副主任
	徐 志	副主任
海口实验站	金志强	站长、党总支副书记
	明建鸿	党总支书记、副站长
	王必尊	副站长（正处级）
	蔡胜忠	副站长
	曾会才	副站长
	马蔚红	副站长
湛江实验站	刘实忠	站长、党总支副书记
	范武波	党总支书记、副站长
	窦美安	党总支副书记、副站长
广州实验站	覃新导	站长、党总支副书记
	冯朝阳	党总支书记、副站长
	魏守兴	副站长
后勤服务中心	吴 波	主任、党委副书记
	陈新梅	党委书记、副主任
	陈德强	副主任
	黄锦华	副主任
	王建南	副主任
试验场	王秀全	常务副场长（主持行政工作）
	于钦华	党委书记
	陈海青	常务副书记、儋州院区专职副主任
	周家锁	副场长
	张锦平	副场长
	刘 诚	副场长
	茶正早	副场长
	沈海龙	党委副书记
	郑少强	副场长
附属中小学	尹 峰	校长、党总支副书记
	杨学银	党总支书记、副校长

中国热带农业科学院院外挂任处级职务干部名册

姓名	单位	挂职单位及职务
华元刚	橡胶研究所	云南省德宏芒市科技副市长
曾　辉	南亚热带作物研究所	广西壮族自治区百色田阳县科技副县长
易小平	热带生物技术研究所	海南省东方市副市长
覃伟权	椰子研究所	海南省昌江黎族自治县副县长

中国热带农业科学院挂职副乡镇长名册

姓名	单位	挂职单位及职务
王东劲	热带作物品种资源研究所	海南省白沙县细水乡副乡长
王鹤儒	橡胶研究所	海南省琼中县长征镇副镇长
李继锋	环境与植物保护研究所	海南省东方市四更镇副镇长
林　浩	椰子研究所	海南省五指山市南圣镇副镇长
周兆禧	海口实验站	海南省临高县博厚镇副镇长
李　专	附属中小学	海南省屯昌县南吕镇副镇长
王恩群	试验场	海南省保亭县保城镇副镇长

职称评定情况

中国热带农业科学院
关于高爱平等 144 位同志取得专业技术职务资格的通知

（热科院人〔2013〕81 号）

各院区管委会、各单位、各部门：

经中国热带农业科学院相应专业技术职务评审委员会评审通过，报有关程序审批，高爱平等 144 位同志取得下列相应专业技术职务资格。

一、正高级专业技术职务资格（9 人）

研究员（9 人）

热带作物品种资源研究所：高爱平、张如莲

热带生物技术研究所：赵友兴、李平华（破格）

环境与植物保护研究所：赵冬香

农业机械研究所：宋德庆

分析测试中心：李建国、周聪

海口实验站：马蔚红

二、副高级专业技术职务资格（63 人）

1. 副研究员（58 人）

热带作物品种资源研究所：叶剑秋、李洪立、徐铁山、黄春琼、张振文、张蕾、何际婵、闫庆祥、王鹏

橡胶研究所：黄天带、胡彦师、邓治、涂敏、华元刚、林清火、何鹏、张希财

香料饮料研究所：谷风林、郝朝运

南亚热带作物研究所：姚全胜、贾利强、陈佳瑛、刘玉革、李端奇、石伟琦、邓旭、罗文扬

农产品加工研究所：魏晓奕、万年青（转评）

热带生物技术研究所：李亚军、贾彩红、于晓玲、赵平娟、谢晴宜、曾艳波、谭燕华、左文健、方哲、黄启星、赵辉、孙海彦（破格）

环境与植物保护研究所：金涛、卢芙萍、郑肖兰、彭军、武春媛、高兆银、徐雪莲

椰子研究所：范海阔、曾鹏

农业机械研究所：邓怡国

科技信息研究所：叶庆亮

海口实验站：许桂莺

后勤服务中心：徐惠敏

试验场：周家锁

院机关：汪秀华、黄忠、罗志强

2. 高级工程师（3 人）

热带作物品种资源研究所：王建荣

橡胶研究所：张先

院机关：黄俊雄

3. 高级实验师（2 人）

香料饮料研究所：张翠玲

分析测试中心：叶海辉

三、中级专业技术职务资格（68 人）

1. 助理研究员（29 人）

热带作物品种资源研究所：陈金花、黄建峰、张影波

橡胶研究所：秦韶山、程琳琳、郑定华

南亚热带作物研究所：宋喜梅、钟宁、魏永赞

农产品加工研究所：黄红海、袁源、汪月琼、王晓芳（转评）

热带生物技术研究所：夏志强、王文治

环境与植物保护研究所：程汉亭、蔡吉苗

椰子研究所：贾永立

农业机械研究所：刘智强、郑勇、卢敬铭、公谱、彭志连

湛江实验站：姚艳丽

后勤服务中心：王建南、张海雁

院机关：唐文瑜、张雪、周浩

2. **农艺师（5 人）**

香料饮料研究所：陈海平

南亚热带作物研究所：冯文星、吴浩、袁晓丽

热带生物技术研究所：徐雪荣

3. **实验师（4 人）**

热带生物技术研究所：罗冠勇、林海鹏

环境与植物保护研究所：李锐、张辉强

4. **馆员（1 人）**

科技信息研究所：严国华

5. **中学一级教师（7 人）**

试验场：邱海兰、王芳、黄晓霞、符晓春、邹益来、蒋国丰

附属中小学：刘洋

6. **小学（幼儿）高级教师（22 人）**

小学高级教师（18 人）

试验场：黄岳珍、张桂花、张虹、邓可成、钟先娣、房宇明、韦雪萍、羊玉香、陈广洁、

贝荣花、符乃姬、黄梅、雷德锋、刘彩萍、王成兰、韦彬冰

附属中小学：陈应毛、羊文兰

幼儿高级教师（4 人）

后勤服务中心：吴仁妹、朱海香、侯润英

试验场：符金焕

四、初级专业技术职务资格（4 人）

1. **助理工程师**

环境与植物保护研究所：石强

2. **小学一级教师**

试验场：韦运斗、陈杰中、周丽萍

根据有关规定，以上同志专业技术职务任职资格时间自 2013 年 1 月 1 日起计算。岗位聘用按照岗位管理有关规定执行。

中国热带农业科学院

2013 年 3 月 2 日

中国热带农业科学院
关于张新蕊等 16 位编外人员取得初级专业技术职务资格的通知

（热科院人〔2013〕231 号）

各院区管委会、各单位、各部门：

经院中初级专业技术职务评审委员会评审通过，报有关程序审批，张新蕊等 16 位编外人员取得初级专业技术职务资格，具体如下：

1. **研究实习员（13 人）**

热带作物品种资源研究所：张新蕊、张晓东、王存、冷青云、陈振夏、徐丽

香料饮料研究所：邓文明

环境与植物保护研究所：邵媛、李美琴、郑欢娜、裴月令、张建华

海口实验站：林妃

2. **中学二级教师（3 人）**

附属中小学：李珍珍、陈玲、莫培振

根据规定，以上同志专业技术职务任职资格时间自 2013 年 1 月 1 日起计算，并同时具有岗位聘用资格。

中国热带农业科学院

2013 年 7 月 25 日

热带农业发展与人才战略

——在 2013 年农业农村人才工作研讨会
暨中国农学会农业农村人才工作分会年会上的报告

王庆煌 院长

（2013 年 5 月 14 日）

一、热带农业在国家战略中的地位

（一）热带地区属稀缺资源

1. 中国热区概况

地理学上的热带指南北回归线之间的区域（23°27′N～23°27′S），而气象学上的热带则指南北纬 30°之间的地区。热带正午太阳近乎直射，终年光照强烈、气候炎热、变幅很小，只有相对热季和凉季之分或雨季、干季之分。季内震荡（intraseasonal oscillation）是主宰该区大气低频变化的主要现象之一。根据气候学中关于气候带的两级制划分标准，以热量等温度指标划分气候带，以干燥度划分气候大区。中国从北到南划分为 9 个气候带和一个高原气候大区（指青藏高原），其中我国热带、南亚热带地区由于其独特的气候条件，地势地形以及土壤土质，具有发展热带作物的独特条件和优势，这些地区在习惯上被简称为中国"热区"。我国热区主要分布在海南、广东、广西、云南、福建、四川、贵州、湖南、江西等九省（区），总面积约 50 万平方千米。其中，海南全省 3.4 万平方千米均为热带地区。曾母暗沙位于中国南沙群岛上，是中国领土的最南端，是典型的热带地区。广东省分布在全省的 19 个地级市和 2 个副省级市，面积 13.68 万平方千米。广西壮族自治区的桂南区域，面积约 10 万平方千米。云南省分布在 18 个地州市，面积为 8.11 万平方千米。福建省主要分布在福州、厦门、漳州、莆田、泉州，面积 3.14 万平方千米。四川省主要是攀枝花市、泸州市和凉山彝族自治州，面积为

2.77 万平方千米。贵州省主要是黔西南布依族苗族自治州和黔南布依族苗族自治州的部分县区，面积约 1.5 万平方千米。湖南省主要是湘南的郴州市、永州市，面积约 0.48 万平方千米。还有就是江西省的赣南地区，面积约 3.94 万平方千米。

2. 世界热区概况

一是典型热带区，大都位于南北回归线之间，具有典型的热带气候特征，涵盖了东南亚、非洲、拉丁美洲、大洋洲四大区域。二是非典型热带区，主要分布在各大洲沿海地带。全世界共有 140 多个热带国家（或地区），面积约 5 300 万平方千米，其中，典型热区国家 98 个，局部热区国家 24 个（包括中国），非典型热区国家 20 个。

（二）热带农业意义重大

热带农业在整个世界农业中占有重要地位。从全球范围看，热带农业资源十分稀缺、珍贵，热作栽培的区域基本局限于赤道至南北回归线附近，主要分布在亚洲、拉丁美洲、澳洲和非洲的部分地区。热作产品种类繁多，用途广泛，需求巨大，涵盖了重要的战略资源和众多的日常消费品。天然橡胶是四大工业原料之一，油棕是世界第一大油料作物，香蕉是世界第一大水果，木薯是世界第六大作物、也是重要的生物质能源作物。热作产业主要集中在发展中国家，发达国家是主要的进口国，热作产品贸易问题涉及国家特殊利益。

1. 我国热区及热带农业地位重要

由于热带农业的功能性、稀缺性和不可替

代性以及所具有的鲜明特色，在全国农业中的地位重要，作用重大，影响深远。今年4月，新一届党和国家领导人习近平在视察海南时强调，要推动热带传统农业向标准化、品牌化、产业化的现代农业转型升级，使热带特色农业真正成为优势产业和海南经济的一张"王牌"。热区的特色不仅是天然的温室、自然的氧吧，还是重要工业原料的生产基地，经过几十年的艰苦奋斗，我国热作产业从无到有、从弱到强，取得了巨大成就，使中国在世界热带农业领域占有一席之地：建立了稳固的天然橡胶生产基地，为国家经济发展和国防建设提供了重要保障；建立了比较完善的热作产业体系、科技创新体系，热作产业得到了全面的发展（2012年我国热作产业面积就达1.34亿亩，总产量达1.95亿吨，总产值3 000亿元），主要表现在：

第一，热区拥有我国四大工业原料（煤炭，钢铁，石油，天然橡胶）之一的天然橡胶：其分子具有稳定性、耐腐蚀，抗高压，在军事领域具有不可替代性，属国家战略物资；我国天然橡胶的自给率在23%左右，主要分布在海南、云南和广东；50多年来，我国累计生产天然橡胶800多万吨，在相当长的一段时间里，基本满足了国防、工业、交通运输、医疗等各个方面的需求，有效地抵制了新中国成立初期西方国家的经济封锁，支持了国家经济建设，维护了国防安全。第二，热区是全国人民的糖罐子基地，甘蔗是热区第一大农业产业，主要分布在广西、海南、福建和广东。第三，热区在冬季是全国人民的菜篮子，冬季全国约70%的蔬菜是由热区供应。第四，热区在冬季是全国人民的果盘子基地，以香蕉为代表的热带水果在冬季有70%供应到全国各地。第五，热区是我国农业生产的种子库。科技兴农，种业先行，发展现代农业关键在于种业创新，三亚南繁基地肩负着服务我国种业创新的重要使命，全国70%作物种子在此完成育种。第六，热区是生物多样性的重要保存基地。热区生物资源丰富，有2万多种植物（包含200多种热带作物），约占全国高等植物总数的2/3以上，其中的热带作物几乎涵盖了全球栽培的所有热带作物，生物多样性突出，是我国农业的"绿色基因库"。

第七，随着全球气候变暖以及社会发展，热区和热带农业的领域和空间在不断地拓展延伸，功能作用不断凸显。热带农业已不再局限于传统的"热作"领域，还包括其他重要热带经济作物、热带畜牧、热带海洋生物资源等领域。热带畜牧方面，热区生态条件优越，分布着丰富多彩、种质特异的畜禽遗传资源，发展热带特色畜牧业对提高人民生活水平、促进农产品转换升值和产业结构调整具有特别重要的意义。热带海洋生物资源方面，热区拥有超过200万平方千米的热带海洋，广袤的热带海洋蕴含着丰富的石油矿质资源和生物资源，开发海洋这个"蓝色聚宝盆"已经上升为国家战略。向海洋科技进军，开发热带海洋"蓝色经济"已经成为我们热带农业科技工作者的重要使命。

2. 世界热区是我国开展国际合作的重要战略基地

截至2011年7月，与我国建交的172个国家中，分布在亚非拉及南太岛屿从事热带农业的发展中国家有90多个。我国热区虽然仅占5%的国土面积，但在世界热区当中，它代表着中国的一个桥头堡，代表中国在世界热带农业领域行使"话语权"。

（1）优势互补、资源共享、合作共赢。目前与我国交往密切的热区国家与地区气候条件优越、资源丰富，人均拥有的土地资源、水资源是我国人均拥有资源量的6倍以上，与我国热区有着资源优势互补等特点，但国家和地区相对落后、甚至连温饱问题都没有解决，是我国依靠科技援助和服务联合国"千年发展目标"的重要对象。利用我国热带农业科技与人才优势，积极实施"走出去"战略，援助这些国家和地区发展热带农业生产、增加粮食供给、消除贫困，可以实现互惠互利，合作共赢。2007年和2010年中央1号文件都以发展现代农业为主题，强调"加快实施农业'走出去'战略"。

（2）服务国家科技外交大局。世界热区国家和地区素有"联合国票仓"之称，是发达国家争夺的热点地区。我国经济已持续高速发展了30年，国力日益增强，国际影响力与日俱增，担负的大国责任的能力也日益增强。近年来，国家开展了一系列与热带农业相关的重大外交决策，大大提升了国际影响力，树立了我国的良好形象：

2006 年 4 月，中国—太平洋岛国经济发展合作论坛首次部长级会议在斐济楠迪举行，发布了《中国—太平洋岛国经济发展合作行动纲领》；

2006 年 10 月，东盟国家发表《中国—东盟纪念峰会联合声明——致力于加强中国—东盟战略伙伴关系》，热带农业是中国与东盟重点合作领域之一；

2006 年 11 月，中非合作论坛在北京举行，国家主席胡锦涛郑重承诺，中国政府将扩大对非洲援助规模，建立 14 个有特色的农业技术示范中心，以提升当地的农业生产水平；

2008 年 11 月，我国发布了《中国对拉丁美洲和加勒比政策文件》，中国加强了同拉丁美洲和加勒比的全方位合作，包括农业、能源、科教、环保、扶贫、人力资源等；

2009 年 11 月，中非合作论坛第四届部长级会议在埃及沙姆沙伊赫召开，会议通过了《中非合作论坛沙姆沙伊赫行动计划（2010 至 2012 年）》，在"非洲农业全面发展计划"框架下实施以增长为中心的农业规划、技术人员培训，农业和粮食安全作为双方合作的优先领域。

上述政府间合作平台的搭建，都离不开热带农业，这为热带农业"走出去"提供了难得的机遇。同时，这也是国家赋予热科院和热带农业科技工作者义不容辞的责任。近年来，热科院先后派遣热带农业专家 40 多人次技术援助热区国家，举办和协办由商务部、科技部、农业部资助的发展中国家热带农业技术国际培训班 24 期，富有成效地培训了来自世界 65 个国家的 694 名学员，得到了我国政府、外国政府和学员一致好评；我院援建"中国—刚果（布）农业技术示范中心"项目成效显著，2012 年 9 月，时任国家副总理回良玉和刚果（布）萨苏总统共同出席示范中心的落成剪彩仪式并给予高度评价，其政治和社会影响力显著。

3. 党中央、国务院高度重视热带农业发展

热带农业科技事业的发展一直得到党和国家领导人的关怀和支持。老一辈党和国家领导人周恩来、朱德、邓小平、叶剑英、董必武、王震等，新一代党和国家领导人胡锦涛、江泽民、温家宝、习近平等都先后亲临我院视察，为我院科研工作指明了方向。在近 60 年的发展历程中，共有 70 多位中央级领导和 200 多位部省级领导到院视察，亲切关怀我院发展，给科教职工极大的鼓舞。

1954 年，中央作出了"一定要建立我们自己的天然橡胶基地"的战略决策，揭开了大规模开发我国热带农业资源的序幕；

1986 年，国务院专门成立了发展热带南亚热作协调领导小组及其办公室；

1995 年，时任政治局常委的胡锦涛总书记视察我院，强调"你们在我国是唯一的，要争取办成世界一流的"；

1999 年 3 月，国务院台办、国家农业部、国家外经贸部批准建立"海峡两岸（海南）农业合作试验区"，目前已在海南岛形成了特色产业带；

2009 年 6 月，温家宝总理在《关于加快热带农业产业发展和科技创新》的农业科学家建言上作出重要批示，为我国热带农业及科技的发展指明了方向。

2009 年 12 月，国务院发布《国务院关于推进海南国际旅游岛建设发展的若干意见》，明确在海南建设"国家热带现代农业基地"。

2010 年的 10 月，国务院办公厅专门下发《关于促进我国热带作物产业发展的意见》的 45 号文件，就加快热带作物产业发展提出重要意见，作出了全面部署。

在党和国家的关心支持下，一代代"热科院人"前赴后继，扎根宝岛，勇于担当起热带农业科技创新"火车头"、成果转化应用"排头兵"和优秀科技人才"孵化器"的重任，开创了我国以天然橡胶为代表的热作事业，填补了我国热带农业科技空白，在天然橡胶、热带水果、热带经济作物等领域取得了包括国家发明一等奖、国家科技进步一等奖在内的近 50 项国家级科技奖励和 1 000 多项部省级科技奖励，为保障国家天然橡胶战略物资安全供给和热带农产品有效供给、促进热区农民脱贫致富和热带边疆地区社会经济的繁荣与稳定作出了突出贡献，日益成为学科门类齐全、研究重点突出、领域特色鲜明，并在国际上具有较大影响的国家级综合性热带农业科研机构。

（三）热区"三农"工作任重道远

我国热区主要分布在"老、少、边、穷"地区，与东南亚接壤，有 2 000 多公里的边界线，有 30 多个少数民族聚居区，1.6 亿的农业人口，农民收入的 60% 以上来自热作产业。由于交通不便、区域发展不平衡不协调，大部分地区经济发展落后。在国家统计的贫困县人口中，目前尚有 87 个省级以上贫困县，贫困人口达 515 万，约占全国贫困人口的 1/4。在国家新一轮农村扶贫开发规划的 11 个连片特困地区中，就有 2 个位于热区，依靠发展现代热带农业促进农民脱贫致富任重道远。

二、人才是推进现代热带农业发展的关键

当今世界的竞争从根本上讲就是科技的竞争，科技竞争的背后是人才的竞争，人才竞争的背后是理念和思维的竞争。国内外经济和社会发展的实践证明，与实物资本相比，人力资本重要性地位和作用高出实物资本 3 倍多，越来越成为区域经济发展的主要推动力，成为衡量一个国家综合实力和国际竞争力的主要标志。研究表明，1 名高科技人才所能带动的 GDP 增长是普通专业人才的 4.29 倍，科技人才作为知识经济时代的制高点，已代替工业经济时代的石油、煤和电，成为经济发展的原动力和催化剂。

农业发展依靠科技，科技的核心是人才。加快推进我国热带农业现代化、建设社会主义新农村，党和国家一直高度重视做好农业农村人才工作，把人才作为推进现代农业发展的关键。

（一）现代热带农业的内涵

1. 现代热带农业是现代农业的重要组成部分

现代农业是高科技农业，是以市场为导向，按照自然规律和市场经济规律，采用先进科学技术、现代物质装备和现代经营方式，充分合理利用自然和社会经济资源，实现各种生产要素的最优组合，最终实现最佳经济、社会、生态综合效益的农业生产经营形式。

与传统农业主要依赖资源的投入相比，现代农业则依靠科技，依赖不断发展的新技术投入。新技术是现代农业的先导和发展动力，这包括生物技术、信息技术、耕作技术、节水灌溉技术等农业高新技术，这些技术使现代农业成为技术高度密集的产业。这些科学技术的应用，一是可以提高单位农产品产量，二是可以改善农产品品质，三是可以减轻劳动强度，四是可以节约能耗和改善生态环境。新技术的应用，使现代农业的增长方式由单纯地依靠资源的外延开发，转到主要依靠提高资源利用率和持续发展能力的方向上来，成为高效农业。

此外，传统农业对自然资源的过度依赖使其具有典型的弱质产业的特征，现代农业由于科技成果的广泛应用已不再是投资大、回收慢、效益低的产业。相反，由于全球性的资源短缺问题日益突出，作为资源性的农产品将日益显得格外重要，从而使农业有可能成为效益最好、最有前途的产业之一。

当前，现代农业不仅提供丰富的农产品和大量的就业岗位，而且拓展出新生物质能源、生态保护、观光休闲、旅游度假、文化传承等多种功能，满足人们日益增长的物质文化需求，成为人们的精神家园。发展现代高效农业是加快农业现代化建设，促进农业持续增效、农民持续增收的长远战略。

2. 现代热带农业是特色农业

现代热带农业的内涵可以概况为：以保障战略性产品的基本供给能力、增强优势农产品的市场竞争能力、促进农村劳动力有效就业和农民持续增收、实现热带农业可持续发展为目标；以现代科学技术、现代工业装备、现代管理手段、现代经营理念为支撑；以强化政府对热带农业的宏观调控和支持保护为保障；充分发挥市场在资源配置方面的基础性作用，种养加、产供销一条龙和贸工农一体化等农业再生产的各环节相衔接；由现代知识型农民和现代企业家共同经营，具有较强市场竞争力的一体化、多功能的特色农业，是将热带南亚热带区域内独特的农业资源（地理、气候、资源、产业基础）开发为特有的名优特希产品，并转化为特色商品的现代农业。

（二）以科技为支撑，加快发展方式转变

我国热带作物产业经过长期的发展，取得了很大的成绩，为保障国防和经济建设、满足市场供给、繁荣热区经济和增加农民收入作出了重要贡献。但由于长期以来粗放式的发展方式导致产业结构不合理、科技创新与推广不够、组织化程度不高、竞争力不强等制约了热作产业科学发展。发展现代热带农业，根本的出路在科技，转变热作产业发展方式，必须以科技为支撑：

一是通过优化产业布局和产品结构、加快科技创新和技术推广应用、大力推进标准化生产和质量追溯制度建设，更加注重发挥市场的导向作用，加快推进由单纯数量增长向数量质量效益并重转变。

二是要加大投入力度，改善甫　条件，提高热作产业物质装备条件，加强热作新品种培育、优质高效栽培、病虫害防控、产后加工保鲜等关键技术的研发及推广应用，着力突破热作抗旱节水与水肥高效利用、资源综合利用、机械化技术与装备、产业经济和信息化、农业环境保护监测预警等重大关键技术与共性技术。提高热作产品的科技含量，更加注重物质投入和科技创新对产业发展的保障作用，加快推进由粗放型增长向集约化发展转变。

三是通过体制机制和生产经营方式创新，逐步实现热作生产区域化布局、标准化甫　、社会化服务和产业化经营，逐步把农户分散经营导入社会化大甫　、大市场，更加注重体制机制创新，加快推进由分散甫　向组织化规模化经营转变。

四是加强热作产业的国际交流与合作，加大新品种、新技术引进力度，学习借鉴国际热作先进技术和管理经验，更加做主利用国内国外两个市场两种资源，加快推进由被动市场开放向主动融入全球经济发展格局转变。

（三）实施人才战略，推进现代热带农业发展

人才是推动热带农业发展的根本保障。加强热带农业基础研究，突破关键技术，加快人才培养，完善推广机制，加快现代热带农业发展，要重点强化3支队伍建设：

一是高层次创新人才队伍建设。凝聚和造就一支规模较大、结构合理、素质优良的热带农业科技创新队伍，尤其是充分发挥高级专家在科技创新、技术指导和政策研究中的重要作用。

二是科技推广人才队伍建设。加大对基层热带农业技术推广工作的支持力度，改善工作条件，加强人员培训，提高技术水平，完善激励和奖励机制，促进规模不断扩大、作用充分发挥，解决科技服务"最后一公里"问题。

三是农村实用人才队伍建设。重视培训培养农村实用人才，以提高科学素质、职业技能、经营能力为核心，打造和壮大现代新型职业农民队伍。

四是构建人才竞争发展的环境。竞争发展是人才成长的规律，通过竞争使创新资源向人才富集，使各类人才尽展才华，体现社会公平的有效手段。改革人事管理制度，建立现代科技人力资源管理系统，实现人才管理由行政管理向法制管理的转变。发挥市场在人力资源配置中的基础作用，保证用人单位自主权，构建竞争择优、绩效优先、公正公平，而又有利于科技人才学有所用、合理流动的制度体系。建立体现科技创新人才创新价值、市场价值和兼顾公平的薪酬体系。坚持充分反映人才创新创业业绩能力的评价导向，对不同领域、不同创新工作、不同层次的创新创业人才实行分类评价，建立科学公平的人才评价机制。

三、中国热带农业科学院人才工作的实践与探索

中国热带农业科学院作为我国热带农业科技的国家队，肩负着引领热带农业科技创新方向、解决热带农业重大科学问题和关键技术难题、培养高层次专业技术人才和推进科技成果转化应用的重任。我院坚持把人才资源作为第一资源和事业发展最宝贵的财富，牢固树立"科研立院""人才强院"理念，以服务热区"三农"为己任，努力构建一支高端引领、规模宏大、层次合理、结构优化的创新人才队伍，打造热带农业科技人才高地，为现代热带农业

发展提供人才和智力支持。

（一）实施"十百千人才工程"，凝聚造就一流创新队伍

重点把科技领军人才培养和创新团队的组建放在首要地位，把青年科技拔尖人才的培养作为战略任务，把科技支撑人才队伍建设摆在重要位置。通过5年时间，力争引进和培养10名农业杰出人才、产业技术体系首席专家或学科领军人物；100名左右在国际国内有影响力和能把握热带农业产业技术及学科前沿，并得到国内外同行认可的重点学科带头人、重大项目负责人；1 000名左右具有竞争力的科技骨干。坚持把引进与培养相结合，实践锻炼与评价激励相结合，促使人才队伍在热带农业宏伟事业中成长壮大。

1. 以提高科技创新能力为重点—— 突出高层次创新人才的引进和培养，适应创新驱动发展战略的需要

以高层次农业科技人才和紧缺人才为重点，依托国家重大人才计划、重大科研专项、重点学科和研发基地等平台，实施科技创新提升能力提升行动，加快培养一批在国内外有较大影响的学科带头人和知名科学家；面向国内外引进、凝聚一批能突破关键技术、带动新兴学科和产业发展的科技领军人才，抢占热带农业科技竞争制高点。近年来，我院高标准引进了各类人才626人，其中，博士及海外高层次人才200多人，人才队伍结构和层次明显优化，现有博士、高级专业技术人员分别"十一五"末的4倍、2倍。其中，涌现了一批杰出的人才，如从美国引进彭明研究员成长为"973"项目的首席专家；从澳大利亚引进的彭政博士，组织研发的航空高性能天然橡胶中试产品，其性能得到国内相关航空企业的高度认可；从英国引进的陈松笔研究员入选"海南省高层次创新创业人才"；从美国康奈尔大学引进的李平华博士入选国家青年千人计划。

2. 以增强持续发展能力为重点——突出青年骨干人才的选拔和培养，适应新时期热带农业科技传承创新的需要

坚持引育并举，支撑跨越。立足热带农业科技事业发展需要，把青年科技人才培养作为战略任务，实施热带农业科研青年拔尖人才培养行动，在创新实践中培养造就科研骨干。弘扬老中青传帮带的优良传统，强化条件保障，专门出台关于加快青年人才队伍建设的意见，积极为青年科技人才搭平台、压担子。近几年来，先后选送了150名青年骨干到知名院校提高学历和开展博士后研究，47名干部参加博士服务团、地方科技副职等工作岗位锻炼。鼓励和支持青年科技人员承担科研项目，院所两级科研基本业务费项目向青年倾斜，促进大批青年人才脱颖而出，如年仅30岁的曾长英博士发表SCI收录论文，影响因子达到6.9。建立了220多人（其中博导46人）的导师队伍，设立两个博士后工作站，联合热区相关科研教学机构，培养高层次人才。与海南大学、华中农业大学建立研究生联合培养基地，培养在读硕士研究生356名、博士研究生115名、博士后7名。

3. 以热带农业学科建设为重点——突出创新团队建设，适应热带农业产业升级的需要

人才资源是第一资源，把创新人才队伍建设作为学科建设的重要内容，优化创新人才培养的体制机制，营造人才成长的良好环境。造就高水平、高质量的创新型团队，才能够为学科发展提供强大支撑。一个学科或专业领域只有根据创新人才成长和发展的规律，完善人才制度，激发人才的创造激情和创新活力，统筹构建高素质、多层次的人才队伍，才能保证学科的长远发展。围绕作物遗传育种、种质资源学、作物栽培与耕作学、果树学、植物病理学、植物生物工程、农业昆虫与入侵生物防治、农产品加工与贮藏、农产品质量安全、畜牧及热带海洋生物资源研究与利用等29个院重点学科，依托天然橡胶、香蕉和木薯3个国家现代农业产业技术体系以及17个院级重要热带作物产业技术体系、51个省部级以上科技平台，重点培养和建设50支左右主攻方向明确、创新转化能力强的科研创新团队，开展特色优势产业基础性研究，解决热带农业生产的重大关键技术问题。目前，已建立10支热带农业科技杰出人才创新团队和10支青年拔尖人才创新团队，其中4支获农业部农业科研杰

出人才创新团队，2 支获中华农业科技奖优秀创新团队。

（二）加强科技支撑队伍建设，服务热区"三农"

1. 以提高技术和成果应用能力为重点——突出科技推广队伍建设，服务全国热区

坚持人才以用为本，以产业需求为导向，以强化服务为目标，以现有的专业技术人才队伍为依托，强化政策引导和激励，构建一支规模适度、扎根一线、服务"三农"的热带农业科技推广服务队伍，强化产业支撑服务。一是依托全国热带农业科技协作网，在热区大力开展"百项技术兴百县""全国农业科技入户整体推进试点示范""科技活动月"等行动，协作推广优良品种、普及先进实用技术，建立橡胶、香蕉、芒果、木薯、牧草、甘蔗等科技推广示范基地。联合有关院校、农技推广体系和龙头企业，强化农民技术员、科技示范户、种养大户和农民专业合作组织带头人等农村实用人才培训，达到了良种和良法相结合、带动区域农民增收致富的良好效果。二是充分发挥海南儋州国家农业科技园区的示范辐射作用，在海南开展"中部六市县农民增收十大科技活动""百名专家兴百村"等行动，建立技术服务长效机制，近 3 年中部六市县农民人均收入增速居全省之首。三是积极应对农业灾害和热带农产品质量安全威胁。有效控制了椰心叶甲、橡胶白粉病等重大病虫害；为海南香蕉"巴拿马病""毒豇豆"事件处置提供有效科技支撑；派出专家深入西南特大旱灾、南方强台风和强热带风暴灾区开展科技救灾，得到部领导肯定和地方政府、当地百姓的好评。四是推动科技成果转化。改革成果评价制度，激励和推动科技成果快速有效转化。建设国家重要热带作物工程技术研究中心，加快热带作物精深加工产品的研发力度，延伸拓展产业链，加速科技成果转化与推广应用，支撑热带作物产业发展。我院香料饮料研究所首创了"科学研究、产品开发、科普示范三位一体"的创新型模式，形成可持续的产业技术转化平台，所属的兴隆热带植物园实现了年超亿元的科技开发经济效益，2012 年科技成果转化率为 85% 以上，日益成长为海南热带特色农业的响亮品牌。

2. 以支撑热带农业"走出去"为重点——突出国际化人才培养，走向世界热区

发挥特色和优势，坚持"引进来"与"走出去"并重，统筹利用国际、国内两种资源，促进我院国际合作方式从"一般性的人员交流和项目合作"向"项目—基地—人才"更高层次、更新领域。建设国际科技合作基地，加强与国外高水平大学和研究机构合作研究，采取多种途径探索国际化人才培养模式，提升创新队伍的全球眼光，提升把握前沿、前瞻未来的能力。与巴西、哥伦比亚、国际热带农业中心、法国农业研究国际合作中心、CIAT、澳大利亚迪肯大学等国家和世界农业科教组织的合作，引进国际先进科技资源，提高协同创新能力，加强人才联合培养。在商务部、科技部、农业部、海南省等部委的大力支持下，主办和协办各类国际培训班，派出专家前往刚果（金）、格林纳达、科摩罗等东盟、非洲、南太平洋岛国和中南美洲国家开展技术援助，与亚洲林业投资集团有限公司（PPM）、香港罗宾公司等开展联合项目攻关；近两年来已派出 100 多人次出国（境）进修和交流，培养锻炼了一大批优秀人才；与广东农垦签署合作协议，为农垦和龙头企业"走出去"提供强有力的科技支持。主办或承办国际橡胶会议、世界芒果大会等 20 多次国际重大会议，提升我国热带农业的国际影响力和竞争力。

（三）坚持开放办院，凝聚延揽高端智慧

创新人才使用方式，坚持不求所有，但求所用，充分发挥高端引领、专家治研的作用，实施高级专家组和特聘研究员制度，以高级专家组凝聚高端智慧，以全国热带农业科技协作网聚集科技专才，以国际合作吸引境外专家，铸造人才整体合力，共同为现代热带农业发展服务。聘请了各类专家 176 人，为热带农业战略发展规划、重大项目策划、重大成果培育、创新团队构建和人才培养等方面提供系统的咨询和服务。协作开展原创性、重大理论与实践问题研究和关键领域攻关，带动热带农业科技发展，力争取得重大标志性成果。

（四）创新体制机制，营造人才发展良好环境

1. 优化整合科技资源，打造热作科技航母

围绕国家战略，凝练科研目标，健全研究所内设科研机构，打破人才单位所有制和学科壁垒，引导科技人才向应用研究转移，向产业领域和技术推广领域流动，致力于打造天然橡胶科技"航母"，建立产业全链条学科创新体系，强化天然橡胶产业科技支撑，提高我国天然橡胶自给率和世界天然橡胶科技话语权。围绕热带农产品加工业发展重点和技术需求，致力于打造热带农产品加工科技"航母"，提高农产品效益，增加农民收入，促进现代热作产业升级。围绕热区"糖罐子"需求，致力于打造甘蔗科技"航母"，促进我国糖料生产和食糖安全供给。

2. 强化"目标管理、量化考核、绩效奖罚"，激发创新活力

坚持以人为本，创新人才评价机制，全面推行单位绩效考评和人才分类评价，建立起以能力和业绩为导向，以年度考核、阶段考核和长期考核相结合，以定量为主、定性为辅的绩效考评体系强化，强化考核结果的使用力度。积极稳妥地推进岗位设置管理改革，实行专业技术职务评聘分开制度，推行低职高聘、高职低聘，试行末位淘汰，形成干实事、重实绩、重贡献的绩效奖惩机制，激发创新活力。实施"235 保障工程"，建立健全以重大产出为导向的优势资源配置机制，筹集人才激励资金，建立热带农业科研杰出人才和热带农业拔尖人才选拔培养机制，大胆使用中青年科技骨干，大力营造人才辈出的环境。建立以绩效工资为核心的薪酬分配制度，向优秀人才和关键岗位倾斜，将职工收入与工作业绩和实际贡献挂钩，实行按岗定薪、按任务定酬、按业绩定酬；完善住房、户口等多样化福利制度，吸引和留住人才。

3. 加强统筹协调，构筑热带农业人才高地

贯彻 2012 年中央一号文件、全国科技创新大会和全国农业农村人才工作会议精神，建立协同创新机制，推动产学研、农科教紧密结合，加快农业科技创新和人才培养。根据国家区域发展战略，激励科技人才在区域创新发展中发挥重要作用，做强做大全国热带农业科技协作网，团结凝聚热区农业科研机构、农业院校、推广体系、龙头企业、农民专业合作组织，促进热区科技人才在区域间的优化配置和合理流动。依托热科院资源优势，突破体制机制障碍，推动中国农业科技创新海南（文昌）基地和人才创新基地建设，聚集部属主要科研机构等方面的人才资源，打造农业人才发展高地。

中国的现代化，是中华儿女的百年追求。中国的快速发展正在和将提供世界上最为广阔的创新创业人才和最为多样的创新创业机会。坚持以人为本和立足创新实践，凝聚及造就创新创业道路。热作事业在以老院长何康、黄宗道院士为代表的老一辈创业者打下的坚实基础上传承创新，将不断凝聚和造就世界一流的热带农业科技创新人才和学科团队，支撑引领现代热带农业发展！

制度建设

中国热带农业科学院干部任用工作办法

（院党组发〔2013〕16 号）

第一章 总 则

第一条 为认真贯彻执行党的干部路线、方针、政策，建立科学规范的党政领导干部选拔任用制度，形成富有生机与活力、有利于优秀人才脱颖而出的选人用人机制，推进干部队伍的年轻化、知识化、专业化，建设一支精干高效、德才兼备，能够促进热带农业事业快速发展的管理干部队伍，根据《党政领导干部选拔工作条例》（中发〔2002〕7 号）、《农业部干部任用工作规定》（农党组发〔2003〕60 号）、《农业部事业单位岗位设置管理试行办法》（农办人〔2007〕81 号）和有关规定，结合我院实际，制定本办法。

第二条 选拔任用党政领导干部，必须坚持以下原则。

（一）坚持党管干部原则；

（二）坚持任人唯贤、德才兼备原则；

（三）坚持群众公认、注重实绩原则；

（四）坚持民主、公开、竞争、择优原则；

（五）坚持民主集中制原则；

（六）坚持依法办事原则。

第三条 本办法适用于选拔任用全院处级以及科级领导干部。局级干部选拔任用工作按照《农业部部管干部管理办法》（农党组发〔2010〕41 号）执行。

第四条 院党组、人事处以及院属单位，按照干部管理权限履行干部选拔任用职责，负责本规定的组织实施。

第二章 干部管理权限

第五条 院领导以及院属单位所局级干部属农业部党组管理。从院系统内提拔所局级干部，在充分酝酿基础上，由院党组集体研究提出任职建议，报部党组研究审定。

第六条 处级领导干部的选拔任用工作，在农业部人事劳动司的指导下和院党组的领导下组织实施，人事处负责拟定干部选拔任用工作方案和具体实施工作，选拔任用情况报农业部人事劳动司备案。

根据院属单位领导班子建设需要，可设立所长（主任、站长、场长）助理职务。院属单位所长（主任、站长、场长）助理、副处级单位的副职的选拔任用，按处级领导干部管理权限确定。

第七条 院党组选拔任用处级干部，凡有下列情形之一者，在作出任免决定前，应报农业部人事劳动司备案。

（一）提拔干部中，领导班子内部有较大分歧的；

（二）破格或者越级提拔的；

（三）超过退休年龄需继续留任的；

（四）院领导班子成员的配偶、子女在本单位提拔的；

（五）新组建单位或者调整规格的单位，第一次任免的处级干部；

（六）院人事处处长、副处长。

第八条 科级干部的选拔任用，按照分类分级原则进行。

（一）院机关部门、驻北京联络处、兴隆办事处、文昌办事处以及挂靠院本级机构科级干部的任用，由人事处组织，院长办公会讨论决定。

（二）科研单位科级干部的任用由所在单位党委研究（未设立党委的由所在单位党政领导集体研究）决定任用人选。对破格提拔的，班子成员的配偶、子女在本单位提拔的，提拔担任人事、纪检、监察、财务科级职务的，应报院人事处任前备案；其他符合单位岗位职数和条件提拔的，报院人事处任后备案。

（三）附属单位（后勤服务中心、试验场、附属中小学）科级干部的任用由所在单位和人事处研究拟任人选，报分管院领导批准。

第三章　选拔任用条件

第九条　党政领导干部应当具备下列基本条件：

（一）政治素质好，能坚决贯彻执行党的基本路线和科技方针，认真实践"三个代表"重要思想，牢固树立科学发展观，有群众观念，有全心全意为职工服务的思想。

（二）有较强的组织领导能力，掌握科研规律，具备胜任岗位工作的组织能力、文化水平和专业知识。

（三）坚持解放思想，实事求是，与时俱进，开拓创新；爱岗敬业，公道正派，工作实绩突出，在群众中具有较高威信。

（四）认真贯彻民主集中制原则，胸襟开阔，有全局观念和组织观念，团结协作，能够开展批评与自我批评。

（五）依法办事，勤政廉洁，艰苦奋斗，有奉献精神，不计较个人得失。

第十条　选拔担任处级领导干部的，应当具备下列条件：

（一）担任处级职务的，原则上应当具有5年以上工龄和2年以上基层实践锻炼或挂职经历。

（二）担任正处级职务的，应当在副处级岗位任职2年以上；担任副处级职务的，应当为在正科级岗位任职3年以上，或本科毕业满10年且在中级专业技术岗位以上任职4年以上。

（三）提任正处级职务的，年龄一般不超过50周岁；提任副处级职务的，年龄一般不超过45周岁。

（四）正处级一般应具有大学本科以上文化程度；副处级一般应具有大学专科以上文化程度。

（五）担任党的领导职务的，应当符合《中国共产党章程》规定的党龄要求。

（六）身体健康。

（七）现职处级干部任同职级或以下职务的，可适当放宽年龄和学历条件。距法定退休年龄不足3年的处级干部，原则上不再新聘任领导职务。

第十一条　选拔担任科级领导干部的，应当具备下列条件：

（一）担任正科级职务的，须具备以下资格条件之一：

1. 在副科级岗位工作3年以上；

2. 在中级专业技术岗位上任职1年以上。

（二）担任副科级职务的，须具备以下资格条件之一：

1. 研究生毕业参加工作1年以上；

2. 大学本科毕业参加工作4年以上；

3. 大专毕业参加工作6年以上；

4. 在中级专业技术岗位上任职。

现职科级干部，在任职学历条件方面可适当放宽。距法定退休年龄不足3年的科级干部，原则上不再新聘任科级职务。

第十二条　对德才表现和工作实绩突出、特别优秀的年轻干部或者工作特殊需要的，可进行破格任用。

（一）处级干部破格任用

1. 破格提任正处级职务，须具备干部任用基本条件、工龄、学历、年龄条件外，在副处级或正高级专业技术岗位任职的，近3年年度考核中须有2年为优秀。

2. 破格提任副处级职务，须具备干部任用基本条件、工龄、学历、年龄条件外，在正科级岗位任职的，近2年年度考核为优秀；在副高级以上专业技术岗位任职的，近3年年度考核中须有2年为优秀。

属于破格任用的，任职前按规定报农业部人事劳动司备案。

（二）科级干部破格任用

1. 破格提任原则上仅限于任职年限不够或越级提任。

2. 破格提任者近3年年度考核中至少须有2年为优秀。

3. 在任职年限方面破格的，破格年限一般不超过1年。

4. 工作时间较长，表现优秀且岗位需要的不具备规定学历的在职在岗人员，可从严从紧破格提任到副科级岗位。

属于破格任用的，任职前按规定报院人事处备案。

第十三条 属下列情况之一者取消任职资格：

1. 司法机关立案候查人员。

2. 纪检监察机关立案审查人员。

3. 受党纪警告、政纪记过以上处分期未满人员。

第四章 选拔任用程序

第十四条 处级干部（含处级单位的助理、副处级单位的副职）选拔任用程序

（一）常规选拔任用

根据干部任免的有关规定，结合民主推荐情况、考察情况、干部平时德才表现和岗位需要，调整安排干部任职。通过机关部门与院属单位之间、机关部门之间和院属单位之间相应的岗位的调整使用，充分用好现有干部，优化配置干部资源。

1. 民主推荐：人事处组织进行民主推荐（一般每年一次，参加人员范围：院机关及100人以下的单位为全体在职干部职工，100人以上的单位为科级以上干部和中级专业技术职务以上的人员）。

2. 确定考察人选：根据岗位职数和民主推荐情况，由院党组研究决定。单位内设机构副处级干部由单位党委研究（未设立党委的由所在单位党政领导集体研究），向院党组推荐人选。

3. 组织考察：对确定的考察人选，由分管领导和人事处对拟调整人选进行思想沟通；并根据干部选拔任用条件和不同领导职务的职责要求，制定考察工作方案，发布干部考察预告，由人事处会同纪检监察等部门采取民主测评、个别谈话等方法进行考察，形成书面考察材料。

4. 酝酿：在讨论决定或者决定呈报前，院党政领导根据考察对象总体表现情况，进行充分酝酿。

5. 讨论决定：院党组会讨论并表决，实际参会人员应达到应参会人员的2/3以上，以赞成人数超过应到会人数的半数为通过。

6. 任前公示：在院机关和任职单位公示7天。

7. 任前谈话：由院领导、人事处或委托任职单位领导开展任职谈话。谈话内容：通知任职决定，反馈考察情况，提出希望和要求，了解干部想法、要求及需要解决的问题。

8. 任职宣布：院发任职文，由人事处在任职单位组织召开干部任职会议宣布干部任免决定。

（二）竞争性选拔任用

竞争性选拔任用是选拔任用领导干部的重要举措。主要采取竞争上岗和公开选拔两种方式。竞争上岗原则在院内进行，由院党组研究确定职位后，按竞争上岗有关程序进行；对特殊岗位及空缺岗位，面向社会进行公开选拔，由院党组研究确定职位后，按公开选拔有关程序进行。

1. 发布公告，公布职位、选拔条件和任职资格、报名办法、选拔程序、时间安排、纪律监督等事项。

2. 公开报名与资格审查。

3. 考试：分为笔试和面试，竞聘职位属于提任的须参加笔试和面试，现职处级干部竞聘同级职务的须参加面试。

4. 产生考察人选：参加竞争上岗的，根据考试、近年年度考核、民主推荐等情况确定；参加公开选拔的，根据考试综合成绩确定。

5. 确定考察对象：院党组研究决定考察对象人选，考察人选应多于竞争职位数。

6. 组织考察：由人事处会同纪检监察等部门采取民主测评、个别谈话等方法进行考察，形成书面考察材料。

7. 讨论决定：院党组会讨论并进行表决，实际参会人员应达到应参会人员的2/3以上，以赞成人数超过应到会人数的半数为通过。

8. 任前公示：在院机关和任职单位公示7天。

9. 任前谈话：由院领导、人事处或委托任职单位领导开展任职谈话。

10. 任职宣布：院发任职文，由人事处在任职单位组织召开干部任职会议宣布干部任免

决定。

（三）保留备用

1. 通过保留备用方式，对未被聘任的现职处级干部保留相应的待遇，做到以人为本。

2. 保留处级干部的待遇。

（1）对未被聘任的现职处级干部，原则上安排其负责专项工作，负责专项工作期间保留原职级基本待遇，不占领导职数。

（2）距法定退休年龄不足 3 年且未聘任领导职务的现职的处级干部，保留原职级基本待遇至退休，不占领导职数。

第十五条 科级干部选拔任用程序

（一）院机关部门、驻北京联络处、兴隆办事处、文昌办事处以及院本级挂靠机构科级干部选拔任用程序

1. 民主推荐：人事处组织进行民主推荐（一般每年一次，参加人员为全体在职干部职工）。

2. 确定考察人选：根据科级干部职数、队伍建设需要和民主推荐情况，由人事处和部门负责人建议提名，与分管院领导沟通确定人选意见。

3. 组织考察：人事处制定考察工作方案，发布干部考察预告，并会同有关部门采取民主测评、个别谈话等方法进行考察。

4. 酝酿：在讨论决定前，分管院领导和人事处根据考察对象总体表现情况，进行充分酝酿。

5. 讨论决定：院长办公会（包括院办公室、人事处、监察审计室、机关党委）讨论并进行表决（实际参会人员应达到应参会人员的 2/3 以上，以赞成人数超过应到会人数的半数为通过），作出任职决定。

6. 任前公示：在机关进行公示 7 天。

7. 任前谈话：由人事处或委托任职部门负责人开展任职谈话。

8. 任职宣布：院发任职文，由部门组织召开干部任职会议宣布干部任免决定。

（二）科研单位科级干部选拔任用程序

1. 民主推荐：单位组织民主推荐（原则上每年推荐不超过两次，参加人员范围：100 人以下的单位为全体在职干部职工，100 人以上的单位为科级以上干部和中级专业技术职务以上的人员）。

2. 确定考察人选：根据岗位职数和民主推荐情况，由单位党委研究确定考察人选（未设立党委的由单位党政领导集体研究确定）。

3. 组织考察：单位根据干部选拔任用条件和不同职务的职责要求，制定考察工作方案，发布干部考察预告，采取民主测评、个别谈话等方法进行考察。

4. 酝酿：在讨论决定或者决定呈报前，单位党政领导应根据考察对象总体表现情况，进行充分酝酿。

5. 讨论决定：单位党委会（未设立党委的由所在单位党政领导集体研究）讨论并进行表决（实际参会人员应达到应参会人员的 2/3 以上，以赞成人数超过应到会人数的半数为通过），作出任职决定。

6. 任职备案：属任前备案的由单位向人事处提出任职备案请示，并附提拔人选的干部考察材料、任免审批表和会议纪要，经人事处审核后备案；属任后备案的由单位决定任职后，提交任职文件向人事处备案。

7. 任前公示：在单位进行公示 7 天。

8. 任前谈话：由任职单位领导开展任职谈话。

9. 任职宣布：所在单位发任职文件，由单位组织召开干部任职会议宣布干部任免决定。

（三）附属单位（后勤服务中心、试验场、附属中小学）科级干部选拔任用程序

1. 民主推荐（同上）。

2. 确定考察人选（同上）。

3. 组织考察：单位根据干部选拔任用条件和不同职务的职责要求，制定考察工作方案，发布干部考察预告，与人事处一起采取民主测评、个别谈话等方法进行考察。

4. 酝酿（同上）。

5. 讨论拟定：单位党委会（未设立党委的由所在单位党政领导集体研究）讨论并进行表决（实际参会人员应达到应参会人员的 2/3 以上，以赞成人数超过应到会人数的半数为通过），作出任职拟定。

6. 任职决定：单位向人事处提出任职建议

请示，并附拟提拔人选的干部考察材料、任免审批表和会议纪要，经人事处审核后报分管人事院领导批准，作出任职决定。

7. 任前公示（同上）。

8. 任前谈话：（同上）。

9. 任职宣布：（同上）。

（四）可采取公开选拔和竞争上岗方式，引入竞争机制，拓展选人用人的视野，提高科级干部队伍的整体素质。科级干部实行公开选拔和竞争上岗的，参照处级干部公开选拔和竞争上岗的有关规定及程序进行。

（五）科级干部的保留待遇和后备干部队伍使用，由各单位参照处级干部保留备用的有关规定及要求进行。

第五章 后备干部选拔培养

第十六条 后备干部工作坚持备用结合，实行动态管理；注重发展潜力，重视培养提高；服从工作大局，统一调配使用。

第十七条 正局级后备干部，一般应当是副局级干部；副局级后备干部，一般应当是正处级干部；正处级后备干部，一般应当是副处级干部；副处级后备干部，一般应当是正科级干部或在中级专业技术岗位任职满3年以上。

第十八条 后备干部的数量一般按领导班子职数正职1∶2、副职1∶1的比例确定。后备干部队伍应形成合理的年龄、性别、专业和知识结构。

第十九条 后备干部选拔程序

（一）局级后备干部选拔按《农业部司局级后备干部管理工作规定》（农党组发〔2003〕60号）执行。

（二）正处级后备干部选拔程序

1. 民主推荐。由人事处组织实施，分别在各单位和全院范围进行正处级后备干部民主推荐，推荐人员范围同干部选拔要求。

2. 确定建议人选。原则上根据民主推荐结果，按院领导、全院和单位3∶2∶5确定正处级后备干部建议人选。

3. 认定。院党组会在民主推荐和认真考察的基础上，讨论决定正处级后备干部。

（三）副处级后备干部选拔程序

1. 民主推荐。由人事处组织实施，分别在各单位和全院范围进行副处级后备干部民主推荐，推荐人员范围同干部选拔要求。

2. 确定建议人选。原则上根据民主推荐结果，按院领导、单位领导和单位职工3∶2∶5确定副处级后备干部建议人选。

3. 认定。院党组会在民主推荐和认真考察的基础上，讨论决定副处级后备干部。

（四）科级后备干部选拔程序

科级后备干部的选拔，由各单位参照处级后备干部选拔程序和要求，自行确定后备人选，年底前报院人事处备案。

第二十条 后备干部确定后，由人事处向后备干部所在单位主要领导反馈。根据管理权限由院和各单位要确定培养方向，制定培养计划，落实培养措施，有计划地加强对后备干部的理论培训、交流轮岗和实践锻炼。

第二十一条 后备干部数量和结构不符合要求的，应当按规定程序适时调整充实。

选拔任用处级以上干部，原则上从后备干部中产生。对德才兼备、实绩突出、群众公认的后备干部，根据工作需要，按规定程序予以任用。

第六章 相关管理制度

第二十二条 实行职务聘任制度，处级和科级干部每个聘期为3年（含试用期）。任职时间自集体讨论决定之日起计算。

第二十三条 实行任职试用期制度。提拔人员试用期1年，试用期期间享受相应职级的待遇。试用期满采取个人述职、民意测验、个别谈话等方式进行考核。经考核称职以上者正式任职；考核结果为基本称职的，正式任职前由领导对其进行诫勉谈话；考核结果为不称职的，解除试用职务。

处级干部试用期考核，由人事处组织实施，报院党组审定。院属单位科级干部试用期考核，由各单位组织实施，报人事处备案；院本级科级干部试用期满考核由人事处组织。

第二十四条 实行领导干部轮岗制度。机关处级干部在同一职位连续任职5年以上的原则上实行轮岗；院属单位同一职位任职满10年的处级干部原则上按《农业部干部任用工作规定》有关要求实行交流。

处级干部调整交流，由院党组统筹安排；科级干部在院内调整交流，由人事处按程序负责统筹安排；科级干部在院属单位内部调整交流，由各单位研究决定，报人事处备案。

第二十五条 实行领导干部任职回避制度。党政领导干部任职回避的亲属关系为：夫妻关系、直系血亲关系、三代以内旁系血亲以及近姻亲关系。有上列亲属关系的，不得在同一单位担任双方直接隶属于同一领导人员的职务或者有直接上下级领导关系的职务，也不得在其中一方担任领导职务的机关从事人事、纪检、监察、审计、财务工作。

第二十六条 实行领导干部选拔任用工作回避制度。党组（党委、未设立党委单位的党政领导集体）及其人事部门讨论干部任免，涉及与会人员本人及其亲属的，本人必须回避；干部考察组成员在干部考察工作中涉及其亲属的，本人必须回避。

第二十七条 实行领导干部免职、辞职、降职制度。对无正当理由拒不服从组织调动或者交流决定的，就地免职或降职使用；对保留待遇、引咎辞职、责令辞职、降职的干部，在新的岗位工作 1 年以上，实绩突出，符合提任条件的，可以按照有关规定，重新担任或者提任领导职务。

院聘任的处级干部免职、辞职、降职，由院党组研究决定；机关科级干部免职、辞职、降职，由院长办公会研究决定；各单位聘任的科级干部免职、辞职、降职，由各单位研究决定，报人事处备案。

第二十八条 实行领导干部选拔任用工作责任追究制度。选拔任用领导干部必须严格遵守工作纪律，坚决防止和克服干部考察中的不正之风，严格禁止拉选票、打招呼等不良行为。对违反纪律的人员，按规定追究有关责任。

第二十九条 实行领导干部选拔任用"一报告两评议"制度。处级干部选拔任用"一报告两评议"，按农业部规定的程序与方法进行；科级干部选拔任用"一报告两评议"，由人事处组织进行。

第三十条 以上未尽事宜参照《党政领导干部选拔任用工作条例》和《农业部干部任用工作规定》的有关规定执行。

第七章　附　则

第三十一条 本办法自发布之日起实施，原《中国热带农业科学院处级领导干部任用暂行办法》（院党组发〔2008〕3 号）、《中国热带农业科学院科级干部任用暂行办法》（院党组发〔2008〕31 号）同时废止。

第三十二条 本办法由人事处负责解释。

中国热带农业科学院出国（境）人员政审管理办法

（院党组发〔2013〕28 号）

第一章　总　则

第一条 为加强我院出国（境）人员政审管理工作，根据《农业部因公出国人员审批管理规定》《中共农业部党组关于进一步做好因私出国（境）管理工作的通知》等要求，结合我院实际，制定本办法。

第二条 出国（境）政审分因公出国（境）政审、因私出国（境）政审。因公出国（境）包括短期出国（境）培训与进修、合作研究、学术交流、参观考察、组团出访等；因私出国（境）包括自费留学、探亲、旅游、继承财产等。

第三条 本办法适用于我院在编在岗职工和离退休司局级干部。

第二章　政审内容

第四条 对出国（境）人员进行政审，是对一个人的全面审定，把政治条件放在首位，看其是否可能因出国危害国家利益和国家安全；

并考察其法律方面是否有案在身，经济方面是否有问题，业务条件和身体条件是否符合出国（境）要求等。

第五条 因公出国（境）政审坚持政治条件合格、服务发展大局的原则；因私出国（境）政审坚持从严从紧原则。

第六条 有以下情形之一的，不批准出国（境）：

（一）刑事案件的被告人和公安机关或者人民检察院或者人民法院认定的犯罪嫌疑人；

（二）人民法院通知有未了结民事案件不能出国（境）的；

（三）被判处刑罚正在服刑的；

（四）正被劳动教养的；

（五）出国（境）后将对国家安全造成危害或者对国家利益造成损失的。

第三章　政审权限

第七条 政审管理工作按照分级分类和谁主管、谁负责的原则进行。

第八条 院领导出国（境）政审工作由农业部负责。

第九条 院领导之外的工作人员因公出国（境）政审工作由院党组负责。

第十条 所局级干部、处级干部以及离退休司局级干部因私出国（境）政审工作由院党组负责。

第十一条 院属单位其他工作人员因私出国（境）政审工作由所在单位负责；院机关其他工作人员因私出国（境）政审工作由人事处负责。

第四章　政审程序

第十二条 因公出国（境）政审工作程序

（一）院领导因公出国（境）政审：个人提出因公出国（境）申请（附邀请函），经院党组书记审核，由国际合作处按规定程序报农业部审批。

（二）院属单位工作人员政审：个人提出因公出国（境）申请（附邀请函），单位党委（总支）书记签署意见，人事处审核，报分管政审工作的院领导审批。

（三）院机关工作人员政审：个人提出因公出国（境）申请（附邀请函），部门负责人签署意见，人事处审核，报分管政审工作的院领导审批。

第十三条 因私出国（境）政审工作程序

（一）院领导因私出国（境）政审：在职院领导个人提出因私出国（境）申请，填写《农业部工作人员因私出国（境）审批表》，由院党组书记审批后，报农业部人事劳动司；离退休院领导个人提出因私出国（境）申请，填写《农业部工作人员因私出国（境）审批表》，经院党组提出书面意见，报农业部人力资源开发中心办理有关手续，并报农业部人事劳动司备案。

（二）所局级干部、处级干部因私出国（境）政审：个人提出因私出国（境）申请，填写《中国热带农业科学院因私出国（境）审批表》，所在单位（部门）作出书面意见，经院保密部门和人事处审核后报分管政审工作的院领导审批。

（三）院属单位其他工作人员因私出国（境）政审：个人提出因私出国（境）申请，由所在单位负责审批。

（四）院机关其他工作人员因私出国（境）政审：个人提出因私出国（境）申请，由人事处审批。

第五章　证件管理

第十四条 因公出国（境）证件由国际合作处按规定统一办理。

第十五条 院领导因私出国（境）护照或港澳台通行证根据农业部相关规定办理；所局级干部、处级干部申领因私出国（境）护照或港澳台通行证的，申请表交人事处按程序盖院章后由本人到公安机关出入境管理部门办理；院属单位其他工作人员申领因私出国（境）护照或港澳台通行证，申请表交所在单位签章后由本人到公安机关出入境管理部门办理；院机关其他工作人员申领因私出国（境）护照或港澳台通行证的，申请表交人事处盖章后由本人到公安机关出入境管理部门办理。

第十六条 院属单位领导班子成员和院机

关处级干部因私出国（境）护照及港澳台通行证由人事处统一保管；院属单位其他工作人员因私出国（境）护照及港澳台通行证由所在单位人事部门统一保管；院机关其他工作人员因私出国（境）护照及港澳台通行证由人事处统一管理。离退休人员证件自行保管。

第十七条　因私出国（境）护照及港澳台通行证借出需履行相关手续。各单位领导班子成员、院机关处级干部借出需经分管政审工作的院领导批准；院属单位其他工作人员借出需由所在单位履行相应的批准程序；院机关其他工作人员借出需经人事处批准。

第十八条　出国（境）人员在其回国（境）15 天内，将所持护照或通行证交管理部门保管或注销。

第六章　其　他

第十九条　严肃工作纪律。单位及个人不

执行政审审批程序，不执行证件管理规定的，院将按上级主管部门有关规定予以严肃处理。

第二十条　上级主管部门出台新的出国（境）管理办法的，从其规定。

第二十一条　本办法由人事处负责解释。

第二十二条　本办法自发文之日起执行。

附件：1. 农业部工作人员因私出国（境）审批表（略）

2. 中国热带农业科学院因私出国（境）审批表（略）

3. 中国热带农业科学院出国（境）证件借出审批表（略）

中国热带农业科学院工作人员考评指导性意见

（热科院人〔2013〕82 号）

为了加强岗位考核评价工作，科学合理评价我院工作人员的德才表现和工作实绩，激励督促工作人员提高政治思想业务素质，认真履行职责，根据《事业单位工作人员考核暂行规定》（人核培发〔1995〕153 号）、《农业部干部年度考核工作规定》（农党组发〔2008〕21 号），结合我院实际，制定本指导性意见。

一、指导思想

深入贯彻落实科学发展观，按照事业单位岗位设置管理制度改革的总体要求，创新工作人员考评方法，逐步建立干实事、重实绩、重贡献，全面系统的、科学合理的、有利发展的考评机制，提高工作绩效，增强我院干部职工的积极性和创造性，促进单位的自主创新和科学发展。

二、实施对象和范围

全院各单位、各部门在编在职工作人员。

三、考评原则

（一）以考评对象的职位职责和所承担的工作任务为基本依据，坚持实事求是、客观公正、科学有效、民主公开的原则。

（二）实行分类、分级考评原则。按照管理、专业技术、工勤技能三类岗位分类考评，按照不同的职级分级考评。

（三）实行定性和定量考评相结合原则。考评按照二级测评和定量考评进行综合评价。

（四）实行全面和重点相结合考评原则。全面考评德、能、勤、绩、廉，重点考评工作实绩。

四、考评体系

（一）考评内容

1. 管理岗位考评内容

管理岗位包括五到十级职员岗位。重点考评内容为领导干部和管理人员的政治思想、业务素质、管理能力、履行岗位职责和工作业绩。

2. 专业技术岗位考评内容

专业技术岗位包括二至十三级岗位。考评的重点内容按主要从事工作岗位类别（科学研究岗位、科技推广岗位、科技开发岗位、业务管理岗位、科技服务岗位），分类确定考核思想道德表现、业务技术水平、履行岗位职责和工作业绩重点考评内容。

3. 工勤技能岗位考评内容

工勤技能岗位包括技术工岗位和普通工岗位。重点考评内容为工勤技能人员的职业道德表现、业务操作技能、履行岗位职责。

（二）考评指标

1. 各单位工作人员定性指标主要为个人的德、勤、能、绩、廉表现，根据民主测评的要求统一制定。

2. 各单位领导班子成员、国家级科技平台负责人、院本级管理人员定量指标、表彰奖励、违规失职处罚由院统一制定。其他管理岗位由各单位参照《中国热带农业科学院管理人员定量考评实施指导性意见》制定。

3. 正高级专业技术岗位定量指标由院统一制定。其他专业技术岗位由各单位参照《中国热带农业科学院专业技术人员定量考评实施指导性意见》制定。

4. 工勤技能岗位定量考评指标，由各单位根据内设机构职责、岗位职责的要求，分类、分级自行确定。

（三）表彰奖励

凡在考核期内开展的创先争优活动，经单位推荐被表彰的个人（不含科技成果、论文奖）实行加分。同一年度获取多项荣誉奖按最高一项计算。

表彰奖励一览表

表彰级别	奖励标准
党中央、国务院，国际组织	10分
党中央办公厅、国务院办公厅	8分
党中央、国务院各部门和省级党委政府	6分
党中央、国务院各部门办公厅，直属机关党委和省委、省政府各部门，副省级市党委、市政府	4分
党中央、国务院各部门内设机构，省委、省政府各部门内设机构，市县级党委、政府，省级以上社会团体	2分

备注：表彰若设等次，一等奖、二等奖、三等奖分别按奖励标准100%、80%、60%计分

（四）违规失职处罚

1. 受党纪处分、行政处分、涉嫌违法违纪被立案调查尚未结案或者停职检查尚未有结果的人员处罚，按农业部相关规定办理。

2. 个人因工作失职、发生责任事故、学术造假行为、违反干部党风廉政等事项比较轻的，且未达到行政、党纪警告及以上处分的内部通报批评，扣减个人3~5分。

3. 单位（部门）违反"一票否决"责任事项或院重点指标平均完成60%以下，扣单位（部门）领导班子成员各5分，情节严重的责任事项或院重点指标平均完成40%以下，扣单位（部门）领导班子成员各10分。

（五）考评主体和权重

1. 管理岗位、工勤技能岗位考评主体和权重

管理岗位、工勤技能岗位按3：3：4原则

确定一级测评、二级测评和定量考评权重。

（1）一级测评（上级领导）：考评主体为上级领导，权重为30%（主要领导15%、其他领导15%）。

（2）二级测评（同级和下级）：考评主体为职工，权重为30%。

（3）定量考评：考评主体为考评工作小组，权重为40%。

2. 专业技术岗位考评主体和权重

专业技术岗位考评按2：2：6原则确定一级测评、二级测评和定量考评权重。

（1）一级测评（上级领导）：考评主体为上级领导，权重为20%（主要领导10%、其他领导10%）。

（2）二级测评（同级和下级）：考评主体为职工，权重为20%。

（3）定量考评：考评主体为考评工作小组，权重为 60%。

（六）考评方式

1. 一级测评、二级测评由各测评主体按照定性指标的要求，通过《职工民主测评票》对被评人员进行评价。评价意见分为优秀、称职、基本称职、不称职四个等次。

2. 定量考评由考核工作组按照定量考评指标的要求，结合个人所在单位或部门绩效考评结果进行打分评估。

3. 表彰奖励、违规失职处罚由考核工作组根据个人提供的相关证明材料进行评估。

（七）考评结果

1. 个人考评综合分 = 一级测评分 × 权重 + 二级测评分 × 权重 + （定量考评分 + 奖励分 - 处罚分）× 权重。

测评分 = 优秀率 × 100 + 称职率 × 80 + 基本称职率 × 60 + 不称职 × 40。定量考评分加奖励分和减处罚分后按最高 100 分封顶。

2. 考评等次分为优秀（≥ 85 分）、称职（≥ 70 分）、基本称职（60 ~ 69 分）、不称职（< 60 分）四个等次。

3. 在民主测评中，投优秀等次票数不超过实际参加考核人数的 40%。最终被确定为优秀等次人数不得超过实际参加考评人数的 20%，并按管理、技术、工勤三类岗位分别确定。各单位领导班子成员优秀等次人数一般不超过 1 名。

五、考评实施

（一）考评组织

1. 工作人员考评工作在院统一领导下由人事处组织实施。

2. 院考评领导小组由院党政领导班子成员和纪检组、人事处负责人组成，负责全院年度考评的领导和指导工作。

3. 院考评工作小组由院分管领导、人事处和相关部门人员组成，负责组织机关部门处级人员和院属单位领导班子成员、副处级以上领导干部考评。

4. 各单位考评工作小组由所务会成员、人事部门等人员组成，负责组织本单位职工考评。

（二）考评方法

工作人员考评采取平时考核、年度考核（届中考评）和任期考核等方式，并通过本人自查自评、民主测评和听取报告等多种形式和渠道，全面准确地了解被考评对象的有关情况。

（三）考评程序

1. 院机关工作人员

（1）机关处级人员在本部门进行述职。

（2）一级测评。院领导班子成员对处级人员进行民主测评；处级人员对科级及以下人员进行民主测评。

（3）二级测评。机关全体职工对上级和同级进行民主测评。

（4）定量考评。按照《中国热带农业科学院管理人员定量考评实施指导性意见》，结合部门定量考评分数进行量化评价。

（5）院考评工作小组结合考评结果，讨论拟定科级及以下人员考评等次。

（6）院考评领导小组结合考评结果，讨论确定处级人员的考评等次。

（7）考评优秀等次人员在机关进行公示。

（8）人事处将考评结果以书面形式通知各部门，反馈本人。

2. 院属单位工作人员

（1）院属单位领导班子主要负责人代表班子述职，并作个人述职述廉报告，其他领导班子成员分别作个人述职述廉报告。

（2）一级测评。院领导班子成员对院属单位领导班子成员进行民主测评；单位领导班子成员对副处级以上非领导班子干部，以及其他人员进行民主测评。

（3）二级测评。院属单位职工对上级和同级进行民主测评。

（4）定量考评。院考评工作小组按照《中国热带农业科学院管理人员定量考评实施指导性意见》，对领导班子成员和国家级科技平台负责人进行量化评价。各院属单位考评组依据《中国热带农业科学院专业技术人员定量考评实施指导性意见》，对正高级专业技术岗位定量考评；各院属单位考评组依据单位定量考评办法，相应对其他管理人员（含办公室、科技平台副处级以上非领导班子干部）、其他专业技术人员和工勤技能人员进行考评。

（5）单位考评工作小组结合考评结果，讨论拟定一般工作人员考评等次，报院考评工作小组审核。

（6）院考评领导小组结合考评结果，讨论确定单位领导班子成员、副处级以上领导干部、国家级科技平台负责人的考评等次。

（7）院属单位年度考评优秀等次人员在本单位进行公示。院属单位副局级干部的考评结果，报农业部人事劳动司备案审批。

（8）人事处将考评结果以书面形式通知各单位，并由单位反馈本人。

六、考评结果的使用与管理

（一）考评结果的使用

1. 考评结果与个人使用挂钩。考评结果作为对岗位进行动态调整和续聘、低职（级）高聘、高职（级）低聘、解聘或降职聘任的基本依据。

同一职位连续三年被确定为称职以上等次的工作人员，具有职务晋升资格；连续两年被确定为优秀等次的工作人员，具有低职（级）高聘资格。年度被确定为基本称职的工作人员，一年内不得晋升职务。年度被确定为不称职的工作人员，可责令其辞去现任职务、高职（级）低聘、降职使用或者免去其现任职务。

2. 考评结果与个人奖惩挂钩。考评结果作为个人绩效工资分配、评先评优的主要依据。

3. 考评结果与个人培养挂钩。考评结果作为个人加强培训教育、学习交流的主要依据。

4. 对在年度考核中基本称职和不称职票之和超过20%的人员，要进行提醒谈话；对在年度考核中，被定为基本称职等次的人员，要进行诫勉谈话。深入分析个人原因，提出改正措施，认真整改，提高业务和管理水平。

（二）其他有关管理规定

1. "双肩挑"人员考评按管理岗位和专业技术岗位分别考评。年度考评以管理岗位考评为主，结合专业技术岗位量化考评结果综合确定考评等次。

2. 在两个单位间任管理岗位人员，考评以主要任职岗位所在单位为主，结合兼任职务岗

位量化考评结果综合确定考评等次。单位内承担多个岗位人员根据测评和各个岗位定量考评结果综合确定考评等次。

3. 院选派在院内其他单位挂职锻炼人员，挂职期间在派出单位参加考评，派出单位根据挂职人员测评结果，结合接收单位定量考评结果综合确定考评等次。由农业部选派在院外挂职人员，挂职期间可由接收单位负责考评，反馈派出单位。

4. 新录用人员，属于研究生学历不满6个月的、大学本科及以下不满1年的参加年度考评，但只写评语，不确定考评等次，考评情况作为任职、定级的依据。

5. 比照、享受相关级别待遇人员按原岗位考评。保留相关级别待遇人员的年度考评，按照一般干部职工考评办法执行。

6. 年度因病、事假或其他原因累计时间超过考评年度半年的，不得参加本年度的年度考评；本年度退休人员不参加年度考评。

7. 工作人员对考评核定等次不服，可以按有关规定向考评单位申请复核和申诉。

8. 考评工作结束后，考评结果存入本人档案。

9. 考评工作实行回避制度和责任追究制度。工作人员考评工作中弄虚作假、徇私舞弊或打击报复、泄露秘密者，必须严肃处理。

10. 对新选拔任用的干部同时按农业部"一报告两评议"方法与程序要求进行民主评议。

七、附则

（一）本指导性意见自2013年度起实施。2011年发布的《中国热带农业科学院工作人员考评指导性意见》（热科院人〔2011〕470号）停止执行。

（二）院领导班子成员年度考核（届中考评）和任期考核按农业部考核方法与程序要求进行考评。

（三）特聘、返聘、编制外人员考评方法与程序由各单位自行确定。

（四）各单位根据本指导性意见，制定具体的考评实施办法，报人事处备案。

（五）本指导性意见由人事处负责解释。

中国热带农业科学院单位绩效考评指导性意见

（热科院人〔2013〕86号）

为进一步规范和强化对我院属单位和机关部门绩效管理，做好内设机构业务工作的绩效考评、检查和督促工作，促进我院科技事业的发展。根据《农业部绩效管理办法（试行）》（农办发〔2010〕8号）等有关文件精神，结合我院实际，制定本指导性意见。

一、指导思想

深入贯彻落实科学发展观，根据各单位功能定位、任务目标、运行机制等特点，以创建"一个中心、五个基地"为导向，完善绩效管理机制，坚持分级分类评价，注重解决实际问题，以单位的产出、应用及工作绩效等方面为评价重点，使我院发展方向与国家需求、市场需求和农民需求一致，更好地服务热区"三农"。

二、实施对象和范围

考评单位包括院属科研单位、附属单位、院机关部门（含院机关各处（室）、院区管委会、驻外机构、机关服务中心）和国家级科技平台。

三、单位绩效考评的原则

（一）公开、公平、公正原则；

（二）目标管理、量化考核、绩效奖罚原则；

（三）数量与质量考评相结合原则；

（四）定量与定性考评相结合原则；

（五）分类与分级考评相结合原则；

（六）目标责任、以评促改、激励创新原则。

四、单位绩效考评指标体系

（一）考评内容与指标

单位（部门）绩效考评指标包括定性指标和定量指标。

1. 院机关部门绩效考评内容与指标

院机关部门的绩效考评，主要评价其贯彻执行政策法规和规章制度能力、工作职责的履职情况、效能情况、上下级部门的沟通协调能力等。

（1）机关部门定性指标

院机关部门绩效管理定性指标由8项考评指标组成。包括政治方向、职责履行、改革创新、制度建设、团队建设、服务基层、管理效能、廉政建设。

（2）机关部门定量指标

机关部门绩效管理定量指标根据院下达《年度目标责任书》确定。

2. 科研单位绩效考评内容与指标

科研单位的绩效考评，主要评价其科技创新与服务能力、人才队伍整体水平、科技成果应用产生的社会效果、科学研究基础条件完善程度、共享水平及服务质量等。

（1）科研单位定性指标

科研单位绩效管理定性指标由8项考评指标组成。包括科技创新、产业开发、服务三农、人才与团队建设、基地与条件建设、交流合作、内控管理、党建与文化建设。

（2）科研单位定量指标

科研单位绩效管理定量指标由基础定量指标和重点定量指标组成。基础定量指标参照全国农业科研机构科研综合能力评估指标设立三级18项指标（详见附件《科研单位绩效管理基础定量指标》）；重点定量指标根据院下达年度工作重点中确定。

3. 附属单位绩效考评内容与指标

附属单位的绩效考评，主要评价其辅助服务科研能力、科技成果转化能力、新技术新产品新工艺的开发能力、对产业发展的贡献以及经济效益等。

（1）附属单位定性指标

附属单位绩效管理定性指标由8项考评指

标组成。包括改革创新、产业开发（教学质量）、公共（科研、办学）服务、保障条件建设、团队建设、内控管理、安全保卫、党建与文化建设。

（2）附属单位定量指标

附属单位绩效管理定量指标根据院下达《年度目标责任书》确定。

4. 科技平台绩效考评内容与指标

科技平台的绩效考评，主要评价其建设进展及前景、内部管理情况、科技水平、科技协作等。

（1）科技平台定性指标

科技平台绩效管理定性指标由 8 项考评指

标组成。包括平台运行、管理制度、条件建设、技术服务、协同创新、开放共享、团队建设、对外影响力。

（2）科技平台定量指标

国家级科技平台绩效管理定量指标根据院下达《年度目标责任书》确定；其他科技平台科技平台绩效管理定量指标由科技处另行确定。

（二）表彰奖励

凡在考核期内开展的创先争优活动，以集体名义申报被表彰的各单位、各部门实行加分。单位（部门）奖励累计加分最高不超过5分。

表彰奖励一览表

表彰级别	奖励标准
党中央、国务院，国际组织	5分
党中央办公厅、国务院办公厅	4分
党中央、国务院各部门和省级党委、政府	3分
党中央、国务院各部门办公厅，直属机关党委和省委、省政府各部门，副省级市党委、市政府	2分
党中央、国务院各部门内设机构，省委、省政府各部门内设机构，市县级党委、政府，省级以上社会团体	1分

备注：表彰若设等次，一等奖、二等奖、三等奖分别按奖励标准100%、80%、60%计分。

（三）违规失职处罚

凡在考核期内，对存在财政预算经费执行率低、未完成国有资产保值增值指标、未完成

上缴院管理费实行处罚。对违反计划生育责任、安全生产责任、综合管理责任、党风廉政建设责任等的单位（部门）实行一票否决。

违规失职处罚一览表

处罚项目	处罚标准			
财政预算经费执行率	未达90%扣8分	未达80%扣12分	未达70%扣16分	未达60%列为一般以下等次
国有资产保值增值	未达100%扣8分	未达95%扣16分	未达90%列为一般以下等次	未达80%列为较差等次
上缴院管理费	完成90%以下扣5分	完成70%以下扣10分	完成50%以下扣15分	未上缴列为一般以下等次
院重点指标	平均完成80%以下列为良好以下等次	平均完成60%以下的列为一般以下等次	平均完成40%以下列为较差等次	
违反"一票否决"责任事项不得评为优秀档次；情节严重的责任事项不得评为良好及以上档次	计划生育责任：单位职工违反计划生育政策			
	安全生产责任：发生重大刑事案件、重大生产事故、重大火灾事故、信息安全事件			
	综合管理责任：发生群体性重大事件			
	党风廉政建设责任：领导班子成员发生违纪违规问题，被给予党内严重警告处分或行政记大过及以上处分的；处级及处级以上干部发生严重违纪违规问题，被给予留党察看或行政降级及以上处分的。			
	行政问责：单位审计结果整改30%以上未完成的，以及领导班子成员因失职渎职被问责的。			

（四）考评主体和权重

院对机关部门、院属单位和国家级科技平台进行考评；各单位对内设机构进行考评。

1. 科研单位考评主体和权重

科研单位绩效考评按 2 : 2 : 6 原则确定领导测评、单位互评和定量考评权重。

（1）领导测评：考评主体为院领导，权重为 20%。

（2）单位互评：院属单位考评主体为院机关处室，机关处室考评主体为院机关处室和院属单位，权重为 20%。

（3）定量考评：考评主体为院考核工作组，权重为 60%（其中，基础定量指标占 30% 权重，重点定量指标占 30% 权重）。不同类型的科研单位（非营利所、拟转企所和农业事业单位）确定不同定量考评权重。

2. 院机关部门、附属单位、国家级科技平台考评主体和权重

院机关部门、附属单位、科技平台绩效考评按 3 : 3 : 4 原则确定领导测评、单位互评和定量考评权重。

（1）领导测评：考评主体为院领导，权重为 30%。

（2）单位互评：考评主体为院机关处室、院属单位，权重为 30%。

（3）定量考评：考评主体为院考核工作组根据被评机构定量考评指标进行评估，权重为 40%。

（五）考评方式

1. 领导测评、单位互评由各测评主体按照定性指标考评的要求，通过《单位（部门）绩效管理满意度测评表》对被评机构进行满意度评价。评价意见分为好、较好、一般、差四个等次。

2. 定量考评由院考核工作组根据单位绩效管理总结报告和《单位（部门）绩效管理定量指标考评表》自评情况，对被评机构定量指标进行审核评估。

3. 表彰奖励、违规失职处罚由院考核工作组根据各单位、各部门提供的相关证明材料进行评估。

（六）考评结果

1. 单位绩效考评综合分 = 领导测评分 × 权重 + 单位互评分 × 权重 + （定量考评分 + 奖励分 – 处罚分）× 权重。

测评分（互评分）= 评价"好"比重 × 100 + 评价"较好"比重 × 80 + 评价"一般"× 60 + 评价"差"比重 × 40。重点定量考评分 = （完成率 ≥ 100% 项数 × 100 + 完成率 ≥ 90% 项数 × 90 + 完成率 ≥ 80% 项数 × 80 + 完成率 ≥ 70% 项数 × 70 + 完成率 ≥ 60% 项数 × 60 + 完成率 < 60% 项数 × 30）÷ 总项数。定量考评分加奖励分和减处罚分后按最高 100 分封顶。

2. 单位绩效考评结果分为优秀（≥ 85 分）、良好（≥ 75 分）、一般（60 ~ 74 分）、较差（< 60 分）4 个等级。

3. 根据分数排序推荐为优秀等次单位须达到优秀分数线且原则上不超过实际参加考核单位的 20%，并根据不同类别单位（部门）分别确定。

五、单位绩效考评实施

（一）单位绩效考评组织

单位绩效考评工作坚持统分结合、归口负责、整体推进的原则。

1. 全院单位绩效考评工作在院党组统一领导下分工负责组织实施；各单位内设机构绩效考评工作在单位党委（党总支）统一领导下分工负责组织实施。

2. 院考核工作组由分管人事院领导、人事处和相关部门人员组成，负责组织各单位年度绩效考评工作。

3. 人事处作为考评工作的业务归口部门，负责考评指标及权重制定、组织定性考评及汇总考评结果等工作。

4. 分管院领导及其分管业务处室负责归口管理工作的过程考核，审核各单位、重要平台相应的定量指标完成情况。

5. 分管督办院领导、监察审计室负责审核院机关部门定量指标完成情况。

6. 院办公室等处室分别负责核实各单位（部门）相应的表彰奖励指标和"一票否决"指标。

（二）单位绩效考评方法

单位考评一般采取年度考评方式，并通过单位自评、民主测评、工作检查和听取汇报等多种形式和渠道，全面准确地了解被考评单位的有关情况。

1. 年前，各单位、机关部门和国家级科技平台按照院重点工作计划和任务目标绩效考评内容，制定本单位、本部门下年度任务目标，经院长办公会确定后作为年度定量考评指标。

2. 年初，院长与院属单位、机关处室、国家级科技平台负责人签订《年度目标责任书》，明确年度考评指标。院属单位负责人与内设机构主任（组长）、科技平台负责人等签订《年度目标责任书》。

3. 年中，院领导及督办部门结合工作检查，对院属单位、机关处室年度重点指标完成情况进行现场核查和督查。

4. 年终，院考核工作组在院党组的统一领导下，以《年度目标责任书》为依据，对相关单位的年度绩效管理指标情况组织进行统一考评。

（三）单位绩效考评程序

1. 自评。各单位、各部门根据《年度目标责任书》，总结年度绩效管理定量指标完成情况，报院考核工作组。

2. 核实。院考核工作组根据各单位、各部门自评上报的材料，核实各单位的绩效管理定量指标得分。

3. 测评。采取集中汇报、现场评价等形式组织开展绩效管理定性指标领导测评、单位互评。

4. 初审。院考核工作组对绩效管理指标得分进行统计排序、提名，报院党组。

5. 审定。院党组根据绩效考评结果提出考评等级意见。

6. 反馈。将考评结果以书面形式反馈各单位、各部门。

六、单位绩效考评结果的运用与管理

（一）单位绩效考评结果的运用

1. 完善绩效改进机制。单位绩效考评情况由院考核工作组及时反馈给各单位（部门）。各单位要针对考评中反映出的突出问题，深入分析原因，总结经验教训，强化整改落实，提高能力水平。

2. 实施正面激励机制。单位绩效考评结果作为单位领导班子成员个人考核、评优评先和绩效奖罚的重要依据，作为单位领导班子建设和领导干部选拔任用、培养教育、管理监督的重要依据。

对年终考评结果为优秀档次的，给予单位表彰和单位领导班子成员奖励；对年终考评结果为一般和较差档次的，单位领导班子成员年度考核原则上不得评为优秀。

3. 试行末位淘汰机制。根据单位绩效考评结果，分别对得分靠后的院属单位、机关部门进行通报，以更好地提高单位（部门）的工作效能。

年度考评结果排在末位的，由院领导对单位主要领导进行提醒谈话；连续两年考评结果排在末位的，对单位（部门）领导班子作相应调整；年度考评结果为较差档次的，对单位（部门）领导班子作相应调整。

（二）争议解决

1. 被考评单位对考评结果有异议的，可在收到考评结果通报后的五个工作日内向人事处书面提出复核申请，并提供相关证明材料。

2. 人事处收到被考评单位的复核申请后，报院考核工作组进行复核，形成复核意见，并报院党组审定。

（三）责任追究

1. 对于在单位绩效考评工作中违反相关规定，不认真履行考评职责或不认真配合考评、造成不良影响的，追究相关单位（部门）和领导的责任。

2. 被考评单位如弄虚作假申报本单位的年度绩效工作，造成不良影响或后果的，追究相关单位（部门）和领导的责任。

3. 负责绩效考评的工作人员如因工作责任心不强，不认真履行考评职责，造成不良影响或后果的，追究相关个人的责任。

七、附则

（一）本指导性意见自 2013 年 1 月 1 日起

实施。2012 年发布的《中国热带农业科学院单位绩效考评指导性意见（热科院人〔2012〕127号）》停止执行。

（二）各单位根据本指导性意见，制订本单位内设机构的考评实施办法，报人事处备案。

（三）本指导性意见由人事处负责解释。

附件：

科研单位绩效管理基础定量指标

科研单位基础定量指标参照《全国农业科研机构科研综合能力评估指标》设立一级指标 2 项、二级指标 6 项、三级指标 18 项。根据不同类型的科研单位（非营利所（一类）、拟转企所（二类）和农业事业单位（三类））来确定各项指标的权重和得分上下限。

1. 投入指标

1.1 科技队伍指标

1.1.1 专业技术人员数

指本年度本单位新增的标准人员与去年标准人员比值。标准人员按聘为专业技术岗位人员计算（聘为专技岗位的"双肩挑"人员和同时担任科级以上干部按 50% 计算）。

标准值：20% ~ 25%（其中非营利所 25%，拟转企所、农业事业单位 20%）。每增（减）1% 加（减）0.2 分。

计算标准：标准人员 = 初级技术职务人员 ×1 + 中级技术职务人员 ×1.5 + 副高技术职务人员 ×1.8 + 正高技术职务人员 ×2.1 + 待评人员 ×0.5。

1.1.2 高级专业技术人员比例

指本单位副高级以上专业技术人员数占专业技术人员的百分比。

标准值：20% ~ 30%（其中非营利所 30%，拟转企所 25%，农业事业单位 20%）。每增（减）1% 加（减）0.2 分。

1.1.3 硕士及以上学位人员比例

指本单位具有硕士及以上学位的专业技术人员占专业技术人员的百分比。

标准值：50% ~ 70%（其中非营利所 70%，拟转企所、农业事业单位 60%）。每增（减）1% 加（减）0.1 分。

1.2 研究条件指标

1.2.1 人均科研仪器设备

指本年度本单位新增的科研仪器设备金额与本单位标准人员的比值。

标准值：2 万元/人。每人均增（减）1 万元加（减）0.5 分。

1.2.2 人均科技平台

指本年度已批准建设的科技平台总分与本单位标准人员之比。科技平台包括科研基地（重点实验室、农作物改良中心（分中心）、区域技术创新中心、国际联合实验室等）、中试基地（工程实验室、工程技术中心、工程技术研究中心、原种基地、育种中心、良种繁育基地、农产品加工技术研发中心（分中心）、产业技术体系试验站、国际研究中心、引智基地、科技合作基地等）、服务平台（农业科技园区、科技协作网、检验测试中心、国家参考实验室、野外定位观测台站、种质资源库（圃、场）、援外技术示范中心、产业技术创新战略联盟、农业科技 110 服务站等、图书馆、网络信息平台等）。

标准值：0.2 分/人。每增（减）0.1 分/人加（减）1 分。

计分标准：国家级平台 7 分/个，部级平台（含国际联合）4 分/个，省级平台 3 分/个，院级平台 1.5 分/人。主持（挂靠）单位系数按 1 计算，参加单位系数按 0.5 计算。

2. 科技活动指标

2.1 课题活动人员比例

指本单位从事课题活动人员占从事科技活动人员（包括管理人员和专业技术人员）的比值。

标准值：70% ~ 80%（其中非营利所 80%，拟转企所、农业事业单位 70%）。每增（减）1% 加（减）0.1 分。

2.2 承担研究课题指数

指本年度本单位承担各层次、各类型课题得分与标准人员之比。

标准值：1.5 ~ 3 分/人（其中非营利所 3 万

元/人，拟转企所、农业事业单位 2 万元/人，三个实验站 1.5 万元/人）。每增（减）1 分/人加（减）2 分。

计分标准：一类科技项目：15 分/项，二类科技项目：10 分/项，三类科技项目：6 分/项，四类科技项目：3 分/项，五类科技项目每项计 1 分。（一至三类科技项目按《中国热带农业科学院专业技术职务评审工作实施意见》方法划分，四类科技项目指的其他外委项目，五类科技项目指单位自选课题）。主持单位系数按 1 计算，参加单位系数按 0.5 计算，协作单位系数按 0.3 计算。

2.3 人均科研经费

指本年度本单位通过签订协议、合同或其他形式申请并获得的各种科技项目经费，包括课题专项和设备专项之和与标准人员的比值。项目主持单位按单位实得经费数填写，不得与科学事业费重复。

标准值：4 万 ~7 万元/人（其中非营利所 7 万元/人，拟转企所、农业事业单位 4 万元/人）。每增（减）1 万元/人加（减）0.5 分。

2.4 人均学术交流

指本年度本单位承办和派员参加的以交流学术研究进展为目的的国际和国内学术会议的标准次数与标准人员之比。承办国际学术会议按 8 次计算、承办国内学术会议按 4 次计算；接受客座研究人员按 4 次/人计算。

标准值：0.4 ~0.5 次/人（其中非营利所 0.5 次/人，拟转企所、农业事业单位 0.4 次/人）。每增（减）0.1 次/人加（减）0.1 分。

3. 产出指标（60 分）

3.1 成果指标

3.1.1 人均成果

指本年度本单位通过鉴定、评定、验收的成果和被上级部门采纳的政策建议总分与本单位标准人员之比。

标准值：0.2 ~0.3 分/人（其中非营利所 0.3 分/人，拟转企所、农业事业单位 0.2 分/人）。每增（减）0.1 分/人加（减）2 分。

计分标准：鉴定成果 6 分/项，国家标准 6 分/项，行业标准 4 分/项，地方标准 3 分/项，省部级以上项目结题验收和采纳的建议 3 分/项，院市级项目结题验收和采纳的建议 1.5 分/项。主持单位按系数 1 计算，参加单位按系数 0.5 计算。

3.1.2 人均获准知识产权

指本年度本单位获国家批准的知识产权总分与标准人员之比。

标准值：0.2 ~0.3 分/人（其中非营利所 0.3 分/人，拟转企所、农业事业单位 0.2 分/人）。每增（减）0.1 分/人加（减）2 分。

计分标准：授权新品种权和国际发明专利 10 分/项；授权国家发明专利 8 分/项；授权实用新型专利和软件著作权 6 分/项；光碟等作品版权 5 分/项；取得动植物品种、兽药、农药、肥料、添加剂等登记证和审定证书 8 分/项。主持单位系数按 1 计算，参加单位系数按 0.5 计算。

3.1.3 人均获奖成果

指本年度本单位获科技成果奖（含社科成果奖）总分与标准人员之比。

标准值：0.2 分/人。每增（减）0.1 分/人加（减）3 分。

计分标准：获奖成果得分见下表，未设等级的奖项均按二等奖计算。同一成果同一年度按最高级别计算，不重复计算。主持单位系数按 1 计算，参加单位系数按 0.5 计算。

级别 等次	国家级奖	省部级奖	全国性社会力量奖奖	地方性社会力量奖	院市级奖
特等奖	72	20	18	12	9
一等奖	54	18	16	10	8
二等奖	36	14	12	8	6
三等奖	/	12	10	7	5

3.1.4 人均论文与著作

指本年度本单位公开发表的科技论文总分与标准人员之比。

标准值: 0.7~1.0 分/人(其中非营利所 1.0 分/人,农业事业单位 0.8 分/人,拟转企所 0.7 分/人)。每增(减)0.1 分/人加(减) 0.5 分。

计分标准:

(1)论文(以第一作者或通讯作者论文): SCI 收录(4 分+影响因子×2 分)/篇;EI 收录 4 分/篇;ISTP、SSCI 收录 3 分/篇;全国性学报 2 分/篇;大学学报、国外其他刊物、国际学术会议论文集,1.5 分/篇;专业科技期刊、国内学术会议论文集,1 分/篇。同一论文不重复计算。

(2)著作:正式出版的学术类 10 分/部,正式出版的科普类 8 分/部,正式出版的译著(中文译外文)8 分/部,正式出版的译著(外文译中文)7 分/部,正式出版的论文汇编 5 分/部。主编单位系数按 1 计算,副主编单位系数按 0.5 计算。

3.2 人才指标

3.2.1 重大贡献人数

指本年度本单位获得省部级以上称号的专家(院士、政府特殊津贴专家、突出贡献专家、劳模、"五一劳动奖章"和"三八"红旗手、优秀科技工作者);获得省级以上认定的学术带头人(国家百千万人才工程,千人计划,中华农业英才奖,国家杰出青年基金项目获得者,农业杰出人才,高层次人才,515 人才工程,中央或省委省政府直接联系专家,现代农业产业技术体系首席科学家、岗位专家)。一人获多项奖励的,不重复计算。

标准值: 1~2 人(其中非营利所 2 人,拟转企所、农业事业单位 1 人)。每增(减)1 人加(减)1 分。

3.2.2 人均培养研究生

指本年度本单位招收(含合招)和选送在职人员培养的研究生数与从事科技活动人员数之比。

标准值: 10%~15%(其中非营利所 15%,拟转企所、农业事业单位 10%)。每增(减)

1% 加(减)0.1 分。

3.2.3 在职培训人数比例(2 分)

指本年度本单位选送的在职人员进行三个月以上的专业技术培训人数与从事科技活动人员数之比。

标准值: 5%。每增(减)1% 加(减) 0.2 分。

3.3 效益指标

3.3.1 人均技术性收入

指本年度本单位开发收入(事业收入)与在职人员总数之比。

标准值: 4 万~5 万元/人(其中非营利所、农业事业单位 4 万元/人,拟转企所 5 万元/人)。每增(减)1 万元/人加(减)1 分。

3.3.2 人均科技服务

指本年度本单位科技服务得分与标准人员之比。

标准值: 0.3~0.4 分/人(其中非营利所、农业事业单位 0.4 分/人,拟转企所 0.3 分/人)。每增(减)0.1 分/人加(减)1 分。

计分标准:

(1)列入国家级推广应用技术成果 3 分/项、部级推广应用技术成果 2 分/项、省级推广应用技术成果 1.5 分/项、院市级推广应用技术成果 1 分/项。须提供文件证明,主持单位系数按 1 计算,参加单位系数按 0.5 计算。

(2)培训农业技术人员数按 0.05 分/人次、培训农民数按 0.005 分/人次计算;技术下乡 0.1 分/人次、天计算;挂职科技副县长按 10 分/人次、副乡(镇)长按 6 分/人次。

(3)示范基地(场、园、大院等) 1 分/个。

(4)公益服务(检测、查新、专题咨询) 0.05 分/次(项)。

4. 分数计算

4.1 调整系数

从单位能力考虑,科研单位按农业部科研评估结果从低到高排名顺序,原则上定量考评得分调整参考系数以综合排名最低的为 1,综合排名每提高 1 位,调整系数增加 0.01。

4.2 定量分计算

根据每个单项指标评分累加计算单位总

评分。

计算公式：$W_2 = \Sigma B_i \div D$。式中：W_2 为定量分，B_i 为第 i 项考评指标考评分值，D 为考评单位调整系数。

附表：1.《非营利所绩效管理基础定量指

标考评表》

2.《拟转企所绩效管理基础定量指标考评表》

3.《农业事业单位绩效管理基础定量指标考评表》

非营利所绩效管理基础定量指标考评表

一级指标	二级指标	三级指标	标准值	基准分	上限	下限	备 注
投入与活动 (40)	科技队伍 (9)	1. 专业技术人员	25%	4	6	0	每增（减）1%（标准人）加（减）0.2分
		2. 高级专业技术人员比例	30%	3	4.5	0	每增（减）1%（专技人）加（减）0.2分
		3. 硕士学位及以上人员比例	70%	2	3	0	每增（减）1%（专技人）加（减）0.1分
	研究条件 (6)	4. 人均科研仪器设备	2万元/人	3	4.5	0	每增（减）1万元/人（标准人）加（减）0.5分
		5. 人均科技平台	0.2分/人	3	4.5	0	每增（减）0.1分/人（标准人）加（减）1分
	科技活动 (25)	6. 课题活动人员比例	80%	2	3	0	每增（减）1%（活动人）加（减）0.1分
		7. 承担研究课题指数	3分/人	10	15	0	每增（减）1分/人（标准人）加（减）2分
		8. 人均科研经费	7万元/人	10	15	0	每增（减）1万元/人（标准人）加（减）0.5分
		9. 人均学术交流	0.5次/人	3	4.5	0	每增（减）0.1次/人（标准人）加（减）0.1分
产出 (60)	成果 (40)	10. 人均成果	0.3分/人	8	16	0	每增（减）0.1分/人（标准人）加（减）2分
		11. 人均获准知识产权	0.3分/人	10	20	0	每增（减）0.1分/人（标准人）加（减）2分
		12. 人均获奖成果	0.2分/人	12	24	0	每增（减）0.1分/人（标准人）加（减）3分
		13. 人均论文与著作	1.0分/人	10	20	0	每增（减）0.1分/人（标准人）加（减）0.5分
	人才 (6)	14. 重大贡献人数	2人	2	3	0	每增（减）1人（贡献人）加（减）1分
		15. 人均培养研究生	15%	2	3	0	每增（减）1%（活动人）加（减）0.1分
		16. 在职培训人数	5%	2	3	0	每增（减）1%（活动人）加（减）0.2分
	效益 (14)	17. 人均技术性收入	4万元/人	8	16	0	每增（减）1万元/人（在职人）加（减）1分
		18. 人均科技服务	0.4分/人	6	12	0	每增（减）0.1分/人（标准人）加（减）1分

拟转企所绩效管理基础定量指标考评表

一级指标	二级指标	三级指标	标准值	基准分	上限	下限	备　注
投入与活动（40）	科技队伍（9）	1. 专业技术人员	20%	4	6	0	每增（减）1%（标准人）加（减）0.2 分
		2. 高级专业技术人员比例	25%	3	4.5	0	每增（减）1%（专技人）加（减）0.2 分
		3. 硕士学位及以上人员比例	50%	2	3	0	每增（减）1%（专技人）加（减）0.1 分
	研究条件（6）	4. 人均科研仪器设备	2 万元/人	3	4.5	0	每增（减）1 万元/人（标准人）加（减）0.5 分
		5. 人均科技平台	0.2 分/人	3	4.5	0	每增（减）0.1 分/人（标准人）加（减）1 分
	科技活动（25）	6. 课题活动人员比例	70%	2	3	0	每增（减）1%（活动人）加（减）0.1 分
		7. 承担研究课题指数	2 分/人	10	15	0	每增（减）1 分/人（标准人）加（减）2 分
		8. 人均科研经费	4 万元/人	10	15	0	每增（减）1 万元/人（标准人）加（减）0.5 分
		9. 人均学术交流	0.4 次/人	3	4.5	0	每增（减）0.1 次/人（标准人）加（减）0.1 分
产出（60）	成果（36）	10. 人均成果	0.2 分/人	6	12	0	每增（减）0.1 分/人（标准人）加（减）2 分
		11. 人均获准知识产权	0.2 分/人	10	20	0	每增（减）0.1 分/人（标准人）加（减）2 分
		12. 人均获奖成果	0.2 分/人	12	24	0	每增（减）0.1 分/人（标准人）加（减）3 分
		13. 人均论文与著作	0.7 分/人	8	16	0	每增（减）0.1 分/人（标准人）加（减）0.5 分
	人才（5）	14. 重大贡献人数	1 人	1	2	0	每增（减）1 人（贡献人）加（减）1 分
		15. 人均培养研究生	10%	2	3	0	每增（减）1%（活动人）加（减）0.1 分
		16. 在职培训人数	5%	2	3	0	每增（减）1%（活动人）加（减）0.2 分
	效益（19）	17. 人均技术性收入	5 万元/人	12	24	0	每增（减）1 万元/人（在职人）加（减）1 分
		18. 人均科技服务	0.3 分/人	7	14	0	每增（减）0.1 分/人（标准人）加（减）1 分

农业事业单位绩效管理基础定量指标考评表

一级指标	二级指标	三级指标	标准值	基准分	上限	下限	备注
投入与活动（40）	科技队伍（9）	1. 专业技术人员	20%	4	6	0	每增（减）1%（标准人）加（减）0.2分
		2. 高级专业技术人员比例	20%	3	4.5	0	每增（减）1%（专技人）加（减）0.2分
		3. 硕士学位及以上人员比例	50%	2	3	0	每增（减）1%（专技人）加（减）0.1分
	研究条件（6）	4. 人均科研仪器设备	2万元/人	3	4.5	0	每增（减）1万元/人（标准人）加（减）0.5分
		5. 人均科技平台	0.2分/人	3	4.5	0	每增（减）0.1分/人（标准人）加（减）1分
		6. 课题活动人员比例	70%	2	3	0	每增（减）1%（活动人）加（减）0.1分
	科技活动（25）	7. 承担研究课题指数	1.5-2分/人	10	15	0	每增（减）1分/人（标准人）加（减）2分
		8. 人均科研经费	4万元/人	10	15	0	每增（减）1万元/人（标准人）加（减）0.5分
		9. 人均学术交流	0.4次/人	3	4.5	0	每增（减）0.1次/人（标准人）加（减）0.1分
产出（60）	成果（38）	10. 人均成果	0.2分/人	6	12	0	每增（减）0.1分/人（标准人）加（减）2分
		11. 人均获准知识产权	0.2分/人	10	20	0	每增（减）0.1分/人（标准人）加（减）2分
		12. 人均获奖成果	0.2分/人	12	24	0	每增（减）0.1分/人（标准人）加（减）3分
		13. 人均论文与著作	0.8分/人	10	20	0	每增（减）0.1分/人（标准人）加（减）0.5分
		14. 重大贡献人数	1人	1	2	0	每增（减）1人（贡献人）加（减）1分
	人才（5）	15. 人均培养研究生	10%	2	3	0	每增（减）1%（活动人）加（减）0.1分
		16. 在职培训人数	5%	2	3	0	每增（减）1%（活动人）加（减）0.2分
	效益（17）	17. 人均技术性收入	4万元/人	9	18	0	每增（减）1万元/人（在职人）加（减）1分
		18. 人均科技服务	0.4分/人	8	16	0	每增（减）0.1分/人（标准人）加（减）1分

中国热带农业科学院
热带农业科研杰出人才和青年拔尖人才选拔培养指导性意见

（热科院人〔2013〕122号）

"十二五"是我院建设世界一流热带农业科技中心，实现跨越式发展的关键时期，建设一支高素质的热带农业科技人才队伍是加快我院事业发展的重要保障。根据农业部《"十二五"农业科研杰出人才扶持培养方案》和中组部支持培养青年拔尖人才的有关精神，我院决定实施热带农业科研杰出人才和青年拔尖人才培养计划，特制定本指导性意见。

一、总体目标

围绕热带农业产业体系、学科体系和科技创新平台建设，选拔培养一批热带农业领军人物和中青年科技骨干，以打造创新团队为目标，通过专项经费支持，建立一批学科专业布局合理、整体素质和自主创新能力较强的热带农业科研创新团队，探索建立热带农业科技高端人才成长和发挥作用的体制机制，加速热带农业科技发展赶超国际（内）先进水平。

"十二五"期间，选拔培养 30 名左右热带农业科研杰出人才，以学科建设、团队培养为核心，通过扶持，成为业务精通、国内知名的领军人物，带动形成 30 个国内领先、具有国际竞争力的创新团队；选拔培养 30 名左右热带农业青年拔尖人才，以培养造就创新团队的核心成员和科技骨干为重点，通过扶持，成为本专业领域品德优秀、专业能力出类拔萃、综合素质全面的科研骨干，形成热带农业科技领军人物的重要后备力量。

二、基本原则

根据我院"一个中心、五个基地"发展目标的总体要求，大力实施"人才强院"战略和"十百千人才工程"，组织开展热带农业科研杰出人才和青年拔尖人才的选拔培养。

（一）坚持"高标准、严要求、竞争择优"的原则。在全院范围内进行热带农业科研杰出人才和青年拔尖人才的选拔，建设科技创新团队，培养科研骨干，优化资源配置。

（二）坚持分类培养、分年度支持的原则。第一层次为科研杰出人才，第二层次为青年拔尖人才，分年度进行培养支持。

（三）实行目标管理和考评相结合原则。所在单位作为培养主体，围绕培养目标计划，按照管理权限和岗位分类进行考评工作，考核结果与经费使用分配挂钩。

三、人选范围

我院从产业体系、重要学科体系、科技创新平台和重大科研项目中，选拔在热带农业科学领域崭露头角、有一定学术造诣、对学科建设有创新性构想、具有良好发展潜力的科研骨干，进行扶持培养，带动热带农业科技创新团队建设。

"863""973"计划等国家科技计划项目第一负责人、国家科技奖励项目第一完成人、现代农业产业体系首席科学家、国家新世纪百千万人才工程人选、国家千人计划人选、已入选农业部农业科研杰出人才等科技人才已是我院热带农业科研领军人物，具有较高的学术造诣，在团队建设中发挥了重要作用，获得了各类国家项目支持，原则上不列入本计划扶持的人选范围。

四、人选条件

（一）热带农业科研杰出人才需同时具备以下条件：

1. 科学道德高尚，学风严谨，为人正派。

2. 学术造诣较高，在科学研究方面取得国内外同行公认的重要成就；具有良好的发展潜力，对学科建设具有创新性构想和战略性思维，具有带领本学科在其前沿领域赶超或保持国际先进水平的能力。

3. 具有较强的团结协作、拼搏奉献精神和相应的组织管理能力，善于培养青年人才，注重学术梯队建设，能带领团队协同攻关。

4. 具有正高级专业技术职称，并聘在专业技术四级以上岗位，原则上不超过 45 周岁。业绩和贡献特别突出者，年龄可适当放宽至 50 周岁。

5. 在具备上述条件的前提下，向我院重要平台、重点学科、重大项目、研究室或课题组负责人倾斜。

（二）热带农业青年拔尖人才需同时具备以下条件：

1. 拥护党的路线、方针、政策，热爱祖国，遵纪守法，学风正派。

2. 在我院工作满一年以上的在编在岗人员，年龄在 35 岁以下。

3. 一般应获博士学位。

4. 在热带农业科学领域崭露头角，获得国际国内较高专业成就及荣誉称号，有一定的社会影响。

五、评审条件

（一）热带农业科研杰出人才需同时具备以下条件之二：

1. 获国家科学技术奖 1 项（自然科学奖、技术发明奖、科技进步奖），其中特等奖或一等奖前 6 完成人，二等奖前 3 完成人；或省部级科技成果奖励 1 项，其中一等奖前 2 完成人，二等奖第 1 完成人。

2. 近 5 年发表 SCI、EI（核心版）收录论文 11 篇以上或被 SCI 收录论文累计影响因子达到 15 或 SCI 引用次数 60 次以上（第一作者或通讯作者）。

3. 以第 1 主持人完成一类科技项目 1 项以上，或以前 3 完成人参与完成一类科技项目 2 项以上。

4. 主持国家自然科学基金项目 3 项以上。

5. 通过国家级审定机构审定的育成品种 2 个以上或获 2 项植物新品种权或 4 项以上国家发明专利或 6 项以上实用新型专利或 8 项以上软件著作权；或获新品种、国家发明专利、实用新型专利、软件著作权共 8 项以上（限第 1 完成人）。

6. 完成已发布的国家标准 4 项或行业标准 6 项或地方标准 8 项以上；或完成已发布的国家标准、行业标准和地方标准共 8 项以上（限第 1 完成人）。

7. 独立完成并公开出版专业著作或译著等 2 部以上（50 万字以上）。

8. 作为主要参加者推广和开发热带农业技术，且取得不少于 3 000 万元的社会经济效益。

（二）热带农业青年拔尖人才需同时具备以下条件之二：

1. 获国家科学技术奖（自然科学奖、技术发明奖、科技进步奖）1 项，其中特等奖或一等奖前 9 完成人，二等奖前 6 完成人；或省部级科技成果奖励 1 项，其中一等奖前 3 完成人，二等奖前 2 完成人。

2. 近 5 年发表 SCI、EI（核心版）收录论文 6 篇以上或被 SCI 收录论文累计影响因子达到 12 或 SCI 引用次数 35 次以上（第一作者或通讯作者）。

3. 以第 1 主持人完成二类科技项目 1 项以上。

4. 主持国家自然科学基金项目 1 项以上。

5. 通过国家级审定机构审定的育成品种 1 个以上或获 1 项植物新品种权或 2 项以上国家发明专利或 3 项以上实用新型专利或 4 项以上软件著作权；或获新品种、国家发明专利、实用新型专利、软件著作权共 4 项以上（限第 1 完成人）。

6. 完成已发布的国家标准 2 项或行业标准 3 项或地方标准 4 项以上；或完成已发布的国家标准、行业标准和地方标准共 4 项以上（限第 1 完成人）。

7. 独立完成并公开出版专业著作或译著等 1 部以上（30 万字以上）。

8. 作为主要参加者参与推广和开发热带农业技术，且取得不少于 1 000 万元的社会经济效益。

六、推荐程序

（一）个人申报。个人提出申请，主要内容包括：科研团队培养计划，未来 5 年科研规划、预期成果。

（二）单位推荐。在个人申报的基础上，由所在单位学术委员会根据申报人的政治思想表现、学术水平、业务能力、工作业绩情况进行综合评议，采用无记名方式投票表决，同意票数超过到会评委人数（到会评委人数不少于 9 人）三分之二者，由单位领导班子研究后向院推荐。

（三）资格审查。人事处、科技处对推荐人选在学术品行、学科建设、个人培养和团队建设目标、国内外影响等方面对推荐人选材料进行审查。

（四）学术审议。由院学术委员会根据申报人选条件（申报人科研规划需与院所科研发展方向一致）择优进行审议，无异议者成为有效候选人。

（五）组织评审。由院评审小组以会议集中评审方式，根据评选条件和标准，对有效候选人推荐材料进行审查评议，对同意票数超过到会评委人数三分之二者，根据指标，按票数从高到低的顺序确定拟推荐候选人。

（六）拟定人选。根据评审小组表决结果，由院会议研究拟定我院热带农业科研杰出人才和青年拔尖人才推荐人选。

（七）公示公布。经院会议拟定推荐人选名单，由人事处公示，公示期为 7 个工作日，并对有异议人选进行复议。公示无异议的，确定为中国热带农业科学院热带农业科研杰出人才或青年拔尖人才。

七、保障措施

（一）加强组织领导

院人事部门负责组织开展热带农业科研杰出人才和青年拔尖人才的选拔工作，院科技部门负责项目统筹和经费审核。院属单位为执行培养计划的责任主体，院属单位"一把手"作为第一责任人，要高度重视人才培养工作并列入重要议事日程，把选拔和培养热带农业科研杰出人才和青年拔尖人才的各项要求落实到实处。

（二）建立投入机制

建立与业绩和贡献紧密联系、充分体现人才价值、有利于调动人才积极性的保障机制。所在单位在科研平台建设、科研立项、团队建设、资金扶持等方面给予倾斜政策。

1. 享受一次性奖金 5 000 元，由院本级统一开支。

2. 科研杰出人才经费 100 万元，每年 20 万元，连续五年滚动支持。主要用于个人及团队的自主课题研究、学术交流和文献出版等，列入下一年院所基本科研业务费开支，由科技处统筹安排并核实经费支持（非营利研究所人员由本单位基本科研业务费等支持）。

3. 青年拔尖人才培养经费 75 万元，每年 15 万元，连续五年滚动支持。主要用于个人及团队的自主课题研究、学术交流、文献出版等，列入下一年院所基本科研业务费开支，由科技处统筹安排并核实经费支持（非营利研究所人员由本单位基本科研业务费等支持）。

（三）建立考核评估机制

培养对象所在单位每年 12 月底向人事处和科技处报送当年人才及其团队的工作总结和下一年度工作计划。所在单位结合本单位实际，围绕培养目标和年度工作计划，对人才及其团队开展综合考评，实行期满考核和中期评估结合的形式，考评采取个人作学术报告，专家评审等方式，全面了解人才在承担科研项目、取得科研成果、发表论文专著、团队建设及开展学术交流等方面的情况，并将考核结果报人事处和科技处备案。相关职能部门根据培养目标和考核结果，对人才团队实际建设情况进行评估，评估结果作为培养计划继续实施的重要依据，与资助经费和待遇等直接挂钩。评估合格的，按年度拨付专项资金，评估不合格的，停拨支持资金，并对人才实行动态调整。

（四）加大培养力度

充分利用国内外资源，建立长效培训机制，探索多渠道、多层次、开放式的多种培养模式，对热带农业科研杰出人才和青年拔尖人才分别制定个性化培养计划，切实做好培养工作，充分发挥热带农业科研杰出人才带领创新团队的领军作用，青年拔尖人才作为创新团队的骨干力量。

（五）建立使用机制

热带农业科研杰出人才和青年拔尖人才作为部省部人才储备和推荐对象，并优先安排到国家、部省、院级重要平台负责人岗位，享受相应待遇。对于违反学术道德规范或法律的，我院将撤销其称号，停拨支持资金。在我院内部发生单位或职务变化、岗位流动，从事科研领域和团队发生变化的，需重新制定培养目标及年度计划，并报人事处和科技处备案。

八、其他有关事项

（一）各单位要加强热带农业科研杰出人才和青年拔尖人才的管理工作，积极落实培养和使用有关政策，主动帮助他们解决困难，做好服务工作，充分调动和激发人才的创新积极性。

（二）热带农业科研杰出人才和青年拔尖人才考评根据管理权限由所在单位负责。

（三）用人单位要统筹安排经费保障，并视财力增长情况，逐步增加投入，及时兑现待遇，并提供科研支持，做好服务和管理，合理使用人才。

九、附则

（一）本指导性意见自发布之日起实施。国家、农业部有新的政策规定发布，本指导性意见相应进行调整。

（二）本指导性意见由院人事处负责解释。

中国热带农业科学院
2013 年度专业技术职务评审工作实施意见

（热科院人〔2013〕129 号）

为做好 2013 年度专业技术职务评审工作，根据上级有关规定和《中国热带农业科学院专业技术职务评审工作指导性意见》，结合我院实际情况，坚持分级管理和分类评价的要求，制订本实施意见：

一、评审系列及职务

各级评审委员会分别评审以下系列专业技术职务：

（一）科学研究（含科技开发与推广、业务管理、检验检测、信息软科学研究）系列：研究员、副研究员、助理研究员、研究实习员。

（二）农业技术系列：高级农艺师、农艺师、助理农艺师、技术员。

（三）工程技术系列：高级工程师、工程师、助理工程师、技术员。

（四）实验技术系列：高级实验师、实验师、助理实验师、实验员。

（五）图书资料（档案管理）系列：研究馆员、副研究馆员、馆员、助理馆员、管理员。

（六）中小学教师（含幼教）系列：中学一级、二级、三级教师，小学（幼教）高级、一级、二级、三级教师。

其他系列（等级）专业技术职务的评审，按照评审权限分别根据国家、农业部、海南省的有关规定和要求进行。

二、申报人员基本条件

（一）热爱社会主义祖国，坚持党的基本路线方针政策，遵守宪法和法律。

（二）热爱科教事业，认真贯彻国家的科教方针和政策，有强烈的事业心和责任感，求实创新，作风严谨，团结协作，服从组织安排，作风正派，具有良好的职业道德。

（三）任现职以来，认真完成本职工作，具有相当的业务水平，能履行拟晋升职务职责，年度考核为合格（称职）以上等次累计须达到规定的任职资格年限。

（四）身体健康，能坚持正常工作。

三、申报条件

（一）身份条件

1. 申报（一）至（五）系列专业技术职务人员必须是在职在岗工作的干部。

2. 申报（六）系列专业技术职务人员不受身份限制，在职在岗教师均可申报该系列专业技术职务。

3. 现聘用在我院专业技术岗位上工作的编制外全日制本科学历以上人员，可以申报上述系列的初、中级专业技术职务。

（二）岗位条件

申报人员必须在专业技术岗位或业务管理岗位工作。

（三）学历条件

申报评审专业技术职务，应具备规定学历。规定学历除符合专业技术职务试行条例中对各级职务本专业学历层次的规定和要求（详见附件1）外，补充规定如下：

1. 学历必须是国家承认的本专业毕业学历，各种培训班、学习班、专业证书班颁发的结业证书或专业证书只能作为评审的参考，一律不作为评审专业技术职务的学历依据。对学非所用者，其学历也不能作为评审依据。

2. 在中央党校和省部级党校连续学习两年以上取得的学历证书，可作为评聘专业技术职务的重要因素，给予充分考虑。

3. 根据国家教委办公厅、人事部办公厅教学厅（1993）4 号文件《关于高等学校一九七〇年至一九七六年入学的毕业生有关问题的通知》精神，"文革"期间入学的大学毕业生晋升正高专业技术职务属破格晋升，应严格按破格条件掌握。

4. 博士研究生取得博士学位后，须在本专业技术岗位上工作满 2 年方可参加副高级专业技术职务评审。取得博士学位前已在本专业技术岗位上工作 2 年以上，且毕业后从事相同专业技术工作满 1 年的，也可参加副高级专业技术职务评审。

5. 硕士研究生取得硕士学位后，须在本专业初级（助理级）专业技术岗位上工作满 2 年方可参加中级专业技术职务评审。

（四）资历条件

1. 任职资历是指实际担任专业技术职务的年限。专业技术职务任职资历应从取得规定学历之后算起，取得规定学历之前的工作资历不能作为担任技术职务的年限计算，只能在评审时作为一个参考因素。任职年限按累计年限和任现职年限两项分别计算，累计年限和任现职年限两项必须同时满足规定年限（详见附件 1），方符合晋升条件。累计年限是指取得规定学历后担任各级专业技术职务的工作年限，任现职年限是指从事本专业现任专业技术岗位工作年限。

2. 对于专科毕业生取得本科学历者，其现任职务的资历可按已具有本科学历对待。

3. 停薪留职、辞职、自动离职重新复职或在职在编待岗人员，在离职、待岗期间，不计算任职年限。

（五）外语条件

外语条件必须达到国家或农业部、海南省规定的要求，并出具正式文件，或合格证书、成绩通知单，其他证明材料只作为评审参考，一律不作为专业技术职务评聘的依据。

符合职称外语免试条件的（附件 4），填写《职称外语免试审批表》（附件 7），经所在单位人事部门对照免试条件审核后，报院人事处审批。

（六）年龄条件

12 月 31 日前达到法定退休年龄的人员不能申报。出生时间以人事档案记录为准。

（七）其他条件

有援外、援疆、援藏、参加基层锻炼或挂职 6 个月以上经历者（以院人事部门备案材料为准），同等条件下予以优先推荐。

（八）有下列情形之一的，不能申报

1. 涉嫌违法乱纪，被政法、纪检、监察部门立案调查尚未下结论的。

2. 受警告处分未满一年；受记过以上处分未满三年；受降级以上处分未满五年；品德败坏，评审弄虚作假未满三年的。

3. 伪造学历、资历、谎报成绩、剽窃他人成果、弄虚作假和搞不正之风的。

四、评审条件

（一）基础理论和专业知识条件

申报人员应具备履行相应职责的专业知识和实际工作能力。

1. 对初级（助理级）人员要求掌握本专业的基础知识和专业知识，了解本专业研究工作的基本环节，初步掌握本学科的研究方法和实验技术，在高、中级研究人员指导下能承担研究课题的具体工作，能阅读一个文种的外文专业书刊。

2. 对中级专业技术职务人员要求具有扎实的基础知识和专业知识，基本了解本学科国内外现状和发展趋势，能独立掌握本学科必要的实验技术和设计研究方案进行研究工作，能熟练地阅读外文专业书刊。

3. 对副高级专业技术职务人员要求具有本学科系统的坚实的基础知识和专业知识，能运用这些知识创造性地进行研究工作，解决研究工作较复杂又有较重要意义的理论问题或技术问题；了解本学科国内外现状和发展趋势，能掌握本研究领域的研究方向，选定有较大学术意义或应用价值的研究课题，提出有效的研究途径，制定可行的研究方案；具有指导和组织课题组进行研究工作，并能指导和培养中级科技人员、研究生开展工作和学习的能力。

4. 对正高级专业技术职务人员要求能分析本学科国内外发展趋势，根据国家需要和学科发展提出本学科研究方向，选定具有重要学术意义或开创性的研究课题，或开拓一个新研究领域；能创造性解决重大、关键性的学术问题，并取得具有国际水平的科研成果，或具有较高的学术价值或具有重要的经济和社会效益的成果；能培养出较高水平的硕士研究生和科技人员，具有培养博士研究生的能力。

（二）工作业绩条件

根据国家、农业部、海南省职称评审有关规定，结合院实际，对工作业绩条件进行分类细化，按科研、开发推广、管理、检验检测、信息软科学、科辅（包括农业技术、工程、实验技术）、教育系列分类设置晋升高一级专业技术职务的工作业绩条件，详见附件2。

五、新进人员初次专业技术职务认定

全日制大中专毕业并在本专业从事专业技术工作的初次认定专业技术职务的新进人员，填写《全日制大中专毕业生初次认定专业技术职务任职资格审批表》（附件9）。院属单位根据拟聘岗位的职责要求，对其政治表现和从事专业技术岗位工作的能力、水平和工作业绩等进行全面考核，经考核合格后报院人事处进行认定。

（一）中专毕业，在本专业从事专业技术工作满1年，可申请认定初级（员级）职务资格。

（二）大学专科毕业，在本专业从事专业技术工作满3年，可申请认定初级（助理级）职务资格。

（三）大学本科毕业，在本专业从事专业技术工作满1年可申请认定初级（助理级）职务资格。

（四）硕士研究生毕业并取得硕士学位，工作满6个月可申请认定初级（助理级）职务资格；在本专业的技术岗位上工作满3年（含在读硕士研究生之前已从事本专业工作满2年，取硕士学位后又从事本专业工作满1年；或在读硕士研究生之前从事本专业工作不满2年，取硕士学位后又从事本专业工作满2年）可申请认定中级专业技术职务资格。

（五）博士研究生毕业并取得博士学位，工作满3个月可申请认定中级专业技术职务资格。

六、不具备规定学历人员的评审

不具备规定学历人员，具有本专业或相近专业专科学历的，如在思想政治表现、工作能力、业绩及外语水平等方面均符合任职条件要求，并符合下列条件之一，可推荐评审相应

职务。

1. 大专毕业后从事本专业工作15年以上，担任中级专业技术职务7年以上，任现职以来累计有3年或近3年连续两次年度考核优秀者，可推荐评审副高级专业技术职务。

2. 大专毕业后从事本专业工作8年以上，并担任助理级职务5年以上，任现职以来年度考核结果均达合格以上者，可推荐评审中级专业技术职务。

3. 对于从事本专业工作20年以上，已取得本专业专科学历满5年并担任助理级职务5年以上者，可推荐评审中级专业技术职务。

七、破格评审

对于不具备规定学历、资历，但确有真才实学，并在本职工作岗位上成绩显著、贡献突出者，可以根据具体情况和工作需要破格评审相应的专业技术职务（原则上不实行越级评审）；破格晋升专业技术职务的人员，一般应任现职满3年。

任现职以来，具备下列条件，可推荐破格评审高一级专业技术职务。

（一）破格晋升正高级专业技术职务，任现职以来，应取得下列5项业绩中的3项：

1. 获1项国家特等奖或一等奖具有获奖证书者（以国家一级证书为准）；或1项国家二等奖前3完成人。

2. 以第1主持人完成一类科技项目1项以上或二类项目2项以上且其中1项须通过验收或结题。

3. 发表SCI收录论文1篇以上且至少有1篇影响因子不低于7.0；或在国家级刊物或国际性学术会议全文发表论文7篇以上，其中SCI收录论文4篇以上且至少有2篇影响因子不低于3.0或总影响因子超过8.0。

4. 独立完成并公开出版著作或译著等2部。

5. 任本专业现任专业技术职务以来，年度考核连续优秀。

（二）破格晋升副高级专业技术职务，任现职以来，应取得下列5项业绩中的3项：

1. 获1项国家二等奖以上具有获奖证书者（以国家一级证书为准）；或1项省部级一等奖

前 2 完成人。

2. 以第 1 主持人完成二类科技项目 1 项以上或三类项目 2 项以上，其中 1 项须通过验收或结题。

3. 发表 SCI 收录论文 1 篇以上且至少有 1 篇影响因子不低于 5.0；或在国家级刊物或国际性学术会议全文发表论文 5 篇以上，其中 SCI 收录论文 3 篇以上且其中至少有 1 篇影响因子不低于 2.0 或总影响因子超过 5.0。

4. 独立完成并公开出版著作或译著等 1 部。

5. 任本专业现任专业技术职务以来，年度考核连续优秀。

（三）破格晋升中级专业技术职务，任现职以来，应取得下列 5 项业绩中的 3 项：

1. 获 1 项省部级三等奖以上前 3 完成人；或 1 项院科技一等奖以上前 2 完成人。

2. 以第 1 主持人完成三类科技项目 2 项以上，其中 1 项须通过验收或结题。

3. 发表 SCI 收录论文 1 篇以上且至少有 1 篇影响因子超过 3.0；或在国家级刊物或国际性学术会议全文发表论文 5 篇以上，其中 SCI 收录论文 2 篇以上且至少有 1 篇影响因子不低于 2.0 或总影响因子超过 3.0。

4. 获 1 项植物新品种权；或 1 项以上国家发明专利；或 2 项以上实用新型专利；或 2 项以上软件著作权。（限前 2 完成人）

5. 任本专业现任专业技术职务以来，年度考核连续优秀。

八、评审程序

（一）个人对照条件申报

凡符合晋升高一级专业技术职务任职条件的在职在岗职工（含从事专业技术岗位工作的聘用人员），均可向所在单位提出书面申请，填写《专业技术职务评审推荐表》（附件 6），并提交能代表本人业务水平的代表作。

（二）所在单位考核推荐

1. 所在单位对申报人所填写的材料和提交的有关证明的真实性进行初审，初审后的材料经领导签字上报。凡发现伪造学历、资历、谎报成绩、剽窃他人成果的，应立即取消其申报资格。

2. 申报晋升中级及以上专业技术职务人员，需在本单位作述职报告，报告个人任现职以来政治表现和从事现岗位专业技术工作的能力、水平和工作业绩。申报晋升正高级专业技术职务和破格申报副高级专业技术职务人员需在院学科组进行答辩，答辩时间为 30 分钟，其中个人履职介绍 5 分钟，学术报告 15 分钟，专家提问 10 分钟。

3. 所在单位专业技术职务评审小组，根据申报人的政治思想表现、学术水平、业务能力、工作业绩、学历和资历等进行综合评议，采用无记名方式投票表决。与会评委须超过评审组人数三分之二的，会议方为有效（与会评委人数不少于 9 人），同意票达到与会评审组成员数二分之一以上者，方可向上一级评审机构推荐。

（三）审查申报材料

院人事处组织有关职能部门对各单位报送的材料进行审查。凡有下列情形之一的可予以否决：

1. 学历、资历、外语、政治思想表现等条件明显不符合有关政策规定的。

2. 申报破格，但推荐单位未明确按破格推荐的。

3. 业绩条件不符合申报规定的。

4. 其他情形。

经审查被否决的人员，评审材料不再送评审委员会。

（四）评审委员会评审

院根据人才队伍建设情况，围绕产业技术体系、学科体系和创新平台建设，组建中级和高级专业技术职务评审委员会，具体组建另行确定。到会评委人数须超过评审委员会组成人数的三分之二，方可开展专业技术职务评审。

1. 晋升初级专业技术职务人员，由所在单位专业技术职务评审小组评审，同意票数超过到会委员人数三分之二者，方为通过。

2. 晋升中级专业技术职务人员，送院相应的中级专业技术职务评审委员会评审，同意票数超过到会委员人数三分之二者，方为通过。

3. 晋升高级专业技术职务人员，则需经过以下程序：

（1）院属单位推荐晋升的高级专业技术职

务人员，首先由院高级专业技术职务评审委员会学科组评议。高级专业技术职务评审委员会下设的学科组推荐两位专家根据被评审人提交的代表作的学术水平进行审评，学科组全体专家根据有关政策规定和相应职务的任职条件对被评审人进行评议，然后进行无记名投票，并向高级评委会提交评议意见。

（2）高级专业技术职务评审委员会根据被评审人的学术水平、能力、业绩和贡献，在听取学科组意见的基础上进行评议，采用无记名方式不限名额投票表决。对同意票数超过到会委员人数 2/3 以上者，根据评审指标，按票数从高到低的顺序确定入围人选，报院务委员会审批。

（五）审批备案

1. 院属单位初级专业技术职务评审委员会、院中级专业技术职务评审委员会评审结果，经院务委员会审核批准后，予以公布。

2. 高级专业技术职务评审委员会的评审结果，经院务委员会审核批准并呈报农业部人事劳动司备案审批后，予以公布。

九、日程安排

每年 12 月 20 日前，各单位组织完成个人申报、填表、述职报告、学术报告、单位评审组评审、公示（7 天）工作，并将申报材料一次性报院人事处，逾期不予受理。

十、报送材料内容、数量及要求

（一）《申报专业技术职务人员信息统计表》（附件 5）一份，由单位负责填写，交人事处（同时提供电子版）。

（二）《专业技术职务评审推荐表》（附件 6）一式 10 份，使用 A3 纸张打印。

（三）《农业部专业技术职务任职资格评审表》（附件 8）一式两份均需用钢笔或签字笔填写，不得复印。

（四）代表作。提交代表作 1～2 篇，必须与申报系列、学科相一致，且应是任现职以来发表的论文、论著等，并注明"代表作"字样，如以外文发表，则需提供中文全文译文。申报高级专业技术职务者，除按要求装订成册的，

另外单独提供代表作一式两套（含代表作 1、代表作 2），每套用信封装好（不封口），并在信封封面粘贴《申报高级专业技术职务人员代表作情况表》（附件 10）。

（五）评审表或评审推荐表中体现出来的任现职以来发表的论文、论著的复印件，要求复印全文及刊物的封面、目录。

（六）专业技术工作总结，要求如下：

1. 说明本人现任职务、聘任时间、本人的学历、学位、取得时间、毕业院校、所学专业以及任现职务后进修学习情况。

2. 说明本人的政治思想表现、年度考核结果、健康状况。

3. 任现职以来反映本人专业水平和业务能力的主要业务工作，科研及科技开发推广项目，需注明项目来源、起止时间、本人所起作用、排名、完成情况（含获奖及取得的社会经济效益）。

（七）获奖证书和证明材料

任现职以来取得的各项专业技术工作成果的获奖证书（证明）的复印件。

（八）文凭证书

毕业证书、学位证书、业务进修、岗位培训结业证等复印件。

（九）外语合格证

其中：材料（四）至（九）必须用 A4 纸张按顺序装订成册（一份），并在封面注明材料目录和页号（按附件 11 样式）。申报高级专业技术职务者还须另外提交"代表作"一式两套。

以上材料装袋，并贴上《专业技术职务评审材料标签》（附件 12）于规定日期前报院人事处（所有上报材料复印件均需提供原件到人事处审查）。申报材料不符合要求的，不予接收。

十一、其他问题的说明

（一）申报职称的专业技术人员，有援外、援疆、援藏、参加基层锻炼或挂职 6 个月以上经历者（以院人事部门备案材料为准），优先推荐参加评审。

（二）编外聘用人员申报职务评审须最近一次聘用在相同岗位上连续工作满 1 年且至少有 1

次年度考核优秀，才能推荐参加中、初级专业技术职务评审。对特别优秀的、符合破格申报副高级专业技术职务条件的人员，可推荐参加副高级专业技术职务资格的评审。

（三）对以考代评、考评结合，须具备职（执）业资格和涉及人民生命财产安全的财务会计、经济、审计等系列岗位的，不得跨专业申报评审。按照《关于财会岗位工作人员评审科学研究系列专业技术职务任职资格有关问题的通知》（热科院职改〔2010〕434号）执行。

（四）引进的高层次留学回国人员，来我院之前获得的专业技术职务资格，按规定程序经核实后予以确认、保留。首次申报专业技术职务资格评审，不受原有职称和任职年限的限制，可破格推荐参加专业技术职务的评审。

（五）除引进的高层次人才外，所有新进人员需在院工作满1年，方可参加专业技术职务评审。对不在我院评审取得的高一级专业技术职务而未聘任岗位的，须按规定程序经院重新认定后再进行聘岗工作。

（六）对确有真才实学，并在本职工作岗位上成绩显著、贡献突出的不具备规定学历、资历的人员，可根据具体情况和工作需要，破格推荐参加副高级专业技术职务评审。对政治坚定、成绩突出、贡献较大、学术水平较高的中青年科技人员，可根据具体情况和工作需要，破格推荐参加高级专业技术职务评审。

（七）对以科学研究为主的"双肩挑"的处级以上领导干部除具备申报条件外，原则上须在省级以上学术刊物发表与本职工作相关的管理论文1篇以上，其国家级学术论文可相应减少1篇。

（八）各级评审委员会要严格执行政策和评审业绩条件，不讨论、制定政策。

（九）委托评审须经农业部人事劳动司和合作单位主管职称改革部门的同意，按规定的程序和要求，原则上接受合作单位符合晋升高级专业技术职务评审条件的委托评审。

（十）申报的各级职务，均须注明系列，基层评审组评审通过后，评审对象的评审系列和级别不得更改。现任专业技术职务与所从事的专业工作岗位设置的职务系列不符者，不再进行职务转评，其任职时间从现所从事的专业技术工作岗位时间算起。

（十一）评审的资历年限、论文公开出版日期截至当年12月31日。作为正高级评审业绩条件所提交的影响因子不低于3.0、副高级不低于2.0的SCI收录论文，适用于第一作者和通讯作者，其他论文仅限第一作者，一篇论文只能使用一次。

（十二）凡学习期间所取得的业绩，如在本专业技术岗位上任现职期间公开发表的，均须署名现所在单位，方可认定有效。同一成果获奖以最高标准为准，不能作为多项条件重复使用。

（十三）评审实行评聘分离，聘任按专业技术岗位设置的有关规定执行。

（十四）根据农业部〔1991〕农（人）字第130号文件精神，连续两次申报未被相应终审评审委员会评审通过的人员，须经两年之后并取得新的成果，方可重新申报评审。

（十五）我院根据指标和申报业绩情况，高级评审委员会按照公开、公正的原则，有权对评审业绩条件作出适当调整，并对高级职称的评审过程和结果进行解释。

（十六）本意见由人事处负责解释。凡是过去颁发的各年度评审工作实施意见与本意见有不一致的，以本意见为准。

附件：1. 专业技术职务学历、资历起点要求一览表（略）

2. 专业技术职务评审工作业绩条件（略）

3. 专业技术职务评审工作实施意见有关说明（略）

4. 关于职称外语条件有关问题的通知（略）

5. 申报专业技术职务人员信息统计表（略）

6. 专业技术职务评审推荐表（略）

7. 职称外语免试审批表（略）

8. 农业部专业技术职务任职资格评审表（略）

9. 全日制大中专毕业生初次认定专业技术职务任职资格审批表（略）

10. 申报高级专业技术职务人员代表作情况表（略）

11. 专业技术职务评审材料目录表

12. 专业技术职务评审材料标签（略）

中国热带农业科学院干部人事档案查借阅规定

（热科院人〔2013〕241号）

为加强和规范我院干部人事档案管理，做好干部人事档案的使用服务工作，根据《干部档案工作条例》《中国热带农业科学院人事档案管理暂行办法》等相关规定，对我院干部人事档案的查借阅作如下规定。

第一条　符合下列情形者，才能查借阅人事档案：

1. 干部考察、任免、调动、政审、入党、出国（境）。

2. 组织处理、办理案件。

3. 工资福利、退（离）休。

4. 办理社会保险、公证。

5. 制作档案副本等。

第二条　查借阅单位因工作需要，须通过组织形式向干部人事档案管理部门申请查阅相关干部人事档案。查借阅审批程序如下：

1. 查阅厅（局）级领导干部人事档案，应向农业部人事劳动司申请，按部有关规定办理查阅手续。紧急或特殊情况，可查阅厅（局）级领导干部人事档案（副本），但须经本单位、本部门负责同志签字并加盖公章，由院长审批。

2. 查借阅机关处级及以下和院属单位领导干部人事档案，须经本单位、本部门负责同志签字并加盖公章，由人事处负责同志审批。

3. 查借阅本单位处级以下、副高级以下干部的人事档案，须经本单位负责同志签字并加盖公章，由档案管理部门负责同志审批。

4. 查借阅其他人员的档案，按照干部管理权限，参照上述规定办理。

第三条　经批准查借阅干部人事档案部分内容的，不得翻阅全部档案。因特殊情况需要复制干部人事档案的，要在《查（借）阅干部人事档案审批表》"查档内容"一栏内列出复制材料明细，经档案管理部门负责人审查批准后

方可复制。档案用毕要经档案管理人员检验，当面归还。

第四条　查借阅人员必须2人以上，且系中共党员和查借阅单位的在编在岗职工。

第五条　查借阅单位派本单位工作人员携带经审核批准的《查（借）阅干部人事档案审批表》和本人有效证件（介绍信、身份证或工作证等），到干部人事档案室登记查借阅档案。

第六条　查借人事档案阅注意事项如下：

1. 干部人事档案一般不外借。确因工作需要借出使用的，必须严格履行审批程序，明确借阅时间，点清册数与份数，注意妥善保管，不得转借他人，不得遗失，用毕应及时归还。借阅时间不超过一个月。

2. 任何人不得查借阅本人及其有夫妻关系、直系血亲关系、三代以内旁系血亲关系以及近姻亲关系的干部档案。

3. 因编写党史、军史、革命斗争史、地方志等各种史志或撰写人物传记等，一般不得查借阅干部人事档案，可直接向干部本人采访。若确需查阅，须出具保密承诺书。若该干部已经死亡或因年迈丧失记忆，有病不能口述、书写，可查阅其履历或自传材料。

第七条　查借阅人事档案要遵守人事档案管理纪律：

1. 查借阅人员必须严格遵守保密制度，不得泄露或擅自对外公布干部档案内容。

2. 查借阅人员必须严格遵守阅档规定，严禁涂改、圈划、污损、撤换、抽取、增添档案材料，未经档案主管总部批准不得复制档案材料。因工作需要从档案中取证的，须经分管人事工作的负责同志审批，并办理登记手续。

3. 借出使用的档案和摘抄、复制的档案材料，要妥善保管，不得转借，不得给无关人员

和干部本人翻阅，用后应及时销毁。

4. 对违反本通知要求，造成严重后果的，要按照《中华人民共和国档案法》《中国共产党纪律处分条例》《档案管理违法违纪行为处分规定》等法律法规给予相应的党纪政纪处分，直至追究法律责任。

第八条　本规定由院人事处负责解释，自发布之日起执行。

附件：查（借）阅干部人事档案审批表（略）

中国热带农业科学院办公室关于加强编制外聘用人员管理的通知

（院办人〔2013〕74 号）

各单位、各部门：

目前我院编制外聘用人员主要以单位、部门、课题组、项目等形式进行聘任，为加强和规范我院编制外聘用人员的管理，进一步明确管理责任主体，根据国家有关规定和要求，现就做好我院编制外聘用人员管理有关事项通知如下：

一、加强人员聘用管理

（一）编外聘用人员的管理责任主体为各单位，各单位应加强人员聘用管理，原则上应进行公开招聘。由各单位的部门、课题组等应根据工作需要，提出用工计划（含用工理由、聘用条件、工作岗位、工作期限等），并报所（站、中心）务会议研究审批后，由单位人事部门组织公开招聘。

（二）任何部门、课题组不得擅自聘用编制外人员。擅自聘用编制外人员的，由聘用直接负责人承担所有费用和法律责任，并根据有关规定，追究单位主要负责人的责任。

二、加强劳动合同管理

（一）所有编制外聘用人员需签订劳动合同，并在劳动合同中明确聘用人员的聘用期限、工作内容职责、社会保险及其他福利待遇等。

（二）因开展科研工作需要临时聘用人员，在签订劳动合同时应以完成某项科研工作任务为聘用期限，科研任务结束时，应及时解聘。

三、加强经费开支渠道管理

（一）科研项目中劳务费只能支付于课题组成员中没有工资性收入的相关人员和课题组临时聘用人员。

（二）各单位聘用的编制外人员及其他未参与科研工作任务的人员工资、保险等不得从科研项目经费中列支。

四、工作要求

（一）各单位要高度重视编制外聘用人员管理，明确职责，建立健全管理机制和聘用制度。要严格按照国家相关规定要求，加强编制外聘用人员管理，保障聘用人员权益，降低单位用工风险。

（二）对编制外聘用人员进行清理规范。各单位、部门要严格按照国家规定，根据本单位编制外聘用人员的管理责任主体进行分类清理，对所签订的劳动合同予以规范，并对编制外聘用人员的工资开支渠道进行清理规范。请各单位、部门对编制外用工情况进行总结，及时对清理过程中发现的问题进行整改，并将有关情况于 2013 年 8 月 20 日前报送人事处。

联系人：陈诗文、陈峡汀，联系电话：0898 – 66962924，0898 – 66962981 邮箱：catasr-sc@126.com。

附件：×××单位关于编制外聘用人员管理情况的报告（略）

中国热带农业科学院办公室

2013 年 7 月 25 日

中国热带农业科学院办公室关于加强院机关人事管理的通知

（院办人〔2013〕77号）

各部门：

为进一步加强院机关人事编制、招聘、岗位、培训、考核等管理，努力建设一支素质优良、精干高效、运转有力的机关管理人才队伍，根据《中国热带农业科学院办公室关于加强院机关管理的意见》（院办发〔2013〕59号）要求，结合院机关实际，特通知如下：

一、严格人员编制管理

1. 各部门严格按院机关机构编制管理规定配备人员，并预留人员编制数的15%～20%的岗位用于人员的优化调整和干部挂职锻炼等。

2. 对未按规定程序擅自配备或挂职（借用）人员（含编外人员），人事处不得办理手续和发放工资福利待遇，相关责任由部门主要负责人承担。

3. 因阶段性工作任务增加需要补充人员的部门，原则上按借调（用）处理。确需超编配备工作人员的，经部门申请、分管院领导研究，人事处审核，并经分管人事工作的院领导同意后，在机关总编制控制数内进行调剂。

二、加强新进人员招聘管理

1. 除个别特殊岗位或急需专业外，院机关原则上不直接从高校或社会上招聘人员，所需人员原则上从院属单位或在机关挂职锻炼人员中择优调配或公开招聘。

2. 确需从院外引进的，招聘工作由院人事处按规定程序进行统一组织，相关业务部门为主，监察审计室监督，实行公开招聘或公开竞岗。

三、强化人员内部调配工作

1. 院机关人员内部调配按有利于结构优化、良性互动、促进发展的原则，由院人事处按规定程序统筹安排。

2. 院属单位调配到机关任职交流的人员，原则上须具有全日制大学本科及以上学历、至少有3年的工作经验，并在机关挂职（借用）锻炼满1年以上。根据部门岗位空缺情况，原则上每年安排1～2次调配。由部门推荐人选、分管院领导同意后，人事处负责按规定程序办理或在全院范围内公开竞聘。

3. 机关调配到院属单位任职交流的人员，主要是在院机关工作满3年，未曾在基层单位工作的机关工作人员。具体由院结合各单位干部人才结构实际情况，统筹安排。

4. 到院机关部门挂职或借调（用）人员由人事处统筹安排。临时申请到院机关挂职或借调（用）到院机关的人员，必须征得所在单位同意，挂职或借调（用）部门推荐、分管院领导同意后，人事处按程序办理。

四、重视岗位聘用和管理

1. 各部门要高度重视岗位聘用和管理工作。原则上不得超过岗位批复数进行聘任，对于超过岗位控制数、确实因工作需要增加相应等级岗位数的部门，按规定程序申请上报，视岗位数空缺情况，对院机关岗位数进行统筹管理。

2. 机关科级管理岗位由人事处按干部规定的程序、科学合理调选拔、任用和调整配备，原则上每年组织1～2次。

3. 每年职称评审后统一开展1次机关岗位聘任，按取得资格之月起聘任。在来院之前已经取得职称或职业资格的，按我院认定后的时间进行聘任；新录用人员首次在我院参加岗位聘任，不受年度聘任时间的限制。

4. 在聘人员未经院人事处同意，擅自在外单位取得资格的，院一律不予以确认和聘用。

五、做好全员培训统筹管理

1. 坚持全员培训、突出重点，实施多渠道、高质量的培训，提高针对性和实效性。主要方式包括培训进修班或短期研讨班、选派出国培训、工作学习实践等。

2. 工作人员业务培训应根据国家和我院的培训规定做好统筹安排，各部门按计划分级分类分批选派，避免过频或过少。年终由各部门把业务培训情况汇总报人事处备案。

3. 工作人员脱产读学位（报考在职研究生和非在职研究生），须符合必须条件，且不影响部门工作，所需费用部分按院规定的要求报销。凡不按程序办理审批手续，擅自脱岗读书，按旷工处理，所有费用自行负责承担。

六、加强工作人员考勤管理

1. 各部门要认真做好本部门人员（含挂靠机构）考勤工作，准确记录上班、出差、请休假天数，工作人员请假应填写《工作人员请假单》。每月 4 日之前各部门连同上月《部门考勤表》一起报送人事处。

2. 加强在院机关和院属单位"双肩挑"人员考勤管理。对外出从事专技工作任务 3 天以内的，应报上一级领导批准；3 天以上的，经上一级领导同意后，报院人事处备案。

3. 加强挂职（借用）人员考勤管理。请假 3 天以内的，经接收部门同意后，报院人事处备案。挂职（借用）人员请假 3 天以上的，经接收部门和选派单位同意后，报院人事处备案。

4. 外出人员须严格按院有关规定办理相应手续，院领导和部门负责人按规定向院办公室报告，其他人员须报部门负责人同意。对外出不实行报告制度的，按旷工处理。

七、完善工作人员考核管理

1. 机关处级干部年度考核按照三级测评和定量考评相结合。

2. 机关科级及以下人员年度考核按照二级测评和定量考评相结合。其中定量考核分根据部门考评结果和部门负责人评价结果综合确定（各占 50%）。

3. 部门被确定为"优秀"等次人员不得超过部门在职人数 40% 或同类（包括处级、科级、科级以下三类）优秀人员比例的 30%。

4. 工作人员年度考核"优秀"等次和评选为先进个人的按规定给予奖励。其中年度考核"优秀"等次的处级及以上、科级、科级以下人员分别增发全年 3%、4%、5% 奖励性绩效工资。

八、加强人员工资福利管理

1. 机关职能部门工作人员工资待遇和社会保险，由人事处根据各部门出勤情况，严格按照国家、海南省和院有关规定和标准制表，由财务处统一发放。

2. 机关服务中心工作人员工资待遇，由机关服务中心按有关规定和标准自行制表，报人事处审核，由财务处统一发放。

3. 机关工作人员住房公积金和住房补贴，由房改办公室根据人事处提供的工作人员工资收入信息，严格按照国家、海南省和院有关规定和标准制表，由财务处统一发放。

4. 各部门要严格控制加班管理，积极履行岗位职责，完成本职工作。对从事突击性任务或专项工作确实需要加班的院机关工作人员，按程序报分管领导批准后，连同相关工作通知等材料，送人事处审核，由财务处发放加班费。对因本职日常业务工作加班的，不得计发加班费。

九、其他有关事项

1. 各部门要加强组织纪律，严格遵守院有关规定，不断改进工作作风、提高工作效能、确保部门及岗位职责履行。对不服从组织分配、不听从组织安排的，院根据有关规定，视情况给予相应的处理。

2. 人事处会同院办公室、监察审计室、机关党委等部门共同做好人事劳动纪律管理和监督工作。对违反政策规定的部门和个人，将按照院有关规定进行严肃处理，并追究有关部门负责人和个人责任。

3. 本通知自 2013 年 8 月 1 日起执行。未尽事宜，按上级部门和院有关规定办理。

附件：工作人员请假单（略）

中国热带农业科学院办公室

2013 年 8 月 13 日

中国热带农业科学院办公室
关于进一步规范新进人员招聘等工作的通知

（院办人〔2013〕81号）

各单位、各部门：

为进一步贯彻落实《中国热带农业科学院关于实施放权强所、推动管理重心下移的指导性意见》（热科院发〔2010〕316号）文件精神，结合《中国热带农业科学院公开招聘人员暂行办法》（热科院人〔2011〕273号）等文件要求，现将我院人才招聘等相关工作事项规范如下：

一、新进人员招聘程序

全院编制内人员招聘工作由院人事处统一牵头，相关部门协助，按照分类分批引进的原则，由院属单位按院和上级部门的有关规定组织实施，除特殊规定情况外，引进人员一律实行公开招聘，程序如下。

1. 用人单位作为新进人员招聘责任主体，应根据事业发展需求于每年4～5月份前向院人事处提出下一年度人才引进计划，并细化招聘岗位信息；

2. 院人事处会同相关职能部门进行审核，并提出意见建议；

3. 进一步完善招聘计划后报院级会议审批，由院人事处下达招聘指标；

4. 用人单位根据指标制定招聘方案，报院人事处备案，并面向社会发布招聘信息；

5. 用人单位根据管理权限，组织开展招聘工作。其中，院属科研机构根据要求，自主组织招聘工作；院附属单位在人事处指导下，组织开展招聘工作；

6. 用人单位根据招聘结果，提出拟推荐人选，报院人事处审核，人事处按照有关规定，报院级会议审批；

7. 用人单位根据院人事处批复，通知新进人员按要求到所在单位签订聘用合同并办理报到、落户、组织关系转接等手续；

8. 用人单位按分批原则，统一到院人事处补办招聘录用手续。

二、新进人员报到流程

新进人员报到事宜由各单位自行负责，拟录用人员收到录用通知后，在规定的时间内，持报到证等相关证件到用人单位报到，用人单位派专人（一次性或分批）到院人事处补办报到手续（到院机关党委转移党组织关系）。

新录用人员须提供县级以上综合性医院体检合格报告，可参照公务员体检要求。

相关流程见附件1、附件2。

三、新进人员调档程序

按照《中国热带农业科学院人事档案管理暂行办法》，由用人单位根据管理范围，负责档案的接收和审核工作。

1. 对同意录用人员出具调档函和接收函。

2. 对档案进行全面审查。如发现档案不全的，需补充完整档案资料。如招聘与报到时信息不符或弄虚作假的，退回档案和取消录用资格。

四、新进人员落户程序

新进人员落户，由各单位统一收集相关材料并按要求审核后提交保卫处统一办理。

相关流程见附件3。

五、相关要求

1. 各单位要高度重视新进人员招聘录用工作，指定专人负责，不断提高人事人才工作质量和规范工作要求。各单位要制定新录用人员的试用及考核管理办法，对于考核不合格的新进人员，解除劳动合同；依照相关规定，建立健全的人事管理制度，进一步理顺人事工作程序，确保工作有质量、有效率。

2. 新进人员报到时，各单位要认真查阅档案，对档案材料的真实性负全责，对于不符合招聘条件的人员，坚决不予报到或解除合同；如发现违规录用，由单位负责人和直接负责人承担相关责任，并取消聘用人员录用资格。各单位派专人到院人事处集中办理报到事宜时间为每年 7 月下旬到 8 月上旬。补办手续时提交《新进人员情况登记表》《农业部事业单位新录用人员登记表》（存档材料）、新录用人员的毕业证、学位证复印件（单位审核后，由审核人签字并加盖单位公章）。

3. 关于新进人员引进、报到、落户的程序与以往文件有冲突的，以本通知为准；未涉及事项，按照原规定执行。

附件：1. 新进人员接收及报到流程（略）
2. 新进人员组织关系转接程序与要求（略）
3. 新录用人员落户程序与提交材料要求（略）
4. 相关附表及参考格式（略）

中国热带农业院办公室
2013 年 8 月 21 日

七、资产、财务、基建管理

资产管理概况

一、国有资产情况

截至 2013 年年底，院国有资产总额 202 620.22 万元，比年初增加 22 115.40 万元，增长 12.25%。其中：流动资产 59 554.25 万元，比年初增加 752.65 万元，增长 1.28%；固定资产 91 604.73 万元，比年初增加 8 730.33 万元，增长 10.53%；对外投资 2 214.43 万元，增加 50.00 万元；无形资产 711.91 万元，增加 87.95 万元。基本建设资金占用 48 534.89 万元，增加 12 494.47 万元，增长 34.67%。

二、资产管理情况

（一）强化土地管理，有效保护科研用地

（1）稳步推进儋州院区维权工作，提出土地维权工作方案。完成试验场三队与西培农场约 5 公里边界线的确认及界桩埋放工作，埋放界桩 217 个，探索地界管理的模式。

（2）推进儋州院区土地使用规划工作。与农垦设计院签订了规划编制合同，提出了土地配置方案并上报院务会。待院体改方案确定后相关工作继续推进。

（3）配合儋州市土地利用总体规划修编，确保院新增建设项目用地的需求。申报甫队居民点规划、职工经济适用住房、共享道路改造项目 3 个建设项目，规划建设用地面积 3 473.63 亩；品资所规划建设用地面积 50.02 亩；橡胶所、品资所、环植所、海口实验站等基地建设所需规划设施农用地面积 298.48 亩。以上项目用地已纳入儋州市土地利用总体规划。

（4）支持政府公益性建设用地，有效保护院科研用地。①积极与儋州市政府协调，科学规划院科研用地。建议市政府编制总体规划时，充分考虑我们的科研用地需要，解除院科研用地的后顾之忧；保留品资所原有科研试验基地

和植物园的用途性质不变，将院植物园和科研基地打造成儋州市后花园和氧气吧。②加强与政府部门联系，确保院重要科研项目试验基地的完整。向省交通厅、儋州市政府请示与建议，马井至那大高速、儋州广播电视发射塔选址时避开院科研试验基地，使其影响降到了最低，确保试验基地的完整。③推进椰子所政府征用土地置换工作。协助椰子所推进文昌市政府征用的土地与所连片的农村插花地的置换工作。

（5）妥善处理相邻土地权属单位之间的关系。协调试验场、花卉公司协助海南省电信实业集团有限公司现场解决群众占地的问题。

（6）履行土地征用报批手续。湛江市政府因社坛路建设，拟征用院加工所土地约 4.63 亩，并需拆除围墙约 460m。按照规定向农业部进行了报批，确保处置程序规范。

（7）完成了开平市热带农业科技中心建设用地 20 亩征地工作。

（二）夯实资产管理基础工作，提升资产管理水平

紧紧抓住资产配置、使用、处置等重点环节，基本实现了对资产的全程监管。

（1）开展资产清查工作，基本摸清了家底。

（2）规范资产配置管理，把住了资产的"入口"，严格按标准配置资产，杜绝闲置浪费资源。

（3）强化资产的使用管理，规范了资产出租出借 830.37 万元；对外投资 100 万元，研究审批南亚所投资 50 万元成立湛江市热农农业科技发展有限公司和海口实验站后勤中心、生物所分别以事业基金 40 万元、10 万元联合对外投资成立海口兴苑物业服务有限责任公司，既有效地保证了资产保值，又提高了资产使用效益。

（4）完善了资产处置管理，把住了资产的"出口"，报废、划拨处置资产 778.32 万元，优

化资产结构，盘活闲置资产，节约配置资产支出，防止国有资产流失。

（5）加强收入管理，将资产处置收入和出租出借收入统一纳入部门预算，实现"收支两条线"管理。

（6）加强生物性资产管理研究，结合院本级基本科研业务费课题项目，组织开展调研，全院生物性资产3 359种（类）、114.66万株，深入思考与探索，提出合理化建议，提升资产管理水平。

三、政府采购情况

按照财政部"无预算不采购、无计划不采购、不超预算采购"的要求，规范院政府采购信息统计及计划管理，每月编报批量采购实施采购计划、每季度编报院政府采购计划、执行信息；院将采购权下放到院属各单位，实现了政府采购工作监管与实施的分离。

（1）2013年认真组织政府采购信息填报工作，在政府采购工作中拓宽政府采购范围、扩大采购规模、规范采购流程、强化信息化建设，取得显著成绩。该年度全院政府采购计划22 923.58万元，实际执行13 126.51万元。

（2）认真组织进口产品申报。组织专家对院122台、3 989.70万元的进口设备进行科学论证，积极与主管部门沟通，推动申报审批工作，批复率达100%。

（3）组织科技中心设备采购，推进院本级预算执行。组织相关部门和单位，及时开展采购工作。已完成信息所52台（套）、314.12万元的设备采购，现已通过验收并支付款项；已完成分析测试中心、橡胶所、品资所科研设备32台、预算2 500万元招标工作，并签订采购合同及办理预付款。

（4）完成政府采购信息报表编制上报工作。①认真组织2012年政府采购信息年报编报工作，提升统计信息质量。2012年全院政府采购预算27 120.20万元，政府采购计划22 399.61万元，实际执行19 312.77万元，节约预算资金679.46万元，节约率为3.40%。②做好2013年政府采购计划、执行等相关信息的编报工作，2013年全院政府采购预算62 853.55万元，其中项目支出政府采购预算56 410.25万元，基本支出政府采购预算6 443.30万元；追加政府采购预算1 526.73万元。③做好2014年"一上"预算中的政府采购和新增资产配置预算。全院政府采购预算62 117.15万元，新增车辆配置预算18辆，预算333万元。

四、国有资产保值增值情况

根据农业部国有资产保值增值考核管理办法和院内部管理要求，层层落实责任，加大监管力度，将国有资产保值增值工作与财务预算、各项收入（支出）、资产配制（处置）管理相结合，监管关口前移，避免了保值增值考核只是事后核算的被动局面。全院2013年实际国有资产保值增值率为101.18%，增值额1 248.41万元，确保了国有资产保值增值。

财务管理概况

一、财务工作情况

2013年，在确保院日常的财务收支核算、财务预决算报告、经费拨付、财务监督与管理等工作正常有序的进行下，完成了以下重点工作：

（一）围绕中心工作，努力提高财力保障水平

1. 财政拨款有所增长

2013年农业部下达热科院财政拨款60 897.42万元，其中：基本支出经费（不含住房改革支出经费）比上年增加了1 633.43万元，提高了5.6%，比考核指标确定的5%多增了0.6%，进一步提高了院基本运行的经费需求和事业发展的财力保障水平。

2. 强化修购项目管理工作

2013年农业部批复热科院修缮购置项目资金6 824万元，获批项目资金比考核指标确定的新增6 000万元高出13.7%。其中：中央级科学事业单位修缮购置专项资金5 970万元，项目数13个，较上年增加240万元；直属单位和转制单位设施设备修缮购置项目854万元，项目数5个，获批项目数和经费数均高于上年。特别是海口院区供电基础设施改造项目（项目总金额3 285万元）的获批，有效解决了院及院属相关单位重点转移到海口后的发展瓶颈问题，为海口院区未来发展提供重要的支撑保障作用。

2013年完成2014年度科学事业单位修缮购置专项财政部中介评审工作，院本级等10个单位2014年修购项目中介评审确认数1.47亿元，项目数42个，较2013年项目批复金额和数量均有较大增长。

重大设施系统运行费新增项目列入农业部2014年"一上"预算472万元，7项；储备项目336万元，5项，较2013年项目金额和数量

有所增长。

（二）强化监管工作，努力提高财务管理水平

1. 制度建设进一步完善

在全面清理修订现行的内部财务管理制度的基础上，对现有规章制度进一步完善，今年已完成制定和修订了11个办法和工作程序。进一步完善内部控制制度，加强控制实效，简化工作程序，提高工作效率。

2. 预算执行工作初显成效

根据农业部预算执行管理工作要求和院的工作部署，继续落实预算执行进度目标责任制，加强预算执行督导，强化预算执行情况通报及预警，预算执行工作取得了较好的成效。2013年，全院预算执行进度为92.53%，比上年同期提高2.83%，首次突破90%，再创历史新高。

3. 审计工作配合到位

5月28日至7月12日，国家审计署在对韩长赋部长经济责任审计期间，对热科院进行了延伸审计，院财务及相关部门和单位积极配合主动沟通协调，取得了较好的效果。

4. 绩效评价工作取得进展

积极推进全院项目资金的绩效评价工作，印发了《中国热带农业科学院重大财政科研项目绩效考评办法（试行）》，选定了2009年度2个公益性行业科研专项作为2013年度绩效评价对象，与中介机构签订协议，评价试点工作稳步、有序推进。

有序开展了院科学事业单位2006—2010年度修购专项绩效评价工作，全方位展示院"十一五"修购专项实施成效，总结经验，查找不足，提高财政资金使用绩效。创新评审方式，采取分院区交叉评审，积极为院属单位条件建设管理人员搭建学习和交流平台，提高修购项目总体管理水平。

制定了《中国热带农业科学院院属单位财务管理绩效考评指导性意见（试行）》，稳步推进院属单位财务管理的绩效考评、检查和督促工作。

5. 加快修购项目验收工作

提前启动2011—2012年度中央级科学事业单位修缮购置项目验收工作，同时启动了对农业事业单位修购项目的验收工作。厉行节约，将以往2次完成的工作量压缩为一次完成，为院属单位节约了验收费用和人力投入。

（三）注重服务工作，努力提高财务服务水平

1. 开展财务保障水平分析

为了解院属各单位财力情况，提升院预算管理的科学化和精细化水平，组织开展了院属单位2012年财力保障水平调研工作。从收入和支出两大方面，从单位类型及具体要求两个维度，从纵向和横向两个角度，根据人均水平情况，对院属各单位2012年院属单位财力情况进行了全面分析，涉及各类财务指标近50项。从中选择了反映总体财务的指标6项、资金筹措能力的指标6项、支付能力指标3项，对单位财务保障水平进行了综合分析，并编写了专题分析报告。

2. 简化院本级报账程序，提高效率

对《院本级基本建设资金付款审批程序》《院本级日常公用经费、项目经费支出计划及报账审批程序》等办法进行了修订，简化了财务报销手续，提高了效率，为院机关部门提供了更高效的服务，为完善全院报账管理工作进行探索。

3. 强化财务业务培训

7月份，院和农业部财会服务中心共同承办了财务专题培训班，设立了"事业单位财务规则""事业单位会计准则""事业单位会计制度"讲解等三大主题，院属单位110多名财务人员和科研管理人员参加了培训，为院属单位贯彻落实新的财务法规、制度提供了指导和帮助。

4. 重视个人发展和能力提升

积极营造学习氛围，鼓励全院财务人员报名参加会计职称考试，鼓励科室同志申报课题，撰写各类工作报告、管理论文等。积极就日常管理工作开展管理调研，并提交相关调研报告，为领导决策提供了科学参考。

二、财务状况

（一）资产负债情况

年末资产部类总计20.26亿元。其中：流动资产5.96亿元，固定资产9.16亿元，对外投资0.22亿元，无形资产0.07亿元，在建工程4.85亿元。

年末负债部类20.26亿元，其中：负债1.84亿元，净资产18.42亿元。

（二）财务收支情况

1. 收入和支出总体情况

2013年收入总计119 216.03万元，其中：上年结转19 516.10万元，当年收入99 531.75万元，用事业基金弥补收支差额168.18万元。当年收入包括：财政拨款60 897.42万元，事业收入16 892.14万元，经营收入4 547.75万元，上级补助收入67.00万元，其他收入17 127.44万元。

本年支出合计99 622.77万元，其中：基本支出56 169.32万元，项目支出38 916.71万元，经营支出4 536.74万元。

年末结转和结余18 788.15万元，其中：财政拨款结转和结余7 080.42万元。

2. 本年财政拨款收入支出决算情况

2013年财政拨款资金来源合计71 579.98万元，其中：上年财政拨款结转10 682.56万元；当年财政拨款60 897.42万元。当年财政拨款中包括：基本支出经费30 659.69万元，住房改革支出经费6 130.00万元，项目支出经费24 107.73万元。

2013年财政拨款支出64 499.55万元，其中：基本支出36 718.55万元，项目支出27 781.01万元。

年末财政拨款累计结转和结余资金7 080.43万元，其中：基本支出结转资金292.70万元；项目支出结转和结余资金6 787.73万元。

预算执行情况

2013 年，热科院财政拨款预算执行指标 68 558.20 万元，实际支出 63 439 万元，执行进度 92.53%，比上年高 2.83%，其中：

（1）基本支出预算指标 36 957.5 万元，占总预算执行指标 54%，实际支出 36 746.03 万元，执行进度 99.43%，比上年低 0.07%，主要是住房公积金比上年低 3.49%。

（2）项目支出预算指标 31 600.70 万元，占总预算执行指标 46%，实际支出 26 692.97 万元，执行进度 84.47%，比上年高 3.42%。

其中：

①修购项目（含农业事业单位）预算指标 6 884.02 万元，实际支出 6 251.83 万元，执行进度 90.82%，比上年高 2.59%。

②其他行政事业类项目预算指标 15 548.51 万元，实际支出 14 333.77 万元，执行进度 92.19%，比上年低 3.51%。

③基本建设项目预算指标 9 168.17 万元，实际支出 6 107.37 万元，执行进度 66.61%。比上年高 6.42%。

修购项目情况

一、修购项目立项批复情况

在农业部的领导和支持下，热科院 2013 年获得修购专项立项支持 1.08 亿元，项目数 18 项，其中科学事业单位获经费支持 9 906 万元，项目数 13 项，其中：2013 年预算批复数 5 216 万元，延续至 2014 年、2015 年经费执行数分别为 3 965 万元、725 万元；农业事业单位获经费支持 854 万元，项目数 5 项。

（一）科学事业单位项目经费获批情况

1. 按项目类型分布情况

2013 年我院科学事业单位获基础设施改造类项目立项支持 6 383 万元，项目数 5 项，其中

2013 年预算执行数 1 693 万元，延续至 2014 年、2015 年经费执行数分别是 3 965 万元、725 万元；获仪器设备购置类项目经费 3 523 万元，项目数 8 项，均为 2013 年预算执行数。

2. 按单位获批情况

2013 年我院橡胶研究所等 7 个科学事业单位获修购项目立项批复情况分别为橡胶研究所 410 万元，环境与植物保护研究所 417 万元，热带生物技术研究所 5 756 万元，南亚热带作物研究所 1 505 万元，农产品加工研究所 873 万元，农业机械研究所 410 万元，椰子研究所 535 万元。（表 1）

表 1　2013 年度科学事业单位修购项目立项批复情况

序号	单位	项目名称	项目类型	项目预算（万元）	项目数	2013 年	2014 年	2015 年
		全院合计		9 906	13	5 216	3 965	725
		橡胶研究所小计		410	1	410		
1	橡胶研究所	农业部橡胶树生物学与遗传资源利用重点实验室平台设备购置	仪器设备购置	410		410		
		环境与植物保护研究所小计		417	1	57	360	
2	环境与植物保护研究所	农业部儋州农业环境观测实验站基础设施改造与设施配套基础设施改造项目	基础设施改造	417		57	360	
		热带生物技术研究所小计		5 756	4	2 016	3 015	725
3	热带生物技术研究所	中国热带农业科学院海口院区供电基础设施改造项目	基础设施改造	3 255		435	2 095	725
4	热带生物技术研究所	热带生物技术研究所试验基地配套设施项目	基础设施改造	1 506		586	920	
5	热带生物技术研究所	农业部热带作物生物学与遗传资源利用重点实验室—热带作物种质与基因资源研究中心仪器设备购置	仪器设备购置	145		145		
6	热带生物技术研究所	中国热带农业科学院蛋白质组学研究共享平台仪器设备购置	仪器设备购置	850		850		
		南亚热带作物研究所小计		1 505	2	915	590	
7	南亚热带作物研究所	南亚热带作物试验基地道路、围栏、给排水基础设施改造	基础设施改造	1 030		440	590	
8	南亚热带作物研究所	农业部热带果树生物学重点实验室遗传改良与生物技术研究方向仪器设备购置	仪器设备购置	475		475		
		农产品加工研究所小计		873	2	873		

（续表）

序号	单位	项目名称	项目类型	项目预算（万元）	项目数	2013 年	2014 年	2015 年
9	农产品加工研究所	先进热作材料国际研究中心仪器设备购置	仪器设备购置	270		270		
10	农产品加工研究所	国家农产品加工技术研发热带水果加工专业分中心仪器设备购置	仪器设备购置	603		603		
11	农业机械研究所	农业机械研究所小计		410	1	410		
		热带农业机械样机试制加工中心仪器设备购置	仪器设备购置	410		410		
12	椰子研究所	椰子研究所小计		535	2	535		
		椰子种苗繁育试验与示范基地配套设施改造	基础设施改造	175		175		
13	椰子研究所	热带油料作物生物技术研究中心建设	仪器设备购置	360		360		

（二）农业事业单位项目经费获批情况

1. 按项目类型分布情况

2013 年我院农业事业单位获得修购项目 5 项，共 854 万元，其中，一次性装备购置 4 项，共 717 万元；基础设施改造 1 项，共 137 万元。

2. 按单位获批情况

我院农业事业单位修购项目获批情况为分析测试中心 198 万元、海口实验站 519 万元、广州实验站 137 万元（表 2）。

表 2　2013 年度农业事业单位修购项目批复情况

序号	项目名称	项目类型	支持金额（万元）	项目数
	合计		854.00	5
	中国热带农业科学院分析测试中心		198.00	1
1	农业部热作产品质量安全风险评估实验室仪器设备购置	一次性装备购置	198.00	
	中国热带科学院海口实验站		519.00	3
2	香蕉采后贮运与加工实验室仪器设备购置	一次性装备购置	200.00	
3	香蕉种苗繁育技术研究中心试验基地基础设施改造	基础设施改造	137.00	
4	香蕉生物学实验室仪器设备购置（二期）	一次性装备购置	182.00	
	中国热带农业科学院广州实验站		137.00	1
5	仪器设备购置	一次性装备购置	137.00	

二、修购项目预算执行情况

我院高度重视并积极督促项目单位扎实推进项目前期工作，强化对项目单位的业务指导，修购项目预算执行工作取得了较好的成效。2013 年我院科学事业单位和农业事业单位修购项目预算执行进度分别达 90% 和 100%，分别比 2011 年提高了 2% 和 7%。

（一）科学事业单位修购项目预算执行进度

2013 年度科学事业单位修购项目预算执行指标 6 083.01 万元（其中，上年结转 867.01 万元、年初部门预算批复 5 970 万元，财政部压缩预算 754 万元），本年支出 5 450.82 万元，年末结转 632.19 万元，当年预算执行进度达 90%，比 2011 年提高了 2%。

（二）农业事业单位修购项目预算执行进度

2013 年农业事业单位修购项目预算执行数 801.01 万元（其中，当年国库返还额度 481.97 万元、2013 年初部门预算批复 338.04 万元，财政部压缩预算 19 万元），本年支出 801.01 万元，当年预算执行进度达 100%。

三、修购项目验收与总结工作

2013 年，我院严格按照农业部的通知要求，组织开展了 2011—2012 年度科学事业单位修购项目验收工作，2011—2012 年度修购项目数 45 项，金额 1.08 亿元，2013 年完成了 31 个项目的验收，金额 6 462 万元，其中院级验收项目 26 项，部级验收项目院级初验 5 项，已验收项目分别占 2011—2012 年度项目数及金额的 69%、60%。我院农业事业单位 2011—2012 年度修购项目数 11 项，金额 1 581.4 万元，2013 年完成了 6 个项目的验收，金额 954 万元，已验收项目分别占 2011—2012 年度项目数及金额的 55%、60%。在此基础上，部署开展了项目验收总结工作，完成了 2010 年度修购项目验收工作报告的编印及验收材料的审核、归档工作。

四、有序开展科学事业单位修购项目绩效评价工作

我院严格按照农业部科技教育司《关于开展农业部科学事业单位修缮购置专项绩效评价研究工作的通知》（农科（条件）函〔2013〕297 号）文件要求，组织专人学习、研究，结合热科院实际，制定了《中国热带农业科学院 2006—2010 年度科学事业单位修缮购置专项绩效评价工作方案》，在海口院区召开绩效评价工作座谈会。成立了以张万桢副院长任组长，成员单位由科技处、财务处、计划基建处、资产处、基地管理处、监察审计室组成的绩效评价领导小组。从院属单位抽调相关专业人员组成评审专家组，采取分院区交叉评审方式进行现场评审。11 月底至 12 月初分三个院区组织开展了现场评审工作，我院"十一五"期间修购专项综合评价平均得分 91 分，评分等级为优，其中：业务考评 51 分、管理考评 22 分、财务考评 18 分。我院本级等 10 个科学事业单位"十一五"期间修购专项绩效评价考评分数总体较均衡，得分分布在 89~92 分，绩效级别评定均为优，有 5 个单位考评得分为 92 分，分别是院本级、橡胶研究所、环境与植物保护研究所、热带生物技术研究所、椰子研究所。

基本建设概况

一、项目执行情况

2013年，全院在建基本建设项目18个，农业基建项目总投资9 188.17万元，其中，上年结转5 520.17万元，2012年下达3 668.00万元。截至年底，共完成投资6 107.37万元，预算执行66.47%，比上一年度高6.28%。

二、项目立项情况

2013年，全院共组织申报农业基本建设项目10项，申报总投资1.91亿元；组织申报种质圃项目建议书2项，申报投资2 856.5万元；申报农业部农产品加工局"农产品产地加工技术集成基地项目"建议书4项，申报总投资3 435万元。全年批复农业基本建设项目4项，总投资2 235万元。

三、项目验收情况

2013年，全院共7个基本建设项目通过竣工初验收，总投资10 362.63万元；12个基本建设项目通过竣工验收，总投资7 066.4万元。

四、专项规划情况

2013年，根据农业部有关要求，组织编制湛江院区和儋州院区总体建设规划，已完成并上报农业部，规划方案已初步获得农业部认可。顺利完成海口院区土地增容费减免审批，容积率由1.03提高至1.8预计免收增容费约7 651.75万元。中国农业科技创新海南（文昌）基地参建各方已签订合作框架协议，总体规划方案初稿已完成。

五、重大基本建设工程进展情况

2013年，热带农业科技中心项目四栋单体主体结构封顶，完成工程投资约4 700多万元。海口院区第一批经济适用房完成总包施工内容约90%，三栋住宅基本完工，完成工程投资约4 300多万元。海口院区第二批经济适用房、热带农产品展示中心及后勤服务中心项目完成规划许可、施工图设计、工程量清单编制和招标准备工作。科技服务中心项目完成了规划方案预审、节能评估报告、水土保持方案、环评报告编制及施工图设计，因国家政策调整，经院研究暂停建设。海口院区供电基础设施改造项目完成了施工图设计、施工招标、院区供电负荷等级评定及接线方案评审等工作。

2013年基本建设项目立项情况

单位：万元

编号	项目名称	承担单位	建设地点	建设年限	项目总投资	备注
1	橡胶树速生丰产试验基地建设项目	橡胶所	海南省儋州市	2013—2014	648	
2	农业部热带作物产品加工重点实验室	加工所	广东省湛江市	2014	756	
3	农业部热带作物有害生物综合治理重点实验室	环植所	海南省海口市	2014	811	
4	项目前期工作费	院本级		1年	20	
	合计				2 235	

2013 年基建项目中央预算内投资计划下达表

单位：万元

序号	项目名称	建设性质	建设地点	建设规模及主要建设内容	建设起止年限	投资来源	总投资	至上年底累计完成投资	2013 年下达投资	备注
	总计					合计	27 031	7 500	4 424	自有资金尚未到位
						中央投资	26 275	7 500	3 668	
						地方配套				
						自有资金	756	0	756	
						其他投资				
1	中国热带农业科学院热带农业科技中心	新建	海南省海口市	总建筑面积 42 575 m²。其中科技中心主楼 18 293 m²，品资所 8 018 m²，橡胶所 8 040 m²，测试中心及共享平台 8 224 m²。购置仪器设备 226 台（套）。	2011—2014	合计	26 363	7 500	3 756	农计发〔2013〕13 号
						中央投资	25 607	7 500	3 000	
						地方配套				
						自有资金	756	0	756	
						其他投资				
2	橡胶树速生丰产试验基地建设项目	新建	海南省儋州市	更新胶园 95 亩，1 ~ 3 龄胶园抚管 22 亩，4 ~ 6 龄胶园续管 270 亩，已开割胶园续管 921 亩；配套建设防护林 62 亩，种覆盖 22 亩；修建 4.5m 宽主要道路 3 150 m²（混凝土路面），6m 宽主要道路 5 280 m²（混凝土路面）；3m 宽次要道路 4 230 m²（沙石路面）；铺设灌溉管道 6 000 m，配套建设 387 亩的田间灌溉设施；修建排水沟 9 000 m；建设实验、管理用房 1 000 m² 等	2013—2014	合计	648	0	648	农计函〔2013〕60 号
						中央投资	648	0	648	
						地方配套				
						自有资金				
						其他投资				
3	项目前期工作费	新建	/	院区建设总体规划编制及重大项目评审论证等前期工作费用	1 年	合计	20	0	20	农计发〔2013〕27 号
						中央投资	20	0	20	
						地方配套				
						自有资金				
						其他投资				

2013 年在建农业基本建设项目完成情况表
（按完成百分比从高到低排序）

单位：万元

序号	项目名称	财政拨款预算指标			2013 年 12 月底形象进度	2013 年 12 月底支出合计	2013 年 12 月底执行进度	备注
		合计	上年结转	年初预算及追加				
	总计	9 188.17	5 520.17	3 668.00		6 107.37	66.47%	
一	香饮所	782.24	782.24	—		782.24	100.00%	
1	中国热带农业科学院香料饮料研究所综合实验室	782.24	782.24		工程结算已完成	782.24	100.00%	

（续表）

序号	项目名称	财政拨款预算指标			2013 年 12 月底形象进度	2013 年 12 月底支出合计	2013 年 12 月底执行进度	备注
		合计	上年结转	年初预算及追加				
二	生物所	136.92	136.92	—		136.92	100.00%	
1	中国热带科学院热带生物技术研究所实验基地	136.92	136.92		已初验合格	136.92	100.00%	
三	品资所	118.59	118.59	—		118.59	100.00%	
1	中国热带农业科学院海南热带植物园扩建项目	5.12	5.12		已竣工验收合格	5.12	100.00%	
2	国家热带果树品种改良中心建设项目	108.85	108.85		工程结算已完成	108.85	100.00%	
3	中国热带农业科学院木薯种质资源圃	4.62	4.62		已竣工验收合格	4.62	100.00%	
四	南亚所	89.77	89.77	—		89.77	100.00%	
1	湛江院区台风损毁基础设施修复项目	4.92	4.92		已竣工验收合格	4.92	100.00%	
2	中国热带农业科学院南亚热带作物研究所综合实验室	84.85	84.85		已竣工验收合格	84.85	100.00%	
五	环植所	27.06	27.06	—		27.06	100.00%	
1	中国热带农业科学院环境与植物保护研究实验室建设	27.06	27.06		已初验合格	27.06	100.00%	
六	院本级	6 851.75	3 831.75	3 020.00		4 587.83	66.96%	
1	儋州院区台风损毁基础设施修复项目	7.83	7.83		已竣工验收合格	7.83	100.00%	
2	项目前期工作费	16.50	16.50		正在执行	10.30	62.42%	
3	中国热带农业科学院热带农业科技中心	6 539.02	3 539.02	3 000.00	主楼已完成 7 层，品资所、橡胶所主体结构封顶，测试中心及共享平台完成 4 层	4 303.90	65.82%	
4	中国热带科学院试验基地水毁基础设施修复重建项目	67.14	67.14		已初验合格	67.14	100.00%	
5	中国热带农业科学院单身和客座研究员宿舍项目	196.73	196.73		已初验合格	196.73	100.00%	
6	中国热带农业科学院儋州院区职工医院病房改造与设备购置	4.53	4.53		已竣工验收合格	1.93	42.60%	
7	院区建设总体规划编制及重大项目评审论证等前期工作费用	20.00	—	20.00	资金未到位	—	0.00%	
七	橡胶所	1 181.84	533.84	648.00		364.96	30.88%	
1	中国热带农业科学院橡胶研究所橡胶树良种苗木繁育基地建设项目	36.58	36.58		已初验合格	36.58	100.00%	
2	中国热带农业科学院橡胶树抗寒高产选育种试验基地	497.26	497.26		基本完工	328.38	66.04%	
3	中国热带农业科学院橡胶树速生丰产试验基地建设项目	648.00	—	648	已上报初步设计概算至农业部	—	0.00%	投资计划 2013 年 12 月份下达

2013 年竣工初验收基建项目清单

序号	项目名称	建设单位	总投资 （万元）	初验情况
1	南亚热带作物研究所综合实验室	南亚所	1 120	初验合格
2	环境与植物保护研究实验室	环植所	2 620	初验合格
3	橡胶研究所橡胶树良种苗木繁育基地建设项目	橡胶所	1 067. 63	初验合格
4	热带棕榈作物研究实验室	椰子所	1 960	初验合格
5	热带生物技术研究所试验基地	生物所	1 490	初验合格
6	试验基地水毁基础设施修复重建项目	院本级	1 000	初验合格
7	单身和客座研究员宿舍项目	院本级	1 105	初验合格
合计			10 362. 63	

2013 年竣工验收基建项目清单

序号	项目名称	建设单位	总投资 （万元）	验收情况
1	热带农业科技交流与推广基地征地项目	椰子所	900	验收合格
2	儋州热带农业资源与生态环境重点野外科学观测试验站	橡胶所	550	验收合格
3	儋州院区职工医院病房改造及医疗设备购置项目	院本级	500	验收合格
4	儋州院区道路改造	院本级	890	验收合格
5	国家橡胶树新品种培育基地	橡胶所	687	验收合格
6	中国热带农业科学院橡胶树种质资源圃改扩建	橡胶所	284. 4	验收合格
7	中国热带农业科学院木薯种质资源圃	品资所	270	验收合格
8	中国热带农业科学院海南热带植物园扩建项目	品资所	1 690	验收合格
9	热带农业野生植物基因资源鉴定评价中心建设项目	品资所	260	验收合格
10	湛江院区台风损毁基础设施修复项目	南亚所	80	验收合格
11	南亚热带作物研究所热带水果科研基地	南亚所	785	验收合格
12	儋州院区台风损毁基础设施修复项目	院本级	170	验收合格
合计			7 066. 4	

领导讲话

开源节流　绩效导向　助推科技创新能力建设

——在2013年财务工作会议上的讲话

王庆煌　院长

（2013年5月8日）

同志们：

2012年，我院按照农业部的要求，不断强化政策落实和监督管理，稳步推进财务资产管理工作，为提升科技内涵、增强院所综合实力提供了重要的支撑和保障。我对全院财务、资产管理工作给予充分肯定，并对在座各位的辛勤和努力表示衷心的感谢。下面，我就全院财务资产管理工作如何围绕院所工作重点，以发展为目标，以服务为导向，以监管为手段，助推科技创新能力提升行动，讲几点意见：

一、坚持开源节流，不断提高财力保障水平

作为国家级科研机构，科研工作是我院一切工作的中心。从今年起，我院全面实施热带农业"科技创新能力提升行动"，一是以人才为核心，实施"十百千人才工程"。二是以项目为抓手，实施"十百千科技工程"。三是以条件和机制建设为支撑，实施"235保障工程"。"235保障工程"是保证两个"十百千工程"顺利实现的重要基础，财务资产工作是"235保障工程"的重要内容，从这个意义上说，全院财务资产工作的好坏，直接影响到两个"十百千工程"的实现程度和质量。各单位、各部门要按照院的统一部署，加强预算管理，坚持开源节流，推动科技创新能力提升行动：一是要加强与农业部、财政部、科技部和海南省政府相关部门的沟通，积极争取经费支持。二是要加大科技开发力度，进一步盘活存量资产，加快成果转化，拓宽收入渠道，扩大收入规模，充分发挥各类资源的经济效益。三是要认真贯彻落实党的"十八大"精神和中央关于厉行节约的

有关规定，进一步提高思想认识，弘扬我院艰苦奋斗的优良作风，坚持少花钱、办实事，控制和压缩"三公经费"支出，努力降低一般性公务支出，集中财力物力支持各项重点工作的快速推进。

二、搭建共享平台，推进资产资源整合共享

国家科技创新大会强调科研院所要强化科技资源开放共享，建立开放科研设施的合理运行机制，整合各类科技资源，推进大型科学仪器设备等科技基础条件平台建设，加快建立健全开放共享的运行服务管理模式和支持方式。当前，我院还存在部分仪器设备闲置浪费的现象，全院资产总体短缺与局部过剩的矛盾仍未得到根本解决。各单位、各部门要切实把资源整合共享作为资产管理的重要内容，积极探索资产配置和共享共用的有效机制，充分利用我院大型仪器设备共享平台，依托全国热带农业科技协作网，不断创新工作方式，加强资源整合与共享共用，减少重复投资，防止闲置浪费，提高资产使用效率。

三、强化监管措施，提高资金资产使用绩效

全院财务监管工作要把握重点，注重实效，进一步强化重大项目资金的监督管理，坚持依法依规理财管物，要以规章制度为依据，以强化内控为手段，以制度落实为抓手，不断提高监管效果。院财务资产管理部门要根据上级的统一部署，结合新的事业单位财务会计制度，查找、堵塞管理制度漏洞，进一步完善全院财务资产管理制度体系。各单位、各部门要不断

增强照章办事的法律意识和规范意识，切实把规章制度落到实处。要积极推进资金和资产使用的绩效评价工作，逐步完善评价指标体系，不断提高绩效评价的科学性，扩大评价结果的使用。

四、坚持多措并举，提升财务资产管理能力

各单位要按照"品德优秀、素质过硬、结构合理、流动有序"的总体要求，进一步加强财务资产管理队伍能力建设。随着我院逐步发展，人员队伍规模在不断扩大，对财务管理工作提出了更高的要求。各单位要从"质"和"量"两方面加强财务体系和财务人员队伍建设。按照岗位设置和加强监管的需求，加快建设多层次立体式的财务人员队伍，为单位发展提供强有力的支撑和保障。财务处要牵头建立绩效目标考核体系，与人事处、监审室共同探索末位淘汰机制，鼓励先进，鞭策后进。各院属单位是财务队伍建设的责任主体，一是要树立正确的职业观。财务资产管理人员是一支很关键的队伍，要增强整个队伍的大局意识、责任意识、风险意识和服务意识，遵循廉洁奉公、爱岗敬业、保守秘密的职业操守。二是要多渠道提升能力水平。要求财务资产管理人员一方面要勤于学习，善于思考，及时掌握最新政策要求和业务知识；另一方面要积极参加业务培训和专业资格考试。我院要继续加强与财政部海南专员办、农业部财会服务中心的共建合作，开展有针对性的业务培训。财务资产管理人员要积极参加中高级会计职称和相关执业资格考试，不断提高自身综合素质和能力。三是要注重调查研究。财务资产管理人员要结合业务工作需要认真开展调查研究，加快从业务型向管理型、复合型转变，努力提高服务单位科学决策的参谋水平。

五、认真履行职责，高度重视预算编制工作

我院财务预算编制的质量和效率在不断提高，各单位一把手要高度重视预算编制工作，这关系到院所下一年度工作的重点和方向。预算编制工作要特别重视以下几个方面：第一，重点支撑。对院的重点工作，各单位要设定子目标，并通过预算工作予以支撑。第二，引领发展。财务预算编制工作要具有连续性，为我院实施"科技创新能力提升行动"提供持续的财力支撑。第三，注重民生。在严格执行国家政策和规定的前提下，做好资金安排，为不断提高职工福利待遇提供资金保障。

同志们，财务资产管理工作是全院各项工作顺利推进的基础和保障，各单位、各部门要切实支持财务资产管理人员依法理财管物，努力解决他们的困难和问题，营造良好的工作氛围。全院上下要按照院的部署要求，开拓创新、认真履责，扎实推进各项重点工作，为全面推进"科技创新能力提升行动"，建设世界一流的热带农业科技中心作出应有贡献。

谢谢大家！

秉持规范　厉行节约　全面提升财务资产管理水平

——在2013年财务工作会议上的讲话

张万桢　副院长

（2013年5月8日）

同志们：

这次会议的主要任务是，传达和落实农业部财务工作会议精神，总结2012年全院财务资产管理工作，分析当前工作中存在的问题，研究和部署下一阶段的重点工作。

一、2012年工作回顾

2012年，在院党组、院班子的正确领导下，在各单位、各部门的大力支持和共同努力下，全院财务资产管理工作按照农业部的工作要求

和院里的统一部署，紧紧围绕提升热带农业科技内涵这个中心，着力在保障水平、财会服务、日常监管、队伍建设等方面服务全院发展大局，各项工作都有新提高。

（一）积极争取，提高财力保障水平

2012年，农业部下达我院财政拨款6.07亿元，比2011年增加了11.4%，财政拨款水平继续增加，为我院各项重点工作的顺利推进提供了财力保障。特别要说的是，通过努力争取，2012年，农业部追加了我院2010—2012年退休人员补贴1 491.45万元，保障了相关单位落实退休人员福利待遇的经费需求，促进了民生改善和安全稳定；追加了我院抗风救灾专项资金360万元，支撑了湛江院区单位遭受台风灾害后的恢复重建工作。

（二）完善制度，规范财务资产管理

全面清理了院校分离以来的内部财务管理制度，并开展了制（修）订工作，共清理出各项财务管理制度30多项。在此基础上，制（修）订《财政科研项目绩效考评办法（试行）》等7项财务管理办法和《国有资产管理暂行办法》等10多项资产管理制度和工作流程，进一步完善了我院内部财务资产管理制度体系。随着这些制度的实施，全院财务资产管理工作制度化、程序化、高效化水平有了新提升。制定了公务卡改革相关办法，积极与海南省农业银行协调沟通，加强对院属预算单位的指导，保证了公务卡改革工作的顺利开展。截至2012年12月，院属15个预算单位均已启动公务卡改革试点工作。进一步加强票据使用情况的监管，组织开展了2009—2010年度中央行政事业单位资金往来结算票据、发票使用情况的专项检查工作。

（三）强化措施，加快预算执行进度

加强对院各类经费的统筹管理，认真做好2012年预算执行管理工作。一是加强预算执行前期工作。加快进口设备论证、报批工作，全院获批进口设备3 977万元，批复率为99%。完成热带农业科技中心项目政府采购进口产品金额3 909万元材料的申报工作，并已全部获财政部批复。二是加强预算执行情况分析。按月分析财政资金预算执行情况，重点加强专项资金

执行情况的实时监督，及时反馈经费使用情况。加强与财政部海南专员办、农业部财会中心的沟通联系，完善工作流程，办理直接支付业务57笔0.6亿元。三是加强预算执行现场督导。院领导亲自带队，对全院各单位预算执行情况开展了现场督导，查找问题、解决困难，对提高预算执行进度起到了重要的促进作用。2012年全院预算执行进度为89.7%，在预算执行指标增加的情况下，比上年同期提高了5.02%，再创历史新高。其中基本支出执行进度99.5%，比上年提高了0.55%；行政事业性项目支出执行进度95.7%，比上年提高了1.1%；修购项目执行进度87.57%，比上年提高了10.94%；基建项目执行进度60.19%，比上年提高了20.68%。

（四）修购支持，改善科研基础条件

强化顶层设计，积极开展修购专项规划编报工作，先后组织了院学术委员会评审、专业技术评审等多轮规划评审，加强了各单位规划编制与院整体发展规划的衔接，提高了规划的科学性、合理性。全院2013—2015年规划修购项目139个，规划金额5.54亿元。2012年中央级科学事业单位修缮购置项目财政拨款5 730万元，农业事业单位修缮购置项目财政拨款820.4万元，比上年增加了768万元。积极配合开展修购项目成效宣传工作，全方位向中央媒体展示修购项目对我院科研基础条件建设、科技创新能力的提升等方面发挥的重要支撑保障作用。新华社、人民日报、中央电视台、中国财经报、农业日报等媒体发表相关报道、文章11篇，其中，直接报道我院的3篇。应该说，修购项目规划的制定、计划的执行，为落实我院"235保障工程"奠定了基础。

（五）合理配置，提高资产使用效率

2012年，在组织资产处置过程中注重闲置资产的调剂，提高了全院资产的使用效率。全院完成国有资产处置事项17项，处置资产原值757.72万元。其中，生物所对此项工作较为重视，完成国有资产处置事项5项，处置资产原值156.82万元。审核、处理院属单位出租出借事项9项，出租资产价值176.04万元。盘活存量资产，全院调剂仪器设备130台（套），解决

了广州实验站科研仪器设备匮乏的问题，促进了科研工作的快速推进。按照湛江院区相关资产权属情况，加快理顺资产管理关系，推动了资产管理与收益管理相统一。合理安排岭南综合楼的使用，确保湛江院区相关单位科研、行政办公用房需求。积极协调，逐步腾退、逐渐落实儋州院区 46 套（间）公有住房的分配使用；按照相对集中的原则，腾退、调整儋州院区原机关办公大楼使用安排，缓解了儋州院区各科研所办公用房和职工住房的压力。积极推进对外投资业务，依法开展院属单位对外投资事项论证审核工作，加强对事业单位投资设立企业资本的保全性和增长性的监管。

完成全院 2011 年国有资产保值增值考核、总结工作。全院 2012 年国有资产保值增值率为102.20%，顺利完成国有资产保值增值任务。

（六）强化维权，推进土地资源利用

加强科技园区核心区 426.32 亩搁置土地的维权工作，及时办理土地产权登记，维护了土地资源的完整性。积极开展土地利用摸底调查，加强土地资源调剂配置，加快土地使用规划编制。稳步推进儋州院区中兴大道两旁土地管理，配合相关单位和部门开展土地资源利用论证，推进院土地资源开发与利用。

（七）厉行节约，加强经费管理控制

认真落实院厉行节约的工作要求，加强政府采购管理和一般性公务支出控制。公用经费增长过快的势头得到了初步控制，院本级公用经费支出比上年有所下降，保证了有限的经费重点用于队伍建设、科研和民生等重要方面的支出。在政府采购工作中拓宽采购范围、扩大采购规模、规范采购流程、强化信息建设。2012 年，执行的政府采购预算总金额 2 亿元，实际执行 1.93 亿元，节约资金 679 万元，节约率为 3.4%。

（八）服务民生，推动职工住房建设

以落实职工保障性住房建设为重点，积极向地方主管部门争取政策支持，推动实现全院职工均能享受保障性住房政策的目标。海口院区第一批 324 套、香饮所 84 套经适房主体结构已经封顶，试验场 20 套经适房交付使用、40 套正在建设中；海口院区 2012 年第二批经济适用房 656 套建设指标及套型建筑面积已经完成申请和报批工作。椰子所获批建设经适房 192 套，前期准备工作已全面完成，具备了开工条件。加工所 368 套三旧改造项目单元规划已通过，正在修改详规。南亚所所内总规已获批，申请建设指标 120 套。农机所、南亚所在霞山区的土地已纳入湛江市政府三旧改造范围，正在抓紧办理规划审批工作。申请建设儋州院区 220套经适房，解决试验场职工保障性住房问题。

（九）有序推进，清理历史遗留问题

按院的工作部署有序推进相关历史遗留问题的处理，取得了新进展。制定了院债权债务清理工作方案，明确了全院债权债务清理工作原则、工作要求和工作内容，指导各单位按方案开展清查工作。初步完成院本级 1999—2011年债权债务账面数据的清查，为债权债务的清理奠定了基础。对院校分离前的历史财务档案进行了全面清理，顺利完成了有关历史财务档案的清理、归档和移交工作。共清理、归档、移交各类财务档案近 5 000 册，涉及年限长达 16年。明确了企业的管理主体，完成了企业资产和债权债务的清查，企业清理工作基本完成。

（十）强化培训，提高人员队伍素质

采取多种方式，积极推进财务队伍建设工作。一是组织了会计基础工作交叉检查和土地管理交叉调研工作，以检查促交流，促进财务资产管理人员的业务学习。选派人员到农业部财务司和财政部海南专员办挂职锻炼，与海南专员办开展联合调研并参加该办的相关检查工作。二是进一步深化与农业部财会服务中心的合作共建工作，组织举办了两期财务业务知识培训班；邀请农业部财务司资产处、海南省国土局领导开展资产管理政策和知识专项培训。三是积极开展各项业务工作调研和管理研究，撰写专项调研报告和管理论文，努力从业务型向管理型转变。

这些成绩的取得离不开各单位、各部门的共同努力，离不开全院财务资产管理人员的辛勤劳动，在此我代表院领导向大家表示衷心的感谢！在看到成绩的同时，我们也要清醒地认识到，财务资产管理工作还存在一些突出问题：

一是科技创新能力建设资金需求与经费保

障能力不足仍然是我院财务管理的主要矛盾。现阶段我院各单位的财政补助拨款水平不高，自主创收能力不强，各单位经济发展极不平衡，院里对资金调控的能力较弱，经费不足与事业发展需要之间的矛盾日益突出。二是预算执行进度仍然偏慢。各单位的预算管理还相对粗放，预算执行中还存在一些问题，如个别单位的建设项目，已延期多年仍未执行完成；几个关键月份的执行进度达不到要求的目标，预算执行仍不均衡，还存在年底突击花钱的情况；有些单位资金使用安排不合理，存在基本支出经费结转的情况。三是资源整合与共享水平偏低。我院各单位还普遍存在"重资金轻资产""重购置轻管理"的现象，资产购置较少关注挖潜、盘活和用好现有资产，较少过问资产的使用效益，大型科研仪器设备远远未达到院内共享共用的总体要求。四是财务资产管理制度体系有待继续完善。我院各单位还存在预算编制不科学、不完整，科研经费使用管理不严等问题，专利、成果等无形资产管理也有待加强。五是具体财务资产问题仍然突出。个别单位还存在劳务费发放控制不严、会议费开支增长过快、未严格按规定执行政府采购等现象。

二、厉行节约，规范管理，提高资金资产使用绩效

"十八大"以后，党中央出台了"八项规定"，农业部、海南省也出台了相关规定，院党组制订了《关于改进工作作风、密切联系群众的实施办法》。各单位财务资产管理部门对贯彻落实勤俭节约的工作要求负有重要的监管责任，广大财务资产管理人员要切实履行职责，以身作则，切实把厉行节约、反对浪费的工作要求落到实处。

（一）严格控制一般性支出

认真贯彻落实中央勤俭办事业的精神，进一步采取更加有效的措施，在严格控制公务接待费、车辆运行费、出国费等"三公"经费的同时，控制会议费、培训费、劳务费等一般性公务支出。部里正研究制订会议费管理的有关办法，各单位也要根据农业部的总体要求，杜绝到高级宾馆饭店举办会议，严格控制会议数量和规模，严格控制会议费支出。参加业务培训要注重实效，禁止以培训之名行旅游之实，各单位财务部门要加强培训费支出审核。严格按照劳务费、咨询费支出范围、支出标准和支出预算，进一步加强支出控制，完善支出审批、发放手续，杜绝不必要、不合理的劳务费支出。

（二）推进预算管理科学化、精细化

不断推进预算管理科学化、精细化，既是预算管理的基本要求，也是落实勤俭节约的有效手段。各单位要按照财政部、农业部的总体要求，加强工作协调，科学预计单位年度收入总量，围绕院所工作重点，合理安排预算支出。细化预算支出内容，保证预算的严肃性，避免预算执行的随意性。充分利用信息化手段，探索建立预算管理"事前预防、事中监控、事后查处"的有效监督措施和办法，继续完善预算编制、执行和管理等各个环节的监督机制，落实各单位、各部门预算管理责任，加大重大项目资金使用监督检查力度。

（三）提高国有资产配置与使用效率

我院"235保障工程"要求继续加强科研仪器设备的投入，各单位要根据科研领域和学科建设需求，按照"共建共享共用"的要求，进一步做好顶层设计，统筹基建项目、修购项目、科研项目等项目经费的仪器设备购置规划，从源头控制资产的重复购置，避免造成资金浪费。充分利用存量资产，合理配置新增资产，加强我院大型仪器设备共享中心的建设与利用，推进资源整合和资产共享共用。

（四）加强绩效考评工作

继续开展重大科研项目绩效跟踪考评，稳步推进2006—2010年修购项目绩效考评。以提高使用效率为目标，遵循实事求是、客观公正、科学有效、分类考评、稳步推进的原则，建立和完善资金资产使用绩效考评内容和方式方法，逐步开展财务资产工作绩效考评。各单位、各部门要按照院的统一部署，探索建立不同资金、不同项目的绩效考评工作，不断提高绩效考评的科学性，不断扩大考评结果的公开和利用范围，最终建立起预算管理、资产配置与绩效考评结果相挂钩的考评结果使用机制。

三、2013 年的主要工作

2013 年，我们要紧紧围绕科技创新能力提升行动的中心任务，贯彻落实农业部财务工作会议精神，充分发挥财务资产管理的保障作用，认真履行职责，努力夯实基础，积极做好服务。重点做好以下几项工作：

（一）强化预算执行管理工作

3 月份我们召开修缮购置项目预算执行座谈会，已经对 2013 年的预算执行工作进行部署和动员，请各单位按照会议精神和要求，认真落实。今年将继续强化预算执行督导，探索建立预算执行预警机制，进一步完善预算执行情况通报制度，努力实现全年预算执行进度目标。

影响我院总体预算执行进度的主要方面是项目支出，今年重点是生物所、橡胶所、南亚所、加工所、农机所等单位承担的额度较大的修购项目，以及热带农业科技中心项目，这些项目金额较大，执行存在一定的难度，相关单位和部门一定要把基础性工作做细、做实，做到科学规范，及时有效，切实加快项目的执行进度。截至 4 月，全院预算执行进度为 23.26%，比上年同期加快了 1.62%，但大部分单位未能达到序时进度，项目执行明显比上年同期缓慢，各单位要认真分析原因，加快推进各类项目的执行进度：一是稳定性支持项目，包括改革启动费、基本科研业务费、运行费等，要加快工作进度，在项目支出范围内优先安排相关支出。二是科研类项目，项目负责人和课题组成员，要根据项目任务和计划，及时推进项目各项研究工作。三是新增的修购类项目要快速完成招标、施工前准备等相关前期工作，争取提前进入设备采购或工程施工的实质性阶段。四是在建的基本建设项目和修缮类项目，要加强与施工单位的协调，在保证质量的前提下，加快工程进度，加快资金拨付。

（二）做好 2014 年预算编制工作

为进一步夯实预算编制的基础工作，院里对各单位的收入支出情况开展了全面的摸底调研，分析和测评各单位综合的财力保障情况。目前，财务部门已经完成了基础数据收集和初步分析，下一步还要到各单位进行实地核查，更深入地了解各单位的实际情况。2013 年，院里将继续积极向农业部财务司反映我院财务管理存在的困难和经费需求，努力争取逐步增加我院财政拨款规模。相关业务部门要配合做好科研项目、修购项目及基本建设项目的规划、申报等工作，努力增加三类项目经费的获批总量。各单位要提前谋划 2014 年的工作计划，围绕中心工作任务，科学合理地调度和安排资金，各职能部门要相互协调和配合，努力做好 2014 年的预算编制工作，进一步提高预算编制的科学化、精细化水平，确保各项工作的正常运转和院重点工作的顺利开展。

（三）做好修购项目管理工作

修购项目是落实"235 保障工程"的重要组成部分，各单位要切实重视修购项目对改善我院科研基础条件的重要作用，按照"完成一批、在建一批、申报一批、储备一批"的总体思路，提前谋划，科学设计，不断提高修购项目管理水平。组织做好 2014 年度中央级修购专项、事业单位修购专项和重大设施运转费的申报工作，努力争取三类项目的支持水平有所增加。认真做好 2013 年修购专项的实施，加快在建项目的工作进度，切实做好 2011 年度修购专项项目验收准备工作，确保在规定时间内全部通过验收。积极研究农业事业单位修购项目验收管理办法，为开展项目绩效评价打好基础。

（四）加强资产管理工作

认真开展事业单位及其所办企业产权登记工作，规范和加强院国有资产产权管理。加强与上级有关部门的沟通协调，进一步做好进口产品申报工作，加强政府采购预算和计划的执行监督，为加快预算执行创造必要的条件。建立院所资产信息动态监管平台，准确提供各项资产数据，实现管理的科学化、精细化。按规定程序定期进行资产清理，根据管理权限及时进行资产处置，确保资产的有效配置和使用。探索生物性资产管理机制，为重要热带作物品种资源的保护与利用提供决策依据。加强对事业单位投资设立企业资本的保全性和增长性的监管，确保国有资产保值增值。

加强土地维权，充分依托地方政府国土执法部门，及时妥善处理土地纠纷，确保院土地资源的安全。合理配置土地资源，科学编制土地使用规划，充分发挥土地资源的综合利用效益。

（五）加快推进住房项目和相关工作

积极开展国家和地方政府对引进高层次人才、特殊人才住房激励政策的调研工作，探索我院人才住房激励政策，提出切实可行的工作方案和指导性意见。加快推进海口、儋州两个院区876套经济适用房出售选房排序、预售合同签订、公积金提取、购房贷款办理等工作，为两个院区经适房建设创造必要条件。加快推动海口院区、儋州院区职工个人产权住房的房屋所有权证的办理工作，对各单位职工住房公积金缴交以及住房补贴发放工作的执行情况开展专项检查，确保职工合法权益得到有效落实。

（六）提高监管服务水平

进一步加强对院属单位财务资产管理工作的监督检查，完善整改工作机制，不断提高监管效果。充分发挥内部审计的免疫作用，重视审计结果运用，加强审计整改落实。做好国库集中支付管理改革、公务卡改革等改革工作。切实做好热带农业科技中心等重大基本建设项目的财务管理工作，规范高效地完成热带农业科技中心项目设备采购工作，加强已竣工验收基建项目的财务竣工决算审核验收工作，加快推进基本建设项目历史遗留问题的清查清理工作进度。继续加强院本级资金监管和会计核算工作，为院机关高效运转提供优质服务。

按照财会队伍建设中长期规划要求，继续增加必要的财务资产人员，在此基础上不断优化队伍结构。加强院属单位财务资产人员业务培训工作，做好新财务规则、会计准则、会计制度等新制度的学习宣传和贯彻执行。广大财务资产管理人员要自觉加强学习，提高素质，加快从记账员向管理者的角色转变，不断提高管理能力和水平。

同志们，财务资产管理工作直接关系到各单位发展大局，关系到单位法定代表人和班子成员的经济责任。做好财务资产管理工作不仅需要财务资产部门的努力工作，更需要各单位领导的大力支持和各业务部门的理解配合。广大财务资产管理人员要继续保持"廉洁奉公、团结协作、满腔热情、努力创新"的良好精神状态，认认真真学习，踏踏实实工作，清清白白做人，为全院各项工作的顺利开展提供有力保障。

统一思想　狠抓落实　推动预算执行工作再上新台阶

——在2013年修缮购置项目预算执行座谈会上的讲话

张万桢　副院长

（2013年3月25日）

同志们：

根据农业部的工作安排，我们今天召开2013年修缮购置项目预算执行工作座谈会，就进一步做好修购项目预算执行工作、提高资金使用绩效进行再动员、再部署。刚才，各单位汇报了今年修购项目预算执行工作计划，相关职能部门进行了点评。科教司李谊处长对我院前两期修购项目执行情况给予了充分肯定，明确提出了修购项目的管理目标，并对如何做好我院2013年修购项目预算执行工作提出了明确的要求和很好的建议，我完全赞同。下面我就做好今年的修购项目预算执行工作讲几点意见：

一、充分认识修购项目的重要作用

在农业部的大力支持下，2006—2013年我院获得修购专项资金4亿多元，通过修购专项连续8年稳定支持，显著改变了我院各单位的面貌，大幅提高了科研仪器配置水平，显著改善了科研基础条件，强化了科技创新能力，支撑了科研团队建设，催生了科研成果产出。各单位要从科技创新能力提升的高度，把修购项目与院"十百千人才工程""十百千科技工程"

"235 保障工程"紧密联系起来，充分认识修购专项对各单位科研基础条件建设和科技创新能力提升所发挥的重要作用。

二、高度重视修购项目预算执行中存在的问题

自 2006 年以来，我院修购项目预算执行进度总体上逐年加快，管理也越来越规范。特别是 2012 年，我院科学事业单位修购项目预算执行进度达 88%，农业事业单位修购项目预算执行进度达 93.27%，都比 2011 年提高了 11% 左右。对实现全院预算执行总体执行进度再创历史新高起到了重要的作用，影响我院预算执行工作的难点有所突破。在看到成绩的同时，我们更要高度重视修购项目预算执行中存在的问题。目前，进口设备采购申请周期较长、地方政府相关手续繁杂、服务和供货商资质欠佳等客观条件仍在制约我院修购项目的快速执行。但更重要的是，我们在主观上，还存在着一些不容忽视的问题，比如：项目预算编制科学性和细化程度还不够，预见能力不强；个别项目承担单位缺乏相关项目管理专业人员、部分单位的项目管理人才队伍不稳定，个别项目实施方案不尽科学，在实施过程中存在调整情况；个别单位项目执行前期准备工作不够扎实，未能严格按项目执行时间节点要求推进执行工作等等。这些问题不能及时有效解决，必将影响到项目的执行进度、管理效果，进而影响到项目资金的使用绩效。

三、切实抓好 2013 年修购项目管理工作

1. 认真落实预算执行"四抓一加强"的工作要求

"抓早"就是从编制实施方案开始做好项目执行前期工作，春节前，院里已及时将经农业部批复的实施方案批复各单位，各项目单位要根据实施方案加快开展招标、报建等前期准备工作。"抓大"就是重点抓好大项目的执行管理，今年我院有几个千万元以上的项目，一定要将其作为项目执行管理的重中之重抓紧抓好。生物所、南亚所、橡胶所、加工所等项目资金额度较大的单位，要作为项目预算执行的重点单位，重点进行督导。"抓难点"就是重点抓好

执行缓慢或执行遇阻的项目（单位）执行管理。"抓责任落实"就是要严格执行三级管理机制及管理人员制度，明确各级和具体人员责任分工、任务，严格执行院里的行政督办、行政问责、绩效考评等工作机制，狠抓落实。"一加强"就是要进一步加强信息沟通工作，财务部门要主动加强与业务部门间的沟通，及时了解并努力解决项目单位执行过程中存在的困难和问题，帮助他们做好执行工作。落实"四抓一加强"的工作要求，更重要的是要"抓细"，在各个工作环节，都要有细致的工作态度、细致的工作作风、细致的工作干劲。

2. 严格执行院的统一部署和要求，抓好关键节点工作目标

院里在春节前印发了《关于做好 2013 年部门预算执行工作的通知》，明确提出了今年修购项目预算执行的总体要求和各重要节点的进度要求，即确保全年修购项目总体预算执行进度达 95% 以上，其中，2013 年新增项目达 90%，以前年度项目达 100%。各单位要严格按照院里的部署和要求，进一步做好执行工作。特别是要确保 3 月底完成招标准备，4 月份完成招标工作、转入全面实施阶段，6 月底前要完成 2012 年度修购项目的实施内容，6 月底前预算执行进度达 30% 以上，8 月底前完成 2011 年度修购项目验收前准备工作，从而确保全年执行目标的全面完成。同时，在预算执行过程中，要保证资金使用的安全性和规范性。

3. 积极做好 2014 年修购项目申报工作

财务处要提早做好院 2014 年修购项目申报前期准备工作，并及时与上级主管部门进行沟通和汇报。计划基建处、资产处等业务处室也要从不同的角度指导、管理好修购项目。

4. 扎实开展修购项目绩效评价工作

按照农业部的工作安排，今年将对部属三院 2006—2010 年的修购专项资金使用情况开展绩效评价工作。各职能部门、各单位要积极配合，扎实推进，确保评价工作圆满完成。

四、认真落实好 2013 年修缮购置项目预算执行座谈会精神

2013 年修缮购置项目预算执行座谈会同时

也是全院预算执行工作的动员会，各单位应高度重视，并及时传达给单位主要负责人。各单位要创新项目管理方式、方法，进一步注重项目管理人才队伍建设工作，提高项目管理人员政策的理解和把握能力。要充分估计预算执行中的困难和问题，做好工作预案，克服畏难思想，密切协同，狠抓落实，共同推动我院2013年预算执行工作在2012年的基础上再上新台阶。

在热科院2014年部门预算编制布置会上的讲话

张万桢　副院长
（2013年6月18日）

各位领导、同志们：

今天会议的主要任务，一是传达农业部2014年部门预算编制布置会精神，二是布置我院2014年部门预算编制工作。

一、传达农业部2014年部门预算编制布置会精神

2013年6月13日，农业部财务司组织召开了农业部2014年部门预算编制布置会，李健华司长在会上做了重要讲话。

李司长分析了目前财政管理面临的三个形势：一是中央财政收入形势不容乐观。在全球经济低迷的背景下，我国经济增长乏力，近期财政收入受主要经济指标增幅较低、实施结构性减税等因素影响，全国财政收入增长缓慢。财政部统计，1～5月累计全国财政收入完成5.62万亿元，同比仅增长6.6%，增幅同比回落6.1个百分点。其中，中央财政收入完成2.7万亿元，仅增长0.1%，而去年同期，中央财政增幅则是10.1%，前年更是高达29.7%。同时，今年年初预算全国财政收支缺口已高达1.2万亿元，中央财政赤字已达到8500亿元，增加了3000亿元。有专家甚至预言，今后十年都要有过紧日子的打算。因此，近两年中央财政收入增速持续地、明显下降，短期形势十分严峻，继续大幅增加财政支农投入难度很大。二是财税体制改革不断深化。本届政府成立后，将深化体制机制改革作为重要工作，其中就包括财税体制改革，与此相应，财政支农投入思路也需要适当调整。政府下决心较大幅度减少中央对地方专项转移支付项目，加大一般性转移支付，已有专项转移支付项目也要清理合并。改革的另一项内容是，现在中央更强调合理界定政府和市场的界线，提出政府不能大包大揽、无所不能，避免过多地依赖政府主导和政策拉动，而是应进一步发挥市场机制的作用，有效发挥市场配置资源的基础性作用，激励市场主体的创造活力，增强经济发展的内生动力。在今年研究具体支农政策时，财政部经常提出要减少对市场的干预，或者通过政府花钱买市场机制。三是财政资金结构需要调整优化。今年5月8日召开的国务院常务会议提出，要整合优化使用存量支农资金，有效应对当前农业发展的中的问题。韩部长也明确要求，要认真研究推进项目资金整合，优化存量资金结构，研究建立现代农业建设的长效机制。财务司也正在组织相关单位，研究对农业补贴等强农惠农富农政策项目，以及部门预算的专项资金进行整合，进一步提高存量资金使用的效益。

李司长传达了财政部在部署2014年部门预算中的7项要求。

一是从严从紧编制部门预算。中央部门预算布置会上，张少春副部长介绍，明年乃至今后几年，财政收入的增幅将明显回落。同时，为了调整经济结构、保障和改善民生，财政支出的刚性较强，未来几年我国的财政收支矛盾将呈现常态化。为此，财政部提出，一是将下大力气推进厉行节约工作的常态化、长效化和可持续化，推进相关制度建设，近期将重点研究制定会议费、培训费开支管理办法，规范外事活动开支标准和经费管理。二是从严安排一般性支出，"三公经费"支出继续维持零增长。

三是原则上不再审批参公管理事业单位或新增参公管理的事业编制。

二是强化财政结转和结余资金管理。财政部再次要求，各部门在编制年初预算时，要主动统筹动用结转结余资金，目前，尚未动用的结余资金要全部统筹用于 2014 年相关支出。同时，要增强"二上"预算结转资金预计的准确性，加强和当年预算资金的统筹。今年特别强调，财政部将对部门"二上"预算统筹使用结转资金进行审核，并根据年底结转状况对财政拨款的预算进行调整，对结转资金常年居高不下的，统筹使用结转资金不利的部门，财政部将研究把部分结转资金收回中央总预算。下一步，财政部还将进一步完善基建投资、政府采购和部分专项资金的管理制度，努力消除结转结余资金形成的制度因素。

三是推进流动预算编制。财政部提出，将要研究推进三年流动预算编制。这项工作的核心是要首先建立项目库，而且项目库中的项目要全面反映立项依据、目标任务、实施计划和预算安排以及绩效评价情况等内容，内容很全面，要求标准很高。目前财政部正在研究修改项目支出管理办法和相关软件，这项工作是我们大部分单位项目管理的薄弱环节，各单位要早做准备，充分考虑这一因素。

四是提高事业单位收支管理水平。要求中央部门进一步加大对事业单位收支管理力度。在编制 2014 年部门预算时，对事业单位取得的事业收入、经营收入和其他收入，以及通过这些收入安排的支出，将通过编制财务报告的形式单独反映，并进行财务分析。这项改革的重点是对财政拨款之外的收支进一步细化管理，相关单位要准确、翔实、全面地予以反映。

五是加强非本级财政拨款收支管理。按财政预算管理体制的要求，中央部门经费应由中央财政承担。今年，财政部提出，对从地方财政取得的收入，符合相关政策的，要有明确的开支范围和标准，不符合政策的，今后不得再从地方财政取得收入。有从地方财政取得拨款的单位，一定要按照财政部的要求，说清楚具体的政策依据和支出范围、标准。

六是继续推进预算绩效管理。主要是扩大纳入绩效目标管理及绩效评价的项目范围。要求各部门纳入绩效目标管理的项目资金规模，要达到本部门项目支出规模的一定比例。纳入绩效评价试点范围的项目资金规模，要达到本部门公共财政支出规模的一定比例。同时，鼓励中央部门在此基础上进一步扩大范围，并开展部门整体绩效目标申报试点。

七是创新公共服务的供给方式。基本思路是在公共服务领域引入市场机制，提高公共服务供给效率，结合政府职能转变、事业单位分类改革等工作把政府的作用与市场和社会的力量结合起来，大力推进政府购买公共服务。将一些适合由市场和公共组织提供，市场和社会组织能够承担的公共服务，逐步由政府直接提供，转变为通过委托、承包、采购等方式，交给市场和社会组织来提供。

李司长提出，在面临新的形势以及财政管理的新变化、新要求下，各单位要尽快建立形成三个判断：一是明年预算增长的预期切不可太高；二是存量资金预算必须优化整合；三是财政支出思路和模式要大胆创新。同时，李司长对做好农业部 2014 年部门预算工作提出了六点要求：

一是从思想和行动上都要做到厉行节约。根据中央的部署，如果今年出现收支缺口，财政部将不采取扩大赤字的方式，也不采取增加税收的方式，而是计划采取压缩支出的方式解决。下一步，如果中央部门预算压缩方案全部付诸实施，我部预算不可避免将会受到影响，届时一些一般性支出、效果不明显的项目必然要消减。因此，各单位从现在开始一定要有过紧日子的思想准备，节约不必要的支出，确保重点工作顺利开展。2014 年各单位要继续按零增长的原则编制"三公经费"预算，并且将根据 2012 年"三公经费"决算情况，对部分单位"三公经费"预算进行适当压缩。同时，各单位要坚决落实中央关于厉行节约反对浪费的要求，精简会议、文件简报和宣传画册，严格控制庆典、研讨会、论坛等活动，各方面都要节约，大手大脚、讲排场的习惯一定要改。

二是下决心消化项目结转资金。今年财政部决定对结转资金常年居高不下的单位，研究把部分结转资金收回中央总预算。如果财政部根据历史结转资金规模和当前预算执行情况压缩农业部预算，财务司将把压缩的预算分解到相关执行缓慢的单位和项目，尤其是一些多年连续大量结转的单位和项目，相关单位要有心理准备。同时，在安排明年预算时，财务司也将根据年底预算执行情况，统筹使用结转资金，下决心消化多年来居高不下的庞大结转资金，切实提高财政资金使用效益。各单位务必高度重视，严肃对待，积极采取措施，切实加快预算执行进度。

三是持续推动项目资金整合。各单位主要从三个方面着手。一是性质相同、内容相近的项目资金应该归并整合。通过整合，形成一批有影响的大项目，建立一批重大项目平台。根据财政部的要求，今后原则上农业部项目数量将只减不增。二是存量预算与增量资金的整合使用。在每年预算编制时，各单位不能只谈增量，不提存量。2014 年，是梳理存量预算的一个很好的机会，相关单位可以大胆利用存量资金对当前重点工作进行统筹考虑，存量预算总规模原则上不会减少。各单位在编制 2014 年项目预算时，增量原则上不得超过上年项目预算批复总规模的 20%。三是实施过程中的整合。在编制明年预算时，继续对项目支出内容进行梳理，尽力减少交叉重叠。

四是尽早建立完善财政支农项目库。日前，财政部正在研究实施三年滚动预算。各单位要尽早思考，早做准备。每个单位要对至少今后三到五年的项目需求进行谋划，分出轻重缓急，逐年争取安排；每个项目也要对今后一段时期的总体目标、资金安排步骤等进行系统规划，为财政部门安排资金提供参考。项目库的预算规划也要实事求是，不能拍脑袋、编天书。

五是严格控制和减少预算调整事项。财政部规定，除因突发情况、新出台政策、新增单位等因素必须在当年安排的支出外，各部门一律不得申请追加预算；对于的确无法支出的项目，原则上不得支出，作为结余资金处理。因此，请各单位在预算编制过程，尤其是"二上"预算上报之前，务必要召开领导班子会议，对下年预算安排进行全面系统讨论，不留"硬缺口"，确保工作顺利开展，预算安全支出。

六是继续加大预算绩效管理试点力度。按照财政部要求，今年我部将进一步扩大绩效管理的范围。各单位资金规模 1 000 万元及以上的项目，全部要填报绩效目标。同时，要确保资金规模不低于本单位项目支出预算规模的 30%。绩效目标要量化、可考核。要按照积极稳妥、先易后难的原则，从填报绩效目标的项目中，选择部分重点项目参加 2014 年绩效评价试点，并确保资金规模不低于本单位公共财政支出规模的 8%。2014 年起，财政部将开展预算单位整体支出管理绩效综合评价试点，我们也将选择部分下属单位开展试点。

二、2014 年预算编制工作要求

根据农业部相关会议精神，下面我主要结合我院的工作安排和实际情况再强调 6 点要求。

1. 明确 2014 年部门预算编制的指导思想

经研究确定，2014 年我院部门预算编制的指导思想是：在农业部的统一部署和领导下，全面贯彻党的"十八大"以及中央农村工作会议、全国农业工作会议精神，紧紧围绕我院"一个中心，五个基地"的战略发展目标，以及院 2014 年重点工作任务，大力推进院的"科技创新能力提升行动"工程，以保障正常运转为前提，以提升科技内涵为核心，以加强人才队伍建设为基础，着力改善民生，优化支出结构，既统筹兼顾，又保证重点，为我院科研事业发展提供财力支撑和保障。

按照上述指导思想，2014 年预算编制的基本原则：一是保院本级和院属各单位正常运转和有效履行职责；二是保证院确定的各项重点工作顺利开展，特别是切实保障重点科研领域和人才队伍建设的资金需求；三是保证民生工程的落实；四是坚持有保有压，进一步优化支出结构，压缩一般性事务支出；五是加强绩效评价，提高资金使用绩效。

各单位要根据院的 2014 年部门预算编制的指导思想和原则，研究制定本单位 2014 年部门预算编制的指导思想和原则，并遵循编制本单位的 2014 年部门预算。

2. 高度重视，精心组织

各单位、各部门要高度重视，加强领导，精心组织，认真做好本单位、本部门2014年部门预算编制的各项工作。各单位一把手要亲自抓，领导班子要集体研究，细心谋划和部署明年的各项工作，并科学合理地做好资金的统筹安排，各项支出不留"硬缺口"，确保明年各项工作顺利开展，以及各项重点工作任务的贯彻落实。

3. 从紧从严，厉行节约

目前，中央财政面临的形势不容乐观，财政部、农业部都提出了要求，我们要有过紧日子的思想准备。第一是要坚持实事求是，量力而行。各单位在安排2014年各项工作任务时，要充分考虑财力保障能力，统筹兼顾，突出重点，有保有压。第二是要从严从紧地编制2014年部门预算，严格压缩一般性支出，确保重点工作的资金需求。2014年，院机关各部门公用经费继续维持零增长，各部门要统筹安排资金，确保重点工作所需经费。第三是要贯彻落实党中央、国务院关于厉行节约的有关规定，从严从紧编制"三公经费"和会议费等预算。2014年各单位安排的"三公经费"预算原则上分别不得超过2013年相关预算规模。要严格按照国家有关规定编报会议费预算，减少不必要的会议次数和会议费开支。严格控制办公楼等楼堂馆所建设、装修及超标准配置办公家具等，严格控制和规范庆典、研讨会、论坛等活动。

4. 综合预算，提高质量

各单位要加强对除财政拨款以外的事业收入、经营收入和其他收入的管理，进一步完善收支测算方法，提高收入预算编制的完整性和准确性，努力提升其他资金预算编制质量，力求缩小预、决算差异。今年财政部要求，对事业单位取得的事业收入、经营收入和其他收入，以及通过这些收入安排的支出，要单独反映、说明和分析，进一步细化了对财政拨款以外的收支管理。各单位要高度重视，准确领会和理解这项改革的新要求，准确、翔实、全面地予以反映。

5. 减少结转，加快消化

各单位应结合本单位结转资金情况和项目年度资金需求情况提出2014年经费需求，对于2013年执行中可能产生的结转资金，必须做到充分预计，并在2014年"二上"预算中全面、完整地反映。农业部已经明确，如果财政部根据历史结转资金规模和当前预算执行情况压缩农业部预算，财务司将把压缩的预算分解到相关执行缓慢的单位和项目，尤其是一些多年连续大量结转的单位和项目。同时，在安排明年预算时，财务司也将根据年底预算执行情况，统筹使用结转资金。因此，各单位务必高度重视，积极采取有效措施，切实加快预算执行进度，减少结转结余资金。

6. 分工负责，协同配合

各单位要认真组织本单位的预算编报工作，主动加强与院机关相关职能部门的沟通，提高预算编制质量，单位负责人对本单位预算的真实、准确、完整负责。全院汇总的部门预算经院审定后上报农业部。

院机关有关部门要加强对各单位部门预算编制工作的指导，按照分工负责、协同配合的工作原则，加强对各单位上报的部门预算的审核和汇总，确保如期高质地完成全院预算编制汇审工作：

（1）财务处负责组织全院的部门预算编制工作。配合相关部门审核各单位项目申报文本的相关预算数据；负责审核、汇总全院部门预算，报院审议通过后上报农业部。

（2）人事处负责制定2014年各单位人才引进计划，审定各单位申报的2014年预算人数；提出引进高层次创新人才计划及经费需求，确保在各单位部门预算中体现和保障；负责组织人员信息数据库填报工作，审核各单位上报的人员信息数据及相关文字材料。

（3）科技处负责协调和指导相关单位编制各项重点科研工作的经费预算；负责组织审核科研类项目和仪器设备购置类项目的申报文本。

（4）计划基建处负责协调和指导相关单位基本建设项目的申报；负责相关单位自筹基建项目立项或变更审批工作；负责组织审核相关单位基本建设项目和修缮类项目申报文本。

（5）资产处负责审核各单位的政府采购预算，审核各单位资产存量情况、新增资产配置预算；负责组织各单位单独编制住房改革支出预算，确保与部门预算中的住房改革支出预算相关数据一致。

（6）开发处负责拟定各单位上缴上级支出指标。

（7）院办公室负责审核公务用车购置及运行费、公务接待费、会议费预算。

（8）国院合作处负责审核因公出国（境）费预算。

预算编制是一项系统工程，需要各单位、各部门的协同配合，更需要大家的辛勤努力和付出。今年的预算编制工作，时间紧、任务重，希望各单位能够充分准备、充分酝酿、充分测算、充分论证，积极动员、精心组织、细致审查、严格把关，严格按照规定的时间、高质量地将预算上报到院。接下来，财务处的同志还要就预算编制的具体内容进行布置和讲解，不清楚的问题要尽早咨询沟通。希望通过我们大家的共同努力，把我院2014年部门预算编制工作做好。

谢谢大家！

制度建设

中国热带农业科学院
海口经济适用房资金管理暂行办法

（热科院财〔2013〕43 号）

为了进一步规范院本级海口经济适用房资金的管理，根据《中国热带农业科学院基本建设财务管理办法》《中国热带农业科学院本级基本建设资金付款审批程序》，修订本办法。

一、资金来源

1. 海口经济适用房资金来源为参加建房的职工住户和单位住户的共同集资。

2. 海口经济适用房资金由职工住户和单位住户存入院本级基本建设银行专账，由财务处统一开具《中央行政事业单位资金往来结算票据》，统一管理，专款专用，专项核算，只能用于海口经济适用房的建设。

二、付款审批依据

1. 农业部批复的部门预算。

2. 发、承包双方签订的合同或补充合同（协议），即设计合同、监理合同、测量合同、工程合同、咨询合同、设备采购合同等。

三、付款审批内容

工程款、招标费、设计费、监理费、测量费、咨询费、设备采购款、退还履约保证金、退还质量保证金等。

四、审批权限及责任

（一）资金结算审批权限

1. 支付工程进度款、退还履约保证金、退质量保证金等与施工直接相关的事项由项目执行工作组（单位、部门）、计划基建处和监察审计室审核后，报基建分管院领导审批。

2. 支付设计费、监理费、咨询费等其他事项由项目执行工作组（单位、部门）、计划基建处审核后，报基建分管院领导审批。

（二）资金付款审批权限

1. "合同金额或单项金额"小于或等于五万元的付款，由项目执行工作组（单位、部门）、住户财务监督员审核后、财务处审批后付款。

2. "合同金额或单项金额"大于五万元的付款，由项目执行工作组（单位、部门）、住户财务监督员、财务处审核后，经财务分管院领导审批后付款。

（三）审批责任

项目执行工作组（单位、部门）负责审核申请付款材料的真实性、准确性；计划基建处根据合同约定及工作实际进展情况审核工程（工作）进度、应支付金额的准确性；监察审计室负责对工程合同相关条款的履行情况和工程进度进行跟踪审计监督；住户财务监督员对应支付金额进行审核确认；财务处负责审核审批程序和材料的完整性，并按权限审批付款。

五、审批程序

（一）支付工程款

1. 施工单位提交付款申请和发票，监理单位对付款申请出具审核意见。

2. 项目执行工作组（单位、部门）填写《海口经济适用房资金工程结算表》，经计划基建处、监察审计室部门审核后，报基建分管院领导审批。

3. 项目执行工作组（单位、部门）填写《海口经济适用房资金付款审批表》，由住户财务监督员审核后报财务处审批，或经住户财务监督员、财务处审核后报财务分管院领导审批后付款。

（二）支付设计费、监理费等其他事项

1. 施工单位依据合同提出付款申请和发票。

2. 项目执行工作组（单位、部门）填写《海口经济适用房资金结算表》，经计划基建处审核后，报分管项目院领导审批。

3. 项目执行工作组（单位、部门）填写《海口经济适用房资金付款审批表》，由住户财务监督员审核后报财务处审批，或经住户财务监督员、财务处审核后报财务分管院领导审批后付款。

以上过程由项目执行工作组全程跟进，在所有审核及审批程序完成后交财务处及时办理付款。

六、付款审批需提供的材料

（一）支付工程款

1. 工程备料款

农业部批复的部门预算；合同审核表；合同；施工单位的付款申请；发票；《海口经济适用房资金付款审批表》《海口经济适用房资金工程结算表》；其他相关材料。

2. 工程进度款

施工单位的付款申请；发票；《海口经济适用房资金付款审批表》；《海口经济适用房资金工程结算表》；其他相关材料。

3. 工程结算款

施工单位的付款申请；发票；《海口经济适用房资金付款审批表》《海口经济适用房资金工程结算表》；工程结算书；工程验收意见书；工程签证表（超工程预算书规定的工程量部分）；其他相关材料。

（二）支付设计费、监理费等其他事项

收款单位的付款申请、发票、《海口经济适用房资金付款审批表》《海口经济适用房资金结算表》；首次付款另附合同审核表和合同、按工程进度付款的另附证明工程进度的材料；其他相关材料。

（三）退还履约保证金

施工单位申请、《海口经济适用房资金付款审批表》《海口经济适用房资金工程结算表》、按工程进度部分退还的应附证明工程进度的材料；退还最后一笔保证金时，还应附上工程竣工验收领取备案证复印件或其他可证明符合退还条件的相关材料。

（四）退还工程质量保修金

施工单位申请、《海口经济适用房资金付款审批表》《海口经济适用房资金工程结算表》、项目执行工作组出具的工程质量验收意见。

七、其他

1. 签字付款的住户财务监督员经住户代表推选后，应报财务处备案。住户财务监督员发生变动的，应明确变动时间并及时报财务处备案。

2. 支付项目款时，付款的原始凭证（如：发票或付款清单等）必须由经办人、住户财务监督员、项目执行工作组（单位、部门）负责人签字。

3. 工程进度款付款额度的计算公式（办法）应按照一贯性原则，一经确定不得随意更改。

4. 零星建设管理费支出参照日常公用经费报销制度执行。

5. 财务处定期和不定期向项目组和住户财务监督组通报资金到位和使用情况。

6. 本程序自 2013 年 2 月 1 日起执行，原《中国热带农业科学院海口经济适用房资金管理暂行办法》（热科院财〔2011〕392 号）同时废止。

7. 本程序由财务处负责解释。

附件：1. 海口经济适用房资金付款审批表
　　　（略）
　　　2. 海口经济适用房资金结算表（略）
　　　3. 海口经济适用房资金工程结算表
　　　（略）

中国热带农业科学院
热带农业科技中心项目财务管理办法

（热科院财〔2013〕44 号）

第一章　总则

第一条　为了规范和加强中国热带农业科学院热带农业科技中心项目（以下简称"本项目"）建设资金使用和管理，提高资金使用效率，根据《财政部关于印发〈基本建设财务管理规定〉的通知》（财建〔2002〕394 号）《农业部基本建设财务管理办法》（农财发〔2003〕38 号）《中国热带农业科学院关于印发〈基本建设管理办法〉的通知》（热科院计〔2012〕218 号）《中国热带农业科学院本级基本建设资金付款审批程序》的有关要求，结合本项目实际情况，制定本办法。

第二条　本办法所称本项目建设资金指专项用于本项目建设的各类资金，包括根据国家发展改革委批复的项目初步设计概算总投资 26 363 万元（中央预算内投资 25 607 万元、存量资产处置暂估价值 756 万元），以及建设过程中追加的项目投资资金和单位自筹建设资金。

第三条　本项目实行建设单位法定代表人负责制。

第二章　机构和职责

第四条　财务处对本项目资金活动实施全过程的财务管理。其主要职责是：

（一）贯彻执行国家、农业部有关基本建设财务管理的各项法律法规和制度；

（二）研究制定本项目基本建设财务管理办法并组织实施；

（三）组织编制本项目预算和用款计划；

（四）依法设置会计账目，加强会计核算；

（五）编制财务报表和竣工财务决算报表；

（六）及时收集、整理本项目会计档案。

第五条　计划基建处负责本项目具体实施和竣工验收工作，其主要职责是：

（一）制定完整的项目执行计划，合理安排年度内投资，确保工程进度与资金支付进度同步，加快预算执行进度；

（二）根据项目预算和工程进度审核申请付款材料的真实性、准确性，根据合同约定及工作实际进展情况审核工程（工作）进度、应支付金额的准确性；

（三）建立健全项目档案管理制度，及时收集、整理、归档从项目筹划到工程竣工验收各环节的文件资料；

（四）按照国家及农业部的相关规定，对本项目在实施过程中发生的重大变更事项履行报批报备手续。

第六条　资产处、科技处负责本项目政府采购和设备采购相关工作；根据设备采购预算、合同约定及工作实际进展情况审核设备采购应支付金额的准确性；定期进行财产物资清查；及时办理新增固定资产手续；收集、整理政府采购和设备采购相关档案。

第七条　监察审计室负责对本项目工程合同相关条款的履行情况和工程进度进行跟踪审计监督；负责监督检查资金使用情况，以及招投标制度和政府采购制度的落实情况；负责对本项目各重点环节工作进行督办；负责对工作过程中存在的失职行为进行问责。

第三章　资金管理

第八条　本项目实行独立核算，设立"中国热带农业科学院热带农业科技中心项目"专用账套，专账管理、专账核算、专款专用，不得截留、挤占、挪用项目资金。

第九条　严格按照《国有建设单位会计制度》规定，规范使用一二级会计科目，根据项目初步设计方案与投资概算批复内容，按照单项工程设置明细账进行核算。

第十条 用于本项目建设的各种资金，都应纳入预算，实行项目预算管理。

第十一条 本项目资金付款审批依据：

（1）《国家发展和改革委关于中国热带农业科学院热带农业科技中心项目建议书的批复》（发改投资〔2010〕1437号）。

（2）《国家发展和改革委关于中国热带农业科学院热带农业科技中心项目初步设计及概算的批复》（发改投资〔2012〕2464号）。

（3）建设方与承包（中标、受托）方签订的合同或补充合同（协议），包括：设计合同、勘察合同、监理合同、测量合同、工程合同、采购合同、咨询合同等。

（4）采购进口设备应提供：设备采购合同、发票、财政部进口产品批复、海关进口货物报关单、海关进出口货物征免税证明、原产地证明等。

第十二条 严格按照合同规定的金额和支付方式审核支付资金。严禁发生超合同付款现象。

第十三条 本项目资金付款审批程序按照院本级基本建设资金付款审批程序执行，审批表格见附表。

纳入中央财政直接支付范围的项目资金，项目执行部门按程序履行审批手续后，财务处按照有关要求填报"中央基层预算单位财政直接支付申请书"，报财政部海南省专员办和农业部国库管理部门审批后，由财政部国库管理部门直接支付给供应商。

未纳入财政直接支付范围的项目资金，由项目执行部门按程序履行审批手续后交财务处办理付款。

第四章 建设成本

第十四条 本项目建设成本包括建筑安装工程投资支出、设备投资支出、待摊投资支出。

第十五条 建筑安装工程投资支出是指按批复的项目概算内容发生的建筑工程实际成本，包括科技中心主楼工程、分析测试中心及共享平台、品源所、橡胶所。

第十六条 设备投资支出是指按批复的项目概算内容发生的各种设备的实际成本，包括需要安装设备、不需要安装设备和为项目准备的未达到固定资产标准的工具、器具的实际成本。

第十七条 待摊投资支出是指建设单位按批复的项目概算内容发生的，按照规定应当分摊计入交付使用资产价值的各项费用支出，包括：建设单位管理费、可研报告编制费、环境影响咨询费、勘察费、工程监理费、工程设计费、施工图审查费、竣工图编制费、工程招投标代理费、城市基础设施配套费、白蚁防治费、预算编制费、审计费用、档案资料整理费用、项目后评价费用、验收费用及其他费用等。

第十八条 建设单位管理费是指建设单位为进行本项目筹建、建设、联合试运转、验收总结等工作所发生的管理性质的开支。

建设单位管理费开支范围包括：不在我院领取工资的工作人员工资、基本养老保险费、基本医疗保险费、失业保险费，办公费、差旅交通费、劳动保护费、工具用具使用费、固定资产使用费、零星购置费、招募生产工人费、技术图书资料费、印花税、业务招待费、施工现场津贴、竣工验收费和其他管理性质的开支。

业务招待费支出不得超过建设单位管理费总额的10%。

第五章 政府采购

第十九条 本项目采购的集中采购目录以内和采购限额标准以上的货物、工程和服务，按《政府采购法》的规定执行。

第二十条 政府采购实行招投标的，适用《招标投标法》。

第二十一条 政府采购实行集中采购与分散采购相结合的办法。

纳入政府集中采购目录和部门集中采购项目的采购应当依法实施集中采购。

第二十二条 本项目政府采购资金预算列入年度部门预算，严格按照批准的预算执行。

第二十三条 货物、服务采购的具体实施工作按院现行政府采购相关管理办法和本项目政府采购实施方案执行。

货物、工程或服务的验收，必须严格按农业建设项目验收技术规程规范运作，并建立内部制约机制。

第六章　竣工财务决算

第二十四条　财务处应按照财政部、农业部和国家相关规定，实事求是编制基本建设项目竣工财务决算，做到编报及时，数字准确，内容完整。

项目竣工财务决算的内容，包括竣工财务决算报表和竣工财务决算说明两个部分。

第二十五条　本项目按批准的设计文件所规定的内容完成建设内容，且工程质量符合规定标准、项目符合设计要求，能够正常使用时，计划基建处应及时开展验收工作，并编写项目执行总结报告，为编报基建项目竣工财务决算做好前期准备工作。

第二十六条　本项目竣工财务决算的编制依据，主要包括：可行性研究报告，初步或扩大初步设计，概算批复及调整文件；招投标文件；历年财务决算报表及批复文件；合同、工程结算等资料；有关的财务核算制度、办法；其他有关资料。

第二十七条　项目竣工财务决算获批后，财务处应及时调整有关账务；资产处应及时办理固定资产移交手续，以及资产产权登记工作。

第七章　监督检查

第二十八条　监察审计室负责本项目的监督检查和跟踪审计工作，应切实加强对基本建设项目资金的跟踪、检查和监督工作，对检查中发现工程质量和建设资金存在重大问题的，应追究相关人员的责任。

第二十九条　对本项目工程实施中的资金使用、年度财务决算和竣工财务决算，必要时可委托社会中介机构进行审计，作为有关审核、审批的依据。

第三十条　本办法自 2013 年 2 月 1 日起实行。

第三十一条　本办法由财务处负责解释，未尽事宜按国家现行有关规定执行。

中国热带农业科学院
中国援刚果（布）农业技术示范中心项目经费支出审批及报账程序

（热科院财〔2013〕49 号）

根据中国热带农业科学院《关于调整中国援建刚果（布）农业高新技术示范中心相关负责人的通知》，为进一步完善中国援刚果（布）农业技术示范中心项目（以下称"中刚项目"经费支出审批程序，明确责任主体职责任务，强化资金管理，提高资金使用效率，制订本程序。

一、用款计划

1. 中刚项目办公室（以下称"中刚办"）应按项目合同及任务，于每年的 10 月底前编制下一年度中刚项目经费年度用款计划和季度用款计划。

项目经费年度用款计划和季度用款计划应按项目经济分类分别填报，并编制项目经费使用计划说明，包括：工作任务、项目支出内容、经费支出测算依据和标准等内容。

中刚办应指导、监督中刚项目基地部（以下称"基地部"）编制基地部项目经费年度用款计划和季度用款计划，并纳入中刚项目用款计划。

2. 项目经费年度用款计划和季度用款计划，由中刚项目执行副主任、品资所财务办公室审核并经中刚项目执行主任同意后，报国际合作处和财务处审核、分管财务和国际合作的院领导审批。

3. 中刚办应将经院领导审批的项目经费年度用款计划和季度用款计划送国际合作处和财务处备案，并作为该年度办理项目经费支出审批依据。

4. 中刚办应严格按批准后的项目经费使用年度计划和季度用款计划安排支出，原则上不得超计划支出。

超计划或计划外的项目支出应按本程序重新履行计划审批程序。未超计划金额且内容调整不超过 10% 的，则无需另行报批。

二、用款申请

1. 基地部应根据年度用款计划并结合项目合同、任务及实际执行情况，于每年的 11 月 1 日、2 月 1 日、5 月 1 日和 8 月 1 日前，向中刚办提出下一季度的项目用款申请。

基地部用款申请应填制《中刚项目基地部请款单》（附件 3），经中刚项目基地部组长和经办人签字后，报中刚办。

2. 中刚办根据基地部用款申请填制《中刚项目经费支出申请表》（附件 1），经项目执行副主任、品资所财务审核，报项目执行主任审批后，到财务处机关财务科办理借款等相关手续。

三、支出报销

1. 基地部应严格按有关规定，合理、规范使用项目资金，定期办理经费支出报销手续。

2. 基地部办理支出报销手续时，应对所有项目经费支出发票（或原始凭证）按费用发生的时间顺序及费用进行分类整理归集，并按要求填写《中刚项目经费支出原始凭证汇总表》（附件 4）。

基地部办理支出报销手续时，应对每张发票（或原始凭证）的用途进行备注，并对境外支出发票（或原始凭证）内容在背面做好中文翻译。所有发票（或原始凭证）应由经办人签字确认。

3. 中刚办根据基地部《中刚项目经费支出原始凭证汇总表》（附件 4）的经费支出情况，填写《中刚项目经费支出报账审批表》（附件 2）。

中刚项目执行副主任应根据请款计划对经费支出的发票（或原始凭证）进行确认，经品资所财务部门审核，报项目执行主任审批，并加盖中刚项目办公室和品资所公章后，到院财务处机关财务科办理报销手续。

4. 中刚办办理国内项目经费支出业务需借款时，经办人应填写《中刚项目经费支出申请表》，经项目执行副主任、品资所财务审核，报项目执行主任审批后，到财务处机关财务科办理借款。

中刚办办理国内项目经费支出报销手续时，应由经办人填写《中刚项目经费支出报账审批表》，经项目执行副主任、品资所财务审核，报项目执行主任审核同意，并附由经办人签字确认的相关发票（或原始凭证），到财务处机关财务科办理报销手续。

5. 项目支出中涉及工程、货物（商品）采购等需招投标和政府采购的事项按院有关规定办理。

四、附则

本办法自 2013 年 1 月 1 日起实施，原《中国援刚果（布）农业技术示范中心项目经费支出审批及报账程序》（热科院财〔2011〕352 号）同时废止。

附表：1. 中刚项目经费支出申请表（略）
　　　2. 中刚项目经费支出报账审批表（略）
　　　3. 中刚项目基地部请款单（略）
　　　4. 中刚项目经费支出原始凭证汇总表（略）

中国热带农业科学院
重大财政科研项目绩效考评办法（试行）

（热科院财〔2013〕52 号）

第一章　总　则

第一条　为规范我院财政拨款科研项目资金管理，提高财政资金使用绩效，逐步建立科学、合理的财政科研项目支出绩效评价管理体系，根据财政部《财政支出绩效评价管理暂行办法》、农业部《农业财政项目绩效考评规范》以及国家有关财务规章制度，制定本办法。

第二条　重大财政科研项目是指单位承担的资金量较大的各类财政性资金科研项目，包括部门预算批复的财政拨款科研项目，科技部、国家自然科学基金委、地方政府部门通过财政资金支持的科研项目（课题）。

第三条　重大财政科研项目绩效考评是指运用一定的评价方法，对财政科研项目立项、执行、完成结果以及资金使用管理等方面进行综合性考核与评价。

第四条　试行阶段选择对一类或多类重大的财政拨款科研项目进行持续的跟踪考评，综合评价某类项目的实施效果。

第二章　考评组织管理

第五条　项目考评工作由财务处会同科技处组织和实施。

第六条　每年由财务处会同科技处提出重大科研项目绩效考评范围，并制定重大科研项目考评实施方案，报院批准后实施。

第七条　考评项目和实施方案确定后，通知相关单位。

第八条　院成立项目考评小组，负责对列入考评的项目进行考评。考评小组成员应有相关领域的专家、项目管理人员和财务人员等，相关人员可以从各单位、各部门抽调，也可根据工作需要委托中介机构实施。

第九条　考评小组要服从工作安排，认真开展工作。在考评工作中，要公平、公正、遵守保密及有关纪律规定。

第三章　考评技术方法

第十条　项目考评的内容主要包括：

（一）项目任务完成情况。包括项目申报书或项目任务书中明确规定的工作任务（内容）数量和质量等的完成情况。

（二）项目组织管理情况。包括项目单位和责任人对项目的重视程度、组织协调力度、项目管理实施方案的制定与落实情况等。

（三）项目资金使用和财务管理情况。包括项目资金的执行进度、项目资金使用合规性、项目资金财务管理制度建设与落实情况等。

（四）项目实施的效果。包括项目实施所带来的社会效益、经济效益、生态效益以及项目持续影响等。

（五）其他考评内容。

第十一条　项目考评指标的制定。

考评指标分项目管理指标、财务管理指标以及成果和效益指标三大类。

（一）项目管理指标

1. 立项目标的合理性，主要考核项目立项理由是否客观、充分，目标设定是否清晰明确、科学合理，符合政策导向和实际需求。

2. 项目计划和执行情况，主要考评项目工作任务计划的制定情况和项目按计划执行完成情况。

3. 项目组织管理水平，主要考评项目单位在实施项目过程中的组织、协调、管理能力和条件保障状况等。

4. 项目档案完备性，主要考评项目申报、批复、执行和验收完成全过程的相关记录和档案收集的完备性。

（二）财务管理指标

1. 预算的合理性，主要考核项目预算编制的科学性和合理性，包括：项目资金安排是否合理，测算依据和过程是否清晰，预算申请金额和预算批复金额是否相符。

2. 预算执行情况，主要考核项目预算执行进度和项目支出的合规性，包括：项目预算执行进度是否达到计划进度或序时进度要求，项目支出范围和标准是否严格按相应的项目资金管理办法执行，支出原始凭据是否齐全，支出审批手续是否完善等，是否存在超支或结余的情况等。

3. 财务信息质量，主要考评项目核算以及相关财务会计信息资料的及时性、真实性、完整性等。

4. 资产管理情况，主要考核项目资产采购和资产管理情况。

5. 财务制度建设，主要考评项目单位财务制度健全性、财务制度执行状况等。

（三）成果及效益指标

1. 目标成果完成情况，主要考评设定目标规定的成果完成情况，包括发表论文、鉴定成果、申请专利、非专利技术等是否达到设定目标的要求数量和质量。

2. 项目经济效益，主要考评项目对承担单位、区域及国家经济发展所带来的直接或间接效益等。

3. 项目的社会和生态效益，主要考评项目受益范围，项目对区域及国家社会发展、传统风俗习惯改变或观念更新、资源环境保护意识建立和提高、生态环境改善以及资源恢复等一个或多个方面影响。

4. 项目影响可持续性评价，主要考评项目的实施对项目单位自身以及社会经济和资源环境是否具有持续影响力，以及预期影响时间等。

第十二条 项目考评形式包括现场考核评价和非现场考核评价。根据院对项目管理的要求以及项目特点、项目执行情况等确定考评方式。

第十三条 根据考评项目的特点，选择以下一种或多种考评办法。

（一）比较分析法。通过对项目执行结果与立项预定目标、项目实施前后、本期与上期等情况进行对比分析，考核项目任务完成情况和项目实施效果。

（二）因素分析法。通过对影响项目任务执行和项目效果的各种影响因素进行分析，综合评价项目任务完成情况和项目实施效果。

（三）公众评价法。通过问卷、访谈、专家咨询、抽样调查等形式，对难以直接量化的考评指标确定分值。

（四）投入产出法。通过对项目投入、产出的对比分析，综合考核项目执行成效。

第十四条 考评程序包括工作方案设计、单位自评、现场和非现场考评、综合评价、撰写报告、提交报告等环节。

（一）工作方案设计。考评小组根据院确定的考评项目和指导思想制定具体考评工作方案，科学、完整地设计考评指标和评分办法，并确定考评方式和考评方法。

（二）单位自评。相关单位在考评小组的指导下，根据考评工作方案开展自评，并将自评材料和结果报考评小组。

（三）现场和非现场考评。考评小组在单位自评的基础上开展现场考评或非现场考评。采取现场考评方式的，考评小组要到现场采取勘察、问询、复核等多种方式，对考评项目的有关情况进行核实，并对所掌握的有关信息资料进行分类、整理和初步分析；采取非现场考评形式的，考评小组应根据项目单位提交的资料和自查报告进行分析、审查，提出考评意见。

（四）综合评价。考评小组汇总各方面的资料信息，对考评中的重点、难点和疑点问题，组织相关人员进行会审，在此基础上形成考评结论。

（五）撰写报告。考评小组根据考评情况，撰写项目绩效考评报告。报告应依据充分、内容完整、真实准确。

（六）提交报告。绩效考评报告经考评小组成员审核签字，并经财务处和科技处会签后报告院。报告以及相关的资料和工作底稿应妥善保管，以便备查。

第四章 考评结果应用

第十五条 财务处和科技处通过绩效考评工作，认真总结项目执行情况，对于绩效考评中发现的问题，及时分析原因，提出改进意见。

第十六条　财务处和科技处要逐步把考评结果运用于预算管理和项目管理工作中，将考评结果作为今后年度预算安排、预算执行考核和项目申报优先排序等的参考依据。

第十七条　财务处和科技处要不断总结项目绩效考评的成功经验和做法，促进科研项目资金预算管理水平和资金使用绩效不断提高。

第五章　附则

第十八条　本办法自 2013 年 1 月 1 日起实施。

第十九条　本办法由财务处和科技处负责解释。

中国热带农业科学院
农业事业单位修缮购置项目验收管理办法

（热科院财〔2013〕267 号）

第一条　为规范和加强"农业事业单位修缮购置项目经费"（以下简称"修缮购置项目"）的管理，根据《农业部农业事业单位修缮购置项目经费管理暂行办法》（农办财〔2010〕83 号）和国家财政专项资金管理的有关规定，制定本办法。

第二条　本办法适用于我院农业事业单位承担的修缮购置项目。

第三条　项目验收是对项目组织实施、资金管理等工作进行全面审查和总结。验收工作应遵循实事求是、客观公正、注重质量、讲求实效的原则。

第四条　项目验收的组织工作，由院负责或委托项目承担单位负责。其中，60 万元（不含 60 万元）以下房屋修缮与基础设施改造项目由项目承担单位自行组织验收；60 万元以上房屋修缮与基础设施改造项目，以及一次性装备购置项目由院组织验收。

第五条　项目验收以农业部批复的年度"直属单位和转制单位设施设备修缮购置项目"预算和《中国热带农业科学院农业事业单位修缮购置项目实施方案》为依据。

第六条　修缮购置项目申请验收应具备以下条件。

（一）完成批复的项目实施方案中规定的各项内容。

（二）项目承担单位系统整理了修缮购置项目档案资料并分类立卷，各类资料齐全、完整，包括：前期工作文件，实施阶段工作文件，招标投标和政府采购文件，验收材料及财务档案资料等。

（三）涉及环境保护、劳动安全卫生及消防设施等有关内容的，须经相关主管部门审查合格，项目工艺设备及配套设施能够按批复的设计要求运行，并达到设计目标。

（四）项目承担单位已经组织相关单位进行初步验收合格。

（五）项目承担单位编制《农业事业单位修缮购置项目经费修缮改造项目执行报告》，报告应包括《财政专项经费决算表》（见附表 2 或 4—略）、《一次性装备购置采购执行情况明细表》（见附表 4—略）、《新增固定资产明细表》（见附表 2 或 4—略）等。

第七条　验收申请资料应包括：

（一）房屋修缮与基础设施改造项目

1. 《项目验收申请书》（见附表 1—略）；

2. 《农业事业单位修缮购置项目经费修缮改造项目执行报告》（见附表 2—略）；

3. 农业事业单位修购项目执行情况统计表（见附表 6）；

4. 其他材料。

（二）一次性装备购置项目

1. 《项目验收申请书》（见附表 1—略）；

2. 《农业事业单位修缮购置项目经费一次性装备购置项目执行报告》（见附表 4—略）；

3. 农业事业单位修购项目执行情况统计表（见附表 6—略）；

4. 测试专家组出具的技术测试报告；

5. 可根据项目实际情况附上能够体现实物特征的照片、多媒体资料及技术资料。

第八条 项目验收应包括下列程序：

（一）项目承担单位汇报项目执行情况。

（二）验收组查阅、审核工程档案、财务账目及其他相关资料。

（三）验收组进行质询和现场查验。

（四）验收组讨论形成《农业事业单位修缮购置项目经费修缮改造项目验收意见书》（见附表3）或《农业事业单位修缮购置项目经费一次性装备购置项目验收意见书》（见附表5—略）（以下简称《项目验收意见书》），并由验收组成员签字确认。

第九条 修缮购置项目验收的主要内容：

（一）项目建设内容、建设规模、建设标准、建设质量等是否符合批准的项目实施方案。

（二）项目资金使用是否符合《农业部农业事业单位修缮购置项目经费管理暂行办法》（农办财〔2010〕83号）及有关规定。

（三）项目实施是否按批准的实施方案执行政府采购和招标投标的有关规定。

（四）工程验收记录是否合格，改造部分的建设内容是否编制了相关专业竣工图，设备部分是否进行了安装与调试。

（五）一次性装备购置是否有仪器设备验收报告（包括开箱验收表、设备清单、试运行验收表、短期使用验收表）、技术测试报告等资料。

（六）项目是否按要求编制了决算。

（七）项目前期工作文件，实施阶段工作文件，招标投标和政府采购文件，验收材料及财务档案资料等是否齐全、准确，并按规定归档。

（八）项目管理情况及其他需要验收的内容。

第十条 项目承担单位自行组织验收的项目，应在项目结束后15日内完成项目验收，并将项目验收材料报院备案。

院组织验收的项目，项目承担单位应在项目结束后10日内向院提出验收申请，院应在45日内完成验收。

第十一条 修缮购置项目验收要组织验收组。验收组由3~5人单数组成，其中工艺、工程造价、仪器设备技术或直接相关领域技术、财务、科研等方面的专家不得少于成员总数的三分之二。验收组专家实行回避制度，有直接利害关系的人员应主动申请回避。

第十二条 通过验收的项目，由项目承担单位负责将所有验收材料按年度、分项目装订成册（见附表7—略），以正式文件一式四份报送院财务处。

第十三条 未通过验收的项目，项目承担单位在接到验收意见通知后，应立即自行组织整改。整改完成后，向院财务处申请复验。经复验仍未能通过验收的，将取消项目承担单位下一年度修缮购置项目申报资格，并追究相关人员的责任。

第十四条 凡具有下列情况的项目，不能通过验收：

（一）未按批准的修购项目预算使用资金，或未经批准擅自改变项目内容、变更项目资金使用范围的。

（二）所提供的验收文件、资料和数据不真实，存在弄虚作假行为的。

（三）未按国有资产和财务管理有关规定执行，经费使用存在严重问题的。

（四）存在影响验收通过的其他问题的。

第十五条 《项目验收意见书》由项目承担单位报经院审核后返回项目承担单位存档，并抄报农业部财务司备案。

第十六条 使用修缮购置项目经费形成的资产属国有资产，应按国有资产管理的有关规定加强管理。

第十七条 本办法由院财务处负责解释。

第十八条 本办法自发布之日起实施。

中国热带农业科学院
院属单位财务管理绩效考评指导性意见（试行）

（热科院财〔2013〕274 号）

为做好院属单位财务管理的绩效考评、检查和督促工作，进一步提高财务管理水平，促进我院科技事业的发展，根据《中国热带农业科学院单位绩效考评指导性意见》的精神，结合财务工作实际，制定本指导性意见。

一、指导思想

以科学发展观为指导，以规范高效为目标，以财务状况、财力保障、财务管理和能力建设为重点，全面提高财务管理水平。

二、考评范围

院属独立核算的事业单位。

三、考评原则

1. 定量与定性相结合原则；
2. 自评与复评相结合原则；
3. 以评促改原则。

四、考评指标

（一）指标设置

1. 院属单位财务管理绩效考评指标（以下称"考评指标"）分为三级四类。

2. 一级考评指标分为财务状况、财力保障、财务管理和能力建设等 4 项。

3. 二级考评指标包括预算水平、支出结构、资产负债、经济实力、竞争水平、创收能力、发展水平、预算执行、规范管理、内控建设、日常业务、机构设置、队伍建设、业务研究、系统应用等 15 项。

4. 三级考评指标分为预算收入完成率、预算支出完成率、基本支出比率、人员支出比率、人均基本支出、资产负债率、人均固定资产、保值增值完成、人均总收入、自有收入比率、竞争性项目人均财政拨款、非财政拨款科研项目人均经费、人均事业收入、人均经营收入、

固定资产贡献率、人均收入增长率、人均非财政拨款收入增长额、预算执行进度、自查自纠率、违规资金率、内控管理、业务量、预决算质量、工作质量、工作动态、会计机构、岗位职责、人员结构、培训学习、工作调研、管理研究、管理软件等 32 项。

5. 三级考评指标根据考评内容，分别归属于比较指标、评价指标、奖励指标和处罚指标 4 类。

比较指标包括 19 项三级考评指标，是指与全院平均水平进行比较，根据比较结果评分。

评价指标包括 5 项三级考评指标，是指根据业务工作指标或日常管理情况进行评价，根据评价结果评分。

奖励指标包括 6 项三级考评指标，是指根据业务工作发展需要，对鼓励开展的业务工作给予加分。

处罚指标包括 2 项三级考评指标，是指对财务管理工作产生负面影响的事项给予扣分。

（二）评分办法

绩效考评采用百分制，其中，财务状况 20 分、财力保障 35 分、财务管理 30 分、能力建设 15 分。奖励指标最高加 20 分，处罚指标最高扣 15 分。

各项三级指标加分和扣分总额最高不超过该项指标分值。

具体分值及计分办法见《院属单位财务管理绩效考评指标》（附件 1—略）。

五、考评组织

1. 院属单位财务管理绩效考评工作由院统一领导，财务处负责具体组织，人事处、资产处、监察审计室等部门根据业务分工协助开展。

2. 考评采取自评和复评相结合的方式。自评工作由院属各单位自行开展，复评工作由院复评工作组负责。复评工作组由分管财务院领

导、财务处、人事处、资产处和监察审计室等部门人员组成。

六、考评程序

1. 准备。在年度财务决算汇审完成后，由院财务处、人事处、资产处、监察审计室根据业务分工统计分析相关指标（具体分工见附件2—略），由财务处汇总后下发各单位（附件3—略）。

2. 自评。各单位根据考评指标及院业务部门核定的相关指标，总结分析年度指标完成情况，形成自评结果（附件4—略），并附相关证明材料报院复评工作组。

3. 复评。院复评工作组根据各单位自评上报的材料，对各单位财务管理考评指标进行评分，并形成复评结果报院长办公会（附件5—略）。

必要时，复评工作组可对相关单位进行现场复评。

4. 审定。院长办公会根据考评结果提出考评等级意见。

5. 反馈。将考评结果以书面形式反馈各单位。

七、考评结果

1. 考评分加奖励分和减处罚分后按最高100分封顶。

2. 单位绩效考评结果分为优秀（≥85分）、良好（≥75分）、一般（60～74分）、较差（<60分）四个等级。

3. 根据分数排序推荐为优秀等次单位须达到优秀分数线且原则上不超过实际参加考核单位的20%。

4. 各单位要针对考评中反映出的突出问题，深入分析原因，总结经验教训，提高能力水平。

5. 考评结果为"一般"或"较差"的单位，要针对具体指标得分情况逐一进行分析，制订整改方案，组织整改落实，并将整改落实情况报院财务处备案。

八、争议解决

1. 被考评单位对考评结果有异议的，可在收到考评结果通报后的五个工作日内向财务处书面提出复核申请，并提供相关证明材料。

2. 财务处收到被考评单位的复核申请后，报院复评工作组进行复核，形成复核意见。

九、责任追究

1. 对于在单位绩效考评工作中违反相关规定，不认真履行考评职责或不认真配合考评、造成不良影响的，追究相关单位和领导的责任。

2. 被考评单位如弄虚作假申报本单位的年度绩效工作，造成不良影响或后果的，追究相关单位和领导的责任。

3. 负责绩效考评的工作人员如因工作责任心不强，不认真履行考评职责，造成不良影响或后果的，追究相关个人的责任。

十、附则

1. 本指导性意见自2013年1月1日起实施。

2. 本指导性意见由财务处负责解释。

附表：1. 院属单位财务管理绩效考评指标（略）

2. 院属单位财务管理绩效考评组织分工（略）

3. 院属单位财务管理绩效考评对比值汇总表（略）

4. 院属单位财务管理绩效考评自评计分表（略）

5. 院属单位财务管理绩效考评复评计分表（略）

6. 院属单位绩效考评日常管理事项完成情况登记表（略）

中国热带农业科学院本级日常公用经费、项目经费支出审批程序

（院办财〔2013〕13 号）

为了加强院本级财务管理，规范院本级日常公用经费、项目经费支出，保障资金安全，提高资金的使用效益，特制定院本级日常公用经费、项目经费支出审批程序。

第一条　日常公用经费、项目经费支出审批程序包括借款审批程序、实际支出报销审批程序。

第二条　各部门经费使用计划由院本级各部门负责编制，经院审批后编入部门预算，由财务处负责在"二下"预算下达后 10 个工作日内下达各部门。

第三条　审批权限

1. 院长的借款和支出由院党组书记审签。

2. 院党组书记、副院长、党组副书记的借款和支出由院长审批。

3. 部门负责人的借款和支出根据以下权限审批：

单笔或总额 5 万元以下（含 5 万元）的由部门分管院领导审批；

单笔或总额 5 万元以上 10 万元以下（含 10 万元）的由部门分管院领导审核后，送财务分管院领导审批；

单笔或总额 10 万元以上的由部门分管院领导、财务分管院领导审核后，送院长或院长授权的院领导审批。

4. 部门其他工作人员的借款和支出根据以下权限审批：

单笔或总额 2 万元以下（含 2 万元）的由部门负责人审批（其中：差旅费超标准的由部门负责人审核后，送部门分管院领导审批）；

单笔或总额 2 万元以上 5 万元以下（含 5 万元）的由部门负责人审核后，送部门分管院领导审批；

单笔或总额 5 万元以上 10 万元以下（含 10 万元）的由部门负责人、部门分管院领导审核后，送财务分管院领导审批；

单笔或总额 10 万元以上的由部门负责人、

部门分管院领导、财务分管院领导审核后，送院长或院长授权的院领导审批。

5. 项目经费的借款和支出均需项目负责人签名。

第四条　借款审批程序

实行公务卡报销制度后，原则上不再办理个人借款，特殊事项按以下程序办理借款：

1. 借款人按规定填写"借款单"，注明借款事由、借款金额（大小写须完全一致，涂改无效）。

2. 按相应的工作事项、经费来源和管理权限逐级审批。

3. 机关财务科根据预算额度及审批意见办理借款手续。

第五条　实际支出审批程序

1. 经济业务完成后，经办人应及时办理财务报销手续。

2. 经办人对支出事项和票据的真实性、准确性负责；证明人对支出事项负证明责任；审批领导在确认经济业务的支出内容后批准支出。

3. 机关财务科负责经费计划控制，对不合规的原始单据不予受理、对审批手续不完整的业务应予以退回，并要求经办人补充更正。

第六条　机动经费支出审批程序

经院批复的院本级各部门年度预算原则上不予追加调整，年度内突发性、应急性事项确需动用院本级公用经费中的机动经费的，按以下程序申请：

追加预算额度在 2 万元以下的，由部门提出用款申请，财务部门提出资金安排建议，送部门分管院领导和财务分管院领导审批；

追加预算额度在 2 万元以上、5 万元以下的，由部门提出用款申请，部门分管院领导同意，经财务分管院领导召开院长办公会议研究后，根据研究结果审批；

追加预算额度在 5 万元以上的，由部门提出用款申请，经部门分管院领导同意，送财务

分管院领导审核，经院领导班子研究后，由财务分管院领导根据研究结果审批。

第七条　报账程序

1. 经办人在业务发生的票据上签字确认，并对票据的真实性负责；

2. 经办人整理粘贴票据；

3. 经办人填写"日常公用经费、项目经费支出报账审批表"，使用公务卡的事项应填写"公务卡费用报销汇总表"，金额涂改无效；

4. 院领导、部门负责人、项目负责人、证明人按审批权限在"日常公用经费、项目经费支出报账审批表"上签名，签名应字迹清晰；

5. 经办人将手续完整的报销材料交机关财务科，由会计编制记账凭证并经经办人签字确认后，冲还原借款、归还公务卡透支额度或由出纳办理付款。

第八条　院本级各部门应根据财务处下达的部门经费、项目经费预算指标合理安排支出计划，切实加强经费计划管理，加快预算执行进度，增强预算约束，提高资金使用效益。

部门年度内实际支出不得超出部门年度经费计划。

第九条　院本级各部门应严格按照本办法规定的各项审批程序办理借款和报账业务。

凡未纳入或超出部门年度经费计划、且未经批准需动用机动经费安排的支出，财务部门一律不得办理借款和报账手续，否则追究经办人责任。

第十条　由院本级职能部门统一组织的多部门联合外出调研（出差）等事项的，可由负责组织的职能部门统一办理结账、报账事宜，费用由各参加部门按实际支出分别承担。

第十一条　本规定的项目经费不含基本建设项目经费、修缮购置项目经费、中国援刚果（布）项目经费、国家重要热带作物工程中心项目经费，上述项目经费支出按相应管理办法规定的审批权限和程序办理。

第十二条　本程序自 2013 年 3 月 1 日起执行，《中国热带农业科学院本级日常公用经费、项目经费支出计是及报账审批程序》（院办财〔2011〕91 号）同时废止。

第十三条　本程序由财务处负责解释。

中国热带农业科学院
本级财政资金预算执行进度管理办法

（院办财〔2013〕14 号）

为加强院本级部门财政资金预算执行进度监督管理，落实预算执行管理责任，建立健全规范高效的预算执行进度管理机制，根据《中国热带农业科学院预算执行管理办法》，结合院本级预算执行进度管理实际，制定本办法。

第一条　本办法所称财政资金是指部门预算批复院本级的财政拨款，包括当年财政拨款和以前年度财政拨款结转资金。

第二条　坚持预算分配与预算执行挂钩、投入与绩效并重的原则，建立预算执行与下年预算编制、当年预算调整挂钩的运行机制，强化预算执行进度的计划性。

第三条　各部门的主要负责人为本部门预算执行进度的总负责人。项目负责人是项目预算执行进度的第一责任人，第一责任人对总负责人负责。

第四条　各部门应于每年 1 月 18 日前，根据财务处编制的"二上"预算，编制《××年度部门预算支出月度执行计划》（以下简称"月度计划"），并附工作计划及预算执行说明，报财务处审核备查。

第五条　月度计划应在充分协商、翔实细化、责任到人的前提下，以序时进度为基础，结合本部门业务工作计划、项目实施进度计划编制。对每季度末执行进度不能达到序时进度要求的支出内容，应作出专门说明。

第六条　财务处审核各部门编制的月度计划时，对未能满足序时进度要求的支出，应结合实际情况要求相应部门进行调整，确保院本级部门预算支出月度计划满足序时进度要求。

经确认后的月度计划，各部门应严格执行。

第七条　对于年中追加的项目预算，承担项目部门预算下达后7个工作日内应编制月度计划，财务处应于7个工作日内反馈意见，如无反馈意见，补报的月度计划即行生效。

第八条　基本支出预算的执行进度管理

院本级基本支出预算中的"机构运行－人员经费"由人事处按照序时进度的原则执行；"机构运行－公用经费"由财务处按照序时进度的原则执行；住房改革性支出由资产处按照序时进度的原则执行。

第九条　项目支出预算的执行进度管理

项目预算中明确部门承担的项目支出由各部门按照序时进度的原则执行；未明确具体承担部门的项目支出由财务处牵头，其他相关业务部门具体负责，按照序时进度的原则执行。其中：

科研类项目由科研处负责，改革启动费项目由财务处负责，基本建设类、修缮类项目由计划基建处负责，购置类项目由资产处负责，其他类别项目根据部门职责由相应的部门具体负责。

遇追加项目支出预算的，应尽量在当年支出，当年确实无法支出的，原则上须在下一年度5月底之前执行完毕。

第十条　建立财政资金预算执行通报制度。财务处对各预算单位预算执行进度情况进行跟踪统计，按月进行通报。各部门根据财务处提供的统计情况与月度计划相比较统筹安排部门经费，如每季末财政资金实际执行进度低于计划执行进度的，部门应说明原因。

第十一条　各部门要严格遵守财务规章制度，防止违规违纪现象发生。在预算支出中，要严格履行各项程序，严禁突击花钱，严禁擅自提高开支标准和扩大开支范围，严禁转移资金虚列支出。

第十二条　本办法自2013年2月1日起实施。

第十三条　本办法由财务处负责解释。

中国热带农业科学院本级基本建设资金付款审批程序

（院办财〔2013〕15号）

为进一步加强和规范院本级基本建设项目资金的管理，优化基本建设项目支出付款程序的审批环节，提高工作效率，根据《中国热带农业科学院基本建设管理办法》，制定本程序。

一、付款审批依据

1. 农业部批复的基本建设项目预算；

2. 农业部批复的基本建设项目立项、初步设计和概算文件；

3. 发、承包双方签订的合同或补充合同（协议），即设计合同、监理合同、测量合同、工程合同、咨询合同、设备采购合同等。

二、付款审批内容

工程款、招标费、设计费、监理费、测量费、咨询费、设备采购款、退还履约保证金、退还质量保修金等。

三、审批权限及责任

（一）资金结算审批权限

1. 支付工程进度款、退还履约保证金、退质量保证金等与施工直接相关的事项由项目执行单位（部门）、计划基建处和监察审计室审核后，报基建分管院领导审批；

2. 支付设计费、监理费、咨询费等其他事项由项目执行单位（部门）、计划基建处审核后，报基建分管院领导审批。

（二）资金付款审批权限

1. "合同金额或单项金额"小于或等于5万元的付款，由项目执行单位（部门）审核、财务处审批后付款；

2. "合同金额或单项金额"大于5万元的付款，由项目执行单位（部门）、财务处审核，经财务分管院领导审批后付款。

（三）审批责任

项目执行单位（部门）负责审核申请付款材料的真实性、准确性；计划基建处根据合同约定及工作实际进展情况审核工程（工作）进度、应支付金额的准确性；监察审计室负责对工程合同相关条款的履行情况和工程进度进行跟踪审计监督；财务处负责审核审批程序和材料的完整性，并按权限审批付款。

四、审批程序

（一）支付工程款

1. 施工单位提交付款申请和发票，监理单位对付款申请出具审核意见；

2. 项目执行单位（部门）填写《基本建设资金工程结算表》，经计划基建处、监察审计室审核后，报基建分管院领导审批；

3. 项目执行单位（部门）填写《基本建设资金付款审批表》，由财务处审批，或经财务处审核后报财务分管院领导审批后付款。

（二）支付设计费、监理费等其他事项

1. 施工单位依据合同提出付款申请和发票；

2. 项目执行单位（部门）填写《基本建设资金结算表》，经计划基建处审核后报基建分管院领导审批；

3. 项目执行单位（部门）填写《基本建设资金付款审批表》，由财务处审批，或经财务处审核后报财务分管院领导审批后付款。

以上过程由项目执行单位（部门）全程负责跟进，在所有审核及审批程序完成后交财务处，财政授权支付事项由财务处及时办理付款，财政直接支付事项由财务处负责整理材料上报专员办和农业部。

五、付款审批需提供的材料

（一）支付工程款

1. 工程备料款

农业部批复的项目预算、工程初步设计和概算；合同审核表；合同；施工单位的付款申请；发票；《基本建设资金付款审批表》《基本建设资金工程结算表》；其他相关材料。

2. 工程进度款

施工单位的付款申请；发票；《基本建设资金付款审批表》《基本建设资金工程结算表》；其他相关材料。

3. 工程结算款

施工单位的付款申请；发票；《基本建设资金付款审批表》《基本建设资金工程结算表》；工程结算书；工程验收意见书；工程签证表（超工程预算书规定的工程量部分）；其他相关材料。

（二）支付设计费、监理费等其他事项

收款单位的付款申请、发票、《基本建设资金付款审批表》《基本建设资金结算表》；首次付款另附合同审核表和合同，按进度付款的应附工程进度情况的证明材料；其他相关材料。

（三）退还履约、预付款保证金

施工单位申请、《基本建设资金付款审批表》《基本建设资金工程结算表》、按工程进度部分退还的应附工程进度情况的证明材料；退还最后一笔保证金时，还应附上工程竣工验收领取备案证复印件（设备验收单）或其他可证明符合退还条件的相关材料。

（四）退还工程质量保修金

施工单位申请、《基本建设资金付款审批表》《基本建设资金工程结算表》、项目执行单位出具的工程质量验收意见。

六、其他

1. 支付项目款时，付款的原始凭证（如：发票或付款清单等）必须由经办人、证明人（验收人）、项目执行单位（项目执行组）负责人签字。

2. 工程进度款付款额度的计算办法应按照一贯性原则，一经确定不得随意更改。

3. 项目交付使用时，计划基建处根据项目交付使用情况，将交付使用资产有关材料交资产处办理固定资产增减登记，资产处办理完固定资产登记手续后，通知财务处进行账务处理。

4. 基本建设项目中的零星建设管理费支出参照院本级日常公用经费报销制度执行。

5. 修购项目资金付款遵照本程序执行。

6. 本程序自 2013 年 2 月 1 日起执行，《中国热带农业科学院本级基本建设资金付款审批程序》（热科院财〔2011〕391 号）同时废止。

7. 本程序由财务处负责解释。

附件：1. 基本建设资金付款审批表（略）

2. 基本建设资金结算表（略）

3. 基本建设资金工程结算表（略）

中国热带农业科学院仪器设备验收管理指导性意见

（热科院资〔2013〕50号）

第一章　总　则

第一条　为了加强院仪器设备的科学管理，保证科研工作顺利进行，结合我院实际，特制定本指导性意见。

第二条　验收是仪器设备购置过程的一个关键环节，是合同履约质量的检验。各单位应积极维护单位利益，切实把好验收关。

第三条　凡使用财政性资金及非财政性资金采购的仪器设备都必须进行验收。

第二章　验收方式

第四条　验收分为自行验收和监督验收。

（一）自行验收指各单位的仪器设备使用者组织3人以上验收小组与供应商共同进行仪器设备验收。单价10万元以下或批量20万元以下的仪器设备验收采用此方式。

（二）监督验收指各单位组织仪器设备使用者及资产管理人员、供应商、验收专家组成5人以上的验收小组共同进行仪器设备验收，验收专家原则上为非本单位专家。单价10万元（含10万元）以上或批量20万元（含20万元）以上的仪器设备验收采用此方式。

第三章　验收依据、条件、内容

第五条　验收依据按签订的仪器设备采购合同和招投标材料、产品说明书等进行。

第六条　各单位使用者在购置仪器设备到货前应主动关注采购进度，做好到货前准备工作，拟定验收方案、提供安装、调试、测试和使用所必需的条件（包括场地、环境、安全条件及验收所需的工具、试剂耗材等）。

第七条　购置的仪器设备到货后，在做好验收前准备工作的基础上组织验收小组进行验收，在验收条件不具备时不执行验收。

第八条　验收内容包括数量验收和技术质量验收。

（一）数量验收指对合同、到货清单和实物三者进行数量、型号等的核对，检查三者是否相符。检查外包装是否完好，拆箱后仪器设备的外观有无破损，合格证、说明书、保修单等是否齐备。

（二）技术质量验收指通过直观、通电等运行调试（包括功能调试、技术指标调试、整机统调等）和仪器检测等方法，检查仪器设备的性能指标、技术质量以及提供的人员培训等是否符合合同规定的要求。

第四章　验收程序

第九条　自行验收程序：由验收小组验收，按合同、到货清单，对仪器设备进行清点、安装调试和试运行。仪器设备验收合格后，按验收结果填写《仪器设备验收表》（以下简称《验收表》）。

第十条　监督验收程序：仪器设备到货后，由验收小组按合同、到货清单，对拟仪器设备进行检查、数量清点核对、安装调试、联调情况、试运行、操作培训等验收。验收后，填写《仪器设备技术验收报告》（以下简称《验收报告》），专家（组）长填写验收结果，参与人员签字确认结果。随同《验收报告》附上的验收资料（包括合同、到货经点收人员签字的点收清单、主要的招标书和产品说明书注明的验收技术性能指标、验收方案、安装调试报告、经测试人员签字的技术性能测试数据或图片等）。

第十一条　捐赠或内部调剂的仪器设备验收程序：按照自行验收程序进行。

第十二条　特殊仪器设备的验收程序：对

国家规定由指定机构检验和检测或合同中约定由有资质的第三方验收的仪器设备，参照自行验收程序按国家和地方的相关规定执行。

第十三条 《验收表》《验收报告》要求做到准确、规范、完整填写、验收资料齐全，一式四份交使用者、档案部门及资产管理部门、财务部门办理支付费用及资产账务手续。

第五章 验收期限、结果和异常处理

第十四条 国内采购的仪器设备原则上到货一周内进行验收（另有约定的除外）；境外采购的仪器设备应在索赔期（即货物到港起 90 天）内完成验收。

第十五条 如不能如期验收的，使用者应向单位提交报告说明原因，并拟定计划验收的时间。

第十六条 购置的仪器设备在验收时如发现与合同要求不相符时：

（一）仪器设备或配件数量缺少、技术资料不齐全，使用者应做好点收记录，仪器设备如有破损应对其进行拍照存档，并请供应商签字确认，确定补充供货的时间，共同做好善后手续。

（二）仪器设备的名称、型号与合同要求不符的，各单位应予拒收，并要求供应商按合同约定提供符合要求的仪器设备。

（三）仪器设备达不到技术指标要求的，应及时与供应商沟通，并要求供应商提供再次调试、测试的技术支持和协助。再次调试、测试后，技术指标仍达不到要求的，应予退货或提出其他措施予以解决。对于不影响使用并决定不退货的，要及时就补偿形式、金额及其他有变动的条款与供应商商定。

第十七条 验收结果为：验收合格或验收不合格。

第十八条 验收未通过时，应视具体情况作出处理：

（一）验收不合格时需要作出限期整改或退货的处理。

（二）限期整改仍不能完全合格时，按本章第十六条第三款执行，并在验收结果中注明该供应商有违约情节。

第六章 责 任

第十九条 凡因工作失误影响验收工作进度而造成损失的，要追究当事者的责任。因把关不严或不按时验收导致超过索赔期而给我院利益造成损失的，按《中国热带农业科学院合同管理办法》的相关条款追究当事人的责任。

第七章 附 则

第二十条 本指导性意见自发布之日起生效。

第二十一条 本指导性意见由资产处负责解释。

附件：1. 仪器设备验收表（略）
   2. 仪器设备验收报告（略）

八、学术交流与
研究生教育

学科建设和学术交流概况

一、学科建设

以院重点学科为学术单位，围绕热带农业学科建设需要，积极组织和督促开展学术交流和学科研讨，充实学科内涵，提高科研水平。全院 29 个重点学科均组织了研讨，部分院重点学科通过研讨形成了一批项目和成果。通过学科研讨为开展科研协作、申报科研项目提供了有效平台。

为庆祝建院 60 周年，按照院的工作部署，对热带作物学科发展和热带作物产业可持续发展情况进行总结展望，启动了《中国热带作物学科发展报告》和《中国热带作物产业可持续发展研究》两本专著的编写工作。

二、学术交流

"请进来、走出去"并举，广泛开展学术交流并督促开展有行业影响力的学术交流活动，活跃院学术氛围。2013 年，全院共开展各种形式的学术交流活动 360 多次，其中单位内部交流 190 多次，邀请外单位专家来院交流 140 多次。

积极鼓励科研人员"走出去"，共有 900 多人次参加了国际、国内各类学术会议，70 多人次赴国外开展学术交流。

举办了第一届热带作物种质资源创新利用大型学术研讨会、2013 年高效割胶技术学术研讨会、生物质能源高效转化和综合利用国际学术研讨会、"热带作物科学数据共享分中心"数据收集整理及建库研讨会、首届中国油棕产业可持续发展论坛、中国热带作物学会棕榈作物专业委员会年会、剑麻机械化收割专题学术研讨会、香蕉产业科技问题与重大科技项目和成果研讨会、全国木薯套作（轮作）技术研讨会、2013 年热区植保科技论坛、2013 年度休闲农业研究与发展交流研讨会、2013 年度中国热带作物学会遗传育种专业委员会年会暨学术研讨会、第十一届海洋药物学术年会等一批有影响力的学术会议。

三、学术委员会工作

认真发挥院所学术委员会的职责，积极支持各处室在科技规划和制度制定、重大科技项目申报、基础条件建设规划、人才队伍建设等重大科技工作中开展学术评议。

扩大和健全院、所学术委员会建制。根据院学术委员会工作章程，2013 年新增院外委员 1 名，截止 2013 年底，院学术委员会共有委员 133 人，其中院外委员 56 人（包括中国工程院院士 24 人，中国科学院院士 5 人）。

积极组织开展院层面的学术交流活动。2013 年，共邀请中国工程院向仲怀院士、陈剑平院士、陈温福院士，中国科学院吴常信院士等 6 位专家来院作学术报告，并组织相关科研人员与专家座谈交流，探讨科研合作。

组织开展了学术建设和学科体系建设、科学道德和学风建设等一系列书面调研，征集大家对院学科体系建设、学术建设及科学道德和学风建设方面的意见和建议，为下一步工作开展提供参考。

组织召开了天然橡胶等重要热带作物抗寒育种攻关工作视频会议，部署了攻关的工作组织架构、经费保障、人员构成等工作。作为院学术委员会和院重点学科体系建设的具体措施，这次由院学术委员会专业委员会和挂靠单位具体执行，尝试并计划以专题的形式长期布局和组织由多个研究专题攻关团队组成的热带农业科技攻关组合，对促进院科技资源线条明晰化和长远布局热带农业科技发展具有示范作用。

研究生和博士后培养情况

一、研究生招生情况

积极与海南大学、华中农业大学等高校联合开展研究生招生工作，认真组织院导师参加相关高校的研究生招生复试，在相关学院压缩研究生联合招生指标的情况下，通过积极沟通与争取，2013 年全院招收硕士研究生 105 名、博士研究生 6 名，研究生生源相对稳定。

二、研究生培养情况

2013 年热科院与海南大学、华中农业大学等高校联合培养硕士毕业生 128 名、博士毕业生 14 名，其中 5 名硕士毕业生和 1 名博士毕业生的学位论文荣获海南大学 2013 年度优秀学位论文；培养的 5 名硕士毕业生和 1 名博士毕业生的学位论文荣获海南省 2013 年度优秀研究生学位论文；与华中农业大学联合培养的 6 名硕士研究生荣获华中农业大学"优秀毕业生""三好研究生"等荣誉称号，研究生培养质量不断提高。

2013 年度荣获海南大学优秀研究生学位论文统计

序号	学生姓名	论文题目	专业	类别	指导教师	所在单位
1	蔡志英	橡胶树胶孢炭疽菌突变体库的构建及其 CgATPase 基因功能分析	分子植物病理	优秀博士学位论文	黄贵修	环植所
2	王延丽	橡胶树多主棒孢 Cc01 菌株 REMI 突变体库的构建及其 hog1 基因的克隆	微生物学	优秀硕士学位论文	黄贵修	环植所
3	刘攀道	柱花草活化利用外源有机磷的生理机制初探	草业科学	优秀硕士学位论文	白昌军	品资所
4	王天地	橡胶树次生体胚发生起源及再生植株遗传稳定性的研究	橡胶学	优秀硕士学位论文	黄华孙	橡胶所
5	邓顺楠	巴西橡胶树乳管伤口封闭物积累的研究	生物化学与分子生物学	优秀硕士学位论文	田维敏	橡胶所
6	何鑫	巴西橡胶树 JAZ 和 MYC 家族几个成员基因表达和产量相关性的研究	植物学	优秀硕士学位论文	田维敏	橡胶所

2013 年度荣获海南省优秀研究生学位论文统计

序号	学生姓名	论文题目	类别	指导教师
1	王颖	调控橡胶树 HbSRPP 的转录因子 HbWRKY1 的分离与功能分析	博士	彭世清
2	黄凤迎	细胞松弛素 D 聚乙二醇脂质体抗肿瘤作用实验研究	硕士	梅文莉
3	唐依莉	老鼠筋根际土壤放线菌培养与非培养水平多样性、菌株生理活性及新种鉴定	硕士	洪葵
4	蓝基贤	橡胶胶乳转化酶的分离纯化、生化特性与表达分析	硕士	唐朝荣
5	龚殿	辣椒环斑病毒（Chilli ringspot virus）全基因组克隆及序列分析	硕士	刘志昕
6	王清隆	海南爵床科的分类学修订	硕士	王祝年

三、导师遴选情况

组织24名导师参加华中农业大学兼职博士生导师资格确认，其中有3名导师获得华中农业大学博导资格，全院博士生导师队伍不断壮大。

四、同等学力博士生培养工作

组织开展第二批院内在职人员以同等学力申请华中农业大学博士学位工作，为科研人员学位提升提供平台。2013年，全院共有14位在职科研人员获得了入学资格，组织完成了第一、二批同等学力博士生的入学工作。

五、留学生招收工作

积极贯彻落实院热带农业科技和人才培养"走出去"战略，与华中农业大学联合启动了留学生招生工作。2013年与华中农业大学联合招收博士留学生4名，是院研究生培养工作的重要创新。

六、研究生生源拓展工作

积极与有关高校洽谈合作，努力拓展生源，与黑龙江八一农垦大学签订了研究生联合培养协议，成立了院、校研究生联合培养基地，并与南京农业大学、湖南农业大学和澳大利亚迪肯大学等国内外高校洽谈合作，初步达成了合作意向。

七、博士后培养工作

2013年共有2名博士后进站，在站博士后总人数共有8名。组织在站博士后人员申报了第53批、第54批中国博士后科学基金面上资助项目。

合作协议

中国热带农业科学院　黑龙江八一农垦大学
战略合作框架协议

　　为探索建立和完善双方大联合、大协作机制，深入推进农科教结合、产学研协作，经协商，中国热带农业科学院和黑龙江八一农垦大学就加强科技合作、研究生培养、学科建设、资源共享等方面达成如下协议。

一、战略合作原则

　　按照"优势互补、资源共享、互惠互利、合作共赢"的原则，双方一致同意建立长期友好的战略合作关系。即：以服务产业需求为科技战略协作的目标、任务和重点，瞄准现代农业产业技术需求，共同策划、争取和组织实施重大科研项目，推动双方科技信息、项目、平台、成果、人才等创新要素的共享共用、互利合作和共同发展，并积极促进所属各单位对口开展广泛的交流与合作。

二、重点合作领域

　　（一）学科建设

　　共建优势学科。双方优先将作物学、农业工程、园艺学、生物学、植物保护、食品科学与工程等作为首批共建学科，启动学科共建工作。

　　（二）研究生培养

　　黑龙江八一农垦大学在中国热带农业科学院挂牌，成立"黑龙江八一农垦大学-中国热带农业科学院研究生联合培养基地"；双方分别委托各自的研究生处对联合培养的研究生进行培养和管理。（具体条款见附件）

　　（三）共建共享

　　推进科技资源开放共享。共建共享一批重点实验室、工程（技术研究）中心和科学观测实验站等科技平台，共建学生实习、实践基地和南繁育种基地，共享科学数据和文献资源，促进科技资源高效配置和综合利用。

　　（四）联合攻关

　　瞄准国家重大科学问题和关键技术难题，组织双方的优势资源和优势力量，联合申报、承担一批重大科技课题，建立健全重大项目的联合攻关机制，定期交流最新研究技术与成果，并在此基础上联合申报重大科技成果。

　　（五）协作推广

　　充分发挥双方各自的优势，整合集成一批有重大应用前景的先进适用技术，集成双方的优势资源与力量，协同推广一批实用技术。并鼓励科技成果异地产业化，就双方共同关注的重大科研成果联合进行转化、开发，合作实施重大产业化项目，推动科技成果高效转化。

　　（六）人才培养

　　建立专家互访和交流制度，互换科技人才资源信息，不定期地互派学者及管理骨干进行学术访问与合作研究。

三、组织领导

　　加强双方合作的组织领导，成立中国热带农业科学院、黑龙江八一农垦大学战略合作领导小组，建立定期会商机制，统筹研究确定合作的目标、重点任务和年度计划。双方各设立战略合作联络办公室，分别挂靠在中国热带农业科学院办公室和黑龙江八一农垦大学校长办公室，负责战略合作任务的组织实施和联络。

四、其他

　　本协议一式六份，双方各执三份，自双方代表签字并盖章后生效。未尽事宜由双方研究协商。

中国热带农业科学院（章）　　　　　　黑龙江八一农垦大学（章）
2013 年 12 月 26 日　　　　　　　　　2013 年 12 月 26 日

黑龙江八一农垦大学与中国热带农业科学院
研究生联合培养协议书

甲方：黑龙江八一农垦大学
乙方：中国热带农业科学院

为深入推进农科教结合、产学研协作，探索校、院联合培养高级专业人才的新途径，双方经充分协商，本着资源共享、优势互补、共同发展的原则，决定在联合培养研究生方面达成如下协议：

一、共同条款

（一）甲方在乙方挂牌，成立"黑龙江八一农垦大学——中国热带农业科学院研究生联合培养基地"（以下简称"联培基地"）；甲方、乙方分别委托各自的研究生处对联合培养的研究生（简称"联培研究生"）进行培养和管理。

（二）联培研究生在甲方进行课程学习；在乙方从事学位论文研究工作。联培研究生学位论文研究属于保密范围的，严格遵守双方有关科技保密的规定。

二、甲方职责

（一）根据研究生教育和学科发展的需要，聘请乙方符合甲方研究生导师增列条件的科研人员作为甲方兼职研究生指导教师，审核乙方指导教师资格。

（二）组织研究生招生，并根据工作需要通知乙方导师参加研究生复试工作。

（三）负责联培研究生的学籍与学历管理，在校期间的档案建设与管理，推荐就业等工作。

（四）负责安排联培研究生在校期间的课程学习，及相关培养环节的管理。

（五）负责联培研究生在校期间的思想政治工作。

（六）负责组织联培研究生的论文答辩、学位审核与授予。

（七）提供联培研究生在校学习期间相应的待遇，组织联培研究生在学期间的相关评优工作。

三、乙方职责

（一）协助甲方做好研究生招生宣传、研究生招生和复试等相关工作。

（二）向甲方报送研究生年度招生计划。

（三）组织本单位具有高级职称人员申报甲方的兼职研究生导师，并接受甲方指导教师的资格审核。

（四）制订联培研究生管理办法，指定专人负责联培研究生日常管理、思想政治工作、党团组织活动、学术交流活动等，并建立相应的激励与制约机制。

（五）兼职导师需按甲方研究生相关培养要求，负责指导研究生制定个人培养计划，负责指导研究生完成学位论文。

（六）承担联培研究生学位论文研究经费、科学论文发表费和论文答辩费用，提供相应的研究条件、住宿条件、人身安全保障条件。

（七）按甲方有关规定，提供联培研究生相应的科研津贴，不得低于甲方校内研究生的标准。

（八）提供联培研究生专业实践条件，指导联培研究生撰写实践报告。

（九）按甲方有关规定，组织联培研究生进行开题报告和中期考核工作，协助甲方组织做好联培研究生的论文答辩工作。

（十）保证联培研究生的培养质量，联培研究生的论文水平必须达到甲方的培养要求；协助甲方推荐研究生就业。

四、知识产权分配

（一）学位论文
联培研究生学位论文的知识产权归甲方。
（二）科学论文
联培研究生发表论文必须满足甲方所规定的学位论文答辩要求。由学位论文研究产生的学术论文第一作者为联培研究生，通讯作者为研究生导师，甲方和乙方并列署名。

（三）成果、专利

因学位论文而可能产生的其他应用性成果，如专利、专著等由甲、乙双方共享。

（四）联培研究生在乙方学习期间所完成的研究论文，须经乙方指导教师审阅同意后方可向外投稿发表。论文发表后，应提交论文单行本，分别给乙方指导教师所属单位和甲方相关学院存档。

五、附则

（一）为保证联培基地的正常运转，确保培养质量，双方应加强研究、交流与沟通，甲方定期去基地考察和指导工作；根据工作需要，乙方向甲方汇报联培工作开展情况。

（二）鼓励甲乙双方的相关学院、研究所和科教人员合作开展科学研究、学科建设工作，可在此协议的基础上签订具体的合作协议或操作规程。

（三）未尽事宜由双方协商解决。

（四）协议自双方代表签字之日起开始生效，双方根据实际情况经协商后可补充协议。本协议一式六份，甲方、乙方各三份。

黑龙江八一农垦大学（公章）　　　　　　　　中国热带农业学院（公章）

2013 年 12 月 26 日　　　　　　　　　　　2013 年 12 月 26 日

九、综合政务管理

综合政务概况

2013年制发各类文件541件，处理内外来文1 369份，督办上级批示事项400件，院网编发各类新闻稿件1 600多篇，印发《科技动态》9期，在农业部网站、《光明日报》《海南日报》等中央、地方媒体宣传报道新闻稿件80多篇。

一、作风建设取得实效

一是精简会议，减少发文数量，全年召开院务会2次、党组会12次、常务会9次、院长办公会51次，较去年减少23.7%。登记处理农业部等外来文1 188件、院内单位来文181件，较去年减少10.7%；制发热科院文件391件、党组文件34件、院办文件116件，较去年减少22.5%。二是严格执行中央八项规定、《党政机关厉行节约反对浪费条例》、农业部及热科院有关规定，厉行节约，反对浪费，全年节约接待经费50.91万元，较去年节约了34.87%。

二、重点工作落实到位

一是举办全院性办公室业务培训班、管理论文征集、公文质量评比、办公室业务视频座谈会等活动，全面培训办公室业务骨干，进一步提升全院管理人员能力。二是加强机关管理体系建设，制发了《关于加强机关管理的意见》，对院机关的职责定位、主要任务、经费管理、工资管理、考核管理、作风建设等内容作出规定。三是完成视频会议系统建设并投入使用，较好地解决了院属单位地处两省六市开会难问题，节约时间成本和费用开支，全年召开视频会议16次，受益人员800人次。四是加强保密工作，成功申办军工保密资格证。五是建立办公自动化系统，提高公文审批效率，办公用纸较去年减少了50%。六是完成院2013年卷年鉴编纂出版、电话簿更新印刷和工作证制发等工作。七是做好院区环境绿化整治和"城市小花园"工作，为广大职工快乐工作、舒适生活提供了支撑。

三、对外宣传进一步加强

一是与中国热带农业信息网建立战略合作关系，开辟《走进热科院》专栏，定期发布最新科研信息，介绍科研动态、院所情况和专家风采；与农业部信息中心深化合作，在中国农业信息网《全国信息联播》栏目开辟了《热科院》专题，及时发布热科院最新动态和重要新闻。二是深化与新华社、光明日报、农民日报、海南日报、海南电视台等中央、地方媒体的联系，完成了对院科研成果转化成效、援刚果（布）农业示范中心建设成效、油棕研究进展、澳洲坚果科研成果、甘蔗研究进展等专题的宣传，全年外界主流媒体正面宣传热科院稿件80多篇。三是在光明日报、农民日报、海南日报及院网推出一批优秀农业科技专家，极大地鼓舞了院所科研人员的积极性，树立了热科院的良好形象。四是编印《热土情怀——媒体报道热科院专家汇编》一书，收集30名近年来外界主流媒体报道热科院的老中青三代专家，大力弘扬专家"艰苦奋斗、无私奉献、勇于创新、团结协作"的科研精神。五是完成院网设计和改版，对院网文化建设栏目进行改版调整，细化功能，开辟了"所站巡礼""专家风采"等专题，系统报道了院属各单位的科研成就和服务"三农"的成绩。

民生工程概况

　　2013 年，全院保障性住房建设工作稳步推进，海口院区第一批经济适用房总包施工内容完成约 90%，完成工程投资约 4 300 多万元；第二批经济适用房已领取规划许可证，并完成施工图设计、工程量清单编制和招标准备工作。海口院区供电基础设施改造工程开工。香饮所经济适用房（一期）已于 8 月正式交付使用。椰子所椰创园经济适用房（一期）项目完成 3# 楼主体十五层浇筑，4# 楼主体十五层浇筑，超额完成年初设定工作目标。试验场 2010 年经济适用房已交付使用，九队经济适用房（一期）已完成施工图设计、工程量清单编制和招标公示工作；七队、十一队公房修建正在施工；406 户危房改造工程已完工。品资所十队基地第一批职工自建房投入使用，第二批自建房准备开工；基地住宅区道路、路灯、垃圾池等环境设施的修缮改造工程完工。加工所公租房已纳入湛江市保障房建设计划，完成了建设地块单元规划、用地规划条件、用地修建性详细规划方案以及公租房建设项目环境影响报告表。南亚所所部保障房项目进展顺利，已完成项目建议书，并已获取了市规划局发放的《建设用地规划许可证》，正在办理土地分证工作。

媒体报道

热科院热带旱作农业研究中心挂牌成立

12月28日，热科院热带旱作农业研究中心挂牌成立，郭安平副院长、湛江实验站刘实忠站长共同为该中心揭牌。该中心的成立，标志着热科院湛江实验站科研工作的重大转型，既是促进我国热带旱作农业发展的应然之举，也是热科院全心服务热区"三农"的重要体现。

该中心以热科院湛江实验站为依托，紧紧围绕国家旱作节水农业发展的要求，针对热区区域性灌溉条件和季节性干旱的特点，以热区主要旱地作物为重点研究对象，进行热区旱作资源创新与利用、抗逆生理与营养研究，开展热区的旱作节水技术的引进、集成与示范推广工作，研发抗旱新型材料，引领热区旱作节水农业技术发展和应用。

揭牌仪式上，郭安平副院长希望湛江实验站以此为契机，加快科研条件和基础设施建设，进一步提升科技自主创新能力。同时，充分发挥优势，突出特色，高效整合科技资源，努力创建具有鲜明特色的学科领域，组建高效创新的科研团队，加快科技成果转化。

当日还举行了湛江科技产品展销部揭牌仪式。该展销部目前展销的产品主要有热科院香饮所香草兰系列、咖啡系列、胡椒系列、可可系列、玉兰花茶系列、椰子系列产品；热科院加工所橡胶产品塑身健美器；热科院农机所菠萝叶纤维系列产品等。

上文发表于 2013 - 01 - 05
农业部网

热科院2012年科技事业快速发展　亮点纷呈

2012年，热科院紧密围绕农业部中心工作，不断优化资源配置，加快科技创新，持续壮大院所综合实力，无论在发展的速度和质量、空间拓展、结构优化、作用发挥，还是对外扩大影响等方面取都得到快速提升，全院各项事业取得了喜人的成绩。

科技实力不断壮大。全年获批立项461项，科研经费比上年大幅增长。首次获得国家重大科技成果转化项目的立项，批复经费4 800万元，是热科院迄今批复额度最大的科研项目。全年获省部级以上科技奖励35项，其中国家科技进步二等奖1项、省级科技奖励一等奖5项；获批授权专利167项，审定新品种7个。品资所、橡胶所、生物所、环植所进入全国农业科研机构百强所行列。

重点领域取得突破。国内首次培育出油棕组培苗；首次建立了以次生体胚发生为技术核心的循环增殖橡胶树新型自根幼态无性系繁殖体系，攻克了橡胶树自根幼态无性系繁殖效率低下的世界难题。在橡胶树炭疽菌突变体库构建、多主棒孢功能基因组研究及其防治药剂研制方面达到国际领先水平。

发展空间不断拓展。新增畜牧学、草业科学、蔬菜学3个院级重点学科；拓展热带能源、海洋、油料新领域，成立了甘蔗研究中心、热带海洋生物资源利用研究中心、热带油料研究中心、热带旱作农业研究中心等科技平台，进一步集中了科技、人才等优势资源，加快了科技创新步伐。

发展布局不断优化。优化区域布局，进一步夯实了"四个院区、两个窗口"建设；策划三亚院区（筹）和广州实验站建设，相继纳入了全国南繁基地（三亚）和广州科研机构集聚区的规划支持；谋划建设攀枝花、南宁、田东野外台站。完善推广示范基地，重点推进了儋州、湛江、文昌科研综合基地建设；在海南、广西等省区联合建立橡胶、香蕉、芒果、木薯、牧草、甘蔗等科技推广示范基地、农民培训基地和现代农业示范园。依托国家重要热带作物工程技术研究中心，加强了胡椒、咖啡、香草兰等系列特色热带作物精深加工产品的研发力度。

保障条件不断改善。总投资 2.6 亿元，建筑总面积达 4.2 万平方米的热带农业科技中心项目在海口顺利开工建设，这是农业部迄今单体规模最大的建设项目，对热带农业科技事业和实现热科院跨越式发展具有里程碑的意义。椰子所、环植所、湛江实验站科研实验大楼先后投入使用。保障房建设在海口、万宁、文昌、儋州、湛江等全面开展，这些都为热科院工作生活条件改善奠定了坚实基础。

对外影响不断扩大。扎实推进全国热带农业科技协作网建设，推动"三百工程"，深入开展"双百活动"。选派专家驻县、驻村、驻点，推广优良品种、普及先进实用技术、培训农民，深受地方政府和当地农民群众的欢迎。首次获得国家自然科学基金委员会与国际农业磋商组织合作研究项目；应联合国粮农组织邀请加入了"热带农业平台"；"中国—坦桑尼亚腰果联合研究中心"获科技部立项。举办木薯种植与加工、热带香料饮料作物生产等援外培训班，培训了来自柬埔寨、埃塞俄比亚等 14 个发展中国家近 300 名学员，热科院在世界热区的影响力不断扩大。

上文发表于 2013 - 01 - 08
农业部网

热科院召开 2013 年工作会议
提出全面实施热带农业"科技创新能力提升行动"

1 月 8 日，热科院召开 2013 年工作会议。会上，王庆煌院长强调，要深入贯彻落实"十八大"精神，紧抓热带农业科技发展新机遇，大力实施热带农业"科技创新能力提升行动"，全面提升热带农业科技创新能力。

王庆煌院长指出，党的"十八大"作出了"四化同步发展"、实施创新驱动发展战略等重大部署，作为国家级科研机构，热科院的战略选择必须体现国家的新要求，要以国家重大需求、服务国家经济社会发展为基本出发点，进一步发挥好热带农业科技"火车头"作用，引领支撑热带农业跨越发展。

王庆煌院长要求，热科院要抓住新的战略机遇期，全面实施"科技创新能力提升行动"，争取用五年时间，实现全院科研条件、人才队伍、重要成果全面提升，基本建成世界一流热带农业科技中心。一是实施"十百千人才工程"。引进和培养 10 名产业技术体系首席专家或学科领军人物；100 名左右在国际国内有影响力和能把握热带农业产业技术和学科前沿、并得到国内外同行认可的重大项目负责人；1 000 名左右具有竞争力的科技骨干。二是实施"十百千科技工程"。取得或参与 10 个左右国家级奖励的重大科技成果、主持或参与 100 个 1 000 万元以上的重大专项、1 000 个 100 万元以上重要科技项目，提升热科院自主创新能力，突破一批重大科技问题，集成创新一批重要热带农业产业技术。三是实施"235 保障工程"。筹集 2 000 万元人才激励资金、争取科技条件建设资金 3 亿元、争取基本建设资金 5 亿元，使热科院条件设施真正达到国家级科研机构的水平，为建设世界一流的热带农业科技中心提供条件保障。

2013 年是热科院实施热带农业"科技创新能力提升行动"的开局之年，为推动工作，热科院今年重点要做好科技立院、人才强院、开发富民、国际合作、服务"三农"、条件保障、管理、党建、体制改革、民生工程十项工作。

雷茂良书记要求热科院干部职工深入贯彻党中央和农业部"三农"工作部署，进一步改进作风，抓好执行落实，为热区农业农村经济发展提供强有力支撑。

本次大会不摆花，不宴请，材料简，内容实，从形式到内容都"新风扑面"，把中央关于改进工作作风、密切联系群众的八项规定精神真正落到了实处。

上文发表于 2013 – 01 – 10
农业部网

兰心蕙质海之南

冬日三亚，温暖而芬芳。1月10日，为期七天的第七届中国（三亚）国际热带兰花博览会在三亚开幕。4万多株来自世界21个国家和地区的热带兰花，在三亚兰花世界文化旅游区争奇斗艳，比夺花魁。

连续成功举办了七届的兰博会，再次把绚烂多姿的热带兰花带到我们眼前。热带兰花，有最艳丽的色彩，有最妩媚的花姿，可是，却很少有一种花，像她那样超凡脱俗、不食人间烟火！她甚至连一点泥土都不要，依附一段枯木，或者溪边的一块顽石，仅靠湿润的空气就能怒放出美丽的生命！

本期周刊推出"海南问兰"专题，带领读者走近海南热带兰花，去领略海南的兰心蕙质。

"椰风海韵醉游人"，这句海南的旅游口号广为人知。

热带海洋和高大的椰树，是海南之美的代言者，为人所熟知。但是，海南美丽芳香的热带兰花却似"养在深闺"少人识。事实上，海南是兰心蕙质的，它有着最丰富的野生热带兰花资源，她们是雨林的精灵，不论你是否识得她的颜色，她兀自盛放在热带雨林里。

吐秀雨林下 悠然自含芳

"万代兰、五唇兰、多花兰、安诺兰、石斛兰、美冠兰……这些都是海南本土生长的野生热带兰花。"2012年冬日的一个上午，在位于海口城西的一个兰圃里，年近八旬的老教授凌绪柏带记者认识了海南的热带兰花。

"海南野生热带兰花资源非常丰富，到目前调查数据有200多种。当然，这个数据还会随着野外调查的深入，不断地被刷新。"从事热带兰花科研工作20多年的凌绪柏认为，海南的热带兰花还没有被完全认识。

省兰花协会副会长、三亚柏盈热带兰花产业有限公司董事长孙崇格告诉记者，海南已经发现的野生兰有80多个属，200多种，占我国兰花属类的42%，而且所有的野生兰科植物都被列入《濒危野生动植物种国际贸易公约》，其中30多种是海南特有种，比如五唇兰、琼岛沼兰、海南沼兰、海南洋耳蒜等。

"历史上，海南孤悬海外，交通不便。热带兰花独自盛开在难以到达的热带雨林里，因此，她的观赏价值、药用价值、食用价值，长期以来不为人识。"作为土生土长的海南人，孙崇格过去一直不知道海南也有兰花。直到2000年，他计划回乡投资，考察选择产业时，才了解海南的热带兰花。

"中国兰文化虽然源远流长，但古往今来，文人墨客吟诵的都是国兰，而不是热带兰花。"孙崇格告诉记者，在传统的兰花分类中，兰花分为国兰和洋兰两大类，或者根据生态习性将其分为地生兰、气生兰和腐生兰。

"洋兰就是指鲜艳的热带兰花，这实在有点冤枉海南的热带兰花，她们可是土生土长的，并不是舶来品。"孙崇格说，从兰花的分类就可以看出，人们很晚才认识海南的热带兰花。

孙崇格说的不无道理。五唇兰，海南特有的珍稀濒危热带兰花，但她最早却是在香港人工繁育获得成功。香港兰花专家萧丽萍告诉记者，香港从1999年开始五唇兰科研项目，直到2002年人工培育的五唇兰第一次开花。也是在这一年，萧丽萍才知道五唇兰仅在海南才有野生种群。

野外芳踪少 资源待保护

"这山上以前兰花很多，到处都是。"2003年，记者跟随专家到俄贤岭考察时，当地向导说，20世纪80—90年代，有内地的花商前来收购野生兰花，论斤收购，每斤不过几角钱。而在当时，仍然在山中的道路上，看到有成堆废弃的兰花根叶。大概是盗挖者挑选后遗留下来的。

"过去，兰花很少有人工繁殖的。人们要种兰花，基本上都是到山上采挖。"凌绪柏教授告诉记者，采挖来的兰花，如果遇上好品种，种花的人会通过分蘖这种办法来繁殖，但繁殖速度很慢，难以商业化。

因此，无论是国兰，还是洋兰，野外资源破坏严重。

记者也曾跟随萧丽萍前往霸王岭、俄贤岭等地调查野生兰花资源，野生热带兰花芳踪难觅，曾经是雨林最绚烂的花朵，要反反复复仔细寻找，才能找到。比如海南特有种五唇兰，专家们经过多次调查，仅在霸王岭等局部地区发现有几百株野生种。

"要么是依附的树木被砍伐，要么是我们记录的兰花被破坏。"萧丽萍曾对野外记录到的五唇兰种群做了编号，但隔段时间再来观察，有些带编号的五唇兰却找不着了，被人挖走了。除了盗挖之外，对兰花野生种群影响最大的是生存环境受到破坏。

原兰花协会秘书长、现已退休的杜世拔老先生告诉记者，新中国成立后，广东兴起兰花热，很多广东人过来海南大量采购野生兰花。1963年，杜世拔毕业分配到霸王岭工作。"那时候，野外兰花很多，象牙白、五唇兰、美冠兰，随处可见。早期时，野生兰花3分钱1斤，非常便宜，用大卡车一车一车地往外运。"杜世拔说，当时人们根本没有保护意识，这种大量收购野生兰花的情况在海南各大山区都存在，而且持续时间很长，从20世纪60年代一直持续到90年代。

"兰花很容易杂交出新品种，因此，野生兰花是珍贵的基因库。"凌绪柏说，目前，海南自主选育热带兰花新品种的能力还不强，一定要保护好海南野生热带兰花资源，它是决定海南兰花产业发展的关键。

在本届兰博会上，世界兰花大会理事会主席约翰·哈马斯先生也建议，海南热带兰花要做到品种创新，要培育自主品种。可以说，海南丰富的热带兰花资源既是热带兰花产业的竞争力，也是可持续发展的物质基础。

千里贻国兰　朱德海南情

"海南不止有热带兰花，野外也有国兰分布。"海南兰花协会会长朱选成说，古往今来，吟诵国兰的诗词可谓汗牛充栋。其实，海南空气湿润、洁净，雨林里气候温暖宜人，也非常适合国兰生长。

正因为海南适合种植兰花。所以，海南曾与德高望重的朱德委员长有过一段兰花之缘。

杜世拔向记者回忆了这个动人的故事。20世纪60年代初期，朱德选送了几十盆国兰给海口市政府。为了存放这几十盆兰花，海口市政府在海口公园修建了一个四方亭和兰圃，将兰花摆放在兰圃内，免费向海口市民开放。

"那些兰花是朱德亲自送来的，海口市政府还派了少先队员去迎接。"杜世拔回忆，在四方亭上还题写了朱德写的一首咏兰花的诗。几十年过去了，杜世拔仍记得那首诗："幽兰吐秀乔林下，仍自盘根众草旁。纵使无人见欣赏，依然得地自含芳。"

杜世拔认为，正是朱德慷慨赠兰，使海南人识得了"兰花香"，对兰文化有了认知和认可。所以，1988年海南建省，旋即成立了中国兰协海南分会；两年后，1990年，海南举办了首届兰花展，展出60多种热带兰花。时任省长许士杰还为首届兰展写了首诗："频经风雨出幽林，碧玉飘香见素心。不向花丛添锦绣，却来展馆觅知音。"

正是这第一次兰花展，激发了海南人种植兰花的热潮。"海南的热带兰花产业，就是从那时候开始萌芽的。"杜世拔说，希望有一天，在海之南，有兰之韵，游客流连的不止是椰风海韵，还有兰香。

上文发表于2013－01－15

海南日报　记者：范南虹

通讯员：林红生

热带兰花产业含苞待放

"品种繁多、规模大、出口高，三亚已成为世界最大兰花产业地之一。"1月10日，在第七届中国（三亚）国际热带兰花博览会上，世界兰花大会理事会主席约翰·哈马斯在接受媒体采访时表示，海南兰花产业发展速度非常快。

正如哈马斯所言，海南热带兰花产业从20世纪90年代初期萌芽以来，经历磕磕碰碰20余年的发展，近几年进入了快速发展期，如今这一产业也正像一株初长成的美丽热带兰花，正是悉心呵护，含苞待放之时。

初冬，三亚崖城镇，大英热带兰花农民专业合作社基地里，种植的蝴蝶兰、石斛兰成片盛开，恍若天上的彩云坠入了人间，社员们正在花丛间精心管理。

"每年春节蝴蝶兰都不够卖，价格也比平时高出一倍。"对于2013年春节，合作社社长王石博满怀期待，这又是一个赚钱的节日。因为，现在蝴蝶兰已经卖到15元一株，鲜切花2元一支了。

王石博以前是种芒果的，经济效益也不错，每年每亩有一万多元收入。不过，芒果靠天吃饭，遇到收成不好时，分文没有。近几年，三亚市政府鼓励农民种植热带兰花，为农民免费提供种苗。反复对比两种作物的经济效益之后，2008年，王石博和52户村民联合租赁80亩地，创建了兰花专业合作社。

"政府无偿提供了60多万株种苗，大家又集资买了30多万株。"王石博说，从2011年开始，合作社已有鲜切花陆续上市了。"每亩兰花的经济效益是芒果的2~3倍。"采访王石博时，社员阿弟也热情地凑上来交谈，为了种兰花，他还特意到三亚柏盈热带兰花产业有限公司去学习了半年。阿弟说，合作社的社员都是黎族，大家为今年春节准备了20多万株热带兰花上市销售，这种美丽的花儿带给他们致富的希望。

前景：热带兰花形奇丽　产业前景比花美

孔子说，"芝兰生于深林，不以无人而不芳。君子修道立德，不为穷困而改节。"古往今来，兰花的美丽芳香都是文人墨客吟诵的对象，兰花也因为被人奉为香祖，不仅风雅古今，而且风靡世界。

在海南兰花协会会长朱选成眼里，兰花是个新兴、高效、世界性的大产业，产业"钱"景比兰花更美。"热带兰花世界年消费超过80亿美元。"朱选成说，较之国兰的清丽脱俗，热带兰花色彩鲜艳、花形奇丽，更加有亲和力，受到世界各国消费者的欢迎。因此，随着人们生活水平的提高，热带兰花的市场会更加庞大。

原华南热带农业大学退休教授凌绪柏是海南最早涉足热带兰花产业的。1988年，他到美国做访问学者一年，在迈阿密看到了一个仅36亩的"兰花丛林"，家族式经营了200多年。"丛林里的大树上附生着很多热带兰花，前来参观的游客很多。"凌绪柏说，一年游学的经历，使他认识了兰花产业。回国后，他决心在海南把热带兰花产业做起来，并在20世纪90年代末，和两位同事一起创办了海南博大兰花科技有限公司。

2000年，海南人孙崇格想从广东回家乡投资。反复考察各个产业后，他最终选择了热带兰花产业。"热带兰花产业不仅市场大，而且利润高，世界消费量每年还在成倍增长，2012年上半年就比上年同期增长了4倍。"孙崇格说，仅以石斛兰而言，单中国市场上鲜切花一年就能卖10多个亿，海南才占5%的份额。

"海南阳光充足、气候温暖、昼夜温差大、野生兰花种质资源丰富……"谈起热带兰花产业，朱选成滔滔不绝，他对这个产业情有独钟，认为海南发展热带兰花具有得天独厚的资源和气候优势，国内其他地方都没有可比性。更重要的是，这是个既美丽又芬芳的产业，符合海南国际旅游岛建设的长远战略。

现状：全省植兰六千亩　兰产业异军突起

"在美国的佛罗里达，兰花种植极为普遍，几乎家家种兰花，规模大小不一。"凌绪柏说，兰花是高附产值的农产品，即使小面积种植也能高产值。在美国，小区有兰花温棚供业主存放兰花，因此，每逢节假日，佛罗里达就会以家庭为单位，将兰花摆出来交流、展销。

"仅仅一个郁金香，就成为荷兰一国的经济支柱。而热带兰花除了观赏之外，下游产业链还很多，比如食用、药用、美容护肤、旅游等等，产业产值相当庞大。"朱选成对海南兰花产业发展充满信心，他告诉记者，过去十多年，海南热带兰花产业一直在蹒跚学步，目前，海南已具备了加快发展热带兰花产业的基础和条件。

首先，海南兰花种植面积已小有规模，增长速度也很快。在2003年，全省兰花种植面积才300多亩。据省兰协不完全统计，目前海南全省种植兰花已达6 000多亩，主要集中在海口、三亚、乐东、文昌、琼海等市县。

热带兰花适应性强，全省从南到北，从东到西，皆可种植。海南省部分兰花公司也制定了更大规模的发展计划，海南柏盈兰花产业开发有限公司，将在海口市南渡江流域整治重大工程区域内，投资建设海南国家兰花产业园，核心示范区建设面积近3 000亩，将通过产业带动和产业服务，用产业扶贫方式带动农民种植8 000亩兰花；海南博大兰花科技有限公司投资2 835万元，在海口市东山镇林业示范基地建设200亩文心兰生产基地。

三亚碧兰春公司也计划投资500万元，建设6 000平方米的控温室，以扩大蝴蝶兰甫规模。

其次，热带兰花的人工栽培技术和组培育苗技术已发展成熟，一些兰花种植公司和科研单位已有技术能力培育兰花新品种。比如柏盈公司培育了"泽惠兰""盈兰""三亚阳光"等多个品种，海南省林科所也利用象牙白作母本，杂交获得新品种。

海南兰花协会秘书长杜世拔告诉记者，1990年，海南举办省届兰花展后，激发了人们种植兰花的热情，热带兰花产业开始萌芽。在凌绪柏教授将组培技术应用培育兰花种苗后，近几年来，热带兰花产业异军突起，成为农民新的致富之路。

"农民种植兰花的积极性越来越高，这直接导致全省兰花种植面积迅速增长。"柏盈公司三亚融资部经理詹贺曼介绍，在三亚该公司就发展了15家农民兰花专业合作社，带动农民种植兰花1 000多亩。因此，柏盈公司不得不专门成立合作社事业管理部，定期举办热带兰花农民种植技术培训班。

在第七届中国（三亚）国际热带兰花博览会开幕式上，世界兰花大会理事会主席约翰·哈马斯肯定了海南兰花产业发展速度很快，三亚甚至成为世界最大兰花产业地之一。

兰展助力：培育兰文化　让人们爱兰赏兰种兰

目前我省兰花产业发展水平，与新马泰等东南亚国家相比差距甚远，和国内的云南、广东、福建等省份相比，同样望尘莫及。海南兰协有关人士表示，发展慢、规模小、品种单一，是我省热带兰产业发展的现状。

"我省兰花种植的规模仍然很小，遇到大的订单甚至不敢接，痛失很多赚钱机会。"凌绪柏向记者感慨，曾有一位日本客商前来海南寻找热带兰花鲜切花的货源，需要签订1亿支热带兰化的订单。"全省的热带兰花集中起来都无法满足这个要求。"

"全省有4个兰花组培中心，年产能力2 000多万株种苗，连国内兰花市场的需求都满足不了。"朱选成说，我省热带兰产业规模太小，有实力的大型兰花企业太少，缺少产业的龙头带动作用，全省兰花鲜切花供应上海一个城市都不够。

"发展兰花产业，首先要建设兰文化，没有良好的兰文化氛围，兰花产业也难以发展壮大。"朱选成认为，种植兰花可以陶冶情操，美化环境，提升一个城市的文明程度，要做大兰花产业，就要加大培育兰文化的力度，让人人都热爱兰花、欣赏兰花、种植兰花，形成以兰会友，以兰访亲，以兰为礼的文化氛围。

兰展无疑是培育兰文化一种比较重要的手段，从1990年海南省首届兰展，到2004年举办的首届海峡热带兰花（三亚）博览会，以至演化成如今的中国（三亚）国际热带兰花博览会，带动起更多人喜爱兰花、种植兰花。

杜世拔说，海南连续成功举办了七届兰博

会，将世界的美丽带到三亚，也把海南的美丽传到世界，通过兰博会，海南的兰花产业得到了很好的包装，许多默默无闻的兰花企业在兰博会上结交了许多国内外兰界朋友，生产的兰花从找客商找市场到客商上门求货，兰花供不应求。

杜世拔告诉记者，海口一市民，利用35平方米的家居露台，就种植了400个种800多盆热带兰花，宛如一个小小的兰花植物园。

"以兰带游，以兰招商，越来越多中外兰商汇集三亚。"孙崇格告诉记者，柏盈公司作为兰博会的承办单位，举办首届兰博会时，仅有不超过20个单位的7 000多株兰花参展，品种也很单调。而今年有21个国家和地区的120家企业、4亿多株兰花参展，这说明世界对海南兰文化的认同和肯定。

"柏盈公司也通过兰博会结交了许多中外客商，在世界兰花市场的知名度越来越大，订单越来越多，引进的兰花新品种越来越多。"孙崇格说，兰博会培育了海南的兰文化，推动了兰花产业发展，也为海南兰花种植者搭建了一个巨大的销售平台。

出路：自主育种 做强产业

既然有了加快发展的产业基础，海南热带兰花产业发展的瓶颈在哪里？

"科技创新能力不足！"尽管海南博大兰花科技有限公司是海南最早的兰花种植公司，有着20多年发展兰花产业的经验，凌绪柏仍认为，由于技术创新能力低，海南种植的热带兰花品种单一，满足不了市场需求的多样性，品种更新速度跟不上产市场的需求。

凌绪柏分析，我省兰花产业发展规模小、品种培育滞后、种植技术落后，对兰花病害防治也不过关，影响了农民种植兰花的积极性。"栽培管理技术、杂交育种技术、病虫害防治技术，任何一样技术都不能落后。"凌绪柏说，兰花产业是一项技术含量很高的产业，同样的品种，不同的种植技术，生产出来的兰花品质差别很大，进入市场，自然优胜劣汰。

"台湾有蝴蝶兰王国之称，单一个蝴蝶兰，台湾就培育开发出300多个品种，每年外销产值约30多亿台币。"杜世拔说，兰花市场上，品种创新是市场竞争的重要因素，要使兰花形成海南一个新的产业增长点，需要开发出独特品种，打出自己的品牌。台湾就是以蝴蝶兰的开发、培养、销售在市场中取胜。

约翰·哈马斯在本届兰博会上也称，海南发展兰花产业有独特和自然优势，但兰花种植缺少自主品种，他建议海南应多培育优良的杂交种兰花，将资源优势转化为产业优势，提高在世界兰花市场的竞争力。

记者曾采访过新加坡著名的兰花育种专家侯伟励先生。他介绍，新加坡兰花产业很发达，全部采用标准化甫 ，主要销往日本以及欧美、中东一些国家，占据全球花卉市场的15%。侯伟励说，目前，国际兰花市场需求旺盛，海南热带野生兰资源丰富，像万代兰、石斛兰、安诺兰等，都是有名的野生兰花品种。他建议，海南可在细分市场上下功夫，有效利用海南现有的土地、品种资源，整合兰花育种、培植、保鲜、切花等技术力量；大力开展兰花新品种的培育，针对不同的市场需求，培育出色泽、花朵、植株都有特色的兰花，去占领国外市场。"

朱选成建议，大胆引进世界级兰花科研甫 顶尖人才和世界兰花优良品种；在我省成立热带兰花技术专业委员会，形成技术联盟，普及栽培实用技术，推广兰花标准化种植，提高科技创新能力，以科技为动力，做强热带兰花产业，使它成为我省经济发展新的增长点。

全世界兰科植物约有750属，35 000多个原生种，中国大约有177属，1 300多种，还有大量的变种。根据人们的欣赏习惯分为国兰和洋兰，国兰驯化栽培已有两千多年历史，洋兰驯化栽培只有两百多年。兰花基本由3枚萼片、3枚花瓣及1个合蕊柱构成，兰花的唇瓣是分属分种的主要依据；合蕊柱位于兰花的中央，是由雌蕊和雄蕊结合而成，这是兰科植物独有的结构，是兰科植物的标志。

常见兰花属类有：兰属、石斛兰属、文心兰属、蝴蝶兰属、莫氏兰属、千代兰属、万代兰属、拖鞋兰属、安诺兰属、卡特丽亚兰属、

蜘蛛兰属、龙兰属、美冠兰属、百代兰属。（范辑）

海之南　兰之韵

冬日海南，兰蕙飘香。海南岛上，几乎每座山峰都有数十种兰花含香吐蕊，已发现的野生兰达 200 多种，是当之无愧的天然兰圃。海南热带兰花产业从 20 世纪 90 年代初萌芽，近几年快速发展，如今这一产业也正像一株含苞待放的美丽热带兰花。

上文发表于 2013 - 01 - 15
海南日报

上文发表于 2013 - 01 - 15
海南日报　记者：范南虹
通讯员：林红生

创新利用热作物种　摘得国家科技大奖

"首创番木瓜、剑麻等组培快繁技术，共创制优异新种质 89 份，培育新品种 34 个，并在海南、广东、广西等 5 省区广泛应用，累计推广 1 850 万亩，社会经济效益 926 亿元，新增社会经济效益 555 亿元。"1 月 18 日，由中国热带农业科学院牵头组织完成的"特色热带作物种质资源收集评价与创新利用"项目，在 2012 年度国家科学技术奖励大会上喜摘国家科技进步奖二等奖。

记者了解到，获奖项目针对我国芒果、菠萝、剑麻、咖啡等 12 种特色热带作物存在的资源储备不足、鉴定技术空缺、优异资源匮乏、生产品种短缺、种苗生产和栽培技术落后等突出问题，开展了特色热带作物种质资源收集评价和创新利用。

该项目提出了特色热带作物种质资源保护利用新思路，探明我国特色热带作物资源的地理分布和富集程度，首次发现具有重要利用价值新类型 3 个，引进新作物 2 个。

该项目还在全国首次创建了特色热带作物种质资源鉴定评价技术体系，鉴定准确率达 99%；筛选优异种质 107 份，为产业培育发挥了关键性作用。

上文发表于 2013 - 01 - 21
海南日报　记者：范南虹
通讯员：林红生

热科院创新利用特色热带作物种质　获国家科技进步二等奖

1 月 18 日，由热科院牵头组织完成的"特色热带作物种质资源收集评价与创新利用"项目，在 2012 年度国家科学技术奖励大会上喜摘国家科技进步奖二等奖。

该项目针对我国芒果、菠萝、剑麻、咖啡等 12 种特色热带作物开展了种质资源收集评价和创新利用，取得了重大突破与创新。在种质收集方面，提出了特色热带作物种质资源保护利用新思路，构建了资源安全保存技术体系，收集保存资源 5 302 份，占我国特色热带作物资源总量的 92%。在种质评价方面，在全国首次创建了特色热带作物种质资源鉴定评价技术体系，鉴定准确率达 99%；对资源进行系统鉴定评价，并提供资源信息共享 22.6 万人次、实物共享 6.3 万份次，筛选优异种质 107 份，为产业培育发挥了关键性作用。在种质创新利用方面，创制新种质 89 份，培育桂热芒 120 号、红铃番木瓜等系列新品种 34 个，首创番木瓜、剑麻等组培快繁技术，构建了与优良新品种相配套的种苗生产和栽培技术体系，并在海南、广东、广西等 5 省区广泛应用，累计推广 1 850 万亩，特色热带作物良种覆盖率达 90%，社会经济效益926亿元，新增社会经济效益555亿元。

我国热区包括海南、广东、广西、云南、四川等8省区，面积50万平方千米，是热带作物的主要产区，资源十分稀缺，发展热带作物对保障我国热带作物产品的有效供给、促进农民增收具有重要意义。

上文发表于 2013 - 01 - 21
农业部网

政协委员邓志声：搭班车从儋州来海口开"两会"

1月25日，参加省五届人大一次会议的代表们陆续抵达驻地酒店。图为分发给代表的材料全部用纸袋封装，没有了以前的高档公文包。

搭班车从儋州来海口开"两会"

从上午9点开始，省政协六届一次会议委员驻地酒店——海口金海岸罗顿大酒店门前，来来往往的车渐渐多了起来。11点左右，一位穿着朴素的中年人提着行李包，从马路边穿过停车场，径直走向委员报到处。

这位政协委员名叫邓志声，来自中国热带农业科学院。今早，当一些委员开上私家车，或坐上单位车去报到时，邓志声却婉拒单位派车，坚持自己搭乘长途汽车，向大会报到。

"我一个人要一部车，从儋州到海口，太浪费了。"邓志声说，一大早，他就从儋州那大乘坐长途汽车到达海口西站，随后转乘公交车，再步行至酒店。

作为单位的一名处级干部，他有私家车，却很少开。邓志声说，汽车尾气是造成PM2.5严重超标主要来源，海南空气环境好，但也要"居安思危"。

邓志声喜欢挤公交，还有一个原因，那就是可以了解社情民意。35岁起就当选儋州市人大代表，45岁起成为省政协委员，邓志声养成了和基层群众打成一片的习惯。"这次我搭班车来海口的路上，听到有乘客谈'房姐''房叔'，这说明我们社会的贫富差距确实很大，值得我们警醒、重视并解决，今后我会利用我政协委员的身份，在这方面建言献策。"

上文发表于 2013 - 01 - 28
海南新闻网

我省加快利用热带药用植物 未来5年研发4~6个新药

海南热带植物丰富多样，其中绝大部分可以入药。今天上午，农业部公益性行业（农业）科研专项——"热带药用植物资源保护利用技术研究与示范"在中国热带农业科学院正式启动，计划在2013—2017年间，建立重要热带药用植物规范化种植基地6~8个，研发出利用热带药用植物作为原料的新药4~6个，并实现批量甫　。

据项目首席专家、热科院生物所研究员戴好富博士介绍，我国热带和南亚热带地区蕴藏了药用植物4 500多种，其中海南就有药用植物3 100多种；热区药用植物种植面积达500多万亩，种植的品种达100多个。但是，我国热带药用植物相关研究和产业发展，仍存在许多问题，制约了产业的良性发展。比如部分珍贵药用植物濒临灭绝，无法满足甫　需求；种质资源混杂、品种退化严重、种苗繁殖技术落后；热带药用植物资源短缺和生产不规范；产品研发能力相对较弱等问题突出。

针对上述种种，热科院启动了农业部公益性行业项目。在未来五年，项目将开展热带药用植物资源的调查保护与开发利用，完成项目书规定的五大任务，包括：热带珍稀濒危药用植物资源监测与保护技术研究与示范，野外调查土沉香、降香、海南龙血树等热带珍稀濒危药用植物，研究其种群遗传多样性，确定5~8个就地保护点并进行定点监测；建立热带珍稀濒危药用植物优质种质资源种苗繁育体系；开展重要热带药用植物规范化种植技术研究与示范，研究建立高良姜、铁皮石斛等重要热带药用植物规范化种植关键技术体系，制定规范化甫　标准操作规程 3～5 个，建立重要热带药用植物规范化种植基地 6～8 个，并在热带地区进行示范推广。开展热区重楼生态复合种植技术研究，生态种植技术集成示范 200 亩，在南方热区进行推广应用 2 000 亩；开展重要热带药用植物生物活性成分研究；重要热带药用植物产业化关键技术研究与示范，完成 20 种热带药用植物的生物活性成分研究，建立重要热带药用植物产业化关键技术研发平台，对具有应用前景的重要热带药用植物开发新产品 4～6 个，并实现产品批量甫　。

据了解，该项目由热科院生物所主持，湖南省农业生物资源利用研究所、中国医学科学院药用植物研究所海南分所等 7 家科研院所协作完成。

上文发表于 2013 - 02 - 05
海南日报　记者：范南虹
通讯员：赵友兴

科研成果转化让儋州宝岛新村红旗队农民受益
"牛大力"开出致富新路

"来来来，喝一碗牛大力鸡汤再走。"昨天上午 10 时半，跟随中国热带农业科学院热带作物品种资源研究所的专家走进儋州市宝岛新村红旗队队长羊芳强家，他立即热情地招呼记者留下，一定要尝一尝他家喂了热带植物牛大力的鸡。

红旗队是热科院的下属单位，负责对该院农业科技成果的转化。所以，羊芳强成了一个很特殊的人，他既像农民一样，常年在地里忙活，种橡胶、种木薯、种牧草、种牛大力等热科院培育的农业新品种，又和农民不一样，他要观察不同品种农作物的生产、管理、收获等情况，并反馈给热科院的专家，不断对科研成果进行修正、完善。

今年，羊芳强就带领红旗队的队员们，在更新的橡胶林里种植了 3 000 株牛大力。"半个多月前种下的，现在基本成活了。"羊芳强说，在这之前，他自己有小规模的试验种植，种下去后，牛大力生长很快，当年就有秆、叶可卖，第二年就开始结薯。

牛大力种植是品资所从 2003 年起开展的科研课题，该所徐立、李志英、王祝年等 7 名专家，在农业部、省农业厅等的支持下，经过 7 年科技攻关，将牛大力人工苗的生根率和移栽成活率分别提高到 90% 和 80% 以上，形成了年产 200 万株优良种苗的育苗规模，解决了牛大力产业发展的瓶颈。近两年，品资所为海南、广东、广西等地提供优质牛大力种苗 60 余万株，推广面积 1 500 多亩。

记者看到，羊芳强家门口已经贴了对联，还自灌了不少腊肠，年味浓浓的。院子里更是养了不少鸡，不过都是小鸡。"快过节了，大的鸡都卖完了，脱销了。"羊芳强高兴地说："养鸡时，我发现鸡很爱啄食牛大力嫩叶。便将叶片摘下剁碎混在饲料里喂给鸡吃。没想到，吃了牛大力叶的鸡生长健康，很少得病，毛色又鲜亮。"羊芳强说，这一发现让他喜出望外，他决定今年用牛大力来养鸡。

品资所的专家们决定在队里更新的橡胶地转化一项科研成果——牛大力的人工种植栽培技术与示范推广，这正合了羊芳强的心意。"牛大力是豆科植物，能固氮。种植牛大力，有益橡胶幼苗生长，而且市场上牛大力秆每斤 3～6 元，牛大力秆叶生长极快，每年都可砍来卖钱。不过，我不打算卖秆，我要将牛大力的茎秆和叶粉碎后拌入饲料喂鸡，绿色又环保。"

羊芳强一边和品资所专家聊着牛大力的人工栽培技术，一边忙着杀鸡招待客人。品资所副所长徐立介绍，项目组还探索出了在橡胶、荔枝、槟榔等人工林下进行规模化种植牛大力的新路，开发出牛大力保鲜片、牛大力酒、牛大力蜂蜜、牛大力口服液等产品，力争使牛大力的产业链条得到延伸，为农民增加更多收入。

很快，羊芳强熬好了牛大力鸡汤，热腾腾地端了上来。鸡汤清甜、醇香，果然好吃，一小碗鸡汤下去，竟然全身开始出汗。羊芳强笑了："今年我计划再养1.5万只牛大力鸡，到时候，钱也有，鸡也吃不完。"

上文发表于2013-02-08

海南日报　记者：范南虹

通讯员：林红生

黎族医药：于式微中求复兴

黎医黎药的口口相传，在现代医学的冲击下，使得有数千年传承发展的黎族医学趋于式微，而且随着交通通讯的改变，民族之外的文化和生活方式也被带入从前相对封闭的黎族村寨里，随着黎族年轻一代观念的更新，对城市生活的向往，也使很多即使有后代的老黎医也面临传承无人的困惑。

所幸，近几年来，黎族医学的价值被更多人认识，少数觉醒起来的黎医开始自救，本民族之外的一些专家也开始研究黎医，他们通过整理黎药、收集黎族验方、编写黎族医药书籍等方式，探讨黎族医学的复兴发展之途。

民族医学，指的是各民族的传统医学理论、治疗方法和保健习俗。在我国，民族医学源远流长，门类众多，耳熟能详的六大民族药有苗药、藏药、蒙药、维药、彝药、傣药，而黎医黎药是海南独有的民族医药。

民族医药不仅治病救人，还是一个大产业。2010年西藏全区以藏药生产为主体的藏医药工业产值为6.5亿元人民币，而且西藏还规划大力发展藏药产业，到2015年，产值要翻番到20亿元；贵州苗药发展势头更是喜人，2010年，苗药总产值为108亿元，居全国民族医药产值之首，苗药品种达106个。

"黎医黎药也是我国民族医学中的瑰宝，只是它的价值还没有被人们充分认识。"中国热带农业科学院生物技术研究所研究员戴好富痛惜地说，黎族医学中很多验方被证实疗效独特，也有很多治疗疑难杂症的好药。比如，非常有名的三九胃泰、枫蓼肠胃康，其配方就来自黎药。

相对其他民族医学，起步虽早的黎医黎药在现代医学发展中远远落后了。

自救：黎医杨丽娜的探索

于是，小部分觉醒起来的黎医开始自救。他们依靠自己的力量，努力扩大黎医黎药的影响，复兴黎医黎药。

50岁的黎医杨丽娜是其中一位。

这位精明能干的黎族妇女，从祖母处学习黎药，又因为曾在卫校接受过较为专业的现代医学训练，所以，她开始以较为现代的方式来研究黎医黎药。

她于1998年发起组织筹备"黎族民间医药研究协会"，几经周折，后经海南省民宗厅于2001年12月6日批准在五指山市成立了"海南五指山黎族民间医药研究协会"。研究会成立后，立即走访民间老黎医，全力抢救、收集黎族民间医药秘方；同时，以民间知名老黎医为对象发展协会会员。

研究会在内部设立了技术委员会，对黎族民间医药秘方的组方开展药性、药效方面的研究，经过对民间配方的药味配伍进行增、减、替换等修正工作，优化组方100多个；通过多年的收集整理，研究会还出版了《黎族民间医药集锦》第一集。书中收集300多种草药，附有300多张照片，全书分治疗肝炎疾病类药、消化系统疾病类药、泌尿系统疾病类药、骨科疾病类药、风湿坐骨神经疾病类药、呼吸系统疾病类药和毒蛇咬伤疾病类药等共13类。

杨丽娜的梦想，是要将本民族的医学财富发扬光大，让黎族医药造福人类。

91岁老黎医蓝生仁的后代也在尝试。他的孙子蓝章巍继承了爷爷的医术，蓝章巍在海南医学院一位专家的帮助下，在治病时，开始学习写病例，尝试将爷爷掌握的验方、黎药，用文字记录下来；蓝生仁更小的年仅13岁的孙子蓝章山更是迷恋黎族医药，他对爷爷的医术非常崇拜，小小年纪跟着爷爷学习，立志长大学医，让黎医黎药"为更多人治病。"

研究：现代医学力量的注入

由于没有文字，黎族医学看似没有系统的理论论述，但它却是博大精深的。单凭少数觉醒起来的黎医的自救，仍是难以形成气候。

难能可贵的是，近几年来，开始有专家进行黎医黎药的研究，他们收集黎医验方，寻访老黎医，用现代科技手段，分析黎药的化学成分、生物活性物质等，并尝试利用黎族验方，开发黎药。

在海南，较早进入黎族医学这一领域开展研究的是原海南医学院药学系主任刘明生教授，他于 2002 年组建了"黎药抢救和发掘课题组"，课题组在近七年的探索研究中遍寻黎族名医，深入山区采集了黎族常用药用植物 150 余种，并编辑成我国第一部黎药学专著《黎药学概论》。遗憾的是，在刘明生对黎医黎药的研究刚入佳境时，却因故中断了。

戴好富是近几年研究黎医黎药方面崭露头角的专家。他从 2005 年着手研究黎族医学，几乎走遍了所有黎族聚居地区，开展黎药资源调查，并淘到了一批非常珍贵的记录黎族医药的小手册。比如：1959 年的《中医验方录选》、1969 年的《常见中草药》等。

"这些手册都是当时驻五指山区的部队军医，走访老黎医，收集到的黎药验方。"戴好富说，这些小手册是他从琼中、白沙、五指山的民族地区，从黎医手上收集来的。

记者随手翻看了一下，这些已经发白、卷边的小手册上，记录着许多黎药名称，以及药性、药效、使用方法等，像黑面神、山黄皮、破布叶、地胆头、马缨丹、木别子等，都是黎族常用药材。

从手册中随便选取一个验方，从其用法上就可以体会到黎族医学的神奇之处：治疗扭伤，将适量三桠苦切碎加热，加入酒精适量，调合，每天一次，外敷伤处 6～8 小时，即可痊愈；还有治疗哮喘，是将蝙蝠用泥封固，烧成炭研末，再用其他草药煎水冲服。

"近几年来，越来越多专家开始关注黎医黎药，渐有相关著述出版，使黎医黎药总算有正规的出版物可查阅。不管力量大小，多少让人欣慰。"戴好富介绍，中国民族医药学会名誉会长诸国本，在对海南进行实地调查之后，也形成了《五指山区黎医药——海南岛黎族医药调查报告》，戴好富自己也编写了《黎族医药》第一册和第二册，第三册也即将出版，他还计划将收集到的黎族验方整理归纳，编写出版《海南黎族民间验方》一书。

更为重要的是，他带领所在团队对黎药植物进行了生物活性筛选和有效成分的研究，迄今已发现见血封喉、牛角瓜、沉香、海南地不容等 20 余种具有强抗肿瘤、抗菌、抗艾滋病毒等活性的植物提取物，以及 100 多种新的天然产物，为黎药的产业化提供了科学依据。

他的研究团队已经利用菠萝蜜具有醒酒的生物活性，研究开发了具有解酒保肝功效的海蜜速溶茶和海蜜胶囊；利用海南药材益智研究开发了具有提高人体免疫功效的益智保健酒；利用海南产灵芝研究开发了具有提高改善睡眠功效的灵芝胶囊等产品。

目前，热科院生物所正在利用国家研究课题，建设黎药园。"黎药园将分为药用花卉、药用蔬菜、抗癌植物、常用黎药、珍稀黎药等多个分区，现在已收集到黎药植物 300 余种。"戴好富说，黎药园的目标是收集 600 余种黎药植物，为黎药的产业化储备种质资源。

政府：黎药产业发展的推手

事实上，黎医的研究，黎药的开发，靠杨丽娜这样的黎医群体和戴好富这样的专家，远远不够。产业要发展，产业要做大做强，政府才是最重要最大的推手。

就目前来看，相关部门对黎医黎药的重视和扶持远远不够。别说产业发展，就连黎医执业的困境都没有得到有效解决。《执业医师法》规定，从事医疗活动的人员必须具有从医资格，黎医虽有丰富的临床经验，文化程度却不高，无法完成执业医师应试，一旦从事医疗活动就可能被称为非法行医。这在一定程度上也影响了黎族传统医药利用与研发。

而且黎族同胞民风纯朴，行医多是为本民族服务，经济观念淡薄，没有像其他兄弟民族那样，对植物药进行大规模地筛选、种植、推广、加工、销售。

"苗药是年产值上百亿的产业，海南黎医黎药相形见绌。"戴好富认为，黎医分散于民间，缺乏组织，得不到政府资金上的扶持和帮助。如不及时挖掘、整理及研究，势必随着时间的推移而消失，这对传统民族医学的发展将是一个巨大的损失。

"黎锦作为世界非物质文化遗产，目前得到了有效的保护和开发利用。黎医黎药也是宝贵的民族遗产，它的抢救与开发利用，可以效仿黎锦。"戴好富呼吁：政府要重视黎药产业的发展，支持黎医的传承，加强黎医黎药的科研，制定优惠的产业发展与扶持政策，设立黎药专项研发基金，集中物力、财力、人力，研发出一两个黎药的拳头产品，打响黎药品牌，振兴黎族医药，让神奇的黎药在为人类健康服务的同时，为海南创造巨大财富。

上文发表于 2013 - 03 - 04
海南日报

海南黎药：入得大山皆是药

一片叶子、一段枝干、一把草根、一朵毫不起眼的花儿……在海南黎药中，都可以入药，还能带给人们神奇的意想不到的治疗效果。

2月27日，海南省科技工作会议提出，要加强黎药研发工作，扶持黎苗产业发展，在过去半年里，记者多次跟随黎药普查队员深入黎村黎寨，在一些懂草药的黎族同胞的带领下，走进大山，探访黎医，认识黎药。

海南地处热带，药用植物资源丰富，长期生活在大山深处的黎族同胞，与雨林相伴，他们从日常生活经验中，从对动植物习性的仔细观察中，发现了各种植物的药用特点。黎药具有很强的实用性，黎族同胞用它们为患者治病，维护着本民族的健康。

中国少数民族的各民族都有自己独特的民族药，在考察中有关专家呼吁，黎药的开发利用价值很大，做好黎药研发与保护工作，才能让本地民族文化更好地造福人类。

一把砍刀，一个背篓。尽管是个雨天，昌江黎族自治县王下乡浪论村的张春营还是带着黎药普查小组的同志出发了，她要带他们上山采草药。

"平时上山干活，就可以带些草药回来。"在懂草药的黎族同胞眼里，房前屋后、田边地头、林下沟边……都生长着草药，使用起来非常方便。

比如，外人看起来毫不起眼的茅草，以为黎族同胞只拿它作为盖房子的材料，岂不知，它还是很好的草药。"小茅草盖房子不易烂，大茅草盖房容易烂。把大小茅草混在一起整株捣碎外敷，可以治外伤和骨折；用来煮水喝，能消暑、解热毒。"

在张春营的讲述中，那些神秘的有关黎药的故事，就在水洗过的青绿色山林里铺展开来，非常地有趣动人。

资源丰富随手得 传统黎药 800 余种

"这是天冬，可以治无名肿毒，把它捣烂了外敷就可以了；这是三叉苦，叶子能治胃病；这是鸡屎藤，将它烤热后，擦敷腹部，能治消化不良、胃胀等病，还可以治癞蛤蟆毒。"才走出村口，张春营的双手就灵活起来了，路边的每种植物，都是她眼里的草药。

张春营不是黎医，但她的母亲是老黎医，她从母亲那里认识了不少草药。遇上村民有个头痛脑热、生疮害病之类的，她也热心地帮村民捡些草药回来医治，不收分文。

"黎药资源非常丰富，懂药的黎医只要一进山，所见植物大部分都能入药。"专项普查队队长、中国热带农业科学院生物技术研究所研究员戴好富先后主编了两册《黎族药志》，第三册亦出版在即。该书记载：据不完全统计，黎族的传统药物，有 800 余种，仅白沙黎族自治县境内黎医使用的草药就有 300 种左右。

"因为黎族同胞世居热带雨林遍布的大山里，这里生物多样性丰富，在过去缺医少药的环境下，黎族同胞依赖于草药解除病痛。"戴好富说，黎药的发展源于黎族同胞对生活劳作的经验认识与积累，有很多偶然性。比如说，腿上长有疮痈，在某次打猎时，疮痈被尖刺刺破流脓，用山泉清洗过后，未破的疮痈好得要快。于是，就领悟到了疮痈的治疗方法。

海南省黎医药学会副会长钟捷东是地地道道的海南人，是军医，曾在五指山驻地长期服役。在此期间，他执著地研究挖掘整理黎医黎药，出版了《黎族医药》一书，在书里收录了198种黎药，详细介绍了草药的黎语名称、别名、医学术语名称，以及生长特征、分布、性味、功效和用法用量。

他认为，黎药不仅资源丰富，而且非常有特色，很多仅为海南特有，如海南粗榧、见血封喉、海南龙血树、海南黄花梨等；以及不少珍稀名贵药材，如海南降香檀、胆木、土沉香等。

起源难考证　抢救黎药迫在眉睫

黎族只有语言，没有文字，黎药的使用靠口口相传。因而，有关黎药的文字记载很少，黎药都保存在黎族老人的记忆里，如果遇上没有传人的老黎医，有些黎药就失传了。

"黎药到底起源何时，因为没有文字记载，已经很难考证。"钟捷东说，黎族医药是中华民族医药宝库中的重要组成部分，是黎族同胞几千年来同疾病作斗争积累下来的医学经验。早在宋元时期，黎族民间对草药的形态、功效、性味、采集、加工及分类就有比较全面的认识，特别是在毒蛇咬伤、跌打损伤、接骨、风湿、疟疾、肝病等疾病的治疗更有独特之处，这些宝贵的经验如今仍在海南中部山区的农村发挥着重要作用。

去年7月，记者在琼中黎族苗族自治县红毛镇采访时，偶遇40多岁的黎族同胞王川玉，她的母亲是一位老黎医，懂很多草药，尤其是在治疗小儿疾病和妇科疾病等方面，有许多疗效独特的验方。

"我的外婆也是位黎医。"王川玉告诉记者，她们家的医术都是传女不传男，她虽然没有专门从妈妈那里学习黎药的使用，但从小耳濡目染，也认识并掌握了许多草药的用法。

她带记者去田地里找草药，"这是马齿苋，拉肚子时炒来吃了，很快就好。小时候，我肚子里有蛔虫，妈妈也拿它做打虫药给我吃。"看到地上一株胖胖的小草，她又告诉记者"这是土人参，瘦人吃了可以变胖。"

王川玉所说的草药，在《黎族药志》上也有记载，药学专家通过化学成分分析，发现马齿苋富含有机酸、挥发油、生物碱等多种成分，具有清热解毒、凉血止痢的作用。戴好富在调查中记录到一则民间方子：将马齿苋全草入药，与槟榔、红糖煮食，可以清肠虫。而王川玉所说的土人参，又名土高丽参，长期用水煎服，可以治脾肺虚弱，久咳少痰、久病虚损，有很好的补气润肺效果。

"过去很多草药，在房前屋后就能采到，现在要跑到很远的大山里去采了，甚至要到吊罗山。"陵水英州军田村91岁老黎医蓝生仁的儿子蓝信功，继承了父亲的衣钵，他告诉记者，随着农业的发展和开发速度加快，过去很多常见的黎药越来越少，一些珍稀的黎药更加难以寻找。

方法独特　疗效明显　开发黎药造福人类

"黎药通常在本民族内部使用，外人知之甚少。"戴好富呼吁，要加强黎药的抢救与保护，加强黎药的研究与开发，千万不能让黎药在世人还未识其用途时，就消失了。

钟捷东也认为，黎族医药特点鲜明，有其独特的地域性，物种的多样化，价值取向不同，对植物药的使用多仅限于本民族较原始简单的过程，没有像别的兄弟民族那样，对植物药进行筛选、种植、推广、加工、销购等工作，所以，黎族医药研发利用前景巨大。

钟捷东调查发现，黎药中有很多本草植物至今仍未被其他民族所认识和开发利用，它们保护着大山深处、远离现代医学的黎族同胞的健康。比如黎族产妇竟然没有"坐月子"的风俗，产后妇女只需服用一种草药，就能达到祛湿、活血、收宫、除恶露的疗效，产妇24小时后即能下床活动,满周日（黎族的 12 天为一周）能下田,而且黎族妇女少有产后后遗症,如风湿、偏头痛、手脚麻痹等疾病。

2012 年 10 月,记者在陵水本号镇中央村卫生室采访了黎医吉中富。吉中富和弟弟一个是黎医,一个是西医。"找我看病的比找弟弟看病的多,因为黎药价格更便宜,效果也很好。"吉中富说,相对西医而言,黎族人更愿意用草药。

说到妇女产后"坐月子",吉中富说,村子里妇女生孩子后,在 12 天的周期里,用五月艾、艾叶、黄姜、捞叶根等 10 多种草药,炒鸡吃,然后再喝黎族自酿的糯米酒,就不会有妇科病。记者看到吉中富的药房里堆放着各种各样的草药。"有些草药在野外已经采不到了,像沉香、降香黄檀等名贵药材,更是千金难求。"吉中富说,行医多年,他深切地感受必须要加强对黎药资源的调查和保护。"再不保护,现在普通常见的黎药,以后可能又变成珍稀名贵药材了。"

一个好药就可能是一个大产业！中国少数民族文化丰富,各民族都有自己独特的民族药,像藏药、苗药产业就做得很好,黎医黎药并不逊色,不乏好药。比如有名的枫蓼肠胃康、裸花紫珠片、胆木浸膏片等中成药都是由黎族草药开发而来的。

"海南黎医黎药的研发工作做得太少了,这是很大的遗憾和损失。"戴好富感慨,黎药的开发利用空间很大,保护好黎药资源,做好黎药研发工作,不仅能促进海南发展,更是让本地民族文化造福人类。

上文发表于 2013－03－04
海南日报

黎族医药：幸有"口书"载传奇

关于黎族,有很多美丽神秘的传说,黎医黎药是其中之一。相信很多人都听过这样的故事,一些现代医学束手无策的疑难杂症,老黎医用几把便宜的草药就治好了。黎族有语言无文字,黎医黎药的传承依靠一代代人口口相传,每一个老黎医就是一本内容极其丰富珍贵的"口书",又因为黎语除本民族之外能听懂的人不多,旁人看来,黎医们口述的草药、验方就是无字"天书"。

在海南多年,关于黎医的故事听得很多,有朋友传来的,也有身边人身边事的亲历。

因为采访"黎医黎药"专题的缘故,近三个月来,记者在中国热带农业科学院生物技术研究所副所长戴好富博士、海南黎药协会副会长钟捷东的带领下,走近了传说中很神奇的黎医,拜访了黎族聚居地区的几位黎族医生。

本以为走近了,会拂去黎医神秘的面纱,没想到愈走近愈看清,反而愈神奇,采访到的老黎医们,其医术高明,令人叹为观止。

黎族医学　肇始远古

"黎族人民在被世人称之为瘴疠之地的热带深山丛林中繁衍生息了两万年,并造就了一个拥有 120 多万人口的民族,成为当今世界上最健康、最长寿的群体之一,堪称神奇。这个神奇之根本源于黎族在恶劣环境下为谋求自身生存,与环境、疾病、伤痛抗争中创造的独特文明——黎族医药。"这段话,出自五指山黎族医生杨丽娜的一篇文章。

与很多老黎医不同的是,杨丽娜接受过专门的医学训练,曾到卫校学习过。杨丽娜受行医的祖母影响,对本民族医学非常热爱,还组织成立了"五指山黎族民间医药研究会"。

通过对本民族医学的研究以及对老黎医的走访,杨丽娜认为,黎族长期居住在大山深处,与热带雨林为伍,衣食皆为植物所赐。所以,黎医黎药的产生源于黎族先民对生产生活经验的认识。

近几年来,一直致力于黎族医药研究的中国热农院戴好富博士分析,黎族世居深山,打猎为生,在捕杀猎物的过程中,很容易出现摔伤、刀伤、毒蛇咬伤等伤病,所以,很多黎医尤其精通治疗跌打损伤。

钟捷东曾在驻五指山区部队担任过多年军

医，这期间，走访了很多老黎医。他在《黎族医药》一书中将黎族医学的发展分为原始自然进化阶段、受外来医学影响阶段和黎族现代医学 3 个阶段。

虽然早期的黎医行医治病带有迷信色彩，但黎族医学是世界各民族医学中最早实现巫医分化，走入理性医学发展模式的民族之一。

疗效神奇　医学奇葩

在陵水黎族自治县卫生局副局长杨锋的带领下，2012 年 10 月的一天，记者走进了陵水英州镇军田村毫不起眼的一户农家小院落。刚进院落，就看见一位腿上敷着药的年轻人安静地坐在一张凳子上，他是 91 岁老黎医蓝生仁的患者，叫黄阿雄，因车祸导致右足胫内粉碎性骨折。

蓝生仁的儿子蓝信功出来接待记者，蓝生仁因年老听力严重衰退，加上又只讲黎语，难以沟通。和蓝生仁的交谈，完全靠他 13 岁的孙子蓝章山翻译。

黄阿雄是三亚人，发生车祸后，在三亚一家医院拍完片，医生说要马上做手术，费用近万元。黄阿雄家穷，没钱做手术，在亲戚的介绍下找到蓝生仁看病。俗话说，"伤筋动骨一百天"。黄阿雄的骨伤一时半会儿好不了，他在蓝生仁家住了下来，到记者采访时已住了近 10 天。

"我刚来时腿又肿又痛，蓝医生用草药治疗，一周后，淤血散了，消肿了。"让黄阿雄最为叹服的是蓝生仁接骨对位的本领。"他在腿上仔细摸索，捏捏受伤的部位，一推一扭，不用做手术，原来错位的骨头竟然瞬间复原了，太了不起了！"

在蓝生仁眼里，无草不药。走到院子前的空地，他随手采了一株小草，比划着让蓝章山告诉记者："这是鹅不吃草，这种草分公母，公草要冬天才能长出来，它是治伤病的良药，既能煮水喝，还可以配其他草药外敷。"蓝章山说得头头是道。

记者在调查中发现，黎族虽然不是人人懂医，但男女老幼大多都能识得几味草药和它们的用法，在荒僻无人处，遇上些常见小病，他们都能用草药自行治愈。"即使懂草药，也不一定能治病。"琼中黎族苗族自治县红毛镇 40 多岁的王川玉告诉记者，她外婆、妈妈都是黎医，她从小跟着她们认得很多草药，却不懂医。

黎医的神奇之处，不仅在于它能有效治病，还在于它利用身边易得的药材，用内服、外敷、熏洗等方式，不采用手术，简便易行地为本民族同胞治病，价格相当低廉。至今，黎医中还保留着非常古老的砭术，也即石针，用尖锐的石块，对患处采取压、刺、刮、擦等方法治病，基本不花一分钱。所以，黎医在本民族中深受欢迎。

"黎医虽没有医典流传，但它是一门非常庞杂、繁复却又系统的民族医学，是祖国传统医学中一朵奇葩。"戴好富告诉记者，黎族医学背后是其丰富独特的民族文化。虽无文字，依靠口口相传，但经过数千年发展，在传承中既有轶佚，也有发扬，渐渐自成一体。

据相关黎医研究书籍论述，黎医融药、医、护为一体。在治疗方面，黎医传承下来的有完整的治疗泌尿系统、妇科、骨科、风湿、皮肤、毒蛇咬伤等等多种疾病的诊断及治疗用药。特别是对毒蛇咬伤、跌打损伤、风湿骨痛、接骨、中毒、疟疾等有独到疗效。

口传黎医　走向式微

在陵水黎族自治县本号镇中央村卫生室，记者观察 40 多岁的黎医吉中富给患者看病，采用的也是中医望闻问切的诊断方式，但他在取药时，却非常随意，随手抓一把草药，并不像中医那么严格地定量到"克"。

"黎药无副作用，多一点、少一点，既不影响治病，也不会对人体造成伤害。"吉中富的黎医知识，从祖父和父亲处学来，10 多岁就跟着父亲上山采药，常用的 200 多种黎药全在他脑子里。

吉中富的医术远近闻名，陵水县长荣管区 60 岁的李国余，在外打工时，右腿膝关节莫名肿大，去陵水医院检查，拍片发现里面积有很多脓水，他到多家医院治疗，前前后后花了两万多元，都没治好。后来，一家大医院警告他要截肢，否则生命难保。

李国余说,当时右腿疼痛难行,大小便都要爬行,非常痛苦。无奈之中,李国余半信半疑地找吉中富治病,"抓了一麻袋草药,煮水后用棉布包住患处,每次包一天一夜,冷了就加热再敷。一袋药煮了3次,肿痛神奇地消失了。"李国余说,他仅花了100多元就治好了病,保全了右腿。

遗憾的是,吉中富高超的医术,却难寻传人,他的孩子对学习黎医黎药都没兴趣。"学黎医黎药,靠的是口传,孩子们认为繁琐难学。"吉中富说,最重要的是他两个孩子都认为黎医没前途,赚不了钱。原来,吉中富学西医的弟弟和他同在村卫生室看病,西医收费高,弟弟赚的钱也比他多,孩子看在眼里,更不愿学黎医。

91岁的蓝生仁也面临同样的尴尬,因为健康日减,他的问题就更为迫切。蓝信功介绍,父亲把脉本事一流。现在年纪大了,感觉有些迟钝衰退了,准确度会打些折扣。听毕,记者请蓝生仁把脉,他伸出苍老的、长满硬茧的手,搭在记者右手脉上,沉吟良久,对蓝章山说了一番话。"爷爷说,你有慢性咽炎,肾部还有小肿泡。"稚气的蓝章山翻译过来。蓝生仁把脉的结果,竟然与记者半年多前的体检结果一致。

蓝信功说,蓝家世代行医,到蓝生仁已是第五代。蓝生仁不仅懂医,还懂药,他还在继承祖辈的医术上有所发展。蓝信功对黎药也了如指掌,哪些药能治什么病,在哪里采得到,他都了解,但对于把脉、接骨之类的医术,蓝信功自觉不如父亲。

让蓝生仁比较难过的是,在他几个儿子中,继承他医术的只有蓝信功一人。他不知道在他的身后,他的医术能留传下多少。

上文发表于2013－03－04
海南日报

种出放心菜　卖出好价钱
结对帮扶使溪南村有了特色农业　人均年收入翻番

前段时间佛手瓜、椒类价格走低伤农还让人记忆犹新,3月12日在溪南村委会却看到了另一番喜人景象——由于近几年帮扶对路,农民种植的毛节瓜、长豆角等特别好卖,价格一路走高,一辆辆奔驰在田间道路的三轮摩托车上满载瓜菜,驾车的溪南村农民脸上个个洋溢着丰收的喜悦。

农业专家指导村民科学耕作

"你们来晚了,一天中摘菜最热闹的时候已过去,这时候农民大都卖完菜了。"3月12日上午,溪南村委会支部书记林烈桐边说边带着我们到海口市规划局帮扶点、130亩冬季瓜菜示范基地,这里由市规划局提供农药、化肥、薄膜和种子。

溪南村委会高田村的黄琼珍夫妇抬着近70斤刚摘下的毛节瓜,走出基地绿叶掩映的瓜架阵,放在自家的三轮摩托车上。"这种小型毛节瓜很受市场欢迎,今天每斤的收购价可卖到两元;豇豆收购价每斤2.9元。"黄琼珍说,要卖好价,就得选对品种,管理上要多下功夫,一分钱一分货;还不能施毒性高的农药,要不然会砸了自己的饭碗,收购价也会下跌。虽然务农多年,但是黄琼珍夫妇的这些种植知识大都来自中国热带农业科学院的刘昭华。

2009年开始,海口市规划局结对帮扶溪南村,刘老师是市规划局请来的农业专家,指导溪南村民科学耕作。林烈桐说,刘老师过两天又要来,村民又有不少事要请教他。

结对帮扶农民收入翻番

溪南村紧靠南渡江东岸,过去由于没有资金安装提升泵站,村民守着南渡江却缺水,有些耕地因没水灌溉而荒废,全村人均年收入不足2 000元。

结对帮扶后,市规划局筹款修建宅上园村、高田村两座提升泵站,南渡江水源源不断地流入耕地,灌溉用水基本解决。近年,以豆角为主要品种的特色农业在溪南村逐步形成，人均年收入增加至 4 000 元，五保户得到安置和救助，文体活动有了新场所，硬化村道不断延伸。

海屯高速公路开通，溪南村从过去的边远农村变成高速路旁的农村，外部交通条件大为改善。在村民积极配合下，市规划局帮助编制的溪南村村庄发展规划已完成初稿，今年 7 月完成修改后逐步实施；村庄产业发展规划编制也已完成调查报告，将来计划开展大棚瓜菜种植，增强农业生产的抗风险能力。

上文发表于 2013 – 03 – 13
海口晚报

人工授粉出现"用工荒"

采遍田间不为蜜　蜂为瓜果做媒人

今天上午，儋州市南丰镇那早洋黑皮冬瓜基地，成千上万只蜜蜂从"蜂屋"中飞出，穿梭于瓜地花丛中。这些蜜蜂，不是来采蜜的，而是瓜农黄楚成请来的"授粉工人"。

"如果不是这些蜜蜂，今年的冬瓜就怕要绝收了。"黄楚成说。

近年来，儋州黑皮冬瓜的种植规模越来越大，但冬瓜花有粉无蜜，传粉的野生昆虫严重不足，大多数瓜农只能进行人工授粉。

"去年种了 120 亩黑皮冬瓜，请了 30 多位工人进行人工授粉，足足做了半个月。"黄楚成说，工钱也是一路上涨。两年前付出的工钱还只是每人每天 30 元，去年则涨到了 70 元。

工钱上涨并不意味着授粉工人招之即来。由于授粉时期主要在正月和二月初，恰逢春节，因此经常出现"用工荒"。今年，黄楚成的黑皮冬瓜种植规模再次扩大，达到 560 亩，虽然他分 3 批移栽，让冬瓜分批开花，但仍需要至少100 多位授粉工人。

犯愁的不仅是黄楚成，近年来，我省瓜果产业规模越做越大，省内各地均出现人工授粉"用工荒"。为解决这一困难，今年，国家蜂产业技术体系儋州综合实验站、海南省蜂业学会在全省试点蜜蜂授粉技术。

我省试点蜜蜂授粉有偿服务

"一脾（一箱中蜂有 3 ~ 5 个脾，意蜂约 10 个脾）传粉蜂群，工作 7 天，就可以给一亩冬瓜授完粉。"中国热带农业科学院副研究员、国家蜂产业技术体系儋州综合实验站站长、海南省蜂业学会会长高景林说，因为冬瓜、哈密瓜等花有粉无蜜，因此需要为蜂农建立有偿服务机制。

在省蜂业学会的帮助下，黄楚成从儋州山源养蜂合作社租来 170 箱蜜蜂。"总租金为 3.4 万元。如果请工人授粉，工钱至少要 11 万元。"黄楚成说。

高景林说，相对于人工授粉，蜜蜂会让雌花花蕊 4 个瓣都得到均匀授粉，不会长出歪瓜，可以增加商品瓜产量。

而对于蜂农来说，也增加了收入途径。"一般蜂农只养二三十箱蜂，原因是蜂蜜市场销量饱和。"儋州市山源养蜂合作社副理事长邱恒学说，如果蜜蜂授粉有偿服务能形成一个成熟的产业，蜂农就可以扩大养殖规模，专门培育授粉蜂群，实现瓜果种植业和养蜂业的双赢。

高景林介绍，除了儋州，我省还在东方试点了哈密瓜蜜蜂授粉，以后将逐步向全省进行推广。

上文发表于 2013 – 03 – 15
海南日报

热科院启动"橡胶树冬春科技培训"专项行动

"防治白粉病，非常有效的方法就是喷洒硫磺粉。"3 月 14 日，热科院专家在海南儋州市美万新村的橡胶林里，为 200 多名胶农现场讲授橡胶树"两病"防治技术。

当日，为深入贯彻落实农业部、海南省关于"冬春农业科技大培训行动"的部署，提高民营胶园种植管理水平，热科院联合海南省农业厅在儋州市美万新村启动了"橡胶树冬春科技培训专项行动暨开班仪式"。该行动是热科院针对当前橡胶树"白粉病"和"炭疽病"高发、民营胶园割胶技术水平亟待提高而采取的科技服务行动，对保障天然橡胶健康持续发展具有重要意义。

活动中，热科院专家为来自海南省各市县的技术员和种植户讲授了橡胶树新型实用技术、冬春"两病"防治技术、主要病虫害防治技术和新割制知识，发放了《橡胶树速生丰产栽培技术手册》及光盘，并现场采集病叶，指导胶农识别病害症状，同时进行了喷药示范。

此次行动是热科院开展"冬春农业科技大培训行动"系列活动之一，为全面落实该项工作，热科院制定了细致的实施推进方案，紧紧围绕我国热区农业生产的实际需求，以全国热带农业科技协作网为依托，重点针对天然橡胶、热带牧草、木薯、热带果树、甘蔗、瓜菜、香辛饮料作物等热带作物，在热区九省区开展测土配方施肥、无公害标准化甫、作物高产栽

培等专项技术培训。2月份以来，热科院已组织橡胶、瓜菜、农产品质量安全等方面的专家走进海南屯昌乌坡镇芽石铺村、枫木镇琼凯村、南坤镇加花岭村，琼中县黎母山镇农场、琼海市阳江镇等市县的田间地头，不仅为农民送去了先进的农业科技，还给农民增添了致富增收的信心。

热科院王庆煌院长表示，服务"三农"是热科院义不容辞的责任和义务。热科院将充分发挥科技优势，组织各单位科技人员深入热区九省区，大力开展科技服务活动，为促进热区"三农"事业发展提供强有力的科技支撑。

目前，该项行动已陆续在海南各市县铺开。接下来，热科院还将组织专家前往广东、云南、广西等热区九省区，寻求建立科技服务长效机制，开展形式多样的科技服务活动，切实帮助热区农民解决生产中的实际问题，通过科技实现增产增收。

上文发表于 2013 - 03 - 18
新华社、农业部网

"中国技术丰富了我们的菜篮子"

3月的布拉柴维尔烈日当头，但距此以南17公里处的贡贝农场，含苞待放的黄秋葵、绿油油的小青菜、挂满藤架的苦瓜，呈现出一片绿意盎然的生机。这里便是中国援刚果（布）农业技术示范中心，来自中国的甜玉米、空心菜、彩色椒、大棚番茄等数十种果蔬在此生长，承载着改善当地百姓饮食结构、丰富菜篮子的希望。17日下午，由国务院新闻办公室组织的"感知中国"走进刚果（布）活动中国记者团一行来到这里采访。

"有很多品种是我们国家首次引进，如果不是中国专家的帮助，我想这辈子也不会认识它们，更不可能有口福了。"农业示范中心工作人员古卡斯憨厚地告诉本报记者。在这里，他第一次见到了空心菜、苋菜；在这里，他学会了笼养鸡和预防鸡瘟技术。

刚果（布）地处非洲中西部，农业基础薄弱，基础设施匮乏，发展农业的资金和技术多

靠国际社会的支持。为落实中非合作论坛北京峰会成果，帮助刚果（布）解决粮食安全问题，2009年7月，中刚两国政府签署中国无偿援助刚果（布）农业技术示范中心项目的合同。同年9月，由中国热带农业科学院（热科院）承担的示范中心破土动工，占地约59公顷，具有培育适应当地的新品种、示范和推广先进农业技术、为有关部门和人员提供培训等多种功能。

2011年4月，首批7名热科院专家抵达示范中心，开始为期3年的技术示范工作。"真是白手起家，自己带种子，建大棚、垦荒地，甚至连窗户、梯子都得自己动手做，还时常没水、停电。"回忆起示范中心创建之初的艰辛，项目中方负责人王永壮掩饰不住内心的激动，"能帮助当地农民学会科学种菜，提高作物产量，解决吃饭问题，我们远离祖国受的这些苦就都值得了。"

木薯是刚果（布）主要粮食作物之一，然

而当地种植木薯感染非洲花叶病比较普遍，产量一直很难提高。中国农业专家在对国内外品种进行反复试验和认真总结后，筛选出最适宜当地种植的优良木薯品种。"我相信通过推广这些优良品种，其品质和产量都会不断提高，能逐渐满足当地百姓的吃饭需要"。王永壮信心百倍地告诉记者。

"为帮助当地农户创造更多经济效益，我们还在进行蛋鸡集约规模化立体全阶梯式笼养实验。"养殖专家孙卫平说，因为缺乏技术和管理，当地散养的母鸡成活率低，产蛋数量有限。"而笼养实验后，产蛋率大大提高，同时饲养成本下降，鸡蛋营养均衡，鸡粪还作为肥料再利用。"在一旁聆听的古卡斯忍不住插话说，他非常喜欢照顾这些母鸡，看着每天收到不少鸡蛋，自己也很满足。"我们的鸡蛋物美价廉，很畅销。有些村民都提前付钱预约鸡蛋，因为数量有限，怕来晚就买不到了。"

授人以鱼，不如授人以渔。热科院专家还充分利用示范中心的平台，积极开展技术培训，手把手地教授当地农民种植、养殖技术。在去年9月中心举办的首期农业技术培训班上，来自布拉柴维尔、普尔、布恩扎等省区的19名农民在20天的培训时间里，学会了制作肥料以及防治病虫害的知识，进一步掌握了木薯种植、收获、贮藏和加工等技术。截至目前，中心已开办各类技术培训班3期，培训学员近60名。"中国专家送来了我们最需要的技术，想我们之所想、供我们之所需，这样的帮助是源于兄弟般的情谊。"刚方负责人、刚果（布）农牧业部官员昂古乌拉道出了很多学员的心声，由衷感谢中国政府给予他们的无私援助。王永壮告诉记者，因为想来这里培训的人太多，专家们下一步打算直接去村庄、去田间地头现场辅导农民耕作，更有针对性地为他们排忧解难。

在示范中心已经工作1年的马塞维边熟练地给西瓜吊蔓，边和记者聊天说，种了这么多年地，才知道科学种田是发展农业的硬道理。没有中刚的友好合作，没有中国专家的悉心指导和帮助，"我们的土地再肥沃也长不好庄稼"。是的，中国援刚果（布）农业技术示范中心给当地农民带了实实在在的好处，"中国技术丰富了我们的菜篮子，粮食安全总有一天也会解决的。"昂古乌拉指着地里的蔬菜有很多憧憬。

上文发表于 2013 - 03 - 20
人民日报

我省乳胶干胶含量自动测定技术有新突破

2～5 秒可测出干胶含量

2～5 秒快速测出乳胶中干胶的含量。今天上午，记者从中国热带农业科学院橡胶研究所了解到，该所针对天然橡胶胶乳干胶含量测定技术进行科技攻关，目前初步研发出乳胶干胶含量自动测定仪的原型机。

这款原型机与国内外干胶含量测定仪相比，最大的优势是能够快速、准确地显示被测胶乳的干胶含量，省去以往干胶仪测量需要人工查表的繁琐过程，可以让胶农及收购商直观见到测量数据。

据热科院橡胶所专家介绍，该仪器的原理是利用胶乳中水分子、固形物以及干胶，在不同温度下对微波的不同反应，运用计算机进行修正，并采用实验室标准法等原理来测定干胶含量。它的测量误差小，稳定性好，实际单次测量时间为 2～5 秒钟，每小时可综合测定样品数量为 120～150 个，能够满足快速测量的要求。

乳胶干胶含量自动测定仪的原型机的成功研发与推广，将为胶农提供一杆公平的"秤"，进而更好地服务胶农，以促进我国橡胶产业的发展。

上文发表于 2013 - 03 - 28
海南日报　记者：范南虹
通讯员：林红生

乳胶干胶含量5秒内可自动测出

中国热带农业科学院橡胶研究所针对天然橡胶胶乳干胶含量测定技术进行科技攻关，近日初步研发出乳胶干胶含量自动测定仪的原型机。这种测定仪最大优势是能够快速、准确地显示被测乳胶的干胶含量，实际单次测量时间仅为2~5秒。

据中国热带农业科学院橡胶研究所实验员黎昌美介绍，以往测量干胶含量需要繁琐的人工查表过程，平均单次测量时间长达8~12个小时。"现在运用乳胶干胶含量自动测定仪测量干胶含量每小时可以综合测定样品数量120~150个，大大提高了测量效率。"黎昌美说。

记者在橡胶研究所实验室内看到，这台测定仪重量约为8千克，一次测量不到5秒钟时间。这台仪器的成功研发与推广将更好地服务胶农，促进我国橡胶产业发展。

上文发表于2013-04-01
新华网 记者：陈爱娣、郭良川

非洲刚果的海南情谊

3月29日，国家主席习近平抵达布拉柴维尔，对刚果共和国进行国事访问。刚果共和国，这个非洲中西部一个人口仅为424万的小国家，再次以热情友好的形象进入中国人的视野。

其实，早在2011年4月，中国热带农业科学院的7位农业专家，从海南出发，抵达刚果，并在其首都布拉柴维尔西17公里的贡贝，开荒辟园，种植从海南带去的瓜菜，他们在那里推广中国先进的热带农业科技，培训当地农民，传播中非友谊，也扩大了海南在非洲的影响。

"中国、中国；海南、海南；朋友、朋友……"梅拉杜的两个孩子，5岁的巴巴杜和3岁多的波拉哭叫着向王永壮告别，这个与他们相处了近两年，教他们中国功夫的叔叔就要回海南了，他们舍不得。

3月26日，飞行一天一夜，回到了中国的王永壮，还忘不了这感人的一幕。两年，这其间多少悲欢离合，都堆积在中国热带农业科学院援刚果共和国的7位专家心里。

2011年4月27日，热科院海口城西院区，简单的开征仪式结束后，王永壮、党选民、游雯、薛茂富、覃敬东、林业波、申龙斌，先后开始了刚果农业科技援助示范之行，他们中有蔬菜专家2名、木薯专家1名、玉米专家1名、畜牧专家1名、农机专家1名、翻译1名。

援非洲 传播科技播撒友谊

3月29日，中国国家主席习近平在刚果进行国事访问，当天下午5时，他在刚果议会发表演讲，称"中国始终是非洲全天候的好朋友、好伙伴。"

的确，自新中国建立以来，几代国家领导人都一直致力于发展中非友谊。中国援建刚果农业技术示范中心，就是在这一背景下诞生的。

2006年11月，时任国家主席胡锦涛在中非合作论坛北京峰会上宣布：将在非洲建立一批有特色的农业技术示范中心，促进双方农业合作和交流，增加非洲农民收入，减少贫困。2007年8月，由热科院承担的中国援建刚果农业技术示范中心获得批准，中心选址在刚果首都布柴维尔以西17公里的贡贝农场，占地59公顷；2011年3月，中心基础建设顺利通过国家商务部组织的竣工验收；2012年9月4日，刚果共和国萨苏总统与中国国务院副总理回良玉共同为示范中心主持揭牌剪彩仪式。

验收当年的4月27日，热科院7位专家出征刚果，王永壮是专家组负责人。"其实，贡贝农场也是我国在20世纪70年代和80年代援助建设的。"王永壮告诉记者，抵达贡贝农场后，看到三四十年前我国专家留下的一些建筑物，感慨不已，足见两国人民友谊之深厚。而他们7

位专家作为传承友谊的使者，更感责任重大。

根据中国政府对非洲的庄严承诺和援非规划，中国援建刚果农业技术示范中心必须具备试验研究、示范推广和农业可持续发展等三大功能，力求成为中非热带农业合作的崭新平台。

"出发之前，王庆煌院长就千叮咛万嘱咐，要求我们把国内最先进的热带农业科技带给非洲人民，还要与当地人民友好相助，倾力相助，传达中国人民的友谊。"因此，出征刚果时，除了行李之外，7位专家带得最多的就是种子，有西瓜、茄子、黄瓜、白菜、卷心菜，还有120多千克6个品种的木薯杆。

万里外　刀耕火种艰辛创业

由于行李托运环节中的失误，专家们抵达贡贝农场后，行李并没同时到达，只有他们视为宝贝的瓜菜种子、木薯杆，跟着他们一起到了农场。没有被子、没有蚊帐、没有洗漱用品，专家们只好向当地的中国施工队借来防虫网，将房间窗口挡住，又借来床、棉被，勉强住下来。

第二天，大家就一起用砍刀砍除基地一人多高的杂草。非洲气候炎热干燥，若不及时整理好土地，把带来的木薯杆种下，很快就会被晒干成烧柴的"柴火"了。

习近平主席此行访问非洲时承诺：中国政府将积极采取措施，鼓励中国企业扩大对非投资，特别是农业和制造业，基础设施建设等领域的投资。

"非洲的农业很落后，基础设施、农业技术、农业品种等等，都与国际水平有很大的差距。"2011年4月28日，专家们甫至贡贝农场，看到当地农业环境和农业设施，7名专家"倒吸一口凉气"：环境太差了，除了刚建好的基础设施，基地全是杂草。

"去国万里之外，体验了一把刀耕火种的原始农业。"党选民笑说，他们本来是热带农业科技工作者，掌握着领先的农业科学技术，却在中心创业之初，不得不选择最原始的农业生产方式。

"在刚果，农资、农机、种子和肥料都极度匮乏，50千克的袋装化肥，要600元人民币左右，比国内价格高出4～5倍。"王永壮说，为了节省成本，他们只好焚烧砍倒的杂草作为肥料。刚果啤酒业发达，专家们低价买来酒糟、鸡粪等，堆积沤肥；西瓜、黄瓜等蔬菜没有架杆，就进山砍竹子自制架杆；白天浇水温度太高，就晚上戴着头灯浇水。

更为艰苦的是语言的障碍，刚果的官方语言是法语，专家们很难与当地人沟通，要安排当地工人干活，专家们只得自己与他们一起干活，用行动让工人们理解。中国早期援建的鲁瓦河泵站淤泥堵塞，难以将河水抽到基地灌溉，为了让工人理解什么是清淤，王永壮、党选民赤脚站到河里清挖淤泥示范。

与国内相比，生活条件艰苦更是难以言说。"刚去的第一个月物资未到。连吃了一个多月的凉拌土豆丝、凉拌洋葱、凉拌韭菜，水电也不正常、饮用水重金属含量超高，水质偏酸。7个人，每人都轮流得了一遍疟疾。"就连专家组里特别注意防护的唯一的女性游雯也未能幸免。

而让王永壮至今心底仍深藏疼痛的是，他到刚果还不到两个月，2011年6月8日，由于小区物业管理的问题，地线带电，12岁的女儿在海口使用热水器洗澡时触电，妻子关闭电闸去救孩子，同样触电身亡。6月11日，王永壮接到噩耗赶回海口，与父母相抱痛哭。但作为专家组的负责人，处理完妻女的后事，他把悲痛深埋心底，收拾好心情，又赶回了刚果。

结硕果　瓜果飘香友谊长存

7位专家从刚果传回国内的相片，可以清晰地看见这样一个历程：中国援刚果农业技术示范中心，从最初的一片荒草丛生，到如今的瓜果满园、蔬菜绿意盎然，尤其感人的是，黑人朋友捧着收获的蔬菜那一张张真诚灿烂的笑脸。

"我们从国内引进了哈密瓜、洋香瓜、冬瓜、辣椒、空心菜等24类60多个品种。"负责蔬菜项目的党选民很是自豪，通过艰苦卓绝的努力，他们终于收获累累硕果，在刚果这片热土上种出来的瓜菜产量高，品质优。比如表现很好的西农八号西瓜，平均单果重6.4千克，每公顷产量5.7万千克，含糖量高达11%。刚果国内的官员，都以得到中心送去的瓜菜礼品为荣。

"小西瓜，大外交。"王永壮告诉记者，中心培育的小型礼品西瓜，如热研黑美人、绿美人、热研新秀等，是刚果抢手的礼物。在中心示范项目推广建设的过程，刚果总统萨苏、农业部部长和其他官员，多次到中心参观、指导。

随着瓜果飘香，友谊也在传播。中心不定期开展蔬菜种苗、蔬菜产品、肉鸡产品的赠送活动，多次向当地工人赠送辣椒、甘蓝、西红柿、茄子等蔬菜种苗5 000多株。在很多外国人眼里，几乎中国人人会功夫，调皮的刚果小男孩们经常缠着专家学功夫，习过南拳的王永壮把对女儿的思念，都转移到了这些肤色黑黑的小孩身上，他教孩子们学中国话，习中国南拳。

专家们把海南也带到了刚果。听说海南同样是热带地区，中心周围的当地人都对海南特别好奇，基地工人的孩子更是缠着专家们讲海南故事。"是一个海岛，有椰子，有木薯，也很热，还笑 很多大米、海鲜，那里的人民也很友好……"专家们口中的海南，激起了当地人的向往。据了解，今年，热科院将邀请基地部分工人和当地官员访问海南。

"周泉发、雷育成、温超望……又一批专家去接替我们了。"刚回到海南，还没好好倒时差，王永壮就接受了《海南日报》记者的采访。他说，援非工作将长期开展下去。

2013年，中心还计划结合种植和养殖项目，举办更多培训班。要把中国的热带农业科技和中国人民的友谊继续播撒在非洲，把海南的影响力在非洲进一步扩散。

上文发表于2013 – 04 – 01
海南日报

刚果（布）农业部长：中刚农业合作是南南合作典范

专访：中刚农业合作是"南南合作的典范"
——访刚果（布）农业部长里戈贝尔·马本杜

"中刚农业合作实实在在，对推动我国农业发展意义非凡，这一合作是南南合作的典范。"刚果共和国［刚果（布）］农业与畜牧业部长里戈贝尔·马本杜近日在接受新华社记者专访时如是说。

马本杜说，中国为刚果（布）援建的农业技术示范中心自2012年9月正式启动以来，精心培育适合当地种植的农业作物，定期开展培训班，将先进农业技术传授给当地农民，实现了"科普、培训、研究"一体化，对推动刚果（布）农业可持续发展起到巨大作用。

马本杜说，刚果（布）政府对中国农业技术示范中心的工作十分满意，每一期受训的农民在培训结束后也都对中国专家的认真负责态度赞不绝口。马本杜曾多次视察农业示范中心，中国专家手把手地将技术传授给当地农民的场景令他难忘。"中国人的实干、真诚、效率令我印象深刻，"他由衷感叹。

马本杜说，中刚合作关系可以说是"刚果共和国所有双边合作中开展得最好的"。通过与中国合作，刚果（布）不仅在农业领域，还在基建、信息、教育、医疗等多个领域都取得了重大进展。

"中刚合作的成果是显而易见的。一条条道路、一间间房屋、一座座学校、一次次技术培训，我们的人民都看在眼里，记在心里。事实证明，中刚合作实实在在，不是停留在口头和纸面上，而是体现在行动中，这样的合作充满诚意。"他说。

马本杜认为，中国和中国人之所以在刚果（布）、在非洲深受欢迎，不是因为别的，正是因为中国人的"简单真诚"。对于刚果（布）乃至其他非洲国家，中国都是一个值得学习的榜样。

马本杜说："那些对中非合作关系说三道四的人没有理解中国对非洲发展的重要意义。中非合作的深化以及中国自身的发展是谁也挡不住的。"

上文发表于2013 – 04 – 02
人民网 记者：韩冰

在希望的田野上

——中刚农业专家携手谱写友谊新篇

生活在非洲中部的刚果共和国人民祖祖辈辈有一个梦想：改变靠天吃饭的命运，实现粮食自给自足。随着中国援刚农业技术示范中心 2011 年建成启用，刚果人民向着"圆梦"的目标又迈进了一步。

记者日前来到位于刚果共和国首都布拉柴维尔市郊贡贝区的中国农业技术示范中心，扑入眼帘的是一片生机勃勃的景象：田间玉米和大棚里的蔬菜长势喜人，鸡雏在鸡舍里叽叽喳喳争抢饲料——谁能想到，这里在几年前还是一片荒郊僻野？

来自中国热带农业科学院、现任农业技术示范中心翻译的游雯告诉记者，这样的成就来之不易。中国援刚农业专家 2011 年 4 月抵达布拉柴维尔以来，遭遇了物资奇缺、疾病高发、交通条件恶劣等重重困难。但大家一点一滴从田间地头干起，培育瓜菜品种，向当地人传授技术，以辛勤汗水和高超技艺赢得了当地人的尊重和钦佩。

游雯告诉记者："没有床和书桌，大伙就用多余的门板搭成床和桌子；缺水最严重时，4 天 4 夜没水洗澡，就用湿纸巾擦擦手脸；市场上买不到肥料，我们用野草和土制作火烧土施肥；没有电抽水浇地，就自建蓄水池、用塑料瓶自制喷水头解决灌溉问题……"

农业专家们的实干和乐观给记者留下了深刻印象。朴实如同老农一样的硕士生导师、热带蔬菜专家党选民，为了赶进度，半夜起床摸黑去浇地。为了培育出适合当地的蔬菜水果，他早晨四五点就起床和蜜蜂"赛跑"去给瓜苗授粉。他种出来的特种西瓜、黄瓜、茄子个个味道好、个头大，把刚果共和国农业部长里戈贝尔·马本杜乐得合不拢嘴。

类似的事例数不胜数。木薯专家薛茂富为了做木薯杂交试验，在田里顶着炎炎烈日一待就是四五个小时；养殖专家孙卫平为了更好地和学员沟通，夜里打着手电筒学习法语，一大早起来就背单词；作为示范中心唯一翻译的游雯，承担了从编译教学资料到带领学员到田间上实践课的几乎所有要用法语的工作，甚至还承担了工作范畴外的体力活。但这位被当地居民亲切地称为"贡贝小姐"的 80 后姑娘，却从未叫过一声苦。

农业示范中心的成功，同样离不开当地工作人员的辛勤劳动。刚果共和国农业部派出的项目负责人翁古阿拉·保罗曾在中国留学近 10 年，不仅通晓农务，还说得一口流利的汉语，熟知中刚思维方式的差异，为推动项目开展立下了汗马功劳。

"以前人们总觉得只有从法国、美国留学回来的人才有水平，可是现在我让他们看到了，从中国留学回来的人也有水平。"保罗自豪地说。

中国农业示范中心的工作开展得好，保罗打心眼儿里感到高兴。"因为我们到现在都没有实现粮食自给，农业中心的工作是我们未来的希望。"

记者了解到，中国专家刚来时没有车用，保罗主动把农业部发给他的摩托车给专家们用，自己宁可走路或坐公交上班。"我骑不骑摩托车问题不大，但是专家们有了摩托车就方便很多，这样对他们工作有帮助。"他说。

中国专家对保罗的工作赞不绝口。善于沟通的保罗能将问题的重要性和症结说得很清楚，这使示范中心和刚果共和国农业部在工作上容易形成合力；保罗还很耐心细致，每次游雯做完法文版的课件资料，让保罗修改一下就特别放心。

如今，中国援刚农业示范中心已结出累累硕果。2012 年 2 月以来，中心共筛选出 53 个适合布拉柴维尔地区栽培的蔬菜优良品种和 3 个抗病性强、产量高的木薯品种，进行了 18 个玉米品种适应性试验，同时开展了肉蛋鸡集约规模化养殖试验。去年 9 月中心开办培训班后，还先后举办了木薯、玉米生产技术和蛋鸡养殖技术等多期培训班，受到当地各界一致好评。马本杜部长由衷地赞叹："凡是参加培训班的学员，没有不说好的！"

联合国粮农组织理事会独立主席吕克·居尤2012年参观该中心后，对这一合作方式大加称赞。"中国的这种办法非常好，可以有效帮助非洲农民获取先进的农业技术和经验，这种模式值得借鉴。"

站在示范中心的农田里，绿油油的农作物正在苗壮成长，一片盎然生机。在中刚两国农业工作者的汗水浇灌下，这片希望的田野将更加美丽丰饶。

上文发表于 2013 - 04 - 02
人民网　记者：韩冰

中国热带农业科学院技术支撑海南橡胶业发展

"我们一直都是用橡胶所的苗木和技术，2005年起就与他们打交道，每遇上难题，就电话咨询，重要的他们就派人来指导，你来我往，大家都有感情了！"这是近日在海南省儋州市茶山村胶林采访时，该村村委会主任钟志惠对记者说的一番话，而他所说的就是位于儋州的中国热带农业科学院橡胶研究所。

在儋州，像钟志惠这样的橡胶所"粉丝"不计其数。橡胶是当地农民的主导产业与重要经济来源之一，橡胶技术直接关系到农民的创收。刚刚由中国热科院携手海南相关单位启动的春季民营橡胶的技术培训巡回行动就备受关注，被农民们称为科技普及的"及时雨"。

中国热带农业科学院橡胶研究所所长、国家天然橡胶产业技术体系首席专家黄华孙说："技术对橡胶产业影响很大，不进则退，国家对我们很支持，农民对我们很信任，所以我们要对得起这份支持与信用。"

目前，我国橡胶技术研发某些方面在国际上具有领先优势，但整体综合实力要次于马来西亚。据了解，橡胶所在云南、广东还建有多个橡胶技术野外观察站，云南昼夜温差大，土地肥沃，产胶单产要高于海南10%以上。海南种植面积大，阳光足，然而由于台风灾害的影响，常常使胶农多年心血毁于一旦，这也迫使橡胶所的专家们在品种研发上下功夫。如今，他们推出的"热研73397"等品种就具有抗台风品性，产胶量高，很受农民欢迎。

据全国热带农业科技协作网秘书长方佳介绍，我国橡胶总种植面积1 600多万亩，其中有一半在海南，橡胶在海南农业与经济当中，占有很大的比重。随着近年来胶价的不断走高，橡胶给当地农民带来的实惠及影响越来越大，但凡涉及橡胶技术的创新成果均会受到广大胶农的关注。

上文发表于 2013 - 04 - 07
农民日报　记者：铁庭、操戈

韩长赋到中国热带农业科学院香料饮料研究所调研时
强调　努力建成世界一流农业科研院所

4月6日，农业部部长韩长赋到位于海南省万宁市的中国热带农业科学院香料饮料研究所，调研特色热带植物种质资源研发、香辛饮料种植加工示范等。他对香饮所科研和应用工作取得的成绩给予高度评价，希望香饮所努力建成世界一流的农业科研院所。

香饮所创建于1957年，是国内专门从事热带香料饮料作物产业化配套技术研究的综合性科研机构，主要承担我国胡椒、咖啡、香草兰等热带作物的研发。韩长赋认真听取了有关负责人对香饮所发展历程和基本情况介绍，饶有兴致地走进兴隆热带植物园，观赏旅人蕉、槟榔、可可、椰子等热带作物，参观胡椒科研试验基地、中粒种咖啡高产无性系母本园、香草兰基地、科技产品展销部等，详细了解胡椒、香草兰等热带作物的栽培、加工、开发等方面的情况，品尝了香草兰绿茶、可可椰奶、糯米香茶等科技产品，并在植物园里亲手栽下一棵花梨木树苗。近年来，香饮所建立了"科学研究、产品开发、科普示范"三位一体的发展模式，已取得科研成果 80 多项，研制出特色热带香料饮料作物系列产品 40 多种，向热区推广应用热带作物种植与加工技术成果，成果转化率在 90% 以上，社会经济效益显著。他对此予以充分肯定。

韩长赋十分关心香饮所的科研条件和人才队伍建设。当他听说香饮所正在朝着建设世界一流的热带香料饮料作物科技创新中心、特色热带香料饮料作物农产品加工基地、热带生态农业示范基地和热带农业科技成果转化窗口的

目标努力，他十分高兴。一路上，他与香饮所青年科技人员亲切交谈，勉励青年科技工作者扎根热区，安心科研，为热带农业贡献力量。韩长赋指出，香饮所要加快推进"一个中心、两个基地、一个窗口"建设，多出成果、多出效益、多出人才，不断提高科技研发和院所建设水平，争取成为全国乃至世界一流的农业科研单位。

农业部总经济师、办公厅主任毕美家，中国热带农业科学院有关负责同志陪同调研。

上文发表于 2013 - 04 - 10
农业部网　作者：宁启文

攀枝花与中国热科院合作　推广果园种草养畜配套技术

4 月 17 日，攀枝花市启动"金沙江干热河谷地区果园种草养畜配套技术示范与推广"项目，将通过试验择优确定攀枝花种草方向，建设种养结合循环农业样板。

据了解，该项目由攀枝花市与中国热带农业科学院合作开展。双方自 1997 年签订合作协议以来，开展了多方面的合作交流，中国热带农业科学院先后派出 5 批次 12 名专家到攀枝花挂职开展工作，对该市农业发展特别是芒果产业作出重要贡献。

截至 2012 年底，攀枝花市芒果种植面积达

26 万亩，产值超过 4 亿元，预计今年增加 3 万亩以上。随着芒果等特色种植业发展壮大，如何充分利用林下土地，推动畜牧业与种植业有机结合，成为攀枝花农业发展面临的新课题。此次推广的果园种草养畜配套技术，将在优化农业产业结构、农村资源配置及增加农户收入等方面具有积极意义。

上文发表于 2013 - 04 - 19
四川日报

海南蔗糖业如何寻回甜头

目前，我省大多数糖厂已经准备"收榨"了，而一些糖厂的工人，则对明年是否还有工作表示担忧。因为本榨季，海南全省只有 18 家糖厂开工，比上个榨季又少了 2 家。而与此相伴的，则是开榨以来各地接连传出的甘蔗难卖的消息。

2010 年的"糖高宗"风潮让人至今记忆犹新，我省白糖出厂价当年达到了创纪录的 7800 元/吨。在高糖价的刺激下，海南甘蔗种植开始了一轮恢复性增长，并在 2012 年遏制住了种植面积连续 5 年下滑、从 2007 年的 120 万亩下降

到 2011 年的 70 余万亩的态势。在种植环节"触底反弹"。

然而，因需求不振导致的糖价回落并持续低迷，却让我省糖厂还没来得及高兴，便再次陷入成本倒挂的泥淖中。2012 年，我省糖企亏损面超过七成，一些上规模的糖厂当年亏损逾千万元。目前，白糖的出厂价在 5 300 元/吨上下徘徊。

"后糖高宗"时代，站在蔗糖新一轮产业复苏的十字路口，政府、企业及产业链中的相关各方，该如何面对全省 60 万名蔗农刚刚被激发

出的种植热情？如何让支撑产业的两个轮子——种植、加工协调共进？如何破解企业成本刚性倒挂的瓶颈？这些都成为全行业需要解决的迫在眉睫的问题。

甘蔗两头都不甜　只有运输赚了钱

2月下旬，记者接到蔗农卖蔗难的反映后，赶到海口市石山镇道崖村。在现场，记者看到，不宽的村道上，上百辆载重10吨的运甘蔗卡车首尾相连，绵延几公里，一直通向远处的海口椰宝糖厂。糖厂的烟囱，正冒着滚滚白烟。

在车里等了两天一夜的蔗农老符焦虑地告诉记者，车上的甘蔗砍下来都快半个月了，先是送到龙塘糖厂，但是等了两天连车队都没有插进，只好又掉头过来准备卖给椰宝糖厂，"你看！甘蔗都变干了，缩的水都是蔗农的损失啊！我们这些小种植户，要是在家等糖厂派《砍蔗单》，到下个月都不一定能拿到，真到那时，甘蔗只能当柴烧了"。

对老符来说，3年前的好日子还历历在目：2010年，几家糖厂争相抢购甘蔗，田头收购价最高达到每吨750元，蔗农们根本不需要辛苦排队。

在临高县调楼镇美略村，蔗农曾祥代表村里的20多户蔗农，向记者道出了一肚子苦水："糖厂虽然发了《砍蔗单》，但我们把甘蔗砍完后放在地里5天，糖厂才派车来拉，缩水损失太多了。然后厂里又把扣杂质标准定得很高，而且收购价也比去年低了50元/吨，我们辛苦一年基本赚不到钱。"

谈到甫　成本，在东方市租地种了200亩甘蔗的种植大户陈谏知给记者算了一笔账：每亩租地成本400元、种苗农药200元、复合肥施用两次近500元，砍甘蔗人工费每吨120元，再加上机耕费、管理用工等。去年风调雨顺收成不错，平均亩产5.5吨，算下来每亩纯收入不到600元。"我们专业种植大户有技术敢投入，都只有这么一点利润，一般农户按照平均亩产4吨计算，根本没钱赚。"

蔗农叫苦不迭，糖厂也是愁容满面。椰宝糖业是一家日榨量1 200吨的小型糖厂，去年收购了5万吨甘蔗，亏损300万元。总经理陈辉来

海南管理糖厂已有4个榨季了。他说："只有一个榨季赚了钱"。

陈辉说："现在实力小一点的糖厂很难生存。上个榨季甘蔗收购价为每吨550元，我们厂因为甘蔗质量差、糖分低，设备老旧，产糖率不到10%，也就是10吨甘蔗还产不出1吨糖，每吨糖仅原料成本就超过5 500元，还不算工人的工资、加工费用等。而市场上的糖价还不到6 000元/吨，甫　得越多亏损得越大。从今年的行情看，又得亏损。所以厂里不敢开足马力甫　，只能收购划定区域内的甘蔗，区外的实在不敢再收了。所以厂外没有按我们计划砍运的甘蔗车都排成了长龙。"

在海南省糖业协会秘书长李京看来，如果说农民和糖厂是产业链两头的话，那么现在整个甘蔗产业的两头都是苦的，"蔗糖业整个种植加工环节，只有砍甘蔗和运甘蔗的赚了钱。砍甘蔗费每吨上百元，抬上车每吨还要30元，运费每吨公里超过1.4元，这些成本都不菲。"

企业农户抱成团　东方模式不畏寒

今年，我省大多数糖厂生产热情都不高，然而记者却在东方市的海南东方糖业有限公司看到，该厂敢开收甘蔗，开足马力甫　，还主动将榨期延长到4月上中旬。

正是在这家公司的带动下，2012年，东方市出现了我省近年少见的现象：不少农民开始放弃香蕉种植而改种甘蔗。该市去年共增加甘蔗种植面积5.6万亩，总面积达到8.8万亩，甘蔗产量也翻了番。

东方是我省香蕉主产区之一。按照常规观念，香蕉产值要比甘蔗高得多。然而近几年，香蕉的种植成本高达2.5元/千克，每亩投入成本在5 000元以上，但售价却连续几年低位徘徊，最低时仅0.4元/千克，加上台风等因素的影响，很多香蕉种植户吃了亏。

而与此同时，我省连续几年不断提高甘蔗收购价。以东方市为例，甘蔗收购价已逐步从2010年的310元/吨、2011年的530元/吨，提高到了去年的577.5元/吨，加上当地政府连续5年对新种甘蔗给予每吨23元的补贴，算下来，上个榨季东方市的甘蔗收购价已达到600元/

吨。甘蔗种植比较效益凸显，一年时间当地有近4万亩香蕉地改种了甘蔗。

一位业内人士告诉记者，尽管甘蔗收购价上涨，短期内导致糖厂亏损，但从长期历史经验看，原料"吃不饱"才是制约糖厂发展的根本问题。在行情最好的2011年，尽管市场糖价高涨，但我省各糖厂当时就是收不到足够的甘蔗，眼睁睁地看着盈利机会飞走。而从另一个角度看，甘蔗种植面积不稳定也是造成糖价周期性大起大落的关键因素。

东方糖业总经理李贵恒告诉记者，该厂过去几年的年收购量都只有十多万吨，产能长期"吃不饱"。为了扶持农民扩大种植，他们从种苗、肥料、技术全流程支持农民：去年向蔗农借出甘蔗种苗15 000吨，相当于提供近千万元无息贷款；给每亩新增甘蔗田免费提供25斤复合肥，并免费运送种苗。综合计算，厂里一年向蔗农补贴了近500万元"真金白银"，而该厂的原料田也迅速从3万亩扩大到8.8万亩，甘蔗种植面积上千亩的种植大户有好几位。

李贵恒坦言，按照该厂每9吨甘蔗出1吨糖的产能计算，每吨白糖的原料成本约4 500元，加上工资等企业运行成本，以及12%左右的税收，企业每甫　1吨糖就要亏损400元。但为了保护蔗农的积极性，厂里对产区的40万吨甘蔗进行了全部收购。"实在加工不完，就请同属上海光明集团的白沙合水糖厂代为加工一部分。"他说，稳定住了蔗农，明年厂里完成扩产改造项目后，就有了稳定的原料保障，甫　成本会明显下降。

记者了解到，从去年开始，我省制糖企业已经开始了新一轮的洗牌。资金雄厚、技术先进、市场网络健全的大型企业集团不断并购整合地方小糖厂。南华集团、上海光明等大企业的下属糖厂，成为我省制糖业的主力。在这种市场自发的产业布局调整中，计划经济时期根据种植区设立的一些糖厂被并购或倒闭，直接影响到甘蔗种植面积的稳定。旧的种植计划模式逐步被打破，蔗农直接面对市场的风险也越来越大。在这一背景下，东方糖厂主动补贴蔗农，扶持专业大户，与农民抱团取暖共度市场寒冬的模式，显得颇为积极。

丰产未必能丰收　刚性成本压力大

2012—2013年榨季，我省甘蔗产量可达340万吨，同比增产30%；产糖量42万吨，同比增产35%，是个不折不扣的丰收年。但省糖业协会预测，今年国内外市场都是产量增加但需求持稳，尽管国家有可能收储400万吨糖，但中期看来糖价难有起色，所以今年对我省蔗农而言，是个"丰产不丰收"的年份，如若出现"糖贱伤农"的情况，我省花了5年时间才逐步恢复的甘蔗种植面积，很可能出现大幅度滑坡。

行业的冬天尚未过去，成本的刚性上升和市场的长期低迷，却已压得我省蔗糖行业喘不过气来。

据了解，近两年我省接连大幅调高甘蔗收购价，去年550元/吨、今年500元/吨的价格，在国内甘蔗产区中处于较高水平。而全球第二大产糖国印度，其国内甘蔗的收购价折合人民币仅200元/吨左右，这让印度白糖极具成本竞争优势。

甘蔗收购价不断上调，但蔗农却不是最大的受益者。高涨的农资及人力成本，吞噬了蔗农绝大部分利润。据海南省价格成本调查队调查，去年我省甘蔗亩均甫　成本1 557.65元，同比增加27.69%，其中，人工成本增长最多，亩均雇工费用达338.83元，同比增加66.58%。受此影响，我省蔗农每亩平均净利润只有791.9元，比上年减少了8.48%。值得注意的是，该数据是包括种植大户在内的平均数，要高于普通蔗农的利润水平。

一边是原料收购成本刚性上涨、甫　成本居高不下，另一方面是进口和走私糖对市场冲击明显。据中糖协数据，目前，进口糖的售价比国产糖的成本要低1 000元/吨以上，巨大的价差不仅让进口配额制度形同虚设，走私糖也日益猖獗。去年进入国内的走私食糖高达50万~100万吨，远远超过我省蔗糖总产量。

高成本和低售价的两面夹击，使海南蔗糖业几乎变成一个没有利润弹性的产业。部分看空市场的人士甚至悲观地认为："企业现在停产是自杀，开工生产也是自杀——慢性自杀。"

糖业金融新战场　业内认识还不足

"你知道白糖期货吗？"面对这个提问，我省蔗糖产业链上的绝大多数一线人员都是一脸茫然。但记者在采访中了解到，近年来隐居幕后的金融白糖，已经日益成为搅动蔗糖实体产业的巨大推手。

一位业内人士表示，在计划经济时代，糖厂每年的甘蔗收购资金主要来源于政策性的收购贷款，但现在则主要靠企业自筹。连续几年的行情低迷让很多中小糖厂不堪资金重负，于是被迫参与到"买卖糖花"的交易中，这是介于地下期货与抵押融资之间的一种民间金融交易。而一些小糖厂因为赌错了市场方向，导致收购资金大量亏损而被迫倒闭。

糖厂倒了，原本计划向该厂销售的甘蔗没了出路，蔗农只好自己雇车向更远的糖厂交售。这一方面导致甘蔗品质下降，另一方面又打乱了其他糖厂的收购生产计划。这是近年来我省部分地区出现甘蔗难卖的重要因素。

在采访中，记者同时了解到，白糖的市场定价权，很容易被少数投资机构掌握。当年的"糖高宗"风潮，在一定程度上，是金融资本在白糖供需失衡年份的一次集中操作。

记者从多位期货从业人员处了解到，白糖是季产年销的产品，而且可储藏较长时间，这为资金炒作提供了不小的空间。我国年白糖消费量约1 400万吨，按照6 000元/吨计算，共有约840亿元的"盘子"，而炒作资金通过资本市场的杠杆效应放大后，只需要十分之一即84亿元，就能将市场上的白糖货源基本掌控。

"在资本市场整体氛围配合下，只要控盘超过50%就有绝对把握，因此实际只要动用约40亿元人民币，即不到7亿美元，就可以把这个千亿产业炒得'波涛汹涌'，这对热钱的诱惑非常大。"金融白糖对产业影响巨大，这一观点得到多位糖企高管的认可。东方糖业总裁助理何平以该厂进行分析：以今年为例，该厂计划收购40多万吨甘蔗，收购资金、运费和企业运行费，粗略计算需要近3亿元。这些钱都要在去年11月至今年3月间集中支出。而即使在白糖销售很顺利的年份，回款也在国庆节前后。3亿元资金占用大半年，仅利息成本就要上千万元，而这还只是一家中等规模糖厂的情况。一家糖业集团往往下属好几家糖厂，所以现在从事糖业的都是涉农企业里的金融大腕，不会运用各种金融手段与市场博弈很难生存。

李京等业内人士建议认为，糖是关系国计民生的战略物资，炒作如此轻松，必然导致价格忽高忽低。制糖企业还可以通过期货交易等方式套期保值，但千百万蔗农，就只能在价格周期性起伏的波涛中随波逐流，盲目地扩大或者缩小种植面积。而原料甘蔗供应的波动，又会进一步加剧整个蔗糖行业的不稳定。在这种背景下，有关部门应探索建立一支由政府控股、糖业企业参与的"糖业平准基金"，通过政府坐庄的方式，减少金融炒作对整个行业带来的炒作性动荡。

种植技术要更新　科技生产添助力

20世纪80年代，我省与广东湛江的甘蔗单产都是2～3吨/亩，但现在湛江的甘蔗亩产已普遍提高到了6吨/亩左右，我省却仅仅提高到了3.5吨/亩左右。这一数据，也低于广西、云南等产区。

是我省的生产条件不如别人吗？恰恰相反，我省的光温资源在全国是首屈一指的，这对光饱和点极高的甘蔗来说是最重要的因素。而且早在1975年，三亚的崖城小学试验田就曾创造出亩产29.08吨的纪录。

"问题的关键在于种植技术落后。"中国热带农科院研究员杨本鹏是国家甘蔗产业技术体系执行专家组成员，十多年持续研究甘蔗的生产。在他看来，我省甘蔗种植技术与很多省份有10年以上的差距。他举了几个简单的例子：与瓜菜农户相比，海南蔗农得到的专业技术培训少之又少，一个简单的蔗田深耕技术，全省推广率不到30%，而广西、广东等产区却达到70%；甘蔗"双芽苗"种植技术，30年前就被证实有效，但我省近几年才推广开，比外省产区晚了十多年；在施肥方面，海南农民习惯施用一次肥，但岛外至少施两次肥；甘蔗是喜钾作物，但我省蔗农却偏重施用氮肥，导致甘蔗含糖量下降病虫害猖獗；而蔗田的测土配方工作则基本没有开展。在现在的生产水平下，普通农户每吨甘蔗利润不到 200 元。

杨本鹏说，如果我省能尽快推广甘蔗健康种苗及其配套栽培技术、加大耕整施肥收割等农机的研发与应用推广、推进测土配方施肥等，凭借海南得天独厚的光热条件，甘蔗平均亩产达到 6~8 吨非常简单，蔗农每亩纯利润可以达到 1 000 元以上。而这些技术，在中国热科院的试验田里早已非常成熟，缺的就是推广。海南甘蔗产业有着巨大的发展潜力。

科技更能让糖厂成本显著下降。海南大学长期从事制糖研究的黄必春教授认为，目前，我省甘蔗的种植尽管出现了恢复性增长，但也只有历史高峰 1987 年 173 万亩的一半，糖厂"吃不饱"还是主要矛盾。加上我省糖厂规模普遍偏小、很多设备还是 20 世纪 80 年代的，直接导致白糖甫　成本居高不下。如果省里能支持行业开展产业升级，在确保原料供应的情况下，把出糖率提高 1%～2%，综合成本就可以下降 20% 以上，全行业可迅速扭亏为盈。

海南甘蔗优势大　蔗糖产业盼突围

近一段时期以来，我省圣女果、佛手瓜、辣椒等多种农产品接连遭遇销售难，而甘蔗这种看似计划经济痕迹很重的大宗普通农产品，却击败了很多"特产作物"，成为不少农民的选择。这一现象提醒各级决策者，应重新审视我省的高效农业观。

杨本鹏等农业专家对香蕉和甘蔗种植进行了对比分析：甘蔗生产特有的半计划方式，以及与工业紧密联系的特性，使它具有了特殊的抵御市场风险的能力。对农民而言，是一种投入小、收入稳、风险小的作物。香蕉在传统观念里是高效农业，但甫　成本投入大、市场价格波动大、自然因素影响大。从我省两种作物过去 5 年的总体投入产出计算，甘蔗的总体收益比香蕉更高。只要推广现有成熟的种植科技，

让甘蔗平均亩产达到 6~8 吨，每亩产值就可以超过 3 000 元，加上套种作物的产值，传统观念里粗放的甘蔗，完全可以成为让农民稳定受益的热带高效农业作物。

据了解，世界食糖人均消费量已超过 23 千克，而我国只有 10 千克左右，在亚洲也是靠后的。国际有关机构分析认为，全球糖消费量每年稳步增长约 2%，未来 10 年或将出现较大的需求缺口。目前，国务院已把粮、棉、油、糖并列为国计民生重要战略农产品，要求加以重视与扶持。因此，从中长期看，我省蔗糖业的前景是非常广阔的。但需要警惕的是，在海外食糖猛烈倾销面前，如果不对我国脆弱的制糖业加以保护，难免重蹈大豆产业的覆辙。自主产业消失殆尽，离吃上高价糖的日子就不远了。

具体到海南，近几年，橡胶、香蕉等大宗农产品获得了大量资金扶持，但对甘蔗的种植补贴却几乎都被取消了，要靠各家糖厂补贴蔗农。统计显示，2011 年，各糖企扶持蔗农的资金达 2 亿元。然而随着大多数糖厂陷入亏损，这种扶持已是明日黄花。

省糖业协会理事长王达洲等人认为，我省蔗糖业涉及近 60 万人口、近百万亩土地，甘蔗产区绝大多数是少数民族地区和相对落后的山区。种植甘蔗仅需要相对简单的种植技术，生产投入也较小，还有保底的收购价，用工也是季节性的，在目前农村劳动力日益匮乏的情况下，其综合优势日益凸显。他们建议尽快把甘蔗纳入主要农产品范畴，给予必要的财政支持补贴。同时对蔗糖企业在技改上给予必要的资金、政策倾斜，发展"蔗－糖－酒－浆－纸－生物化工"一体化循环经济产业链，实现我省蔗糖产业的突围。

上文发表于 2013-04-19

海南日报

热科院在攀西地区推广果园种草养畜技术

4 月 17~21 日，2013 年农业部优势农产品　　重大技术推广专项"金沙江干热河谷地区果园

种草养畜配套技术示范与推广"项目在攀枝花市启动。热科院和攀枝花市将从传统畜牧业上寻找新突破，携手推广果园种草养畜配套技术，为当地发展种养结合循环农业提供样板和展示。

为了更好地推广该技术，项目启动会上，热科院刘国道副院长带领一批专家开设了 5 个专题讲座，为当地基层技术人员、种养农户、农业部门管理人员讲授了牧草栽培管理实用技术、山羊饲养技术和晚熟芒果水肥管理技术等知识，发放 300 多本技术手册，赠送牧草种子100 千克，并召开座谈会，与当地农户进行深入交流。会后，热科院专家还前往农民地里，手把手教他们如何对牧草种子消毒、催芽和播种等技术。

该项目的启动，标志着热科院和攀枝花市的科技合作迈向更高层次和更宽领域。自 1997年起，热科院与攀枝花市签订合作协议以来，双方开展了多方面的合作交流。16 年来，热科院先后派出 5 批次 12 位专家到攀枝花市挂职开展工作，每年还有很多专家到攀枝花市开展各种技术服务，为攀枝花市农产业发展和农村经济建设提供了重要的科技支撑，特别是为攀枝花市的芒果产业发展作出了重要的贡献，到2012 年攀枝花市的芒果已发展到 26 万亩，产值超过了 4 个亿，预计今年还要增加 3 万亩以上。

随着芒果等特色种植业发展壮大，如何充分利用林下土地，推动畜牧业与种植业有机结合，成为攀枝花农业发展面临的新课题。此次推广的果园种草养畜配套技术，将在优化农业产业结构、农村资源配置及增加农户收入等方面具有积极意义。

上文发表于 2013 - 04 - 23
中国政府网　农业部网

攀枝花市与中国热带农业科学院合作
促进畜牧养殖新项目

今日早上，攀枝花市人民政府与中国热带农业科学院开展了交流座谈会，攀枝花市委常委、市纪委书记李群林出席会议。双方对在攀枝花进行"金沙江干热河谷地区果园种草养畜配套技术示范与推广"项目进行了详细的探讨与交流。

会上，李群林说：要把这个项目当成攀枝花种草养畜的突破口，以前农民的技术性跟积极性不够高，最近几年农民的积极性与投资能力有了很大的提高，攀枝花市的黑山羊养殖的发展前景很好，要通过实验，带动示范，要让种草养畜项目成为一个种养结合循环农业的样板。

李群林说，攀枝花市正在建设康养旅游城市，其中乡村旅游卖点很多，要使这个项目成为具有观光休闲价值的样板。所以定位要高，规划要科学。养殖的成功与否，种草是关键。从草种的选择，地域的布置，到不同的海拔、土壤。多试验，广泛实验，择优确定攀枝花种草的方向。农民的组织形式定位也要高，要形成规模与示范效应。农户与农夫之间要建立良好的机制与制度，才能在全市有效的发展。只有做到共同研究计划设计的科学性，农民组织的有效性，利益链接的紧密性，才能真正达到实业项目的推广。

会议要求，对这次这个项目要加强政策扶持，强化紧密合作，争取省的畜牧养殖项目。组装国家与省上的资金，把科技上面的资金与水利项目组装进去，满足种草养畜的水利灌溉，新农村建设也要组装进去。设计新村的时候就进行养畜的设计。市里按照农业发展的资金可以支持进去，对这整个项目要联合行动起来进行支持。市委市政府会大力支持这个项目，共同抓好这个项目，通过这个项目，形成一个与中国热带农业科学院深度合作发展的探索，培养地方性的人才，达到深化合作体制机制的发展。

据悉，自 1997 年起，攀枝花市与热科院签订合作协议以来，双方开展了多方面的合作交流。16 年来，热科院先后派出 5 批次 12 位专家到攀枝花市挂职开展工作，每年还有很多专家到攀枝花市来开展各种技术服务，为攀枝花市农产业发展和农村经济建设提供了重要的科技支撑，特别是为攀枝花市的芒果产业发展作出了重要的贡献，到2012年攀枝花市的芒果已发展到26万亩，产值超过了4个亿，预计今年还要增加3万亩以上，成为了国内小有名气、农民效益显著的农业支柱产业。

上文发表于2013 - 04 - 24
四川新闻网　记者：李鑫海

海南育成8个红掌新品种

由中国热带农业科学院牵头完成的"红掌新品种选育及产业化关键技术研究"，近日通过了省科技厅组织的专家会议鉴定。据介绍，该项目共筛选出适合海南种植的红掌优良品种5个，培育红掌新品种8个。针对海南红掌种植产业化发展瓶颈，该项目在红掌"绿耳"和细菌叶斑病研究方面取得了突破。

上文发表于2013 - 05 - 20
海南日报

抗病蕉苗送田间　热科院开展系列科技下乡活动
帮扶农民致富增收

5月17日上午，接过热科院环植所专家送来的香蕉枯萎病抗病种苗，海南澄迈县桥头镇丰西村农户谢延恩笑得合不拢嘴。去年热科院赠送的抗病苗已坐果丰收，今年他准备扩种五六亩。当日，热科院专家不仅送去了1 000多株抗病苗，还对农户进行了香蕉病虫害防控技术培训。

连日来，热科院结合海南省第九届科技活动月活动，集中在澄迈、琼中、五指山、万宁、文昌等市县开展了系列大型科技下乡活动，已派出近百人次专家为当地农民进行科技服务。活动中，赠送一批优良种苗、发放各种资料的同时，专家们分成多个小组，冒着酷暑，前往各乡镇农民的田间地头，针对当地农民需求，开展橡胶生产、热带作物病虫害防治、热带作物栽培管理等技术的知识培训，现场解答农民生产中遇到的技术难题。热科院王庆煌院长说，把科技送到农民手中，让农民真正享受到科技带来的实惠，这才是我们服务"三农"的落脚点。

近年来，热科院开展科技下乡活动已经常态化，仅今年5月，他们将在海南中部六市县完成20期涉及热带作物绿色防控、热带果树及瓜菜栽培管理、橡胶树栽培管理、椰子、槟榔及香辛饮料作物栽培管理、甘蔗栽培及病虫害防治技术培训，还将开展系列科学普及教育活动。

上文发表于2013 - 05 - 21
农业部网

我国初步筛选出适种油棕品种计划在海南试种

首届中国油棕产业可持续发展论坛8日在海南文昌举行。记者从会上获悉，经过近60年努力，中国热带农业科学院等科研院所以及国家有关部门通过开展油棕引种试种及栽培种植研究，目前，初步筛选出了适合我国栽培的油棕品种，并计划在海南进行规模化试种。

据介绍，中国热带农业科学院油棕研究中心一直致力于油棕种质资源评价体系研究，尤其是高产、抗寒性状研究，目前已收集保存油棕种质100多份，初步筛选出了适合我国栽培的油棕品种。同时，开展了海南油棕发展概况调研和配套栽培技术研究，形成了我国油棕杂交制种技术体系。油棕优良种苗组织培养技术取得突破，油棕种苗规模化繁育技术体系基本形成，油棕发芽率提高了 10% 左右，发芽周期缩短到 70 天左右。

油棕是世界上单位面积产油量最高的作物，是世界公认的"油王"；同时，油棕还具有抗风、抗旱、抗盐碱、耐瘠薄等多项优良特性，也是非常好的绿化、防护林建设和观光树种，因此，因地制宜地发展油棕，对于确保我国粮食和生态安全具有重要意义。

中国热带农业科学院热带油料研究中心主任赵松林表示，目前我国油棕种植面积不足一万亩，棕榈油高度依赖进口。在筛选出适合我国种植油棕品种的基础上，海南计划建设 3 000 ~ 5 000 亩油棕种植基地进行试种，继续完善我国油棕产业发展规划及"走出去"油棕产业发展战略。

国家林业局林业生物质能源办公室处长王晓华说，目前国家已将油棕作为重要的能源林树种，纳入《林业生物质能源发展规划（2011—2020 年）》。规划到 2020 年，在海南、广西、广东、云南 4 省区，新造油棕油料能源林基地 3 万公顷。

上文发表于 2013 - 06 - 09

新华网　记者：夏冠男、王自宸

彭正强——一个植保专家的"一亩三分地"

"总部都搬迁了你还老往回跑乐意吗？"在儋州市宝岛新村记者问这位不久前刚摘得"全国五一劳动奖章"殊荣的中国热带农业科学院研究员。"我还是留恋这里的一亩三分地！"他却很自然地笑着答道。——这位研究员就是彭正强，现年不到五十就早已满头华发了，老家洞庭湖边，一个从小在鱼米之乡长大，对生态环境与植保天生怀有情感的乐天派。

与他当年同天来宝岛新村中国热科院报到、深交 20 多年的品资所副所长、南药专家王祝年风趣地告诉记者："老彭就是一个操劳的命，从小伙子到准老头，就没见他胖过！"王祝年说，为了搞科研他能熬过几天几夜不合眼，热科院没有几人能熬得过他，抽烟更是一根接一根，好在饭量不错，人又乐观，不然身体早垮了！

熟悉彭正强的都知道，所谓的"一亩三分地"就是他一生致力于研究的外来入侵害虫椰心叶甲及其天敌。

有关椰心叶甲还得从 2002 年 6 月说起。当时，仅凭一只只小小的虫子，就曾威胁着有"椰风海韵"之誉的整个海南岛。海口告急、三亚告急、琼西部告急、椰子家园文昌也告急，一时间，海南岛上许多人注意到街道两旁与房前屋后的一些椰子树出现枯黄，后经省林业局专家确诊：为害椰子树的罪魁祸首是椰心叶甲！

如何应对，一时真难以找到可供借鉴防治资料。防治椰心叶甲，当时成为海南林业植保专家们最棘手的现实问题。既然国内无先例，国外曾有过利用天敌降服的例子何不大胆尝试。于是，中国热带农业科学院植保所彭正强挂帅受命，在他的"一亩三分地"里，肩挑起了这副重担。

说事容易做事难，中间苦衷怕是自己才清楚。事后，彭正强说，朋友出国大都是纯旅游与学术交流，他却是带着任务与使命去的，几天越南之行如履薄冰、如临深渊，直至真正感到回到国门后悬着的心才如释重负，才放心睡了个安稳觉。

2004 年 8 月 26 日，由国家质量监督检验检疫局下达的正式同意在野外投放姬小蜂的批文送达海南省。至此，海南省从越南引进的姬小蜂通过了国家安全性评估，并有 100 余万头在海口、三亚、文昌和琼海等市县进行了野外放蜂实验，由中国热带农业科学院环境与植物保护研究所等单位承担的姬小蜂繁育工作取得成功。

该项目喜获 2010 年海南省科技进步特等奖、中国热带农业科学院科技成果一等奖。海南省成功利用寄生蜂防治入侵害虫椰心叶甲，是近年来我国引进天敌控制外来入侵生物的典型成功案例。

2008 年 10 月 4 日，彭正强又组织 25 人的专业队伍，对海南岛外来有害生物展开拉网式考察。本次考察将海南岛分为 35 个地理网格，遍布全岛 18 个市、县，重点对每个网格内的农田、林地、果园、自然保护区、花卉苗圃集中地、旅游区，以及重要港口、口岸、铁路、公路、货物集散地、仓储地、军事基地等人为干扰严重的生态系统进行调查。为确定国际上重要的外来有害生物对海南岛的入侵现状，将调查对象分为排查对象和普查对象，调查中列入排查对象的节肢动物、植物、病原微生物共有 35 种，列入普查对象的共有 89 种，其中重点对香蕉枯萎病、香蕉穿孔线虫、橡胶棒孢霉落叶病、木薯细菌性萎蔫病、香蕉细菌性枯萎病、椰心叶甲、螺旋粉虱、刺桐姬小蜂、三叶草斑潜蝇、红棕象甲、飞机草、水花生、假臭草、马缨丹等为害严重的对象进行了调查。参加本次调查的单位除了热科院外，还有海南大学、海南省农科院以及地方植保站等多家单位。考察时间虽历经半个月，却给海南外来有害生物的安全性评价提供了最权威的依据。

椰心叶甲一事无疑给彭正强触动很大，虽然荣誉是最大的褒奖与肯定，但他觉得自己的工作才起步似的，光对椰心叶甲的研究他都愿花费毕生的精力。彭正强对记者说，人的精力是有限的，人的一生中只要认真做好一件对社会有价值的事就很欣慰了。

彭正强拥有自己的项目团队，他是领头羊。在宝岛新村的"一亩三分地"里，记者所见到的是一栋还是 20 世纪 70 年代末建的老试验室房子，但这并不妨碍他和他的助手们对科研的激情，从助手们与他打招呼的表情中能读出他们的凝结友爱与朝气，这是一支很值得期待的团队。

上文发表于 2013 - 06 - 09
农民日报　记者：铁庭、操戈

海南常见三种油：椰子油、棕榈油、油茶油
热带植物油的保健作用

椰子油、棕榈油、油茶油，都是热带植物的油，具有很好的保健作用。

喝水、喝酒，人们都习以为常。可是，你听说过油也可以喝吗？前不久，在首届中国油棕产业可持续发展论坛上，记者了解到，中国热带农业科学院椰子研究所科研人员通过低温萃取的方法，成功地获得了高品质的椰子油。

椰子油可被血管直接吸收

"每天早晚直接饮用一茶勺椰子油精神好。"椰子研究所副所长陈卫军博士告诉记者，与动物油以及花生油、橄榄油等长链油不同的是，椰子油是中短链饱和脂肪，容易为人体所吸收，并且可以通过血管直接吸收。因此，老人、小孩、体弱多病者食用椰子油非常好。

椰子油的脂质稳定，具有很强的抗氧化能力，内服可以帮助降低血压，有效减轻糖尿病、气喘、动脉硬化、关节炎、便秘等疾病的症状；外用可以美容、调整皮脂腺分泌、消除皱纹、防晒、燃脂减肥等。

"其实，椰子油是一种很古老的油料产品。在欧美等发达国家，椰子油是人们日常生活中常用的油品。"陈卫军表示，在我国，由于食用习惯和椰子产量低等问题，具有很强保健作用的椰子油并没有进入寻常家庭。与传统高温炼油不同，目前，椰子研究所是用低温萃取办法获得椰子油，基本不改变椰子原有的质量和物质结构，月桂酸含量高达 49% 以上。

棕榈油富含天然维 E

棕榈油是从油棕树的棕果中榨取出来的，被人们当成天然食品来使用已超过五千年的历史，油棕与椰子树同为棕榈科植物，是有名的"世界油王"。陈卫军告诉记者，油棕果肉压榨出的油称为棕榈油，而果仁压榨出的油称为棕榈仁油。两种油的成分大不相同，棕榈油主要

含有棕榈酸和油酸两种最普通的脂肪酸；棕榈仁油主要含有月桂酸，与椰子油的结构相似。

据了解，由于产量大、价格便宜，棕榈油使用广泛，主要用于调和油的生产，以及食品甫、化工等领域。研究表明，食用棕榈油不但不会增加血清中的胆固醇，反而有降低胆固醇的趋势。棕榈油中富含中性脂肪酸、天然维生素E及三烯生育酚、类胡萝卜素和亚油酸等，对人体的健康十分有益。一些研究人员曾针对不同的人种（欧洲、美洲、亚洲）分别进行研究，发现棕榈油是一种完全符合人体健康需要的食用植物油。

油茶油对胃病有疗效

还有一种热带植物油——油茶油。海南民间，尤其是乡村老人特别推崇油茶油。"油茶油富含不饱和脂肪酸，与椰子油、棕榈油容易固化的现象不同，它即使在温度很低的情况下，也是液态的。"陈卫军说，不饱和脂肪酸不仅不会在人体内积累胆固醇，还能提高胃、脾、肠、肝和胆管的功能，预防胆结石，并对胃炎和胃十二指肠溃疡有疗效。丰富的抗氧化剂维生素E，能防止脑衰老。

据研究，油茶油性凉，味甘，具有清热化湿，杀虫解毒的作用，可用于痧气腹痛、急性蛔虫阻塞性肠梗阻、疥癣、烫伤烧伤等。在海南农村，家里的小孩一旦被烫伤烧伤，老人们就会拿出珍藏的油茶油抹在患处，伤痛立即减轻许多。

上文发表于 2013 - 06 - 27
海南日报

科技创新如何更好地服务经济发展

农业科技创新关键在人才

作为新时期的农业科研工作者与管理者，我深刻感受到加快农业科技创新的迫切性。只有持续地推进农业科技创新，才能解决好国家粮食安全、生态安全、农民增收和农业可持续发展等一系列问题。农业科研单位由于研究条件差、待遇低，人才流失较为严重，学科带头人、新兴学科和交叉学科的高素质人才更是缺乏，这严重阻碍了农业科技创新。我认为农业科技创新的关键在于要有一支高素质的人才队伍。

中国热带农业科学院热带作物品种资源研究所（以下简称品资所），是农业部直属的非营利性国家级科研机构，收集保存了国内外热带作物种质资源 2 万多份，建立了 4 个国家和农业部种质圃，以及总容量 10 万份的热带作物种子和离体保存库。自 2003 年以来，品资所承担国家级重大项目 50 项，总经费达 1.21 亿元，获批专利 19 项，制定和修订国家及农业行业标准 44 项，获省部级以上奖励的科研成果 83 项次，显著提升了热带作物产业的生产技术水平，促进了产业建立和升级。

取得这一系列成绩得益于品资所有一个勇于奉献、协作创新、脚踏实地的团队，有一个高效的科技创新平台，有一批源于生产实践、与生产实际紧密结合的课题。我们打造了一支"无私奉献、艰苦奋斗、团结协作、勇于创新"的热带农业科技创新队伍，建成了从事热带作物（含热带野生植物）种质资源收集保存和创新利用、热带能源作物（木薯）、热带果树（芒果）、热带蔬菜花卉（西瓜和辣椒、热带兰）、热带畜牧（黑山羊）研究的 5 支具有相当规模的优势科技创新小分队。实行全员聘用制，全部竞争上岗；有科学、严格的考核评价制度；有一整套管理科学、规范的科研创新体系。

2013 年是热科院全面实施"科技创新能力提升行动"的开局之年，其中一项内容就是将实施"十百千人才工程"，即引进和培养 10 名产业技术体系首席专家或学科领军人物；100 名左右在国际国内有影响力和能把握热带农业产业技术和学科前沿、并得到国内外同行认可的重大项目负责人；1 000 名左右具有竞争力的科技骨干。我们将抓住这一机遇，吸引一批具有世界前沿水平的高级农业专家到所里工作，通过培养联合攻关团队，形成分工协作、优势互补的农业科技创新组织方式。

上文发表于 2013 - 07 - 03
光明日报

南亚所科研人员指导农民灾后生产

广东湛江遭受强热带风暴"温比亚"正面袭击后，7 月 4 日，位于当地的南亚热带作物研究所科研人员正从科研实验与试验基地损毁严重的香蕉高产高效平衡施肥试验基地里抢数据。在做好抗风自救的同时，该所还及时组织甘蔗、果树等领域专家到周边灾区调研，指导农民加快灾后生产恢复。

上文发表于 2013 - 07 - 05
农民日报

让澳洲坚果在中国落户生根

——二十一年艰辛探索圆了陆超忠研究员的梦想

1991 年盛夏的一天。晚饭后，在陆超忠的家中，一场家庭会议正在进行。

"不行！你不能去广东，都有老婆孩子的人了还折腾啥？放着好好的研究不做，去搞一个大家都不知道的坚果干吗？"陆超忠的父亲语气坚定。

"澳洲坚果是好东西，刚引入国内不久，有很大的科研空白需要去填补。几十年后，大家生活水平提高了，这个具有保健作用的坚果需求量肯定很大。"陆超忠，此时是广西农垦华山农场的一名技术员。他坚持的理由很充分——澳洲坚果原产澳大利亚，不饱和脂肪酸含量超过 64%，是世界上最昂贵的食用坚果，被誉为"坚果之王"。

妻子沉默了半天，突然说："爸，就让超忠去吧，那是他的梦。"

陆超忠的梦就是要让澳洲坚果在中国落户生根，让越来越多的中国人吃到这一具有高保健价值的坚果。

经过一番激烈的争论，最后在妻子的耐心劝说下，父亲终于同意了陆超忠调离农场的想法。

1992 年 7 月，陆超忠把家里所有积蓄拿出来，又四处找亲戚朋友东借西凑，如愿调入地处湛江的中国热带农业科学院南亚热带作物研究所工作，开始了一段研究澳洲坚果的科研探索。

小科研大成果

中国热带农业科学院南亚热带作物研究所离市区 30 多公里，四周荒无人烟。到所里工作的第一天，陆超忠一家人度过了一个难眠之夜。他们居住的低矮瓦房里，蚊子的嗡嗡声在耳边此起彼伏，2 岁的孩子被叮咬得浑身是包，大哭不止。可真正的困难还在后面。

因为澳洲坚果是小树种，课题经费少，课题组的办公室里就几张桌子、几支笔，没有任何仪器设备。有一次拿到了 8 000 元的科研费，大家都高兴得拍手跳起来。面对如此窘境，课题组成员纷纷改行转到别的组，去研究荔枝、芒果等大众热带作物，到了 1994 年 8 月，课题组仅剩陆超忠一个"光杆司令"。陆超忠跑大田、跑基地，从采样到数据监测，从剪枝嫁接到做实验都是一个人完成，经费不够时自己拿工资往里贴。

正是这一年，课题组的"澳洲坚果引种试种"成果通过农业部鉴定。这一成果解决了中国能够种植澳洲坚果这一基本问题，并于 1999 年获农业部科技进步二等奖。

接下来急需解决的问题是：种苗如何繁育？中国哪些地区最适宜种植？如何解决澳洲坚果落花落果的问题，以提高它的产量？"如果这些问题不解决，澳洲坚果的引种试种成功就不能带来产业发展前景，中国人吃澳洲坚果还是只能完全依赖进口。"陆超忠说。

于是，陆超忠把办公室搬到了研究所的种植基地。在这里，陆超忠做数据，分析累了就到地里看看澳洲坚果，在地里做嫁接。扦插实验累了，就到"工棚"休息一会儿。这个工棚一样的办公室一直用到现在。

眼看就要有成果了，1996 年 9 月 16 日，一场特大台风"光临"基地，选育出的新品种和刚育出的果苗一棵不剩。回想当年这致命一击，陆超忠几度哽咽。因为澳洲坚果在一般管理条件下，定植后 4 ~ 5 年结果，10 年达到丰产期。现在树都没有了，拿什么搞研究？

"自己的树没了，就到有树的地方搞研究！"陆超忠说。遭难的当年，课题组就与云南西双版纳热作学会技术咨询服务部合作，在云南农垦已种植澳洲坚果的景洪试验基地建立了澳洲坚果繁育苗圃，第二年又在云南德宏州芒市建立了澳洲坚果繁育苗圃。课题组开始了云南、广东两地不停奔波的科研探索。

2002 年，作为第一完成人，陆超忠的"澳洲坚果扦插繁殖快速育苗技术"通过农业部成果鉴定。这项技术无需国外采用的插床底部加温、上部控温设施，在常规条件下扦插试验成苗率 96.2%，规模甫成苗率 78.2% ~ 86.3%，该成果当年获得云南省科技进步三等奖；2009 年 7 月获国家发明专利。当年，陆超忠获国家发明专利的还有他研制的澳洲坚果配方诱导嫁接育苗技术。此项技术无需国外采用的在采穗前需提前进行环割处理，将接穗直接采下后，嫁接前采用配方药剂对接穗进行预处理，嫁接试验成活率达 94.59%。

这两项技术是澳洲坚果 100 多年种植历史上所取得的重大创新，突破了澳洲坚果的育苗瓶颈，为我国澳洲坚果进行产业发展打下了坚实的基础。

针对澳洲坚果种植后满树开花，结果率却只有 2% ~ 3% 的现状，陆超忠又率领课题组成员从国外引进品种中筛选优良品种，研究出保花保果和丰产栽培关键技术。运用这项技术的果园 3 ~ 4 年进入结果期，比国外提早了 1 ~ 2

年；5 ~ 10 龄果园产量达到澳大利亚的平均水平，2008 年被农业部推荐为主推技术。这一下解决了澳洲坚果产量低、效益差的问题。

小坚果大产业

经过多年试种，陆超忠发现云南、广西适合发展澳洲坚果的热带、亚热带地区均位于边疆、山区和少数民族聚居区，经济发展相对落后。澳洲坚果产业的开发，可增加农民收入，有利于脱贫致富。

澳洲坚果引入我国时间短，认识的人寥寥无几，广大农民更是不买账。"我们到云南、广西适宜种植澳洲坚果的山区挨家挨户推广，免费提供种苗和技术，磨破了嘴皮大家也不要。"陆超忠说。

可毕竟有第一个敢吃螃蟹的人。1998 年拿着 6 000 元安家费的云南德宏州糖厂下岗职工张少云夫妇被陆超忠描绘的澳洲坚果前景所打动。张少云用安家费租了几十亩地，陆超忠和课题组成员张汉周住进了张少云的果园里，开始全程指导。

常年奔走山区推广技术，有一次陆超忠和张汉周差点连命都丢了。那天从芒市吃完晚饭，果园主汤德绍驾驶拖拉机把陆超忠和张汉周送上山。山区道路崎岖，下雨路滑，拖拉机失控撞向了路边的障碍物，张汉周的头摔得血流不止，缝了 7 针，陆超忠在这场车祸中也丢掉了两颗门牙。

这并没把陆超忠和张汉周吓倒，反倒更坚定了他们搞推广的决心。"一定要让越来越多的山区农民通过澳洲坚果走上致富路，改变这里的落后面貌。"为创新科技推广机制，课题组把重点放在规模较大的企业，以企业为主体，开展科技推广工作，再以企业辐射和带动周边农户发展澳洲坚果产业，形成了以"科研院所 + 公司 + 基地 + 农户"的运行模式。

如今，下岗工人张少云依靠种植澳洲坚果每年收入 15 万元，去年又租了 200 亩地扩大种植面积。农民汤德绍从最初的 7 000 株苗发展到如今 700 亩的种植面积，2009 年还建了自己的澳洲坚果加工厂。德宏州已将澳洲坚果列入当地主导产业大力发展。除云南外，目前澳洲坚果在广西、贵州、四川、海南都有种植。

　　澳洲坚果产业在我国完成了从无到有，从小到大的转变，目前在我国热带地区已推广 25 万亩，年产量 1 500 吨，陆超忠也从一个普通技术员成长为南亚热带作物研究所的研究员、我国澳洲坚果首席专家。陆超忠并不满足于此，他说："随着生活水平的提高，澳洲坚果在国内渐为人知，市场需求潜力巨大。虽然现在课题组每年科研经费只有 30 万元，我们也要不断加强科技研发和成果转化，让越来越多中国老百姓吃上澳洲坚果。"

上文发表于 2013 – 07 – 12
光明日报

中国热科院隆重举行党的群众路线教育实践活动动员大会

　　7 月 16 日，中国热科院隆重举行党的群众路线教育实践活动动员大会。雷茂良书记号召全院干部职工切实提高认识，牢牢把握中央和农业部各项部署要求，扎实推进教育实践活动各个环节，务实完成各项任务。农业部第三督导组组长姜平在会上作了动员讲话。

　　会上，雷茂良书记传达了中央和农业部关于党的群众路线教育实践活动的部署要求，对在中国热科院开展党的群众路线教育实践活动进行了动员和全面部署，提出了四点明确要求。一是切实提高认识、统一思想行动。要充分认识开展党的群众路线教育实践活动的重大意义，把思想和行动统一到中央的总体部署和要求上来，进一步转变作风，密切党群干群关系，树立为民务实清廉形象，以强烈的责任感使命感，以务实的作风扎实开展好教育实践活动，为实施"三大工程"和实现"一个中心，五个基地"的目标任务，提升热带农业科技创新能力提供有力的作风保证。二是把握中央部署，确保活动实效。要重点把握好五个关键环节，确保活动不虚、不空、不偏、不走过场。第一，要牢牢把握总要求，以整风精神搞好教育实践活动。第二，要牢牢把握坚持领导带头，率先垂范。第三，要牢牢把握集中解决"四风"问题重点任务。第四，要牢牢把握坚持走群众路线。第五，要牢牢把握建立健全制度、完善长效机制。三是扎实推进各个环节，务实完成各项任务。第一，要扎实抓好学习教育、听取意见这个基础环节。第二，要扎实抓好查摆问题、开展批评这个关键环节。第三，要扎实抓好整改落实。四是加强组织领导，务求成效明显。通过加强领导，精心指导、营造氛围、统筹兼顾等方法，真正把开展教育实践活动与院中心工作和党员干部履职尽责结合起来，提振精神，锤炼作风，促进热区农业农村经济和科学技术发展。

　　姜平组长对中国热科院积极开展党的群众路线教育实践活动给予了充分肯定，并从中央、农业部关于开展教育实践活动的基本要求、搞好教育实践活动的部署、督导工作职责三个方面作了深刻阐述。他指出，按照党中央、部党组的安排，这次教育实践的基本要求，主要体现在六个方面。一是要贯彻"照镜子、正衣冠、洗洗澡、治治病"的总要求。二是聚焦作风建设，坚决反对"四风"。三是以整风精神开展批评和自我批评。四是坚持领导带头。五是注重建立长效机制。六是强化分类指导。他要求中国热科院从四个方面全力以赴搞好教育实践活动。一是要深入学习领会中央、部党组精神。二是要保持良好精神状态。三是要采取务实管用措施。四是要坚持两手抓两促进。

　　会上，农业部督导组还组织参会人员对院领导班子和班子成员开展了民主评议。会议还对院属各单位党办人员进行了党的群众路线教育实践活动业务培训。

　　农业部第三督导组成员、中国热科院领导班子成员、近期退出院领导班子的老同志、省政协委员、市政协副主席，院务委员、非中共党员的局级干部，院属各单位党政主要负责人、机关全体党员干部 140 多人参加了大会。

上文发表于 2013 – 07 – 18
农业部网

联合国发展基金委资助援刚示范中心
开展木薯品种扩繁研究

7月12日，由联合国发展基金委资助的项目"木薯品种扩繁"在援刚果（布）农业示范中心顺利开展。来自中国热科院的专家们正在进行组培苗种植。

该项目合作期从今年6月到明年8月，为期14个月，联合国发展基金委分3批提供7 500株种苗，由援刚果（布）农业技术示范中心负责种植，合同期满后，并向刚果（布）农牧业部提供全部茎杆。

目前，第一批组培苗已陆续进入示范中心，经过一周炼苗，部分已满足种植要求，今天已种植660株。

本项目的成功开展，表明援刚果（布）农业技术示范中心的木薯种植技术已得到相关国际组织和刚果（布）农牧业部的高度肯定，为示范中心在刚果（布）实现可持续发展走出了一条新路。

援刚果（布）农业技术示范中心由中国热科院负责承建，经过多年建设，于2012年9月4日在刚果（布）挂牌，刚果（布）萨苏总统和我国回良玉副总理一起为示范中心揭牌。该中心位于刚果（布）首都布拉柴维尔市郊区，占地59公顷，建有实验室、教室、蔬菜生产基地、木薯试验基地、养殖基地等，承担了培育新品种、示范和推广先进农业技术、为当地农民和有关部门提供培训等任务，并取得显著成效，受到政府和当地农民的好评，成为当地农业示范的重要窗口。

上文发表于2013-07-19
农业部网

中国热带农业科学院与中国农垦经济发展中心
签署战略合作协议

为进一步加强合作，实现优势互补、共同发展，8月1日，中国热带农业科学院与中国农垦经济发展中心（农业部南亚热带作物中心）签署了战略合作协议。热科院王庆煌院长和农垦中心冯广军主任分别代表双方在协议上签字。

农垦中心吴金玉副主任、刘建玲处长，热科院郭安平副院长、汪学军副院长及机关有关部门和相关研究所的负责人参加了签约仪式。仪式由热科院张万桢副院长主持。

根据协议，双方将以促进我国热作科技创新和技术成果转化为目标，充分发挥热科院的科技、人才优势和农垦中心的管理、信息优势，通过联合开展项目研究、合作开展科技推广、共同搭建宣传平台、互相支持学（协）会工作等方式，积极探索建立热作科技创新与成果推广合作平台，推进热作产学研结合，更好地服务于现代热作产业发展。

在随后举行的座谈会上，冯广军主任介绍了农垦中心的基本情况，分析了双方的优势和合作基础，希望双方通过合作，推出更多更好的热作科研成果，为热区农民致富增收作出实实在在的贡献。王庆煌院长回顾了热科院的发展历史，介绍了热科院的发展战略和构想，并建议双方除了协议中的合作外，还可以根据实际需求，每年提出专题进行研究，把合作真正变成有效果、有意义的事情，为促进热区"三农"事业发展提供强有力的科技支撑。

座谈会上，热科院汪学军副院长介绍了双方合作的领域、方式和组织形式。郭安平副院长就如何进一步提升合作内涵进行了探讨。吴金玉副主任提出将合作协议的具体内容做实做好。与会人员还就合作方式的优化、合作领域的拓展等展开了进一步的交流。近期，双方将率先开展宣传平台建设方面的合作，在农垦中心承办的"中国热带农业信息网"上开辟专栏，宣传推介热科院的重大成果、优秀专家等。

上文发表于2013 – 08 – 06
农业部网

搭神十上天　种苗长得壮

7月11日上午，中国热带农业科学院热带生物技术研究所航天育种中心的两位博士，将一株搭乘神舟十号飞船的甘蔗种苗与普通甘蔗种苗进行对照发现，经过空间诱变育种的甘蔗种苗长势苗壮，相关的培育、筛选工作正在有序进行。

上文发表于2013 – 08 – 06
海南日报

发展中国家农技人员来琼"取经"

近日，来自巴巴多斯、多米尼克、厄瓜多尔、委内瑞拉、津巴布韦等15个发展中国家的25名农业科技人员及政府农业高级官员相聚海南，参加由国家商务部主办，为期一个月的发展中国家热带农业新技术培训班。

上文发表于2013 – 08 – 09
海南日报

橡胶林间喜收地瓜叶

8月7日，中国热带农业科学院橡胶研究所的基地内，一位工人正在采摘橡胶林里间作的新鲜地瓜叶。

据介绍，该研究所经过多年的实验、研究证明，橡胶林下间作旱稻、凉薯、芝麻、南瓜、香芋等多种瓜果蔬菜效果良好，并总结出一套全周期胶园间作模式，目的是提高现有土地使用率，提高经济效益、丰富胶园生物多样性、增加可耕地战略储备等。

上文发表于2013 – 08 – 09
海南日报

海南举办发展中国家农业新技术培训班

从8月1日开始，中国热带农业科学院分析测试中心为来自汤加、津巴布韦、埃塞俄比亚、格林纳达、毛里求斯等15个发展中国家的25名农业科技人员和政府农业官员举办为期一个月的热带农业新技术培训班，以提高这些国家热带农作物的育种、栽培、管理、农产品加工、病虫害防治等生产技术水平。

中国热带农业科学院分析测试中心副主任李建国博士介绍说：此次培训班由中国政府出资举办，采取课堂教学与田间实践相结合的方式，培训内容包括热带农业新技术发展现状与前景，热带水果生产技术，橡胶栽培与生产技术，热带瓜菜生产技术，椰子栽培与管理，热带花卉栽培与管理，热带牧草栽培与利用，甘蔗栽培技术，木薯、甘薯栽培与利用，水稻栽培，植物组织培养与快繁技术，热带农产品加工技术，热带作物病虫害的防控，热带农产品质量安全及检测技术等十几门课程。培训班还将安排学员参观和考察国家橡胶育种中心、三亚南繁育种基地、热带作物种质资源圃、棕榈作物种质资源圃等科研试验基地，通过考察让学员了解更多的热带农业新技术，从而为发展本国农业做贡献。

中国热带农业科学院创建于 1954 年，是中国热带农业科技创新的支撑力量，设有 14 个研究所（实验站、中心），拥有国家工程技术研究中心、国家重点实验室培育基地、农业部重点开发实验室等 60 多个科研平台和 2 个博士后科研工作站，拥有科技人员 3 000 多人，研究的领域主要包括橡胶，热带水果、蔬菜，热带牧草，热带香辛饮料作物，热带农产品质量安全等，近 60 年来，共获得科技成果 900 余项，为中国热带农业的发展作出了重要的贡献。

上文发表于 2013 - 08 - 12
新华网　记者：姜恩宇

中国热带农业科学院与西藏自治区农牧科学院 共建人才创新基地

为深入贯彻落实中央第五次西藏工作座谈会、农业部援藏工作领导小组会议精神，进一步在人才培养、联合攻关和共建共享方面加强合作，8 月 11 日，中国热带农业科学院与西藏自治区农牧科学院在原框架协议的基础上签署了补充协议。

此次框架协议补充协议的签署，标志着双方全方位、宽领域、高层次的科技合作已经进入了实质性发展阶段。

西藏自治区党委常委、组织部长梁田庚，副主席坚参分别接见了中国热科院代表团。

据悉，按照"资源共享、优势互补、协同攻关、合作共赢"的原则，双方在海南文昌共建"中国热带农业科学院、西藏农牧科学院人才创新基地"。中国热带农业科学院无偿提供 50 亩土地，5 ~ 6 亩建设用地，由西藏农科院出资建设科研试验基地和专家公寓，归西藏农科院及所属农业科研教学机构无偿长期使用，以确保其在海南地区开展农业科研的稳定性及延续性。

上文发表于 2013 - 08 - 15
农业部网

让农业科技之花在刚果（布）盛开

（中国热带农业科学院　游雯）

2011 年 4 月 27 日，我与 6 位同事一起前往中国援刚果（布）农业技术示范中心，开始了两年零两个月的援非工作。该中心是农业部承担的三个援非农业技术示范中心之一，由中国热带农业科学院负责建设。

在刚果工作的这两年里，我们垦荒种地，艰苦创业，克服了物资奇缺、疾病高发等重重困难，把一片长满荒草的地方建成了瓜果满园、景色怡人的农业示范基地，成为中非热带农业合作的崭新平台，受到当地政府和老百姓的尊重和钦佩，为国家赢得了荣誉。

刀耕火种　艰辛创业

刚果（布）是个农业比较落后的国家，粮食、肉类、蔬菜等均不能自给。在去刚果之前，我们就清楚地知道，要面对的困难很多。

2011 年 4 月 28 日，到达刚果（布）后，我们只身带着珍贵的瓜菜种子等来到了示范中心所在地——距离首都布拉柴维尔 17 公里远的贡贝农场，在这里开始了艰辛创业的历程。

尽管我们已有心理准备，但是刚到示范中心，我们还是吃了一惊。这里除了刚建好的空房和长满荒草的土地，没有床，没有被子，没有锅碗瓢盆，一应生活用品都没有。

我们傻愣了几分钟，开始商量如何解决晚上的住宿问题。幸好，附近有中国施工队项目完成了准备撤离，我们借来了几张硬木板、毛毯和防虫网，把木板铺在房间里当床，用防虫网把窗户挡住，住了下来。第二天一大早，我们赶紧起床，大家一起清理一人多高的杂草，开荒种地。

由于我们从国内采购的第一批物资到11月份才运到，到刚果（布）的前半年，我们要从当地市场采购必需品。当地物资奇缺，物价又贵得离谱，我们舍不得花这个钱，就自己想办法变废为宝。当地中国施工队留下的施工废料，像脚手架、木板等，被我们拿来做成了床、桌子和厨房灶台；机场打包行李的绳子、附近农民丢弃的玉米棒皮，被我们用来捆绑爬藤作物的架子；我们还向中国同胞借来农用车，带着工人到深山砍竹子搭瓜菜架、做梯子，砍树棍做锄头、铲子等农具的手柄……

大家知道在非洲最容易得的也最怕得的病是什么？是疟疾，这在当地是死亡率很高的疾病，通过蚊虫传播，防不胜防。我们初到刚果（布），没有车，买菜不方便，没有厨房，做菜不方便，连吃了一个多月的凉拌土豆丝、凉拌洋葱、凉拌韭菜，营养不良，每个人都得了一遍疟疾。

我也得过两次疟疾。第一次得时，反应不太严重，当天又很忙，要去机场接同事，又要去大使馆帮忙筹备招待会，我就没当回事，当天忙到晚上九点多钟，我第二天才去医院，检查后才知道得的是疟疾。我第二次得疟疾就比较严重了，直接晕倒，没有知觉。醒来后，我心里特别害怕，因为就在前几天，有两名中国工人因为感染疟疾不幸去世了。幸好我经过积极治疗，很快好起来了。

初显身手　瓜果飘香友谊存

经过5个多月的辛苦建设，到中秋节前后，我们基地里的瓜果蔬菜喜获丰收。在示范中心的大棚里，首次被引进刚果（布）的西瓜、黄瓜、西红柿、辣椒等多种水果和蔬菜新品种挂满枝头，笑迎四方来客。

2011年9月4日，刚果（布）农牧业部部长马本杜带着大批的当地媒体和新华社驻刚记者前来示范中心考察。部长来访后，媒体记者迅速把新闻扩散到了全国，在当地产生了很大影响，当地人都知道了在贡贝农场有个中国农

庄，盛产各种稀有的瓜果蔬菜，越来越多的人开始慕名而来。

我们基地培育出的礼品小西瓜，如黑美人、绿美人、热研新秀等品种，个头娇小，皮薄、肉脆，味道甘甜，很快就成了刚果（布）最受欢迎的送礼佳品。

团结友爱向来是我们中国人的传统美德，在大灾大难面前，我们从来都不会退缩。在刚果（布）军火库爆炸事件中，我们也经受住了考验，并向同胞伸出了援助之手。

那是在2012年3月4日，周日上午，来中心采摘瓜果的人特别多，听到"嘭嘭嘭"三声巨响后游客们都惊呆了。我们一边安抚游客不要慌，一边积极联系经商处，才得知这次事件是军火库爆炸引起的。这次爆炸威力很大，造成了206人死亡，中国路桥公司的营地也被毁坏了。得知消息后，我们立即打扫出10个房间，邀请他们到我们中心住宿办公。他们十多个人在我们这里住了1个多月，度过了最困难的时期。

广受赞誉　成为中刚农业合作典范

经过两年多的辛苦建设，示范中心再也不是当初荒草丛生的旧模样，放眼望去，田间玉米和大棚里的蔬菜长势喜人，蛋鸡在鸡舍里叽叽喳喳争抢饲料，到处是一片生机勃勃的景象。

中心已筛选出53个适合布拉柴维尔地区栽培的蔬菜优良品种和3个抗病性强、产量高的木薯品种，进行了18个玉米品种适应性试验，同时开展了肉蛋鸡集约化规模化养殖试验，先后举办了木薯、玉米生产技术和蛋鸡养殖技术等5期培训班，培训学员120人，受到当地各界的好评。

刚果（布）总统萨苏和时任国务院副总理回良玉还亲自为示范中心剪彩。萨苏总统说，中刚两国的农业合作让他看到未来刚果农业的发展之路。回良玉副总理认为示范中心"效果很好、非常满意"，同时要求"作出成绩、显示形象"。刚果农牧业部部长马本杜更是由衷地赞叹："中刚农业合作实实在在，对推动我国农业发展意义非凡，是中刚合作的典范。"

示范中心不仅得到政府官员的肯定，也大

受当地老百姓的欢迎，成了刚方的旅游胜地和科普教育基地。

在这片大地上，我们付出了大量的心血和努力，回报我们的不仅仅是闪亮的成绩，更可贵的是金子般友谊。

在回国前夕，发生了一件特别令我感动的事。我晕倒在机场被紧急送回布拉柴维尔市区治疗。得知消息后，刚方农业部办公厅主任立即中断正在举行的会议，带领各司局领导十多人赶赴医院看望。主任拉着我的手说："你看，刚果（布）是多么想挽留你啊。别担心，很快会好起来。"我的泪不由自主流了下来，哭得稀里哗啦，觉得再辛苦也值了。

上文发表于 2013 - 08 - 22

农民日报

热科院专家把脉琼中蜂业发展

——向前一"飞"是甜蜜

8月30日上午8时许，琼中黎族苗族自治县黎母山下一槟榔林里，几只小蜜蜂停在一丛白色的野花上采蜜。

"它们全都是我的蜜蜂，是最勤劳的工人，天气晴朗时，清晨6时就出巢采蜜了。"黎母山镇腰子村九姜头村小组村民卓定雄愉快地说，他家养了50多箱蜜蜂，每年带给他800多斤蜂蜜，有4万多元收入。

在琼中，像卓定雄这样养蜂致富的人很多。据琼中县科协统计，2012年全县蜂农3 500户，饲养中蜂4.52万箱，产量33.5万千克，产值2 370万元。

但同时，他们也深感困惑：养蜂这一"甜蜜"的事业如何才能做大做强？

2009年始，热科院环植所蜜蜂专家高景林副研究员就一直关注琼中蜂业发展，他是国家蜂产业技术体系综合试验站站长、海南省蜂业学会会长。他帮助琼中制定了蜂业发展规划，今年8月29日、30日连续两日，高景林走访了琼中县科协领导、琼中养蜂最早的乡镇——中平镇的领导、养蜂专业合作社、小户蜂农等，听取他们发展养蜂业遇到的问题。

现状：产业初具规模 遭遇市场瓶颈

●品种单一等着客户上门 ●蜂农只懂养蜂不懂电子农务网络营销

8月29日下午，琼中中平镇连生蜂业有限公司办公室，公司负责人高连生忙着向客人展示他开发的"壹蜂源"产品，主要是蜂蜜、蜂花粉，产品比较单一。

高景林走进办公室，给高连生送上"海南省蜂业学会副会长单位"的牌子，两人坐下来一起探讨琼中蜂业发展现状。

"蜂蜜产量低、产品单一、缺乏龙头企业、蜂农开拓市场能力不足。"高连生焦急地说，以他自己为例，想进一步扩大规模，却又担心产品卖不出去。

2005年，琼中县大力推广活框养蜂法，高连生参加了县政府组织的第一批养蜂技术培训班，并成为养蜂能人，带动所在中平镇上水村30户农户中的28户养蜂。政府的大力扶持与刺激，使琼中养蜂业迅速扩大，至2012年，全县近18%农户养蜂，产业规模渐具雏形。

可走在琼中养蜂业前列的高连生却有许多担忧。中蜂具有的个小灵活、对蜜源极为挑剔的特点，是一柄双刃剑，这使中蜂蜂蜜产量低、品质高、价格也高，在市场竞争中价格弱势容易突显出来。

高连生多次尝试让产品进入大型超市、连锁药店等，甚至向广州等地推销琼中蜂蜜，但都因实力不够、品种单一、价格高等种种原因，无奈退出。

"蜂蜜卖不出去，蜂农就不敢扩大规模，影响养蜂积极性；养蜂规模不大，产业规模就上不去，市场竞争力也无法提高。"这是令高连生头痛的恶性循环，连生蜂业作为琼中蜂业发展的"头蜂"，市场冷暖最先感知，一直想将养蜂规模进一步扩大却碰到了市场这堵无形的墙。

卓定雄也面临这个问题，他带领 9 户农民成立了"黎母山绿源养蜂农民专业合作社"，养蜂 300 多箱，但蜂蜜几乎都在省内销售，主要卖给亲戚朋友、熟客，或者等人上门购买。

已有品牌意识的卓定雄注册了"绿蜂源"商标，他现在最盼望的不是学习养蜂技术，而是市场知识。对电子农务一无所知的他告诉记者，传统的人传人销售模式销量太小，制约养蜂规模扩大。"希望政府举办市场知识培训班，组织蜂农系统学习，教会我们如何去闯市场。"

支招：走特色营销之路　实现产品多样化

●强化"琼中蜂蜜"品牌效应　●政府参与推动农超对接、蜜蜂休闲游等

高景林说，根据估算，琼中广阔的热带雨林为养蜂业提供了充足的蜜源，全县至少可容纳 15 万箱蜂的产业规模，而琼中现仅有近 4.5 万箱蜂。

去年，国家商标总局批准了"琼中蜂蜜"商标，但"琼中蜂蜜"仍是养在大山深处少人识。

高景林认为，经过 8 年发展，琼中蜂业走过了产业发展的初级阶段，解决了农民养蜂的技术问题，提高了农民养蜂致富的意识。但政府若继续像以前那样用送蜂种的办法扩大养蜂规模是不可取的，要依靠市场刺激蜂农。

因此，打出"琼中蜂蜜"的品牌效应、提高市场竞争力、拓宽市场销路、在市场占领一席之地才是关键。

中线高速公路开通在即，使中部山区物流更加畅通，这为琼中带来了巨大商机。"琼中蜂业要有老鹰的飞翔能力！"高景林笑说，目前正是琼中蜂业发展的关键时期，只要奋力向前一"飞"，突破市场瓶颈，蜂农就会收获"甜蜜"生活。

过去 4 年里，高景林多次带着由琼中县政府办、县科协、县蜂业办、蜂业企业、农民养蜂合作社组织的考察团赴杭州、重庆、广东、辽宁、福建等地考察，学习借鉴先进地区的蜂业发展经验。

"以辽宁宽甸为例，该县蜂农饲养的也是中蜂，全县养蜂 6 000 多箱，产量并不算高，但蜂蜜售价高达 150 元/斤（1 斤 = 0.5 千克。下同）左右，是琼中蜂蜜价格的两三倍，在一些景点，宽甸蜂蜜售价甚至高达 250 ~ 260 元/斤。"高景林说，宽甸蜂业胜在蜂蜜产品品种多：蜂蜜、蜂花粉、蜂王浆、蜂胶、蜂蜜化妆品、蜂蜜护肤品等，而琼中蜂业几乎只有蜂蜜一个产品。

"蜂蜜产品安全性高、品质高、价格高、产量低，并不是琼中蜂蜜的弱项。"高景林分析，具备上述四个特点的琼中蜂蜜要找准自己的市场定位，不要成为大众商品，身价高的琼中蜂蜜应该瞄准中高端市场，走个性化市场营销的道路。因此，琼中蜂蜜的产品包装、产品深加工、产品多样化、农超对接、蜜蜂休闲游等问题，必须提上政府议事日程。

高景林建议，琼中应重视蜂业技术人才队伍建设，抓住机遇，大力发展养蜂业。在规模化养殖的基础上，引进和扶持高科技龙头企业，发挥"琼中蜂蜜"品牌效应；发展电子农务，将蜂农培养成为懂技术、会经营的现代蜂农；发展蜜蜂授粉产业，提高蜂农收入。琼中是养生福地，应结合海南国际旅游岛建设，发展中医蜂疗和乡村蜜蜂文化旅游产业，做大做强琼中蜂业。

上文发表于 2013 - 09 - 02

海南日报　记者：范南虹　通讯员：林红生

热科院助番道黎村建设生态友好社区
深山黎胞用上空气能热水器

8 月 29 日中午，琼中黎族苗族自治县什运乡什统村番道村小组 80 多岁的王经亲老人正在自家的卫生间用热水洗手洗脚；不远处，是中国热带农业科学院、海南省环境科学院帮助番道村建设的人工湿地，王经亲老人洗漱后的污水通过排水沟进入人工湿地，过滤成为一股清流，排向人工湿地外的水田里，浇灌正在旺盛生长的秧苗。

"现在，我们再也不用木柴烧热水了。劳动回家，打开水龙头就有热水，很方便。"王经亲老人告诉记者，热科院利用世行项目投资20多万元，为全村57户村民安装了空气能热水器，让偏僻的番道村也体会到了现代生活的便利。

番道村边的几株大树下，村民们在纳凉休息，看到记者来采访，50多岁的王经新和记者聊起来。"在农村，用科学和不用科学，真是大不一样。"1987年，毫无橡胶种植技术的王经新种植橡胶，一亩地种了100多株橡胶。几年后，恶果显现，橡胶树生长缓慢，树干长到比成人手臂稍粗一些后，就基本停止生长了。

2003年，王经新在热科院橡胶所专家的指导下，严格按每亩33株树的标准种植了一批橡胶树。现在，这些10年前种植的橡胶树比26年前种的橡胶树长得还要高大、粗壮。

2010年，热科院农业科技园区在世行项目的支持下，决定将番道村作为"生态友好型社区"来建设，派出农业专家长期驻在番道村，帮助村民完成生活污水、生活垃圾等生态无害化处理，推广环境友好型的热带农业科技，对传统产业进行改造、升级，包括橡胶生产、槟榔甫 、南药甫 、畜禽养殖、黎锦织造等。

村民们接受了系统的橡胶种植、管理、割胶等技术培训。使用新割胶技术后，胶水产量比以前提高了50%以上。

番道村民以前养七彩山鸡，却容易生病，还不好销售。热科院专家为他们送来了黎母山鸡，这种鸡个头小、肉质嫩、抗性强，长到2斤左右就可以销售了。村民王海荣在专家的培训下，掌握了黎母山鸡养殖技术，每年可出栏1 000只鸡。单单黎母山鸡养殖一项，就能为王海荣一家增收4万元。手里有钱了，王海荣和其他村民一样，将原来破旧的平房翻新改造。

番道村在热科院的帮助下，生态友好型社区渐具雏形：生活污水有人工湿地处理，实现达标排放；生活垃圾实现了集中转运，村里环境卫生大为改善；村民用上了空气能、沼气、燃气等新能源，不再烧柴火了，大大减轻了对森林的破坏。更为重要的是，番道村民每户都掌握了至少3种以上现代农业生产技术，增收致富能力进一步增强。2008年，番道村民年人均收入不足2 000元；2010年以来，村民年人均收入逐年提高，至2012年已提高至4 800元。

上文发表于2013 - 09 - 02
海南日报

联合国粮农组织热带农业平台在海南正式启动

联合国粮农组织热带农业平台（TAP）4日在海南省海口市正式启动。这一旨在促进热带农业创新体系建立、促进较发达国家向欠发达国家提供农业创新体系能力建设的合作平台，将在4~6日在海南召开研讨会讨论并通过TAP行动计划草案，修订TAP章程，选举出新的执委会成员、主席以及合作主席。

热带农业平台（TAP）是2012年9月在墨西哥举行的二十国集团农业首席科学家第一次会议上发起的，此后有30多个重要的国际、区域和国家机构及论坛同意成为创始会员。（TAP）鼓励较发达国家向欠发达国家提供农业创新体系建设支持，建立起农业创新发起者之间的伙伴关系，促进南南合作，以期对可持续能力建设开展更协调的行动。

据了解，目前，有30多个重要的国际、区域和国家机构及论坛同意成为创始会员。第一次会员大会于2012年10月在乌拉圭埃斯特角城召开，产生了行动框架和工作计划，并同意在临时执行委员会领导下预留6个月的启动期，以准备地区需求评估为TAP行动计划提供基础支撑。今年9月4日到4日的启动研讨会召开后，将结束启动期，并为TAP成员提供审阅评估信息，确定TAP行动计划。

据介绍，TAP正式启动后，将为成员国提供政策对话空间，协调农业创新能力建设中的供需关系，提供创新成果、成功经验和所得教训的全球信息。

本次 TAP 启动研讨会由联合国粮农组织和农业部共同着急，来自阿根廷、南非、巴西等十几个国家近 30 名国际代表参加了会议。

上文发表于 2013 - 09 - 04
新华网　记者：夏冠男

联合国热带农业平台在琼启动

今天，十多个国家的 30 多名代表齐聚海口出席研讨会，启动热带农业平台（简称 TAP）。TAP 将提高能力建设项目的效力，促进热带农业创新体系的建立。

热带农业平台是由 20 国集团发起，目前，有 30 多个重要的国际、区域和国家机构及论坛同意成为 TAP 创始会员。应联合国粮农组织邀请，中国热带农业科学院加入了"热带农业平台"建设。TAP 的建立将促使我国热区农业更好参与国际合作。

本次研讨会从 9 月 4 ~ 6 日，为期 3 天。TAP 正式启动，将为成员国提供政策对话空间，协调农业创新能力建设中的供需关系，提供创新成果、成功经验和所得教训的全球信息。

本次 TAP 启动研讨会由联合国粮农组织和中国农业部共同举办，中国热带农业科学院承办。

上文发表于 2013 - 09 - 05
海南日报　记者：况昌勋

我省发现苔草新品种　分布狭窄　数量稀少　十分珍贵

记者昨日从中国热带农业科学院获悉，在通过中国科学院华南植物园和英国丘植物园等国内外权威植物研究机构鉴定后，吊罗山苔草被认定为我国发现的一种新苔草属植物。

吊罗山苔草为单子叶植物莎草科苔草属植物，被发现于我省陵水吊罗山国家自然保护区海拔 500 米山地雨林中。吊罗山苔草分布狭窄、数量稀少，十分珍贵。

据介绍，该物种的发现丰富了生物种群资源，为科学研究奠定了基础，同时也证明海南生态资源保护较好。

上文发表于 2013 - 09 - 05
海南日报　见习记者：张靖超
通讯员：林红生

我国热区首次油棕种植资源大规模普查与定位观测任务完成

我省油棕商业化种植全国领先

记者昨日从中国热带农业科学院获悉，从 2009 年至 2012 年，中国热带农业科学院橡胶研究所研究员林位夫的研究团队在通过对我国热区福建、广东、广西、云南、海南等地的油棕种质资源进行了 7 次普查和定位观测后，于近日总结得出海南省油棕商业化种植规模处于全国领先地位，且适合进行商业化种植。

在历时四年的普查与观测中，热科院专家在海南共发现 6 株优良单株，鲜果穗产量高于居群年均鲜果穗产量 100% 以上。我省油棕多为薄壳种，抗旱、抗涝、抗寒、防风能力与产油量皆强于传统的厚壳种，可在经受台风、短期水涝甚至冰冻灾害后，仍可正常生长。除在临高县城镇暂未发现油棕外，省内其余市县均有不同规模的种植。在热科院儋州的试种植园区 100 公顷的土地上，油棕油产量达到了每年每公顷 4 ~ 6 吨，高于国际油棕油产量每公顷 3.7 吨的平均水平。据林位夫介绍，油棕种植在中国内陆地区尚未形成商业化种植规模，而海南已有中海油等公司开始进行商业化试种，相比于其余省份，我省油棕商业化种植处于领先的地位。

据悉，油棕的果肉、果仁含油丰富，主要用于榨取食用油，在各种油料作物中，有"世界油王"之称。我国每年从印度尼西亚、马来西亚等国进口 600 吨左右的油棕油。我国引种油棕已有 80 多年的历史，主要分布于海南、云南、广东、广西。我省曾在 20 世纪 50 年代和 60 年代进行过油棕大规模种植，但由于当时种质低劣、技术条件落后及受大跃进思想影响等因素，致使油棕产油量低，近 30 年来，油棕被大面积移除。而此次的普查结果对于我省乃至我国发展油棕种植业具有十分重要的意义。

上文发表于 2013 – 09 – 09
海南日报

中国热带农业科学院专家发现莎草科一新种

——吊罗山苔草

近日，中国热带农业科学院刘国道研究员领导的科研团队在海南陵水县吊罗山国家自然保护区发现了莎草科一新种，受到业界广泛关注。

该新种是吊罗山苔草（Carexlongipetiolata Q. L. Wang, H. B. Yang & Y. F. Deng, sp. Nov），关于该新物种的描述发表在了 SCI 期刊——新西兰专业植物学杂志《Phytotaxa》上。

刘国道研究员的科研团队在调查海南岛莎草科植物资源时发现了这一新种，该物种生长在海南陵水县吊罗山国家自然保护区海拔 500 米山地雨林中，与岩生苔草相似，但具有较长的叶柄，叶片宽大，叶散生，小穗三个，近无小穗柄，侧生小穗为雌小穗，小坚果有较长的颈而区别于岩生苔草。该物种为单子叶植物莎草科苔草属植物，苔草属是目前已知被子植物中最大的一个属，全球有 2 000 种，中国有 527 种，海南有 19 种。

目前，该种仅发现吊罗山一个居群，且数量非常稀少。在植物区系研究中，本种属海南特有种，根据 IUCN 标准，该种的濒危等级为极危，亟待开展保护研究工作，以防遭环境破坏而野外灭绝。同时建议相关专家尽快开展该种植物生殖、生态方面的研究，为新种的繁殖和保护提供科技支撑。

在海南生态省建设中，植物扮演着最重要的角色。该新种的发现，于植物界，于海南均是一个重大贡献。基于该种分布狭窄、数量稀少，建议相关部门尽快采取措施，保护好海南这一珍贵物种。

上文发表于 2013 – 09 – 09
农业部网

热科院攻克嫁接育苗技术难关

记者从中国热带农业科学院获悉，由中国热科院所完成的"基于 WGD-3 配方的澳洲坚果嫁接繁殖技术研究"成果于日前通过了农业部委托的专家鉴定。该成果研发了接穗药剂处理剂——WGD-3 配方和相应的嫁接配套管理技术，该技术使嫁接成活率达到 94.25%，同时也攻克了澳洲坚果嫁接育苗近 100 年的世界技术难关，为热区发展澳洲坚果产业解决了大量繁育种苗的技术瓶颈。

澳洲坚果嫁接成活率大幅提高

据热科院南亚所研究员介绍，该技术不仅能使澳洲坚果的适宜嫁接期扩展 4 ~ 6 个月，操作起来也比同类技术更为简便、高效，实施效果稳定，出苗健壮。通过该成果，热科院已先后在我国广东、广西、云南、贵州等地建立了 6 个育苗示范基地，大规模繁育出售优质嫁接苗 100 万株，建立及辐射带动当地建立果园达 4 万多亩。

陆超忠称，由于澳洲坚果抗风性差，而海

南又是我国台风区，因此我省澳洲坚果的种植规模较为零散。而五指山一带独特的天然环境可以在很大程度上保护澳洲坚果的生长，是海南适宜种植澳洲坚果的地区。

上文发表于 2013 - 09 - 13
海南日报　见习记者：张靖超
通讯员：林红生

中国热带农业科学院专家研究发现

——槟榔入药对一些癌细胞有抑制作用

槟榔是有名的四大南药之一，也是海南重要的农业经济作物之一。但是，近段时间以来，对四磨汤的质疑，却使槟榔陷入"致癌"风波。

嚼食槟榔，已经被世卫组织和多名专家研究证实，易导致口腔癌的发生。但是，数千年传承形成的知名南药品牌，以及入药经验，槟榔的药理作用及功效也早被证实。

如何看待及利用槟榔？有专家提出，要区别对待咀嚼槟榔和药用槟榔。中国工程院院士、中国中医科学院首席科学家李连达指出，传统槟榔入药与咀嚼槟榔有本质的不同，二者在原材料采收、加工方式、用法、用量、服用时间等多方面都有很大差异，不能混为一谈。药用槟榔经过中药严格规范的炮制、加工、提取、除杂等处理，已达到减毒、去毒效果。药用槟榔剂量小，疗程短，病愈即止，远达不到致癌剂量，公众及临床医生不必恐慌。

中国热带农业科学院生物研究所博士生导师戴好富研究员及他的研究生张兴，经过长达3年的研究发现，槟榔在体外对胃癌细胞、肝癌细胞和艾滋病病毒有一定的生长抑制作用，其研究成果还获得了国家专利。

5月21日上午，戴好富告诉记者，传统中医药证明槟榔具有消积驱虫、降气行水之功效，主治人体肠道寄生虫、食积腹痛、泻痢后重、疟疾水肿胀满、脚气肿痛等。

戴好富和张兴进行的"槟榔酚类成分及其生理活性的研究"，从2007年开始，对采集槟榔果实进行系统分离和生理活性研究，提取分离了13个化合物。研究发现，槟榔中所有酚类化合物均有较强的抗氧化活性，而且对胃癌、肝癌的肿瘤细胞具有较强的生长抑制活性。研究同时还发现，槟榔中所含的鞣质，可抗细菌、真菌和病毒，有效抑制它们的生长；其酚类物质可抗老化，能明显抑制皮肤组织的老化和皮肤的炎症反应；槟榔还具有降低胆固醇、抗抑郁、延缓动脉粥样硬化发展等作用。

此外，他们还开展了"槟榔及其提取物在制备抗艾滋病药物中的新用途"研究，利用溶剂提取获得了3种槟榔提取物，其中有两种提取物经体外活性筛选，显示其有较好的抗HIV—1病毒活性。因此，槟榔果实及其提取物具有制备抗艾滋病药物的潜力。此项发明于2011年获得国家专利。

目前，槟榔的开发利用还是浅层次的，多以咀嚼为主，并没有得到更合理的利用。槟榔的药理作用非常多，应该更加广泛地应用起来。专家建议，应利用高新技术对槟榔进行深加工，让槟榔这一有名的南药，更好地为人类健康服务。

上文发表于 2013 - 09 - 27
海南日报

中国热带科学院专家研究发现

——槟榔能降血压抗癌治老年智障

我省槟榔药用价值研究取得了新进展。中国热带农业科学院专家研究发现，槟榔不仅在驱虫、保护胃肠上有很好的疗效，槟榔中所有酚类化合物均有较强的抗氧化活性，对胃癌、肝癌的肿瘤细胞具有较强的生长抑制活性。

槟榔属天然抗癌本草

实验证明，把从槟榔中分离出的聚酚化合物 NPF-86IA、NPE-86IIB 注射到小鼠腹腔，发现对移植性艾氏腹水癌有显著的抑制作用。

自古以来，槟榔多为中医临床治疗各种虫积、饮食停滞所应用。热科院专家研究发现，槟榔还具有抗癌的功效。热科院南药专家庞玉新、王祝年主编的《海南岛天然抗癌本草图鉴》，研究收录了我省 200 种天然抗癌本草，其中槟榔、益智、砂仁等均为海南岛重要的抗癌药材资源。

据研究，槟榔的主要化学成分是生物碱（含量 0.3%～0.6%）、脂肪（约 14%）、缩合鞣质（约 15%）及槟榔红色素等。从槟榔中分离出的聚酚化合物 NPF-86IA、NPE-86IIB 给小鼠腹腔注射，发现对移植性艾氏腹水癌有显著的抑制作用。槟榔与其他中药一起形成的配方，可以对肝癌、食管癌、胃癌、直肠癌等起到抗癌作用。

热科院生物研究所研究员、博导戴好富及他的研究生张兴进行的"槟榔酚类成分及其生理活性的研究"发现，槟榔中所有酚类化合物均有较强的抗氧化活性，而且对胃癌、肝癌的肿瘤细胞具有较强的生长抑制活性。此项发明已经获得了国家专利。

槟榔有广泛的药用前景

可抗细菌、真菌和病毒，可抗老化，具有制备抗艾滋病药物的潜力，具有促智作用。

热科院专家还研究发现，槟榔中所含的鞣质，可抗细菌、真菌和病毒，有效抑制它们的生长；其酚类物质可抗老化，能明显抑制皮肤组织的老化和皮肤的炎症反应；槟榔果实及其提取物具有制备抗艾滋病药物的潜力。而以槟榔碱为先导的新型莨菪类化合物具有促智作用，作为治疗阿尔茨海默病（一种常见的老年性智力障碍综合征）的新药已进入临床试验阶段。

少量嚼食槟榔可降血压

过度嚼食会损伤口腔黏膜，至于是否增加患癌几率还在学术探讨阶段。

对于近日出现的嚼食槟榔会致癌的争议，热科院品资所副所长、研究员王祝年表示，嚼食槟榔要辩证地看，有利也有弊。"过度嚼食肯定会损伤口腔黏膜，是否会增加患癌几率，还属于学术探讨阶段，但是，少量嚼食槟榔是可以起到驱虫、固齿作用，同时增加肠蠕动，使消化液分泌旺盛，增加食欲，并可引起血管扩张，血压下降，对人体是有益处的。"

槟榔在中医药中有悠久的用药历史，海南岛先民嚼食槟榔就是为了抵御岛上的瘴气。

"其实，大宗药品大腹皮就是槟榔的干燥果皮，又名槟榔衣。目前国内的需求量很大，但几乎都是从缅甸、越南等东南亚国家进口。"热科院南药资源研究与开发中心副研究员庞玉新认为，海南槟榔产业应该多条腿走路，在发展食用槟榔的同时，也要发展药用槟榔。

上文发表于 2013 – 09 – 27
海南日报　记者：况昌勋
通讯员：田婉莹

让甘蔗更甜　让蔗农更赚

清晨，海口的很多市民还未从睡梦中醒来时，中国热带农业科学院生物技术研究所里，已有人在忙于自己的研究了，他就是杨本鹏。

杨本鹏是中国热带农业科学院热带生物技术研究所研究员，是我国研究甘蔗品种的中坚力量。

"他做科研，不是为了获得头衔和功名。为了推广甘蔗脱毒苗，他还去研究自己从未涉足过的技术领域。"杨本鹏研究团队中的武媛丽对记者说。

在研究中，杨本鹏的团队认为，甘蔗品种退化、旱地种植产量低、劳动强度大、经济效益差等是制约我国甘蔗产业发展的瓶颈问题。为此，他带领团队成员围绕瓶颈问题展开一系列攻关，研发了一系列配套种植技术。使用这些配套技术种植脱毒种苗可以将产量提高 30% 以上，提高蔗糖分含量 1 个百分点，同时还节约用种 60% 以上。

"我们报课题的时候，杨教授最先考虑的就是这项研究是否对蔗农有益，能不能提高国内甘蔗的品种质量。"伍苏然作为杨本鹏团队中的一员，与杨本鹏共事已经有三年的时间。

杨本鹏说，甘蔗种苗的质量直接影响着我国蔗糖产业的兴衰，我国的 5 000 多万蔗农、100 多万蔗糖加工企业员工都依靠甘蔗来维持生计。他最大的梦想就是我国的蔗糖产业健康可持续地发展。他与他的团队要让甘蔗含糖量更高，让蔗农赚得更多。

上文发表于 2013 – 09 – 29
海南日报

我省启动热带经济林下复合栽培科技项目
为促农增收提供技术支撑

"掘金"林下土地

近日，我省正式启动 2013 年度省重大科技项目《海南热带经济林下复合栽培技术集成应用与示范》。该项目拟重点研究解决林下作物种植关键技术问题，提高土地利用率，为热带经济作物产业发展提供技术支撑，实现农民增收、农业增效和产业可持续发展。

现状：经济林下闲置土地多

据统计，我省橡胶、槟榔和椰子面积达 940 万亩，占地广阔，但林下种植面积很少，土地利用率较低，大量土地闲置。垦区经济林下种植面积不到 10 万亩。同时，由于林下土壤缺少本草覆盖，水土流失也较为严重，不利于生态环境保护。

"然而，许多特色经济作物却无地可种。"中国热带农业科学院香饮所有关专家介绍，海南特色经济作物种类丰富，例如热带香料饮料作物、食用菌类、切叶花卉及草本果蔬等，其用途广、附加值高、需求量大。

专家表示，开展经济林下复合栽培，不仅可充分利用林下闲置自然资源，还可改善林中光温条件和土壤结构，增加林地附加值，是"走科技先导型、资源节约型、经济效益高发展道路"的具体体现。

破局：开展配套技术研究

我省经济林下间种栽培技术已具备一定研究基础，但缺乏系统性研究，经济效益和生态效益尚未凸显。

为此，海南兴科热带作物工程技术有限公司，中国热带农业科学院香料饮料研究所等 9 家单位共同联合实施《海南热带经济林下复合栽培技术集成应用与示范》。

展望：三年建 25 个示范基地

计划通过三年的实施，致力于解决经济林下复合栽培热带香料饮料作物、草本果蔬、菌类和切叶花卉等作物配置方式不明确、综合效益偏低等问题，集成配套栽培技术，技术整体达到国内先进水平。

在海口、文昌、三亚、万宁、琼海等橡胶、椰子、槟榔主产区建立示范基地 25 个以上，覆盖海南 10 余市县，示范基地总面积 3 500 亩以上，增加经济产值 5 000 万元以上，辐射带动 4 万亩以上，引领海南和其他热区林下复合栽培经济大发展。

项目任务

（1）建立配套栽培技术体系，解决橡胶、椰子、槟榔非甫　期较长、土地利用率低等产业问题

（2）研发林下作物碳代谢与花期调控技术，

解决花期不集中、生产管理成本高等产业瓶颈

（3）采用林菌资源循环利用技术，解决菌业生产可持续发展问题

（4）制定海南主要经济林下复合栽培作物优势区域布局方案

上文发表于 2013 - 10 - 10
海南日报　记者：况昌勋
通讯员：田婉莹

槟榔黄化病　可检出来了

经过十多年的研究，中国热带农业科学院专家首次确定了槟榔黄化病病原为植原体，并在国内外首次建立了槟榔黄化病快速检测技术，为海南槟榔黄化病综合防治研究提供了技术支撑和理论依据。

槟榔种植业是我省热带作物产业中仅次于天然橡胶的第二大支柱产业，种植面积近 130 万亩。近年来黄化病的流行，威胁槟榔产业的健康发展，据 2008 年调查，全省染病面积已达 4 万亩以上，平均发病率约 40%。

热科院环境与植物保护研究所研究员罗大全介绍，该病在海南发现的时间是 20 世纪 80 年代，长时间没有找到发病原因，缺乏科学有效的防控措施。从 1995 年至今，热科院专家通过大田流行规律调查、电子显微镜观察、四环素族抗菌素注射诊断、多聚酶链式反应（PCR）技术检测等，首次确定了引起海南槟榔黄化病的病原是植原体。

随后，罗大全研究团队首次对海南槟榔黄化病病原植原体 16SrDNA 基因片段进行序列分析，并确定其分类地位属于翠菊黄化组中的一个新的亚组（G 亚组），即 16SrI-G 亚组。

"也就是说，我们找到了黄化病的形象特征，以后我们就可以根据这个特征去诊断槟榔是否患黄化病。"罗大全说。

在病原鉴定的基础上，热科院建立了槟榔黄化病植原体的实时荧光 PCR 快速检测体系，这为国内外首次报道。相比传统的巢氏 PCR，大大地简化了鉴定步骤，其检出几率可达到 80%。

罗大全表示，槟榔黄化病需要采取"预防为主，综合防治"的防控措施。他建议，种植户需要加强槟榔园的水肥管理，提高槟榔树的抗病能力；在槟榔抽生新叶期间，全园喷施内吸性杀虫剂保护；如发现槟榔园内有黄化病株，应及时砍伐病株带绿叶部位并烧毁；政府也应加强种子种苗的检疫，建立种苗甫　调运档案，严禁从槟榔黄化病区调运槟榔种子种苗。

上文发表于 2013 - 10 - 15
海南日报　记者：况昌勋
通讯员：林红生、田婉莹

海南发现莎草科薹草属一新物种

记者从中国热带农业科学院获悉，该院研究员刘国道带领的科研团队日前在海南吊罗山国家级自然保护区发现莎草科薹草属一新种，取名为"长柄薹草，其分类学描述发表于《Phytotaxa》。

长柄薹草隶属于菱形果薹草组，该组为亚洲特有，约包含 50 个种，主要分布于东亚和东南亚，中国现有分布记录 43 个种，其中 34 个种为中国特有种。

据介绍，长柄薹草分布狭窄、数量稀少，十分珍贵。该物种的发现丰富了生物种群资源，为科学研究奠定了基础，同时也证明海南生态资源保护较好。

上文发表于 2013 - 10 - 28
光明网　记者：王晓樱、魏月蘅

热带花卉研究取得突破性进展

近日，记者从中国热带农业科学院获悉，热科院品资所有关专家在红掌细菌性疫病检测技术研究方面取得突破性进展，研发出的新技术可以在红掌细菌性疫病病发前作出准确检测，为世界首创。

中国热带农业科学院品资所研究员、"主要热带花卉产业化关键技术研究与示范"主持人尹俊梅称，新的检测技术具有快速简便的特点，且无需依赖专业仪器和技术人员的检测，仅通

三四小时可检出红掌细菌性疫病

过简单的分子标记和水浴锅就可完成，仅需 3 至 4 个小时就可得出结果。

尹俊梅说，其他国家尚未研发并使用该技术，中国热科院品资所正在为这一新技术做专利申请。

上文发表于 2013 – 10 – 31
海南日报　见习记者：张靖超
通讯员：李莹

海南热带农业技术"出口"国外
萨摩亚热带作物种植技术培训班在文昌开班

今天，20 多名萨摩亚独立国的农业部门官员和农民，从太平洋岛屿飞到海南。他们将参加中国热带农业科学院在文昌举办的热带作物种植技术培训班。

萨摩亚农业部门官员与农民，将在中国热带农业科学院专家的指导下，学习椰子、香蕉、咖啡、木薯和蔬菜等热带作物的选育种、高产栽培、病虫害防治、加工等方面的知识。同时，

在海南实地参观考察椰子、木薯高产示范基地、病害研究实验室、椰子食品生产基地、国家航天工程育种基地、三亚南繁育种基地等，并进行实验操作和田间实习。

上文发表于 2013 – 10 – 31
海南日报　记者：况昌勋
通讯员：田婉莹

萨摩亚热带作物种植技术培训班在文昌开班

10 月 28 日，萨摩亚热带作物种植技术培训班在文昌开班。来自萨摩亚的 20 多名农业部官员和农民将在中国热带农业科学院接受为期 21 天的热带作物种植技术培训。

萨摩亚位于南太平洋，1975 年与我国建交。该国热作资源丰富，但种植技术较为落后，亟需先进的热作种植技术支撑。本次培训班将采取课堂教学与田间实践相结合的方式，为学员讲授椰子、香蕉、咖啡、木薯和蔬菜等热带作物的选育种、高产栽培、病虫害防治、加工等方面的知识。培训期间，学员们将参观考察椰子、木薯高产示范基地、病害研究实验室、椰子食品生产基地、国家航天育种基地、三亚南繁育种基地等并进行实验操作和田间实习。

中国热带农业科学院具有丰富的国际培训经验，自 2004 年以来，已经成功举办木薯、橡胶、腰果种植及加工技术等方面的国际培训班38 期，培训了 85 个国家的 941 名学员。中国热带农业科学院还在刚果（布）、莫桑比克等国家举办多期境外培训班，为促进中国农业走出去作出了重要贡献。本次培训班的举办，将进一步加强中国热带农业科学院与萨摩亚国家之间的农业合作，共同推动热带作物产业健康发展。

本次培训班由商务部主办，中国热带农业科学院承办，椰子研究所负责实施。商务部国际商务官员研修学院邹传明副院长、中国热带农业科学院汪学军副院长、海南省商务厅对外投资和经济合作处卓民处长等领导参加了开班

仪式。

上文发表于 2013 - 10 - 31
农业部网

热作农业的科技大联动

——全国热带农业科技协作网助力热区农业发展纪实

金秋时节，中国热带农业科学院里热闹非凡，十多个国家的农业官员和学者齐聚一堂，拉开了联合国热带农业平台建设的帷幕。而由中国热科院牵头建设的"全国热带农业科技协作网"也在启动会上引起了专家的关注。有专家提出，要将协作网的运行模式借鉴到热带农业平台的建设中，促进国际热带创新体系的建立。

"全国热带农业科技协作网"是一张什么样的网？为什么能引起联合国粮农组织专家的关注和肯定？"协作网并非一张虚拟的网络，它实际上是一个有机组织，是一个公共性的服务平台，是一个科技合作的大联盟。"农业部副部长张桃林给出定义，"它是我国热区农业科研推广的一项机制创新。"

成立 3 年来，协作网在我国热带农业产业技术协同创新、协作推广中发挥出日益重要的作用，它在完善热区现代农业科技创新与推广体系的同时，也正在成为热带农业产业技术协同创新的中枢、协作推广的纽带、人才培养和成长的摇篮、农业龙头企业发展的依托。

挑战：热区农业提速　亟须顶层设计

由海南、福建、四川、广东、广西、云南、贵州、湖南和江西9省（自治区）构成的我国热带地区是一片肥沃的土地。这里不仅是天然橡胶的主产区，更是甘蔗、热带水果、反季节蔬菜的重要产地。48 万平方千米的区域虽然不足国土面积的 5%，却是中国农业不可或缺、独具优势的重要组成部分，也是中国农业科技走向世界的桥头堡，极具发展潜力。

然而，随着现代农业发展对科技的需求不断增大，热区农业开始面临诸多挑战。"与其他地区相比，热区农业还存在着科技创新水平和能力较弱、实用技术覆盖度不足、产业化水平较低等问题。"长期从事热带农业科研工作的中国热科院院长王庆煌深有感触地说，"特别是在利用生物技术选育橡胶、木薯等目标品种，热带生物能源利用与开发等方面，还存在很多亟须解决的问题，需要更大力度的科技创新和协作推广。"

挑战不仅源于现代农业的发展，还来自于热区农民增收致富的需要。目前，热区共有 1.8 亿农业人口，其中 60% 的农民靠热带农业获取收入，而重要热带作物木薯、甘蔗等的种植效益仍然较低。在国家统计的贫困县人口中，将近一半还聚集在热带区域。

"既要提升热区农业科技创新能力，又要帮助农民尽快增收致富，还要让中国农业科技早日走向世界。热区的'三农'建设任重而道远。"全国热带农业科技协作网常务副理事长、福建省农业科学院院长刘波说，热区农业发展需要顶层设计，需要一种全新的机制来满足多方诉求。就是在这样的背景下，全国热带农业科技协作网应运而生。

创新：突破机制束缚　实现资源共享

2009 年 11 月，中国热科院联合热区九省（自治区）地方农科院所共同建立了全国热带农业科技协作网。

"协作网有多大？从地域上说，它覆盖热区九省区；从微观的协作组织来说，它联结农业行政主管部门、科研机构、涉农院校、农业技术推广体系、农业企业与农民；从宏观的产业层面来说，它涵盖了热区几乎所有产业和核心技术。"全国热带农业科技协作网理事会秘书长方佳介绍说，协作网的主要目标就是要建立"覆盖热区、资源共享、优势互补、运行高效"

的热带科技协作体系。

多年来，覆盖热区9省区的协作网依此目标不断努力。它的出现，帮助热区农业科技研究突破了原有体制的羁绊和束缚，实现了科研单位之间的有效协同创新，开创了一种全新的科研合作模式。

"过去，因为热区农业科研单位之间交流少、合作少，针对同一个问题重复研发，造成科研浪费，不利于成果推广。"中国热科院副院长刘国道颇有感触地说，"协作网彻底改变了这一现象，一个省的技术成果拿出来与整个热区共享，就可以提高整体的科研效率。它使各省联合起来，针对产业难题联合攻关，共同申报国家重大课题，实现资源的有效整合。"

以热区种质资源为例，原来热作种质资源的收集进展缓慢，而后来通过协作网，各省专家通力合作，很快就解决了收集难题。如今，协作网定期将九省区的科研成果集中起来统一展示，避免了科研的重复，还能为需要技术的农民和龙头企业牵线搭桥。

截至2012年底，协作网成员单位共提出了13个农业部农业行业科技项目，其中有11项列入指南，这些项目集中了热区近20个农科院或涉农大学的50余个研究所和学院的优势科技力量，真正实现了科技大联合、大协作。而一旦项目实施，将产出一批重要的科技成果，很快解决制约热区农业产业发展的难题。

服务：加快成果转化　助农增产增收

几年前广西遇到雨雪冰融灾害，大量木薯被冻死，中国热科院立刻组织将大量"华南5号"木薯苗木送到广西，帮助及时恢复甫；2011年"纳沙"强台风和"尼格"强热带风暴袭击热区，各省通过协作网合力抗灾，将农业损失降到了最低。

第一时间集结力量防灾减灾，协作网在农业生产上的作用不容小视。这张网还与产业技术体系和农技推广体系实现有效衔接，让专家的科研成果落了地，更让农民和龙头企业尝到了甜头。

在协作网的统一号召和组织下，中国热科院在热区实施和开展"百名专家兴百村""百项技术兴百县"的科技服务行动；福建省农科院启动以促进农民增收为目标的"百名科技人员联系百家农业企业""百名科技人员下乡服务三农"；云南省农科院启动了"八百双倍增"工程；广西农科院启动实施"联百企、进千村、扶万户"行动；江西农科院开展"百名专家服务百村（企）活动"；广东、四川、湖南以及贵州等省的单位也开展了相关科技服务活动，实施协作网"1151"工程，有效推进协作网工作的开展。

海南省儋州市那大镇茶山村胶农叶志端正是协作网的受益者，他说："过去种橡胶又累又苦，产量一般；现在有了协作网专家做指导，我们掌握新技术，省工省力，效益还上去了。"采访中，叶志端给记者算了笔账：他家种了50亩橡胶，每亩30棵，按照现在的价格，每棵橡胶树年均收益200元，效益非常可观。

受益的不仅是农民，协作网也让基层农技人员有了学习的机会。海南省屯昌县农技局热作站站长莫天林感慨道："农技中心缺橡胶专家，以前胶农有问题，我们不知道问谁。现在有协作网，农民能第一时间找到专家，农技员也能与大专家请教学习。协作网扩充了农技推广队伍，也为我们推广队伍的建设提供了技术保障。"

展望：发展前景广阔　仍需各方支持

"协作网从成立起，就积极探索构建热区农业科技创新和社会化服务体系，构建热区农科教结合、产学研协作新机制，共建共享一个公共性平台。它突破了体制束缚，实现大联合大协作，是一种机制创新。"农业部科教司相关负责人认为，协作网是热区农业科技创新协作的一个样本，前景广阔。

如今在整个热区，哪里需要配套的专家和技术，哪家龙头企业需要什么样的科技服务，通过协作网，都能实现信息的即时联动。协作网在热区农业科技创新、支撑产业发展中的作用已经越来越明显。

也正是在农业科研推广中取得的显著成效，协作网才引起了联合国粮农组织的关注，热带农业平台的启动会也在中国热科院召开。"热带农业平台的模式与协作网大体相似，只是它面向全球的热区，而我们协作网的经验也为平台建设提供了一定的参考。"刘国道感叹。作为全国热带农业科技协作网首届理事长，王庆煌也坦言协作网发展面临的困难，作为公益性组织，他希望相关部委能以类似专项行动等形式，给予协作网持续稳定的支持，并在项目立项等方面考虑给予倾斜。而对于参与协作网的科研人员，如何评价考核他们的基层服务工作也是需要解决的问题。

由于各省情况不同，目前，协作网九个省区之间的协作程度并不一样。"今后，我们的工作还需要得到九省区有关单位的重视和共同支持，从而进一步推进协同创新、协作推广，让协作网能更好地在农民增收致富上发挥作用，有力地支撑现代热带农业发展和产业调整、优化、升级，也让我们热区的农业科技早日走向世界，服务全球。"王庆煌说。

上文发表于 2013 - 11 - 01
农民日报

热科院完成对海南天然橡胶苗圃植保调查
民营胶苗圃植保几乎空白

10 月 29 日，中国热带农业科学院环植所的国家天然橡胶产业技术体系病虫害防控团队公布了 2013 年海南省天然橡胶苗圃植保的调查结果。调查结果显示，海南橡胶苗圃病害以棒孢霉落叶病、炭疽病为主，部分苗圃还出现麻点病、根病、藻斑病和白粉病新鲜活动斑等。

环植所橡胶植保研究团队于今年 9 月 16 ~ 26 日，对海南天然橡胶苗圃植保问题展开调查。调查包括海胶集团的 7 个种苗分公司种苗基地、海南省民营胶良种补贴定点基地和调查沿途经过的个体橡胶种苗基地，共调查 46 个点。

调查人员详细观察和记录了被调查苗圃的病虫害种类、为害程度及类型，橡胶种苗品种、培育状况、天气状况等。

组织实施此次调查的热科院环植所林春华博士对海南橡胶植保现状表示不容乐观，"在此次的 43 个调查点发现程度不一的棒孢霉落叶病，蔓延范围不断扩大、蔓延速度不断加快。"

热科院环植所副所长、天然橡胶病害防控专家黄贵修称，通过此次调查发现，民营胶苗圃缺乏橡胶植保的技术及意识，在植保方面几乎是一片空白。

上文发表于 2013 - 11 - 08
海南日报

热科院研发 6 新品种获知识产权认定

记者今天从热科院品资所获悉，由热科院品资所培育的西瓜、苦瓜和辣椒共 6 个新品种，日前通过海南省蔬菜非主要作物品种审定委员会裁定，被认定为中国热带农业科学院品资所的自主知识产权品种。

据热科院品资所副所长杨衍介绍，此次通过裁定的 6 个品种，分别于 2009 年、2006 年及 2007 年由热科院品资所培育成功，目前除"琼丽""美月"两个西瓜品种正在陵水、东方以及河南省平顶山市进行试点推广外，两个苦瓜品种和两个辣椒品种几乎已在全省普及。

据悉，新西瓜品种甜度高、亩产值保守预计可达 9 000 元，比市场上的普通西瓜多 2 000 元左右；新苦瓜品种瘤少便于储运、果肉多、综合抗病性强，且每亩利润为 5 000 元；热辣 2 号黄灯笼椒则已在海南全省普及种植，广泛应用于辣椒制酱，具有辣度高、辣味足的特点，亩产值则在 1.2 万 ~ 9.6 万元。

上文发表于 2013 - 11 - 18

海南日报

胶农：增产技术为何伤了胶树？
专家称，一些公司过度推销相关配套产品所致

本报那大11月12日电（见习记者张靖超　通讯员林红生）11月6日，白沙黎族自治县阜龙乡莱寨村橡胶林中，几棵碗口粗的橡胶树树干上，树皮不见了踪影，一道道黑色的刀痕深刻在树上，整个树干远看就像烧焦的木头。橡胶树的寿命一般60年，而这几棵橡胶树才25岁。

胶林主人，60多岁的武锦皇指着钉在树干上的气囊说，原本以为用气刺微割技术会增产增收，但现在只想在橡胶树坏死之前将成本赚回来。

橡胶树气刺微割是1990年代初为解决胶工短缺问题，由马来西亚率先研发并推广的一项高产高效采胶新技术，随后被引入国内。资料显示，中国热带农业科学院橡胶研究所通过近20年的研究，探索出一整套适合我国植胶区特点的橡胶树气刺微割技术。该项技术可提高割胶速度1～2倍，节约树皮50%以上，与此同时可提高每割次的产量15%～30%。这一技术2007年获得海南省科技进步二等奖。

据中国热带农业科学院橡胶研究所研究员罗世巧介绍，气刺微割技术主要通过缩短割线及利用乙烯催化剂刺激产量，进而提高割胶劳动甫　率。"气刺微割技术最重要的是提高单次产量，降低割胶频率，在保证年产量不降低的情况下保护橡胶树，让其得以较长时间的恢复，延长8年左右的经济寿命。"

阜龙乡莱寨村村民吴彩明透露，一个月前，一企业上门推销乙烯气体和配套气囊，但没有讲如何操作。

"有的村民用了几次，发现增产效果不错，于是坚持用，三天有两天忙着割胶。"吴彩明指了指离自己家约500米远的一片橡胶林，"那就是武锦皇的胶树，你看才多久，就成这样了。"

今天，记者拨通了推销乙烯气体和配套气囊企业的电话，公司一位负责人称，公司出售的气体和药水确实能让胶树增产。记者问及公司是否了解技术操作规程，这位负责人称知道该技术缩短割线长度及降低割胶频率等要求，但认为这些不重要，所以有时并未说明。

中国橡胶产业技术体系岗位科学家校现周透露，农业部尚未批准全面推广，这项技术仍处于试验观察阶段。他表示，如果滥用这项技术，一棵橡胶树的经济寿命可能缩短至3年甚至几个月。

省科技厅农村科技处负责人钟广钲表示，一些科技公司无视气刺微割技术具体情况而过度推销相关产品，未向胶农科学说明技术操作细则，加之胶农对橡胶树管理粗放，会给橡胶树带来死皮病爆发、产胶能力丧失等一系列副作用。

上文发表于2013－11－18
海南日报

"拦腰折断的胶树经过技术处理可能还有救"
橡胶专家送良方进胶园

"拦腰折断的胶树经过技术处理可能还有救，用锯锯成斜度30度左右的坡面，坡面背阳光，上面涂抹一层沥青起到保水作用。"橡胶专家的一句话，重新燃起了胶农们的希望。今天上午，中国热带农业科学院橡胶所专家张志扬一行4人，受东方市热作服务中心邀请，赶赴

该市东河镇佳西村帮助受灾胶农恢复甫 。

因受强台风"海燕"袭击，东方市林业直接经济损失达1 000多万元，其中树龄在六七年、即将开割的橡胶树损毁严重。

在村民符长震的橡胶地里，张志扬发现，不少橡胶树都是老品种，不及目前主推的热研-73397等抗风能力强，不少倒伏露出根部的橡胶树都没有主根。他提醒胶农，选购橡胶种苗时应尽可能到省农业厅指定的11家定点种苗补贴基地，对于已经无法挽救的成片胶林，可以改种新橡胶品种。

上文发表于2013－11－18
海南日报

小小蜜蜂牵动两大产业

推广蜜蜂有偿授粉可使我省种植业减少亿元成本、养蜂业增加亿元产值

一份订单后面，是两笔账：对于蜂农来说，无疑增加了收入来源；而对于瓜农来说，也节省了至少100万元的成本。

这份订单，也意味着，蜜蜂授粉，可以带动两大产业发展。中国热带农业科学院环植所专家表示，我省每年有100多万亩瓜类需要进行人工授粉，仅这项成本就需要2亿多元。如能够实现蜜蜂有偿授粉，种植业可减少1亿多元成本，而养蜂业可增加1亿多元产值。

昆虫减少 授粉难

瓜要结果，昆虫帮忙。但是，随着耕作方式的改变和农药的超标使用，过去依靠大自然昆虫授粉模式，受到挑战。

"很多农田，几乎找不到昆虫了。"农业部公益行业专项蜜蜂授粉首席专家、国家蜂产业技术体系岗位科学家邵有全说，由于昆虫数量的急剧减少，瓜果授粉，成为一道难题。目前，人工授粉、激素坐果被广泛运用。

"所谓激素坐果，就是用外源激素，促使瓜苗雌花分化，从而坐果。但是，大自然正常授粉坐果，是有很多种激素共同作用，而人工使用的外源激素只有一种，虽然也能长出果实，但是存在营养不均衡、激素污染等质量安全问题。"邵有全说。

种养双赢 产值增

"授粉很成功，产量不仅没有降低，而且畸形瓜的比例减少了。"黄楚成说，今年3月份租下170箱蜜蜂作为试点，让他一下子节约了7万多元的成本。

中国热带农业科学院副研究员、国家蜂产业技术体系儋州综合实验站站长、海南省蜂业学会会长高景林说："利用蜜蜂授粉，不仅可提高农产品产量和品质，并大幅减少化学坐果激素的使用，达到高效、生态、不伤花效果。"

"我们曾做过西瓜蜜蜂授粉与人工授粉的对比，前者产出的西瓜大、糖含量高，品质好。"华中农业大学教授别之龙说，"蜜蜂授粉比人工授粉西瓜每亩产量高出530千克，产值增加1 590元，每亩效益增加1 446元。"

对于蜂农来说也可以增加"出租蜜蜂劳动力"的收入途径。"一般蜂农只养二三十箱蜂，原因是蜂蜜市场销量饱和。"儋州市山源养蜂合作社副理事长邱恒学说，蜂农就可以通过蜜蜂授粉有偿服务，扩大养殖规模。

高景林认为，目前海南一共有10万蜂群，如果蜜蜂授粉产业成熟，我省可以增加10万到20万蜂群，能让海南蜂产业翻番。

连片推广 效果显

虽然蜜蜂授粉效果好，但是推广起来并不容易。

"我省两年前已经开始着手试点蜜蜂授粉，但是种植户并不买账，免费把蜜蜂送过去，都不要，说把工人蜇了。"高景林说，改变农民观念，需要很长时间。

"农民种植面积小，而一箱蜜蜂到处飞，不知道落到谁的田里。我们做个实验，96%的蜜蜂都可能在别人的地里，也就说，种植户投入100元，仅起到4元的效果，这也是推广难的一

个原因。"邵有全说，"要实行蜜蜂授粉，必须连片进行，只要部分农户搭便车，其他的人就不愿意干。"

邵有全认为，一方面，要加强推广通过合作社合作的形式进行有偿服务模式，另一方面，政府应该进行扶持，让蜜蜂重回田间，为瓜果菜授粉。

上文发表于 2013 - 11 - 28
海南日报

全国单笔金额最大蜜蜂授粉订单诞生

今天，儋州彭成种植专业合作社掷金 75 万元，租下了 2 500 箱蜜蜂，准备明年初为 1 万亩黑皮冬瓜授粉。"这是全国单笔金额最大的蜜蜂授粉订单。"农业部公益行业专项蜜蜂授粉首席专家、国家蜂产业技术体系岗位科学家邵有全告诉记者。

今年 3 月份，在海南省蜂业学会和儋州市农技中心的撮合下，彭成种植专业合作社从儋州山源养蜂专业合作社租下 170 箱蜜蜂，为 560 亩黑皮冬瓜授粉。作为第一次试点，为彭成种植专业合作社节省授粉成本 7 万余元。

在尝到甜头后，该合作社此次以每箱 300 元的价格租蜂，计划为 1 万亩黑皮冬瓜授粉。"一亩黑皮冬瓜，人工授粉的成本至少是 200元。"儋州彭成种植合作社负责人黄楚成说，这两年，人工授粉的工钱是连连上涨，而且因为授粉时间是在春节前后，时常出现"用工荒"。

上文发表于 2013 - 11 - 28
海南日报

有钱难赚　海南椰子产业"放水"才能养"大鱼"

拥有中国 99% 的椰子树，拥有国家级的椰子研究所，拥有近 400 家椰子加工企业……发展椰子产业得天独厚的海南省，面对迅速扩张的国内国际市场需求，却显得后劲不足，有心无力。

为什么有钱难赚？怎么样才能大展拳脚？政府、企业、科研院所给出的种种答案归结为一点，就是"放水养鱼"。

看似矛盾　企业的选择

利润高、市场广、前景好……听起来堪称完美的投资方向，为什么放着有钱没人赚？竞争激烈、同质化严重……看上去应该避开的投资领域，为什么不断有企业扎堆？

当下海南省的椰子产业，恰恰就同时具备这样两个"矛盾"。

以占全省近 1/3 椰子种植面积的文昌市为例。"文昌市椰子加工企业普遍存在规模小，产品单一附加值低的情况"，文昌市副市长潘宇介绍。全市 196 家椰子加工企业中，产值达到每年 2 000 万元以上的不到 10 家，其他都是小作坊、小微企业。除了食品加工有比较完整的产品系列之外，椰壳活性炭、椰子油等附加值高、利用面很广的产品，都没有得到综合开发利用。

"比如椰壳活性炭，由于其极强的吸附力，可制成自来水过滤器、烟嘴、工艺品、汽车内饰、棉被填充物等等，利润空间大，市场前景也很大。但是现在文昌的活性炭加工企业都只是单纯卖炭，没有终端产品，"潘宇介绍。

椰子油被称为最健康的食用油，能增加热量燃烧率，帮助减肥。此外有很强的抗氧化能力，用于美容抗老化。还可提供快速能量营养来源，提高耐力，却没有咖啡因的副作用。椰子油早已是国际上传统椰子产品，国内高端化妆品、品质好的洗涤用品配料里也都有椰子油。然而国内这些化工企业却 100% 依赖进口，海南竟然没有一家企业生产真正意义上的椰子油，只有少量非食用级别的。

中国热带农业科学院椰子研究所所长赵松林介绍，近年来国际上椰子水和椰纤维的加工规模在扩大，椰糠产品也被逐步开发，成为企业追逐高利润的领域。但海南的企业在这些方面或者仅仅开发了一些初级产品，比如椰棕床垫等等，或者就根本没有进入。比如2012年4月，可口可乐收购Zico椰子水股权，作为天然电解质运动饮料来销售，在欧美市场非常受欢迎。然而海南本地企业因为技术难题等，尚未涉足这个领域。

那么，海南的椰子加工企业在做什么？答案大都是食品。椰子汁、椰子糖、椰子片、椰奶糕、椰纤果……食品行业是什么现状？"海南企业是什么好卖做什么，"海南某椰子产品公司总裁总结："椰汁以前就是椰树一家，现在大概四五十家。椰子糖等等食品，也是投入成本低、技术门槛低、市场接受度高。别人做成熟的东西，拿过来做就是了，不用做任何推广，低价抢市场。"

"还是一头扎进去（食品行业），因为还是有利润。比如，一年卖100万元，利润有个20万元、30万元有些小企业就满足了，只想过安稳日子。"潘宇表示。

实则无奈 企业的"被选择"

资本无疑是逐利的，然而企业在现实中作出的选择往往不是公式化的，而更是被种种条件所限制的"被选择"。

文昌市东郊椰子活性炭厂在业内打拼了二十余年，已成为年产椰壳炭化料1万余吨，椰壳活性炭4000多吨，产值数千万元的企业。然而，和老爸一起打拼起家族企业，现担任副厂长的朱兴让却只想简单地跟厂家打交道，直接出售活性炭，不做终端产品。

"可以做净水器，做吸冰箱气味吸甲醛的，防毒面具也得用到活性炭……"其实朱兴让对活性炭的终端产品并非不了解，"做成最终产品利润更大，但不想做的原因，是不想上生产线，也不想再招人手跑业务。我们企业还不算太大，这里那里投资一点，甫 就跟不上了。"

"这些年赚的钱就投资了两台炉子，扩大了甫 规模。我们小型企业贷款不容易，少量的钱可以贷到，但是，100万元有什么用呢？比如我们看上了比利时一条自动化的生产线，一次性投入椰子壳，就能够出来高质量的活性炭，但是要价高达5000万元人民币。"朱兴让表达

了自己的遗憾。

近日，一家用椰子水生产面膜的企业给海南省椰果产业协会秘书长曾建军打来电话，但带来的不是好消息，而是让曾建军帮他们处理掉加工设备，"做不下去了"。记者问起原因，企业主表示市场需求不稳定，厂家想订货就订货，不想要了也没辙，三番五次折腾下来，实在耗不起。

海南泰丰园实业公司的业务主要是为海南几家较大的椰子食品厂提供椰果原料。总经理范亲告诉记者，走高端必须丢掉低端，如此一来会产生资金沉淀，这种负担不是他们这种规模的企业所能承受的，所以他们现在还是选择转型风险小的食品行业。

海南省非物质文化遗产椰雕工艺继承人符史琼，文昌人，因其精美的花瓶等椰雕作品成名，不仅获奖无数，而且单价可以卖到万元以上。附加值不可谓不高，又是独此一家，但从1985年开始创业的符师傅，至今仍只是小作坊式作业。

"椰雕这一行最大的限制就是很难上设备，"文昌椰之韵实业有限公司厂长文潭介绍，老板看中符史琼师傅手艺，请他技术入股并成立公司。"椰雕没办法流水作业，基本是纯手工，一个1.5米高的大花瓶，2个熟练工人要半年时间才能完成，"文潭说。制作繁杂，周期长，手工作坊只能以生产简单的小件为主，大件精美的椰雕产品越来越少，整体收益上不去，椰雕产业就越来越没落。"符史琼师傅也带过十几个徒弟，但是很多人后来都退出了。"文潭介绍，公司成立一年有余，但都是投入，尚未取得收益。公司正在积极和数控设备厂家联系，希望能得到突破。

放水养鱼 规范下的活力

靠企业单打独斗自给自足，很难实现跨越式的发展，要想超常规地迅速培养壮大一个产业，必须得有政策、资金、土地、人才等方面的倾斜，正所谓"放水养鱼"。

"融资难的问题政府已经意识到了，"文昌市副市长潘宇表示："文昌市原先也对农民进行椰子种苗补贴，也有小微企业贴息贷款，但是

力度还不够。今年，市委书记裴成敏组织了椰子产业调研，目前，正在拟订《文昌市椰子产业发展规划（2014—2024）》，其中，就包括持续十年，每年固定拿出一笔经费，通过贴息贷款，专门扶持椰子产业。"

启动了投资，就启动了企业发展引擎。文昌市东郊椰子活性炭厂副厂长朱兴让说："我们是全国活性炭协会会员，通过交流得知国外活性炭市场很大，也有国外公司招标，只要提高技术和产量就可以打开国外市场。但是民营企业款不好贷，要担保、评估、考察偿还能力，项目太大银行担心风险。如果下一步政府有部分支持，可能贷得了款，就想上新的生产线。市场我们不担心，因为心里有底！"

除了资金，土地等生产要素也很关键。文昌椰之韵实业有限公司厂长文潭介绍，文昌市政府已经批准公司建立海南椰雕甫性保护示范基地。"有了这个基地后，硬件支持等会让这个产业发展门路更广。"

此外，文昌市正在规划龙楼椰子加工产业园区，包括春光椰子加工区，再加上文昌约亭工业园区等产业集聚区，园区将集中土地、政策、科技、人才、投入等各种要素，更有利于对具有市场前景、附加值高、条件成熟的椰子产品或技术进行市场孵化。

放水养鱼，放水重要，养也要讲究。养殖不能任由发展，有标准有引导才能实现养殖者的目标。《文昌市椰子产业发展规划（2014—2024）》是即将出台的重大产业规划，包含了种植、加工、科研、旅游等共七大系统工程，彰显了文昌市发展椰子产业的决心。

"《规划》最主要的内容是新品种推广，"中国热带农业科学院椰子研究所所长赵松林介绍："市场很大，海南就是囿于原料有限。我国每年食用和加工所需椰子达26亿个以上，海南虽拥有全国99%椰子产量，但年产量也仅有2.5亿个，不到国内需求10%，只占国际椰子产量不到0.5%！海南本地高种椰子8年才能结果，老百姓收益不高不愿意种，主要是这个问题。我们推出的新品种3年就可结果，产量是原来的2~3倍。假设椰子产量提高，百姓卖椰果能赚钱，企业有原料了，就会进行产品更新。"

除了加工业之外，文昌市还希望发掘出椰子传说、故事，椰子婚俗文化等，争做国家认证认可的"中国椰子之乡"和形成"国家地理标志性品牌"。同时规划了椰子生态旅游路线，将椰林生态景观、加工园区展示和旅游业结合起来，打造特色游。

品牌建设　产业发展核心

企业做大、产业崛起，什么才是判断标准？

文昌市春光食品有限公司是海南省一家全国知名企业，回顾16年的发展，公司董事助理严欣总结，没有品牌的企业是没有竞争力的企业。近年春光公司平均每年投入营业收入的5%，过去的十年间公司用于品牌建设、广告宣传等投入资金超过3亿元。

"树立品牌在做大椰子产业中是关键，"潘宇回顾，20世纪80年代左右，文昌市东郊镇用椰子油做的肥皂风靡全国，很多店家都在门上招贴"本店有东郊肥皂卖"，后来因为对产品没有严格要求，质量一落千丈，店家的门上招贴变成了"本店没有东郊肥皂卖"。

如何树立品牌？文昌市设订的方案是培育有潜质的企业。"培育龙头企业，首先企业要有一定的基础，在融资方面、产品竞争方面有一定实力。此外，我们会扶持有发展潜力的产业，产品附加值要高，比如椰雕，独一无二，市场前景好，"潘宇说："企业想进来投资要提交可研报告，符合文昌椰子产业发展规划，利用本地资源做加工，并且环评要过关。政府会为这些企业提供服务，比如一起推介宣传，了解市场。还会有资金扶持，比如贴息贷款等。或者在土地、厂房方面给予照顾。"

从企业的角度而言，树立品牌最关键的是坚持质量第一。"我们公司已取得了国际上大多数国家的出口认证，目前和中国热带农业科学院椰子研究所合作建研究室，要突破技术障碍，研制新产品。我们要打造海南岛自己的品牌。从研发抓起，走向全产业链的结构，"海南岛屿食品饮料有限公司总裁郝伟表示。

从行业来看，树立品牌一定要避免内部恶性竞争。文昌市有46家做椰雕的小作坊，都可以加工椰壳纽扣的半成品卖给浙江等地，但长期以来价格却卖不上去。除了产品技术含量低外，浙江厂商压价也是重要原因。"厂家各个击破，找出价最低的作坊收购，如此一来这个行业利润只能滑坡，何谈做大？"潘宇认为，企业要齐心协力，通过协会等组织抱团闯市场，联合定价。

"而政府所要做的事情应该就是制定标准并规范市场竞争，优胜劣汰，"郝伟认为。

"对比国际上的大企业，我们起步慢，基础薄弱。但是我们认为，只要认准方向逐步慢慢发展，就会有持续的效果。"潘宇说。

上文发表于 2013 - 11 - 28
新华网

他乡之兰 海南生根

12月5日，两名外地客人慕名前来参观中国热带农业科学院热带品种资源研究所花卉研究中心培育的药用铁皮石斛兰花。

据介绍，该品种最早从广东引进野生种苗，经过多年筛选培育，开发出适合海南生长的新品种。兼具观赏和药用价值，有抗肿瘤、增强免疫功能、抗衰老、护肝利胆等功效。

上文发表于 2013 - 12 - 13
海南日报

我省蜂农进大学 学习养蜂好技术

"很震惊，别人可以一个人养800箱蜜蜂，而我们一个人最多只能养100箱蜜蜂。"昨天，琼中黎族苗族自治县湾岭镇鸭坡村蜂农蔡仁军从福建学习归来，一下飞机就向记者感慨道。

2013年12月6~13日，经海南省蜂业学会积极撮合、引荐，琼中县政府把各乡镇分管领导和蜂农33人，送到福建农林大学蜂学学院进行短期蜂业技术培训，开设了《蜂产品加工学及蜂疗技术》等7门课程。

让蔡仁军等海南蜂农们更为触动的是，虽然内地蜂农养殖规模大，但并不愁销路，而海南蜂农一旦养多了，蜜就会滞销。这次，他们通过大学教授们的讲解和实地考查，寻找到了答案。"我们都是取了蜜，装在瓶子里，卖给熟人，虽然琼中蜂蜜在岛内知名，但是因为没有注册商标，无法进入市场。"蔡仁军说，"下一步，我们应该像内地一样，提高蜂蜜加工水平，做好包装，通过市场把蜂蜜卖进超市和商店。"

"这几年，很多市县加大了养蜂扶持力度，做了很多培训工作，但一直是零散的，效果并不好。"中国热带农业科学院环境与植物保护研究所副研究员、国家蜂产业技术体系儋州综合试验站站长高景林说："这次把农民送到大学里，就是要从技术、管理、市场经济等方面进行系统培训，也让农民看看内地的发展情况，拓宽视野和思路。"

上文发表于 2013 - 12 - 14
海南日报 记者：况昌勋

制度建设

中国热带农业科学院领导干部主要节假日带班工作规范

（院办发〔2013〕34 号）

一、总　则

第一条　为进一步做好主要节假日期间我院领导带班工作，根据《农业部领导干部主要节假日带班工作规范》，结合我院实际，制定本规范。

第二条　主要节假日是指国家规定的元旦、春节、清明节、劳动节、端午节、中秋节、国庆节等法定节假日及其调休日、节假日期间的公休日，海南省规定的欢乐节及其调休日、节假日期间的公休日。

第三条　主要节假日期间，院机关每天安排一位院领导带班，院属各单位须安排一位领导负责本单位的带班。春节假期集中调休期间，除安排院领导带班外，各单位、各部门须安排带班领导和值班人员。

二、职责任务

第四条　带班院领导主要负责节假日期间的政务工作，指导处置院内各项紧急工作和各类突发事件。

第五条　各单位、各部门在岗带班领导，负责现场指导处置节假日期间内部各项紧急工作和各类突发事件。

第六条　节假日期间带班领导负责指导值班人员做好日常工作，按程序向院领导报告节假日期间重要事项。

三、排班原则

第七条　院领导带班按领导排序轮流安排，院办公室在每次主要节假日前制定院领导带班表，征求院领导意见后，印发文件执行。如遇特殊情况，由院办公室根据院领导日程进行适当调整。

第八条　院属各单位带班领导，由各单位协调落实，并于节前 3 天报院办公室备案。

第九条　主要节假日之前，院办公室负责汇总带班院领导安排，于节前 3 天报农业部办公厅备案。

四、带班要求

第十条　领导干部带班要求。

（一）节假日带班要求

院领导可以在院机关带班，也可以电话带班。电话带班时，应保持 24 小时通讯畅通；对院内报告的重要政务事项，应及时作出处理意见；如院内出现紧急情况或发生重特大突发事件，应及时指导处置；如遇特别重大的事项，应及时报告院长和书记。

院属单位带班领导，可以在单位带班，也可以电话带班；电话带班应保持 24 小时通讯畅通；对单位报告的重要事项，应及时作出处理意见；如本单位出现紧急情况或发生突发事件，应及时赶到现场指导处置；如遇重大事项，应层层上报，及时处理。

（二）春节集中调休期间带班要求

各单位、各部门 24 小时带班领导，不得离开单位驻地，保证日常工作有序运转，并及时处理各类紧急情况和突发事件。

第十一条　主要节假日期间，院办公室按规定对院属各单位领导带班工作进行随机电话抽查，并通报抽查结果。

五、附　则

第十二条　本规范自发文之日起执行。各单位要根据本规范制定本单位的领导干部主要节假日带班工作规范。

第十三条　本规范由院办公室负责解释。

中国热带农业科学院起草重要文稿工作暂行办法

（院办发〔2013〕35号）

第一条 为加强领导讲话代拟稿及院领导重要文稿起草工作制度化、规范化、科学化建设，进一步提高重要文稿起草的质量和效率，根据农业部《起草中央领导同志讲话代拟稿及部主要领导重要文稿工作暂行办法》，制定本暂行办法。

第二条 各单位、各部门要高度重视重要文稿起草工作，加强组织领导，落实工作责任，全面提升文稿起草服务能力。

第三条 领导讲话代拟稿及院领导重要文稿包括：上级领导关于热带农业工作的讲话（代拟稿）；以院名义上报的重要请示报告；院领导在重大会议、重大活动上的讲话稿；其他重要文稿。

第四条 各单位、各部门根据各自职责及院领导批示要求承担起草任务。涉及上级领导关于热带农业工作的讲话（代拟稿），院领导在重大会议、重大活动上的讲话稿一般由该会议或活动的承办单位（部门）牵头起草。

第五条 重要文稿起草工作按以下工作流程进行：

（一）拟定提纲。深入分析研究领导批示及相关要求，充分酝酿讨论，理清起草思路、文稿主题和总体框架，认真草拟文稿提纲，报分管院领导审定后，抓紧组织起草。

（二）组织起草。调配精干力量组成起草文稿小组，视情况下发通知请相关单位（部门）准备文稿素材，听取各方面建议和意见，形成初稿。

（三）征求意见。将初稿发送至相关单位（部门）征求意见，修改完善后报分管院领导或主要领导审定，必要时由院领导组织召开专题会议研究。

（四）修改定稿。根据分管院领导或主要领导意见修改完善形成定稿。

第六条 确保文稿质量。起草中要着重在求精求新上下功夫，增强文稿的思想性、指导性和针对性；要主题鲜明，尽量减少关于重要性和意义的一般论述；要突出重点，不就事论事，不面面俱到，着眼于解决实际问题，有分析，有措施；要表达恰当，倡导清新简练的文风，做到意尽文止、条理清晰、文字精练；要严谨准确，确保数据真实可靠，保持数据一致性和连贯性；要认真细致，杜绝错别字。

第七条 严格文稿报送时限。除特殊紧急文稿外，一般要求在使用前7日将初稿报送院领导审核，坚决杜绝拖延迟滞的现象。院领导提出修改意见后，要抓紧完善，提前3日再次报送。对院领导批示由院办公室修改的，由院办公室修改后提前3日再次报送，其中对质量确实较差，修改起来难度较大的，由牵头单位（部门）先行修改后再报院办公室。

第八条 落实责任制。牵头单位（部门）主要负责同志要加强领导，全程把关，对文稿质量负总责。对起草工作组织不力、文稿质量较差、报送延误的单位（部门），院办公室将视情况予以通报批评。

第九条 本办法自发文之日起实施，由院办公室负责解释。

中国热带农业科学院公文处理办法

（院办发〔2013〕36号）

第一章 总则

第一条 为进一步推进院公文处理工作科学化、制度化、规范化，切实提高公文处理质量和效率，根据中共中央办公厅、国务院办公厅《党政机关公文处理工作条例》（中办发〔2012〕14号）、国家标准《党政机关公文格式》（GB/T 9704—2012）和《农业部公文处理办法》（农办〔2012〕63号），结合我院工作实际，制定本办法。

第二条　本办法所指公文是指院机关实施领导、履行职能、处理公务的具有特定效力和规范体式的文书，是传达贯彻党和国家方针政策，公布规章制度，指导、布置和商洽工作，请示和答复问题，报告、通报和交流情况等的重要工具。

第三条　公文处理是指公文拟制、办理、管理等一系列相互关联、衔接有序的工作。

第四条　公文处理应当坚持实事求是、准确规范、精简高效、安全保密的原则，做到及时、准确、安全、高效。

第五条　院办公室主管院机关公文处理工作，并对院属各单位、机关各部门的公文处理工作进行业务指导和督促检查。

第六条　院属各单位、机关各部门应当高度重视公文处理工作，切实加强本单位、本部门公文处理工作的组织领导，并指定专人负责公文处理工作。公文处理人员应当具有强烈的责任心、较高的政策水平和良好的公文处理能力。

第二章　公文种类

第七条　结合实际工作需要，院适用的公文种类包括决定、意见、公告、通告、通知、通报、报告、请示、批复、函、纪要。

（一）决定。适用于对重要事项作出决策和部署、奖惩有关单位及人员、变更或者撤销下级单位不适当的决定事项。

（二）公告。适用于向院内外宣传重要事项或者法定事项。

（三）通告。适用于在一定范围内公布应当遵守或者周知的事项。

（四）意见。适用于对重要问题提出见解和处理办法。

（五）通知。适用于发布、传达要求下级机关执行和有关单位周知或者执行的事项，批转、转发公文；发布规章制度，任免人员等。

（六）通报。适用于表彰先进、批评错误、传达重要精神和告知重要情况。

（七）报告。适用于向上级机关汇报工作、反映情况，回复上级机关的询问。

（八）请示。适用于向上级机关请求指示、批准。

（九）批复。适用于答复下级机关请示事项。

（十）函。适用于不相隶属机关之间商洽工作、询问和答复问题、请求批准和答复审批事项。

（十一）纪要。适用于记载会议主要情况和议定事项。

第三章　公文格式

第八条　公文一般由份号、密级和保密期限、紧急程度、发文机关标志、发文字号、签发人、标题、主送机关、正文、附件说明、发文机关署名、成文日期、印章、附注、附件、抄送机关、印发机关和印发日期、页码等组成。

（一）份号。公文印制份数的顺序号。涉密公文应当标注份号。

（二）密级和保密期限。公文的秘密等级和保密的期限。涉密公文应当根据涉密程度分别标注"绝密""机密""秘密"和保密期限。

（三）紧急程度。公文送达和办理的时限要求。根据紧急程度，紧急公文应该分别标注"特急""加急"，电报应该分别标注"特提""特急""加急""平急"。

（四）发文机关标志。由发文机关全称或者规范化简称加"文件"二字组成，也可以使用发文机关全称或者规范化简称。联合行文时，发文机关标志可以并用联合发文机关名称，也可以单独用主办机关名称。

（五）发文字号。由发文机关代字、年份、发文顺序号组成。联合行文时，使用主办机关的发文字号。

（六）签发人。上行文应当标注签发人姓名。

（七）标题。由发文机关名称、事由和文种组成。

（八）主送机关。公文的主要受理机关，应当使用机关全称、规范化简称或者同类型机关统称。

（九）正文。公文的主体，用来表述公文的

内容。

（十）附件说明。公文附件的顺序号和名称。

（十一）发文机关署名。署发文机关全称或者规范化简称。

（十二）成文日期。署会议通过或者发文机关负责人签发的日期。联合行文时，署最后签发机关负责人签发的日期。

（十三）印章。公文中发文机关署名的，除纪要外，应当加盖发文机关印章，并与署名机关相符。

（十四）附注。公文印发传达范围等需要说明的事项。向上级机关报送请示时，应当在附注处注明联系人的姓名和电话。

（十五）附件。公文正文的说明、补充或者参考资料。

（十六）抄送机关。除主送机关外需要执行或者知晓公文内容的其他机关，应当使用机关全称、规范化简称或者同类型机关统称。

（十七）印发机关和印发日期。公文的送印机关和送印日期。院公文的印发机关为热科院办公室。

（十八）页码。公文页数顺序号。

第九条 公文版式要求。

（一）公文用纸采用国际标准 A4 型纸（210mm×297mm），双面印刷、左侧装订、不掉页。版心为：156mm×225mm（不含页码）；附件用纸应当与主件一致，并一起装订；张贴的公文用纸大小，根据实际需要确定。如无特殊说明，公文格式各要素一般用 3 号仿宋体字，公文中文字的颜色均为黑色。特定情况可以作适当调整。一般每面排 22 行，每行排 28 个字，并撑满版心。版心内公文格式各要素划分为版头、主体、版记三部分。公文首页红色分隔线以上的部分称为版头；公文首页红色分隔线（不含）以下、公文末页首条分隔线（不含）以上的部分称为主体；公文末页首条分隔线以下、末条分隔线以上的部分称为版记。

（二）版头，由份号、密级和保密期限、紧急程度、发文机关标志、发文字号、签发人等部分组成。

1. 份号。如需标注份号，一般用 6 位 3 号阿拉伯数字，顶格编排在版心左上角第一行。

2. 密级和保密期限。如需标注密级和保密期限，一般用 3 号黑体字，顶格编排在版心左上角第二行；保密期限中的数字用阿拉伯数字标注。

3. 紧急程度。如需标注紧急程度，一般用 3 号黑体字，顶格编排在版心左上角；如需同时标注份号、密级和保密期限、紧急程度，按照份号、密级和保密期限、紧急程度的顺序自上而下分行排列。

4. 发文机关标志。由发文机关全称或者规范化简称加"文件"二字组成，也可以使用发文机关全称或者规范化简称。发文机关标志居中排布，上边缘至版心上边缘为 35mm，推荐使用小标宋体字，颜色为红色，以醒目、美观、庄重为原则。联合行文时，如需同时标注联署发文机关名称，一般应当将主办机关名称排列在前；如有"文件"二字，应当置于发文机关名称右侧，以联署发文机关名称为准上下居中排布。

5. 发文字号。编排在发文机关标志下空二行、红色分隔线上方；位置，居中排布。年份、发文顺序号用阿拉伯数字标注；年份应标全称，用六角括号"〔〕"括入；发文顺序号不加"第"字，不编虚位（即 1 不编为 01），在阿拉伯数字后加"号"字。上行文的发文字号居左空一字编排，与最后一个签发人姓名处在同一行。

6. 签发人。由"签发人"三字加全角冒号和签发人姓名组成，居右空一字，编排在发文机关标志下空二行、红色分隔线以上右侧位置，同时发文字号移至左侧。"签发人"三字用 3 号仿宋体字，签发人姓名用 3 号楷体字。如有多个签发人，签发人姓名按照发文机关的排列顺序从左到右、自上而下依次均匀编排，一般每行排两个姓名，回行时与上一行第一个签发人姓名对齐。

（三）主体，包括标题、主送机关、正文、附件说明、发文机关署名、成文日期、印章、附注等部分。

1. 标题。应当准确、简要地概括公文的主要内容并标明公文种类，一般应当标明发文机关；公文标题中除法规、规章名称加书名号外，一般不用标点符号。一般用 2 号小标宋体字，编排于红色分隔线下空二行位置，分一行或多行居中排布；回行时，要做到词意完整，排列对称，长短适宜，间距恰当，标题排列应当使用梯形或菱形。

2. 主送机关。编排于标题下空一行位置，居左顶格，回行时仍顶格，最后一个机关名称后标全角冒号。如主送机关名称过多导致公文首页不能显示正文时，应当将主送机关名称移至版记。

3. 公文正文。公文首页必须显示正文。编排于主送机关名称下一行，每个自然段左空两字，回行顶格。文中结构层次序数依次可以用"一、""（一）""1.""（1）"标注；一般第一层用黑体字、第二层用楷体字、第三层和第四层用仿宋体字标注。

4. 附件说明。如有附件，在正文下空一行左空两字编排"附件"二字，后标全角冒号和附件名称。如有多个附件，使用阿拉伯数字标注附件顺序号（如"附件：1.××××"）；附件名称后不加标点符号。附件名称较长需回行时，应当与上一行附件名称的首字对齐。

5. 发文机关署名、成文日期和印章。成文日期一般右空四字编排，用阿拉伯数字将年、月、日标全，年份应标全称，月、日不编虚位（即 1 不编为 01）。除"会议纪要"以外，应当加盖印章，印章用红色，不得出现空白印章。单一机关行文时，一般在成文日期之上、以成文日期为准居中编排发文机关署名，印章端正、居中下压发文机关署名和成文日期，使发文机关署名和成文日期居印章中心偏下位置，印章顶端应当上距正文（或附件说明）一行之内。联合行文时，一般将各发文机关署名按照发文机关顺序整齐排列在相应位置，并将印章一一对应、端正、居中下压发文机关署名，最后一个印章端正、居中下压发文机关署名和成文日期，印章之间排列整齐、互不相交或相切，每排印章两端不得超出版心，首排印章顶端应当上距正文（或附件说明）一行之内。

当公文排版后所剩空白处不能容下印章或签发人签名章、成文日期时，可以采取调整行距、字距的措施解决，务使印章与正文同处一面，不得采取标识"此页无正文"的方法解决。

6. 附注。如有附注，居左空两字加圆括号编排在成文日期下一行。"请示"应当在附注处注明联系人的姓名和电话。

7. 附件。附件应当另面编排，并在版记之前，与公文正文一起装订。"附件"二字及附件顺序号用 3 号黑体字顶格编排在版心左上角第一行。附件标题居中编排在版心第三行。附件顺序号和附件标题应当与附件说明的表述一致。附件格式要求同正文。如附件与正文不能一起装订，应当在附件左上角第一行顶格编排公文的发文字号并在其后标注"附件"二字及附件顺序号。

8. 公文中的横排。表格 A4 纸型的表格横排时，页码位置与公文其他页码保持一致，单页码表头在订口一边，双页码表头在切口一边。

（四）版记，包括抄送机关、印发机关和印发日期等部分组成。

1. 版记中的分隔线。版记中的分隔线与版心等宽，首条分隔线和末条分隔线用粗线（推荐高度为 0.35mm），中间的分隔线用细线（推荐高度为 0.25mm）。首条分隔线位于版记中第一个要素之上，末条分隔线与公文最后一面的版心下边缘重合。

2. 抄送机关。如有抄送机关，一般用 4 号仿宋体字，在印发机关和印发日期之上一行、左右各空一字编排。"抄送"二字后加全角冒号和抄送机关名称，回行时与冒号后的首字对齐，最后一个抄送机关名称后标句号。如需把主送机关移至版记，除将"抄送"二字改为"主送"外，编排方法同抄送机关。既有主送机关又有抄送机关时，应当将主送机关置于抄送机关之上一行，之间不加分隔线。

3. 印发机关和印发日期。印发机关和印发日期一般用 4 号仿宋体字，编排在末条分隔线之上，印发机关左空一字，印发日期右空一字，用阿拉伯数字将年、月、日标全，年份应标全称，月、日不编虚位（即 1 不编为 01），后加"印发"二字。版记中如有其他要素，应当将其与印发机关和印发日期用一条细分隔线隔开。院发文和办公室发文的印发机关为中国热带农业科学院办公室（简称"热科院办公室"）。

4. 页码。一般用4号半角宋体阿拉伯数字，编排在公文版心下边缘之下，数字左右各放一条一字线；一字线上距版心下边缘7mm。单页码居右空一字，双页码居左空一字。公文的版记页前有空白页的，空白页和版记页均不编排页码。公文的附件与正文一起装订时，页码应当连续编排。

第十条 公文的特定格式。

（一）信函格式

1. 发文机关标志使用发文机关全称或者规范化简称，居中排布，上边缘至上页边为30mm，推荐使用红色小标宋体字。联合行文时，使用主办机关标志。

2. 发文机关标志下4mm处印一条红色双线（上粗下细），距下页边20mm处印一条红色双线（上细下粗），线长均为170mm，居中排布。

3. 如需标注份号、密级和保密期限、紧急程度，应当顶格居版心左边缘编排在第一条红色双线下，按照份号、密级和保密期限、紧急程度的顺序自上而下分行排列，第一个要素与该线的距离为3号汉字高度的7/8。

4. 发文字号顶格居版心右边缘编排在第一条红色双线下，与该线的距离为3号汉字高度的7/8。

5. 标题居中编排，与其上最后一个要素相距二行。

6. 第二条红色双线上一行如有文字，与该线的距离为3号汉字高度的7/8。

7. 首页不显示页码。

8. 版记不加印发机关和印发日期、分隔线，位于公文最后一面版心内最下方。

（二）纪要格式

1. 纪要标志由"××××纪要"组成，居中排布，上边缘至版心上边缘为35mm，推荐使用红色小标宋体字。

2. 标注出席人员名单，一般用3号黑体字，在正文或附件说明下空一行左空两字编排"出席"二字，后标全角冒号，冒号后用3号仿宋体字标注出席人单位、姓名，回行时与冒号后的首字对齐。

3. 标注请假和列席人员名单，除依次另起一行并将"出席"二字改为"请假"或"列席"外，编排方法同出席人员名单。

4. 纪要格式可以根据实际制定。

第十一条 装订要求。

公文应左侧装订，不掉页。公文的封面与书芯不脱落，后背平整、不空。两页页码之间误差不超过4mm。骑马订或平订的订位为两钉钉锯外订眼距书芯上下各1/4处，允许误差±4mm。平订钉锯与书脊间的距离为3~5mm；无坏钉、漏钉、重钉，钉脚平伏牢固；后背不可散页明订。裁切成品尺寸误差±1mm，四角成90度，无毛茬或缺损。

第四章 行文规则

第十二条 行文应当确有必要，讲求实效，注重针对性和可操作性。

第十三条 行文关系根据隶属关系和职权范围确定。一般不得越级行文，特殊情况需要越级行文的，应当同时抄送被越过的单位。

第十四条 向上级单位行文，应当遵循以下规则：

（一）原则上主送一个上级单位，根据需要同时抄送相关上级单位和同级单位，不抄送下级单位。

（二）各单位、部门向上级单位请示、报告重大事项，应当经本单位所（站、场、中心、学校）务会、本部门处务会同意或者授权；属于职权范围内的事项应当直接报送上级单位。

（三）各单位和部门的请示事项，如需以院名义向上级单位请示，应当提出我院倾向性意见后上报，不得原文直接转报上级单位。

（四）请示应当一文一事。不得在报告等非请示性公文中夹带请示事项。

（五）除上级单位负责人直接交办事项外，不得以本单位名义向上级单位负责人报送公文，不得以本单位负责人名义向上级单位报送公文。

（六）受双重领导的单位向一个上级单位行文，必要时抄送另一个上级单位。

第十五条 向下级单位行文，应当遵循以下规则：

（一）主送受理单位，根据需要抄送相关单位。重要行文应当同时抄送发文单位的直接上级单位。

（二）院办公室根据院党组和院的授权，可以向院属各单位、各部门行文，除人事处、机关党委外其他部门不得向院属单位和部门发布指令性文件。

（三）院属单位在各自职权范围内可以向下级单位和部门行文。

（四）涉及机关多个部门职权范围内的事务，部门之间未协商一致的，不得向下行文；擅自行文的，院应当责令其纠正或者撤销。

（五）向受双重领导的下级单位行文，必要时抄送该下级单位的另一个上级单位。

第十六条　因工作需要，院可以与同级党政单位及其他同级单位联合行文；属于院自身职权的工作，不得联合行文。院机关各部门除院办公室外不得对外正式行文。

第十七条　院属单位原则上不得以"中国热带农业科学院"、"中共中国热带农业科学院党组"和"中国热带农业科学院办公室"名义对外行文，也不得使用带有"中国热带农业科学院"、"中共中国热带农业科学院党组"和"中国热带农业科学院办公室"字样的文头对外行文。确需以"中国热带农业科学院"、"中共中国热带农业科学院党组"和"中国热带农业科学院办公室"名义对外行文的，应当由业务归口管理部门办理。

第十八条　我院公文分为"中国热带农业科学院文件"、"中共中国热带农业科学院党组文件"、"中国热带农业科学院办公室文件"、"纪要"四类。

（一）中国热带农业科学院文件

发文机关标识为"中国热带农业科学院文件"，代字为"热科院×"的发文适用于下列事项（其中代字为"热科院发"的主要适用于重要、重大、全局性的事项；"热科院×"的主要适用于某个方面为主的事项）：

1. 需要向农业部等上级机关请示、报告的重大事项。

2. 公布我院制定的有关政策、重大措施、规章制度，以及干部人事任免。

3. 印发、转发农业部等上级机关领导的重要讲话。

4. 制定或调整院中长期规划、专项发展规划。

5. 发布重大奖惩决定。

6. 确定或调整院属单位方向任务、管理体制、机构设置和人员编制等重大事项。

7. 与地方政府及其部门商洽工作。

8. 下达或调整院年度计划和财务、资产、基建计划等。

9. 与有关单位的联合发文。

10. 开展重要的外事活动。

11. 对院属单位请示重大问题的批复。

12. 公布需要院各单位、各部门周知的重要事项。

13. 其他确需以院名义行文的事项。

发文机关标志为"中国热带农业科学院"，代字为"热科院×"的发文适用于不相隶属机关之间商洽工作、询问和答复问题。

（二）中共中国热带农业科学院党组文件

发文单位标识为"中共中国热带农业科学院党组文件"，代字为"院党组发"，适用于下列事项：

1. 需要向农业部党组或有关业务部门请示、报告的重大事项。

2. 公布有关党的工作的政策、重大措施、规章制度，以及干部任免。

3. 印发、转发农业部党组领导的重要讲话。

4. 发布重大奖惩决定。

5. 发布对综合治理等重大问题的通知和批复。

6. 对组织建设和发展、工会、共青团、职工代表大会等有关事宜的批复，部署统一战线、民族宗教和知识分子工作。

7. 公布需要各基层党组织、各单位、各部门周知的重要事项。

8. 其他确需以院党组名义行文的事项。

（三）中国热带农业科学院办公室文件

发文机关标识为"中国热带农业科学院办公室文件"，代字为"院办×"的发文适用于下列事项（其中代字为"院办发"的主要适用于重要或普遍性事项；"院办×"的主要适用于某个方面为主的事项）：

1. 向院属单位和部门行文。

2. 通知召开全院性的会议。

3. 询问、答复院属单位和部门有关问题。

4. 布置业务工作。

5. 印发节假日放假通知。

6. 转发上级有关文件，印发院工作会议报告、院领导讲话等。

7. 其他确需以院办公室名义行文的事项。

（四）纪要

发文机关标志为"中国热带农业科学院院务会纪要"、"中共中国热带农业科学院党组会纪要"、"中国热带农业科学院常务会纪要"、"中国热带农业科学院院长办公会纪要"的公文分别适用于记载、传达院务会、党组会、常务会和院长办公会会议情况和议定事项。

第五章　公文制发

第十九条　公文制发包括起草、审核、会签、签发、制文、缮印、分发等程序。

第二十条　公文起草。公文起草应当做到：

（一）符合国家法律法规和党的路线方针政策，完整准确体现发文机关意图，并同现行有关公文相衔接。

（二）坚持确有必要的原则。凡国家法律法规已作出明确规定的，一律不再制发文件；现行文件规定仍然适用的，不再重复发文；没有实际内容、可发可不发的文件，一律不发。

（三）从实际出发，深入调查研究，充分进行论证，广泛听取意见，分析问题实事求是，所提政策措施和办法切实可行。

（四）内容简洁，主题突出，观点鲜明，结构严谨，表述准确，文字精练。

（五）文种正确，格式规范。

（六）公文涉及其他单位或者部门职权范围内的事项，起草单位必须征求相关单位或者部门意见，力求达成一致。

（七）单位和部门负责人应当组织并直接参与重要公文起草，切实加强对公文起草工作的指导。

第二十一条　公文审核。公文审核实行分级审核制度。各级审核人员必须认真履行岗位职责，严格把关，有效控制公文数量，确保发文质量。

院发文和办公室发文审核重点和程序如下：

（一）公文主办部门对公文质量负主要责任，在拟制公文的各个环节，主办部门的拟稿人、业务分管负责人、部门负责人必须切实承担起审核责任，严格把好公文出口关。

1. 主办单位公文涉及的业务分管负责人负责初审，重点审核文稿内容、数据的准确性，是否符合草拟公文的有关要求。

2. 主办单位负责人负责复审。重点审核文稿的内容是否符合国家方针政策、法律法规以及农业部的有关规定，文稿的观点是否正确，文稿中所提措施是否切实可行，是否超越本部门业务和职权范围，文字表述是否准确。并核签需要会签的单位、部门，提出需要签阅和签发的院领导。

（二）院办公室对公文质量负监督检查责任，在文稿送相关领导签发前，负责对文稿进行全面审核。其中重点审核：是否确需行文，行文程序是否规范，行文方式是否妥当，是否符合行文规则和拟制公文的有关要求。

（三）经审核不宜发文的公文文稿，应当退回起草部门（单位）并说明理由；符合发文条件但内容需作进一步研究和修改的，由起草部门（单位）修改后重新报送。

第二十二条　会签。凡涉及其他部门的业务和职权范围的公文，文稿在送院办公室审核之前，应当先送有关部门领导会签；未协调一致、未经会签的公文，不得送院领导审阅、签发。院机关内部会签文件时，拟稿部门可针对不同事项提出时限要求，会签部门应及时会签并反馈。

第二十三条　公文签发。

（一）签发权限。院各类公文的签发权限，按《中国热带农业科学院工作规则》有关规定执行。

1. 院发文原则上由院长签发，院党组文件原则上由书记签发。

2. 上报农业部以及其他中央部委、地方省级机构的发文，一般经业务分管院领导签阅后，由院长或书记签发。

3. 其他院发文，一般由业务分管院领导签发。如涉及事项重大或业务分管院领导认为确有必要，应报院长、书记签发或审阅。

4. 院领导已经通过一定形式批示同意的院发文，经有关院领导授权，可由院办公室主任、相关部门负责人签发。

5. 遇有紧急公文或负责审核和签发的院领导不在院内时，由院办公室通过电话、短信、传真、电子邮件等方式请示有关领导后发文，待院领导回院后履行补签手续。

6. 我院主办的联合发文，本院签发后再送联合发文单位（部门）签发。其他单位（部门）主办的联合发文或会签文，由有关院领导会签。

7. 院办公室发文原则上由主办部门负责人签发；如有需要，可由主办部门负责人审核后报请业务分管院领导签发。

8. 已经签发的文稿，其他人员不得再作改动，确需修改的，须经签发人同意。

（二）签发方法。

1. 拟制、签发、会签、审核、修改公文一律使用黑色或蓝色墨水的钢笔、签字笔、毛笔，不允许使用圆珠笔、铅笔、色彩笔。

2. 签发人应在发文稿纸首页签署意见、姓名和完整日期；圈阅或者签名的，视为同意。联合发文由所有联署机关的负责人会签。

3. 签发和审核文稿时，审改意见应写在文稿左侧装订线内，以免装订压字，影响文稿查阅。

第二十四条　复核。公文签发后，应由院办公室文秘部门负责复核，重点审核：审批、签发手续是否完备，附件材料是否齐全，格式是否统一、规范等。并进行编号、登记，根据保密要求和事项轻重缓急，分别标注密级和紧急程度。

第二十五条　印制。要严格控制公文印制数量，公文承办单位应按主送、抄送单位、分送领导和留存数量计算印刷份数。

第二十六条　校对。公文在用印前必须进行校对，校对无误后方可用印。

第二十七条　用印。"中国热带农业科学院"、"中共中国热带农业科学院党组"、"中国热带农业科学院办公室"印章，由院办公室负责监印。

第二十八条　核发。公文制作完毕，由主办单位对公文的文字、格式和印刷质量进行检查后分发。院内单位通过送达、信箱投递、电子邮件等方式分发，分发后须备注确认；邮寄的公文应挂号邮寄，上报农业部的公文应特快专递邮寄；重要文件、涉密文件由院办公室机要员通过机要交换站封发。

第二十九条　院网公布。根据院务公开有关规定，应当让广大职工知晓且不涉密的文件应在院网上公布，院办公室统一管理院网公文发布事宜。在院网公布公文需由主办部门报请院办公室批准同意。

第三十条　发文一律填写发文稿纸。用计算机草拟和修改文稿，应当保留领导的修改稿，作为原稿存档。

第三十一条　公文原稿及正式文件 2 份由院办公室存档。

第六章　收文办理

第三十二条　收文办理，是指对收到公文的办理过程，包括签收、初审、登记、拟办、批办、承办、催办、注办等程序。收文办理应当做到及时、准确，主次分明，手续严密。

第三十三条　主送我院的收文，应当由院办公室统一处理。机关各部门收到外单位主送我院的来文，应及时送院办公室处理。

第三十四条　对国家领导和农业部、海南省领导的重要批示件，农业部下发或交办的公文，以及院领导批示上报农业部等上级机关的批示件，应作为紧急公文优先办理。办理完毕后应主动将办理情况和办复时间及时报院办公室，以便及时向院领导反馈。

第三十五条　签收、初审与登记。

（一）签收。对收到的公文应当逐件清点，并认真履行签收手续。

（二）初审。院属单位和部门上报的公文，院办公室文秘部门应当进行审核，审核的重点是：是否符合行文规则，公文内容是否符合国家方针政策和院有关规定，文种的使用、公文标题、主送机关、发文字号、发文机关的标识等公文格式是否符合规范。

对不符合《党政机关公文处理工作条例》和本办法规定，有下列情况之一的公文，经院办公室批准后，应退回来文单位并说明理由：

1. 内容不符合国家法律、法规和其他有关规定的。

2. 要求办理或者解决的事项，不属于院职权范围或者不应当由院受理的。

3. 无特殊情况而越级请示、报告的。

4. 属于院机关部门或院属单位职权范围内处理的事项而要求院处理的。

5. 内容涉及有关部门但未经与有关部门协商一致，或者虽经协商但没有如实反映有关部门意见、不符合会签程序的。

6. 一文多事，多头请示或者不盖印章的。

7. "报告"中夹带请示事项的。

8. 上行文未按照要求注明签发人或者签发人不是主要负责人而未附说明的。

9. "请示"未在附注处注明联系人的姓名和电话的。

10. 代上级部门草拟或者送审的文稿，未附上相关的文件、法规和材料的。

11. 其他违反《党政公文处理工作条例》和本办法规定的。

（三）登记。登记内容应包括来文单位、收文日期、来文字号、公文标题等。

第三十六条 分类办理。上级、同级机关等来文和经审核符合《党政机关公文处理工作条例》和本办法规定的公文，我院实行分类处理，收文分为阅办件和阅知件两种。

（一）阅办件：包括农业部、科技部、海南省等上级部门来文交办事项；平级单位来文需回复或办理事项；院属各单位、机关各部门来文需要办理的事项。

办理程序如下：由院办公室提出拟办意见呈送院领导批示，或直接批转院机关各部门办理。

1. 拟办。院办公室文秘部门认真仔细阅读文件内容，撰写文件摘要和拟办意见，院办公室负责人审定拟办意见。

2. 征求意见。如来文涉及机关部门业务，应根据拟办意见充分征求相关部门的书面意见，为院领导批办提供参考依据。

3. 批办。由院领导审阅院办公室拟办意见并提出批办意见。院领导出差在外的，由院办

公室通过电话、短信、邮件等方式请示院领导批办，或由院办公室负责人批转机关职能部门先予办理。

4. 分发。院办公室根据批办意见分发公文承办部门和单位。分发应准确及时、主次分明、手续严密。无时限的公文，应当在收文的当日分送。特急公文应当随到随分，不得拖延、积压。

5. 承办。承办部门（单位）收到公文后应当及时办理，不得拖延、推诿。紧急公文应当立即办理，确有困难的，应当及时向院办公室说明情况。对不属于本部门（单位）业务和职权范围的，应经部门（单位）负责人签署意见后，及时退回院办公室并书面说明理由。

6. 催办。建立健全公文的催办制度，加强公文的催办工作。要做到紧急公文跟踪催办，重要公文重点催办，一般公文定期催办。院办公室文秘部门负责对各公文承办单位的催办工作。院属单位和部门文秘人员负责对本单位（部门）承办公文的催办工作。

7. 答复。公文的办理结果应当及时反馈来文单位，并根据需要告知相关单位。

8. 注办。办理完毕的公文，院办公室文秘部门注办并归档。

（二）阅知件：不需要回复或办理的阅知性文件

由院办公室文秘部门定期汇编成册，呈送院领导阅知。院领导签阅过程中认为应当让院属单位和机关部门知晓的，经院领导批示由院办文秘部门复印分发至有关单位、部门阅知；院办公室领导或院办公室文秘部门认为机关有关单位和部门有必要知晓的，也可复印分发至有关单位、部门阅知。

第七章 公文归档

第三十七条 公文办理完毕，应当按照档案法和我院档案管理工作的有关规定，及时整理立卷归档。任何个人不得保存应当归档的公文。

第三十八条 归档范围内的公文，应当根据其相互联系、特征和保存价值等整理立卷，要保证归档公文的齐全、完整，能正确反映本

单位的主要工作情况，便于保管和利用。

第三十九条 联合办理的公文，我院为主办单位的，由拟稿部门将会签后的原件交院办公室归档，其他单位保存复制件或其他形式的公文副本。

第四十条 归档范围内的公文应当确定保管期限，按照有关规定定期向档案部门移交。

第四十一条 拟制、修改和签批公文，书写及所用纸张和字迹材料必须符合存档要求。

第八章 公文管理

第四十二条 院公文由院办公室文秘部门统一管理。

第四十三条 涉密公文的使用和管理按照保密法规进行管理。

第四十四条 公文复制件作为工作办理使用时，应加盖复制机关的证明章。

第四十五条 公文的撤销和废止，由发文机关、上级机关根据职权范围和有关规定决定。公文被撤销的，视为自始无效；公文被废止的，视为自废止之日起失效。

第四十六条 院内设机构合并时，全部公文应当随之合并管理。院内设机构撤销时，需要归档的公文，整理后按有关规定移交档案部门。工作人员离岗离职时，所在单位（部门）应当督促其将暂存、借用的公文按照有关规定移交、清退。

第四十七条 不具备归档和保存价值的公文，经鉴别和本单位负责人批准，可以销毁。销毁涉密公文必须严格按照有关规定履行审批登记手续，确保不丢失、不漏销。个人不得私自销毁、留存涉密公文。

第九章 电子公文

第四十八条 院大力推进电子政务办公系统建设，公文办理视条件逐步实行计算机自动化处理。在电子政务办公系统未建立应用前，鉴于我院单位地域分散的原因，为提高公文办理效率，可以使用公共网络发送非涉密公文，发布的公文在我院内部具有行政效力，可以作为内部处理公务的依据。院属单位要安排专人负责登录邮箱管理文件。

第四十九条 院内部发送的各类布置性、告知性、事务性公文，应采用电子公文。既有电子公文，又有纸质文件的，以纸质文件为准。需要对院以外的其他单位发送的公文，应当制成纸质文件。

第十章 附 则

第五十条 本办法自公布之日起施行，2008 年 7 月 1 日印发的《中国热带农业科学院公文处理办法》（试行）停止执行。本办法由院办公室负责解释。

附件：1. 中国热带农业科学院文件（平行文、下行文）格式（略）

　　　2. 中国热带农业科学院文件（上行文）格式（略）

　　　3. 中国热带农业科学院函件格式（略）

　　　4. 中共中国热带农业科学院党组文件格式（略）

　　　5. 中国热带农业科学院办公室文件格式（略）

　　　6. 中国热带农业科学院办公室函件格式（略）

　　　7. 中国热带农业科学院发文稿纸（略）

　　　8. 中国热带农业科学院公文呈批单（略）

中国热带农业科学院领导干部外出请示报告管理办法

（院办发〔2013〕37 号）

第一条 为严肃组织纪律，强化作风建设，规范干部管理，进一步提高行政效能，促进我院各项工作规范化、制度化，根据农业部有关规定和《中国热带农业科学院工作规则》，制定本办法。

第二条 本办法所指领导干部为现职院领导、院属单位党政主要负责人和机关部门主要负责人。本办法所指外出为离开单位驻地出差、出国和休假等，不含前往院本部出差办事。

第三条 按干部管理权限，我院领导干部外出实行分级分类请示报告制度：

（一）院领导

院党政主要领导离琼外出，按农业部有关规定办理。院副职领导离琼外出，应事先分别向院党政主要领导口头报告，并填写《领导干部外出请示报告单》分别向院长、书记报告批准后方可外出。《领导干部外出请示报告单》由院办公室备案。

（二）院属单位党政主要负责人、机关部门主要负责人

院属单位党政主要负责人、机关部门主要负责人离开单位驻地外出，应填写《领导干部外出请示报告单》，征得分管院领导或联系院领导同意后分别报院党政主要领导批准。外出前须将《领导干部外出请示报告单》报院办公室备案。

第四条 《领导干部外出请示报告单》包括外出人姓名、单位、职务、外出事由、外出时间、前往单位和地点、外出期间联系方式、外出期间工作安排等有关事项。根据文件通知外出的，应附上有关文件复印件；因临时紧急事项需外出的，应在报告中说明情况。

第五条 各单位、各部门领导干部外出，由本人报院党政主要领导批准。若院领导不在院内，可通过电话请示院领导同意，并由本人在《领导干部外出请示报告单》上备注请示结果，报院办公室确认后方可外出。

第六条 领导干部外出后，因故需延期返回的，必须请示报告并经批准同意后方可延期。

第七条 机关部门开展专项工作时，需其他单位和部门配合并共同外出的，应由工作组织部门事先征得协作单位和部门负责人同意，统一办理外出请示报告手续后，方可组织外出。

第八条 领导干部出国（境）的，应按照出国（境）有关规定和本办法规定同时办理审批手续，经批准后方可外出。

第九条 按照人事管理规定需办理请假手续的，应同时按请（休）假有关规定办理请假手续。请（休）假人员返回后，应及时销假。

第十条 领导干部必须严格执行外出请示报告制度。院办公室和人事处将对领导干部外出请示报告情况进行抽查，对外出不报告的领导干部，在全院予以通报；所在单位（部门）领导干部一年累计超过 3 次外出不报告的将取消单位（部门）评奖评优资格，领导干部个人一年累计超过 2 次外出不报告的将取消个人评奖评优资格。

第十一条 本办法自发布之日起实施，院办公室负责解释。2008 年 12 月 4 日印发的《领导干部外出请示报告管理办法》（院办发〔2008〕66 号）停止执行。各单位、各部门要加强本单位和部门干部职工外出管理工作，根据本办法制定相应的管理制度。

中国热带农业科学院机关公务车辆管理使用规定

（院办发〔2013〕38 号）

第一条 为加强机关公务车辆管理，提高使用效率，节约使用成本，根据国家有关政策和规定，结合我院实际，制定本规定。

第二条 本规定所指的机关公务车辆是指院机关服务中心小车班管理的所有车辆和保卫处、湛江院区管委会、驻北京联络处管理的车辆。

第三条 院机关公务车辆实行统一管理、集中调度、部门限量使用的原则。

第四条 各部门当年的用车指标（公里数或金额），是以近三年用车的公里数或金额的平均值作为当年分配的主要参考依据，并根据院

本级当年的用车经费预算总额分配下达。新成立部门和部门职能发生变化的，可根据其职能范围确定其用车指标。各部门领导可在当年用车指标内使用车辆，机关服务中心每季度公布各部门已使用指标。各部门使用完当年用车指标需追加的，须向院提出申请，经分管办公室院领导批准并明确经费渠道后，机关服务中心予以追加。

第五条　按照"轻重缓急"的原则安排部门用车，优先保证院领导公务用车和院重要接待用车。

第六条　各部门用车必须事先填写用车申请单（见附件1），经部门负责人或由部门负责人委托副职领导签名后，交小车班领班安排车辆。院领导和院级接待用车由司机在申请单上做好记录，用车后分别由机关服务中心主任和院办公室主任签名确认。

第七条　为减少运行成本，提高车辆使用效益，外出办事人员同一路线时，安排同乘一车。不同部门同用一辆车，费用分摊。

第八条　要严格控制使用外来车辆，各部门长途用车如小车班不能派出车辆时，原则上延后安排；紧急事务需使用外来车辆的，须经小车班同意；未经小车班同意擅自使用外来车辆，不予报账。

第九条　机关部门人员从海口院区到市内（保卫处人员从儋州院区到那大）办理公事，当公务车辆无法满足时，经部门负责人批准可乘坐公共交通，填写乘坐公共交通登记表（见附表2），凭票报销。

第十条　车辆保险要在上级有关部门指定的"车辆保险定点服务单位"投保。

第十一条　机关所有车辆一律实行"一车一卡"加油和定点维修保养的制度。

第十二条　车辆维修须按程序审批后方可送维修点维修，由负责驾驶的司机提出，经领班认可再填写审批单。金额在500元内由小车班领班批准，事后报机关服务中心领导签字备案；金额在500~2000元的由机关服务中心批准；金额在2 000~5 000元的由院办公室和机关服务中心研究决定；金额在5 000~10 000元的由院办公室和机关服务中心研究后，报分管院领导批准；金额在10 000元以上的由院办公室和机关服务中心领导及小车班领班当面向分管院领导汇报并经批准后，方可维修。报账时附《院本级车辆维修保养审批单》。

第十三条　车辆购买、报废，由机关服务中心根据上级有关规定研究提出购买或报废计划，经院办公室审核后报院分管领导批准。批准后，按院车辆购买、报废程序执行。

第十四条　院本级的车辆原则上服务于院机关，院属单位因工作需要在本单位车辆无法满足时，可向机关服务中心提出申请，经机关服务中心负责人审批后予以安排。

第十五条　机关服务中心根据院工作需要，可以调拨使用院属各单位公务车辆，各单位应优先确保。严禁机关各部门未经机关服务中心同意直接调用院属单位车辆；未经机关服务中心同意擅自使用，一律由个人承担费用。院机关和院属单位交叉使用的车辆，每年年底前须结清用车费用。

第十六条　机关以外单位使用院本级车辆，按以下标准计算费用：小轿车、商务车、越野车2.00元/公里；中巴车3.50元/公里；大巴车4.00元/公里。

第十七条　本规定自发文之日起实施，2012年1月5日印发的《中国热带农业科学院公务车辆管理办法》（院办发〔2012〕2号）停止执行。本规定与上级部门规定不相符的以上级部门为准。

第十八条　本规定由机关服务中心负责解释。

附件：1. 中国热带农业科学院公务用车申请单（略）
　　　2. 中国热带农业科学院机关人员乘坐公共交通登记表（略）
　　　3. 院本级车辆维修保养审批单（略）

中国热带农业科学院办公室关于加强院机关管理的意见

（院办发〔2013〕59号）

各院区管委会、各单位、各部门：

院机关是全院科研管理和行政管理的枢纽，承担着管理协调全院事务、组织推进科技创新、服务院属单位、统一对外联络协调等重要职责。为进一步加强院机关管理，提升整体能力水平，结合我院实际，现提出如下意见：

一、指导思想

院机关要紧紧围绕建设"一个中心、五个基地"的战略目标和院的中心工作，创新工作思路，强化管理"出效益、出成果、出人才"的工作理念和执行力度，引领院属单位担当好"热带农业科技创新的'火车头'、热带农业成果转化应用的'排头兵'、热带农业人才培养的'孵化器'"。

二、总体目标

以实现依法、规范、高效的院机关管理为目标，以健全体系、强化协同、提高效能为着力点，努力建设一支精干高效的管理队伍，为全面推进"热带农业科技创新能力提升行动"提供有力的中枢管理支撑。

一是健全体系。按照热带农业科技工作规律，优化院机关管理职能配置。建立健全"决策、管理、执行、监督"工作体系，切实推进依法行政，强化机关部门管理责任，构建"小机关、大科技"。

二是强化协同。坚持一件事一个部门负责，减少职能交叉。加强部门之间工作协同配合，强化各部门对归口业务"第一责任人"意识，切实提高任务牵头部门负责人敢于担当、善于协调的工作能力与水平。

三是提高效能。实施放权强所，推动管理重心下移。减少院机关对院属单位具体事务的管理，提高机关工作的战略性、科学性、协调性和执行力。

三、职责定位

（一）院机关各部门对分管的院领导和院长、书记负责。

（二）院机关是全院的管理责任主体，是"决策目标的执行者、二级单位的服务者、业务部门的联系者"。

（三）院机关要引领全院事业发展，做好"决策系统的参谋、行为准则的表率、社会形象的大使"。

四、主要任务

各部门要严格按照"三定"方案履行好职责，在分管及被授权院领导的过程领导管理下开展工作，加强院机关内部管理：

（一）综合管理：院办公室为院机关综合管理部门，负责统筹协调公共管理、计划管理。

（二）人事管理：人事处为院机关人事管理职能部门，严格执行人员编制、招聘、工资、考核管理。

（三）财务管理：财务处为院机关财务管理职能部门，严格财务监督。

（四）资产管理：资产处为院机关资产管理职能部门，加强资产管理。

（五）基建管理：计划基建处为院本级基建项目执行部门。

（六）监督管理：监察审计室为院机关监督管理职能部门，负责督办，纪律执行。

（七）党建管理：机关党委为院机关党建管理职能部门，发挥战斗堡垒作用。

五、经费管理

各部门要厉行节约，勤俭办事，提高公用经费使用绩效。院本级为独立预算单位，按照统分结合的原则，编制院机关部门公用经费预算。各部门公用经费预算原则上年度内不予调整，确需从院本级预算经费中的机动经费安排

中国热带农业科学院年鉴2014

的，严格履行审批程序。

六、工资管理

院机关工作人员工资按国家、农业部和海南省工资政策执行。绩效工资原则上按全院平均数执行，并与部门年度绩效考评结果挂钩：85分以上的，当年奖励性绩效工资增加15%；75~84分的，当年奖励性绩效工资不增加；60~74分的，扣减当年奖励性绩效工资的15%；60分以下的，扣减当年全部奖励性绩效工资。

七、考核管理

完善院机关绩效考核办法，健全激励约束机制。奖励先进、惩罚后进，每年度奖励年度绩效考评结果前3名的部门，通报后3名的部门，警告末位的部门，并对部门主要负责人进行提醒谈话。对违反财务管理、计划生育政策和组织原则、发生安全稳定事故的部门实行年度考核一票否决（考核不合格）。

八、作风建设

深入贯彻落实中央关于改进工作作风、密切联系群众的八项规定。坚决制止不作为、乱作为，遇事推诿、扯皮现象。切实做到"五个事"（想干事、能干事、干成事、不出事、能共事）。不断加强部门能力建设，在管理中体现服务，在服务中加强管理，扎实推进各项重点工作。

十、党建、监察审计与精神文明建设

党的工作概况

2013 年，院党组以院工作会议、党建会议和党的群众路线教育实践活动为抓手，以学习型党组织建设和基层组织建设为着力点，狠抓工作落实，取得了较好成效。

一、扎实开展党的群众路线教育实践活动

自 7 月 16 日党的群众路线教育实践活动动员大会召开以来，院党组先后召开 6 次党组会和领导小组会，及时传达贯彻中央和农业部精神。在各关键节点及时组织召开推进会、座谈会、工作部署会 8 次，部署落实具体措施，推进教育实践活动健康深入开展。

院领导班子率先垂范，认真抓思想发动，搞好学习宣传和思想教育，深入开展调查研究，广泛听取干部群众意见，认真查找"四风"方面存在的突出问题；党组书记、院长亲自主持撰写班子对照检查材料，深入剖析，查摆突出问题；专题民主生活会自我批评深刻，相互批评中肯，会议气氛很好，达到了增进团结、共同提高的目的。院属各单位按照院的统一部署，扎实推进教育实践活动各项工作，在认真做好"规定动作"的同时，结合实际创新"自选动作""立行立改"取得初步成效。

热科院教育实践活动多次得到上级部门肯定。部教育实践活动领导小组高度评价"院领导班子及两位一把手的对照检查材料质量都很高"；领导班子专题组织生活会得到农业部第 3 督导的充分肯定；部教育实践办公室将热科院督导工作"严""深""广""实"的做法作为成功经验通过《督导工作情况》第 14 期在部系统进行交流、推广；推介的橡胶所科技服务中心党支部的"螺旋式"工作被列为农业部践行群众路线 20 个支部工作法之一；推介的援刚果（布）项目组成员游雯代表热科院参加了农业部"辛勤耕耘为小康"先进事迹报告会。

二、发挥党组织的战斗堡垒作用，加强作风建设，打造和谐院所

1. 以转变作风为重点

印发了《关于改进工作作风、密切联系群众的实施办法》，提出了 27 条具体措施，并量化监督、检查指标，结合专项活动加强监督、检查工作。经统计分析，今年 1 月份以来，院本级和院属单位执行八项规定、改进作风各项指标都取得了显著的成效。

2. 发挥群团工作平台作用，内聚人心、外树形象，构建和谐氛围

（1）组织为院科技园区重病职工捐款 12 万余元；成功举办了院乒乓球赛、院青年联谊活动；完成儋州院区灯光球场运动设施更新，增强了内在凝聚力。

（2）精心组织评优的推荐、参评工作，三名职工分别被授予"全国五一劳动奖章""海南省青年五四奖章""海南省归侨侨眷先进个人"荣誉称号；院侨联被评为"海南省侨联系统先进集体"；推荐两个院属单位参加海南省级文明单位评选；参加海南省直工委羽毛球赛获得冠军，并作为省直工委的主力参加了海南省羽毛球赛；积极支持院民革支委开展向省政协的提案调研工作等，热科院在海南省乃至全国良好形象进一步提升。

（3）发挥信访作用，处理来信来访 5 次，接访 26 人次，如快速反映企业分流职工住房公积金相关诉求、组织经济适用房住户代表沟通协调会议等，有效化解了矛盾，维护了稳定。

三、落实党建工作会议精神，抓好思想建设和组织建设

1. 以党员教育和管理为重点，抓好理想信念、宗旨教育

组织全院各级党组织开展"七一"主题党

日活动，具体承办院党组"七一"主题报告会，将"中国梦"与"热科梦"紧密结合，指导全院各基层党组织开展"七一"主题党日活动，大大增强了广大党员干部的道路自信、理论自信、制度自信。

2. 以强化领导班子建设为重点，抓好理论中心组学习

以理论中心组学习为抓手，着力提升各级领导班子的理论素养和党性修养。院党组理论中心组举行了11次集中学习。同时指导、督促各基层单位党组织通过理论中心组学习，增强班子把方向、抓大事、揽大局的意识和能力。

3. 以基层组织建设为重点，抓好党组织换届

一是规范换届审批程序。制定了《中国热带农业科学院院属基层党组织换届审批暂行办法》和《海口儋州地区院属单位党组织换届工作程序》，明确了审批程序和工作流程，有效指导了机关党委和基层党组织的换届选举工作。二是完成机关党委换届选举。在院党组和省直工委的领导、指导下，顺利召开了机关第二次党代会，选举产生了第二届机关党委会和纪委会。三是优化调整机关党支部结构。将原来按部门设立的支部进行优化整合，利于机关党员组织学习、开展活动交流，机关党建的组织基础得以加强。四是院属单位党组织换届选举顺利开展。指导基层单位党组织按照中央、农业部和院的相关规章制度开展换届选举，认真开展审核、监督、批复工作。目前，正在进行候选人的请示环节，各项工作推进顺利。

群众路线教育实践活动

在农业部党的群众路线教育实践活动领导小组的正确领导和部第3督导组的大力指导下，热科院按照"照镜子、正衣冠、洗洗澡、治治病"的总要求，以为民务实清廉为主要内容，以加强和改进作风建设为重点，结合科研单位特点，扎实开展了教育实践活动各环节工作，提高了广大党员干部的思想认识，妥善解决了一批突出问题，切实转变了工作作风。

一、精心组织实施，扎实有序推进

按照中央和部党组的统一部署，院党组制定了《关于深入开展党的群众路线教育实践活动的实施方案》，成立了院教育实践活动领导小组、办公室和3个督导组。从2013年7月16日动员大会召开至今的6个多月中，院党组带领17个院属单位、13个机关部门、135个基层党支部和1 800多名党员，深入开展了党的群众路线教育实践活动，有序推进各环节工作。

（一）学习教育贯穿始终，征求意见广泛深入

1. 围绕重点，坚持三个集中，把学习教育贯穿于活动全过程

以树立宗旨意识、增强群众观点为重点，坚持"三个集中"开展学习教育活动，即集中时间、集中精力、集中干部，在每个环节都认真贯彻落实中央、部党组有关精神，深入学习党的"十八大"、十八届三中全会精神，学习中国特色社会主义理论体系，学习党的光辉历史和优良传统，开展马克思主义唯物史观和党的群众路线专题学习讨论。活动开展以来，院领导率先垂范，院党组理论中心组集中学习累计达15次共8天；院属各单位、机关各支部集中学习时间也都超过了3天，累计达96天，使广大党员干部进一步强化宗旨意识、增强群众观点，切实增强反对"四风"的自觉性、主动性。

2. 突出重点、明确范围、改进方式，广泛听取意见建议

各级党员领导干部深入基层，深入联系点，采取召开座谈会、个别访谈、问卷调查、设置意见箱等方式，紧扣作风建设，着重听取基层党员、干部和群众对单位（部门）领导班子和领导干部在作风、贯彻落实中央八项规定、反对"四风"和践行党的群众路线方面的意见和建议，务求找准问题症结，找到解决问题的办法。院领导班子征求到职工群众的意见建议共计221条，17个单位征求到的意见建议数超过600条。

（二）聚焦"四风"查摆问题，真刀真枪开展批评

1. 深入查找，聚焦"四风"，查摆问题突出"准"

院及各单位（部门）领导班子和领导干部，重点围绕落实为民务实清廉要求和中央八项规定精神，在认真听取各方面意见建议的基础上，进一步聚焦反对"四风"，通过"群众提、自己找、上级点、互相帮"，深入查找宗旨意识、工作作风、廉洁自律方面的差距；既结合履行职能职责查找"四风"方面的共性问题，更紧密结合科研单位实际，有针对性地查找领导班子和班子成员自身存在的个性问题。

2. 敢于担责，深挖根源，检查剖析突出"透"

院党组会先后召开2次专题会议查摆"四风"问题，对号入座、主动认领、敢于担责，逐一提出务实管用的整改措施。院主要领导还亲自主持起草班子对照检查材料，前后共修改了18稿。全院各单位（部门）90%以上的党政一把手至少进行了2次的修改，多的达四五次。通过深入透彻的检查剖析，各党员领导干部对"四风"问题进一步找到了差距、找准了根源、

明确了方向。

3. 敞开心扉，坦诚相见，谈心交心突出"诚"

为进一步相互沟通、增进了解、化解矛盾，院长、书记带头，院班子成员及各单位（部门）主要负责同志与班子每名成员之间、班子成员相互之间、班子成员与分管部门负责同志之间深入开展了谈心交心，既主动谈自己存在的"四风"问题，也诚恳地指出对方存在的"四风"问题，提出改进作风的具体建议。院领导班子成员共计谈心交心162人次，17个单位的99名班子成员、机关35名处级领导干部，累计谈心谈话达1 902次。

4. 紧扣主题，触动灵魂，批评与自我批评突出"真"

院领导班子深刻领会中央精神，重点领会习近平总书记在参加河北省委常委班子专题民主生活会时的重要讲话精神，在专题民主生活会上，班子成员以整风精神开展批评和自我批评，既解决实际问题，又解决思想问题，保持共产党人政治本色。各单位的专题民主生活会程序严肃认真，效果好于预期、好于往年，达到了"红红脸、出出汗"的效果，并呈现出了不同的特点、亮点。

（三）取信于民整改落实，着眼长效建章立制

1. 抓"六看"、"五补"，及时"回头看"

院教育实践活动领导小组于10月、11月期间先后召开部署会、交流会、座谈会、推进会等6次会议。到12月上旬，17个单位集中学习的时间均达3天以上，班子及成员都能够聚焦"四风"对照检查，广泛深入开展谈心谈话，缺席专题民主生活会的5位干部全部完成了"补课"。通过"回头看"活动，查找并纠正了不足。

2. 注重实效、着眼长效，抓好整改落实、建章立制

坚持以改革精神抓整改落实、建章立制工作，针对查摆出的问题，提出47项制度建设安排，推动作风建设长效机制。院属各单位按照院的要求，制定了本单位的"两方案一计划"，院领导班子成员及处级以上党员领导干部也制定了个人整改方案，认领了班子的整改任务，确保各项整改任务责任到位、进度到位、质量到位。

二、紧密结合院所实际，创新活动工作方式

教育实践活动中，院领导和各单位广大党员干部结合自身实际，创新做法，开展特色主题实践活动。

（一）坚持一个标准，贯穿三条主线

一是把实事求是的思想路线贯穿活动始终。征求意见实事求是，院各级领导班子带头深入到基层一线听实话、察实情，听取干部职工心底的声音，广大干部职工提出的意见建议，原汁原味、如实反馈。查摆问题实事求是，大到科研风气浮躁，小到私用公车，无论巨细都亮出来、不遮掩。对照检查实事求是，不但敢于亮短揭丑，摆出"四风"突出问题，更能够不文过饰非，不强调客观因素，深挖思想根源。开展批评实事求是，专题民主生活会上坚持讲真话讲实话，既不避重就轻、回避矛盾，又不捕风捉影、主观臆断、发泄私愤。"回头看"工作实事求是，坚持中央和农业部的标准不走样，一把尺子量到底，学习缺课、专题民主生活会缺席的一律"补课"，材料不符合标准的一律退回修改，不走形式和过场。制定整改方案实事求是，遵循科研单位的工作规律设计整改思路，科学合理制定整改措施、步骤，拿出切实、可操作的方案计划。总结评价实事求是，不"自说自话、自弹自唱"，坚持客观总结，群众评判，用解决突出问题、改进作风的实效，赢得广大干部职工的支持和赞同。二是把充分依靠群众的工作路线贯穿始终。坚持开门搞活动，通过各种形式听真话、听实话，正确对待、虚心接受群众的意见和批评，有则改之、无则加勉。自觉接受群众监督，无论是查摆问题、剖析问题还是解决问题，都让群众把脉、让群众监督，整改任务书和时间表及时向群众公示，让群众知道，使活动成为群众支持、群众检验、群众满意的民心工程。三是把民主集中的组织路线贯穿始终。在教育实践活动的整个过程中，院领导班子始终坚持民主集中的决策方式，召开了6次党组会、班子碰头会、领导小组会，统筹推进全院业务工作和活动扎实有效开展。

（二）抓重点、严把关，加强督促检查

在抓好活动安排部署的同时，十分重视把督促检查贯穿到整个教育实践活动之中。一是抓重点。3个督导组把主要精力放在了重点对象、重点要求、重点环节的督导上，督促各单位既把"规定动作"做到位，又把"自选动作"做扎实。二是严把关。督导各单位学习教育做到学习内容、时间、人员、要求、效果"五落实"；先后于10月、11月、12月共6次对院属单位班子及成员的对照检查材料、谈心谈话统计表和要点记录、整改方案等材料进行认真审核，提出修改意见，质量不达标的绝不放过。

（三）创新活动方式，丰富活动载体

在教育实践活动中，各单位在坚持活动"规定动作"不减配的同时，还注重用形式多样的"自选动作"丰富活动载体，突出单位自身特点。橡胶所科技服务中心党支部的"螺旋式"工作法、环植所领导带学、骨干领学、交流互学、参观助学、督导促学的"五学"机制、信息所"百名党员专家连百组"活动、生物所和九三学社、民进党成员联合开展爱国主义教育活动、机关党支部分别深入"结对子"的试验场村队开展实地调研等等。

三、着力取得"三个成果"，确保改进作风、联系群众的常态化长效化

（一）着力解决思想认识问题，牢固树立宗旨意识、群众观点，增强贯彻党的群众路线的自觉性，努力取得思想认识成果

贯彻群众路线、转变工作作风，前提在于思想认识的提高。热科院把学习教育和提高思想觉悟贯穿教育实践活动全过程，围绕世界观、人生观、价值观这个"总开关"，突出坚定理想信念这个根本，通过多种形式开展学习讨论。院党组组织理论中心组学习会、研讨会、"七一"主题党日活动，以"克服对作风建设的轻视思想、观望心理、敷衍态度和担心情绪""什么是正确的权力观、事业观和政绩观""为民务实清廉的具体要求"等主题深入研讨，进一步增强了领导班子成员宗旨意识和群众观念，把思想统一到了中央的要求上来。院属各单位也

都采取多种形式组织党员干部进行学习和教育。广大党员干部通过学习教育，思想得到升华，心灵受到震动，群众观点得以强化，宗旨意识更加牢固。

（二）着力解决"四风"突出问题，以改进作风的新成效新气象取信于民，努力取得人民满意的实践成果

1. 落实中央八项规定，规范"三公"经费管理，改进文风会风，控制公务接待和公务用车

院领导班子在加强预算管理的基础上，更加注重公务接待经费支出的控制。根据中央要求，及时出台了《中国热带农业科学院公务接待管理办法》。截至2013年12月底，院本级公务接待费、公务车辆购置及运行费同比分别减少35.07%、14.75%；院级文件、简报、会议分别减少了24.44%、25%、27.27%。2013年院属各单位公务接待支出较2012年共计降低27.92%；公务车辆购置运行费用支出共计下降2.28%；文件、简报、会议比去年分别减少了21.08%、20.51%、25.51%。

2. 立行立改，不折不扣地贯彻落实中央、农业部改进作风的新制度、新举措

《党政机关厉行节约反对浪费条例》《党政机关国内公务接待管理规定》《农业部庆典论坛活动管理规定》颁布以来，院领导班子立即行动，贯彻落实。2013年12月中至2014年1月初，各分管院领导集中半个月时间就分管工作开展调研；院领导班子于1月初用4天半时间，召开专题院长办公会研究并提出具体措施、方案。在院领导班子的带领下，整改落实和建章立制工作有条不紊地推进。

3. 深入群众、深入基层、为群众办实事解难事，提高新形势下做群众工作的能力和本领

院领导班子完善联系点制度，转变调研方式，深入到条件艰苦、困难多、问题多的单位和热区地方开展调研活动，着重同一线科研骨干、普通党员职工、群众进行座谈，把帮助群众解决困难的过程变成增进与群众感情、探索群众工作方法、提高做群众工作能力的过程。截至2013年12月底，院领导班子成员到基层单位调研、座谈和现场办公次数达36次，同比增

长 16. 13%。

（三）着力建立切实管用的制度机制，努力取得能够长期起作用的制度成果

院领导班子在抓思想教育的同时十分注重制度建设，本着于法周延、于事简便的原则，结合中央要求和院实际需要，从民主决策、厉行节约、优化管理机制、严格党内生活等 9 个方面加强制度建设，同时强化制度意识，坚持在制度面前人人平等，强化监督制约，提高制度的执行力。

四、认真查找问题，不断提高教育实践活动的成效

经过近半年的不懈努力，院集中开展教育实践活动将告一段落，活动取得了显著成效，也暴露出了一些问题，需要在下一步工作中进行整改。

1. 部分单位业务工作与党的活动"两张皮"现象依然存在

在活动过程中，院领导班子始终高度重视，率先垂范，但是个别基层单位仍然存在不重视党的活动，具体表现在对群众路线的重要性认识不够，仍然存在重业务、轻活动的观念，对推动活动各项工作积极性不高、办法不多，效果不明显。

2. 走好贯彻群众路线"最后一公里"的力度仍要加强

活动过程中，存在前紧后松的问题，中央和农业部指出的"松""软""拖"的问题在一些部门和单位也不同程度地存在，整改落实工作进展不平衡。有的单位整改不敢碰硬，表面上有决心、口头上有承诺，一触及实质问题、实际工作就瞻前顾后、畏首畏尾，缺少雷厉风行的措施和行动，抓整改落实的主动性、积极性不够。因此，要以攻坚克难、啃硬骨头的精神抓整改落实，锲而不舍，紧抓不放，做到工作不松、力度不减、要求不降，以善始善终的成效取信于民，为第一批教育实践活动画上完满句号，以教育实践活动的新成果，推进热带农业科技事业取得更大的飞跃。

监察审计概况

2013 年，热科院深入贯彻落实党的"十八大"、十八届二中全会精神和十八届中央纪委第二次全会以及农业部党风廉政建设工作要求，围绕中心，服务大局，团结努力，扎实开展纪检监察和内部审计工作。

一、以预防为导向，强化纪检监察

1. 创新廉政宣传教育方式

2013 年，通过创新廉政文化宣传载体、开通廉洁信息平台发送最新廉政信息和反腐案例、播放廉政警示教育片、召开座谈会等多种形式开展宣传教育活动，深化干群廉洁勤政教育。根据省纪委开展"学党章、倡廉洁"党风廉政宣传教育系列活动方案，认真组织海口院区和儋州院区 7 个单位共 236 名党员到廉政教育基地接受党性教育；经推荐和审查，院 1 名科技人员入选海南省勤廉楷模。

2. 强化廉政责任体系建设

结合工作任务和职能部门分工，将院反腐倡廉工作任务层层分解，通过院—所—研究室（课题组）三级签订《党风廉政责任书》，落实党风廉政建设责任。实行党风廉政建设、审计整改等"一票否决"制度，规范权力与廉政监督。严格落实领导干部述职述廉与个人有关事项报告制度。全年领导干部述职述廉 155 人次，领导干部任前廉政谈话 10 人次，执行党员干部报告个人有关事项 155 人次；结合党的群众路线教育实践活动，党员领导干部撰写个人对照检查材料和整改方案 224 篇。

3. 认真开展预防腐败工作

对 14 位副处级以上领导干部在企业兼职和 105 位副处级以上干部在社团兼职情况进行复查，未发现违规领取津贴和使用公车情况；开展全院纪检监察干部（共 89 名，其中司局级干部 6 名，县处级干部 50 名，县处级以下干部 35

名）会员卡清退活动，以上干部未持有规定所述会员卡；严肃过节纪律倡导廉洁节庆，要求各级领导干部严肃过节纪律，落实相关规定，特别强调公款的管理，严禁公款购买赠送年货节礼等物品，严禁收受购物卡、消费卡、地方土特产等。全院在重大节日未发现违纪情况。

4. 贯彻执行中央八项规定

严格贯彻落实中央八项规定精神，从制度建设、检查监督等方面着手，采取有力措施。院本级公务接待费、公务车辆购置及运行费同比分别减少 35.07%、14.75%；院级文件、简报、会议分别减少了 24.44%、25%、27.27%；院领导班子成员到基层调研和现场办公人次同比增长 16.13%；院领导新闻报道数量同比减少 19.63%，一线单位、职工新闻报道数量同比增长 8.75%。院属各单位在贯彻执行中央八项规定中也取得较好的成效。2013 年院属单位公务接待支出较 2012 年共计降低 27.92%，其中广州实验站降幅高达 55.45%，橡胶所、生物所、环植所降低比例也都超过了 40%；公务车辆购置运行费用支出共计下降 2.28%，其中附属中小学降低比例最高，为 56.29%，环植所、广州实验站降低比例也超过 30%；院属单位文件、简报、会议比 2012 年分别减少了 20% 以上。

5. 加强重点领域关键环节监督

深入推进工程建设领域突出问题专项治理工作，对海口经济适用房等重大工程进行跟踪审计；强化热带农业科技中心项目和院属单位仪器设备采购过程监督，严格把关设备采购程序和设备参数制定有效性；采取措施及时清理串标围标侵害院利益行为，明文禁止江西昌厦建设工程集团公司等十一家施工企业在三年内参与热科院政府采购项目报价。

6. 强化纪检监察队伍建设

探索联合举办培训的新模式，联合农业部

干部管理学院共同举办纪检监察干部培训班。邀请中纪委、驻部纪检组、省反贪局专家对贯彻落实"十八大"以来我国反腐工作总体部署、2013—2017年惩治和预防腐败工作重点、新形势下农业科研单位如何开展纪检监察工作方面内容进行详细讲解，提高全院纪检监察干部理论认识。

7. 加强案件的查处力度

对群众反映情况进行查核，并予以反馈；针对个别单位违规发放岗位工资、津贴等行为进行了纠正和整改；对个别违反工作、生活纪律的领导干部进行了诫勉谈话；及时澄清院属单位政府采购投诉事件，加强廉洁治院治所力度。

二、以内控为指引，强化审计整改

1. 开展重大科研项目检查

对加工所等12个单位19个重大科研项目的资金使用情况进行检查，通过现场审阅会计资料、与科研人员座谈交流、设备清点以及成果抽查等方式进行检查，发现存在超预算支出、专用材料采购及管理不规范、公务用车管理不到位、超标准发放专家咨询费及劳务费、在项目中列支招待费等问题。另外，对发现个别单位存在通过签订虚假合同套取科研经费的嫌疑的问题，针对性出具检查报告，促使各单位及时整改，提高了所领导和科技人员的认识，有效地防范违规风险。

2. 开展重大基建项目、民生工程跟踪审计

先后五次对热带农业科技中心和海口院区经济适用房项目建设管理进行现场检查监督，及时了解和监督资金的使用、工程管理以及工程进度情况。发现在施工管理中存在管理资料没有及时记录、工程管理人员未到位、工程进度缓慢等问题，现场向管理人员提出整改要求及建议，并将问题及时地报告相关领导及部门。

3. 开展科技开发收入和专用材料采购管理交叉检查

2013年，两次组织三院片区财务人员对各单位的科技开发收入和专用材料采购管理进行交叉检查，对检查中发现的问题：制度建设不健全，执行不到位；科技开发产品的管理不规范；销售过程监督不到位，存在大量的现金交易行为，上交财务不及时；部分科研开发收入来源不真实以及销售收入分配不科学；专用材料采购程序不规范；验收手续不齐全；未建立合理、有效的专用材料出入库登记与保管制度并严格执行等。针对每个单位出具检查报告，进一步提升了院属各单位科技开发收入和专用材料采购的管理水平。

4. 审计整改"回头看"工作

对2012年193个整改不到位的问题进行"回头看"检查，通过"回头看"整改检查，已经完成整改151个，完成率78%。对整改尚不到位的单位和问题，采取继续协调措施，直至整改。

工会统战概况

一、统战侨联工作

1. 加强统战部署，发挥参政议政职能

组织召开了统战、侨联 2013 年工作会议，通报统战工作的成果和工作计划，研究部署了各民主党派和侨联工作，听取了统战、侨联代表的意见建议；指导各民主党派、侨界人员在调研的基础上，为地方经济建设和院的科研事业发展提出合理化建议。

2. 倾听党外声音、共商发展大计

组织海口院区召开党的群众路线教育实践活动科技人员及民主党派、侨联人士座谈会，参会统战归侨人员代表为院领导班子加强作风建设等方面提出了有建设性的意见建议。

3. 支持各民主党派开展活动

认真做好民主党派的服务性工作，积极提供人力财力支持，支持各民主党派开展参政议政活动，重点协助了民革、民进、九三开展了 3 次调研活动，支持经费 16 000 多元。经过调研，民革支部向海南省政协提交考察报告一份，向民革海南省委提交了提案建议素材一份，向海南省政协提交了大会发言稿一份，得到上级的充分肯定与采纳。较好地履行了作为一个参政党的基本职能。协助海南省九三学社搜集历史资料编史工作。积极配合各民主党派做好组织发展工作，今年九三学社发展新成员 8 名，民进支部发展新成员 2 名。

4. 核实全院统战侨联对象情况，做好基础工作

认真开展了各民主党派、归侨及侨眷基本情况调查统计工作。根据农业部直属机关党委《关于做好中央国家机关统战人物数据库有关事项的通知》，在全院组织开展中央国家机关统战人物数据库有关事项工作。共收到统战人物信息采集表 154 份，其中侨联组织设置情况调查表 1 份，侨联委员 15 人，常委 11 人，统战人物信息汇总表 1 份。

5. 维护侨权侨益

帮助老归侨阮金玲、江谦怀向儋州市侨联等单位协调，继续做好他们宅基地纠纷一案跟踪督办工作，尽最大努力维护归侨的利益。

6. 切实为归侨侨眷做好服务

为 2 位退休老归侨确定归侨身份，为他们申请到退休生活补贴费 7 000 多元。让归侨侨眷充分享受到党和国家的优惠政策。春节慰问老弱、病残归侨、侨眷和重阳节协助指导试验场组织慰问 70 岁老归侨及去世归侨人员家属 90 人。慰问金额 9 000 元。向海南省侨联推荐第九次全国归侨侨眷代表大会推荐代表 1 名，黄俊生同志为第九次全国归侨侨眷代表参加了大会。

热科院获得 2007—2012 年度海南省侨联系统先进集体，1 名职工获得海南省归侨侨眷先进个人。

二、群团工作

1. 开展丰富多彩文体活动

先后举办三个院区三八妇人节趣味文体活动、全院乒乓球混合团体赛、海口院区与儋州院区羽毛球和足球的对抗赛、院男子足球队与海南大学男子足球队进行足球友谊赛、海口院区女子篮球与椰子所女子篮球队友谊赛、全院青年职工联谊等多项活动；组织参加海南省直机关羽毛球团体赛、代表省直机关参加全省羽毛球团体赛、参加海南省直机关青年联谊活动、海口院区职工参加海南省直机关公务员合唱团、参加省直机关宣讲团文化传播志愿者活动、参加省直机关工委组织的"三·八"妇女疾病讲座报告会和学习培训等活动。

2. 群团组织评奖成果显著

2013 年度，彭正强同志获得全国五一劳动

奖章，李平华同志获得海南省"青年五四奖章"，热科院羽毛球队摘取海南省直机关羽毛球团体赛第一名。

3. 开展节日慰问活动

组织慰问劳动模范、三八红旗手和儋州院区独生子女家庭等活动。

4. 加强工会体系管理

办理工会法人变更工及工会机构代码证工作，并重新开立了中国热带农业科学院工会委员银行账户，编制院工会 2014 年度收支预算工作和修改中国热带农业科学院工会经费收支管理办法等工作。指导部分基层单位工会换届改选等工作。

5. 强化信访工作职能

2013 年接待信访人员 26 人次，处理信访事项 5 件；完善信访工作体系，明确了院、所两级信访机构健全、人员到位，保障了基层群众反馈意见建议的渠道畅通，为院的稳定发展作出了贡献。

三、计生工作

强化对各单位人口计生工作的宏观管理，组织实施人口与计划生育目标管理责任制。

落实《海南省人口与计划生育条例》，积极兑现对实行计划生育家庭的优先优惠和奖励政策，将独生子女父母奖励费标准由原来每月 30 元提高到每月 100 元，通知下文发往各单位。

根据国家放开单独二孩生育政策及省政府要求，在全院范围内开展一孩家庭户调查，整理出一孩家庭户 796 户，其中，夫妻双方为独生子女的家庭户 12 户，夫或妻一方为独生子女的家庭户 64 户。

督促各单位完成地方政府下达的指标任务，整理汇总人口计生数据材料，及时报送地方人口计生委。

顺利通过地方人口计生工作责任考核，海口院区荣获"海口市龙华区 2013 年度人口和计划生育工作先进单位"称号。

安全稳定概况

一、社会稳定方面

以创建"平安院所"为重点，通过完善应急机制，加强不稳定因素情报信息收集工作及重点人员的管控，坚持教育疏导、妥善处置、防止激化的原则，积极稳妥地解决矛盾纠纷和群体性事件，指导试验场处置部分村队青年因矛盾聚集对峙事件，指导环植所、椰子所妥善处置台湾承包商恶意侵占文昌科研实验用地事件。及时化解矛盾，有效地防止事态扩大，防止群体性事件的发生，为热科院的发展提供稳定、和谐的环境。

二、治安防控方面

坚持"打防结合、预防为主"的方针，加强各院区重点部位的治安巡逻，人防、技防双管齐下，充分利用覆盖各主要路口及办公、住宅区域的视频监控系统，积极做好社会面的治安防控，保障院区职工群众的生命财产安全。2013 年，热科院协助公安机关抓获嫌疑人 4 名，其中盗窃苗木 2 名，抢夺嫌疑人员 2 名。较往年相比，发案率明显下降，院区治安环境得到较大的改善，职工群众安全感逐年提升。

三、安全生产（消防安全）方面

在附属中小学、生物所和测试中心开展消防应急疏散演练和消防安全知识培训等活动。对儋州、海口、湛江院区各单位进行了 2 次安全生产大检查，对检查出的安全隐患，责令及时整改。

领导讲话

中国梦　热科梦　我的梦

——纪念建党92周年"七一"主题报告

雷茂良　书记

（2013年6月28日）

同志们：

去年12月，习近平总书记率领新一届的中央领导集体参观了复兴之路的展览，发表了关于中国梦的重要讲话。习总书记指出，实现中华民族伟大复兴，就是中华民族近代以来最伟大的梦想，从此以后，中国梦成为中国社会最为流行的词汇，作为各级领导理论工作者、专家学者和广大群众热议的话题，实现中国梦成为凝聚中华民族人心的强大力量，发聋振聩，催人振奋。今天，我院在这里举行建党92周年庆祝活动，按照部党组的要求和院党建工作的安排，党政领导要亲自讲党课，对此，机关党委提出书记要带个头。我想，借今天这个活动，开个头，就讲讲中国梦。我们都是实际工作者，不是理论工作者。所以，也讲不出什么大道理，也不想讲大道理，就想与大家交流思想。我今天报告的题目是《中国梦　热科梦　我的梦》。在分别讲三个梦之前，我想先讲讲梦和梦想做为引导。

什么是梦？我们常言道：日有所思夜有所梦，所谓的思也可能是思、也可能是见、也可能是闻；也可是今天的事，也可能是昨天的事，昨天的见，昨天的闻，或者是以前的。那么梦，科学的解释，梦是外界因素在人的头脑中的存在，人在睡眠当中，日常生活中的思想、回忆所发生的现象刺激人的大脑支撑的某些细胞，回忆所发生的现象，刺激人的大脑支撑的某些细胞，并留下了痕迹，在头脑中集成的细胞在人的睡眠中还保持兴奋的状态时，日常生活中留下的痕迹就会活跃起来形成了梦。什么是梦想，从字面上讲，梦想就是梦境中能够实现的一种理想。实际上，

梦想是人类对美好事物的憧憬和渴望，是一种意识般的追求。梦与梦想有关系，但又不一样，有的可能是在梦中产生的愿望，有的也可能是现实中的一种愿望，但是大家也把它跟梦联想起来。说到梦想不能不说理想，梦想是本身的，应该是中性词，可以从正面去理解，也可从另一个角度理解。比如说，在有些无论如何都不能达到的梦想，就是人们经常说的白日做梦、痴心妄想、黄粱美梦。但大多数的梦应该是一种理想。所谓理想，后面的主题词是想，前面修饰词是理。理想就是符合事物发展的基本原理，或者是经过理性分析是能够达到的一种梦想，那就叫理想。我没查字典，但我觉得是这样，望文生义吧。比如，小孩看神十上天，他也想上天，我们觉得他不是一个痴心妄想。因为这个小孩经过一定的努力，达到一定的条件，长大了，他考上航天员了，他真能够上天。所以，他应该是一种理想。所以，我们今天在这里讲的梦，或者叫中国梦，是一种理想。那么是人，就有理想。这也是人与其他动物之间最根本的区别，也是人类最伟大之处。而人是高等动物的一个重要标志是有梦想。可以说梦想是人类社会进步的一种动力，无论是个人的发展，还是社会的进步都离不开梦想。

从人类的历史发展进展来看，首先从思想领域和上层建筑来看，从原始人、古代人、近代人、现代人，出于对美好世界的追求，都产生了不同的宗教、主义等，比如原始人的代巫教，西方古人的基督教、伊斯兰教、佛教，他们都有一种理想境界，比如天堂、西天，就是希望让大家信仰他的教育，执行他的教规，只要这样，就能够上天堂，就能够过上美好的日

子，为你勾画出一个理想的天堂。在我们近现代史上有一个非常著名的演讲，就是美国的黑人领袖马丁·路德金，在1963年8月28日的美国华盛顿的林肯纪念堂演讲，发表了一个重要演讲叫《我有一个梦想》。在这个演讲中，马丁·路德金连续用了6个"我有一个梦想"，充分反映了美国黑人追求自由民主平等的伟大理想，号召广大黑人起来斗争，争取自己的民主权利。现在，一晃50多年过去了，应该说，经过美国黑人的不懈努力，到今天，美国黑人社会地位、政治地位、经济地位有了很大改观。最显著的标志是黑人还当上了总统，应该说，这不是上帝赐给他们的权力，而是他们自己争取的权力，这是出于一种对理想的追求。从社会形态方面来看，从原始社会、奴隶社会、封建社会，到资本主义社会，人类也是通过不断的探索，不断的追求，实现了不断的进步。应该说，每一个社会形态，对前一个社会都是一个进步，马克思、恩格斯在前人的基础上，科学分析了人类社会发展的规律，提出了从资本主义到社会主义，实现共产主义的远大理想，马克思在共产党宣言里，既揭露了资本主义的腐朽落后，社会主义必然要代替资本主义，但是也在很大篇幅讲了资本主义的政治体制，相对于封建主义，带动了社会快速发展。但由于资本主义自身的结构性、机制性的矛盾，所以社会主义必然要代替资本主义，最终达到共产主义理想，这应该是人类社会发展的宗旨。需要多少年、多少代人的不懈追求才能达到的。这也是一种理想，或者是一种梦想。那么，在自然界更不乏美梦成真的案例。举个简单的例子，一个嫦娥奔月，大家都知道，古人在凝望夜空，举杯邀明月时，产生无限的遐想，月亮这么高，这么美丽，里面有吴刚、桂花树、玉兔？到了60年代，当美国航天员阿姆斯特朗乘坐阿波罗号飞月，当他的脚第一次踏上月球表面，在月球上留下人类第一个脚印的时候，可以说，嫦娥奔月得到实现，当然，他看到的月球远远不是人们看到的端着酒杯、看着夜空的那个月球，而是我们实实在在看到的月球。还有法国的科幻学家凡尔纳当年写了一部《海底两万里》的科幻小说，吸引了多少人对深蓝色

的大海产生了无限的遐想。但是通过一百多年以来努力，我们看到各种潜艇在海底遨游，特别是前一段时间，我们的蛟龙号潜艇下沉到世界海底的最底层，探索海底的奥秘。《海底两万里》科幻小说给我们带来的是科学幻想，幻想其实在这里是一种理想与梦想变成现实，所以说理想和梦想是有可能实现的。所以，正视人类，怀揣梦想，不断追求，不断创造，才使科学越来越发达，社会越来越进步，人们的生活也越来越美好。正所谓希望相随，有梦？

一、中国梦

1. 中国道路

习总书记在讲话中对中国梦的阐述是实现中华民族伟大复兴是近代以来中华民族最伟大的梦想，这里有一个关键词，叫复兴，为什么叫复兴？我觉得，在这里我们有必要简要地回顾一下历史，大家都知道，世界上有四大文明古国，古代中国、古代埃及、古代印度、古代巴比伦。几千年过去了，四大文明古国只有中国健康地存在。虽然还有埃及、印度这些国家，但是无论从文化传承到人种传承上，跟过去完全不同。所以，只有中国五千年来一直传承，在过去五千年的大多数时间里，中国一直是世界上最繁荣、最发达的国家。有学者研究，在北宋时期，大概在公元一千多年左右，中国的GDP占世界总GDP的3/4。大家都看过清明上河图，就是反映当时北宋时期都城河南开封繁华的景象。当时，开封人口已经超过100万，除了开封，世界上没有一个国家超过20万的，所以，中国是相当繁荣发达的。从清明上河图看，其实资本主义的萌芽，在宋代还不是萌芽，应该是相当发达。有人算过，600年前世界上的300项最重要发明创造，中国占了175项，将近60%，即使是到了清代中期，中国的GDP还占到世界的1/3左右，所以说，中国在几千年来一直是世界上最繁荣、最发达的国家，但是到了后来，不断地衰落，不断地沉沦。西方是从公元400多年开始到公元1500多年左右，在欧洲历史上中世纪叫黑暗时期，非常的落后，也非常的残暴，我们知道的伽利略等科学家都被宗教迫害。但是到了15世纪，欧洲产生了文艺

复兴运动，到了 18 世纪，又产生了以卢尔泰、卢梭等一批先驱者发动了启蒙运动。这是相对于中世纪黑暗时期一种伟大的思想解放运动，它极大地解放了欧洲人民的思想，同时也极大地解放了欧洲的社会甫　力，所以后面才有资本主义、近代资本主义的发展，才有了工业革命与发展，再加上西方的殖民主义。所以说西方，特别是欧洲一跃成为世界的主宰，控制世界的经济、社会，甚至是思想。而中国在清朝政府的统治下，对外闭关锁国保守，对内残酷统治，不断衰落，以至在两次鸦片战争，还有中日甲午战争，列强入侵，山河破碎，民不聊生，一直跌入到半殖民地半封建的深渊，中华民族进入了一个非常悲惨的境地。在这种情况下，无数志士能人揭竿而起，喊出了驱除挞虏，振兴中华的响亮口号。经过浴血奋战，前仆后继，终于推翻了清朝的统治。以毛泽东为代表的中国共产党人把马克思列宁主义与中国的实践相结合，再经过 28 年的艰苦奋斗，终于赶走了日本帝国主义，推翻了蒋家王朝，创造了人民当家做主的新中国。

在 20 世纪 70 年代，以邓小平同志为代表的中国共产党人顺应历史发展的趋势，克服了过去左的错误，提出了解放思想，改革开放，带领中国人民走上了中国特色社会主义的道路。30 多年来，随着改革开放的不断深入，中国的经济实力快速增长，社会不断进步，人民生活水平大幅提高，中国的国际影响力大为增强，中华民族在走向复兴的道路上迈出了坚定的步伐。但是我们也要清醒地认识到，离中国梦的具体要求：国家富强、民族振兴、人民幸福，我们还有很大的差距，还有很长的路要走，虽然我们的经济总量到了第二，但如果按人均算，我们还在世界中下水平。我们国内不可否认还有不少问题，比如说体制不顺，经济发展质量不高，资源环境压力加大，社会上各种矛盾日益突显。在国际环境上，更加险峻。大国之间的竞争、博弈更加激烈，周边环境日趋恶化。要实现中华民族复兴梦，必须坚定信心，同时脚踏实地，一个一个困难去克服。按照"十八大"描绘的蓝图，到 2020 年，即共产党成立 100 周年之际，全面建设小康社会，到新中国成立 100 年，大概 2050 年左右，建成富强民主文明和谐的现代社会主义国家。到那时，我们可以骄傲地说，中华民族伟大复兴梦基本实现。

实现中国梦是项伟大的历史工程，习总书记在讲话中提到实现中国梦要坚持走中国道路，要发扬中国精神，凝聚中国力量。我认为中国道路、中国精神、中国力量，这是实现中国梦的三大根本保证。中国道路就是中国特色的社会主义，这条道路来自于 30 多年改革开放的实践，来自于 60 多年的不断探索，来自于近代 100 多年历史深刻总结，也来自于中华民族 5 000 年历史的传承。实践证明这条道路是实现中国梦的唯一选择。我们必须进一步坚持中国特色社会主义的理论自信、道路自信、制度自信。那么中国特色社会主义道路，我认为其核心要素：在政治上，共产党领导，多党合作，人民当家做主；在经济上，坚持公有制主体地位，多种经济成分共同发展。应该承认，到了今天，我们的政治、经济发展中还存在很多问题，还有大量需要完善的地方。但是，我们要知道，无论是 30 年，还是 60 年，在人类发展历程当中只是短暂的一瞬间，我们不可能在短时间内做到尽善尽美。但只要方向对，坚持不懈，我们的目标就一定能够达到。

当前，中国社会处于重要的转型期，社会上各种思潮十分活跃。主要有两种思潮：一种是全面否定改革开放 30 多年的成就，认为是搞资本主义，甚至怀念文化大革命，鼓吹再来一次文革。应该说，文革这 10 年对中国的政治、经济、文化及社会的伦理道德的破坏是年轻人难以想象的。"文革" 10 年将中华民族复兴的进程至少向后退了 30 年到 50 年，如果文革没有结束，我今天也不会在这里给大家上党课。可以想象没有改革开放，没有 "文革" 的结束，中国是什么情况。另外还有一种思潮就是鼓吹中国要全面西化。全面学习西方，在政治上搞三权分立，多党制，经济上实行自由资本主义，把中国说成没有民主的专制国家。对此，我从西方发达国家、发展中国家和中国的历史现实谈谈我的理解，先说西方发达国家，大家都知道，西方政治起源来自古希腊的城邦制，古希腊并不是一个国家，而是若干的城邦，一个城邦几千人，这就是相对于我们说的国家，在古希腊众多的城邦当中，属于真正的公民能行使民主权利的在城邦人口中只是很少数，而大量的奴隶并没有这个权利，特别是到了罗马帝国以及以后长达千年的中世纪黑暗时期，希腊时代那点可怜的民主已经一步一步地消失至荡然无存。到了文艺复兴以后，直至以后的启蒙运动，民主的概念又一步一步地复苏。甚至逐步地系统化。从18世纪启蒙运动到今天，300多年，西方的民主是否很完善？并不是很完善，相当多的国家到了50～60年代，妇女和黑人才有了选择的权利。所以，马丁·路德金在63年还在高呼我有一个梦想，就是靠斗争来的。而且是一个历史发展过程。所以，更不用说在民主选举当中存在大量的金钱、政治的弊端。另外，多党轮流上台，造成效率低下，也是很大的问题。所以说它也不是民主天堂，但是他也有先进之处，也有值得我们借鉴的东西。西方的发达不仅仅是他们的政治制度造成的。西方的殖民主义，创造了原始积累，世界发展中国家的发展速度占了整个世界的90%，而发展中国家里实行西方资本主义社会、政治上多党竞选制度的也占发展中国家的90%以上，但是这些国家大多数在60年代反抗殖民主义，各个国家独立解放运动以后逐渐独立的国家。这些国家基本继承了原来的一套思想。从60年代到现在也有50多年了，我们看看大概200多个国家有几个一跃变成了发达国家？我们可以从中国和印度来比较，印度独立是在1947年，我们新中国建立是1949年，当时中国与印度的社会基础、经济基础差不多，人口也差不多，国土面积比中国稍小一点，但是耕地面积比中国大，到现在60多年过去了，印度完全是西方的一套制度，印度的GDP与中国的是1∶3，中国是它的3倍，粮食产量是4倍，是中国贫困人口的3倍，从民主制度上，它是一个种姓国家，妇女的政治地位是非常低下。所以我们通过中国和印度最有典型性、代表性相对比较一致的国家，我们所看到的中国，特别是改革开放30年，中国国民经济高速发展，人民生活水平大幅提高，在所有发展中国家完全是鹤立鸡群，一举掘成。相比发达国家，也是龟兔赛跑，他们基础高，

中国取得的优势并不是天上掉下来的，很重要的一个因素，是我们的道路优势，是符合中国国情的。就如习总书记讲话讲过的，鞋合不合脚，只有脚知道。道路符不符合我们的国情，我们中国人最清楚。我们会继续推动政治、经济、社会各方面的改革，进一步扩大民主，健全法制。这是中国民族复兴的重要的体制保障，必须要做的。

2. 中国精神

中国精神最主要的是爱国主义的民族精神和改革创新的时代精神。

中华民族延绵五千年，生生不息，很关键的就是爱国主义精神的维系。从古至今，多少仁人志士为了国家利益和民族利益，抛头颅洒热血，谱写了一曲曲爱国主义的壮歌，从屈原、岳飞到文天祥、黄继光，这些耳熟能详的名字，激励着一代代中国人。

爱国主义不光表现在对外敌的抵御上，在和平年代，更体现在每一个人的岗位上，兢兢业业，为祖国强盛、民族幸福添砖加瓦。

创新是一个国家民族强盛的动力。中华民族历来就不缺创新精神。创新包括政治、经济、社会、文化等各个领域。中国特色社会主义，本身就是中国最大的创新。邓小平指出，科技是第一生产力。在当今，中国各项发明层出不穷，推动着中国经济的不断发展。

除了上述两种以外，中国精神还有一项非常重要，那就是坚忍不拔的实干精神。愚公移山的故事，很好地体现了这种精神。中国梦，不是想出来的，而是干出来的，是要经过千难万险、长期努力干出来的，只要我们发扬愚公移山的精神，继承中华民族勤劳苦干的传统，子子孙孙挖山不止，中国梦就一定能够实现。中国力量就是中国人民大团结的力量，团结就是力量，人心齐，泰山移。历史反复告诉我们，什么时候民族团结，国家就强盛，什么时候内部分裂，就会造成外敌入侵，山河破碎，生灵涂炭。中国的历史上，这种例子比比皆是。不团结吃了大亏的，甲午战争、抗日战争等就是例证。

实现中国梦的伟大历程当中，我们同样会面临国际上霸权主义、种族的挑衅和国内各种

冲突，我们一定要牢记使命，心往一处想，劲往一处使。凝聚全体中华民族的力量，汇成势不可当的历史潮流，朝着中国梦的目标前进。

总之，我们坚信，只要我们坚持中国特色社会主义道路，发扬中华民族爱国主义精神，改革创新的时代精神，坚忍不拔的实干精神，紧密团结在以习近平为总书记的党中央的周围，汇聚13亿人的力量，一定能让美好的中国梦，梦想成真。

二、热科梦

我们都是热科院人，要结合实际，讲一讲"热科梦"。中国是一个农业大国，13亿人口中，农民占了绝大多数。"三农"问题始终是全党工作重中之重。实现中国梦，关键在"三农"，难点也在"三农"，而热区"三农"又是难中之难。我国热区分布在9省区，约50万平方千米，人口约1.8亿，大多数属于老少边穷地区，经济社会发展落后，农业现代化水平低，农民增收难度大。要实现中国梦，必须实现热区梦，不能拉中国梦的后腿。

热科院作为热带农业科技的国家队，肩负着为热区"三农"发展提供科技支撑的重任，任务光荣而艰巨。要实现热区复兴梦，必然要求热科院自身得到发展壮大，实现热科梦。实际上，热科院本身就是伴随着梦想诞生和发展起来的。50多年前，以何康、黄宗道为代表的一批领导、专家、学者，怀揣发展国家民族橡胶产业，打破帝国主义封锁的美好梦想，告别繁华都市，汇聚宝岛新村，在那里披星戴月，白手起家，搭草棚、开荒山、吃木薯，建立了华南热作两院，经过几十年的潜心研究，终于在北纬18°～24°这一公认的种植橡胶的禁区，种植天然橡胶成功，圆了中国人的橡胶梦，成果也获得了我院第一个国家发明奖，几十年来，一代又一代热科院人在追逐梦想的过程中，前赴后继，执著探索，香蕉梦、木薯梦、香草兰梦，芒果梦，一个个梦想变成现实，谱写了一曲曲动人的青春之歌，为热区发展作出了重要的、重大的贡献。但是，由于历史原因和自然条件制约，热区发展还不快，热区农民还不富，实现振兴热区农业的热科梦的历史重任落到了

我们这一代人身上。我们要继承老一辈热科人无私奉献、艰苦奋斗、团结协作、勇于创新的精神，立足海南广东、服务全国热区、走向世界热区，加快建设"一个中心，五个基地"，按照农业部党组的要求，把热科院建成热带农业科技创新的火车头，成果转化应用的排头兵，优秀科技人才培养的孵化器，为实现我国热区振兴，提供强有力的科技支撑，这就是我们的热科梦。

近几年，在农业部党组的正确领导下、和相关司局的大力支持下，在全院职工的共同努力下，热科院各项工作取得了新的进展，科技创新能力不断提升，人才队伍不断壮大，科研生活条件不断改善，服务"三农"活动不断深入，全院呈现出朝气蓬勃的良好发展态势。如何实现热科梦？这两年的工作会议都有具体安排。院里专门出台了"科技创新能力提升行动"计划，从工作思路、工作重点、工作目标、保障措施等各个方面都做了全面系统的规划。

今天重点讲两点，一是如何搞好科研，二是如何搞好思想政治工作。

首先谈谈科研。科研工作是全院中心任务，全院各项工作都要围绕科研这个中心任务展开。科研工作中普遍喜欢用一个词叫：学科建设。实际上，这个词是从高校套用过来，并不完全切合科研单位的实际情况。科研工作实际上包括了科学确定单位的研究领域、研究重点和研究目标，合理的配置不同研究层次和研究力量，强化研究过程的管理和服务，促进出成果、出人才、出效益。这么一个全过程。首先，确定科研领域、重点和目标，我们的依据是什么，党中央国务院确定的科技工作方针是经济建设必须依靠科学技术进步，科技工作必须面向经济建设，热科院的研究重点必须来自热区农业农村经济发展和农民增收的客观需求，这就需要我们的科技人员真正深入热区，深入生产一线，实际调查研究。从生产实际的难点中发现科学技术问题，组织力量去研究，研究结果再拿到生产实践中去检验，反复研究、反复实践，最终解决生产实践中的关键技术问题。过去我们老一辈的热科人，下乡调研，自带干粮，坐卡车、坐拖拉机、坐牛车，甚至徒步行走在崎

岖的山道上，这种精神，让我非常感动，但是我也在想，现在条件好了，我们这种精神还有多少，我们应该好好反思。研究工作重点、目标绝不是坐在家里，上上网，查查资料就能搞定的，必须深入到基层一线。为什么有不少同志反映现在许多科研成果没多少使用价值，很重要一点，就是课题不是来源于实践、实际需要，这必然不能产生解决实际问题的成果，这因果关系是清楚的。在确定研究重点、目标时，我认为要注重高、新、特、实四个字。所谓高，就是起点要高，我们是国家队，我们要站在全局的角度去发现问题、研究问题、解决问题；所谓新，就是要有新思路、新方法，不搞低水平重复；所谓特，就是要有特色，从某种意义上说，特色也是优势，热带作物对大作物来说，是小作物、小产业，但是它有特色，别人不怎么搞，搞好了，我们就是国内领先，甚至是世界一流；所谓实，就是要实实在在，解决问题，热科院作为产业部门的科学院，不是农科院，不是综合大学，我们存在的价值，在于为生产一线提供先进实用的技术成果，农民是最讲实际的，我们的技术要让农民学得会、用得上、能赚钱，实还有一层意思，就是研究过程要实，科研人员要把主要精力放在实验室，特别是试验地里。现在有少数单位有一种现象，试验室里主要是研究生，试验地里主要是农民工，我们一些课题负责人、研究骨干不知道在忙什么，很难想象，这样的单位能出货真价实的成果。

关于研究层次、力量配置的问题，国际通常将研究工作分类为基础研究、应用研究和发展研究，而国内一般更细化为基础研究，应用研究，应用基础研究，应用技术开发和推广应用。作为国家级的农业研究机构，我们的研究定位和力量配置主要应该在应用研究，包括产品研究这个层次，并适当向两头延伸。在课题配置和人员配备的比例，我随便叫一个比例：2：6：2，这个6里面，还有很多同志做服务三农，做成果开发这方面的工作，但是必须有一个是适当的比例，不能一窝蜂地都去搞基础，也不能都不搞，都不搞就不是国家队，体现不出、达不到国家的要求，在基础研究方面主要是应用基础和基础性工作，所谓应用基础，不

是为理论而理论，而是研究结果能够应用于后续的研究当中。作为国家队，必须部署一部分力量从事应用基础研究和基础性工作，为应用技术研究提供理论基础和技术后劲，并参与国际热作科技的合作与竞争。我院一些应用基础研究项目很有价值。但是我们也要客观分析、合理布局，不要赶时髦、跟风，例如分子生物学领域，一大热门是基因组计划，我认为，在热作领域，挑选个别的、有代表性的作物搞基因研究室有必要的，如正在搞的木薯基因计划。要实事求是，根据需要和我们的实力。

最后，谈谈对科研工作结果评价的问题，涉及考核指标的问题。设定合理的考核指标，是建立有效的奖惩机制，调动科技人员的积极性，推进科研工作的重要手段。指标的设定一定要符合科技工作的客观规律。科学研究是一个探索的过程，也是一个由量到质的积累过程，不可能凭主观愿望确定成果，我们看重的是研究方向是否正确，技术路线是否对头，研究过程是否扎实，研究阶段性成果是否有足够的积累，到了一定的火候，成果就一定会出来。我们要搞重大成果的培育计划，就是到了一定火候时，要加快成熟，加快形成最后的成果。要在科学分析前期工作的基础上，确定经过努力，才能达到的指标，不能太高或太低。

下面讲讲思想政治工作，习近平总书记指出，实现中国梦，必须走中国道路、弘扬中国精神、凝聚中国力量，实现热科梦，必须加强思想政治工作，为实现热科梦提供强有力的思想、组织、作风保障，具体来讲，要走对道路、带好队伍、树好风气，凝聚力量。这是我们从事党的工作的同志的重要职责。

走对道路，就是要坚定不移地走中国特色社会主义道路，要加强学习与宣传教育，进一步增强落实党中央、国务院的方针政策和农业部党组的工作部署的自觉性，确保全院在思想上、行动上与党中央、国务院和农业部党组保持高度一致。

带好队伍，就是要贯彻党管干部、党管人才的方针，按照德才兼备，以德为先的原则，选配好各级领导班子，坚持干部教育监督管理，造就一支思想素质过硬，工作能力强，群众信

任的干部队伍。同时，要建设一支思维活跃、创新意识强、学风优良，结构合理的科技人才队伍，特别要加强领军人才的选拔和培养，这对热科院特别重要，要培养造就一批具有国际视野和战略思维，有深厚理论素养和扎实的科研实践功底，能够带领科研团队，攻克热带农业科技的重大难题，并在国家农业科技领域乃至世界同行中，享有重要话语权的帅才。

树好风气，就是要加强作风建设，领导干部要带头执行党的纪律和国家法律法规，建立健全并严格执行院内、所内各项规章制度，自觉抵御来自各方面的诱惑；就是要维护党的先进性和纯洁性，自觉抵制和坚决扫除官僚主义、形式主义、享乐主义和奢靡之风，这也是我们群众路线教育实践活动的一个重要目标，要在全院上下形成人人廉洁自律、风清气正的良好局面。树好风气，在我们科研单位，还要树立良好的学术风气，要继承和发扬老一辈热科人的传统，尊重科学，激励创新，讲求实效，坚决抵制虚假浮夸，华而不实的不良风气，创造良好的科研和人文环境。

凝聚人心，就是要用美好的中国梦、热科梦凝聚全院职工的人心，热科院的发展壮大，依靠全体职工的共同努力，为了这一共同的事业，为了共同的理想，全院上下要团结一心，心往一处想，劲往一处使，领导班子内部要团结，单位内部要团结，单位之间要团结，人与人之间要团结，要抛弃私心杂念，门户之见，放宽胸襟、胸怀大局，只有这样，才能汇成一股强大的力量，去实现我们的美好梦想。

总之，实现热科梦，是每个热科人的美好梦想，更是热区梦、中国梦的必然要求，圆梦的道路，漫长而崎岖，但路就在脚下，让我们在党中央、国务院和农业部的正确领导下，在院所领导班子的带领下，怀揣梦想，一步一个脚印去实现，就一定能实现美好的热科梦，为实现热区梦、中国梦作出应有的贡献。

三、我的梦

大家可能注意到，最近中央电视台全国征文《我的梦 中国梦》比赛，希望大家关注，各单位怎么安排、考虑考虑。这里说我的梦特

指我的，也指泛指每一个我、我们。每一个我都有自己的梦，正是这些千姿百态梦，才能构成美轮美奂的世界，前面讲到的中国梦、热科梦，只有进入每一个我的梦境，成为每一个我的自觉追求才能最终实现，同样每一个我的梦都是一滴水珠，只有将它汇入到热科梦、中国梦的滚滚洪流才能体现人生的价值，才能得到质的升华。

梦是有阶段性的，一个人在人生不同阶段会有不同的人生梦想，同样梦也是有层次的，有小梦有中梦有大梦，不同层次的梦都不一样。

比如说小梦，这个地方我们可以说有各种各样的，比如说我们都希望我们自己工作顺利，收入上能达到小康，咱们不能个个都梦想能成为亿万富翁，但是，衣食无忧，还有点理想，可以干点自己想干的事，我觉得人生对大多数人来说人生足矣。还有家庭的幸福，没有结婚的女孩子希望找个好老公，男孩子希望找个好老婆好媳妇。结了婚的希望夫妻恩爱，小孩聪明漂亮，老人健康快乐能够安度晚年，这些都是很美好的也是实实在在的梦，或者叫梦想叫愿望，我想这个很正常，都是必要的。我们不可能说一天到晚就想国家大事，吃不吃喝不喝的都无所谓的，我想那是少数极少数的那个特殊的人才，大多数我们衣食住行这些必需的这些希望愿望都正常的。

中国梦是更上一个层次的，比如说我们都希望热科院事业发展，硕果累累，对热区、三农对整个社会的贡献越来越大，当我们走出去或出差也好，人家问你是哪的，我们可以拍着胸脯说我是热科院人，我骄傲。

大梦，我们都希望国家越来越强大，老百姓生活越来越幸福，中华民族在世界上受到更多的尊重，对外国人我们可以拍着胸脯说我是中国人、我骄傲。当然作为共产党人我们还有更远大的理想，那就是实现共产主义，世界大家庭，没有战争没有饥饿，没有剥削没有压迫。同住地球村同是一家人，相亲相爱直到永远这么一个美好的前景，这是我们的终极追求。

说到这可能有些同志会问：说了半天那书记你到底有没有梦呀，你做了什么样的梦？我想在这里和大家聊聊我自己的梦。我出生在50

年代中期，一个小知识分子家庭，在我稍微知事的时候，赶上三年自然灾害时期，我当时懵懵懂懂的梦想是每天能吃一顿饱饭，这就是我当时的梦想。到了上小学，60年代初期我们党经过反思，国民经济进入恢复调整时期，情况有所好转，基本上可以能吃饱没问题了，加上营养不良想吃饱想吃好，什么时候能每天吃顿肉这是我当时的追求梦想，当时60年代学雷锋，老师问"你说怎么学雷锋"。我说"天天有肉吃人人都是活雷锋"，结果可想而知被一顿臭骂，好在我父母也是老师，但我现在想我那句话是有道理的，符合政治经济学的基本原理，叫经济基础决定上层建筑。那时候不懂，解决了肚子问题再说，当然现在我们不是想着每天吃肉，现在大家担心的是脂肪肝，发愁营养过剩。但是从另一层面来说，说明社会进步，总比天天没吃的好，脂肪肝的问题可以加强运动锻炼锻炼，或采取别的办法去注意解决，整个社会四五十年大变化。小学毕业后，赶上"文化大革命"，好不容易高中毕业又赶上山下乡，当时广阔天地大有作为，希望我们扎根农村干一辈子革命，我说心里话压根没想一辈子扎根在农村，作为年轻人在农村这个环境里，建设了解体验农村，锻炼自己还是可以的，一辈子在那干啥。我们去人家并不欢迎，人家那甫队我们去了2个知青，都是直接到村队了的，村里160人只有150多亩地，地本来就紧张，你扎根农村再结婚生子，老百姓人地又少了一半，老百姓并不欢迎，当时想的是什么时候顶替父母，也就是父母退休后政策允许顶替，我好赖是高中毕业，可以顶替当个小学教员，就是这么个想法。当然说实在的我还算是个热血青年，在当时那个环境下没有完全沉沦下去消极下去，还看看书，还关心国家大事，大家还是希望国家富强人民生活更好。我记得1976年毛泽东去世，我也是悲痛万分，既悲痛又热血沸腾，马上跟大队党支部写入党申请书，决心要继承主席遗志为共产主义奋斗终生，然后到了1976年底征兵我写了一篇长诗，作为入伍征兵书交给部队首长，首长看了很高兴，这小子不错，有文化，在四川我个子算比较高，是个当兵的材料。最后体检都过了，结果还是没去成，这可

以说是我这辈子最大的遗憾。

在1977年恢复高考，填高考志愿报的院校稀里糊涂，不知道分数也不知报什么，报的大多是国防军事院校，什么哈军工，大家知道这是全国最有名的院校，当然后来还有国防科技大学、镇江船舶学院等，后来阴差阳错被录到农学院。毕业后分配到农业部科技局，从此命运将我自己与中国农业科技联系在一起。

当时80年代初我们国家正走向改革开放的康庄大道，科技界迎来一个阳光明媚的春天，广大农业科技人员积压了很久的热情像火山一样喷发出来。作为一个初入门的年轻人，我的心中也洋溢着使中国农业科技赶超世界先进水平的美好理想，在党的教育培养下、老同志言传身教下，自己一直秉承一个信念，虽然自己不能亲自在农业科技一线战斗，但一定要为科研人员做好服务。小平同志在全国科技大会上有两句话可以说影响了我的整个工作生涯，小平同志一句是科学技术是第一生产力，第二句是我给你们当好后勤部长。一晃30多年过去，不论是当科员还是当处长、司长、院长、书记，我都始终记着这两句话并贯穿到自己的全部工作中。很高兴看到30多年来我国农业科技发生了翻天覆地的变化，年轻的同志可能感觉不到，我当过知青了解，当时水稻亩产400斤左右，小麦就两三百斤左右、玉米也就两三百斤，当时中央提出的宏伟目标是过黄河跨长江，所谓过黄河就是黄河流域中原一带，粮食亩产要达到500斤，过长江是长江流域，要达到800斤，长江是双季甚至还有三季，那么费了很大劲战天斗地修大寨田也没达到，但到了现在我们看黄河流域单季小麦，一般都能达到七八百斤，甚至不少全县达到近千斤，玉米也一样。在长江流域水稻千斤轻而易举，甚至双季加起来有过吨的，这个变化多大，我们很多地方领域都一样，包括我们东北过去低产，东北三江平原治理，现在水稻玉米过千斤的比比皆是，正因为如此包括我们热科领域30多年来水平大大提高，在座的同志比我感受更深，正因为如此在耕地面积大大减少的情况下，我国粮食产量连续上了几个台阶，从当年的严重短缺到供需平衡，有余，真正解决了中国13亿人口大国的粮

食问题，很好地回答了美国学者奈斯特布朗博士提出的谁来养活中国的疑问，世界是一片忧虑，中国 13 亿人怎么得了，你要进口粮食全世界的粮价都给你拉起来了，更有多少人要饿死，谁来养活中国人？我们用我们的行动响亮地回答：我们能养活中国人而且养得越来越好。我也经常出国考察交流。通过观察，中国的农业科技在一些领域，比如说大田领域在产量上已经达到世界领先水平，每当想到这些，心中油然生起作为中国农业科技人的自豪。当然 30 多年一晃过去转眼间快到退休，这个时候我想我的梦想是什么？是中国农业科技事业后继有人，一代比一代强，继续创造人间奇迹，为 2020 年整体中国农业科技进入世界先进水平，为全面建设小康社会继而实现中华民族伟大复兴能够作出贡献，那么我自己也会在剩下的工作时间以及退休后继续发挥余热，为中国农业科技的发展贡献自己的微薄之力。

接下来谈谈泛指的我、我们的梦。有梦很美，圆梦更美，圆梦的过程更美。要想使梦想成为现实，关键要行动，如何行动具体不讲，我就从做人做事讲讲。

首先要做人。中国祖先太聪明，我越琢磨越骄傲，"人"字大家看看，一撇一捺，这个代表什么，一个叫"直"、一个叫"实"，所谓直腰杆挺直，头顶蓝天；所谓实，两腿分开，脚踏实地，站得稳，两条腿并起来就是一，风刮不倒。又比如说"好"字，"好"就是女加子，女子就好这是对女同志的尊重；还有"男"字，田加个力，就田里干活的是个"男"；还有个字"坏"，这边个土那边个不，粪土不入就叫"坏"，中国人太聪明。如何做人，我们祖先讲了 5 个字，我在农科院上党课，要做个好党员先做好人再说，做人，祖先讲了 5 个字——仁义礼智信。所谓仁，就是仁慈有爱心；所谓义，就是有正义感，有义气不搞歪门邪道；所谓礼，就是有礼节有规矩；所谓智，就是要聪明有知识；所谓信，就是讲诚信，守信用。我觉得要做到这 5 个字仁义礼智信就是好同志。要做好这几个字需要一生的修炼，在此基础上，作为一个共产党员更要有共产主义远大理想，忠实践行全心全意为人民服务的宗旨，努力为我们

热带农业科技事业奋斗拼搏奉献，就是个真正的共产党员，就是个高尚的人，一个纯粹的人，一个脱离低级趣味的人，一个有益于人民的人，这是毛主席在纪念白求恩时讲的。这是做人。

第二要做事。美好梦想像一座高楼大厦，需要一块一块砖垒起来。我们每做好一件实事就是为梦想的大厦增添一块砖头，作为一个科技人员每天都在做科研的事，我们要明确为什么要做这些事。比如说环植所搞椰心叶甲研究，就是因为椰心叶甲对椰子树毁灭性的害虫，而且常规的方法化学防治很难奏效，还造成环境污染，那就需要采取生物防治方法，通过筛选出姬小蜂等天敌进行示范，从而达到防治的目的。只要目的明确，工作就有方向，工作就有劲头，就能达到良好的经济效益和社会效益，为社会服务为工作服务，如果仅仅为科研而科研，混口饭吃，那层次太低，这样的人不可能搞出啥科研成果。怎样做事，我认为很关键。我刚才讲明确目的要认真，毛主席讲了世界上就怕认真俩字，共产党员最讲认真。习总书记说空谈误国，实干兴邦就是要我们实实在在地、脚踏实地、认认真真地去做，还要坚持不懈，耐得住寂寞，积小成大积少成多。前进的道路并不是一帆风顺，也可能有挫折有失败，但贵在坚持，咬定青山不放松，风雨过后是彩虹，科研工作也一样。要做好事实事必须不断提升自己能力。书山有路勤为径，学海无涯苦作舟。时代在发展科技在进步，知识更新的速度越来越快，一步赶不上就步步赶不上，你就 OUT 了。所以我们搞科研的，要出新成果要取得新的成就，就要解决甫　过程中新的难题，必须不断地加强学习，学习新的理论新的技术，不断地充实自己提升自己的能力，这样你才能适应时代的需求，另外学习只要有目标有兴趣，一天 24 个小时总会抽出点时间学点东西，除了学新的科学知识外，我觉得作为社会人，我们相当有层次的人至少都大学毕业生，也要多抽点时间学社会历史人文各个方面的东西，这样我们才能达到丰富自己陶冶情操的效果，不能靡念丧志，花点时间好好学点东西。

人生是美好的。让我们珍惜这短暂的人生，怀揣美好的梦想，去追逐美好梦想，感受人生

的美好，实现人生的价值。当我们快走到人生终点的时候，我们可以欣慰地说，我努力了！我奋斗了！我这一生值了！

发挥党的各项工作优势
为热带农业科技事业创新发展提供坚强保证

——在纪念建党92周年"七一"主题报告会上的讲话

王庆煌　院长

（2013 年 6 月 28 日）

同志们：

围绕我院的中心工作，就如何进一步发挥党组织和党员的积极作用，我讲几点意见：

一、充分肯定全院党的工作成绩

特别是院校分离以来，全院各项事业发展取得的成绩，与不断加强和改进党的建设、切实发挥党组织政治核心作用和战斗堡垒作用是密不可分的。各级党组织始终是推动热带农业科技事业前进的坚强核心，广大党员始终是促进热带农业科技创新、成果转化和人才培养的中坚力量。

二、加强思想引领，积极追求"热科梦"

一是切实发挥党组织的优势，引领广大干部职工牢固树立"热科梦"。作为热带农业科技的国家队，在践行"中国梦"当中追求"热科梦"，是我们不断传承何康老院长、黄宗道院士等老一辈开创的热作事业的创新体现，是我院立足海南、广东，服务中国热区，走向世界热区的理想抱负，也是全体热科院人的奋斗目标。要让"热科梦"成为全院职工矢志热带农业科技事业的不竭动力，成为投身热区"三农"发展的精神支柱，成为致力建成世界一流热带农业科技中心的坚强支撑。

二是为实现"热科梦"凝心聚力。各级党组织要教育、引领、激励广大干部职工将"热科梦"内化为个人的工作理想和岗位实践，继续弘扬"无私奉献、艰苦奋斗、团结协作、勇于创新"的"两院"精神，励精图治、胸怀高远、团结协作、攻坚克难，在个人梦与"热科梦"的融合过程中施展才干、体现价值。

三、充分发挥党组织的政治核心、
监督保障和战斗堡垒作用

实践证明，一个领导班子团结有力、科技职工奋发向上的单位，他的党组织必然是中坚有力的堡垒，能够发挥强有力的政治核心和监督保障作用，否则相反。希望各级党组织在以下三方面充分发挥作用：

一是坚持政治引领，增强发展自信。各级党组织在带领党员干部职工坚持中国特色社会主义道路自信、理论自信、制度自信的同时，要发挥思想、组织工作优势，为院的发展内聚人心、外树形象，既要增强发展的紧迫感、使命感和责任感，也要增强对事业美好未来、院所美好前景的自信。

二是加强队伍建设，强化监督保障。各级党组织要切实发挥监督保障作用，一方面要善于抓班子、带队伍、出人才，加强"科技创新、运行管理、技术支撑"三支队伍的能力建设；另一方面要督重点、促落实、出成果，形成发现问题、解决问题、落实工作的良性互动局面，确保单位职责履行、各项重点工作取得实效。

三是构筑"爱岗敬业、勤俭从政、廉洁从业"的风险防控体系。各单位党组织要增强风险意识，从体制机制上堵塞各类风险漏洞。按照"决策、管理、执行、监督"运行体系建设的要求，完善院纪检监督系统建设，院层面要发挥院纪检组的监督作用，各单位要完善内部纪检监督的制度措施，加强对重大项目、重点领域和关键环节的监督力度，切实提升科研经费使用的安全性和有效性，确保各项工作高效规范运行。

四、围绕热带农业科技创新，加强新形势下党建工作

一是坚持围绕中心、服务大局、促进创新。要把全院党的工作体系和监督体系纳入到热带农业科技创新体系之中一同部署、一同推进、协调发展，为"科技创新能力提升行动"提供强有力的保障。要有针对性地开展干部职工尤其是科技人员的思想教育，引导他们进一步树立大局意识、创新意识、服务意识；要以重大成果产出为导向，站在国家战略、产业升级、农民增收的大局去凝练科研目标、组织科研立项、协同创新攻关，争取重大突破，不断提升热带农业科技的影响力、话语权和显示度，真正做到"有为才有位"。

二是强化党组织服务科研一线、服务基层、服务群众的职能。建设"学习型、服务型、创新型"党组织，要求各级党组织和党员干部不断改进工作作风，密切联系群众，下一步要把党的群众路线教育实践活动与大力实施"热带农业科技创新能力提升行动"紧密结合起来，不断提升热带农业科技创新、支撑产业发展的能力水平。

三是加强院所创新文化建设。要将创新文化建设作为"科技创新能力提升行动"的重要组成部分，努力营造"尊重知识、尊重人才、潜心研究、鼓励探索"的创新文化氛围，不断完善考核评价制度、大力实施民生工程，激发广大科技职工的创造热情与创新活力。

同志们，在新的历史起点上，我院要认真贯彻落实党的"十八大"精神等一系列重大部署，凝聚全院职工的智慧与力量，进一步发挥热带农业科技创新的"火车头"、成果转化应用的"排头兵"和培养优秀科技人才的"孵化器"的作用，以扎实的作风和不懈的努力，加快推进"一个中心、五个基地"的建设。

落实中央和农业部各项部署要求以务实作风扎实推进教育实践活动

——在党的群众路线教育实践活动动员大会上的讲话

雷茂良 书记
（2013 年 7 月 15 日）

同志们：

根据党的"十八大"会议精神，中共中央政治局 4 月 19 日召开会议，决定从今年下半年开始，用一年左右时间，在全党自上而下分批开展党的群众路线教育实践活动。中央政治局带头开展党的群众路线教育实践活动。6 月 18 日中共中央在北京召开了党的群众路线教育实践活动工作会议，对全党开展教育实践活动进行部署。7 月 5 日下午，农业部召开党的群众路线教育实践活动动员大会，学习贯彻党的"十八大"精神、中共中央《关于在全党深入开展党的群众路线教育实践活动的意见》和习近平总书记的重要讲话精神，正式启动、全面部署农业部教育实践活动。农业部党组书记、部长、农业部党的群众路线教育实践活动领导小组组长韩长赋出席了会议并作重要讲话。

按照中央和农业部的部署要求，院党组对我院党的群众路线教育实践活动及时进行了研究，制定了《实施方案》。今天召开这个动员大会，正式启动、全面部署我院教育实践活动。院党组带头开展，具体到每个单位，原则上要求在本周内全面启动。集中教育时间不得少于 3 个月，一般在 10 月中旬基本完成。活动分为 3 个环节，不分阶段、不搞转段，重点抓好 14 个步骤。不折不扣地贯彻落实中央和农业部的部署要求，扎实有效地推进我院教育实践活动。

一、切实提高认识，统一思想行动

党的"十八大"明确提出，围绕保持党的先进性和纯洁性，在全党深入开展以为民务实清廉为主要内容的党的群众路线教育实践活动，这是新形势下坚持党要管党、从严治党的重大

决策，是顺应群众期盼、加强学习型服务型创新型马克思主义执政党建设的重大部署，是推进中国特色社会主义伟大事业的重大举措。

人民群众是党的力量之源，群众路线是党的生命线和根本工作路线。得民心者得天下，失民心者失天下。人心向背关系党的生死存亡，没有人民的支持，党将一事无成。这就是为什么中央反复告诫"马克思主义执政党的最大危险是脱离群众"，反复强调"必须始终保持党同人民群众的血肉联系"。正如习近平总书记在党的群众路线教育实践活动工作会议上讲话中指出："开展党的群众路线教育实践活动，是实现党的"十八大"确定的奋斗目标的必然要求，是保持党的先进性和纯洁性、巩固党的执政基础和执政地位的必然要求，是解决群众反映强烈的突出问题的必然要求"。

习近平总书记在中央党的群众路线教育实践活动工作会议上的重要讲话，从贯彻党的"十八大"精神、坚持和发展中国特色社会主义的高度，从实现党的执政使命、奋斗目标的高度，深刻论述了开展教育实践活动的重大意义，精辟阐述了教育实践活动的指导思想、目标要求和重点任务，具有很强的政治性、指导性和针对性，是全党深入开展教育实践活动的基本遵循和纲领性文件。全院各级党组织和广大党员，首先要认真学习、深刻领会习总书记讲话精神，充分认识开展党的群众路线教育实践活动的重大意义，把思想和行动统一到中央的总体部署和要求上来，统一到习总书记的重要讲话精神上来，统一到院的具体部署上来，进一步转变作风，进一步密切党群干群关系，进一步树立为民务实清廉形象，以强烈的责任感使命感，以务实的作风扎实开展好教育实践活动，为实施"三大工程"和实现"一个中心，五个基地"的目标任务，提升热带农业科技创新能力提供有力的作风保证。

二、把握中央部署，确保活动实效

确保活动取得实效，关键是要牢牢把握中央部署，重点是要把握好五个关键环节，确保活动不虚、不空、不偏、不走过场。

一要牢牢把握总要求，以整风精神搞好教育实践活动。习近平总书记在教育实践活动工作会议的讲话中指出，教育实践活动要着眼于自我净化、自我完善、自我革新、自我提高，要借鉴延安整风经验开展教育实践活动，以整风精神开展批评和自我批评，以照镜子、正衣冠、洗洗澡、治治病为总要求。

照镜子，主要是以党章为镜，对照党的纪律、群众期盼、先进典型，对照改进作风要求，在宗旨意识、工作作风、廉洁自律上摆问题、找差距、明方向。正衣冠，主要是按照为民务实清廉的要求，勇于正视缺点和不足，严明党的纪律特别是政治纪律，敢于触及思想、正视矛盾和问题，从自己做起，从现在改起，端正行为，自觉把党性修养正一正、把党员义务理一理、把党纪国法紧一紧，保持共产党人良好形象。洗洗澡，主要是以整风的精神开展批评和自我批评，深入分析发生问题的原因，清洗思想和行为上的灰尘，保持共产党人政治本色。治治病，主要是坚持惩前毖后、治病救人方针，区别情况、对症下药，对作风方面存在问题的党员、干部进行教育提醒，对问题严重的进行查处，对不正之风和突出问题进行专项治理。

党的群众路线教育实践活动全过程，要贯穿"照镜子、正衣冠、洗洗澡、治治病"的总要求。这"四句话"是相互联系、有机统一的整体，核心是解决问题，密切党群干群关系。我们一定要系统理解、准确把握，落实到教育实践活动每个环节、各个方面。

二要牢牢把握坚持领导带头，率先垂范。6月22～25日中央政治局召开的专门会议认为，发挥领导作用的一项基本要求，就在于要求别人做到的自己首先做到，要求别人不做的自己绝对不做。抓改进作风，必须从中央政治局抓起。中央八项规定出台以来，中央政治局的同志自觉、认真、坚持贯彻执行，在改进调查研究、精简会议活动、精简文件简报、规范出访活动、改进警卫工作、改进新闻报道、严格文稿发表、厉行勤俭节约等方面取得积极成效。这些，都为我们开展教育实践活动带了好头、作了表率。

"火车跑得快，全靠车头带。"领导干部是改革发展的决策者，是各项工作的推动者，更是抓落实谋突破的先行者，坚持领导带头、率先垂范，是我们党开展工作的一条基本经验。各级领导干部权力在手，就是责任在肩，同时还多了一份自我约束。但权力不等于公信力，命令不代表执行力，群众看你怎么说，更看你怎么做。在当今信息高度发达、干部群众民主意识高涨的今天，最有力量的号召、最有力量的要求、最有力量的命令就是领导带头、率先垂范。

这次教育实践活动，重中之重是解决处级以上领导机关、领导班子和领导干部的作风问题。中央政治局带头"自正衣冠"、查改问题，为全党起到了很好的示范。对热科院来讲，院党组、院领导带头，各单位首先是一把手要带头。党员领导干部要带头学习，带头查摆问题、作严肃的自我剖析，带头开展批评和自我批评，带头整改落实。上级带下级，主要领导带班子成员，领导干部带一般干部，以领导干部的表率作用推动教育实践活动的深入开展。

三要牢牢把握集中解决"四风"问题重点任务。中央反复研究，决定把这次教育实践活动的主要任务聚焦到作风建设上，集中解决形式主义、官僚主义、享乐主义和奢靡之风这'四风'问题。习近平总书记强调要把群众反映强烈的"四风"问题作为目标，可谓找准了穴位、抓住了要害。这"四风"是违背我们党的性质和宗旨的，是当前群众深恶痛绝、反映最强烈的问题，也是损害党群干群关系的重要根源。抓住了反对"四风"，就抓住了干部群众的关注点，抓住了活动的着力点。

近年来，我院把贯彻落实党的群众路线作为作风建设的重要内容，组织开展了"百名专家兴百村、百项技术兴百县"、领导干部基层联系点、干部挂职锻炼等系列活动，探索建立深入基层为民服务的长效机制，为促进干部队伍建设，特别是作风建设发挥了积极作用。但是，党员干部中也不同程度存在着"四风"表现，要通过教育实践活动，认真查找问题，深刻剖析原因，拿出可行办法，真正解决问题，不断提升作风建设水平。时间关系，结合我院实际，我这里想着重讲讲形式主义的问题。

中央把教育实践活动聚焦的"四风"中的

形式主义放在了首位，足见其流弊之广、危害之大。作风不正、知行不一、文山会海、花拳绣腿、贪图虚名、弄虚作假……细数形式主义种种表现，都有一个共同特点，"无实事求是之意，有哗众取宠之心"，对群众关心的问题绕着、躲着、拖着，对出名气出"成绩"的事情围着、追着、捧着。都有一个基本特征，"扎扎实实走程序，认认真真走过场"，只讲原则，不拿办法；只要轰动，不计成本；只图虚名，不求实效。难以给上级、给领导留下印象的事不做，形不成多大影响的事不做，看上去不漂亮的事不做，仪式一场接着一场，总结一份接着一份，评奖一个接着一个。总而言之，就是假大空、空对空。

通过教育实践活动，要着重解决工作不实的问题。改进学风文风会风，改进工作作风，真正把心思用在干事业上，把功夫下在察实情、出实招、办实事、求实效上。我这里讲形式主义问题，并不意味着其他三风不重要。客观地说，官僚主义、享乐主义、奢靡之风在我院也不同程度存在。例如一些同志工作作风漂浮，办事想当然，不深入群众，听不进下级和基层群众意见；一些单位公款消费控制不严，甚至为了个人或小团体利益搞请客送礼等等。我们要对照党章和有关制度文件，认真对照检查，切实整改。

四要牢牢把握坚持走群众路线。小平同志指出："一个革命政党，就怕听不到人民的声音，最可怕的就是鸦雀无声。"对干部作风情况，群众看得最清楚，最有发言权。要动员和欢迎人民群众参与教育实践活动，尤其是在民主评议、查摆问题、召开专题民主生活会、整改落实等重要环节，既要开门搞活动，让群众来参与、来监督、来评判，又要真心诚意地积极回应人民群众的关切和期待，实现党内党外互动。要坚持开门搞活动，领导干部必须打消怕丢面子、怕丢选票、怕伤和气。同时也要打消群众提意见怕算账、怕穿小鞋的思想顾虑，采取召开座谈会、个别访谈、上门征求意见等方式，广泛听取群众意见和建议，深入了解群众所需所盼，找准我们工作中、作风上存在的突出问题，明确改进的方向和着力点，确保教育实践活动取得让群众满意的效果。

五要牢牢把握建立健全制度、完善长效机制。深入开展党的群众路线教育实践活动，不但要把群众观念内化于心、外化于行，而且要固化于制。抓住了制度建设，也就抓住了党的群众路线教育实践活动的关键。只有建立健全联系群众的各项制度，才能避免党的群众路线教育实践活动成为一种运动、流于形式，才能使党和群众的密切联系常态化长效化。可以说，制度建设的成果，是判断党的群众路线教育实践活动是否取得成效的关键。

各单位要认真抓好作风建设的建章立制工作，形成制度成果。要梳理现有制度，对贯彻落实群众路线的已有制度，经实践检验行之有效的，要长期坚持下去；不适应新形势新任务要求的，要及时废除或抓紧修订完善。前段时间，院里就贯彻落实中央政治局八项规定制定了实施办法，院和各下属单位要很好地回顾总结，结合这次教育实践活动的要求和反映出来的问题，进一步细化，修订完善。要研究制定新制度，注重总结实践中的好经验好做法，按照中央党的群众路线实践教育活动实施意见和部党组教育实践活动实施方案的要求，立足当前、着眼长远，研究制定和完善一批加强作风建设的制度和规定。要严格落实制度，坚持一手立规矩、定制度，一手抓整改、抓落实，强化制度执行力，用严明的制度、严格的执行、严密的监督，形成加强作风建设的长效机制。

三、扎实推进各个环节，务实完成各项任务

要扎实推进教育实践活动各个环节工作，高质量完成教育实践活动各项任务。

一要扎实抓好学习教育、听取意见。采取理论中心组学习、个人自学、专题辅导、上党课、交流互动等多种形式，组织广大党员、干部认真学习党章、党的"十八大"报告、中央八项规定，学习习近平总书记一系列重要讲话精神，学习、研读《论群众路线——重要论述摘编》《党的群众路线教育实践活动学习文件选编》《厉行节约、反对浪费——重要论述摘编》。特别要注意抓好集中学习，各单位，各基层支部要通过中心组学习，支部学习等方式安排足够的集中学习时间，真正达到吃透有关文件精神，统一思想认识的效果。

二要扎实抓好查摆问题、开展批评。

各单位可通过调查研究，发放征求意见表，开设意见箱、邮箱等方式，组织党员、干部开展"走基层、访群众、听意见"活动，征求党员群众对领导班子、领导干部存在"四风"的意见建议。

每个领导班子、每名党员围绕为民务实清廉要求，对照党章、中央八项规定，坚持群众提、自己找、上级点、互相帮。主要负责同志要同班子成员逐一谈心，班子成员之间要互相谈心，交换看法，互相提醒，查找问题；各级党组织班子成员之间、党员之间，也要开展谈心活动，沟通思想，增进了解和团结。谈话谈心必须真诚以待、言之有物，避免走过场和个人攻击。

召开专题民主生活会或专题组织生活会，以整风精神开展批评与自我批评。要打消自我批评怕丢面子、批评上级怕穿小鞋、批评同级怕伤和气、批评下级怕丢民意等顾虑。自我批评要襟怀坦白，勇于查短板、亮缺点，深入剖析思想根源；相互批评要坚持原则，坦诚相见，真诚帮助同志。无论是批评还是自我批评，都要实事求是、处于公心、与人为善，不搞"鸵鸟政策"，不马虎敷衍，不文过饰非，不发泄私愤，有则改之、无则加勉，不搞无原则的纷争。党员领导干部既要参加专题民主生活会，又要以普通党员身份参加所在党支部的专题组织生活会。

三要扎实抓好整改落实。每个领导班子、每名党员针对"四风"方面存在的突出问题，按轻重缓急和难易程度，明确具体措施，细化工作任务，制定整改方案。整改方案应以对照检查材料为依据，突出对作风问题的整改，注重针对性和可操作性，做到整改目标、具体措施、整改方式、时限要求、责任分工"五明确"，实行一把手负责制，各单位领导班子的整改方案要向本单位职工、服务对象代表公示。同时不折不扣落实整改方案。坚持什么问题突出就着重解决什么问题，什么问题紧迫就抓紧解决什么问题，以整改实效取信于民。

四、加强组织领导，务求成效明显

一要加强领导，精心指导。各级党委（总支）要把开展教育实践活动作为一项重大政治任务抓紧抓好抓实，主要负责同志要承担起第一责任人的职责，亲自挂帅指挥，深入一线、靠前指挥，吃透政策原则，亲自研究策划，把握进度节奏，亲自协调解决关键问题，扎实推进活动开展。各单位要成立相应的工作机构，具体负责本单位教育实践活动的组织实施。要坚持分类指导，在完成"规定动作"的同时，注重差异化要求，不搞"一锅煮""一刀切"。要探索创新"自选动作"，彰显特色，增强效果。

二要务求实效。继续贯彻转变作风的各项规定，有针对性地开展优良作风教育、领导干部正风肃纪、领导干部联系点、机关干部下基层等活动，以好的作风开展教育实践活动，进一步让全院群众看到新变化、新成效。坚持把问题找的准不准、民主生活会质量高不高、部门特色突出不突出、作风转变效果好不好、对工作推动大不大，作为检验教育实践活动成效的重要标准，力戒形式主义，做到"不虚"；着力解决实际问题，做到"不空"；紧紧围绕为民务实清廉，做到"不偏"。

三要营造氛围。大力宣传中央、农业部和我院关于教育实践活动的重要精神和决策部署，积极反映活动进展情况和实际成效，不断创新舆论引导方式，注重正反两方面典型，表彰先进、鞭挞落后，积聚推动教育实践活动的正能量。

四要统筹兼顾。一手抓教育实践活动，一手抓当前改革发展稳定的各项工作。各单位要正确认识开展教育实践活动与完成业务工作目标的一致性，妥善处理好工作与活动的关系，做到围绕中心、服务大局、统筹兼顾、合理安排，做到两手抓、两不误、两促进。通过努力，真正把开展教育实践活动与院中心工作和党员干部履职尽责结合起来，与绩效管理结合起来。通过教育实践活动，提振精神，锤炼作风，轻装上阵，干好事业，切实推进我院各项事业取得新的进展，为热区农业农村经济发展和农民增收作出实实在在的新贡献。

在中国热带农业科学院机关第二次党代会上的讲话

雷茂良　书记
（2013 年 7 月 16 日）

各位代表、各位来宾、同志们：

这里，我再强调几点内容：

一、认真履行职责，提高党建科学化水平

要履行好职责，必须对机关党委的职能定位有一个明确的认识。我认为，应该从两个层面认识机关党委的职能定位。首先，从党的组织机构的角度，机关党委不仅仅是院机关的党委，也是海口、儋州地区院属单位和机关部门共同的党委，机关党委的委员是这些单位的党员代表共同选举出来的，儋州、海口地区的党员组织关系也是由院机关党委统一管理。所以，机关党委应做好对儋州、海口各院属单位和机关各部门党务工作的服务工作。其次，从院的职能部门角度，机关党委是院从事党务工作的职能部门，是院党组的重要工作平台之一，关于党建方面的工作绝大部分由院党组下达给机关党委，以机关党委的名义发文办理。在这个层面上理解，对院属单位党建工作进行指导是机关党委的职责之一，是在贯彻执行院党组的决策决定。

大家要认识到，机关党委是全院党建工作的重要一环，是连接省直工委、院党组和院属单位党组织的重要纽带。各位机关党委的委员们，要认识到自己使命光荣，责任重大，要进一步增强责任感、使命感，履行好岗位职责，为提升全院党建工作的科学化水平作出应有的贡献。

二、认真协调好党的群众路线教育实践活动

今天上午，刚刚召开了全院党的群众路线教育实践活动动员大会，当选的委员们和在座的一些代表，也参加了上午的会议。这里，我强调一点：机关党委在群众路线教育实践活动中要发挥好协调作用。院里已经成立了党群众路线教育实践活动领导小组，并设立了办公室和相关的工作组。组织领导工作，由领导小组负责，大量的协调工作，实际上是落在了机关党委的肩上。机关党委既要将院领导小组的各项决定传达给各单位，又要与部第三督导组保持紧密联系，既要为院的各督导组做好服务，又要协调各工作组开展工作。党的群众路线教育实践活动是当前全院的一项重大政治任务，必须按照中央、农业部、海南省的部署和要求开展好、落实好。机关党委的负责同志一定要理清思路，科学谋划，积极协调，做好服务；机关各部门的负责人要密切配合；各工作组的同志既要做好本职工作，也要拿出时间和精力，完成好教育实践活动的各项任务；各级党委（总支）要把开展教育实践活动作为一项重大政治任务抓紧抓好抓实，主要负责同志要承担起第一责任人的职责，亲自挂帅、深入一线、靠前指挥、吃透政策、亲自策划、把握节奏，扎实推进活动开展，确保教育实践活动各项工作顺利有序开展。

三、认真指导各基层单位党组织的换届工作

今年3月份的党建工作会议明确提出，2013年是我院党组织的换届之年，大部分院属单位党组织任期届满，将在下半年进行换届选举。前不久，院党组也出台了规范换届选举审批的相关制度，今后各基层党组织换届就按照这个程序执行。机关党委要将组织和指导各基层单位党组织换届作为下半年的重要工作，切实抓紧、抓好。一是做好组织工作，根据院党组部署，安排各单位在一个相对集中的时间段进行换届选举，并做好机关各支部的调整工作；二是加强服务和指导，帮助各基层党组织规范选举程序，发扬党内民主，保障党员权利；三是对各单位执行《中国热带农业科学院院属基层党组织换届审批暂行办法》情况进行检查指导，确保换届选举工作依法依规进行。

同志们，今天的大会，是一次胜利的大会，是机关党委的新起点，同时也对机关党委提出了新的要求。希望新一届机关党委、机关纪委的同志们，在海南省直机关工委、农业部直属机关党委和院党组的领导和指导下，围绕中心，服务大局，以党建工作的新成绩推进我院各项工作取得新突破，为实现"一个中心，五个基地"的战略目标作出新的贡献！

深入贯彻落实党的"十八大"精神　全面提高党建科学化水平为促进我院科技事业发展提供有力保障

——机关党委第二次党代会工作报告

孙好勤　机关党委书记

（2013年7月16日）

各位代表，同志们：

受第一届热科院党的机关委员会委托，由我向大会作工作报告，请予审议。报告共分两个部分。

一、过去五年的工作

2008年，第一次机关党代会召开以来，机关党委在上级党组织的领导下，按照中央和农业部党组及海南省委的部署和要求，坚持围绕中心，服务大局，坚持以邓小平理论、"三个代表"重要思想和科学发展观为指导，认真贯彻落实党的十七大、"十八大"精神，全面深入开展了学习实践科学发展观、创先争优、庆祝建党90周年、喜迎党的"十八大"、"中国梦"宣传教育等系列活动，在思想、组织、作风、反腐倡廉和制度建设等方面做了大量工作，取得

了一系列成效。

（一）狠抓理论武装和思想教育，党员干部思想政治素质进一步提升

五年来，机关党委始终把思想政治建设放在党建工作的首位，通过组织开展学习实践科学发展观活动、创先争优活动，大力推动学习型党组织建设，使党员干部的理论水平和思想政治素质不断提高。

（1）深入学习实践科学发展观。组织各基层党组织和广大党员干部分阶段、有计划地开展学习实践活动，做到"规定动作"合要求，"自选动作"有特色，"活动成效"上水平。举办了学习实践科学发展观骨干培训班，引导广大党员干部认真学习科学发展观的精神实质，把握灵魂，领会精髓，在全院掀起了学习科学发展观的高潮。紧密结合热带农业科技进步和院的发展需求，开展"解放思想、创新做事、提升能力、科学办院"的主题实践活动，深入基层开展专题调研，撰写了一批质量较高的调研报告。认真撰写分析检查报告，组织"落实科学发展观，推动整改暨党建工作会议"，开展整改落实"回头看"工作，真正用科学发展观武装头脑、指导实践、推动工作。

（2）扎实开展创先争优活动。机关党委按照"突出主题、明确要求、把握步骤、力求实效"的总体要求，制定活动实施方案，召开动员大会，开展以"承诺兑现"为主要内容的民主评议党员和表彰先进活动。积极参与"创先争优，城乡互联"活动，组织基层党组织，与地方乡镇结对子，以科技帮扶为新的活动载体，拓宽创先争优活动领域，提高创先争优效果。突出服务"三农"主题，我院牵头开展"百名专家兴百村""百名专家连百组"活动，进一步扩大了帮扶的对象和范围。通过创先争优活动，涌现了一批具有先锋模范带头作用的典型，我院3个基层党支部和4名优秀党员受到了省直工委的表彰，院党组也表彰了在活动中表现突出的12个先进基层党组织和20名优秀共产党员。通过开展创先争优，基层党组织的创造力、凝聚力和战斗力进一步增强，党员的先锋模范作用进一步得到了体现，各项工作得到了有力推动，取得了显著成效。

（3）学习型党组织建设开创了新局面。机关党委将理论中心学习组作为加强学习型党组织建设的主要抓手，以学习的常态化推进理论武装的持续加强。2009年出台了《中国热带农业科学院领导班子理论学习中心组学习暂行办法》，使学习成为全体党员特别是党员领导干部的共识。切实做好院党组理论中心组学习的组织和服务工作，中心组学习每年不少于12次。认真做好各基层党组织理论中心组学习的指导和督促工作，多次组织开展专题学习活动，对重点学习内容进行监督检查。持续编印《学习与交流》15期，作为各级理论中心组学习的参考素材。举办了中国农业科研院所（中南片）第十一次党建和思政工作研讨会，组织了2012年院党务干部学习研讨会。理论中心组学习的制度化、常态化机制初步建立，各级党员领导干部学习的自觉性和主动性不断提升，理想信念更加坚定，政治意识、领导能力和水平显著提高。

（4）"七一"纪念活动精彩纷呈。以庆祝建党90周年为契机，开展了形式多样的系列纪念活动。按照院党组的统一安排和部署，组织举办了院属各单位参加、1200多名职工广泛参与的纪念建党90周年大型歌咏比赛，赞颂党的光辉业绩，歌颂党90年的伟大征程等活动。组织走访慰问50年党龄以上的老党员、老干部、生活困难党员，让党的温暖深入人心。

在建党92周年之际，开展"学党史、增党性、当先锋"以及"中国梦"的宣传教育活动，组织广大党员、干部、群众、团员青年学习党史、参与党史知识竞赛，鼓励学习先进典型，弘扬时代精神。通过活动的开展，进一步加深了广大群众对党情党史的了解，加深了广大党员对党的感情，提高了增强党性修养的自觉性和服务事业发展的主动性。

（二）坚持把组织建设作为工作着力点，党建工作体系进一步完善

五年来，机关党委始终把组织建设作为工作的着力点，大力加强基层组织建设，健全党建工作机构，建立完善党建目标管理考核制度，充分发挥基层党组织的政治核心作用和监督保障作用，促进了院所各项工作的顺利开展。

（1）党建工作顶层设计进一步加强。2011年首次召开了全院党建工作会议，成为我院党建工作进程中"强意识、定方向、明思路、理规矩"的一件大事，明确了每年召开一次党建工作会议，统一了思想，强化了意识，振奋了精神，进一步牢固树立了党的政治核心理念。会议明确了新形势下围绕中心工作抓好党建的目标要求和工作方向，鼓舞了党务干部的斗志和精神。会后，按照院党组部署印发了《关于进一步加强党建工作的意见》，作为我院党建工作的纲领性文件，鼓舞了基层组织做好党建工作的热情和信心，推进了全院党建工作蓬勃发展。

（2）健全党务工作机构，强化党务干部队伍。根据党建工作会议精神，机关党委积极推进健全基层单位党务工作。按照要求，各单位设立了党办，与行政办合署办公，或配备了1～2名专兼职党务干部，切实做到了党建工作分工负责，落实到人，并将一批年轻人安排到党务工作岗位，同步建设了一支高学历、年轻化的党建工作队伍。

（3）党建目标管理考核体系逐步健全。机关党委将推进党建目标管理考核作为完善党建工作体系的重要抓手，从2009年开始，先后印发了《党建工作目标管理考核实施办法》，修订了《党建目标管理内容和考核标准》，细化了《基层党支部党建工作目标管理内容和考核标准》，形成了院、基层单位、基层党支部三级考核体系，通过量化考核，大大提高了全院党建工作标准化、规范化水平。2011年我院机关党委被评为党建目标管理考核优秀单位，受到省直工委表彰。

（4）积极推进基层组织建设年活动。2012年是党中央确定的基层组织建设年，机关党委以此为契机，开展基层组织调研，进行分类定级，督促整改提高，切实做到固本强基。通过抓支部书记素质提升，促进基层党支部建设，重点加强了对基层支部书记的基础业务培训。开展了"我与支部共成长"征文活动，共评出获奖征文23篇，其中获得省直工委表彰3篇。在创先争优各项主题活动中，充分发挥党支部的作用，以支部为单位与地方结成帮扶对子，

收到了显著效果。通过活动开展，基层组织尤其是基层党支部的战斗堡垒作用进一步加强，12个基层党组织获得院党组的表彰，3各基层党组织受到省直工委表彰。

（5）党员队伍不断发展壮大。党委遵循"严格标准、保证质量、改善结构、慎重发展"的原则，坚持在一线科研工作者和青年骨干中发展党员，先后组织190人参加了省直工委组织的积极分子培训班，五年来累计发展党员198名，其中167名预备党员已经转为正式党员，为党组织增添了新鲜血液。

（三）坚持从严治党方针，推动党风廉政建设深入开展

五年来，党委按照"党要管党、从严治党"原则，坚持"标本兼治、综合治理、惩防并举、注重预防"的方针，认真贯彻落实党风廉政建设相关规定，以贯彻落实《中国共产党党员领导干部廉洁从政若干准则》为重点，切实增强领导干部的廉政意识；以签订党风廉政责任书为手段，强化党风廉政建设责任体系；以构建廉政风险防控机制为载体，强化重点领域和关键环节监督；以健全院所纪检机构为途径，壮大纪检监察工作队伍。经过不懈努力，党风廉政建设各项工作取得了良好成效，为全院各项工作稳步推进营造了风清气正的发展环境。

（四）坚持转变作风，提升了广大党员干部的精神风貌

（1）进一步发扬党内民主。以每年一度的党员领导干部民主生活会为抓手，贯彻落实好民主集中制，认真做好院党组民主生活会的各项工作，拟定会议主题，征求群众意见，开展批评与自我批评，制定整改方案，确保各个环节都符合上级党组织要求，及时上报工作情况和进展，同时指导监督各基层单位按步骤开好民主生活会，实现了解决问题、促进团结的目的。建立党务公开制度，根据农业部、海南省的部署，制定了《中国热带农业科学院党务公开实施细则（试行）》，成立了院党务公开工作领导小组，颁布了院《党务公开目录》，指导各基层单位建立健全党务公开的配套制度，进一步提高党员对党内事务的参与度，充分发挥党员在党内生活中的主体作用，营造了党内民主

监督环境。

（2）多措并举改进工作作风。2011年颁布了《中国热带农业科学院工作作风专项整治活动方案》，重点在院各级管理机构中改进工作作风。根据院的实施方案，组织参与"庸懒散贪"问题治理，针对作风建设突出问题开展重点整治。2012年年初，印发了《关于开展"弘扬雷锋精神　建功热作事业"活动的实施意见》，推动学习雷锋精神常态化，增强了党员干部服务基层、服务群众的自觉性和主动性，将学习雷锋精神的实际行动转化为作风建设的巨大成果。2012年年底，在组织全院深入学习中央政治局改进工作作风、密切联系群众八项规定的基础上，发布了《院党组关于改进工作作风、密切联系群众实施办法》，明确了改进作风的重点领域和基本要求。经过几年的不懈努力，广大党员干部尤其是领导干部改进作风、做好工作的意识进一步巩固，全院上下各方面作风都有了显著的转变与提升。

（3）以实际行动推进精神文明建设。推进院的精神文明建设，是机关党委的重要职责。2011年年底开始，实施了以"强学习提素质，讲文明树新风，建功热带农业科研事业"为主题的"文明大行动"。品资所被授予"海南省精神文明先进单位"荣誉称号，10个家庭获热科院"文明家庭"荣誉称号。汶川地震后，全院职工及中小学生共捐款57万余元，上缴特殊党费18万余元。为支持灾区重建，我院在全院范围内开展"送温暖、献爱心"活动，共捐赠衣被1904件，捐款5万余元。2011年国庆期间，抗击强台风"纳沙"和强热带风暴"尼格"过程中，院主要领导带头深入一线，广大干部职工冲锋在前、不畏艰险，展示出良好的精神风貌，15个先进集体和51名先进个人受到了院党组的表彰。通过开展精神文明创建活动，干部职工团结进取、积极向上的精神风貌得到了进一步展现。

（五）发挥统战工作和群众工作优势，全面调动发展的积极因素

五年来，机关党委高度重视统战工作和对工青妇群众组织的领导，积极支持群众组织在调动积极因素、构建和谐氛围、促进事业发展

等方面充分发挥作用，取得了较好成效。

（1）统战工作稳步推进。2010年和2013年两次核实了全院统战对象情况；坚持每年召开统战工作座谈会，倾听党外声音、共商发展大计；做好院各民主党派换届的指导和服务工作，累计支持各民主党派开展调研活动14次；服务归侨侨眷，每年春节、重阳等节日，慰问院100多名老归侨，经过多年努力，为126名退休老归侨办理了生活补贴，协调儋州市侨联等部门，为解决老归侨宅基地纠纷问题，加强了跟踪督办工作；积极做好侨界推优，先后6人获得全国侨界贡献奖，1人获得"全国归侨侨眷先进个人"荣誉称号。

（2）工会工作成效显著。2008年年底，现任工会委员会当选后，将建设"职工之家"和"内聚人心、外塑形象"作为工作目标。广泛开展丰富多样的文体活动，每年组织春节游园和机关职工联谊活动1~2次，举办了2010年海口院区职工运动会，五年来累计组织各种球类、棋牌比赛20多场，大型文艺晚会、歌咏比赛5场。通过各种活动，增进了院内单位之间、职工之间的交流，增强了工会组织的号召力和影响力。积极帮扶困难职工，经常性的慰问生病住院职工，先后2次组织为院患重病的职工捐款，危难之时伸出援助之手，帮助他们渡过难关。积极参加海南省的各项活动，2010年组织参加海南省直工委第三届运动会，获得6个奖项；2011年参加海南省万人红歌颂党演唱会，得到肯定；2012年参加海南省直工委"永远跟党走"文艺演出，获优秀表演奖；2013年参加省直机关羽毛球比赛，荣获冠军，不仅提高了我院的知名度，而且对外树立了我院良好形象。

（3）共青团工作富有活力。2008年年底召开热科院第一次团员代表大会，第一届院团委将"激发青春活力，服务青年发展"作为主要工作理念。2012年成功举办了"激昂青春　缘聚湛江"青年联谊活动。2009年以来，我院先后有4名青年专家被授予"海南青年五四奖章"荣誉称号，1个基层团组织获得海南省五四红旗团委称号。2011、2013年分别评选了院第一、二届青年五四奖章，20名优秀青年获此殊荣。加强对全院青年的理想教育，发放了专项书籍，

组织全院青年学习鹦哥岭精神；针对新进的青年科技人员开展院情院史教育活动，受到了青年职工的欢迎。

（4）妇女工作有声有色。2009年，组织召开女职工代表大会，选举产生了院第一届女工委。以"女职工成长和发展"为中心，每年三八妇女节期间，在海口、儋州院区组织趣味比赛、观看电影、举办教育讲座等活动；组织参加省直机关工委巾帼志愿者活动，14名女职工成为志愿者；2009年以来，3名女职工被授予"海南省三八红旗手"荣誉称号，2012年女工委组织评选表彰了10名院"三八红旗手"，极大地鼓舞了院女职工的工作热情。

（5）积极推进民生工作。海口院区经济适用房项目启动以来，积极协助有关部门做好住户代表的推选工作，为推动将保障住房建成民心工程、放心工程作出了积极贡献；2011年，联系并协助海南省环境监测控制中心完成了我院两处辐射源的转移和清理工作，消除了影响职工生活的一大隐患；2009年起，每年做好儋州院区城镇居民基本医疗保险工作，为上千人办理了参保、续保业务，较好地维护了职工及其家属的权益。

（6）做好计生服务，维护安全稳定。严格落实人口与计划生育政策。五年来，积极为广大职工做好计生服务，加强计生工作队伍建设，实行计划生育目标管理责任制，每年年初组织签订《人口与计划生育目标管理责任书》，年终进行考核并进行相应的奖惩；创建季度评估与危机警告制度，把计生问题解决在萌芽状态。认真处理信访案件，5年共接待信访人员192人次，处理信访事项50多件；颁布了《院信访管理暂行规定》，完善信访工作体系，实现了机构健全、人员到位，畅通了基层群众诉求管道，为院的稳定发展作出了积极贡献。抓好社会管理综合治理，定期举行"反邪教进家入户"宣传教育活动，大力做好安全生产检查和无毒社区建设工作。

回顾五年来机关党委的工作，有以下几点经验：一是院党组的高度重视是做好党建工作的关键；二是围绕中心，服务大局是机关党委和各单位党组织开展工作的根本；三是发挥基层党组织的战斗堡垒作用和广大党员的先锋模范作用是党建工作取得实效的基础。同时，我们也要看到存在的问题，一是党建工作的方式还存在创新不足，办法不多的问题，对新形势下如何创新思想政治教育工作、提高理论学习的吸引力等方面还需要进一步解放思想、破解难题。二是党建工作制度体系还不够完善，科学化、规范化的水平还有很大的提升空间。三是党务干部培训工作有待加强，重任用、轻培养的现象依然存在。对此，我们必须始终保持清醒头脑，不掩盖问题，不回避矛盾，不得过且过，采取更加有力措施加以解决，不断开创机关党委工作的新局面。

二、新一届机关党委工作的目标和总体要求

同志们，当前，随着改革不断深入，党建工作进入了一个新的历史阶段，无论是党的功能、目标、任务，还是党的活动方式、党自身建设的要求都发生了深刻变化，全党正面临着四大考验和四大风险的严重挑战，加强和改进党的建设，重要性和迫切性日益突出，未来五年，也是我院实施"科技创新能力提升行动"的重要五年，我们一定要切实增强责任感和使命感，全面提高党建科学化水平，在新的起点上实现新的跨越。

对新一届机关党委工作的总体要求是：坚持以邓小平理论、"三个代表"重要思想和科学发展观为指导，深入贯彻落实党的"十八大"精神，坚持中国特色的社会主义方向，牢牢把握加强党的执政能力建设、先进性建设和纯洁性建设这条主线，坚持解放思想、改革创新，坚持党要管党，从严治党，全面推进党的群众路线教育实践，加强党的思想、组织、作风、反腐倡廉、制度建设，建设学习型、服务型、创新型的党组织。

（一）结合实际，深入贯彻落实党的"十八大"精神

深入贯彻落实党的"十八大"精神，是贯穿新一届机关党委全部工作的主线。要将"十八大"关于提高党建工作科学化水平的要求内化为机关党委的工作目标，坚持高标准、高起点、高要求，紧密围绕我院发展的实际需求开

展党建工作，以全面推进群众路线教育实践活动为切入点和着力点，进一步强化理论武装，坚定理想信念；进一步改进作风，保持党同人民群众的血肉联系；进一步贯彻民主集中制，发展党内民主；进一步抓好党风廉政建设；进一步严明党的纪律，加紧建立健全体制机制，抓紧解决党内存在的突出矛盾和问题，以更加奋发有为的精神状态推进党的建设。

（二）围绕中心，服务"科技创新能力提升行动"大局

机关党委要教育和引导各基层党组织进一步牢固树立围绕中心、服务大局的意识，认真履行职责，切实转变作风，全面提高党的建设科学化水平，为提升热带农业科技创新能力提供强有力的保障。充分发挥党组织的政治核心作用，坚持思想引领，强化组织保障，强化党内管理与监督，健全党建工作的体制机制。要通过党建工作水平的提高来保障和促进科技创新能力提升，同时要将科技创新水平提升与否作为检验党建工作效果的重要标准。"科技创新能力提升行动"是近五年我院的重点工作，是提升科技创新水平的重要举措。机关党委要围绕这一中心开展工作，切实发挥基层党组织的战斗堡垒作用，发挥密切联系群众的桥梁纽带作用，为院所建设发展凝心聚力，为"科技创新能力提升行动"顺利实施提供坚强保障。

（三）夯实基础，建设学习型、创新型、服务型党组织

建设学习型、创新型、服务型党组织，既是党的"十八大"提出的明确要求，也是机关党委自身发展的内在需求。机关党委要在引领学习、推动创新、指导服务上下功夫。基层党组织尤其是基层党支部是党建工作的基础，也是学习、创新、服务的主体，要在去年开展基层组织建设年的基础上，进一步发扬成绩、弥补不足，强化基层党组织建设，夯实党建工作基础，将各级基层组织都建成学习型、创新型、服务型的战斗堡垒。

（四）注重实践，持续抓好作风建设长效机制

当前，党的群众路线教育实践活动已经在全国范围内轰轰烈烈地开展，这是我们党改进作风的一项重要举措。上午，刚刚召开了全院党的群众路线教育实践活动动员大会，雷茂良书记做了动员讲话，部第三督导组组长姜平同志也做了重要讲话。机关党委要按照院党组和部督导组的要求，认真贯彻落实《实施方案》和《督导工作方案》，强化指导，积极协调，做好服务，迅速在全院掀起教育实践活动的热潮。教育实践活动和以往的教育活动相比，最大的特点是注重实践，注重实效，注重让群众得到实惠。机关党委在具体执行过程中，要特别注意活动的实践性，要以实实在在的效果，体现改进作风的成果，树立干部队伍为民、务实、清廉的良好形象。教育实践活动特别要重视建章立制，抓长效机制，切忌走过场、一阵风，切实做到"不虚""不空""不偏"。要注意将活动中好的方式、方法确立为工作的制度规范，让职工群众的利益得到最充分的尊重和维护。

（五）健全制度，完善院所两级党建制度体系

党建工作的科学化水平，必须要体现在制度建设上。在以往的党建目标管理考核中，绝大多数单位都健全了党务工作制度，但是也存在明显的问题，有的制度用了十多年都没有修订过，已经不符合新的政策规定，有的制度只落在书面上，却不能落实在工作中。新一届机关党委要认真贯彻落实雷茂良书记、王庆煌院长在今年年初党建工作会议上的重要讲话精神，落实党建工作会议的各项部署，将健全制度作为长期、基础的工作来抓，一方面抓机关党委自身制度建设，建立日常工作制度体系，用制度管人管事；另一方面要指导和检查基层党组织的党务制度，帮助他们建立简便、实用、高效的制度体系，从根本上推动我院党建工作步入科学化、规范化管理的轨道。

（六）严肃党纪，抓好党风廉政建设

机关纪委要切实履行职责，从维护党的先进性和纯洁性的高度，维护好党纪的严肃性。首先要严明的党的政治纪律，维护党的集中统一；重点要维护好廉政纪律，抓好反腐倡廉工作。机关党委、机关纪委要牢固树立"反腐倡廉必须常抓不懈，拒腐防变必须警钟长鸣"的理念，要把反腐倡廉建设与党的思想建设、组

织建设、作风建设和制度建设紧密结合，全面强化惩治和预防腐败体系建设，继续深入开廉政文化建设和廉政教育，加强重点监督，充分发挥廉政风险防控机制的作用，完善从源头上防治腐败的体制机制。

同志们！新的征程已经起航，新的目标催人奋进。让我们进一步贯彻落实党的"十八大"精神，以改革创新精神全面推进党的建设科学化，发挥基层党组织的战斗堡垒和广大党员的先锋模范作用，凝心聚力，攻坚克难，为实现建成世界一流的热带农业科技中心的战略目标而共同努力奋斗！

营造风清气正的工作环境
为科技创新能力提升行动保驾护航

——中共中国热带农业科学院机关第一届纪律检查委员会工作报告
（2013 年 7 月 16 日）

各位代表，同志们：

现将中共中国热带农业科学院机关第一届纪律检查委员会（以下简称"机关纪委"）工作情况报告如下，请审议。

一、五年来的工作总结

2008 年机关纪委成立以来，在上级党组织和纪检组织的领导下，坚持贯彻落实党的十七大、十八精神、十七届中央纪委历次全会和十八届中央纪委一次、二次全会精神。坚持惩前毖后、治病救人的工作原则，以建立健全惩治和预防腐败体系为主要途径，大力加强廉政思想教育，完善党风廉政建设责任制，建立健全廉政风险防控机制，取得了较好的成效，为院的各项事业顺利发展提供了保障。

（一）廉政文化大宣教格局进一步完善

机关纪委每年 4 ~ 5 月定期开展党风廉政宣传教育月活动，将廉政法规纳入支部学习、党员干部学习的范畴，重点开展了《中国共产党党员领导干部廉洁从政若干准则》《关于实行党风廉政建设责任制的规定》宣传教育活动，组织 670 名党员干部参与中纪委组织的《建立健全惩治和预防腐败体系 2008—2012 年工作规划》答题活动；广泛宣传廉政典型事迹，学习了王瑛等同志先进事迹，树立主流文化导向；开展警示教育，定期观看警示教育影片、组织参观海南廉政警示教育基地等活动，在广大干部头脑中形成一条红线，筑牢反腐倡廉的思想防线。2012 年是院"党风廉政建设年"，机关纪

委积极贯彻落实《开展"党风廉政建设年"活动实施方案》，深入推进廉洁文化进基层、进项目、进课题，把廉洁文化建设纳入单位文化建设之中，广泛开展了廉洁文化建设实践活动，形成了浓厚的廉政文化氛围。

（二）廉政责任体系进一步强化

起草印发了院《贯彻落实〈建立健全惩治和预防腐败体系 2008—2012 年工作规划〉实施办法》，并配套印发了《关于推进惩治和预防腐败体系建设检查办法》。自 2009 年以来，每年年初，院与各单位党政一把手和机关部门负责人签订《党风廉政建设责任书》，进一步明确了岗位廉政职责，切实增强了领导干部的廉政意识，真正做到业务工作与廉政建设"两手抓，两手硬"。

（三）治本抓源头工作进一步深化

机关纪委成立以来，积极配合做好"小金库"专项治理活动，设立举报箱、举报电话，接受群众举报。2009 年制定了《中国热带农业科学院工程建设领域专项治理工作方案》，将工程建设与招标投标领域作为监督的重点领域，加大防控力度。2011 年开展廉政风险防控体系建设工作，逐个岗位进行分析检查，共查找出各类风险点 543 个、制定针对性防控措施 1026 条，涉及 414 个具体工作环节，形成 18 册廉政风险防控手册。通过这项工作，党风廉政建设与日常业务工作紧密结合起来，变事后监督为事前、事中、事后的全过程监督，初步形成了从源头预防腐败的工作格局。

（四）纪检监察队伍进一步壮大

（1）健全纪检工作体系。2011年，在院党组、院纪检组的领导下，指导各基层单位建立健全纪检机构，其中：各级党委设立了纪律检查委员会，总支设立了纪检委员，壮大了我院纪检监察队伍，进一步完善了惩治和预防腐败的工作体系。

（2）注重教育培训，强化纪检监察队伍素质。2011年，组织了院规模最大的纪检监察业务培训班，将党风廉政建设与纪检监察干部队伍的自身建设紧密结合，得到了上级领导的充分肯定，初步建立了一支政治坚定、业务懂行、作风过硬的纪检监察干部队伍。

通过机关纪委五年来的工作，我们探索了一些有效的工作方法，积累了一些基本经验：一是反腐倡廉工作必须坚持围绕中心、服务大局。必须把反腐倡廉工作放到院的发展全局和党的建设总体布局中来思考、谋划和推进，把加强对院重大决策部署执行情况的监督检查作为纪检监察部门的首要职责，确保院的各项决策部署落到实处和政令畅通。二是反腐倡廉工作必须坚持预防为主、关口前移。建立健全工作机制和制度体系，做到防患于未然，增强反腐倡廉建设的系统性、协调性、实效性。三是反腐倡廉工作必须坚持明确责任、齐抓共管。必须始终认真落实党风廉政建设责任制，做到廉政工作与业务工作紧密结合，同部署，同落实，同检查，同考核，全面增强反腐倡廉建设的整体合力。

五年来，机关纪委的工作虽然取得了一定的成绩，但是，我们也清醒地意识到：机关纪委的工作，距离党中央、中央纪委提出的新要求、距离我院快速发展的新需要、距离广大干部职工的新期盼，还有一定的差距和不足，主要体现在：一是廉政教育往往还拘泥于现有的常规手段，方式方法创新不多。二是各项廉政制度落在实处、发挥实效还有待进一步提升空间。今后，机关纪委将进一步根据新形势、新任务、新要求，寻找新思路，采取新措施，努力实现党风廉政建设的新突破。

二、新一届机关纪委的主要工作目标和要求

加强廉政建设，坚决反对腐败，是我们党一贯坚持的鲜明立场，也是我院实现跨越式发展的现实需要。新一届机关党委要坚持围绕中心、服务大局，紧紧围绕党的先进性和纯洁性建设，坚持标本兼治、综合治理、惩防并举、注重预防方针，持续加强和改进作风建设，深入推进以完善惩治和预防腐败体系为重点的反腐倡廉建设，持续提高反腐倡廉建设科学化水平，为科技创新能力提升行动保驾护航。

（一）进一步严明党的纪律

纪律严明是我们党的光荣传统和独特优势，也是我们党能取得各项伟大成绩的法宝之一。严明党的纪律，首要的是严明政治纪律，维护党的团结统一。机关纪委要教育广大党员干部从遵守和维护党章入手，遵守党的政治纪律，其中最核心的，就是坚持党的领导，坚持党的基本理论、基本路线、基本纲领、基本经验、基本要求，同党中央保持高度一致，自觉维护中央权威。严明党的纪律，必须坚决贯彻落实党中央各项部署决策，对于我院来讲，重要一点就是要落实好党的"十八大"提出的创新驱动发展战略。2013年工作会议上，我院决定实施"科技创新能力提升行动"，部署了"三大工程"，机关纪委要以严明的纪律保障"科技创新能力提升行动"各项工作顺利实施，不折不扣抓好各项措施落实，做到有令必行、有禁必止。

（二）持续加强和改进作风建设

作风建设，关系人心向背，关系事业的成败。新一届机关纪委要按照党的"十八大"部署，围绕保持党的先进性和纯洁性，对照党中央关于改进工作作风、密切联系群众的八项规定，加强对全体党员重点是党员领导干部执行院党组《关于改进工作作风、密切联系群众的实施办法》的监督指导，以深入开展以为民务实清廉为主要内容的党的群众路线教育实践活动为契机，坚持群众路线，坚持求真务实，坚持艰苦奋斗、厉行勤俭节约，坚持发扬民主，整治形式主义、官僚主义、享乐主义、奢靡之风。要建立健全领导干部作风状况评价机制，把作风建设情况纳入党风廉政建设责任制考核

范围。加大对领导干部作风方面突出问题的整顿力度，对作风不正、不负责任并造成严重后果的，要严肃处理。要以踏石留印、抓铁有痕的劲头抓作风建设，善始善终、善做善成，防止虎头蛇尾，让全院广大职工群众看到实实在在的成效和变化。

（三）坚持和完善反腐倡廉工作机制和制度体系

制度是带有根本性、全局性、稳定性和长期性的。新一届机关纪委要更加重视反腐倡廉的工作机制和制度体系建设，把权力关进制度的笼子里，形成不敢腐的惩戒机制、不能腐的防范机制、不易腐的保障机制。一是根据党中央制定的惩治和预防腐败体系2013—2017年工作规划，结合我院实际建立健全反腐倡廉各项制度，深化党风廉政建设责任制，不断完善内容科学、程序严密、配套完备、有效管用的反腐倡廉制度体系。二是强化重点领域和关键环节监督，充分发挥"决策、管理、执行、监督"运行体系中的监督职能，实现对人、财、物、基建等重要岗位的重点监督，进一步完善廉政风险防控机制，建立防止利益冲突机制，从源头上防治腐败。三是加大惩治腐败案件的力度。严肃查办违纪违法案件，严厉惩处腐败分子，发挥查办案件的治本功能。

（四）建设一支素质过硬的纪检工作队伍

加强干部队伍建设，提高履行职责能力和水平是发挥监督检查作用的基础。一是要注重思想政治建设。机关纪委要教育和引导各级纪检干部加强理论学习和党性修养，自觉用中国特色社会主义理论体系武装头脑、指导实践、推动工作。二是要进一步完善纪检工作体制，加强基层纪检工作机构和干部队伍建设，强化对基层纪检工作的业务指导。三是要加强能力建设，加强调查研究，完善工作思路，改进方式方法，不断提高科学履职的能力和水平。

同志们！反腐倡廉工作使命光荣，责任重大。我们要高举中国特色社会主义伟大旗帜，以邓小平理论、"三个代表"重要思想、科学发展观为指导，恪尽职守、求真务实、开拓进取，营造风清气正的工作环境，为"科技创新能力提升行动"保驾护航，为实现院"一个中心，五个基地"的战略目标作出更大的贡献！

制度建设

中共中国热带农业科学院党组
关于改进工作作风、密切联系群众的实施办法

（院党组发〔2013〕15 号）

为全面贯彻落实党的"十八大"精神，树立为民、务实、清廉的良好形象，按照党中央、农业部和海南省关于改进工作作风、密切联系群众的相关规定，结合我院实际，制定实施办法如下：

一、改进调查研究

（一）注重实际效果。院领导，各单位、部门负责人要围绕院科学发展的重大问题和职工群众普遍关心的热点难点问题，带头开展调查研究，直接面对问题，不搞形式主义。

（二）深入基层一线。多到矛盾突出、问题集中、群众意见多的地方和发展需要、职工需要的地方去，多听基层一线科技人员和职工的意见建议。院领导到基层单位调研要有更多的自主活动，以便准确、全面、深入了解情况。

（三）完善调研方式。开展或参加各种主题锻炼实践活动，领导干部要多开展走访调研，建立完善领导班子成员基层联系点制度。加强对调研活动的统筹协调，避免多头和重复调研，避免轮番到同一单位调研。院领导、机关部门到基层单位调研尽量集中乘车，减少随行车辆，不影响正常科研、生产工作，不增加基层单位负担。

（四）减少陪同人员。院党政一把手到基层调研，原则上陪同的机关部门负责同志不超过 5 人，其他院领导开展调研，原则上陪同的机关部门负责同志不超过 3 人。院领导到基层单位调研，根据工作需要可由单位 1 名党政主要负责人陪同或班子成员陪同；不搞层层陪同；召开座谈会的，一般不需要全部领导班子成员参加。处级领导开展调研，除介绍情况和联络工作的同志外，原则上不安排陪同人员。

二、改进文风会风

（一）切实改进文风。文件材料要短、实、新，言简意赅，突出重点。规范文件简报的报送程序和格式。文件要提高思想性、针对性、可操作性，简报要重点突出、表述准确、语言精练。

（二）减少文件数量。已经公开发布、对上级普发性文件没有新的贯彻要求、已开会部署的，不再印发文件。一般业务会议上的讲话不再印发文件。没有实质性内容、可发可不发的文件一律不发，没有参考价值的简报一律不发，简报由院宣传部门统一编印，机关各部门不得印发简报。

（三）压缩文件篇幅。一般的文件、材料、讲话稿不超过 5 000 字，请示报告性文件不超过 3 000 字，一般每期简报不超过 2 500 字。

（四）严格会议管理。按照中央、农业部和海南省的会议管理制度，严格控制各类会议活动规模，减少参加人员。实行会议审批管理制度，未列入年度会议计划的会议不得召开，确需召开的，须经党政主要领导批准。机关各部门业务范围内的全院性工作会议，原则上每年只召开 1 次。会议时间接近或内容联系紧密的合并召开。可以发文部署的工作一般不召开会议部署。可以在基层现场解决问题的，采用现场办公会形式。防止和避免领导"陪会"现象。

（五）提高会议效率。坚持开短会，讲短话、求实效。除全院性的重要工作会议外，一般性的全院工作会议会期不超过半天。领导讲话力戒空话、套话，一般控制在 30 分钟以内，会议发言要限定时间，不照本宣科。需要安排讨论的会，要精心设计议题，留足讨论时间，

提高讨论深度。在不涉密且技术条件允许的情况下，尽量召开电视电话会议或网络视频会议。

（六）控制会议经费。加强会议费预算和定额标准管理；可以在院内举办的会议，不安排在宾馆或其他经营性场所举办；需要到院外举办的会议活动，应到定点饭店，不得租用高级宾馆、饭店；不得到中央严禁召开会议的风景名胜区举办，也不得到与会议活动主题无关的地方举行。严禁提高会议用餐、住宿标准，严禁组织高消费娱乐活动、健身活动。会议现场布置要简朴，工作会议一律不摆放花草、不制作背景板，不发放纪念品和与会议无关的物品。

三、规范公务活动

（一）迎接上级领导开展公务活动，不张贴悬挂欢迎标语，不安排群众迎送，不铺设迎宾地毯，不摆放花草，不组织专场文娱表演，不专设装饰，一般不安排接见合影；不采取交通管制措施，不封馆、封场和封路，不限制职工群众的活动。院领导、机关各部门到基层单位开展公务活动，不安排迎送，不摆放水果瓜子，不准备特产礼品。

（二）严格规范公务接待行为。严格控制公务接待范围和接待费用，杜绝各种公务接待中的奢侈浪费行为。接待上级领导，坚持按标准定点接待，不安排超规格套房，不上高档菜肴；院内各项公务接待，不赠送各类纪念品或土特产，严禁部门、单位之间用公款相互吃请；严禁用公款购买香烟、高档酒和礼品。到基层单位开展公务活动，单位有食堂的，应安排在食堂就餐；不具备食堂就餐条件的，应在指定餐饮单位按工作餐标准就餐，提倡节俭的自助餐。改进接待活动，减少应酬，不参加与本职业务和分管工作无关的接待活动。

（三）各级领导干部出席外部各种会议活动要按照干部管理权限履行审批手续。严格控制举办表彰、庆典、展览会、研讨会、论坛等活动；减少检查、评比、考核等活动，没有必要的一律取消，时间安排相近或业务联系紧密的尽量合并进行。

（四）严格出国（境）管理。按照农业部要求做好出国（境）计划申报、审核，控制团组

规模，原则上人数不得超过6人，特殊情况超过规定人数的，应说明情况；严格控制在外时间。

（五）原则上不请求来院的上级领导题词、题字，院领导一般不以个人名义发贺信、贺电。

四、改进新闻报道

院领导出席会议和活动应根据工作需要、新闻价值、实际效果决定是否报道，同时压缩报道的数量和字数。院内一般性会议和活动原则上不做新闻报道。新闻报道更多的面向基层、面向一线科研人员。

五、厉行勤俭节约

（一）加强对公用预算经费的管理和监督。从严控制"三公经费"支出，原则上不得超过上年额度，定期公开三项经费支出情况。

（二）严格执行办公设备、办公用房、住房、车辆配备等工作和生活待遇的规定。公务用车逐步换乘国产自主品牌汽车。

（三）大力提高工作信息化水平，加快院、所电子办公系统建设和应用，继续推进低碳化、无纸化办公。

六、整治庸懒散贪

（一）强化责任治庸。推行岗位责任制、服务承诺制度，切实做到紧急事马上办、分内事主动办、突发事立即办、重大事跟踪办。

（二）绩效考核治懒。实施绩效管理，推行首问负责制、限时办结制、一次性告知制等工作制度，接待办事人员做到笑脸迎人、来有迎声、问有答声、走有送声。

（三）监督检查治散。完善督办工作制度和问责制度，努力做到不让工作在自己手中延误、不让紧急工作在自己手上积压、不让各种差错在自己身上发生、不让各种不良风气在自己身上出现、不让热科院形象因自己受损。

（四）加强惩防治贪。严格执行《党员领导干部廉洁从政若干准则》和《党纪处分条例》，完善和发挥廉政风险防控机制的作用，加强对重点的监督，坚决惩处违反党纪国法的腐败行为。

七、领导带头落实

（一）领导带头。从领导干部和机关部门做起，要求别人做到的自己首先做到，要求别人不做的自己坚决不做。领导班子成员尤其是党政一把手要率先垂范，形成正面的示范带动效应。

（二）监督检查。改进工作作风的效果，由广大干部职工进行评判，要勇于接受群众监督、舆论监督、社会监督，每年年底开展 1 次专项检查。

（三）常抓不懈。制定改进工作作风工作规划，建立健全弘扬良好作风、密切联系群众的长效机制。

八、附则

本办法自发布之日起施行。此前发布的院有关规定与本办法不符的，以本办法为准。

中国热带农业科学院
院属基层党组织换届审批暂行办法

（院党组发〔2013〕23 号）

第一条　为进一步规范院属基层党组织换届选举审批工作，根据《中国共产党党章》《中国共产党党和国家机关基层组织工作条例》《中国共产党基层组织选举工作暂行条例》《农业部部管干部管理办法》，制定本暂行办法。

第二条　院属基层党组织是指机关党委（纪委）、院属单位党组织（含纪委，下同）。

第三条　设立纪律检查委员会的，纪委应当与党委同时进行换届。

第四条　院属基层党组织换届应进行 2 次请示、1 次报告：关于拟进行换届的请示，关于下一届党组织委员、副书记、书记候选人的请示，关于换届选举结果的报告。

第五条　院机关党委（纪委）换届。换届请示由院机关党委报院党组同意后，报海南省直属机关工委审批。

院机关党委（纪委）委员、副书记、书记候选人，由院机关党委和院人事处酝酿提名，经院党组审批后，再按照有关规定分别报海南省直工委和纪工委审批。

选举结果报院党组同意后，由院机关党委分别报海南省直工委和纪工委，抄报部直属机关党委备案。

第六条　驻海口、儋州两地的院属单位党组织换届。换届请示报院机关党委，呈院党组审定，由院机关党委办文批复。

候选人的请示报院党组审定，抄送院机关党委，由院机关党委办文批复。

选举结果报院机关党委，抄报院党组，由院机关党委办文批复。

第七条　驻外属地管理的院属单位党组织换届。换届请示报院党组审定并由院机关党委办文批复后，方可按照有关规定报所在地方主管部门审批。

候选人的请示报院党组审定，由院机关党委办文批复。经批准后的候选人建议方案报所在地方主管部门审批。

选举结果报院党组同意后，报所在地方主管部门审批，并抄送院机关党委备案。

第八条　党委书记是农业部部管干部的，其所在单位党委换届，经院党组审批同意后由院人事处向农业部人事劳动司报告；党委书记候选人经院党组审定并报农业部党组审批后，按照党组织换届的程序办理；选举结果由院人事处报农业部人事劳动司备案。

第九条　党委（总支）、纪委的书记、副书记选举结果与批复的候选人不一致时，应报院党组审批。

党委书记是农业部部管干部的，书记选举结果与批复的候选人不一致时，应经院党组报部党组审批后，所在单位再报地方主管部门审批。

第十条　纪委换届和候选人的请示，机关党委在提交院党组审批前应征求院纪检组的意见。选举结果抄报院纪检组。

第十一条　院属基层党组织委员增补、改选的，只进行1次请示（候选人的请示）、1次报告（选举结果的报告）。不涉及书记、副书记变动的，由机关党委直接批复。

第十二条　院属单位党组织换届、改选后，委员分工情况及时报院机关党委备案。

第十三条　院机关党委（纪委）换届的请示、报告，须经院人事处会签后上报。院属单位党组织换届和候选人的请示，须抄送院人事处，机关党委应同人事处会商，办文批复须人事处会签；选举结果的报告，须抄送院人事处备案。

第十四条　院属基层党组织换届选举其他程序，严格按照《中国共产党基层组织选举工作暂行条例》的规定执行。

第十五条　党支部换届的，按照1次请示（换届和候选人的请示合并在一起）、1次报告（选举结果的报告）的程序审批，并严格按照《中国共产党基层组织选举工作暂行条例》的规定选举。院机关各党支部换届，由院机关党委审批；院属单位党支部换届，由本单位党委（总支）审批。

院属单位党支部换届后，选举结果报院机关党委备案。

第十六条　本办法自发布之日起实施，由院机关党委负责解释。

中共中国热带农业科学院党组
深入开展党的群众路线教育实践活动的实施方案

（院党组发〔2013〕24号）

根据中央部署和《中共农业部党组关于党的群众路线教育实践活动的实施方案》（农党组发〔2013〕50号）要求，结合我院实际，特制定我院深入开展党的群众路线教育实践活动实施方案。

一、指导思想和目标要求

高举中国特色社会主义伟大旗帜，全面贯彻落实党的"十八大"精神，以马克思列宁主义、毛泽东思想、邓小平理论、"三个代表"重要思想、科学发展观为指导，紧紧围绕保持党的先进性和纯洁性，紧密结合热区"三农"及热带农业科技工作实际和我院党员干部队伍建设现状，以为民务实清廉为主要内容，以院各级领导班子和处级以上党员干部为重点，切实加强全体党员马克思主义群众观点教育，把贯彻落实中央八项规定作为切入点，进一步加强作风建设，集中治理形式主义、官僚主义、享乐主义和奢靡之风，着力解决人民群众反映强烈的突出问题，提高做好新形势下群众工作的能力，保持党同人民群众的血肉联系，发挥党密切联系群众的优势，为实施"三大工程"和实现"一个中心，五个基地"的目标任务，提升热带农业科技创新能力提供有力的作风保证。

在全院全体党员中开展党的群众路线教育实践活动，要贯穿"照镜子、正衣冠、洗洗澡、治治病"的总要求，着眼于自我净化、自我完善、自我革新、自我提高。要教育引导党员干部树立群众观点，弘扬优良作风，解决突出问题，保持清廉本色，使党员干部思想进一步提高、作风进一步转变、党群关系进一步密切、为民务实清廉形象进一步树立。要坚持围绕中心、服务大局，全面贯彻落实党的"十八大"提出的各项任务要求，把作风建设放在突出位置，以作风建设的新成效凝聚起推动热带农业科技事业发展的强大力量。

要紧密结合我院实际，对照党章和为民务实清廉的要求，对照中央八项规定，对照群众期盼和先进典型，认真查摆形式主义、官僚主义、享乐主义、奢靡之风"四风"问题的具体表现，着力解决"四风"问题。反对形式主义，着重解决工作不实的问题；反对官僚主义，着重解决在人民群众利益上不维护、不作为的问题；反对享乐主义，着重克服及时行乐思想和特权现象；反对奢靡之风，着重狠刹挥霍享乐和骄奢淫逸的不良风气。

二、基本原则

（一）坚持正面教育为主。加强马克思主义群众观点和党的群众路线教育，加强党性党风党纪教育和道德品行教育，加强理想信念和宗旨意识教育，把理论武装、提高思想认识贯穿教育实践活动全过程，打牢转变作风的思想基础。

（二）坚持以整风精神开展批评和自我批评。开展积极健康的思想斗争，敢于揭短亮丑，真正做到红红脸、出出汗、排排毒，使党员干部思想受到教育、作风得到改进、行为更加规范，把整风精神始终贯穿于教育实践活动。

（三）讲求实效，开门搞活动。动员和欢迎人民群众参与教育实践活动，尤其是在民主评议、查摆问题、召开专题民主生活会、整改落实等重要环节，既要开门听取意见，又要真心诚意地积极回应人民群众的关切和期待，实现党内党外互动，确保教育实践活动取得让群众满意的效果。

（四）坚持领导，发挥表率作用。党员领导干部要带头学习，带头查摆问题、作严肃的自我剖析，带头开展批评和自我批评，带头整改落实。上级带下级，主要领导带班子成员，领导干部带一般干部，以领导干部的表率作用推动教育实践活动的深入开展。

（五）坚持分类指导。针对机关、研究所、附属单位、企业、离退休等党组织的不同情况，针对不同层级领导班子、党员领导干部、普通党员的情况，找准各自需要解决的突出问题，分别提出适合各自特点的具体要求，分层次、分类别、分环节加强指导，不搞"一刀切"。

三、时间安排和方法步骤

我院教育实践活动，从7月15日开始，到10月中旬基本结束，集中教育时间不少于3个月。院属各单位7月19日前启动。活动分为3个环节，不分阶段、不搞转段，但各环节相对集中，即第一环节7月15日至8月11日、第二环节8月12日至8月31日、第三环节9月1日至10月中旬，重点抓好14个步骤。

（一）第一环节：学习教育、听取意见

1. 动员部署。7月中召开教育实践活动动员大会，院党组书记雷茂良同志作动员讲话，对教育实践活动进行全面动员和部署；农业部督导组组长讲话，组织参会人员对院党组和班子成员开展民主评议。

各单位要认真传达学习中央、部党组和院党组有关文件、会议精神，紧密结合本单位实际，做好思想动员，制定活动实施方案，筹备召开动员会，党委（总支）主要负责同志作动员讲话。各单位活动实施方案、动员会方案、党委（总支）主要负责同志动员讲话稿7月16日前送督导组审阅。

2. 学习研讨。采取理论中心组学习、个人自学、专题辅导、上党课、交流互动等多种形式，组织广大党员、干部认真学习党章、党的"十八大"报告、中央八项规定，学习习近平总书记一系列重要讲话精神，学习、研读《论群众路线——重要论述摘编》《党的群众路线教育实践活动学习文件选编》《厉行节约、反对浪费——重要论述摘编》。通过多种方式开展研讨交流，总结推广好经验好做法，进一步查找突出问题，深化党员干部对党的群众路线的认识。

院党组于7月中下旬召开理论中心组学习（扩大）会议、理论研讨会，专题学习习近平总书记在党的群众路线教育实践活动工作会议上的重要讲话精神。邀请非中共党员院领导、近期退出院领导班子的老同志、非中共党员的局级干部、省政协委员、市政协副主席参加。各单位党委（总支）要按照上级要求，合理安排，保证集中学习时间。

党支部组织党员集中学习，开展马克思主义群众观点和党的群众路线专题学习讨论。对年老体弱、行动不便的党员，灵活采取送教上门等方式组织学习，确保学习时间、内容、人员、效果"四落实"。

各单位可根据实际，组织党员在省内就近

参观廉政警示教育基地、革命传统教育基地，增强学习教育的实效性。

院宣传部门、各单位要积极策划系列报道，利用网页、新闻媒体等宣传我院近年涌现出来的为民务实清廉先进典型。

3. 开展特色主题实践活动。把我院已有的服务热区"三农"的特色活动——"百名专家兴百村、百项技术兴百县""城乡互联"等主题实践活动贯穿始终，坚持发挥科技优势，推进各单位加强对服务"三农"责任区的科技支撑力度，强化服务成效考核，引导党员干部深入热区农村基层、热带农业生产一线，深入基层群众，问需于民、问计于民，促进提升服务热区"三农"的能力，促进加深与基层农民群众感情，服务热区农业农村经济社会发展。

4. 广泛征求意见。各单位可通过调查研究，发放征求意见表，开设意见箱、邮箱等方式，组织党员、干部开展"走基层、访群众、听意见"活动，征求党员群众对领导班子、领导干部存在形式主义、官僚主义、享乐主义和奢靡之风的意见建议。各单位对征求到的意见建议进行汇总归类，及时向领导班子和党员反馈。坚持边学边改、边查边改，不等不靠、务求实效。

院党组组织召开 2 次座谈会广泛征求意见。7 月下旬，党组书记雷茂良同志主持召开院离退休老同志代表座谈会，8 月上旬，院长、党组副书记王庆煌同志主持召开科技人员及民主党派人士代表座谈会。

（二）第二环节：查摆问题、开展批评

5. 查找问题。每个领导班子、每名党员围绕为民务实清廉要求，对照党章、中央八项规定，坚持群众提、自己找、上级点、互相帮，结合征求反馈的意见建议，认真查摆近年来在"四风"方面存在的突出问题，深刻剖析思想根源。

6. 谈心交流。主要负责同志同班子成员逐一谈心，班子成员之间要互相谈心，交换看法，互相提醒，查找问题；各级党组织班子成员之间、党员之间，也要开展谈心活动，沟通思想，增进了解和团结。谈话谈心必须真诚以待、言之有物，避免走过场和个人攻击。

7. 撰写对照检查材料。领导班子及其成员、党员个人都要根据征求到的意见建议，认真撰写对照检查材料。对照检查材料内容包括作风基本情况、存在的主要问题、原因分析、努力方向和改进措施，重点突出后三部分。要紧扣主题，突出重点，要敢于自查自纠、触及思想灵魂，讲真话、讲实话、讲心里话，做到问题准、根源明、认识深、措施实，避免写成工作总结、工作报告或经验材料。

8. 召开专题民主生活会或专题组织生活会。会上，党员干部要以整风精神开展批评与自我批评。要打消自我批评怕丢面子、批评上级怕穿小鞋、批评同级怕伤和气、批评下级怕丢民意等顾虑。自我批评要襟怀坦白、勇于查短板、亮缺点，深入剖析思想根源；相互批评要坚持原则，坦诚相见，真诚帮助同志。无论是批评还是自我批评，都要实事求是、出于公心、与人为善，不搞"鸵鸟政策"，不马虎敷衍，不文过饰非，不发泄私愤，有则改之、无则加勉，不搞无原则的纷争。党员领导干部既要参加专题民主生活会，又要以普通党员身份参加所在党支部的专题组织生活会。同时，院领导还要参加各自联系点单位的专题民主生活会。

9. 通报专题民主生活会情况。在民主生活会后，要在规定范围内通报民主生活会情况和班子成员对照检查材料。

督导组要全程参与所督导单位领导班子专题民主生活会。在准备阶段，督导组要审阅各单位民主生活会方案、向单位主要负责同志和班子成员通报掌握的班子建设情况和存在的突出问题。对反映存在问题较多的班子成员，由督导组会同单位主要负责同志进行谈话提醒；对班子其他成员也要进行个别谈话提醒。督导组会同单位主要负责同志对班子成员对照检查材料、开展批评与自我批评情况进行评价，并向个人单独反馈。

8 月底，院党组根据自查、征集和反馈的意见建议，就"四风"方面存在的突出问题，召开专题交流研讨会。

（三）第三环节：整改落实、建章立制

10. 制定、落实整改措施，公布整改情况，测评群众满意度。每个领导班子、每名党员针对"四风"方面存在的突出问题，按轻重缓急和难易程度，明确具体措施，细化工作任务，制定整改方案。整改方案应以对照检查材料为依据，突出对作风问题的整改，注重针对性和可操作性，做到整改目标、具体措施、整改方式、时限要求、责任分工"五明确"，实行一把手负责制，各单位领导班子的整改方案可向本单位职工、服务对象代表公示。

不折不扣落实整改方案。坚持什么问题突出就着重解决什么问题，什么问题紧迫就抓紧解决什么问题，以整改实效取信于民。各单位主要负责同志要亲自挂帅，统筹协调，督促落实；其他分管领导分工负责，抓好落实，防止形式主义。各单位落实整改方案、解决突出问题进展情况，要在整改方案公示范围内公布，自觉接受群众监督，并在公布范围内组织开展一次群众满意度测评，由督导组组织。各级党组织也要通过过组织生活会等形式，交流党员个人整改情况，进一步深化整改。

11. 加强干部队伍建设，提高群众工作能力。各单位要通过学习教育、查摆问题、整改落实切实提高党员干部、特别是领导干部做好群众工作的能力，增强服务热区"三农"工作本领。要深入研究把握新形势下群众工作的特点和规律，掌握运用群众工作的方法和手段，拓展做好群众工作的渠道和途径，要引导党员干部特别是党员领导干部不断提高调查研究能力、掌握实情能力，提高科学决策、民主决策能力，提高解决问题、化解矛盾能力，提高宣传群众、组织群众能力。

12. 强化正风肃纪。督导组要在充分听取各单位主要负责同志意见的基层上，经与院纪检、人事部门沟通，会同院纪检、人事部门向院党组提出进一步加强班子建设和严格干部教育管理的意见和建议。对存在一般性作风问题的领导班子提出进行整改的意见建议，对存在一般性作风问题的干部，要立足于教育提高，提出促其改进的意见和建议；对群众意见大、不认真查摆问题、没有明显改进的干部，要提出组织调整的意见建议；对活动中发现的重大违纪违法问题，应及时向院党组汇报，并按干部管理权限，及时移交有关方面进行严肃查处。

13. 加强制度建设，建立健全作风建设长效机制。各单位认真抓好作风建设的建章立制工作，形成制度成果。要梳理现有制度，对贯彻落实群众路线的已有制度，经实践检验行之有效的，要长期坚持下去；不适应新形势新任务要求的，要及时废除或抓紧修订完善。要研究制定新制度，注重总结实践中的好经验好做法，按照中央党的群众路线实践教育活动实施意见和部党组教育实践活动实施方案的要求，立足当前、着眼长远，研究制定和完善一批加强作风建设的制度和规定。要严格落实制度，坚持一手立规矩、定制度，一手抓整改、抓落实，强化制度执行力，用严明的制度、严格的执行、严密的监督，形成加强作风建设的长效机制。

14. 总结教育实践活动，巩固扩大成果。教育实践活动基本完成时，各单位要系统梳理总结活动开展情况，召开本单位总结大会，写出专题报告报院教育实践活动领导小组。在此基础上，形成我院教育实践活动总结报告，经部督导组审阅后召开院总结大会，将总结报告报部教育实践活动领导小组。

根据中央和部党组要求，教育实践活动结束后，还要继续抓好整改措施的落实。对应当解决而没有解决的问题，要集中力量切实解决；对暂时解决不了的问题，要抓紧创造条件积极解决，同时向群众作出说明；整改效果不好、多数群众不满意的，要在院党组的监督下进行"补课"、抓紧整改。巩固扩大活动成果。

四、组织领导

各单位党组织是教育实践活动的责任主体，要高度重视，加强对教育实践活动的领导，以足够的精力和时间，精心部署，周密实施，确保活动取得预期效果。

（一）落实领导责任制。我院教育实践活动按照部党组的统一部署，在院党组领导下进行。成立院党的群众路线教育实践活动领导小组，负责我院教育实践活动的组织实施。院党组书记雷茂良同志任组长，院长、院党组副书记王庆煌同志和副院长孙好勤同志、张以山同志任副组长，院办公室、人事处、基地管理处、监察审计室、机关党委等部门负责同志为领导小组成员。领导小组下设办公室，负责对教育实践活动的具体指导，办公室下设综合、文件、宣传三个组。

各单位教育实践活动在本单位党委（总支）领导下进行，成立相应的工作机构，具体负责本单位教育实践活动的组织实施。各单位党委（总支）书记要承担起第一责任人的责任，深入一线、靠前指挥，吃透政策原则，把握进度节奏，解决关键问题，扎实推进活动开展。

（二）建立工作制度。健全和完善院领导联系点制度，院领导要根据分管工作，建立各自联系点，加强对联系点单位教育实践活动的指导，深入调查研究，帮助找准和解决突出问题，总结推广经验，推动面上工作。各单位领导班子成员也要建立联系点。建立联络员制度，各单位要确定一名联络员，具体负责与院有关联系工作，及时反映本单位活动开展情况。建立督导制度，院教育实践活动领导小组成立并派出3个督导组，对所负责单位的教育实践活动进行巡回指导，加强督导检查。督导组要紧紧依靠所督导单位党组织，切实履行好自身职责，做到尽职不越位，督导不包办。建立群众监督评价制度，把群众参与始终贯穿，采取多种形式，广泛听取党员干部群众的意见；向群众公示整改任务书、时间表和整改结果；组织党员群众对解决问题、改进作风情况进行民主评议，使教育实践活动成为群众支持、群众检验、群众满意的民心工程。

（三）加强分类指导。各单位要根据本方案，结合自身实际，制定实施方案，报院督导组审阅同意后，认真组织实施。离退休党员干部参加教育实践活动，由所在单位党组织采取符合实际的方式方法开展。机关各部门集中开展民主评议，以支部为单位开展教育实践活动。驻广东和海南文昌、万宁等地院属单位的教育实践活动，由院教育实践活动领导小组负责组织领导，所在地党委协助；驻北京联络处在院教育实践活动领导小组的领导下，作为独立单位组织开展教育实践活动。流动党员的教育实践活动按照流入地党组织负责、流出地党组织协助的原则，采取灵活多样的方式进行。欢迎非中共党员领导干部参加教育实践活动，召开领导班子民主生活会时，可邀请他们列席，但不要求写对照检查材料；组织集体学习时，可邀请他们参加；教育实践活动中要注意听取他们的意见建议，发挥他们的作用。

（四）务求取得实效。各单位要正确认识开展教育实践活动与完成业务工作目标的一致性，妥善处理好工作与活动的关系，做到围绕中心、服务大局、统筹兼顾、合理安排，做到两手抓、两不误、两促进，通过努力，真正把开展教育实践活动与院中心工作和党员干部履职尽责结合起来，与绩效管理结合起来。既要不折不扣完成"规定动作"，又要结合实际，探索富有特色的"自选动作"，充分体现实践特色、行业特色、单位特色，增强活动的效果。力戒形式主义，不搞文山会海，不滥发资料简报，不搞层层检查评比，多到基层一线了解情况，多到干部群众中听取意见，多到实际工作中发现问题，切实推进问题解决，促进作风转变。要把问题找得准不准、民主生活会质量高不高、单位特色突不突出、作风转变效果好不好、对工作推动大不大，作为衡量我院教育实践活动成效的标准。通过教育实践活动，提振精神，锤炼作风，轻装上阵，干好事业，促进热区农业农村经济和科学技术发展。

（五）注重宣传引导，营造良好舆论氛围。要积极宣传中央的决策部署、活动的重大意义、经验成效，引导干部群众把思想和行动统一到中央的要求上来。各单位要善于总结好经验好做法，注重先进典型宣传；要注重利用反面典型开展警示教育，对党员干部起到警醒作用。同时加强舆论监督，做好宣传工作，不断汇聚推动教育实践活动的正能量，为教育实践活动营造良好氛围。

中共中国热带农业科学院党组
深入开展党的群众路线教育实践活动督导工作方案

（院党组发〔2013〕26号）

为推动我院党的群众路线教育实践活动深入开展，确保活动取得实效，根据《中共中国热带农业科学院党组关于深入开展党的群众路线教育实践活动的实施方案》，制定本工作方案。

一、督导组组成及分工

院党的群众路线教育实践活动领导小组（以下简称"院教育实践活动领导小组"）成立并派出3个督导组负责各单位活动的督导，每个督导组由2~3人组成。组长由近年内退休的院领导及在职处级干部担任，其他成员从院有关单位抽调，实行组长负责制。督导组成员实行工作回避。院教育实践活动领导小组办公室指导组负责与督导组的联系，并提供服务。督导组成员名单及分工如下。

第一督导组

组　长：王文壮

成　员：欧阳欢、温春生

负责儋州院区各单位的督导工作。

第二督导组

组　长：欧阳顺林

成　员：黄　忠、徐惠敏

负责海口院区及万宁、文昌地区各单位的督导工作。

第三督导组

组　长：陈　忠

成　员：罗志强、詹小康

负责湛江院区及广州地区各单位的督导工作。

二、工作职责

（一）传达中央、部党组有关精神及院党组工作要求，督促抓好落实；

（二）参加所督导单位教育实践活动的重要会议和重要活动；

（三）了解掌握教育实践活动进展情况，向所督导单位提出工作建议；

（四）全程参与所督导单位领导班子专题民主生活会；

（五）总结推广典型经验，发挥示范带动作用；

（六）发现和分析存在的问题，并督促解决；

（七）及时向院教育实践活动领导小组报告情况，提出意见建议。

三、工作步骤及内容

（一）前期准备工作

1. 集中学习培训。督导组成员参加培训会，学习有关中央及部文件、领导讲话和政策规定，明确工作要求和方法步骤。

2. 创定具体工作方案。研究制定具体工作方案，明确任务分工，细化工作安排等，与院教育实践活动领导小组办公室沟通。

3. 了解有关情况。听取院人事处、机关党委、监察审计室关于各单位领导班子和班子成员作风及党风廉政建设方面情况的介绍；了解所督导单位基本情况。

4. 与所督导单位党组织主要负责同志沟通。了解所督导单位教育实践活动准备情况，商定动员大会召开时间，明确联络员和联系方式，听取对督导组工作的意见建议。

5. 督促做好相关准备工作。审阅所督导单位教育实践活动实施方案和主要负责同志在动员大会上的讲话稿，了解掌握动员大会筹备情况，提出意见建议；汇总动员大会召开时间等情况，向院教育实践活动领导小组办公室报告；准备督导组组长在动员大会上的讲话稿。

（二）学习教育、听取意见环节工作

1. 参加动员大会。动员大会由各单位党组织负责组织，党组织主要负责同志作动员讲话；督导组组长在会上讲话，介绍督导组主要职责和工作任务，公布联系方式，作出公开承诺，设置征求意见箱，接受反映问题和群众监督。

动员大会参加人员范围一般为：各单位领导班子成员、近期退出领导班子的老同志、省党代会代表，各级人大代表、政协委员，在职全体党员（试验场为机关全体党员干部及下属单位主要负责人），离退休党员代表。特殊情况由督导组商所督导单位党组织确定。

动员大会结束后，在参会人员范围内开展民主评议。评议的内容主要为：对领导班子和班子成员作风方面情况进行总体评价；领导班子和班子成员在形式主义、官僚主义、享乐主义和奢靡之风等方面存在的突出问题；对搞好教育实践活动的意见建议等。对从本单位调出不满1年的院管干部，一并进行民主评议，评议结果转该同志所在单位督导组。有关表格在会前发放填写，会上交回。民主评议表由督导组回收汇总。

2. 听取单位党组织主要负责同志意见。主要内容包括：对领导班子和班子成员作风方面情况进行总体评价；领导班子和班子成员在形式主义、官僚主义、享乐主义和奢靡之风等方面存在的突出问题；对搞好教育实践活动的意见建议等。

3. 了解学习教育情况。了解掌握所督导单位开展学习教育的内容、形式和载体，提出意见建议；了解掌握领导班子和班子成员参加学习教育的情况；列席领导班子有关学习讨论活动。

4. 了解征求意见情况。重点了解掌握所督导单位领导班子成员深入基层、深入群众征求意见的情况，就征求意见的范围、方式和途径提出意见建议，可适时调阅有关调研报告和征求意见汇总材料。

5. 汇总上报有关材料。及时将民主评议情况、单位党组织主要负责同志谈话要点、干部群众意见建议等材料汇总报院教育实践活动领导小组办公室。

（三）查摆问题、开展批评环节工作

1. 审阅专题民主生活会方案。重点对方案中征求意见、谈心谈话、撰写对照检查材料、开展批评和自我批评、情况通报等环节的主要程序和具体要求，提出意见建议。民主生活会时间要服从质量，确保与会人员有足够时间发言。会议期间班子成员一般不得请假，有出差、出访任务的要事先调整工作安排。

2. 通报和谈话提醒。督导组根据了解掌握的有关情况，汇总形成向领导班子和班子成员通报、谈话提醒材料，分别征求院人事处、机关党委和监察审计室意见。对领导班子作风及党风廉政建设情况的通报，可采取召开领导班子会集体通报的方式，也可采取先向单位党组织主要负责同志通报，再委托其向班子其他成员通报的方式。对反映问题较多的主要负责同志的谈话提醒，要先分别与院人事处、机关党委、监察审计室和院教育实践活动领导小组办公室沟通，再采取适当方式进行；对反映问题较多的班子成员，由督导组会同所督导单位党组织主要负责同志进行谈话提醒；对其他班子成员，督导组可视情况委托所督导单位党组织主要负责同志进行谈话提醒。在谈话提醒的同时，督促做好民主生活会前谈心工作。各单位领导班子主要负责同志要与班子成员逐一谈心，班子成员之间要相互谈心，谈心要敞开心扉、坦诚相见，多作自我批评，努力把矛盾和问题解决在生活会前。

3. 审阅对照检查材料。审阅所督导单位领导班子及主要负责同志的对照检查材料，提出意见建议；会同所督导单位党组织主要负责同志审阅班子其他成员对照检查材料，提出意见建议。

对照检查材料要由领导干部自己动手撰写，一般应包括四个部分，即：个人作风基本情况、存在的主要问题、原因分析、努力方向和改进措施等，重点放在后三个部分。对照检查材料要紧扣主题，开门见山，突出重点，既要联系工作实际，又要触及思想灵魂，正视矛盾和问题，讲真话、讲实话、讲心里话；要认真思考、正面回应干部群众所提意见，提出实实在在、明确具体、便于实施的整改措施。一些不便在对照检查材料中写明的问题，可另写专题材料。领导班子的对照检查材料也应符合上述要求。

4. 参加专题民主生活会。督导组全程参与所督导单位领导班子专题民主生活会，了解开展批评和自我批评的情况，由督导组组长对专题民主生活会进行简要评价。提醒所督导单位抓紧整理形成专题民主生活会情况报告，经督导组审阅后上报。

5. 通报民主生活会情况。民主生活会后，要在规定范围内通报民主生活会情况和班子成员的对照检查材料。会议由所督导单位党组织负责组织，督导组派人参加，可邀请省党代会代表，各级人大代表、政协委员，党员群众代表参加。督导组与所督导单位党组织主要负责同志商定情况通报的具体时间、参会人员范围等事宜；审阅专题民主生活会情况通报材料，提出意见建议。

（四）整改落实、建章立制环节工作

1. 审阅整改方案。重点审阅是否涵盖了查找出来的主要问题，整改措施是否有力，任务书、时间表、责任人是否明确等，并提出意见建议。整改任务书和时间表，要向群众公示；整改方案和结果，要在一定范围内公布，具体范围由督导组商所督导单位党组织确定。

2. 提出正风肃纪建议。督导组要对所督导单位找准问题、集中整治情况进行深入了解，特别是要对中央、部党组和院党组明确的四个方面情况进行检查，在充分听取所督导单位主要负责同志意见后，提出进一步加强领导班子建设和严格教育管理干部的意见建议。对松、懒、散的领导班子，要提出整顿的意见建议；对存在一般性作风问题的干部，要立足于教育提高，提出促其改进的意见建议；对群众意见大、不认真查摆问题、没有明显改进的干部，要提出进行组织调整的意见建议。对活动中发现的重大违纪违法问题，按照干部管理权限，及时移交有关方面进行严肃查处。

3. 推动加强制度建设。督促所督导单位制订完善相关制度，推动改进工作作风、密切联系群众常态化长效化，巩固教育实践活动成果。

（五）总结工作

1. 督促做好总结工作。审阅所督导单位的教育实践活动总结报告和党组织主要负责同志在总结大会上的讲话材料，提出意见建议；准备督导组组长在总结大会上的讲话稿；商定所督导单位召开总结大会的时间，报院教育实践活动领导小组办公室；参加所督导单位总结大会。

总结大会参加人员范围，可参照动员大会把握。

总结大会结束时，要对所督导单位领导班子及班子成员开展教育实践活动情况进行民主评议，重点是解决问题、改进作风情况。民主评议表分为 A、B、C、D 四种。其中，A 表由领导班子成员填写；B 表由近期退出领导班子的老同志填写；C 表由中层以上干部填写；D 表由其他人员填写。评议表由督导组负责回收汇总，评议情况要向所督导单位党组织反馈。

2. 撰写督导工作总结报告。对所督导单位开展教育实践活动情况和督导组工作进行总结；对所督导单位领导班子和班子成员的作风情况作出分析，提出进一步加强和改进领导班子建设的意见建议。督导过程中形成的有关材料分别转院人事处、机关党委和监察审计室。

根据中央、部党组和院党组的具体要求，具体工作任务可能会做适当的充实调整。

四、工作要求

（一）认真履职，准确定位。要深入学习领会中央、部党组精神和院党组要求，充分认识开展教育实践活动的重要意义，切实增强政治意识、大局意识和责任意识。严格按照这次教育实践活动的指导思想、目标要求和方法步骤开展工作，切实履行督导职责。找准工作定位，紧紧依靠所督导单位抓好教育实践活动，到位不越位，督导不包办，形成工作合力。

（二）加强指导，严格把关。要认真指导帮助所督导单位做好各环节工作，切实把"规定动作"做扎实、做到位，同时鼓励探索符合实际、富有特色的"自选动作"，确保教育实践活动解决问题、取得实效。要坚持高标准严要求，督促所督导单位领导班子和领导干部全面理解和贯彻落实中央、部党组精神和院党组要求，做到思想认识到位、活动安排到位、征求意见到位、对照检查到位、整改落实到位，推动加强制度建设，保证教育实践活动目标任务顺利完成。

（三）讲究方法，加强沟通。要坚持走群众路线，充分发扬民主，开门搞活动，多到基层一线了解情况，多到党员群众中听取意见，多到实际工作中发现问题。加强组内政策理论学习和工作研究，集思广益、群策群力，及时总结经脸，改进督导工作。加强与院教育实践活动领导小组办公室的沟通，及时报告所督导单位活动进展情况、典型经验和出现的新情况、新问题以及重要敏感事项，负责任地提出意见建议。加强与所督导单位的沟通协调，在与所督导单位党组织主要负责同志保持沟通的同时，

要注意听取单位行政主要负责同志的意见建议，遇事多商量，科学合理地安排活动时间和进度。

（四）严格自律，维护形象。要切实加强督导组自身建设，带头贯彻中央、部党组精神和院党组要求，带头执行八项规定，用好的作风开展督导工作。严格遵守党的政治纪律、保密纪律、廉政纪律，求真务实，团结协作，严谨细致，勤奋敬业。要坚持原则、公道正派，客观公正地评价干部，全面准确地反映情况，谦虚谨慎、平等待人，讲党性、重品行、做表率，自觉维护督导组良好形象。

中共中国热带农业科学院党组
2013年度党员领导干部专题民主生活会方案

（院党组发〔2013〕32号）

根据农业部党的群众路线教育实践活动领导小组和农业部直属机关党委《关于在党的群众路线教育实践活动中开好专题民主生活会的通知》，结合我院实际，制定本方案。

一、指导思想

全面贯彻落实党的"十八大"精神，以马克思列宁主义、毛泽东思想、邓小平理论、"三个代表"重要思想、科学发展观为指导，紧紧围绕保持党的先进性和纯洁性，坚持党的群众路线，深入贯彻落实中央八项规定，着力解决形式主义、官僚主义、享乐主义、奢靡之风方面的突出问题，为实施"三大工程"和实现"一个中心，五个基地"的目标任务，提升热带农业科技创新能力提供有力的作风保证。

二、民主生活会主题

院党组专题民主生活会的主题是：坚持为民务实清廉，解决"四风"突出问题，提高科技创新、服务"三农"的能力和水平。

各基层单位（机关各支部）要结合实际，明确民主生活会（支部组织生活会）的主题，并进行通报。

三、时间安排

（一）会前准备

1. 精心组织学习。学习的主要内容为：党章，《中共中央关于在全党深入开展党的群众路线教育实践活动的意见》和习近平总书记一系列讲话精神，党的群众路线教育实践活动工作会议和中央政治局专门会议精神，教育实践活动的规定文件和学习材料，部党组关于教育实践活动的部署要求，韩长赋部长在两次部党组中心组专题学习会上的讲话精神等。

院党组理论中心组、院属各单位理论中心组在专题民主生活会前，至少要安排1天时间集中开展学习，安排1次马克思主义群众观点和党的群众路线专题讨论。院属各单位理论中心组学习和专题讨论会的时间要告知院督导组。提倡领导班子成员提前自学，会上导读讲学，进行解读分析，讨论交流心得，为开好专题民主生活会奠定坚实的思想基础。

机关各党支部、院属各单位基层党支部在专题组织生活会前，也要安排不少于1天的时间集中开展学习和讨论。

2. 继续征求意见找准问题。对听取意见情

况开展一次"回头看"。适当扩大范围，进一步向一线科研人员和干部职工征求意见建议；创新工作方式方法，可采取面对面或背对背等方式，既要加强对座谈会、征求意见箱、信访渠道等方式的运用，又要注重发挥电子邮箱、微信、微博等网络平台的作用。通过"回头看"，真正了解群众心中不满、热切关注的"四风"问题。把领导班子反对"四风"的意见建议，作为对照检查、开展批评和自我批评的重要依据。有关部门要认真梳理纪检监察、审计、信访等工作中平时反映的"四风"方面意见，交由督导组连同征求到的意见原汁原味反馈给领导班子及领导干部本人。院教育实践活动领导小组将把院领导班子征求到的意见建议汇总材料向基层进行通报，在此基础上进一步对照"三面镜子"、聚焦"四风"征求意见建议，查缺补漏。要求各单位、部门主要负责人并动员干部职工结合通报的汇总材料，对现实存在又没有体现的，提出意见建议。各单位、各部门要于9月25日前，将"回头看"征求到对院领导班子及班子成员的意见建议上报院教育实践活动领导小组办公室。

院属各单位、院机关也要开展"回头看"工作，并与9月25日前，将本单位（部门）"回头看"的结果报督导组和院教育实践活动领导小组办公室。

3. 深入开展谈心交心。院长、党组书记带头开展谈心，党政一把手与班子其他成员之间、班子成员相互之间、班子成员与分管部门负责同志之间都要逐一开展诚挚的、深入的谈心；各单位党政一把手也要带头开展谈心交心；机关各支部由支部书记负责督促指导各部门负责人同本部门工作人员谈心。谈心的主要内容是，征求对方对自己存在的问题的意见和改进建议，相互沟通思想、增进了解、化解矛盾。同时，主动接受党员、干部、群众的约谈。院党组、院属各单位、机关各支部应填写《领导班子成员谈心情况统计表》（见附件），在专题民主生活会（专题组织生活会）前将表格报上级督导组。

4. 认真撰写对照检查材料。领导班子的对照检查材料由主要负责同志亲自主持起草，作为整改的重要依据，在一定范围内通报。领导班子的对照检查材料重点剖析班子"四风"方面的问题及其具体表现，研究提出整改落实、建章立制的思路和措施；班子成员要自己动手撰写对照检查材料，内容主要包括：遵守党的政治纪律情况，贯彻中央八项规定精神、转变作风方面的基本情况，"四风"方面存在的突出问题，产生问题的原因分析，今后的努力方向和改进措施。

对照检查材料要开门见山、直奔主题，重点突出、内容实在，剖析深刻、触及灵魂，防止把对照检查材料写成工作总结或述职报告。领导班子的对照检查材料要对"四风"问题逐一进行剖析，多分析思想认识、能力措施方面的问题，少强调客观方面原因，要针对群众提出的问题，提出改进的思路，注重点、线、面结合，不能只谈宏观、谈要求，要谈具体思路措施，谈建章立制。班子成员的对照检查材料要按照要求将内容写完整，要将群众提、自己找、上级点的作风问题全面认真分析，不能避重就轻、缺斤短两；剖析问题多作主观认识和工作能力上的分析，少强调客观因素；整改措施要立足岗位实际、注重解决问题，提出具有可操作性的思路、措施和制度；特别是要把群众反映强烈的"车轮上的铺张"、"人情消费"、职务消费、"三公"经费开支过大、违规占用住房和办公用房等问题以及《在农业部党的群众路线教育实践活动中查找清廉方面问题的参考提纲》作为重要内容，逐一对照检查，有问题的分析原因并提出整改措施，没问题的进行明示。

院领导班子和党政主要负责同志的对照检查材料9月22日报部督导组审阅，并根据反馈意见进行修改，班子其他成员的对照检查材料由单位主要负责同志审阅。院领导班子和班子成员的对照检查材料在专题民主生活会召开前一周报部党的群众路线教育实践活动领导小组、分管部领导和督导组。

院属各单位领导班子和党政主要负责人的对照检查材料要报院督导组审阅，并根据反馈意见进行修改，班子其他成员的对照检查材料由单位主要负责同志审阅。领导班子和班子成员的对照检查材料在专题民主生活会召开前一周报院党的群众路线教育实践活动领导小组、分管院领导和督导组。

党支部召开专题组织生活会，由支部书记负责审阅处级党员的对照检查材料，提出修改意见。处级党员的对照检查材料专题组织生活会召开前一周报院教育实践活动领导小组、分管或联系的院领导和督导组。

专题民主生活会前，单位领导班子的对照检查材料要在一定范围内通报和征求意见。

（二）以整风精神开展批评和自我批评

专题民主生活会上，每位领导班子成员都要进行深刻的自我批评，主要看是否明确摆出"四风"问题，对群众意见和上级点明的问题是否逐一检查并作出实事求是的回应，是否从世界观、人生观、价值观深刻检查剖析问题根源，是否提出改进的具体措施。班子成员之间都要开展诚恳的相互批评，主要看班子成员之间是否相互提出批评意见，批评是否触及被批评者主要问题，是否达到帮助同志、增进团结、促进工作的目的。

批评和自我批评要敢于揭短亮丑，真正做到红红脸、出出汗、排排毒，也要注意方式方法，把功夫下在会前，放在分析问题、研究整改和谈心交心中，对拟开展批评的问题，会前充分沟通和交换意见，取得共识或基本共识后，在会上进行交流。

专题民主生活会期间，领导班子成员不得请假。

院党组专题民主生活会待方案报请部第三督导组审阅后召开（拟定 2013 年 10 月 10 日），部第三督导组领导，部科教司领导，院领导班子成员参加会议，院教育实践活动领导小组办公室负责人列席会议。

院属各单位党组织必须严格依照本方案的程序要求组织专题组织生活会，在保证质量的前提下，可以参照院民主生活会的参会人员，适当扩大范围。专题民主生活会在 2013 年 9 月 28 日前召开，具体时间安排由各单位同督导组协商确定。

机关各支部、院属各单位基层党支部要参照本方案的程序和要求，组织召开党支部专题组织生活会，时间安排在 10 月中下旬，机关各支部专题组织生活会时间报院第二督导组，院属各单位支部生活会时间报本单位教育实践活动领导小组。支部书记是支部专题组织生活会的第一责任人，会前，要主持制定工作方案，组织做好会前的各项准备工作；会上，组织本支部的科级及以上干部、课题组（实验室、研究中心）负责人开展批评和自我批评，组织其他党员对以上干部进行批评，要求其提出整改的思路、措施；会后，按照要求将专题组织生活会开展情况的报告、领导干部发言提纲、制定的整改方案报上级党组织。党员领导干部应当以普通党员身份参加所在党支部的专题组织生活会。

（三）扎实抓好整改落实

针对群众反映的问题和专题民主生活会上查摆出来的问题，无论是班子的还是个人，都要制定整改任务书、时间表，实行党组织主要负责人负责制，扎实推进整改落实，并在一定范围内进行公示。对群众反映强烈的突出问题，要集中治理。注重从体制机制上解决问题，完善党员领导干部直接联系群众和畅通群众诉求反映渠道等制度。院党组制定院领导班子的整改方案，提出整改的思路、措施，明确责任人和责任单位；向相关单位、部门下达整改任务书，明确整改时限，制定时间表。

院属各单位、机关各部门也要制定整改方案、整改任务书、时间表，要明确整改的具体办法、步骤、责任人、整改期限。

四、相关要求

（一）充分发挥党组织主要负责人的作用

各单位党组织主要负责人要高度重视，切实履行第一责任人的职责。主持研究制定专题民主生活会工作方案。督促班子成员认真撰写对照检查材料并逐一审阅，提出意见。带头开展谈心活动，带头对照检查自己，开展自我批评，诚恳接受批评、改正缺点，带头对班子成员提出批评意见，有针对性地做好思想工作，调动班子成员查摆问题、开展批评的积极性和主动性。

（二）切实加强督促指导

院督导组要全程参与所督导单位的专题民主生活会。

会前，审阅专题民主生活会工作方案，方案没有达到要求的，要督促认真修改；检查各单位开展学习情况，学习时间不够的，要督促补课；审阅领导班子和党政主要领导的对照检查材料，提出明确意见建议；检查院属各单位开展征求意见"回头看"和谈心工作，没有开展的要责令限期进行。根据人事和纪检监察部门提供的情况及民主评议、个别谈话、座谈交流了解的意见，向单位党组织主要负责同志和班子成员通报班子作风建设情况和存在的突出问题。对反映存在问题较多的班子成员，督导组会同单位党组织主要负责同志进行谈话提醒；对其他班子成员进行个别谈话提醒。督导组要会同单位党组织主要负责人审阅班子成员的对照检查材料，对联系实际不够、没有回应群众意见、没抓住突出问题、剖析不深不透的，要求进行修改；态度不认真、对照检查不深刻的，限时重新撰写。

会上，督导组要对专题民主生活会尤其是开展批评和自我批评情况，实事求是地作出评价，并对进一步加强领导班子思想政治建设提出要求。

会后，督导组要督促各单位在一定范围内通报专题民主生活会情况，通报内容包括会前准备、开展批评和自我批评、制定整改措施等情况。要及时收集群众意见，如实向领导班子及成员反馈，加强对整改落实和制度建设工作的督促指导。

院教育实践活动领导小组、人事处、监察审计室、机关党委要加强对各单位专题民主生活会的指导。

专题民主生活会和专题组织生活会的时间不限定为半天，做到时间服从质量，保证各位班子成员能够有充分的时间开展批评和自我批评，其他党员有充分时间开展批评，督导组有充分时间进行评价。

院属各单位要将专题民主生活会方案于会前 15 日报院督导组、院教育实践活动领导小组办公室；将征求到的意见建议、与院督导组商定的会议召开时间于会前 10 日报分管院领导、院教育实践活动领导小组办公室；将民主生活会综合报告、征求群众意见的汇总材料、发言提纲、民主生活会原始记录、制定的整改措施、整改任务书及时间表以及向党员群众通报民主生活会情况等于会后 15 日报院教育实践活动领导小组办公室（除民主生活会原始记录外，其他材料需报送电子版）。

院教育实践活动领导小组办公室联系电话：66962918、66962936（传真），电子邮箱：catasqzlx@126.com。

附件：领导班子成员谈心情况统计表（略）

中国热带农业科学院
开展"学党章、倡廉洁"党风廉政宣传教育系列活动方案

（热科院监〔2013〕198 号）

为深入贯彻落实党的"十八大"、十八届中央纪委二次全会和省第六次党代会、省纪委六届二次全会精神，结合全国即将开展的群众路线教育实践活动，以建党 92 周年为契机，在全院开展"学党章、倡廉洁"党风廉政宣传教育系列活动。具体方案如下：

一、活动目的

围绕"学党章、倡廉洁"活动主题，开展形式多样、扎实有效的宣传教育活动，教育引导广大党员干部坚定理想信念，加强党性锻炼，强化宗旨意识，弘扬优良作风，筑牢思想道德防线，做到为民、务实、清廉，为加快我院科学发展，争创农业科研强院提供有力保障。

二、时间安排

2013 年 6～8 月。

三、活动对象

全院党员干部，重点是各级党员领导干部。

四、活动内容及方式

围绕"学党章、倡廉洁"活动主题，从加强学习、强化教育、丰富廉政文化内容等方面开展党风廉政宣传教育系列活动。

（一）开展学习遵守党章活动

各级党组织制定学习计划，通过开展理论中心组学习、举办专题讲座、开展测试活动等多种形式，组织全体党员原原本本地学习党章，深刻理解、准确把握党章的新内容、新要求，为遵守党章坚定坚实的思想基础。充分运用网络、宣传栏等载体，广泛宣传党章，形成浓厚氛围，教育广大党员干部把思想统一到学习遵守党章、做合格共产党员的各项要求上来。

（二）组织党员到廉政教育基地接受党性教育

今年"七·一"前后，各级党组织按照地域就近原则，充分利用母瑞山革命根据地纪念园、白沙起义纪念园、红色娘子军纪念园、临高角解放园等16个廉政教育示范基地，组织广大党员干部参观学习，缅怀革命先烈，重温入党誓词，接受革命传统教育，加强党性教育，增强党员意识和宗旨观念，进一步坚定理想信念。

（三）组织观看优秀廉政文化历史教育琼剧《海瑞》演出

为积极借鉴海南历史上优秀廉政文化，省纪委联合省委宣传部、省文体厅等单位，于5月至8月组织琼剧《海瑞》在全省巡回演出20场。我院拟于7月邀请剧团至院进行演出，以此学习海瑞精神，弘扬优秀廉政文化，教育党员干部严于律己廉洁履职。没有条件现场观看演出的，可利用教育网络观看并接受教育。

（四）开展廉政短信征集评选活动

省纪委会同省委宣传部等有关部门，组织多家媒体向全国征集原创廉政短信。各单位、各部门要组织广大党员干部群众积极参与廉政短信创作，于7月15日前将廉政短信报监察审计室，经院评选后上报省纪委。

（五）开展党风建设走基层活动

紧密结合群众路线教育实践活动，进一步加强党风政风行风建设，优化发展环境，切实解决群众反映强烈的突出问题，院办公室等部门要做好走基层活动，并做好宣传报道工作。

（六）开展基层干部勤廉榜样推荐活动

根据中央纪委宣教室《关于推荐基层干部勤廉榜样的通知》要求和省纪委将在全省开展基层干部勤廉榜样推荐活动，各单位、各部门要按照政治坚定、作风过硬、实绩突出、廉洁自律的标准，树立、宣传一批基层干部勤廉榜样，7月15日之前向院监察审计室推荐勤廉典型，经择优后向省纪委推荐。

五、活动要求

一要领导带头，率先垂范。此次活动时间紧、任务重，各单位要高度重视，切实把"学党章、倡廉洁"党风廉政宣传教育系列活动摆上重要议事日程。各级领导干部要身体力行，率先垂范，认真组织并积极参与活动，充分发挥带头示范和协调指导作用，为开展好宣传教育活动提供组织保障。

二要突出主题，注重实效。各单位要紧密围绕活动主题，结合党员干部思想工作实际，认真制定详细周密的活动方案，落实任务分工，明确完成时限，做好工作协调，采取切实有效的措施推进活动各项内容的落实，确保主题宣传教育系列活动不流于形式，不走过场，取得实效。

三要加强宣传，营造氛围。各单位要通过网络、展板、横幅等多种载体，加强对"学党章、倡廉洁"党风廉政宣传教育系列活动的宣传，充分调动广大党员干部参与活动的积极性，努力营造浓厚的宣传教育氛围。

四要总结创新，形成机制。各单位要结合自身实际，因地制宜地组织开展活动，在完成规定任务的基础上，密切围绕主题，创新活动形式和内容，注重突出特色和实效。活动结束后，要及时总结开展系列活动的好经验、好做法，认真查找问题和不足，探索建立开展党风廉政宣传教育活动的长效机制。各单位要在8月31日前将开展活动的书面报告报至院监察审计室（联系人：叶雪萍；联系电话：66962946；邮箱：catassjjcc@126.com）。

中国热带农业科学院
继续深入开展整治庸懒散奢贪专项工作实施意见

（院纪检组〔2013〕3号）

为认真贯彻落实中央和省委关于改进工作作风、密切联系群众的重大决策部署，根据形势和任务的新发展，持之以恒、坚持不懈地开展整治庸懒散奢贪专项工作，努力使我院党员干部作风纪律大转变、服务效能大提升、发展环境大改善、群众满意度大提高，现提出如下实施意见。

一、指导思想

深入贯彻党的"十八大"、十八届二中全会、十八届中央纪委二次全会和省第六次党代会、省委六届三次全会精神，严格落实中央八项规定、习近平总书记关于"厉行勤俭节约、反对铺张浪费"的重要批示和省委省政府二十条规定，坚持党要管党、从严治党，以加强党的执行能力建设、先进性和纯洁性建设为主线，以保持党同人民群众的血肉联系为重点，增强自我净化、自我完善、自我革新、自我提高能力，狠刹形式主义，官僚主义、享乐主义和奢侈之风，以作风建设为突破口全面推进党的建设。要充分估计作风问题的顽固性和反复性，切实把广大党员、干部的思想和行动统一到党的"十八大"、十八届二中全会和十八届中央纪委二次全会精神上来，按照省委一系列工作部署，在去年以来全省集中整治庸懒散奢贪问题专项工作取得阶段性成效的基础上，继续深入开展整治庸懒散奢贪专项工作，以更大的决心和力度，治庸提能力、治懒增效率、治散正风气、治奢讲节约、治贪顺民心，着力打造一支作风过硬、纪律严明、为民务实清廉的党员干部队伍，凝聚党心民心，全院上下齐心协力为实现我院"十二五"宏伟目标而奋斗。

二、主要任务

继续深入开展整治庸懒散奢贪专项工作，是加强和改进建设、提高党的执行能力建设的整治要求，是贯彻落实中央八项规定和省委省政府二十条规定的具体实践。各单位各部门要在巩固集中整治专项工作阶段性成果的基础上，把这项工作引向深入，由表及里、从点到面、以点带面，以踏石留印、抓铁有痕的劲头狠抓落实，努力营造风清气正、廉洁从政的政治生态和良好的发展环境。

（一）坚持领导带头，发挥表率作用。领导干部自身作风建设对党风政风和社会风气具有重要示范效应和导向作用，是干部作风建设能否取得实效的关键。各级领导干部特别是党政"一把手"必须以身作则，雷厉风行正风气，身体力行做表率，按照党章规定的党员各项义务和领导干部的基本条件，认真履行领导干部的政治责任，带头讲党性、重品行、做表率，带头讲政治、顾大局、守纪律，带头执行落实中央八项规定和省委省政府二十条规定，带头纠正和防止形式主义、官僚主义、享乐主义，带头抵制庸懒散奢贪不良风气，带头反对特权思想、特权现象，以领导干部的人格力量引领党风政风和民风。

（二）加强党性修养，强化作风养成。思想建设是作风建设的基础，党性修养是作风建设的根本。要把加强党性修养作为深入整治庸懒散奢贪专项工作的基础工程。组织党员干部认真学习党的"十八大"精神和习近平总书记重要讲话，深入开展以为民务实清廉为主要内容的党的群众路线教育实践活动和"学习遵守党章，做合格共产党员"活动。坚持引导广大党员干部特别是领导干部自觉学习党章、遵守党章、维护党章，认真对照党章规定的八项义务、党员领导干部的六项基本条件，经常检查和弥补自身不足，不断增强党性修养和良好作风养成，增强科技为民的思想定力，真正把为民务实清廉的要求融化为执政理念和履职尽责的行为习惯，切实做到为党分忧、为国尽责和为民奉献。

（三）恪守为民宗旨，密切党群关系。为人民服务是党的根本宗旨，作风建设的核心是密切党同人民群众的血肉联系。作风上的庸懒散奢贪问题绝不是小事，任其发展下去，会失去民心、失去根基、失去血脉、失去力量。深入整治庸懒散奢贪不良风气，必须针对人民群众反映强烈、侵害群众根本利益的突出问题，动真碰硬，鞭挞丑恶、弘扬正气。从群众最不满意的地方改起，从群众最期盼的事情做起，扎扎实实办好顺民心、解民忧、惠民生的实事好事，要以人民群众是否满意作为衡量干部作风、评价工作实绩的根本标准，让人民群众不断看到实实在在的成效和变化，不断赢得人民的信任和拥护，巩固党的执政地位。

（四）瞄准整治重点，解决突出问题。要不折不扣地执行落实中央八项规定、习近平总书记关于"厉行勤俭节约、反对铺张浪费"的重要批示和省委省政府二十条规定，正文风、改会风、转作风、树新风，厉行勤俭节约，反对奢侈浪费，着力解决一些干部官僚主义、形式主义、搞花架子、下表面功夫、讲排场、比阔气、贪图享乐、公款吃喝、挥霍浪费等突出问题。要着力整治吃拿卡要、不作为、乱作为等突出问题。要进一步密切党群干群关系。提高做好新形势下群众工作的能力。把维护群众利益作为检验整治专项工作的"试金石"，着力解决一些干部推诿扯皮、敷衍塞责、漠视群众疾苦、与民争利的突出问题。要一项一项地抓，一个问题一个问题地解决，言必行，行必果，要持之以恒，促进作风的彻底转变。

（五）加强阳光整治，接受群众监督。作风建设和党员干部的作风转变与否，广大群众最有发言权。要坚持群众路线与整治专项工作相结合，广泛听取民意，认真受理群众投诉举报，健全投诉举报处理反馈机制，提高处理群众投诉举报工作效率，真情实意为群众服务。进一步拓宽作风建设监督途径，把党内监督和群众监督、舆论监督、社会监督结合起来，积极推进重大事项督查督办问责机制，逐步形成管用、到位、有效的监督机制，让各级干部学会在社会监督和群众评判下开展工作。进一步健全完善干部作风建设社会评价体系，开展干部作风群众满意度测评，将测评范围从各级领导班子拓展至机关处室处级领导，把评议结果作为干部年度考核、评先评优、提拔任用的重要依据，形成良好的用人导向，从根本上推动作风建设深入开展。

（六）加强督促检查，严肃执纪问责。党的纪律对遏制不正之风、弘扬党的优良作风具有重要保证作用。各级领导班子和领导干部要切实担负起抓作风建设的政治责任，敢于对庸懒散奢贪不良行为动真碰硬，刹风肃纪。要加强日常的督促检查，防治形式主义或应付了事，坚决扫除破坏党员干部队伍形象、影响党群干群的庸懒散奢贪不良风气，不断把作风建设提升到新高度。各级纪委要协助党委牵头抓好党的作风建设和整治庸懒散奢贪专项工作，按照《省纪委省监察厅关于对执行落实中央八项规定和省委省政府二十条规定情况的监督监察办法》，加强经常性检查监督，加大查办案件和责任追究力度，做到执好纪、问好责、把好关，以严明的纪律督促党员干部改进作风。

（七）加强源头管理，建立长效机制。作风建设是一项长期的战略任务，整治庸懒散奢贪多年来的顽症，必须下大力气从源头治理。要建立健全党委统一领导、党政齐抓公管、纪委组织协调、部门各负其责、群众监督评价的作风建设长效机制。加强院内巡视工作建设，健全完善干部人事管理制度。规范领导干部及公职人员住房、用车等干部待遇管理制度，防止以各种形式违规侵占公共利益，守住廉洁自律底线。健全完善"三公"经费开支管理制度，把公款消费关进制度的笼子里，从根源上遏制奢侈浪费现象。加强廉政风险防控管理，建立健全"制权、管人、控钱"的机制，逐步铲除庸懒散奢贪等不正之风和消极腐败现象滋生的土壤和条件。推进绩效管理，建立完善岗位责任制、项目负责制、公开承诺制、限时办结制、考核评议制，增强党员干部的执行力落实力，提高行政效能。制定党员干部庸懒散奢贪行为问责制度，以严明党纪的方式规范从政履职行为，为优良作风养成扫清道路。

（八）加强舆论引导，营造浓厚氛围。各单位各部门要利用各种宣传手段，大力宣传继续深入整治庸懒散奢贪专项工作的重大意义、任务措施和部署要求，动员广大党员干部积极投身到整治专项工作中，引导广大人民群众参与和监督整治专项工作。要坚持争取的舆论导向，充分发挥舆论的引导作用，对作风好、工作实、效率高、成绩突出的单位，要及时总结推广经验，对全院涌现出的作风建设先进人物和事迹，要进行恰当的宣传表彰；对查处的作风不正、损害群众利益、影响发展环境的反面典型和案件，要予以公开曝光，发挥警示作用，努力形成全院人人关心作风建设、参与作风建设、监督促进作风建设的浓厚氛围。

三、工作要求

继续深入开展整治庸懒散奢贪专项工作，站在新的起点上推进作风建设，考验着广大党员干部的党性、先进性和纯洁性，考验着各级领导班子和领导干部的执政能力和防腐拒变能力，务必高度重视、高位求进，务求坚持不懈、锲而不舍，重在解决问题、取得实效，不断把作风建设提升到新水平。

（一）加强领导，认真部署。各单位各部门要认真总结分析去年以来开展集中整治专项工

作情况，肯定情况、总结经验，分析形势、查找差距，结合实际，研究制定切实可行的措施，对继续深入整治庸懒散奢贪专项工作进行再动员、在部署，把广大党员干部的思想和行动统一到中央和省委省政府的决策部署上来，进一步提高各级领导班子和广大党员干部改进工作作风、保持与人民群众血肉联系的整治责任感和自觉性，坚持长期抓、经常抓，综合治理、多管齐下，把整治专项工作各项措施要求落到实处，用好的规矩打造好的作风，营造好的环境。

（二）突出重点，力求实效。各单位各部门要在深入查找干部作风庸懒散奢贪现象和深层次原因的基础上，做到有的放矢、对症下药、治病断根，存在什么问题就解决什么问题，什么问题突出就着重解决什么问题，群众对什么问题反映强烈就着力解决什么问题，严肃查处一批影响发展环境、损害群众利益的违规违纪案件，坚决杜绝庸政、懒政、怠政、惰政，打好改进作风的"持久战"，力求整治专项工作深入开展，干部作风持续向好，发展成效更加显著。

（三）注重结合，统筹推进。要坚持围绕中心、服务大局，把整治庸懒散奢贪专项工作融入贯彻落实全院各项事业科学发展之中，为发展而谋，为民生而干，在优化环境中改进作风，在服务群众中锤炼作风，以作风建设推动我院科学事业又好又快发展，用取得的新成果检验整治专项工作的成效，努力塑造朝气蓬勃、团结和谐、创新实干、廉洁高效的党员干部队伍形象，为实现我院科技发展，全面建设热带科技中心提供强大的正能量。

中国热带农业科学院
工会委员会工会经费收支管理暂行办法

（院工发〔2013〕9号）

为规范和加强我院工会经费的收支管理，充分发挥院工会为职工服务的作用，根据《工会法》《工会章程》《工会会计制度》和海南省总工会的相关规定，制定本暂行办法。

一、工会经费收支管理原则

1. 遵纪守法原则。工会经费收支必须严格执行国家法律法规、中华全国总工会和海南省的有关规定，认真执行工会财务会计制度，遵守财务纪律。

2. 独立核算原则。单独开设工会经费银行账户，实行独立核算。

3. 预算管理原则。工会经费收支实行预算管理，按年度编制收支预算。

4. 依法收缴原则。依法收缴工会经费，按规定留成上缴。

5. 服务职工原则。工会经费使用要突出重点，保证维护职工的合法权益、开展职工服务和工会活动。

6. 勤俭节约原则。工会经费使用要精打细算，少花钱多办事，节约开支，提高经费使用效益。

7. 民主管理原则。工会经费开支实行工会委员会集体领导下的主席负责制，重大开支由经费审查委员会集体研究决定。依靠会员管好、用好经费，定期公布账目，实行民主管理，接受会员监督和经费审查委员会审查。

二、工会经费收入范围

工会经费必须及时、足额收缴。工会经费收入包括：

1. 会费收入。指全院工会会员依照规定向院工会组织缴纳的会费。

2. 拨缴经费收入。指院属二级单位工会组织依照规定向院工会上缴的经费；上级工会按规定比例转拨院工会的经费。

3. 上级补助收入。指院本级工会收到的上级工会补助的款项。包括回拨补助、专项补助、超收补助、帮扶补助、送温暖补助、救灾补助、其他补助。

4. 行政补助收入。指院按照《工会法》《工会章程》和国家的有关规定给予工会的补助款项。

5. 事业收入。工会附属独立核算的事业单位上缴的收入和非独立核算的附属事业单位的各项事业收入。

6. 投资收益。对外投资发生的损益，如购买国债或企业债券取得的收益。

7. 其他收入。指院工会除上述收入以外的各项收入，如银行存款利息、接受捐赠收入等。

三、工会经费支出范围

工会经费主要用于以下开支：

1. 上缴经费：按上级工会组织确定的上缴经费数额上缴的经费。

2. 职工活动支出。指院工会为职工开展教育、文体、宣传等活动发生的支出。

职工教育方面。用于工会开展职工教育、业余文化、技术、技能教育所需的教材、教学、消耗用品；职工教育所需资料、教师酬金；优秀学员（包括自学）奖励；工会为职工举办政治、科技、业务、再就业等各种知识培训等。

文体活动方面。用于工会开展职工业余文艺活动、节日联欢、文艺创作、美术、书法、摄影等各类活动；文体活动所需设备、器材、用品购置费与维修；文艺汇演、体育比赛及奖励；各类活动中按规定开支的伙食补助费、夜餐费等；用会费组织会员开展集体活动等。

宣传活动方面。用于工会开展政治、时事、政策、科技讲座、报告会等宣传活动；工会组织技术交流、职工读书活动、网络宣传以及举办展览、板报等所消耗的用品；工会组织的重大节日宣传费；工会举办的图书馆、阅览室所需图书、工会报刊以及资料费等。

其他活动方面。除上述支出以外，用于工会开展的技能竞赛等其他活动的各项支出。

3. 维权支出。指工会直接用于维护职工权益的支出。包括工会协调劳动关系和调解劳动争议，开展职工劳动保护，向职工群众提供法律咨询、法律服务等，对困难职工帮扶、向职工送温暖等发生的支出及单位民主管理等其他维权支出。

4. 业务支出。指工会培训工会干部、加强自身建设及开展业务工作发生的各项支出。包括开展工会干部和积极分子的学习和培训所需教材资料和讲课酬金等；评选表彰优秀工会干部和积极分子的奖励；组织劳动竞赛、合理化建议、技术革新和协作活动；召开工会代表大会、委员会、经审会以及工会专业工作会议；开展外事活动、工会组织建设、大型专题调研；经审专用经费、工会办公、差旅等其他专项业务的支出。

5. 资本性支出。从事建设工程、设备工具购置、大型修缮和信息网络购建而发生的支出。包括房屋建筑物购建、办公设备购置、专用设备购置、交通工具购置、大型修缮、信息网络购建等资本性支出。

6. 行政支出。指工会为行政管理、后勤保障等发生的各项日常支出。

7. 补助下级支出。指工会为解决下级工会经费不足或根据有关规定给予下级工会的各类补助款项。

8. 事业支出。工会管理的为职工服务的文化、体育、教育、生活服务等独立核算的附属事业单位的补助和非独立核算的事业单位的各项支出。

9. 其他支出。指工会以上支出项目以外的各项开支。如用会费对会员的特殊困难补助、由工会组织的职工集体福利等方面的支出。

工会经费不得截留、挪用，不得用于非职工服务和工会以外的开支；不得为单位和个人提供资金拆借、经济担保和抵押。

四、工会经费收支预算

1. 工会的年度预算根据有关政策法规和上级工会要求，按照"量入为出、收支平衡"的原则和工会工作计划的要求编制。

2. 工会于每年 9～10 月拟定下一年度的预算草案，预算草案由工会经费审查委员会审查通过。

五、工会经费开支审批

1. 委托院财务处机关财务科负责院工会经费的日常核算工作。

2. 院工会开展各项活动发生的开支，按规定程序审批后列支。

六、附则

1. 本暂行办法由院工会负责解释。

2. 本暂行办法经院工会委员扩大会议审议通过，各二级单位工会可参照实行。

3. 本暂行办法从 2013 年 12 月 28 日起实施。

附件

工会经费支出审批及报账程序

一、经费支出审批程序

1. 业务经办人整理和确认支出票据；

2. 证明人确认支出事项；

3. 工会负责人确认支出内容；

4. 机关财务科进行经费预算控制。

二、经费支出报账程序

1. 经办人在业务发生的票据上签字确认，并对票据的真实性负责；

2. 经办人整理粘贴票据；

3. 经办人填写"工会经费支出报账审批表"（差旅费报销单），使用公务卡的事项应填写"公务卡费用报销汇总表"，金额涂改无效；

4. 工会负责人、证明人在"工会经费支出报账审批表"上签名；

5. 经办人将手续完整的报销材料交机关财务科，由会计编制记账凭证并经经办人签字确认后，冲还原借款或由出纳办理付款。

十一、院属单位

热带作物品种资源研究所

一、基本概况

中国热带农业科学院热带作物品种资源研究所（以下简称品资所），是农业部直属非营利性国家级科研机构。前身为1958年成立的华南热带作物科学研究院热带作物栽培研究所。2002年10月，根据国家科研体制改革的需要，由热带农牧研究所和热带园艺研究所合并组建成现在的品资所。现有10个研究室、2个挂靠机构、2个农业部和1个省级重点实验室、2个国家级和3个省级工程技术研究中心、2个部级检测中心、4个部级种质圃、1个农业科技"110"龙头服务站、1个总容量10万份的热带作物种子和离体保存库，以及7个行政办公室。现有科技人员222人，其中，硕士以上学位占56.31%，高级职称79人，有国家级荣誉称号的专家14人，省部级荣誉称号的专家16人，国家现代农业产业技术体系首席科学家1人，岗位科学家4人，试验站站长2人。通过海南省文明单位复查。获院2013年度先进集体、科技开发先进集体荣誉。

二、科研工作

科研总经费保持增长势头。2013年，申报国家和省部级项目90项，获资助项目61项，到位科研经费3 628.55万元（含基本科研业务费596.68万元）。国家自然科学基金项目争取取得新突破。2013年，获得8项（项目数量与经费居院内第一），是品资所历史最好成绩。科技成果产出喜人。获省部级奖励成果10项，其中中华农业科技奖一等奖2项，创新团队奖1项，海南省科技成果转化一等奖1项；通过海南省农作物品种审定委员会认定品种10个；发表论文211篇，其中SCI收录25篇，EI收录9篇；出版专著10部。

三、学科建设

现有种质资源学、园林作物与观赏园艺、畜牧学、草业科学、蔬菜学等5个院级重点学科，转基因热带作物育种学、蛋白质组学、细胞生物学等三个所级重点学科，完善二级学科的布局，逐步构建起一级学科统辖的二级学科群。获批筹建海南省艾纳香工程技术研究中心，热带花卉产业技术创新战略联盟入选国家重点培育联盟，3个省级工程中心和1个省级重点实验室通过考核评估，农业部木薯种质资源保护与利用重点实验室揭牌运作，启动"广西木薯创新中心"建设。

四、服务"三农"

2013年，积极参与"海南省第九届科技活动月""海南省科技厅百名专家联系基层活动""海南省农业科技110专家团专家、千名科技特派员深入农村开展科技服务活动"。有针对性在儋州、保亭、乐东、五指山等市县开展专家咨询、农业科技集市活动。举办"发展中国家热带农业新技术培训班"和"萨摩亚热带作物种植技术国际培训班"，扩大国际交流与合作。派出专家312人次，先后在坦桑尼亚、广东、广西、四川、云南，以及海南琼中、保亭、屯昌、东方等15个市县举办冬春季瓜菜、冬季热带水果、热带牧草、木薯等106次农业科技培训班（含技术指导），培训国内外农技人员、农民等共7 287人次，提供专家咨询服务300余次，发放培训资料8 000多册，提高了热区农民的实用农业技术，促进了热区农业发展和农民增收。在琼中、东方等市县新增设4个科技服务示范点，发挥科技示范带动作用。

五、成果转化与开发

2013年，开发总收入1 202万元，比2012年增长31%。畜禽良种繁育和牛大力种苗、南药种苗、花卉种苗基地扩容和设施改造投入使用，效益初显，种子种苗收入554万元，约占总收入的46%。艾纳香冰片加工中试厂基本建成，"艾纳香系列药妆品"获深圳第十五届高交会优秀产品奖。多方位开展技术合作，与广东景丰生态科技绿化有限公司、广东广物房地产开发有限公司等企业合作共建现代农业示范基地，寻求新的开发创收增长点。

六、国际合作

2013 年，引进美国、巴西、日本、泰国等国专家 19 人次，并作了 7 场学术报告。派出 29 人次赴哥伦比亚、瑞士、英国、布隆迪、柬埔寨、乌干达、刚果（布）、印尼、东帝汶、泰国以及我国台湾等地区考察交流。2 人作为高级访问学者赴荷兰、美国留学访问，1 人赴日本攻读博士学位。刚果（布）农业技术示范中心完成了中心可持续发展报告，与中地等公司签订了合作协议，明年中心建设期结束，转入独立运营。腰果专家有效地执行科技部对发展中国家科技援助专项"中国—坦桑尼亚腰果联合研究中心建设"，获得当地政府好评。派往巴布亚新几内亚的专家圆满完成对该国的农业援助任务。签署国际合作协议 2 项，在海外举办国际培训班 7 期，培训总人数 101 人。

七、人才队伍建设

2013 年，共引进人才 22 人，其中，博士 5 名，硕士 14 名。4 人获"省委省政府直接联系重点专家"称号，1 人获"留学人员科技活动资助项目"。15 人通过了职称晋升，其中正高职称 2 人，副高职称 10 人，中级职称 3 人，初级资格 6 人。设立"国际合作人才培养"项目，分别选派 1 到美国康奈尔大学学习、1 人到荷兰做访问学者，2 人到南京农业大学参加强化英语培训。派出 18 位年轻专家到国内外挂职及援外锻炼。在职攻读博士学位 11 人、支持 21 人申报学历深造（博士 15 人，硕士 6 人）。在读研究生 64 人，其中博士 15 人，硕士 49 人。

八、保障条件

2013 年，申请规划 1 项，项目 19 项，其中，基本建设项目 2 项、修缮购置 5 项、系统运行费 10 项、农产品产地加工项目 1 项、重点实验室建设 1 项，申报金额达 15 160.67 万元，同时努力争取国家热带作物种质资源中期保存库的立项工作。在建的农业基本建设项目 4 项目，修缮购置项目 7 项，经过多方努力和协调，完成初验和整改工作，项目的收尾工作和验收工作取得了很大的进展，竣工验收基建项目 3 项，修缮购置项目 2 项，将历史遗留的基建项目全部验收完毕。调剂 6 台空调给信息所；完成农业部、热科院资产增值保值检查工作，获得上级部门好评；配合院资产处做好生物性资产调研及登记工作。完成 2013 年资产决算报表的决算工作，国有资产保值增值率为 101%。采购仪器设备合计 60 台/套，采购金额达 542 万元；大宗物资采购 1 500 多万元。

九、党的工作

所党委下设 5 个科研党支部、1 个基地党支部和 1 个海口离退休党支部。现有党员 105 名，其中科研支部党员 77 名，基地支部党员 21 名，离退休支部党员 7 名；在职党员 80 名，退休党员 25 名。群团组织有工会、职代会、共青团、女工委、侨联和各民主党派等，形成了机构健全，梯队合理，分工明确，凝聚力强的党组织机构。所党委结合党的群众路线教育实践活动，筛选出群众高度关注的 12 个问题，进行整改，取得初步成效，如基地自建房和环境改造，明确接待事项和标准，创新文化建设等。努力提高部门综合管理能力，参加院组织的"提升管理能力、服务院所发展"主题征文比赛，提交的《创新党建模式，确保党建与科研双丰收》获一等奖，《浅议科研人员如何做到"以人为本"》获优秀奖。采取目标管理责任制、一票否决权制等措施，强化管理，确保所社会稳定和甫 安全。修订《财务报账管理办法》《科技产品库存与销售管理办法》等制度，明确职能部门职责，规范管理，提高管理水平。加大宣传力度，协助院和《海南日报》记者策划新闻报道 5 篇，在院所内外网络媒体上传稿件 200 多篇。策划制作所宣传光盘，制作宣传专栏 6 期。

橡胶研究所

一、基本概况

中国热带农业科学院橡胶研究所，是我国唯一以橡胶树为主要研究对象的国家级研究机构。其前身是 1954 年在广东省广州市成立的华南特种林业研究所，1958 年迁移到海南儋州时下设橡胶系，1978 年橡胶系更名为橡胶栽培研究所，2002 年科技部、财政部、中编办联合下文，批准更名为中国热带农业科学院橡胶研究所，简称橡胶所。经过半个世纪的不懈努力，橡胶所已经逐步发展成为一个综合科研实力较强、知名度较高的农业科研机构，取得科研成果 300 余项，获国家、部、省级成果奖 100 余项。在橡胶树北移栽培、橡胶树优良无性系的引进试种等领域取得了辉煌成就，获得国家最高科技奖励。目前，在橡胶树遗传育种方法与技术、抗逆栽培、营养与施肥、采胶制度与技术、死皮防治等领域处于世界先进地位。这些成果的推广应用，有力地推动了我国天然橡胶产业的发展，取得了显著的社会经济效益，为我国天然橡胶事业作出了重大贡献。

二、科研工作

加强"天然橡胶科技航母"机构建设，完成了"航母"5 个研究室优化配置和创新团队组建工作，以及新增研究室"天然橡胶加工研究室"和"天然橡胶植物保护研究室"双挂牌工作，从"航母"建设总体布局组织策划重大项目 3 项、重大成果 3 项、重要平台 1 个，"天然橡胶科技航母"机构建设基本完成；2013 年共策划重点项目 7 项，申报科研项目 148 项，获批科研项目 72 项，获批科研经费约 2 700 万元；通过验收项目 42 项，申请成果鉴定 7 项，并已鉴定 6 项，其中，3 项达到国际领先水平；申报各级科技奖 7 项，荣获省部级科技奖 3 项，其中农牧渔业丰收奖一等奖 1 项，海南省科技进步一等奖 1 项，海南省科技进步三等奖 1 项；申请知识产权 116 项，获授权知识产权 103 项，其中，发明专利 17 项，实用新型专利 68 项，外观设计专利 7 项，软件著作权 11 项；发表科技论文 209 篇，其中 SCI 收录 24 篇；出版著作 7 部，出版 DVD 光盘一部，科技创新能力持续增强。

三、学科建设

通过优化科技资源配置，逐步形成以作物遗传育种学、作物栽培与耕作学和作物生理学为优势学科，土壤学和生态学为特色学科，产业经济学和木材学为新兴学科的学科体系，并结合国家、院、所等相关规划及我所实际，制定了各学科的建设方案和发展规划。目前，作物遗传育种学、作物栽培与耕作学、土壤学和作物生理学科建设已有良好基础，生态学、产业经济和木材学学科建设已取得较好进展，学科建设对科研工作的推进作用已初见成效，重点科研领域取得突破性进展。进一步完善了橡胶树体胚苗规模化繁育技术体系，构建转基因植株鉴定体系；完成橡胶树全基因组框架图和精细图构建及五个品系的重测序与 PR107、RRIM 进行深度测序；橡胶小筒苗育苗技术研究基本完成；持续推进新型橡胶专用肥研制，初步拟定新型缓释专用肥肥料造粒工艺和技术流程；胶园林下资源间作利用研究取得较大进展；完成短线割胶设备的改进及割胶新技术的研发，制定适于不同品系和割龄橡胶树的高效安全气刺割胶技术规范；研发试用橡胶树死皮药剂及去皮机，推进橡胶树防寒栽培技术研究与示范；加快完善橡胶炭化木生产技术体系，完成部分碳化木制品的试用；油棕组培苗批量移栽成活。

四、服务三农

2013 年，与海南省南亚办共同组织了"橡胶树冬春科技大培训"，与湛江农垦局共同组织了"天然橡胶标准化甫 示范园生产培训"。全年共派出专家 524 人次，培训胶农及技术人员 6 212 人次。发放技术资料 11 883 份，通过科技服务热线解答问题 370 余次，接待上门咨询 130 余人次，发送技术短信等 18 000 余条。速生丰产示范基地初步具备示范效果，全年接待国内外参观人员 19 个批次 321 人，学习人员 3 批次 210 人。科技服务工作得到广大胶农及各地方政府的肯定与支持。

五、科技转化与开发

2013 年实现开发总收入 1 455万元，比上一年增加 11.5%。甫　袋装苗 23.5 万余株，芽接苗木约 40 万株，种植砧木苗约 100 万株，种苗基地累计推广优质种苗 18 万余株。甫　销售橡胶树割面营养增产素系列产品 586 吨，甫　销售橡胶树割面保护剂 78 吨。科技“走出去”迈出坚实一步，初步与四家企业在柬埔寨、印尼等就橡胶、油棕种植达成合作意向。新型产品开发进展顺利，如干胶测定仪、橡胶木地板、橡胶树死皮康复营养剂逐步具备开发前景。

六、国际合作

切实加强科技合作与交流，共接待 6 个国家 9 个代表团 38 人来我所交流访问，并进行专题学术报告 10 个；办理 9 个因公团组 21 人次赴英美等 10 个国家的出访；组织完成橡胶研究所第九届学术委员会 2012 年年会、第二届橡胶学术研讨会及 2011—2012 年 12 位回国人员相关研究领域、成就等学术交流研讨会；建立了英语定期主题交流，并进行专项英语培训 9 次；组织国内专题学术报告 40 人次。与柬埔寨橡胶研究所签订了双边科技合作协议，为国内 5 家“走出去”企业提供国外实地技术指导、咨询报告。

七、人才队伍建设

2013 年，有科技人员 168 人，其中：研究生学历人员 131 人，占 78%；高级职称人员 58 人，占 34%。新引进人才 23 人，其中博士 8 名。13 人通过职称晋升，其中，高级职称 8 人。选派 5 名干部到外单位挂职。1 人荣获“海南省第九届科技活动月先进工作者”荣誉称号，1 人荣获“热科院青年五四奖章”荣誉称号。组织职工参加各类专业培训，派出 4 人参加强化英语培训，在职攻读博士学位 17 人。目前我所有研究生导师 35 名，其中，博士生导师 7 名，与海南大学、华中农业大学联合培养研究生，2013 年共招收 19 人。

八、保障条件

2013 年全年农业基本建设项目完成投资 404.59 万元，修缮购置项目完成投资 715.38 万元。政府采购 1 479.37 万元，其中，工程类 728.87 万元，货物类 750.50 万元。仪器设备购置 139 台/套，金额 632.38 万元。新增固定资产 1 168.15万元。3 个农业基本建设项目通过终验，1 个通过初验收；4 个修购项目通过院级验收。组织申报 3 大类 13 个项目，申报金额 5 000 多万元。建成橡胶树良种苗木繁育基地 1 个，建成我国目前规模最大的油棕种质资源圃 1 个。

九、党建工作

2013 年新增党员 14 名，确定 2 名预备党员，确定 2 名发展对象，1 名入党积极分子。深入开展党的群众路线教育实践活动，于 2013 年 7 月 18 日召开动员会议，2014 年 1 月 26 日召开总结会议。召开第二次党员大会，选举产生新一届党委班子。举办橡胶研究所青年科技人员知识竞赛，组织开展了“中秋国庆暨迎新晚会”“橡胶所文体活动月”等精神文明系列活动。积极开展“海南省文明单位”申报与创建工作。

香料饮料研究所

一、基本概况

中国热带农业科学院香料饮料研究所（简称香饮所），隶属农业部中国热带农业科学院，为副局级公益性农业科研事业单位。创建于 1957 年，原名为“华南热带作物科学研究院兴隆试验站”；1993 年更名为“华南热带作物科学研究院热带香料饮料作物研究所”；2002 年更名为“中国热带农业科学院香料饮料研究所”。建所以来，已取得科研成果近百项，其中获国家级、省部级成果奖励 37 项；选育出中粒种咖啡和胡椒新品种 3 个，制定农业行业标准 12 项，发表论文 600 多篇、出版著作 53 部；研制出特色热带香料饮料作物系列产品 90 多种，获授权发明专利 36 项、实用新型专利 4 项。采用"科研院所＋农户""科研院所＋公司＋农户"等模式，向热区推广应用热带香料饮料作物种植与加工技术成果，已建立生产技术指导点、示范基地 20 多个，成果转化率 90%以上，社会经济效益显著，获农业部科技成果转化一等奖 4 次、二等奖 1 次，起到良好的示范、辐射与带动作用，为我国热带香料饮料作物科技水平和产业持续发展提供强有力的科技支撑。经多年研究探索，香饮所建立了"科学研究、产品开发、科普示范"三位一体的发展模式和"以所为家，团结协作，艰苦奋斗，勇攀高峰"的单位文化，目前正朝着建设世界一流的热带香料饮料作物科技创新中心、热带农业科技成果转化基地、热带生态农业示范基地（即"一个中心、两个基地"）的目标努力。

二、科研工作

2013 年申报各级科研项目 73 项，获批立项国家、省部级项目 27 项，获资助经费 2 100 多万元（含外拨经费）；获省部级科技奖 1 项、热科院科技奖 1 项；申请发明专利 9 项，获授权发明专利 10 项、实用新型专利 2 项，通过全国热带作物品种审定 3 个；发表科技论文 53 篇，其中 SCI/EI 收录 6 篇，主编出版著作 2 部。

三、学科建设

按照学科体系建设"十二五"规划，继续开展胡椒、咖啡、香草兰等作物优良种质筛选与种质创新、高效栽培与病虫害防控、产品加工与综合利用研究，与我院加工所、海南大学、华中农业大学、南京农业大学等单位开展学科共建和研究生联合培养工作，切实加快学科发展。重点围绕热带香料饮料作物、热带功能性植物、特色热带水果三大产业技术体系，强化研究室建设，进一步理清研究领域（方向）与科研思路，进行目标指标分解与任务分工，充分发挥学科研究室的作用。

四、服务三农

结合"百名专家兴百村，千项成果富万家"和海南省第九届科技活动月，在海南开展科技下乡、咨询活动 32 场次，举办培训班 16 期，累计咨询、培训农户及技术骨干 3 000 多人次，免费发放小册子 2 万多册，赠送种苗 2 万多株，免费提供一批化肥、农药、遮阴网等农用物资；在云南绿春县推广种植热引 1 号胡椒 6 000 多亩，在海南推广经济林下间作可可、糯米香茶等作物 500 多亩。

五、成果转化与开发

保质保量供应各类科技产品，研发冻干菠萝蜜、胡椒调味酱、香兰膏、香兰酒等产品，其中，冻干菠萝蜜已上市销售；完成所内部分科技产品包装改进，设计完善所内外不同系列包装 6 个系列 20 余种。加工生产各类产品产量同比下降 25%，产值同比 2012 年下降 30%。兴隆热带植物园接待游客 106 万人次，游客接待量同比 2012 年下降 29.69%。游客旅游总体印象满意率 98.41%，旅游服务质量满意率 96.19%，被评 2013 年全国休闲农业与乡村旅游五星级企业。

六、国际合作

申报国家外专局引智项目、海南省创新引进集成专项科技合作项目 3 项，获批国家外专局经技类引智项目 1 项。举办商务部援外培训班 1 期，培训国际学员 19 名。派员赴科摩罗和厄瓜多尔开展资源考察活动 2 次，通过友人携带等其他途径从科摩罗、越南等国家引进种质资源 4 次，共引进境外资源 50 余份；派员参加首届农业与环境可持续发展国际会议和国际可可贸易洽谈展览会，邀请美国克莱姆森大学陈峰教授、日本筑波大学北村丰教授等境外专家开展交流合作，并邀请美国佛罗里达大学凌鹏教授、荷兰 Keygene 公司黄财诚开展胡椒、咖啡分子育种合作研究；接待来自美国、科摩罗、马来西亚、印度尼西亚、缅甸等 30 多个国家官员、学者 161 人次，作学术报告 2 场。

七、人才队伍建设

引进人才 8 名，编制外聘用硕士 3 名；培养研究生 9 人、博士后 2 名，在职培养博士 4 名；王庆煌研究员入选 2013 年国家百千万人才工程。

八、保障条件

2013 年香饮所总收入 9 352 万元，总资产为 17 596.26 万元。完成综合实验室建设并投入使用。开工建设"大路基地职工宿舍和田间试验室"和"兴隆热带植物园旅游厕所扩建工程"。

九、党的工作

2013 年香饮所党委设 5 个支部，共有党员 88 人，开展了党的群众路线教育实践活动，整治"四风"问题，所党委召开理论中心组各类专题学习会 8 次，并召开了领导班子专题民主生活会，就"四风"问题进行批评与自我批评。香饮所植物园导游部获"海南省工人先锋号"，植物园团支部获"海南省五四红旗团支部"。

南亚热带作物研究所

一、基本概况

中国热带农业科学院南亚热带作物研究所（简称南亚所）位于广东省湛江市，毗邻中国雷琼世界地质公园—湖光岩风景区和广东海洋大学，是我国唯一从事南亚热带作物研究的国家级公益性科研机构。成立于 1954 年，其前身是华南热带作物科学研究所粤西试验站。下设 6 个行政办公室和 8 个研究室，现有在职职工 175 人，其中高级职称人员 37 人，博士学位人员 25 人，硕士学位人员 30 人。拥有"国家热带果树种质资源圃"、"农业部热带果树生物学重点实验室"和"海南省热带园艺产品采后生理与保鲜重点实验室"等 5 个省部级科技创新平台。

二、科研工作

2013 年申报各类科研项目 69 项，获批新增立项科研项目共 37 项，其中，国家基金 3 项、科技支撑和海南省重大计划项目各 1 项，南亚热作专项 3 项，项目总经费为 1 298.4 万元，比 2012 年增加 230 多万元。全年共发表论文 82 篇（其中 SCI 收录 12 篇，国际会议论文 5 篇）；主编著作 1 部，参编 1 部。完成省部级成果鉴定 2 项、登记 2 项；参与的"热带作物种质资源收集、评价与创新利用"获得国家科技进步二等奖，"芒果种质资源收集保存、评价与创新利用"获 2012—2013 年度中华农业科技进步一等奖，"攀枝花市优质芒果产业化"获 2011—2013 年度全国农牧渔业丰收奖合作奖。全年审定澳洲坚果新品种 2 个，申请新品种登记 1 个，通过国审现场鉴定"热农 1 号"芒果新品种 1 个，申请甘蔗植物新品种保护权 1 项；获授权发明专利 8 项，授权实用新型专利 31 项；申请专利 60 多项。发布农业行业标准 4 项。

三、学科平台建设

南亚所加大了果树学和植物营养学 2 个院重点学科的建设力度，强化了运行管理，举办了中国热带农业科学院 2013 年春季重点学科果树学和植物营养学专题学术报告会。先后与攀枝花农林科学院共建了"四川攀枝花芒果创新中心"，与贵州热带作物研究所共建"贵州澳洲坚果研究中心"，由广西百色田阳县政府划拨科教建设用地 2 000 平方米建立南亚所百色试验站，获批了广东省热带果树工程中心，为科技创新拓展了平台基础。

四、服务"三农"

重点在四川、广西右江河谷、广东徐闻开展科技服务活动。创新服务模式，在广西田阳县开办了"农家学堂"，派研究生及科技人员进村驻点，与"新农学校""科技小院"形成三种不同类型的农业科技推广服务模式。派出专家深入热区农村基层或农民自发到所培训相结合，针对芒果、菠萝、香蕉、荔枝龙眼、剑麻、甘蔗、澳洲坚果等作物，共派出专家 332 人次，培训农民或技术骨干达 2 000 余人次，其中，20 人以上的集中培训有 31 次，此外赠送种苗

6 000 株、图书 3 500 册、果袋 10 000 套。我所的服务三农事迹被《光明日报》《农民日报》等主流媒体进行专题报道。

五、成果转化与开发

不断强化"科研强所、开发兴所"的办所理念，创新科技开发管理模式。2013 年全部经济实体实现目标管理，也进行了"委托式""条块分工、组合管理"等多种经营模式探索，逐步向企业化管理转型。目前完成了"湛江热农农业科技发展有限公司"注册并得到上级部门的批复核准。新开发果桑酒、铁皮兰（石斛）酒、坚果等系列产品，市场反响较好；新开发了花纸香蕉果袋，丰富了果袋品类，产品热销；容器苗，特色园林种苗的开发，使得低迷市场下收入逆市而上。获批"广东省环保教育基地"。通过与茂名中旅合作，为茂名中小学生开展科普活动；今年入园观光旅游人数已突破 12 万人次，创造了历史新高。以科技成果转化、科技产品开发、科普教育为主的开发总收入已突破 800 万元，比 2012 年增加 33%。

六、国际合作

邀请外国专家 8 次共 18 人到所交流，派出 3 位菠萝专家出访法国。提交国家引进国外智力成果示范推广基地申报书 1 项，积极筹建热带果树国际联合实验室，已收到两份合作协议。

七、人才队伍建设

全年引进各类人才 14 名。有 14 人通过了职称评审晋升到高一级职称，24 人晋升到高一级岗位。目前我所专技人员达到了 125 名（占 70% 以上），工勤人员 53 名；副高以上职称人员 37 名，硕士以上人员 55 名（占总人数的 30% 以上）。提拔干部 3 人，其中，正科级 1 人，副科级 2 人；选派挂职锻炼干部 1 名（挂职田阳县科技副县长）。1 人到澳大利亚攻读博士学位，1 人获国家留学基金委批准到美国公费留学，1 人入选广东省高层次人员计划（已进入公示阶段）。培养和联合培养研究生 12 名，毕业 1 名。

八、保障条件

有 3 项农业基本建设项目、7 项修购项目顺利通过热科院、农业部组织的验收。进一步加强土地维权工作，打赢 2 场土地维权官司；启动了 664 亩土地的维权办证工作。财政保障能力得到明显提升，实现了扭亏为盈，财务预算执行进度达到 93.89%。完成了行政办公楼修缮和搬迁工作。改造所部科普中心大棚，进一步绿化美化了新大门两侧、新大棚、行政办公楼周围，为旅游和办公创造了条件。所多方筹措资金，争取到了财政机动经费 214 万元，行政楼前广场、植物园道路改扩建等一批小基建工程已逐步完工，环境建设上了一个新台阶。

九、党建工作

所党委按照党中央、农业部和院党组的统一部署与要求，从 7 月份起开展了"坚持群众路线，改进工作作风"为主题党的群众路线教育实践活动。活动取得了初步成效，也得到了农业部和院督导组的肯定和好评。首次以公推直选方式完成了支委换届选举工作。强化基层党组织的管理，支部活动有声有色。全年无安全生产、消防事故。全年无违反计生政策现象发生。计生工作被评为 2012 年度霞山区先进单位。所党委组织申报的"创新科技推广模式，在服务'三农'中创先争优"项目，荣获湛江市直属机关工作委员会"机关党建创新奖"。还积极参与地方扶贫工作，被评为 2013 年徐闻县扶贫先进单位。

农产品加工研究所

一、基本概况

中国热带农业科学院农产品加工研究所前身为 1954 年于广州创立的"华南热带林业科学研究所"的化工部，1964 年搬迁至广东省湛江市，并正式成立"华南热带作物产品加工设计研究所"，2003 年更为现名。是我国唯一专业从事以天然橡胶为主的热带农产品加工技术与应用基础研究的国家级科研机构，下设综合办公室等6个管理机构以及热带作物产品加工研究室等7个科研机构。承建国家、省、部级科技平台9个，拥有科研仪器设备总值9 000余万元；先后获科技成果170多项，获国家和省部级科技奖励近50项，是我国热带农产品加工科技进步的重要支撑平台。

二、科研工作

2013年，共组织申报项目67项，获批22项，其中，省部级以上项目13项；当年在研项目54项，科研经费857.15万元；11项科研项目顺利通过验收。获神农科技进步二等奖1项，海南省科技进步三等奖1项、院科技进步二等奖1项；发表学术论文112篇，其中，SCI/EI收录论文50篇；申报专利15项，授权专利20项，其中发明专利15项，实用新型专利5项；发布标准3项；鉴定成果1项。

三、学科建设

现有天然橡胶加工、食品科学、农产品质量与安全和有机高分子材料4个学科。调整了研究室功能布局，加强了学科方向凝练、科研团队优化配置和课题组规范管理。明确了天然橡胶加工学科中长期重点发展方向是特种工程天然橡胶加工，食品科学学科中长期重点发展方向是特色资源开发和特色民族食品工厂化生产，农产品质量与安全学科中长期重点发展方向是热带农产品加工质量安全风险评估与分析。其中特种工程天然橡胶加工技术研究取得重大突破，某单一指标已经达到世界领先水平。通过了农业部农药登记残留试验单位资质认证现场考核。

四、服务"三农"

为广东、云南、海南、四川、青海、江西、广西等地区农产品质量安全进行检测，总计725批次，6 435项次，举办各类培训班20余次，开展科普活动1次，发放科普资料300份。

五、成果转化与开发

全年完成开发创收747万元，较去年增长31.05%；修订《科技开发创收奖励办法》，设立所开发项目基金；完成技术转让2项，建设科研-企业合作基地2个，开发高良姜茶、高良姜精油等产品并形成商品10个；与山东、广东、福建、海南等省市企业开展天然橡胶、农产品精深加工及高值化利用等方面的合作研究，有效地使科技成果迅速转化为现实生产力。

六、国际合作

2013年，申报国际合作项目4项，在研项目1项。派遣出国进行短期培训1人次；出国攻读博士学位1人次；邀请澳大利亚迪肯大学专家学者来所开展合作研究、学术交流3人次。

七、人才队伍建设

拥有专业技术人员108人，其中，硕士以上专业技术人员57人，占52.8%。高级职称人员28人，中级职称人员50人，中级以上职称人员占72.2%。2013年新进人员7人，其中，新引进毕业生6人（博士2人、硕士4人），调入1人，退休11人。输送9人攻读博士、硕士学位，3人进入博士后工作站，派出274人次参加各类研讨会和培训。3人晋升副研究员，2人晋升助理研究员。1人评为"湛江市优秀拔尖人才"。与华中农业大学、海南大学、广东海洋大学等高等院校建立研究生联合培养基地，在读研究生27人，其中，博士1名，硕士26名。

八、保障条件

财务与国有资产管理：截至2013年12月底，加工所财政拨款预算指标3 373.54万元（其中，上年结转63.61万元、年初预算批复3 309.93万元），预算执行进度97.83%，其中，基本支出预算指标1 866.04万，执行进度100%；项目支出预算指标1 443.89万元，执行进度95.03%。实现国有资产保值增值100.61%。科研条件建设：2013年，加工所共实施3项条件建设项目，其中，2项修缮购置项目，经费 873 万元；1 项中试示范科研项目仪器采购，经费 148.8 万元；完成政府采购 80 台/套，其中完成仪器设备采购 38 台/套；完成 2014 年 4 项修缮购置项目申报工作，经费合计 1 322 万元，已通过财政部委托的中介机构评审；申报农业科技创新能力条件建设 1 项，获批 756.00 万元；完成"十一五"期间 6 项修购专项工作的绩效评价，评审成绩均为优秀。公租房与实验楼建设：完成文明西路 9 号地块"三旧"改造项目控规、修规、环评等前期工作。完成湛江院区科研用房建设总体规划与加工所综合实验室建设项目可行性研究报告等前期工作。

九、党的工作

以开展教育实践活动为契机，在抓班子、带队伍、转作风、推廉洁上下功夫；以学习"十八大"精神和新党章为动力，在优化基层党的建设科学化、规范化、常态化上抓落实；以文化创新提升行动为抓手，在精神文明建设和职工住房、健身、用餐等方面见成效。2013 年新增党员 3 人，新增入党积极分子 2 人。完成了党委和各支部的换届选举工作，制修订党建工作制度 20 多个，1 人荣获"中国热带农业科学院青年五四奖章"荣誉称号，1 人荣获热科院"三八红旗手"称号。

热带生物技术研究所

一、基本概况

中国热带农业科学院热带生物技术研究所，是根据"国科发政字〔2002〕356 号"文件批复，于 2003 年 6 月在热带生物技术国家重点实验室基础上组建的国家级公益性非营利研究机构。我所以生物科技创新引领热带农业和生物产业发展，紧紧抓住热带特色，挖掘特有生物资源，研究利用生物技术，建立热带生物科技基地，研发高新技术产品，打造热农院所品牌，服务热区"三农"。2013 年，生物所领导班子团结带领全所干部职工，围绕年初制定的重点工作目标，狠抓落实，不断提高科技水平，增强综合实力，各项事业取得了较好的发展成绩。

二、科研工作

申报国家级重大项目 8 项，获批 3 项；累计申报省部级以上各类项目 169 项，获批 46 项。获批科研经费达 3 781 万元，较 2012 年增长了 30% 以上。发表论文 255 篇，其中 SCI 论文 75 篇，其中一篇影响因子达 7.251，创我院新高。完成成果鉴定 6 项，完成项目验收 15 项。9 项科技成果荣获省部级以上奖励，获批国家发明专利 15 项，实用新型专利 10 项。

三、平台建设

积极筹建农业部海洋生物中心科技平台，依托海洋生物中心获批海南省重点科技计划项目 1 项，省国际合作项目 1 项，同时完成热带海洋生物资源与特色畜牧研究所筹建方案；制订完成甘蔗科技航母筹建方案初稿，我所牵头成立了海南省甘蔗学会，在院甘蔗研究中心的基础上，走出了一条从基础研究延伸到产业发展的全面发展的特色之路。依托航天育种中心首次将甘蔗组培苗、灰肉色链霉菌等实验材料搭乘"神舟十号"载人飞船升空，开展空间诱变育种实验。

四、国际合作

共派出 9 个团组 23 人次分别前往美国、德国等执行科研项目的合作研究任务；赴伦敦、夏威夷等地参加国际学术学术研讨会及培训。邀请来自美国等 15 个国家、地区的中外专家、团组 173 人次来我所交流，举办各类学术报告 34 场。共举办国内学术会议 3 场，参与大型国际学术会议 3 场、国内会议 20 场。

五、服务"三农"与开发

组织专家 40 余人次赴海南各市县、广东、广西、云南、贵州等地区开展包含海水养殖、沉香结香、瓜菜种植及病虫害防治等科技培训服务共计 40 余次，培训人数达 2 600 余人次，发放技术资料 1 600 余册，赠送农资产品及优质种苗 3.6 万元。与琼中县政府、东方市政府建立了长期科技合作关系，支持地方发展。颁布了《热带生物技术研究所科技开发管理办法（试行）》（生物所〔2013〕29 号）文件。2013 年全年，我所通过发售各类种苗、科技产品及提供技术或检测服务共获得开发创收 503 万元。

六、人才队伍

共引进博士 7 人（其中引进海外博士后 2 人）、硕士 4 人、本科 2 人。培养博士后 2 人，博士、硕士研究生 130 人。加强高层次人才的培养，推荐两位科研人员赴美国夏威夷参加为期 3 个月的英语培训，推选两位副所长参加由我院和华中农业大学联合举办的处级干部 MPA 课程培训班。积极开展各类遴选推荐工作，获"海南省五四青年奖章" 1 人，"全国农业先进个人"称号 1 人，培养遴选 3 名热带农业科研杰出人才、1 名热带农业青年拔尖人才，授予 10 名同志"所创先争优优秀共产党员"称号。严格遵守干部选拔任用工作制度，调整配备科级干部 4 名，其中正科级人员 2 名、副科级人员 2 名。推荐林海鹏同志挂职屯昌县科技副乡镇长，并获得海南省第三期中西部市县挂职科技副乡镇长"先进个人"称号。

七、保障条件

今年我所的条件建设项目多，任务重，通过不断努力，预算执行进度达 93.96%。三项修缮购置项目进展良好，热带生物技术研究所试验基地配套设施项目、所公共实验平台改造工程已经完工、完成热带生物技术研究所试验基地项目竣工验收工作。完善了安全生产管理机构和所消防标示，开展了两次安全生产大检查，以安全生产活动月为契机，加强了新进人员和学生的安全教育和实践活动。

八、党的工作

我所班子注重自身建设，党委始终把思想政治建设放在党建工作的首位，大力推动学习型党组织建设，将理论中心组（扩大）学习会作为加强学习型党组织建设的主要抓手，今年举行了 4 次理论中心组学习、1 次民主生活会，重点学习了中央政治局关于改进工作作风密切联系群众八项规定、中央农村工作会议精神、习近平总书记关于群众路线教育活动系列讲话内容和党的十八届三中全会精神。班子成员能够严格自律，自觉遵守党的政治纪律，和党中央保持一致。年初我所与院党组签订了党风廉政建设责任书，党政领导学习了《党政机关厉行节约反对浪费条例》《党政机关公务接待管理规定》《党政机关国内公务接待管理规定》等系列文件，并召开了纪委扩大会议结合我所实际对贯彻落实中央"八项规定"，反对"四风"工作做了具体的部署。党政主要领导带头落实单位党风廉政建设目标责任制，廉洁奉公作出表率。通过组织开展了群众路线系列教育实践活动，广泛征求意见，共收集到各类意见和建议 156 条，进一步梳理后聚焦到四风方面 12 个问题。通过整改，取得了较好的效果：如公务接待费用比去年下降了 47.8%，水电费用比去年减少了 11 万元。通过开展"厉行勤俭节约、反对铺张浪费"活动，将结余资金用于实验室改造、天花板改造、自行车棚建设等地方。

环境与植物保护研究所

一、基本概况

中国热带农业科学院环境与植物保护研究所（以下简称环植所）是国家级非营利性科研机构，前身为 1954 年成立的华南特种林业研究所植物保护研究室，1978 年更名为植物保护研究所，2002 年 10 月更名为现名。拥有科技人员 134 人，其中博士 56 人，硕士 44 人，硕士以上人员占 74.63%。高级职称人员 57 人，中级职称人员 46 人，中级以上职称人员占 76.87%。现有 6 个研究室、下设 20 个课题组，1 个部级重点实验室、1 个部级科学观测站、1 个省级重点实验室、1 个省级工程中心、2 个院级平台和 5 个行政办公室。2010 年提出了"一个中心，三个基地，五大学科体系"战略定位，即建设一流的热带农业环境与植物保护科技创新中心，建立海口科技创新与高层次人才培养基地、儋州成果转化与科技服务基地、文昌科技试验与成果展示基地，重点建设植物病理学、农业昆虫学、入侵生物学、农药学、环境生态学等五大学科体系。

二、科研项目

2013 年，环植所新获批省部级以上项目 36 项，本年度共有 172 项科技项目立项，到位科研经费达 2 576 万元，其中公益性行业科研专项课题 2 项，国家科技支撑计划课题 1 项，国家自然科学基金项目 25 项，948 项目 1 项，海南省国际科技合作重点项目 1 项，海南省重点科技计划项目 1 项，海南省自然科学基金 13 项、农业行业标准项目 8 项，农业部热带作物病虫害监测防治项目 5 项，院本级基本科研业务费专项 10 项，环植所基本科研业务费项目 33 项等。目前在研项目 160 余项，其中：国家、部省级以上项目 94 项。

三、科技产出

全年共验收、鉴定和评价科技成果 8 项，其中 2 项达到了国际领先水平。7 项成果获省部级奖励，其中：获海南省科技进步一等奖 1 项，二等奖 1 项，3 等奖 2 项；中华农业科技奖一等奖 1 项，二等奖 1 项，2011—2013 年度全国农牧渔业丰收奖-农业技术推广合作奖 1 项。广西科学技术奖三等奖 1 项。全年共发表论文 229 篇，其中：SCI 论文 49 篇；ISTP 论文 1 篇；EI 论文 9 篇。主编及参编著作 9 部，申请国家专利 39 项，获授权专利 18 项，其中国家发明专利 16 项，实用新型专利 2 项，制定农业行业标准 14 项，获软件著作权 2 项。

四、平台建设

国际合作平台—国际热带植物保护合作研究中心（ECCRCTPP）于 5 月 15 日挂牌。申报并获批部重点实验室运行费 1 项，与企业联合申报科技部农转资金 1 项；获批部重点实验室创新能力条件建设项目 1 项。完成省工程中心验收的准备工作。制定部重点实验室相关管理制度，理顺重点实验室组织机构。成立了全国热带农业科技协作网植保专委会、海南省蜂业学会等省级学会；召开海南省植物病理学会 2013 年年会，完成学会的恢复和换届工作。

五、科技服务

继续大力推进"服务海南冬种瓜菜病虫害防控专项行动""橡胶树、槟榔病虫害专业化防控技术培训与示范专项行动""百名专家兴百户行动"，积极参与"第九届海南省科技活动月"。针对橡胶树病虫害、木薯病虫害、瓜菜病虫害、热带优良水果病虫害、槟榔黄化病、香蕉枯萎病、剑麻病虫害、椰心叶甲和蜜蜂养殖技术等开展科技支持行动。配合省农业主管部门到海南三亚、乐东、保亭、东方、陵水、昌江、文昌、定安、屯昌、澄迈等市县开展台风灾情调查、指导救灾。一年共派出专家 258 人次，累计培训农户和基层科技人员 16 087 人，发放资料 18 220 册，为农业减灾降害发挥了积极作用。

六、科技开发

本年度环植所累计转化技术成果 5 项，推广应用 60.477 万亩，获得社会效益 4.81 亿元。开展保叶清和根康两个产品的登记工作，委托生产了 10 吨"保叶清"烟雾剂并全部在海胶集团推广使用。继续开拓根康、灭桑灵、扫虫光、橡胶保健增产灵等其他 15 种药肥中试产品和"热带雨林蜂宝""生态鸡"等多个绿色有机农产品。积极开展农业部农药登记环境行为试验资质和药效试验资质的申报工作。组织注册了"热科宝岛"商标。2013 年实现开发总收入 946.15 万元。

七、学术交流与合作

共组织所内学术报告会 20 余次，邀请国内外知名专家学者来所作学术报告 20 余场，积极派遣科研骨干参加各类国际国内的学术会议达 360 多人次，30 多人次受邀到相关科研单位及学术研讨会做专题报告。与美国夏威夷大学、国际热带农业中心（CIAT）、热带农业研究与高等教育中心（CATIE）、印度橡胶研究所、德国莱布尼茨花卉研究所等国际知名研究机构建立了合作关系，邀请近 10 人次国外学者到所进行访问、合作研究与讲学，拓展了国际合作与交流。

八、人才队伍建设

2013 年，共引进 4 名博士、4 名硕士、4 名本科，调入 1 人，调出 2 人；2013 年共有 5 人转正定级，13 人通过了职称晋升，其中 1 人经评审晋升为研究员。华中农业大学硕士研究生导师 36 名，海南大学研究生导师 17 名，广西大学硕士研究生导师 1 名，现有硕士研究生导师资格共 36 名，博士研究生导师资格 8 名。

九、科研条件建设情况

基本建设方面，由我所承担的"农业部儋州农业环境观测实验站基础设施改造与设施配套项目"按实施方案完成 2013 年度的建设任务。仪器设备购置方面，2013 年度共购置仪器设备 74 台套，共执行预算 74 万元。共享平台建设方面，完善实验室管理制度，加强实验室管理，搭建共享平台。针对实验室仪器设备管理、操作管理发布了各项管理制度共 5 项。仪器设备购置项目申报与批复方面，2013 年度，共申报仪器设备购置类项目 4 个，申请经费共 1 687.49 万元，其中"农业部热带作物有害生物

综合治理重点实验室"建设项目获批，获批项目经费 811 万元，修缮购置专项"生防与农药研究中心仪器设备购置"项目获批，获批项目经费 365 万元。

十、党建工作

环植所党委下设 4 个支部，共有正式党员 89 人，预备党员 4 人，流动党员 2 人，入党积极分子 6 人。2013 年主要开展以下活动：以认真贯彻落实"十八大"报告和"十八大"三中全会精神为抓手，强化政治理论学习，推进学习型党组织建设。以基层党支部为单位，积极开展形式多样的学习活动。重点开展了党的群众路线教育实践活动，通过此次教育活动，使得广大党员干部思想认识得到进一步的提高，党性修养得到进一步的增强，工作作风得到进一步的改善，党群干群关系得到进一步的密切。新增加党员 13 名，其中 10 名为新引进人才，发展预备党员 3 名，递交入党申请书人员 5 名。加强党风廉政体系建设，严格贯彻落实中央八项规定等文件精神。以人为本，积极推进创新和谐文化建设，全面推进以"卓越（Excellence）、激情（Passion）、坚持（Persistence）、创新（Innovation）"为核心价值的有环植所特色的创新文化建设（EPPI 为环植所英文首字母缩写）。彭正强研究员获全国五一劳动奖章、易克贤获全国特殊津贴专家称号、李勤奋获中国热带农业科学院五四青年奖章等。

椰子研究所

一、基本概况

中国热带农业科学院椰子研究所（简称"椰子所"）以热带油料为主要研究对象，重点开展种质资源创新利用、丰产高效栽培、重大病虫害防控以及产品加工综合利用等研究，承担热带油料产业发展重大关键技术集成、示范和推广工作。现有编内职工 146 人，其中，高级职称 26 人，中级职称 39 人，博士 13 人，硕士 58 人。内设 6 个职能部门（综合办公室、科技办公室、财务办公室、开发办公室、条件建

设办公室、土地与基地管理办公室）和 6 个研究机构（椰子研究室、油棕研究室、特色作物研究室、生物技术研究室、植物保护研究室、产品加工研究室）。并依托建立了农业部热带油料科学观测实验站、农业部热带棕榈种质资源圃、海南省热带油料作物生物学重点实验室、海南省椰子深加工工程技术研究中心、海南省农业科技 110 椰子服务站、椰子产业技术创新战略联盟等科研平台，同时建设有产品中试加工工厂、重大病虫害天敌繁殖场及 3A 级旅游景区"椰子大观园"等开发机构。

二、科研工作

2013年度申报科研项目65项，获资助科研项目46项，到位经费1 161万元，比上年度增长32.2%，其中，公益性行业科技等省部级以上项目30项，其他项目16项。发表论文63篇，其中SCI收录5篇；出版专著4本；获批专利12项，其中，国家发明专利5项、实用新型专利7项；鉴定科技成果1项；获省部级以上奖励4项；完成1项农业行业标准送审，完成海南地方标准5项；审定椰子新品种"文椰2号"。

三、学科建设

根据全所研究内容及方向，设置有种质资源学、作物遗传育种学、作物栽培与耕作学、植物营养学、农业昆虫学、植物病理学、食品工程、植物生物工程等学科。5个省部级科研平台建设顺利，平稳运行，椰子产业技术创新战略联盟获评2013年"国家产业技术创新战略重点培育联盟"。

四、服务"三农"

以文昌市及海南中部六市县为主要服务区域，为文昌市人民政府编制了《2014—2024年文昌市椰子产业规划》，落实海南省政府《关于促进中部六市县农民增收的意见》文件精神，成立了"30万亩槟榔提升行动执行小组"和中部地区椰子、油茶产业发展调研小组，帮农户解决椰子、槟榔、油茶的生产技术问题。派出科技人员90余人次开展科技服务，举办培训班11期，发放技术资料5 000多册，培训2 000余人次，利用海南省农业科技110椰子服务站信息化平台提供科技咨询近1 000人次。

五、成果转化与开发

稳步推进一批重要开发项目工作，全年完成椰子种苗推广1.21万株，完成椰子油销售4 200瓶，完成椰心叶甲天敌寄生蜂甫1.56亿头，完成了椰子大观园沿街商铺项目合作签约，完成了与倡和文化有限公司合作的林下立体农业合作项目用地清理和规划报建，与海南康源农林科技发展有限公司签订油茶生产与种植的

科技合作协议，与深圳中环油新能源有限公司达成油棕种苗、种植及后期深加工合作意向。全年开发性总收入351万元，与上年基本持平。

六、合作与交流

先后与海南岛屿食品有限公司、海南椰谷食品饮料有限公司、海南康源农林科技有限公司、天津聚龙集团、西南大学家蚕基因组生物学国家重点实验室、菲律宾椰子署、马来西亚理科大学园艺学院等企业、科研单位签订科技合作协议，组织学术交流12期，承办了"中国热带作物学会棕榈作物专业委员年会"和"中国作物学会油料作物专业委员会第七次会员代表大会暨学术年会"，先后派出6人次到国外交流学习，邀请26名专家到我所开展学术交流，成功举办了"萨摩亚热带作物种植技术培训班"。

七、人才队伍建设

引进硕士7人，退休人员4人，7人晋升高级职称，2人晋升中级职称，1人晋升初级职称，聘任特聘专家8名，选派在职攻读博士学位4人，1人攻读硕士学位，招收在读研究生17名。

八、保障条件

2013年全所总收入5 626.94万元，上年结余资金496.7万元，事业资金弥补收支差额65.54万元；2013年总支出5 372.05万元，年末结转817.13万元，其中，财政拨款结转55.98万元。我所资产总额7 084.62万元，负债总额767.53万元，净资产6 317.09万元。稳步推进经济适用房的工作，截至12月底，椰创园经济适用房（一期）项目完成3#楼主体十六层浇筑，4#楼主体十五层浇筑，超额完成年初设定完成主体工程9层的工作目标。组织全所机关工作人员对我所3个生产队居民点环境整治，队容队貌焕然一新。完成了7个项目的基建项目竣工验收，建设资金4 173.72万元，完成2013年在建项目2项，建设资金535万元。完成"十一五"期间所承担的21项3 100万元修购项目的绩效考评，综合评价优秀。申报2014年修购

项目 5 项总金额 1 771 万元；热带棕榈种质资源圃改扩建项目 1 888.94 万元；农产品产地加工技术集成基地类项目：热带木本油料产地加工技术集成基地项目 987.60 万元。

九、党的工作

围绕中心，服务大局，积极推进党建各项工作。深入学习"十八大"精神及中央八项规定，加强学习型、创新型、实干型班子建设；进一步加强组织建设，配齐配强支委 9 人，转正党员 4 名，党员总数达到 101 人；继续推进创先争优，在服务"三农"工作中做表率，全年共组织各类科技培训 11 次；深入开展党的群众路线教育实践活动，狠抓党员领导干部作风建设，取得较好成效；隆重纪念建党 92 周年；不断加强党风廉政建设，建设健全风险防控和监督体系；积极推动经济适用房建设、职工子女就业、困难职工走访慰问、文体活动等重点民生工作，提高职工的安全感和幸福感；在我所"科技创新能力提升行动"中提供坚强政治保障。

农业机械研究所

一、发展概况

中国热带农业科学院农业机械研究所主要开展热带农业装备与热带农业废弃物综合利用研究。现有科技人员 69 人，其中高级职称人员 11 人，中高级以上人员比例达 42%。设有综合办公室、科研办公室、开发办公室、财务办公室、条件建设办公室 5 个职能部门；"农业机械化工程"和"固体废弃物资源化" 2 个重点学科；田间作业机械研究室、农产品加工装备研究室、热带沼气装备研究室、天然纤维装备与制品研究室 4 个研究机构，拥有国家重要热带作物工程技术研究中心（分中心）、农业部热带作物机械质量监督检验测试中心、农业部菠萝叶纤维加工处理中试基地、中国热带农业科学院热带沼气研究中心 4 个科技创新平台；"农业机械化工程""机械制造及其自动化" 2 个共建硕士点（海南大学、广东海洋大学），1 个硕士联合培养基地（农业机械化工程—华中农业大学）。

二、科研工作

2013 年度累计申报项目 49 项，获批 19 项。年度在研项目共 27 项，其中延续项目 8 项。在研各类项目总经费达 496.3 万元，其中新增项目经费 366.5 万元，比上年增加 91.3 万元（33.3%）。在研项目中省部级以上项目 13 项，院市级及其他 14 项。本年度成功研制 5 种新型实用农机具，试验推广效果良好。截至上年度末，已申报广东省和海南省科学技术奖各 1 项，申报农业部科研成果鉴定 2 项。1 个项目通过农业部验收，发表论文 22 篇，获得专利授权 21 项，发布农业行业标准 2 项。

三、学科建设

各研究机构已初步理顺机构职责和完善人员配备。国家重要热带作物工程技术研究中心农机所分中心及农业部热带作物机械质量监督检验测试中心强化体系运行管理中。院热带沼气研究中心，建立了沼气发酵自动控制系统，完成了沼气发电机的联合试制与样机生产，与青岛天人环境股份有限公司合作，启动了沼气工程中试项目，目前运行状态良好。同时，借助各平台优势，积极与各科研院所、政府主管部门及相关企业深化研产联合，大大拓展了对外科研合作空间。

四、服务"三农"

三农工作主要以科技扶贫和技术推广两种模式开展服务。其中科技扶贫工作，因工作成效显著，被徐闻县政府予以表彰。技术推广方面，推广木薯收获机、甘蔗管理系列机械、热带作物田间管理等在内的各类科研产品，通过研讨会、现场观摩会、技术培训等方式，进一步扩大推广面积和受益农户，强化了农民节本增收的信心。

五、成果转化与开发

继续加大菠萝叶系类产品开发力度，菠萝叶纺织产品产出继续以纱线、袜子、毛巾、T恤、内裤为主，农机产品推广销售在原来的甘蔗叶粉碎还田机基础上，增加了木薯收获机和木薯干/菠萝叶粉碎还田机等5种产品，试验效果良好。通过多次与多家实力较强的公司协商，销售及合作思路进一步开阔，且销售市场逐步向大城市及军需产品市场延伸，总开发收入较上年度略有增长，但因资金投入有限，年纯收入与上年度基本持平。

六、国际合作

申报国际合作项目1项，接待国外专家来访1次，参加国际学术会议9人次，国际合作内容从项目申报扩展到技术引进、项目合作，目前，虽未获批国际合作项目，但为后续工作积累了较为丰富的经验。

七、人才队伍建设

组织人才招聘工作4批次，累计推荐引进工作人员16人，其中，博士研究生1人，硕士研究生6人，具有工作经验急缺人才1人，目前已到位6人；继续选派中国援建刚果（布）农业技术示范中心项目专家1人，接受在职研究生教育10人，联合培养硕士研究生4人；完成35名职工的岗位调整和工资变动、13名科技人员的职称评审、1名毕业生转正定级、6名新引进人员相关手续；继续聘任特聘研究员1人，离退休高级专家1人。

八、保障条件

基建项目综合实验室及湛江院区公用设施建设项目经过多番努力，第二次将纸质版可研报告报送农业部，并进行了网上填报；修缮购置项目17台套机加工设备已逐步到位，目前正在调试和培训中，项目将显著提升科研样机试制能力；为配合院区统一发展，原农机所公租房用地统一纳开处牵头实施，进一步发挥了土地资源利用力；零星房屋修缮项目，有效保障了全所职工工作条件和改善全所环境面貌。同时，在收入分配制度方面积极探索"以企业模式管理研究所"机制，为稳步推进收入分配制度改革，优化分配激励约束和宏观调控机制做好基础准备工作。

九、党的工作

2013年1月31日完成了党总支部委员会换届选举工作，选举产生了新一届党总支部委员会。新一届领导班子的产生更加注重党建工作的实际推进情况，全年以多种形式加强党的组织建设和丰富党员干部文化生活。支部组织开展"学典型，育典型"、苏联亡党亡国20周年祭等各类理论学习12次；组织党的群众路线教育实践活动、"群策群力　振兴发展"主题演讲活动等各类专题9次；同时，积极配合相关部门积极开展安全甫　、消防知识培训和社会管理综合治理等专项工作，努力构建文明祥和的工作氛围。

科技信息研究所

一、基本概况

中国热带农业科学院科技信息研究所（简称信息所）是我国从事热带农业经济与信息创新研究与公益性服务的国家级科研机构。目前，拥有省级创新平台"海南省热带作物信息技术应用研究重点实验室"，院级创新平台"热带农业经济研究中心"及院图书馆、档案馆，文献信息咨询中心、科技期刊社等重要公益性服务部门。2013年底，现有科技职工98人，其中，高级职称25人、中级职称20人、初级职称24人。2013年是我院实施"科技创新能力提升行动"的第一年，信息所按照全院"以人才为核心、以项目为抓手、以条件建设为支撑"工作思路，紧紧围绕院所重点工作目标，重点抓好项目申报、执行与结题环节，保持科研经费实现30%以上增长，在研项目进展顺利；新引进博士、硕士等人员按时到岗、人才队伍进一步加强；重新梳理学科体系，学科方向进一步明确；科研产出质量有提升，SCI 论文实现零的突破，获软件著作权 10 项、2 项成果获得省部级奖励；国际交流合作活跃，多位国外专家来所学术交流；创新方式，网络与短信平台结合，推动服务"三农"工作；积极热带农业信息技术应用，成果转化取得新进展。

二、科研工作

2013 年，组织申报科研项目近 75 项，比上年增加 25%；获批资助项目 23 项，新增到位科研经费 325 万元，较 2012 年增加 32%。在研项目近 40 项，通过采取重点检查阶段性成果和定期通报项目预算执行情况等措施，有力推动了项目的执行进度，1 项科技成果通过海南省科技厅组织的专家评审，5 项项目通过海南省科技厅组织的会议验收。2013 年，发表论文 94 篇，比上一年增加 17.5%。其中，发表 SCI 收录论文 2 篇，EI 收录论文 11 篇，ISTP 收录 2 篇。获软件著作权 9 项，出版著作 2 本。2 项成果分别获海南省科技进步三等奖和神农中华农业科技奖二等奖。

三、学科建设

进一步梳理了热带农业经济、信息两个重点学科体系，确定了热带作物产业经济、热带地区农村区域经济、热带农业资源环境经济、热带农业信息分析、农业信息管理、农业信息技术研究 6 个学科领域和热带作物产业发展战略与模式、热带农产品市场监测与预警、热带农业物联网技术研究等 15 个主要学科方向。

四、服务"三农"

创新方式，建成热带作物 wap 网络平台和 12316 短信服务平台，累计推送各类涉农信息 10 万余条。在儋州、琼中等县（市）举办"阳光工程"培训 3 期，培训农民 2 500 人次，科技服务地方经济取得显著成效。继续开展"百名专家党员连百组"活动，深入儋州木棠、排浦等 24 个村小组开展调研和技术服务 18 次，为农户生产和农产品销售提供了及时的技术和市场信息服务。承接并完成科技查新 300 份、专题检索服务 70 项，全年出版 4 种科技期刊 42 期，约

960 万字。院图书馆全年开放天数达到 238 天，接待读者 4 096 人次，开放电子图书 30.8 万册，全年新增图书期刊购置 5801 本（份）。院档案馆全年接收文件 6 250 份，立卷归档 686 卷；向读者提供档案利用 2 703 份，服务读者 465 人次。档案归档率为 97%，完整率为 96.5%。

五、成果转化与开发

推动热带农业信息技术的转化，依托开发的基于二维码农产品质量安全追溯技术，与万宁市政府开展合作，在万宁槟榔产业推广应用，建成万宁槟榔质量安全追溯系统并投入使用。全年开发总收入为 310 万元，较去年同期增长 16.5%。

六、国际合作

2013 年，派遣 2 名科研人员赴美执行"948"项目合作任务，派员参加国内高级别的学术会议 30 多次，组织各类调研活动 40 余次；先后邀请日本岛根大学谷口宪治教授、美国夏威夷大学胡庆元教授、美国莱特州立大学董国柱教授、中国农业科学院梅方权教授等多名国内外专家来所开展学术交流活动，共组织召开各类学术交流会 15 次。

七、人才队伍建设

2013 年，在职科技人员 98 人。全年引进博士 1 人，硕士 5 人，本科 4 人，调入 1 人。3 人在职攻读研究生，其中，博士研究生 1 人；选派 1 名科技人员到基层挂职，选派 2 名科技人员到院机关挂职，选派 1 名科技人员到农业厅挂职。共有 2 人晋升副研究员。共招收硕士研究生 2 名，在读研究生 3 名，博士后 1 名。

八、保障条件

申报修缮购置项目 4 项，经费 487.5 万元。执行修缮购置 165 万元，整合了部分热带农业信息资源，建成热带农业信息资源共享中心，实现热带农业视频会议、热带农业专家远程服务等功能，进一步提高我院网络平台信息安全保护水平；协助建立了我院英文网站；配合院办公室建立了院综合业务管理系统（即 OA 系统），其中公文流转部分已投入试运行。

九、党的工作

根据部党组和院党组的部署和要求，深入系统地开展了党的群众路线教育实践活动。认真查摆"四风"问题和广泛征求意见和建议，征集到26条"四风"意见建议，并拟订专项整治方案和制度建设计划。贯彻落实党的八项规定，改进文风会风、例行勤俭节约，公务用车购置与运行费较去年减少了47.3%，接待费比去年减少22.5%。积极组织各类文体活动，参加第一届热科院乒乓球混合团体赛，并获得了第二名的好成绩；参与院管理征文活动，我所获优秀组织奖，获奖征文4篇。扎实推进党风廉政建设，开展了以落实党的"改进工作作风，密切联系群众的八项规定"为主题的党风廉政建设活动和"反腐倡廉宣传教育月"活动，开展了"迎党建·七一集中活动月""学党章、倡廉洁"党风廉政宣传教育等系列活动。构建和谐研究所，按照国家和省的有关规定，发放职工午餐补助、高温补贴，在政策范围内提高了我所离休干部、因工伤残退休老同志护理费、伤残津贴补贴标准；关心离退休老同志生活，召开了"重阳节"离退休干部座谈会。

分析测试中心

一、基本概况

中国热带农业科学院分析测试中心是集农产品质量安全科技创新和检验检测服务为一体的中央级农业事业单位。内设农业标准研究室、检测技术研究室、农药安全评价研究室、风险评估和政策法规研究室和质量安全控制技术研究室5个科研机构以及综合办公室、财务办公室、科研办公室、基地与条件建设办公室、开发办公室5个管理机构。依托本中心承建有农业部热带农产品质量监督检验测试中心、农业部农药登记残留试验单位、农业部热作产品质量安全风险评估实验室和海南省热带果蔬产品质量安全重点实验室等平台。同时还设有农业部热带作物及制品标准化技术委员会经济作物分委会秘书处、中国热带农业科学院大型仪器设备共享中心管理委员会办公室。现有在编在职职工56人，其中高级职称15人，中级职称25人；博士学位8人，硕士学位24人。

二、科研工作

2013年申报国家自然科学基金项目4项，申报各类省部级以上项目30余项。目前共有在研项目60余项，经费近500万元。发表科技论文46篇，其中，SCI论文3篇，EI收录论文9篇；申请专利23项（其中，发明专利7项），已获批专利21项（其中，1项发明专利）；出版专著1部。申报海南省科技进步奖1项；申报农业部科技成果鉴定1项。

三、学科建设

本中心以热带农产品质量安全为研究对象，开展热带农产品质量安全检测技术、热带农业标准制订、热带农产品质量安全控制技术和风险评估等研究。依托中心建设的院重点学科"农产品质量安全"已建立起学科体系框架。设置5个学科方向：热带农产品质量安全全程控制、热带农产品质量安全风险评估、热带农产品质量安全检测关键技术、热带农产品质量标准和热带农产品质量安全预警。依托中心建设的部级平台有：农业部热带农产品质量监督检验测试中心、农业部农药登记残留试验单位、农业部热作产品质量安全风险评估实验室、农业部无公害农产品定点检测机构、绿色食品产品质量和产地环境定点检测机构。省级平台有海南省热带果蔬产品质量安全重点实验室。

四、服务"三农"

检测服务。中心利用先进的仪器设备条件，发挥检测技术优势，在完成农业部各项农产品质量安全监测专项任务的同时，积极为热区农业生产提供分析测试服务，全年完成了海南等热区农业企业、科教单位、政府有关部门送检样品2 312个，检测总量达到21 500项次以上，为保障热带农产品质量安全提供了有力的科技支撑，发挥了应有的作用。共建基地。积极与有关企业开展基地共建，提供服务。例如，与琼中县政府签署绿橙质量安全协议并挂牌（琼中绿橙质量安全控制研究合作基地）；与儋州市王五镇政府签署了农产品质量安全科技合作协议，并开展黑皮冬瓜标准化示范基地建设；与屯昌县坡心镇政府协商签订科技合作协议，建设无公害树仔菜生产试验示范基地。以科技下乡、科技活动月等方式开展了一系列科技服务。共组织了10次科技下乡活动，涉及广东、云南、福建及海南9个市县乡镇，培训500余人次，发放培训资料2 000余册。为琼中、儋州和五指山合作示范基地提供技术咨询服务，促进当地农产品品牌建设。

五、成果转化与开发

2013年，中心加大科技成果转化力度，在海南和云南开展我中心开发的胶乳干胶测定仪的宣传和推广，已少量售出胶乳干胶测定仪。同时，我中心开发出能使土壤中重金属转化为沉积状态的弱碱性肥料，使作物大大减少吸收重金属，在五指山市树仔菜种植户中推广使用，效果明显。下一步将努力加大开发力度。

六、国际合作

2013年国际合作工作实现了突破性进展。首次实施并圆满完成了商务部援外培训班——2013年发展中国家热带农业新技术培训班；完成了2项海南省外专局引进国外技术项目；受国际原子能机构（IAEA）委托，为3名分别来自乌干达和博茨瓦纳的学员进行为期3个月的分析测试技术培训。

七、人才队伍建设

2013年中心共招聘人员3名，2人晋升研究员，1人晋升副研究员、3人晋升助理研究员。现有博士生导师1名，硕士生导师9名。人才队伍建设取得较显著成效，人才队伍规模和队伍结构均发生显著变化。科技创新能力不断加强，检测能力和科技服务水平进一步提升。

八、保障条件

完成了2013年修购项目农业部热作产品质量安全风险评估实验室仪器设备购置，项目资金198万元，以公开招标方式购置仪器设备1台套。同时，通过购置了一批小型仪器设备，对实验室条件进行补充完善。

九、党建工作

我中心现有党员40人，党总支下设四个支部，2013年发展党员1名，按期转正1名，培养入党积极分子2名。在院党组和机关党委的正确领导下，努力加强党建工作，认真完成各项党建工作目标任务，认真开展好党的群众路线教育实践活动，把本次活动作为改进作风、推进工作的一次重要契机，党支部和班子始终高度重视。通过教育实践活动的开展，党员领导干部"四风"有了明显的转变，进一步树立了群众观点，弘扬了优良作风，保持了清廉本色。党群关系进一步密切、为民务实清廉形象进一步树立。提高了单位的凝聚力，为确保完成单位各项工作任务提供有力的保障。

海口实验站

一、基本概况

中国热带农业科学院海口实验站属农业事业单位，2013年结合院重点工作目标，不断提升科技创新能力，围绕科技创新体系和平台建设加快创新人才队伍建设；按责任区划分做好服务三农工作，促进香蕉等热带水果产业发展。拥有科技人员82人，其中：高级职称人数17人；博士19人，硕士26人；博士生导师1人，硕士生导师3人。内设香蕉遗传育种、香蕉耕作与栽培、香蕉病虫害、香蕉采收贮运与加工、热带特色水果5个研究室和热带植物种苗繁育技术研发中心，综合办、科研办、财务办、基条办、开发办和海口干休所6个管理职能部门。

拥有国家香蕉产业技术体系海口综合试验站、国家重要热带作物工程技术研究中心香蕉研发部、海南省香蕉遗传改良重点实验室、海南省农业科技110热作龙头服务站以及热科院组培中心服务站、热作种苗组培服务站、热科院香蕉研究中心7个省、部、院级科研平台；热作两院种苗组培中心1个所属企业。

二、科研工作

组织申报各类科研项目83项，较2012年增长48%。23个项目获批，资助经费442.75万元。其中国家自然科学基金项目获批4项，海南省科技重大专项、国际合作类项目首次获批，项目获批资助的数量和质量有了突破性飞跃。通过海南省科技厅组织科技成果鉴定1项，验收项目3项；"香蕉种苗培育新技术的研究与示范"项目获2013年海南省科技进步奖二等奖；申请国家专利13项，其中获得授权的发明专利1项、实用新型专利5项；发表论文71篇，在数量上较2012年增加了69%，其中三大索引共收录论文13篇，中文核心期刊论文26篇。

三、学科建设

着力解决我国热带果树生产中存在的重大甫需求，阐明热带果树领域的重大科学问题，凝练重点学科发展方向，明确了热带果树的种质资源保存与利用研究、热带果树的遗传改良、热带果树的高产高效栽培与耕作、热带果树的植物保护、热带果树的加工等研究领域的研究方向和研究重点。5月，依托海口实验站建立的科技成果与产业技术开发的平台——国家重要热带作物工程技术研发中心香蕉研发部在我站正式揭牌成立。香蕉研发部开展以香蕉为主的热带植物种苗的生产与销售、科技产品的研发、示范基地的建设等，取得了较好的成效。

四、服务三农

配合相关单位开展农业部"冬春农业科技大行动"活动和海南省第九届科技活动月工作，共举办培训班10期，培训2 000余人次。举办金沙江干热河谷地区果园种草养畜配套技术示范与推广培训班及六次培训讲座，培训1 198人次，22家媒体报道。开展"海燕"台风科技救灾，及时组织专家深入灾区指导灾情处理和灾后生产恢复，得到当地受灾农民及电视媒体的高度评价。

五、科研成果转化与科技开发工作

继续开展香蕉精干麻、香蕉白兰地酒、香蕉抗褐变剂等科技产品的相关技术研发，同时对沉香、花梨木、铁皮石斛兰等几种海南珍稀植物组培技术进行研究摸索，为未来单位的开发工作做好技术储备。在海南澄迈、东方、文昌等市县合作共建优质种苗繁育、香蕉标准化甫示范等基地8个，面积600余亩，在保障科研项目顺利执行的同时，促进科技成果转化应用，全年基地副产品销售100多万元。

六、国际合作

国际合作类项目迈出第一步，"中国—厄瓜多尔热带农业科技研发中心项目前期调研"项目获批。邀请国外学科领域专家开展学术讲座，主要有法国国际农业研究中心Angélique D'Hont教授等专家。派出科研人员参加了第5届国际热带亚热带水果学术会议，第3届能源、环境与可持续发展学术会议等重要国际学术会议。

七、人才队伍建设

全年公开招聘博士7人、硕士7人、本科及以下8人；鼓励职工到基层挂职锻炼和在职学习，有4人到地方或上级机关挂职锻炼，6人攻读在职博士研究生，1人出国培训学习，1人参加MPA（公共管理硕士）学习班；提任了三位同志作为科级管理干部，充实了管理队伍，增强了服务管理队伍能力；1人晋升为正高，1人晋升为副高，5人晋升为中级。

八、保障条件

获批2014年修购项目获批2项，总额272万元。完成了2011、2012年5个修购项目验收，金额758万元。完成了2013年3个修购项目的执行，金额500万元；解决了海口院区土地资产划转、海口组培楼（培训楼）基建结算等历史遗留问题。

九、党建工作

以践行党的群众路线教育活动贯穿整年的党建工作，以落实八项规定为切入点，整顿作风建设方面存在的问题和不足。领导班子通过总支部委员会理论中心组以及各支部小组开展多次学习剖析会议，作风建设得到了很大的转变。新发展1名党员，培养2名入党积极分子，1名预备党员转正。1名党员获得海南省科技厅第三届挂职优秀科技副镇长称号，海口实验站被中共海南省委组织部、海南省科学技术厅评为"海南省第三期中西部市县挂职科技副乡镇长工作先进派出单位"；2名党员获2013年度院"先进个人"称号，海口实验站获2013年度院"先进集体"称号。

湛江实验站

一、基本概况

中国热带农业科学院湛江实验站成立于2002年，现有在编在岗人员46人，其中博士5人，硕士13人，副高以上职称7人。建有院级平台中国热带农业科学院热带旱作农业研究中心，设有热带旱作作物育种与栽培研究室、农业水资源高效利用研究室和热带农业科技推广中心，下设种质资源评价与利用、橡胶抗寒研究、农艺节水技术研究、生物节水、设施农业5个课题组，组建具有一定科研能力的团队，具备了科学研究所的基本结构和框架，基本形成应用基础研究＋应用技术＋推广示范的核心联动模式。湛江实验站紧紧围绕国家旱作节水农业发展的需求，以热区主要旱地作物为重点研究对象，进行热区旱作资源创新与利用，开展热区旱作节水技术的引进、集成与示范推广工作，为热区旱作农业发展提供强有力的科技支撑。先后承担了国家天然橡胶产业技术体系湛江综合试验站、农业部行业科技子课题项目、农业部农垦、热作财政专项、海南省自然科学基金、产学研联合攻关等项目40多项，累计研究经费达750多万元，发表论文80余篇，授权专利5项。

二、科研工作

2013年度组织申报各类项目共31项，其中，推荐申报国家自然科学基金项目4项，省部级项目21项，院所基本科研业务费项目6项。目前已获批农业部农垦、热作财政专项各1项、院所基本科研业务费7项。2013年共有在研项目14项，项目总经费158万元（含44万元院所基本科研业务费）；启动"热带旱作农业研究中心"平台建设科技项目4项，总经费24万元；验收项目4项。科技产出取得新突破，实用新型专利3项，发表科技论文33篇，其中SCI 1篇。

三、学科建设

2013年度完成了三个科研内设机构及下设课题组的设置和人员聘任工作，初步建立学科体系：作物遗传育种学、种质资源学、环境生态学、农业水土工程学。

四、服务"三农"

配合做好相关省区技术服务工作，组织举办科技培训6次，培训相关农技人员266人次；开展实地技术指导10余次，派出人员30余人次；建立示范基地6个。切实为广东、广西"三农"服务，同时也提高了我站的科技影响力。

五、成果转化与开发

在完成各项科研和技术推广示范工作的同时，推广甘蔗健康种茎、种苗、橡胶抗寒种苗等，积极开展技术咨询服务。加强房屋资产管理，适时上调资产租赁价格，产生较好的收益。通过国家重要热带作物工程中心湛江科技产品展销部，展销院的科技产品，拓宽开发渠道。

六、国际交流

组织申报亚洲区域合作专项项目和中英非国际合作项目共2项，派出1名科技人员参加夏威夷大学热带农业技术创新培训班，促进与国外的合作、交流。

七、人才队伍建设

2013 年度组织 3 次人才招聘会，引进博士 1 名、硕士 2 名。有 6 人退休，1 人调出，2 人调入，3 人晋升职称。培养研究生 2 名。选派 1 名站领导参加 MPA 高级研修班，选派 4 名业务骨干攻读学历学位。通过人才引进与培养，有效改善了湛江实验站科技人才队伍结构。

八、保障条件

（1）经费、资产情况：2013 年，我站总收入为 1 133.53 万元，其中财政补助收入 640.30 万元；资产总额为 4 006.88 万元，其中流动资产为 828.68 万元，固定资产为 3 153.00 万元，无形资产为 25.20 万元。

（2）建设项目情况：橡胶树抗寒高产选育种试验基地建设项目稳步推进。项目总投资 611.01 万元，已支出 441.12 万元，总预算执行

进度 72%。已完成除了实验台柜之外的全部仪器设备购置。田间实验室已完成主体工程；温室大棚的基础及地梁浇筑已完成，预计 2014 年下半年投入使用。

九、党务工作

湛江实验站党总支下设 3 个党支部，2013 年底共有党员 65 名，其中在职党员 24 名，离退休党员 41 名。2013 年度围绕站中心工作重点开展的党建工作有：一是深入开展群众路线教育实践活动。精心组织，深入发动，聚焦"四风"，把推进班子作风建设作为实践活动的重中之重，坚持把思想发动，群众参与、查摆问题、边整边改和建章立制等方面贯穿教育实践活动的始终，取得较好的效果。二是调整重组支部并进行支委换届选举。三是组织形式多样的主题实践活动，促进精神文明建设。四是加强宣传工作。在站内网页发布宣传稿件 60 篇，在院网页发布 20 篇；制作楼顶大字招牌，提高热科院在湛江的知名度。

广州实验站

一、基本概况

抓顶层设计，进一步凝练研究方向，加强人才引进，组建好科研团队，完成研究室和课题组的设置，加强科研基地和实验室建设，围绕"热带能源生态研究中心"、"江门热带南亚热带农业综合试验站"及"广东热带南亚热带作物科技创新中心"等科技平台建设，积极开展科研项目的策划、申报和实施，加强科技交流与合作，增加科技产出，不断丰富科技内涵，2013 年广州站基本完成了科研转型目标。

二、科研工作

积极策划和申报项目，同时抓好在研课题的实施。2013 年申报种类科研项目共 28 项，已批复项目 10 项，当年在研究项目 11 项，科研经费 126 万，比上年度增加 30%。当年结题项目 1 项，申报海南省科技进步奖 1 项，在中文核心期刊发表科技论文 14 篇，参编出版专著 1 部。

申报发明专利 2 项，实用新型 1 项，获外观专利 2 项。

三、学科建设

围绕"热带能源生态研究中心"和"江门热带南亚热带农业综合试验站"平台建设，设置了热带能源作物与生态、城市园林和热带农业技术集成与应用等三个研究室并成立若干课题组。初步形成生物质能源工程学科和农业生态两大学科，职责是立足于我国热带南亚热带丰富的生物质资源，围绕能源生态产业，开展能源植物、生态农业及环境保护的基础研究和应用基础研究，开展热带南亚热带农业科技试验示范和科技培训以及技术集成应用推广工作。

四、服务"三农"工作

根据"立足江门、打造窗口"的定位，广州站通过江门市开平现代农业示范园为展示平台，集中展示我院新成果新技术。通过国家木

薯产业技术体系工作，积极开展以木薯为主的热带作物新品种、新技术的引种试验、示范推广和技术培训工作。针对今年广东受"天兔"等三次强台风的影响，我站及时组织科技人员下乡指导，积极帮助农民做好灾后恢复甫 。2013 年在翁源县建立 2 000 亩的木薯标准化甫示范园，辐射周边木薯生产面积 10 000 多亩，并联合企业开展木薯机械化现场采收展示会，得到当地政府和农户的好评，积极推动当地木薯产业健康发展。此外，我站与广东景丰绿化科技有限公司合作，联合热带作物品种资源研究所等院内兄弟单位在广州市花都区的四联村、西边村、国泰村发展都市生态农业园，推广牛大力、铁皮石斛等特色南药、热带花卉及蔬菜等，开展城郊型观光休闲农业园林规划，推动当地美丽乡村建设。

五、成果转化与开发

加强开发工作是提高单位综合实力的重要手段。广州站充分"窗口"和"桥梁"作用，借助院大后方的科技优势，大力推广热作良种、种苗（木薯、油棕、牛大力、铁皮石斛及辣椒等），做好成果转化和科技服务；同时发挥广州区位和旅游业经营优势，加强广州热科宾馆的经营管理，改善客房条件和提高服务质量，增加入住率；积极探索热带农业科技产品展销渠道和模式，逐步增加科技产品销售收入。2013年全站开发总收入总为 289.18 万元，比上年收入增加 11%。单位综合实力进一步提高，职工待遇明显改善。

六、国际合作

开展国际合作与交流是提高单位科研水平和培养科研队伍的一种有效途径。尽管广州站国际合作的基础较差，但领导高度重视，本年度积极派 1 名科技骨干前往夏威夷农业大学进行为期近 3 个月时间的热带农业英语技术培训与交流学习，2 人次分别前往柬埔寨、印度尼西亚进行木薯栽培技术指导和交流活动，申报"中-菲木薯示范基地建设"项目 1 项。

七、人才队伍建设

为进一步优化和改善实验站的人员队伍结构，首先充分发挥和利用好现有人才资源，重视人员业务培训，不断提高业务能力，2013 年参加夏威夷英语培训、职工入职培训、岗位业务培训等各类培训 20 多人次。其次围绕单位发展定位和学科建设，补充了一批高学历研究生，逐步构建合理的人才梯队。2013 年共引进人才 7 位硕博研究生。目前全站职工 40 名、其中在编职工 29 名，具有副高级以上职称人员 2 名、中级职称人员 6 名，有博士学位 5 名，博士、硕士人员比例达 65.5% 以上，人员结构明显改善，科研团队初步建成。

八、保障条件

除了长期租用开平市百合镇湖冲坑茶场 300 亩基地外，江门市政府在开平市现代农业示范园区中调配给我站使用的设施大棚 10 000 平方米、大田约 70 亩，同时市政府无偿划拨给我院 20 亩建设用地的手续已办妥，为我院今后立足江门服务广东奠定了基础。另外，我站与广东景丰绿化科技有限公司合作共建花东科研基地，公司无偿提供实验室 600 平方米，办公室 600 平方米，大田基地 200 亩以及专家宿舍楼 2 栋共 30 套。我站已到位的科研仪器设备 340 多万元，在花东办公区建立了生物炼制、植物生理生态、植物病害与昆虫防控、组织培养等实验室，保证和满足了我站科研和科技人员生活需要。

九、党建工作和精神文明建设

加强党建，完成了党总支委员会的换届选举，建立健全党内各项制度，坚持"三会一课"，发挥基层党组织的政治核心作用。全站党员 20 名，其中新发展党员 1 名。深入开展党的群众路线教育实践活动，严格执行中央八项规定，反对"四风"，牢固树立宗旨意识和转变工作作风。加强工会组织活动，如组织党员参观毛泽东故居、组织"七一"党员学习交流活动、组织职工参加广州市协作系统 2013 年职工运动会并获得优秀组织奖和"2013 年度全国各地驻穗机构先进单位"称号等。通过职工活动，促进了友谊和交流，既丰富职工业余文化生活，又增强了单位的凝聚力。

后勤服务中心

一、基本概况

后勤服务中心是院附属单位，实行理事会领导下的主任负责制、部门目标责任制和职工岗位责任制。内设综合办公室（党委办公室）、经营管理办公室、财务办公室、公共事务管理办公室、幼儿园。截至 2013 年 12 月 31 日，后勤服务中心在职职工 222 人（含编外人员 76 人），退休职工 102 人，合计 324 人。2013 年后勤服务中心以服务院所发展大局为中心任务，努力增强自身发展能力，规范内部管理，以党建工作为核心凝聚发展正能量，取得了一定的成绩。

二、围绕中心工作，服务院所发展

1. 加强院区环境建设。全年共完成海口、儋州两个院区 22 万平方米的环卫清扫、10 万平方米的绿地养护和 1 500 多吨垃圾清运工作。完成海口院区生物所楼前绿化改造、机关办公楼区域环境改造、热带花园建设等工程，全年累计投入环境改造资金 230 万元。儋州院区自筹资金 30 多万元购置了压缩式垃圾清运车并配备新型垃圾桶，将生活垃圾运往儋州市生活垃圾处理场集中处理，彻底解决了儋州院区生活垃圾处理问题。

2. 努力为科研工作和职工生活服务。儋州职工餐厅依托特色作物开发了一系列"新、奇、特"菜肴，开展了职工工作餐送餐服务；海口职工餐厅充分考虑午餐时进餐职工较多、排队时间较长的实际问题，克服场地困难合理设置服务区域。职工超市进一步树立服务院区职工、薄利多销的理念，坚持开展送货服务；幼儿园一年来招收春季班、秋季班学生 600 多人，设置班级 18 个。

3. 做好公有房屋管理和水电服务工作。清理回收公有房屋 79 套。两个院区全年实现安全供水 38 万吨、安全供电 1 100 万度。其中从 3 月开始，儋州院区水厂实现自主供水，水质各类指标均符合国家标准。

4. 做好维修工作。及时对院区内公有住房、办公用房、基础市政设施进行维修，两个院区路灯亮化率达 95%；全年完成维修工作近 2 000 次，完成维修额近 90 万元，成功承担附中、品资所、橡胶所线路改造工程 3 项。

三、增进危机意识，提升经营能力

1. 千方百计加强经营创收。中心正视经营环境竞争加强的现实，在国家大力提倡节俭办公、严格控制接待等要求下，加倍努力开展创收，全年开发收入与 2012 年基本持平，达到 1 600 万元。

2. 建设好园林绿化苗木基地。中心投入资金近 30 万元建设红星队特色绿化苗木生产基地，完成辅助设施建设，已种植多种特色绿化苗木约 1.7 万株，预计三年后可以陆续出苗，产生经济效益。同时利用原三号苗圃、一号苗圃、七队水电站边角地，种植 3 500 多株苗木，目前长势良好，其中，30% 的苗木已符合市场需求。

3. 海口兴苑物业公司开局良好，兴苑物业服务公司今年 1 月成立，4 月 1 日起正式运作，公司完成了独立法人治理结构企业登记和资质办理。目前，物业公司为海口院区提供全面的物业服务工作，已与驻海口院区各所签订了公共区域绿地养护、道路保洁服务协议，并准备海口院区第一批经济适用房物业管理运行管理方案。

四、规范运营机制，健全内控管理体系

1. 加强部门规范化管理。规范劳动用工，规范收入分配，规范考核评价，规范账务和资产管理。

2. 完善制度体系。一年来出台了《后勤服务中心工作事项督查督办及问责实施办法》等制度 6 项，修订了《后勤服务中心编制外聘用人员管理办法》。强化制度执行，提高规范化工

作水平。

3. 加强人才队伍建设。中心选派近 60 人（次）参加各级各类业务培训；选派了 4 名职工在院机关挂职；按照"小机关、多实体"的目标，将优秀青年管理骨干交流到经营实体工作，同时从院机关吸收合适的管理人员；将表现突出的编外人员选聘到重要岗位工作，将综合素质较高的工勤人员安排到管理岗位工作。

五、继续抓好党建，凝聚发展正能量

1. 党的群众路线教育实践活动。中心领导班子及其成员、各支部成员切实按照"照镜子、正衣冠、洗洗澡、治治病"的总要求，通过自己找、群众提、会议讨论等多种方式，深刻剖析自身在"四风"方面存在的突出问题，基本达到了"红红脸""出出汗"的目的。为做好整改落实和建章立制工作，中心制定了整改工作方案、专项整治工作方案、建章立制方案，并做好立行立改工作。

2. 党委、纪委换届准备工作。根据院党组和机关党委安排，拟定了陈新梅书记在第二次全体党员大会上关于第一届党委和纪委工作的报告，向院党组报送了《关于中共中国热带农业科学院后勤服务中心委员会和纪律检查委员会候选人预备人选的请示》，向机关党委报送了关于中共中国热带农业科学院后勤服务中心委员会换届选举的请示》，大会将根据院党组和机关党委的批复情况召开。

3. 支部建设工作。一是做好加强政治理论学习。4 个支部根据中心党委的要求开展了多种形式的学习活动。二是在一线工作人员和青年骨干中发展党员，为党组织注入新鲜血液。一年来中心转正党员 2 名，发展预备党员 2 名，培养入党积极分子 5 名。

4. 慰问和集体活动。慰问了身患重病的黄水赵、鲁红武等退休职工，"八一"建军节慰问了中心退伍和转业军人，"九十"教师节慰问了幼儿园全体教职工。参与了"三八"妇女节院工会组织的活动，组织了"六一"晚会，2013年 12 月 25 日举办了 2013 年迎新晚会。

试验场

一、基本概况

中国热带农业科学院试验场（简称"试验场"）是中国热带农业科学院的下属正处级事业单位。试验场创建于 1960 年，位于海南省儋州市，是中国热带农业科学院（以下简称"热科院"）成立最早和面积最大的科研试验基地。试验场实行理事会领导下的场长负责制。下设行政办公室、党委办公室、生产与基地科、经营管理科、计划财务科、劳动与保障科、工程建设管理科、开发办公室、资产管理科、保卫科、计划生育办公室等 11 个科室；设有场属机关服务中心、制胶厂、职工卫生院、试验场中小学（中学 1 所、小学 4 所）4 个附属单位；场属管理区、场属企业、基地办公室 3 个内设机构，32 个生产单位。截至 2013 年 12 月 31 日，全场职工总人数为 3 250 人（其中，在职职工 1 011人，离退休职工 1 653 人，编制外人员 586 人）。全场管理人员 173 人，其中，处级干部 10 人，科级干部 36 人。

二、财务资产

试验场土地总面积为 50 747 亩，其中，橡胶种植面积 24 423.5 亩，道路居民点用地 4 500亩，其他甫　用地 21 823.5 亩。2013 年末资产总额 14 275.79 万元（其中，固定资产 5 633.81万元）。2013 年收入总额 16 529.16 万元，资金主要来源于财政拨款、科研试制产品（橡胶原产品）的销售收入、橡胶产品代加工业务收入、开发收入及省拨经费。其中：财政拨款经费占68.61%，基地事业收入占 7.05%，经营收入占1.22%，其他收入（主要为省拨养老金）占23.12%。全年支出总额 16 332.69 万元。

三、服务科研

院属科研单位在试验场布置科研试验用地共 487 亩，年内新增试验项目 22 项（其中："天然橡胶品种系比""国家自然科学基金"等

国家重点科研试验项目7项，"橡胶品种系比""姜黄"种植等省级试验项目15项）。全年共派出科技人员185人次，培训胶农万余人次；"场所共建"项目亩产300千克的橡胶树速生丰产示范基地，橡胶幼树年平均增粗9厘米以上。同时，还承担着儋州院区科研人员计划生育、公共卫生及防疫、人民武装等公共事务，为科研单位和科研人员提供服务。

四、人才队伍

组织15名职工参加2013年职称评审，有13名职工取得了相应的专业技术职务资格，其中，高级职称1人、中级职称5人、初级职称7人。全场干部挂职共11人，其中，在院外单位挂职4人，场内挂职7人。完成551人编制外人员的劳动合同签订工作。为办理退休的16名编制外人员补缴社保手续。

五、条件建设

完成了《热带作物科研试验基地儋州院区基础设施改造项目》和《橡胶栽培试验基地主干道改造项目（续建）项目——大白队中桥工程》的实施，总投资约945万元，对13个基层队的支干道路8 673米及大白桥进行了改造，有力改善整个试验基地的道路交通状况，极大地方便田间试验的开展，为科研试验工作提供良好的基础设施保障。

六、改善民生

1. 住有所居。"2010年经济适用房"已经交付使用；"九队经济适用房"第一期已经开工建设；七队、十一队"公房修建"正在施工；2013年"危旧房改造"项目已完成开工指标数406户；"村村规"获儋州市通过，为职工改善住房条件、简化报批手续提供了政策依据；我场中科级人员纳入院本级住房分配范围，7位中科级人员在儋州院区分到了住房；71位中科级人员获得院海口第2批经济适用房购房资格，参与海口第2批经济适用房建设。为565名编外人员缴存公积金40万余元。

2. 老有所乐。为加强活动中心管理和更好地服务，制定了《儋州院区离退休人员活动中心日常管理规定》；成立"试验场离退休顾问委员会"，加强场班子与老同志的沟通交流，"老同志服务老同志"等方面效果明显；丰富老同志文化生活，组织与"儋州市老年协会"合办太极拳和健身舞交流。

3. 生活便利。水、电、路网框架格局已经基本形成，并不断完善。大白桥已经全面通车，南部片几个连队出行不便的情况极大改善。全场职工最关心的饮用水，春节前基本实现与儋州院区同步。

4. 政策支持。我场五保户、孤儿及特困户已纳入国家扶持范围，精神病患者治疗所需费用纳入国家负担范围；为23人办理医疗救助款69万元；争取到"能繁母猪补贴""粮食直补"和"农资综合直补资金"等惠农政策性补贴40余万元；动员1 396人参加新农保、城保，缴费金额达62万余元；以本场为主，协助院工会完成儋州院区居民参加城镇居民医疗保险5 251人，缴费金额达32万余元。

5. 教学资源整合。为提高场中整体教学水平，节约教育资源，9月新学年开学起场中与附中实行教学一体化管理，场中初中部6个班224名学生到附中就读，23名教师到附中任教，小学暂维持现状。期间场中教师人事劳动关系及工资未作调整，仍由试验场承担。

七、党建工作

现有党支部49个，全场党员人数645人，其中在职党员404人，退休党员171人，待业党员70人。年内转正党员25人，参加入党培训33人。组织机关9个党支部积极开展党的群众路线教育实践活动专题组织生活会。认真贯彻落实《党建目标管理考核标准》，落实党风廉政建设责任制。结合党的群众路线教育实践活动邀请专家开展创新文化建设讲座，组织观看反腐倡廉专题片、专题学习讲座、参加业务培训等思想教育活动。组织领导班子成员及科级干部50多人次，基层党组织450人次开展理论中心组学习活动。

附属中小学

一、基本概况

中国热带农业科学院附属中小学（简称"热科院附中"）隶属中国热带农业科学院，创办于1960年，是一所完全中学，副处级单位，内设综合（党务、总务）办公室、政教（团委）办公室、教务办公室、教育科、小学部等部门。根据院重点工作部署，2013年秋季开学后，原附属中小学与试验场中小学合并，进行一体化管理，统一使用校名"中国热带农业科学院附属中小学"。共有5个教学点（附属中小学主校区、场小校区、一小校区、二小校区、三小校区），在职职工186人（含编外），学生人数1 987人。学校党总支现有4个党支部，共有党员45人，其中在岗正式党员30人，退休党员13人，预备党员2人，入党考察对象2人，入党积极分子1人。

二、工作情况

1. 2013年秋季开学，原附属中小学与试验场中小学两校合并，实现了教学一体化管理，完成了院基础教育资源整合第一阶段工作任务，资源整合取得了实质性突破。

2. 齐心协力迎复评。2013年12月，省教育厅对我校开展"省一级学校"办学水平复查评估工作。为迎接复评，校领导班子走群众路线，充分发挥群众的积极性和主人翁精神，热心参与复评准备工作，群策群力准备复评材料，并以此为契机改善办学条件，进行环境大扫除，绿化美化亮化校园环境，在非常困难情况下取得880.7分的成绩，达到了"以评促建"的目的，促进了学校的发展。

3. 实事求是，深化改革，突出特色，力保教育质量。正视目前学生实际情况，转变理念，强化学生素质教育，继续秉承"低起点入学，高质量毕业"的传统，凸显特色，在抓好学生文化科目教学的同时，大力开展丰富的第二堂活动、研究性学习活动、外出实践活动、校园文体活动等，同时狠抓教风学风建设，实行教考分离，努力提高教学质量。2013年高考本科上档率达45.36%，中考重点中学上档率26%。教师获省级以上教学奖励25项，学生获省级以上竞赛奖励31人次。

4. 拓宽渠道抓德育和安全工作。加强对外交流，为提升班主任的理论水平和实践经验，2013年4月联合琼州大学附属中学举办德育年会；加强内部管理，实行校园封闭式管理和校信通制度，杜绝外来干扰，优化育人环境，确保了师生安全，得到家长及社会的广泛赞誉；高度重视安全工作，为增强学生的消防安全意识，5月份邀请儋州市消防局到我校指导师生进行火灾应急疏散演练；加强国旗下的教育和心理健康教育，每周安排学生代表作国旗下的讲话，每月开展心理健康主题教育，有效教育后进生，较好地解决了整合后后进生增加所带来的管理难题，为确保整合工作平稳过渡提供有力的教育保障。

5. 加强制度建设。修订和增订制度近100项，2013年10月编辑并印制了《附属中小学规章制度汇编》一书。通过制度建设，使学校各项决策规范化和制度化，学校管理更加科学、高效，推动了学校管理能力的提升。

6. 实施"走出去，请进来"策略，加强师资队伍建设。增加教师培训投入，多次派教师参加省、市的业务培训；一方面派教师到文昌中学、琼山中学等名校交流学习，一方面邀请专家到我校进行专家引领。为加强师德师风建设，2013年6月邀请省内知名专家海师大林中伟教授到校作专题讲座；12月邀请海南医学院心理系主任、海南省社会心理学会理事长岳筱雯教授到校为附中师生做心理健康专题讲座。

7. 想方设法改善学校办学条件。积极加强与省教育厅、财政厅的沟通和交流，争取到中小学义务阶段保障补助经费26.1万元和实验室设备购置及建设经费50万元用于改善办学条件。同时科学利用院调剂资金改造危楼、维修学生公寓、修缮课室，建设校园围网、车篷，改造篮球场等，校园面貌有了较大改观。同时，学校投入经费采购60台电脑重新配备电脑实验室，为小学部教师办公室安装空调，为教学南楼各课室更换窗帘等，师生的办公学习条件得到明显改善。

8.加强党建工作

（1）党的群众路线教育实践活动圆满完成。专项活动让党员干部提高了认识，改进了作风，通过整改落实，解决了一些教职工较为关切的突出问题，得到了校内群众和院督导组的高度肯定。

（2）成功开展反腐倡廉宣传教育月活动。通过组织专题学习会、召开专题组织生活会等活动，党员干部深刻剖析自己，牢固树立起"学习遵守党章，做合格共产党员"的思想观念，工作作风明显改善，工作效能明显提升。

（3）我校党总支积极培养青年教师，鼓励他们向党组织靠拢，为党组织增添新鲜血液。

今年以来，我校有2名预备党员转正，2位同志成功加入党组织，2位同志通过了党员培训考试，1位优秀青年职工向党组织递交了入党申请书。

三、教科研成果

（1）尹峰校长被授予"中国热带农业科学院青年五四奖章"荣誉称号。

（2）侯作海副校长被聘为海南省教育科学规划立项课题指导专家。

（3）陈益涛、朱联博两位老师被海南省教育厅评为"海南省中小学省级骨干教师"。

（4）教师指导学生学科竞赛或论文评比，获得全国一等奖1人次，二等奖1人次，三等奖1人次；获得省一等奖3人次，省二等奖2人次，省三等奖5人次。

（5）教师指导学生参加省创新大赛，获得省一等奖1项，省二等奖4项；省三等奖5项。

十二、大事记

一月

1 月 8 日 热科院召开 2013 年工作会议，深入贯彻落实党的"十八大"、全国科技创新大会、中央农村工作会议和全国农业工作会议精神，总结 2012 年工作，部署 2013 年重点工作。

1 月 10 日 国家重要热带作物工程技术研究中心在海口召开 2013 年工作会议。王庆煌院长在会上要求，充分发挥国家工程中心的重要平台作用，紧紧围绕 2013 年工作目标，创新工作机制，扩大开放力度，加强品牌建设，为热科院跨越发展提供强有力的支撑。

1 月 18 日 热科院"特色热带作物种质资源收集评价与创新利用"成果喜获国家科学技术进步奖二等奖。

1 月 19 日 由香饮所承担的《胡椒瘟病防治技术规程》《中粒种咖啡芽接苗繁育技术规程》《糯米香茶栽培技术规程》等五项海南省地方标准通过海南省质量技术监督局组织的专家审定。

1 月 19～26 日 雷茂良书记率橡胶、油棕、甘蔗、植保及香料咖啡专家一行前往哥斯达黎加和哥伦比亚农业科研机构考察，并与哥斯达黎加热带农业研究与教育中心签署科技合作协议。

1 月 22 日 由生物所完成的"木薯转基因育种技术研究及基因资源挖掘"和"能源微藻油脂代谢基础研究及高油藻株选育"两项科研成果通过了海南省科技厅组织的会议鉴定。

1 月 24 日 海口院区第一批经济适用房工程主体结构全面封顶。

1 月 25 日 召开机关全体会议。王庆煌院长在会上充分肯定了 2012 年院机关的工作成效，提出，要发扬实干精神，建设服务型机关，为"热带农业科技创新能力提升行动"作出贡献。

二月

2 月 1 日 召开统一战线新春座谈会，会议深入学习党的"十八大"精神，总结一年来热科院统战工作经验，研究讨论如何在"十八大"精神指导下进一步做好我院统战工作。

2 月 5 日 院党组理论中心组召开学习会，深入学习领会《习近平总书记在中国共产党第十八届中央纪律检查委员会第二次全体会议上重要讲话》精神和农业部 2013 年党风廉政建设工作会议精神。

三月

3 月 7 日 与福建省大田县人民政府签订了科技战略合作协议，将在木薯、甘蔗、油茶等领域开展合作，全力支持当地热作产业发展。

3 月 11 日 召开 2013 年党风廉政建设工作会议。

3 月 12 日 召开 2013 年基建工作会议，深入学习农业部关于进一步加强直属单位基本建设工作的意见，全面总结通报全院 2012 年基建工作完成情况，部署 2013 年重点工作。

3 月 14 日 橡胶所完成的"橡胶树种质资源收集、保存、评价和共享体系研究"成果通过了农业部组织的专家会议鉴定。

3 月 14 日 在儋州市美万新村启动"橡胶树冬春科技培训"专项行动，针对当前橡胶树"白粉病"和"炭疽病"高发、民营胶园割胶技术水平亟待提高采取行动，对保障天然橡胶健康持续发展具有重要意义。

3 月 15 日 与贵州科技厅签署了科技战略合作框架协议，双方将以中药现代化产业、现代农业为主攻目标，充分发挥贵州省科技厅的组织及平台优势和我院的科技及人才优势，在战略研究、项目合作、技术示范、人才培养、科技交流等多个领域开展广泛合作，共同推进科技创新体系建设。

3 月 18～19 日 香饮所申请审定的"热研 1 号"和"热研 2 号"两个咖啡品种顺利通过了全国热带作物品种审定委员会组织的现场鉴评。

3 月 25 日 召开 2013 年修缮购置项目预算执行座谈会。

3 月 29 日 "天然橡胶科技航母"及新增研究室"天然橡胶植保研究室"挂牌成立。

3 月 30 日 第一期管理人员 MPA 课程班在

海口院区开班。与华中农业大学MPA教育中心紧密合作，对35名院机关处级以上干部、院属单位的班子成员进行培训。

3月30日　由生物所热带海洋生物资源利用中心与海南南海热带海洋生物及病害研究所、国家海洋局海口海洋环境监测中心站共同完成的科技成果"热带半封闭港湾赤潮及其生物综合防控研究"通过了海南省科技厅组织的专家会议鉴定。专家认为该研究取得了一系列创新性成果，具有重要的应用前景。

3月30日　香饮所与国家重要热带作物工程技术研究中心等单位共同完成的"青胡椒中试加工关键技术及工艺研究"成果通过了海南省科学技术厅组织的专家会议鉴定。

四月

4月1日　依托热科院建设的8个海南省重点实验室和6个工程技术研究中心全部顺利通过考核，其中依托生物所建设的"海南省黎药资源天然产物研究与利用重点实验室"和依托香饮所建设的"海南省热带香料饮料作物工程技术研究中心"考评结果为优秀。

4月15日　由品资所牵头完成的三项科技成果"热区柱花草生产系统中的土壤酸化及其修复措施研究""红掌新品种选育及产业化关键技术研究""海南农用地污染现状及修复技术研究"通过了海南省科技厅组织的专家会议鉴定。

4月16日　召开办公室业务视频座谈会，正式开通全院视频会议系统。

4月19～20日　召开科学事业单位2014年修缮购置项目评审会，张万桢副院长就进一步做好修购项目规划、申报、管理和绩效评价等工作进行了部署。

4月22日　生物所承担的海南省国际科技合作专项"降香生物活性成分的研究与开发"通过了海南省科技厅组织的专家会议验收。

五月

5月8日　召开2013年财务工作会议，传达和落实农业部财务工作会议精神，总结2012年全院财务资产管理工作，分析当前工作中存在的问题，研究和部署下一阶段的重点工作。

5月15日　国家重要热带作物工程技术研究中心香蕉研发部揭牌成立，这标志着热科院进一步加快了香蕉科技成果转化的步伐。

5月10日　由加工所李积华博士主持完成的农业部热带作物产品加工重点开放实验室开放基金项目"纤维素液态均相纳米化技术研究"通过了农业部委托热科院组织的成果鉴定。

5月15日　第九届科技活动月大型科技下乡活动在琼中县拉开了序幕。本次活动派出近40名专家开展科技服务，受到当地广大种植户的欢迎。

5月15日　环植所与美国夏威夷大学热带农业与人力资源学院联合成立的热带植物保护合作研究中心（EPPI and CTAHR Cooperative Research Center for Tropical Plant Protection，ECCRCTPP）在环植所举行了揭牌仪式。

5月18日　与国家现代农业科技城签署了国家现代农业科技城国际合作创新联盟协议书。热科院将依托国家现代农业科技城这一平台，充分发挥科技和人才优势，推进热带农业先进技术引进落地和技术输出。

5月21～24日　品资所与贵州省科技厅、黔南州和罗甸县签订了艾纳香产业发展四方科技合作协议，标志品资所与贵州省科技合作迈出了重要一步。

5月28～30日　雷茂良书记一行前往贵州农科院考察交流，并与该院签署了科技战略合作协议，将进一步推动贵州省芒果、火龙果等特色水果产业的发展。

5月30日　由橡胶所完成的"橡胶树死皮相关基因和蛋白的鉴定及功能分析"成果通过了海南省科技厅组织的会议鉴定。专家组认为该成果居同类研究国际领先水平。

5月30日　由生物所完成的"橡胶树胶乳再生对乙烯利刺激的分子响应"科技成果通过了海南省科技厅组织的专家会议评审。

5月31日　由海口实验站完成的"香蕉种苗培育新技术的研究与示范"项目成果通过了海南省科技厅组织的专家鉴定。

5月31日　由品资所完成的"五指山猪实

验动物化研究"科技成果通过了海南省科技厅组织的专家评审。

5月31日 由椰子所牵头完成的"重要入侵害虫红棕象甲防控基础与关键技术研究及应用"通过了海南省科技厅组织的成果鉴定。

六月

6月3日 品资所重要科技平台"农业部木薯种质资源保护与利用重点实验室"揭牌。

6月8日 首届中国油棕产业可持续发展论坛在文昌召开，论坛由中国热带农业科学院椰子研究所与世界自然基金会（中国）合作主办。

6月9日 由品资所等单位完成的"艾纳香加工工艺优化及产品研发"科技成果通过了海南省科技厅组织的专家评审。

6月10日 南亚所选育的"南亚116号澳洲坚果"通过了广东省种子管理总站组织的品种现场鉴定会。

6月11~21日 农机所甘蔗生产机械研究中心与广西贵港市西江机械有限公司联合研制的3ZSP-2型中型多功能甘蔗中耕施肥培土机在广西国有西江农场和广东湛江龙门镇等地进行了适应性试验，效果良好。

6月13~14日 热科院承担的海南省重点科技计划、海南省自然科学基金等56个项目通过科技厅组织的会议验收。参加此次验收的56个项目，包括海南省重点科技计划项目12项、海南省自然科学基金项目42项、海南省科技成果示范推广专项1项以及海南省工程中心专项1项，分别由橡胶所、环植所、椰子所、生物所、品资所、信息所等12个单位承担。其中，55项通过验收，1项结题。

6月14日 召开2013年开发工作会议。

6月18日 由南亚所选育的"南亚12号澳洲坚果""922澳洲坚果"分别通过了广东省农作物品种审定委员会第三十九次和第四十次农作物品种审定会议的品种审定。

6月18日 召开2014年部门预算布置会。

6月26日 生物所航天育种材料搭乘"神舟十号"飞船返回。

6月28日 由生物所甘蔗研究中心和海南省糖业协会共同发起的海南省甘蔗学会在海口成立。

七月

7月2日 品资所与海南省农业产业化龙头企业三亚君福来实业有限公司签订了"三亚市优良芒果品种试种筛选合作协议"和"科技合作意向书"两项协议。

7月5日 生物所"热带生物质能源高效转化及综合利用"项目通过验收。

7月8日 南亚所选育的"热农1号"芒果在四川省攀枝花市通过了由全国热带作物品种审定委员会组织的专家现场评审。

7月9日 举办2013年办公室业务培训班。

7月10日 与中国农业科学院、中国水产科学研究院、农业部规划设计研究院、西藏自治区农牧科学院签署了框架协议，将联手建设中国农业科技创新海南（文昌）基地，构建文昌农业科技集群。

7月12日 援刚果（布）农业示范中心与刚果（布）农牧业部合作的项目"木薯品种扩繁"开始进行组培苗种植。

7月16日 举行党的群众路线教育实践活动动员大会。

7月16日 院机关第二次党代会在海口院区召开，选举产生了第二届机关党委委员和机关纪委委员。

7月19日 援刚果（布）农业技术示范中心大型机械设备——饲料加工设备试机成功。

7月22日 召开2013年度休闲农业研究与发展交流研讨会，研究讨论并组建了热科院休闲农业中心团队，部署了休闲农业研究中心今后的主要工作任务。

八月

8月1日 与中国农垦经济发展中心（农业部南亚热带作物中心）签署了战略合作协议。

8月1日 发展中国家热带农业新技术培训班在海口院区举行开班仪式。

8月4日 由南亚所完成的"基于WGD-3

配方的澳洲坚果嫁接繁殖技术研究"成果通过了农业部委托的专家鉴定。

8月7日　由南亚所和雷州市农业局共同完成的"芒果果实套袋栽培技术研究与应用"成果通过了广东省科技厅委托湛江市科技局组织的会议鉴定。

8月9日　援刚果（布）农业技术示范中心玉米种植技术培训班举行开班仪式。

8月11日　与西藏自治区农牧科学院签署了协议，双方将在海南文昌共建"中国热带农业科学院、西藏农牧科学院人才创新基地"。

8月16日　院英文网站建设完成。

8月16日　热科院39个项目获得国家自然科学基金资助，资助总经费共1 515万元。

8月21日　热科院游雯同志在农业部举行"辛勤耕耘为小康"先进事迹报告会，作援刚先进事迹报告。

8月28日　推荐的"利用转录组测序研究木薯采后生理性变质分子调控机制""热区瓜菜土传病害绿色综合防控技术研发与应用""一个新的水稻叶色突变基因的精细定位与育种利用"等3个项目入选2013年度留学人员科技活动择优资助项目。

8月29日　南亚所与江津区农业委员会签订了农业科技合作框架协议，并就当地荔枝龙眼产业发展问题进行了座谈。

九月

9月4～6日　由联合国粮农组织和中国农业部主办，热科院承办的热带农业平台启动研讨会暨成员召集大会在海口召开。10多个国家的45名代表参加了会议，共商热带农业平台发展大计。

9月7日　橡胶所研究团队通过普查和定位观测后，总结得出海南省油棕商业化种植规模处于全国领先地位，且适合进行商业化种植。

9月10日　品资所与海南华润五丰农业开发有限公司签署了合作框架协议，将共建"中国热带农业科学院品资所—华润五丰东山羊技术研究中心"，在种羊引进、良种繁育、健康养殖、饲料开发和疾病防控等领域开展深入合作。

9月18日　由品资所与海南香岛黎家生物科技有限公司联合申报的"海南省艾纳香工程技术研究中心"通过了海南省科技厅组织的专家评审，同意筹建。

9月22～26日　雷茂良书记一行访问了澳大利亚迪肯大学和麦考瑞大学，与迪肯大学续签了该谅解备忘录。

9月23日　由热科院联合相关单位申报的2013年度省重大科技项目《海南热带经济林下复合栽培技术集成应用与示范》启动会在海口召开。

9月24日　与广西来宾市人民政府在海口院区签署了科技合作协议，在科技成果转化、科技攻坚、科技交流、农业技术人才培养等方面展开合作。

9月29日　由南亚所和贵州省亚热带作物研究所联合建立的"贵州澳洲坚果研究中心"签字暨揭牌仪式在贵州兴义举行，刘国道副院长和贵州省农科院刘作易院长共同为该研究中心揭牌。

十月

10月14日　热科院专家首次确定了槟榔黄化病病原为植原体，并在国内外首次建立了槟榔黄化病快速检测技术，为海南槟榔黄化病综合防治研究提供了技术支撑和理论依据。

10月28日　萨摩亚热带作物种植技术培训班在文昌开班。

10月28日　热科院广东热带南亚热带作物科技创新中心在广州市花都区花东镇四联村揭牌成立。

10月30日　以品资所为联盟理事长单位的"热带花卉产业技术创新战略联盟"和椰子所为联盟理事长单位的"椰子产业技术创新战略联盟"入选2013年度国家产业技术创新战略重点培育联盟名单。

十一月

11月6日　由品资所承担的中央财政林业科技推广示范资金项目"海南野生兰花资源开

发及高效利用技术示范推广",通过海南省林业厅和海南省财政厅组织的会议验收。

11月3~4日 农业部组织专家对热科院2011年立项的7项农业科技成果转化资金项目进行了会议验收。

11月4日 由南亚所承担的农业科技成果资金项目"优质高产澳洲坚果新品种'南亚3号'中试与示范"通过了农业部科技教育司组织的会议验收。

11月5日 由香饮所承担的农业科技成果转化资金项目"新型胡椒产品加工技术中试与示范"通过了农业部组织的会议验收。

11月5日 由加工所黄茂芳研究员主持的农业科技成果转化资金项目"高活性菠萝酶提取分离新技术中试及应用"通过了农业部组织的会议验收。

11月14日 由品资所作为技术牵头单位的贵州省重大科技项目《贵州地道药材艾纳香产业化开发关键技术研究与集成应用》启动会在贵阳市举行。

11月15日 生物所与海南广陵高科实业有限公司签署科企产学研合作协议,将在申报项目、科技攻关、科技成果推广、科技咨询与技术培训,人才培养与引进合作、共建教学、科研和"研究生社会实践"基地等方面开展合作。

11月25日 召开机关工作人员会议,总结回顾2013年机关工作,部署2014年工作任务。

十二月

12月3日 召开院领导班子届满考核大会。

12月3日 援刚果(布)农业技术示范中心第二期"木薯种植技术培训班"开班。

12月10日 香饮所承担的国家级星火计划项目"特色热带香辛饮料作物高效生产技术集成与示范"通过海南省科技厅组织的会议验收。

12月17日 品资所与香港浸会大学中医药学院签署科技合作协议,双方将在科研人员和学生的交流与互访、中药学专业人才联合培养、联合申报项目;共建科技合作与交流平台;共同举办学术会议等方面开展深入的合作。

12月19日 儋州国家农业科技园区获得"中国农学会农业科技园区分会2012—2013年度先进单位"称号。

12月20日 《热带作物品种审定规范 第1部分:橡胶树》等11项行业标准通过审定。

12月26日 与黑龙江八一农垦大学合作协议签订仪式暨研究生联合培养基地揭牌仪式在海口举行。王庆煌院长和秦智伟校长代表院校签署了战略合作框架协议和研究生联合培养协议,并与雷茂良书记和汪春副校长一起为院、校研究生联合培养基地揭牌。

12月29日 环植所特聘研究员白成博士研究团队与美国农业部东南水果和坚果实验室布鲁斯.伍德博士研究团队共同努力,在RNase酶的研究方面取得新突破,并发表在2013年12月9日的BMC Plant Biology杂志上(Doi:10.1186/1471-2229-13-207)(影响因子4.354)。

十三、附　　录

部省级以上荣誉

中国热带农业科学院
2013 年度荣获部省级以上荣誉称号单位名单

序号	获奖单位	获奖名称	评奖单位
1	中国热带农业科学院	海南省第九届科技活动月组织奖一等奖	海南省科技厅（海南省科技活动月组织委员会）
2	中国热带农业科学院	宣传信息工作先进单位	农业部离退休干部局
3	中国热带农业科学院	海南省侨联系统先进集体	海南省侨联
4	儋州国家农业科技园区	中国农学会农业科技园区分会 2012—2013 年度先进单位	中国农学会农业科技园区分会
5	香饮所兴隆热带植物园	海南省工人先锋号	海南省总工会
6	香饮所兴隆热带植物园	优秀全国科普教育基地	中国科协科普活动中心
7	科技信息研究所	中国农学会科技情报分会"先进团体会员单位"	中国农学会科技情报分会
8	海口实验站	海南省第三期中西部市县挂职科技副乡镇长工作先进派出单位	中共海南省委组织部、海南省科学技术厅

中国热带农业科学院
2013 年度荣获部省级以上荣誉称号个人名单

单位	获奖者	获奖名称	评奖单位
热科院	王庆煌	2013 年国家百千万人才工程人选、"有突出贡献中青年专家"荣誉称号	中国人力资源和社会保障部
热科院	雷茂良	中国农学会农业科技园区分会 2012—2013 年度先进个人	中国农学会农业科技园区分会
热科院	帕斯卡·蒙特罗	海南省"椰岛纪念奖"	海南省外事侨务办公室、省外国专家局
品资所	陈业渊	政府特殊津贴专家	国务院
	李开绵	中国农学会农业科技园区分会 2012—2013 年度先进个人	中国农学会农业科技园区分会
	张志扬	海南省第九届科技活动月先进工作者	海南省科技活动月组织委员会
香饮所	王 辉	海南省第三期中西部市县优秀挂职科技副乡镇长	中共海南省委组织部、海南省科学技术厅
加工所	黄茂芳	政府特殊津贴专家	国务院
生物所	李平华	海南青年五四奖章	共青团海南省委
	杨本鹏	全国农业先进个人	农业部
环植所	易克贤	政府特殊津贴专家	国务院
	彭正强	全国五一劳动奖章	中华全国总工会
	黄贵修	中国天然橡胶协会优秀工作者	中国天然橡胶协会
信息所	麦雄俊、曹建华、张慧坚	中国天然橡胶协会优秀论文奖	中国天然橡胶协会
	张慧坚	中国农学会科技情报分会优秀工作者	中国农学会
	李玉萍	中国农学会科技情报分会"优秀学会工作者"	中国农学会科技情报分会

（续表）

单位	获奖者	获奖名称	评奖单位
海口实验站	韩丽娜	海南省第三期中西部市县优秀挂职科技副乡镇长	中共海南省委组织部、海南省科学技术厅
后勤服务中心	黄锦华	海南省归侨侨眷先进个人	海南省侨联
附属中小学	侯作海	海南省教育科学规划立项课题指导专家	海南省教育科学规划领导小组办公室
	侯作海	全国基础教育化学新课程实施成果"'难溶物质的溶解平衡'阶梯式练习"　全国二等奖	中国化学会化学教育委员会
	朱联博	海南省中小学省级骨干教师	海南省教育厅
	陈益涛	海南省中小学省级骨干教师	海南省教育厅
	符达峰	指导学生李民参加全国高中化学竞赛　全国三等奖	海南省化学化工学会
	郭海刚	课题《关于学校课桌椅的改造》获省二等奖	海南省教育厅
	符　健	课题《调查儋州特色美食》获省二等奖	海南省教育厅
	洪文朝	第25届海南省青少年科技创新大赛：拉线指示开关（省一等奖）	海南省教育厅
	洪文朝	第25届海南省青少年科技创新大赛：自动防雨晒物器（省二等奖）	海南省教育厅
	朱联博	课题《海南省城乡广场文化调查》获省二等奖	海南省教育厅
	唐南明	2012年海南省第五届中学生语文读写（阅读）能力大赛获省三等奖	海南省教育研究培训院
	李永生	2012年海南省第五届中学生语文读写（阅读）能力大赛获省一等奖	海南省教育研究培训院
	李世持	2012年海南省第五届中学生语文读写（阅读）能力大赛获省一等奖	海南省教育研究培训院
	彭　科	2012年海南省第五届中学生语文读写（阅读）能力大赛获省一等奖	海南省教育研究培训院
	陈益涛	2012年海南省第五届中学生语文读写（阅读）能力大赛获省三等奖	海南省教育研究培训院
	麦贤慧	第25届海南省青少年科技创新大赛：少儿科幻画（5个省三等奖）	海南省教育厅
	邓冬丽	2012年海南省第五届中学生语文读写（阅读）能力大赛获省三等奖	海南省教育研究培训院

院内表彰

中国热带农业科学院
2013 年先进集体和先进个人名单

一、先进集体（共 7 个）

热带作物品种资源研究所、香料饮料研究所、海口实验站、后勤服务中心、院办公室、人事处（离退休人员工作处）、财务处。

二、先进个人（共 22 人）

热带作物品种资源研究所：陈业渊、庞玉新

橡胶研究所：张智

香料饮料研究所：赵青云

南亚热带作物研究所：李国

农产品加工研究所：黄建

热带生物技术研究所：张树珍

环境与植物保护研究所：黄俊生

椰子研究所：郑小蔚

农业机械研究所：张园

科技信息研究所：李玉萍

分析测试中心：刘春华

海口实验站：金志强、盛占武

湛江实验站：罗萍

广州实验站：李静

后勤服务中心：赵毅敏

试验场：韦壮昌

附属中小学：陈益涛

院本级：王富有、陈志权、陈峡汀

中国热带农业科学院
2013 年科技开发先进集体和先进个人名单

一、先进集体（3 个）

热带作物品种资源研究所、分析测试中心、香料饮料研究所

二、先进个人（10 人）

庞玉新（热带作物品种资源研究所）、丰明（橡胶研究所）、蔡文伟（热带生物技术研究所）、唐超（环境与植物保护研究所）、张军（椰子研究所）、郑勇（农业机械研究所）、孙继华（科技信息研究所）、宗迎（香料饮料研究所）、郭玲（分析测试中心）、姚斌（广州实验站）。

中国热带农业科学院
第二届"青年五四奖章"荣誉称号人员名单

尹峰（附属中小学）、华玉伟（橡胶研究所）、刘林（财务处）、刘晓光（科技信息研究所）、李平华（热带生物技术研究所）、李积华（农产品加工研究所）、李勤奋（环境与植物保护研究所）谷凤林（香料饮料研究所）、宋付平（广州实验站）、庞玉新（热带作物品种资源研究所）

中国热带农业科学院
2013 年度热带农业科研杰出人才和青年拔尖人才名单

一、热带农业科研杰出人才（4 人）

黄贵修（环境与植物保护研究所）、谢江辉（南亚热带作物研究所）、鲍时翔（热带生物技术研究所）、周汉林（热带作物品种资源研究所）

二、热带农业青年拔尖人才（3 人）

肖　勇（椰子研究所）、郝朝运（香料饮料研究所）、孙海彦（热带生物技术研究所）

通讯地址

中国热带农业科学院

电话：0898 - 66962965，传真：0898 - 66962904
邮箱：catas@126.com，网址：http：//www.catas.cn
地址：海南省海口市龙华区学院路4号，邮编：571101

部门名称	电话	传真	邮箱
院办公室	0898 - 66962965	0898 - 66962904	catasbgs@126.com
科技处	0898 - 66962954	0898 - 66962954	cataskjc@126.com
人事处	0898 - 66962925	0898 - 66962973	catasrsc@126.com
财务处	0898 - 66962945	0898 - 66962967	catascwc@126.com
计划基建处	0898 - 66962921	0898 - 66962919	catasjhjjc@126.com
资产处	0898 - 66962943	0898 - 66962943	cataszcc@126.com
研究生处	0898 - 66962953	0898 - 66962953	catasyjsc@126.com
国际合作处	0898 - 66962983	0898 - 66962941	catasgjhzc@126.com
开发处	0898 - 66962950	0898 - 66962950	cataskfc@126.com
基地管理处	0898 - 66962979	0898 - 66962979	catasjdglc@126.com
监察审计室	0898 - 66962937	0898 - 66962974	catassjjcc@126.com
保卫处	0898 - 23300601/66962920	0898 - 23300362/66962920	catasbwc@126.com
机关党委	0898 - 66962972	0898 - 66962936	catasjgdw@126.com
驻北京联络处	010 - 5919432	010 - 59194322	catas15@126.com、zbjllc@126.com
机关服务中心	0898 - 66962910	0898 - 66962910	catasjgfwzx@126.com

院属单位通讯地址

部门名称	电话	传真	邮箱	地址	邮编
热带作物品种资源研究所	0898 - 23300645	0898 - 23300440	catas01@126.com	海南省儋州市宝岛新村	571737
橡胶研究所	0898 - 23300571	0898 - 23300315/23300571	catas02@126.com	海南省儋州市宝岛新村	571737
香料饮料研究所	0898 - 62553670	0898 - 62561083	catas03@126.com	海南省万宁市兴隆镇	571533
南亚热带作物研究所	0759 - 2859194	0759 - 2859124	catas04@126.com	广东省湛江市麻章区湖秀路1号	524091
农产品加工研究所	0759 - 2200994	0759 - 2208758	catas05@126.com	广东省湛江市人民大道南48号	524001
热带生物技术研究所	0898 - 66890978	0898 - 66890978	catas06@126.com	海南省海口市龙华区学院路4号	571101
环境与植物保护研究所	0898 - 66969211	0898 - 66969211	catas07@126.com	海南省海口市龙华区学院路4号	571101
椰子研究所	0898 - 63330094	0898 - 63330673	catas08@126.com	海南省文昌市文清大道496号	571339
农业机械研究所	0759 - 2859264	0759 - 2859264	catas09@126.com	广东省湛江市湖秀路3号	524091
科技信息研究所	0898 - 23300143	0898 - 23300143	catas10@126.com	海南省儋州市宝岛新村	571737
分析测试中心	0898 - 66895008	0898 - 66895004	catas11@126.com	海南省海口市龙华区学院路4号	571101
海口实验站	0898 - 66705617	0898 - 66526658	catas12@126.com	海南省海口市龙华区义龙西路2号	571102
湛江实验站	0759 - 2193157	0759 - 2193157	catas13@126.com	广东省湛江市霞山区解放西路20号	524013
广州实验站	020 - 81835151	020 - 81835151	catas14@126.com	广东省广州市荔湾区康王路241号	510140
后勤服务中心	0898 - 23300458	0898 - 23300458	catas18@126.com	海南省儋州市宝岛新村	571737
试验场	0898 - 23300378	0898 - 23309285	catassyc@sina.com、catas20@126.com	海南省儋州市宝岛新村	571737
附属中小学	0898 - 23300613	0898 - 23300613	catas17@126.com	海南省儋州市宝岛新村	571737

全国农业科学院通讯地址

单位名称	联系电话	传真	地址	邮编
中国农业科学院	010－82109398	010－82103005	北京市海淀区中关村南大街 12 号	100081
中国水产科学研究院	010－68673949	010－68676685	北京市丰台区永定路南青塔 150 号	100039
农业部规划设计研究院	010－65005469	010－65005388	北京市朝阳区麦子店街 41 号	100026
北京市农林科学院	010－51503241	010－51503247	北京市海淀区曙光中路 9 号	100097
天津市农业科学院	022－23678666	022－23678667	天津市南开区白堤路 268 号	300192
河北省农林科学院	0311－87652019	0311－87066140	河北省石家庄市谈固南大街 45 号	050031
山西省农林科学院	0351－7073032	0351－7040092	太原市长风街 2 号	030006
内蒙古自治区农牧业科学院	0471－5295455	0471－5295644	内蒙古自治区呼和浩特市玉泉区昭君路 22 号	010031
辽宁省农业科学院	024－31027396	010－31027397	辽宁省沈阳市沈河区东陵路 84 号	110161
吉林省农业科学院	0431－87063030	0431－87063028	吉林省长春市净月旅游开发区彩宇大街 1363 号	130033
黑龙江省农业科学院	0451－86662295	0451－86662295	黑龙江省哈尔滨市南岗区学府 368 号	150086
上海市农业科学院	021－62201221	021－62201221	上海市奉贤区金齐路 1000 号	201403
江苏省农业科学院	025－84390015	025－84392233	江苏省南京市孝陵卫钟灵街 50 号	210014
浙江省农业科学院	0571－86404011	0571－86400481	浙江省杭州市石桥路 198 号	310021
安徽省农业科学院	0551－5160537	0551－2160337	安徽省合肥市庐阳区农科南路 40 号	230031
福建省农业科学院	0591－87884606	0591－87884262	福建省福州市五四路 247 号	350003
江西省农业科学院	0791－87090310	0791－97090001	江西省南昌市南昌县莲塘北大道 1738 号	330200
山东省农业科学院	0531－83179224	0531－88604644	山东省济南市工业北路 202 号	250100
河南省农业科学院	0371－65729140	0371－65711374	河南省郑州市花园路 116 号	450002
湖北省农业科学院	027－87389499	027－87389545	湖北省武汉市武昌南湖瑶苑特 1 号	430064
湖南省农业科学院	0731－84691212	0731－84691124	湖南省长沙市芙蓉区远大二路	410125
广东省农业科学院	020－87511099	020－87503358	广东省广州市天河区金颖路 29 号	510640
广西壮族自治区农业科学院	0771－3243866	0771－3244521	广西壮族自治区南宁市大学东路 174 号	530007
海南省农业科学院	0898－65313090	0898－65313090	海南省海口市琼山区流芳路 9 号	571100
四川省农业科学院	028－84504011	028－84504198	四川省成都市外东静居寺路 20 号	610066
重庆市农业科学院	023－65705208	023－65703532	重庆市九龙坡区白市驿镇	401329
贵州省农业科学院	0851－3761026	0851－3761504	贵州省贵阳市小河区金欣社区服务中心	550006
云南省农业科学院	0871－5136637	0871－5136633	云南省昆明市白云路 761 号江岸小区	650231
西藏自治区农牧科学院	0891－6862174	0891－6862174	西藏自治区拉萨市金珠西路 130 号	850002
陕西省农业科学院（西北农林科技大学）	029－87082809	029－87082810	陕西省杨陵示范区	712100
甘肃省农业科学院	0931－7616187	0931－7616187	甘肃省兰州市安宁区农科院新村 1 号	730070
青海省农业科学院	0971－5311151	0971－5311192	青海省西宁市城北区宁大路 253 号	810016
宁夏回族自治区农林科学院	0951－6886707	0951－6886712	宁夏回族自治区银川市黄河东路 590 号	750002
新疆维吾尔自治区农业科学院	0991－4502057	0991－4516057	新疆维吾尔自治区乌鲁木齐市南昌路 403 号	830000
新疆维吾尔自治区畜牧科学院	0991－483251	0991－4832351	新疆维吾尔自治区乌鲁木齐克拉玛依东街 151 号	830000